"十二五"普通高等教育本科国家级规划教材

全国教材建设奖

全国优秀教材
二等奖

分析化学

（第6版）上册

武汉大学
中国科学技术大学
中山大学
吉林大学
编

武汉大学 主编

高等教育出版社·北京

内容提要

本书为“十二五”普通高等教育本科国家级规划教材。全书共11章，包括概论、分析试样的采集与处理、分析化学中的误差与数据处理、分析化学中的质量保证与质量控制、酸碱滴定法、配位滴定法、氧化还原滴定法、沉淀滴定法和滴定分析小结、重量分析法、吸光光度法、分析化学中常用的分离和富集方法。每章末附有思考题和习题及参考答案。

本书可作为高等理工院校和师范院校化学、应用化学等专业的分析化学教材，也可供其他相关专业师生及分析测试工作者和自学者参考。

图书在版编目(CIP)数据

分析化学．上册／武汉大学主编．--6版．--北京：高等教育出版社，2016.12(2025.5重印)
ISBN 978-7-04-046532-7

Ⅰ.①分… Ⅱ.①武… Ⅲ.①分析化学-高等学校-教材 Ⅳ.①O65

中国版本图书馆CIP数据核字(2016)第238080号

Fenxi Huaxue

策划编辑 鲍浩波　　责任编辑 鲍浩波　　封面设计 张申申　　版式设计 于 婕
插图绘制 邓 超　　责任校对 刘 莉　　责任印制 刘思涵

出版发行	高等教育出版社	网　　址	http://www.hep.edu.cn
社　　址	北京市西城区德外大街4号		http://www.hep.com.cn
邮政编码	100120	网上订购	http://www.hepmall.com.cn
印　　刷	高教社(天津)印务有限公司		http://www.hepmall.com
开　　本	787mm×960mm　1/16		http://www.hepmall.cn
印　　张	27.5	版　　次	1978年8月第1版
字　　数	510千字		2016年12月第6版
购书热线	010-58581118	印　　次	2025年5月第15次印刷
咨询电话	400-810-0598	定　　价	46.80元

本书如有缺页、倒页、脱页等质量问题，请到所购图书销售部门联系调换

物 料 号　46532-00

第六版(上册)前言

自《分析化学》(第五版)出版以来,已过了十年,在这期间,无论是分析化学还是其他相关领域都有了新的发展。与此同时,我们也收到了一些读者和同行发来的反馈意见和建议。为了反映新的变化和适应新形势下的需要,经参编教师协商,决定对原教材进行修订。为此,在高等教育出版社提议下,我们于 2014 年 12 月在武汉大学召开了有关编写《分析化学》(第六版)的研讨会。会上就当前《分析化学》教材和教学等事宜进行了充分讨论,并在此基础上确定了《分析化学》教材的修订原则及相关细节。

本书为《分析化学》(第六版)上册,是在第五版(上册)的基础上修订而成的。考虑到定量化学分析部分内容比较经典,因此,此次修订的主要工作是进一步优化内容,精炼语言;同时,加强与现实生产生活的联系,适当体现与相关领域的关系。具体修订工作包括如下几个方面:

1. 对量、单位、符号及名称等做了订正,使它们更加规范,与目前通用的保持一致。

2. 对内容进行了适当增减,补充了一些与科研、生产联系较紧密的内容(如生物试样的处理等),以及有助于理解的细节(如数据处理关系式的导出示例等),删减了一些陈旧的内容和前后有所重复(包括与本书下册重复)的内容(如绪论部分的文献介绍、分离部分的纸色谱和毛细管电泳等)。

3. 更换了部分例题和习题,使其与生产生活结合得更好。

4. 增加了一些注释,以便于读者对一些表述的理解。

5. 在遵循教学大纲的前提下,对内容进行了适当拓展,以反映化学分析知识与一些新技术的联系。

本书由武汉大学主编,参加编写工作的有武汉大学潘祖亭教授(第 1、6、7 章)、曾百肇教授(第 2、5 章),吉林大学苏星光教授(第 3 章),中山大学李攻科教授(第 4、9 章),武汉大学张华山教授(第 8、11 章)和中国科学技术大学崔华教授(第 10 章)。全书由曾百肇教授整理定稿。

在本书编写和出版过程中,得到了一些兄弟院校和高等教育出版社的积极支持,在此一并表示衷心的感谢。

限于编者的水平和经验,修订后的教材仍会存在欠妥甚至错误之处,祈望读者批评指正。

编　者

2016 年 3 月

第五版(上册)前言

本书第一版问世于1978年。第四版于2000年3月出版，作为面向21世纪课程教材，受到广大师生与同行的欢迎，配套的《分析化学例题与习题》还被台湾省的出版社以繁体字出版。

《分析化学》(第五版)是根据教育部化学与化工学科教学指导委员会制定的关于化学、应用化学、材料化学及药学、环境科学等专业化学教学基本内容的要求编写的，是我们完成教育部"国家理科基地创建分析化学名牌课程优秀项目"，进行分析化学课程体系、教学内容及教学方法改革和实践的总结，也是高等教育出版社百门精品课程教材之一。

根据化学教学改革的需要，并考虑到化学分析与仪器分析在内容上的相互联系，吸收国内外最新出版的优秀同类教材的长处，我们此次修订对原教材的章节做了适当调整，并将原来的两套教材整合成了一套。为配合学生更好地学习分析化学，配套出版的教材与参考书将包括：

《分析化学》(第五版)上册(即化学分析)

《分析化学》(第五版)下册(即仪器分析)

《分析化学例题与习题》(第二版)

《分析化学实验》(第五版)

《仪器分析实验》(第五版)

《分析化学电子教案》

这些配套教材和参考书将陆续出版。

2004年10月在武汉大学召开了本书的初稿审稿与协调会，此后又经反复互审和修改。

本书为《分析化学》(第五版)上册，共十一章，是在原武汉大学主编《分析化学》(第四版)的基础上修改编写而成的。参加编写的有武汉大学潘祖亭(第1、6、7章)、曾百肇(第2、5章)，吉林大学苏星光(第3章)，中山大学李攻科(第4、9章)，武汉大学张华山(第8、11章)和中国科学技术大学苏庆德、崔华(第10章)等。全书由曾百肇、张华山和潘祖亭同志整理定稿。

在本书编写和出版过程中，许多兄弟院校和高等教育出版社给予了热情支持；承蒙南开大学沈含熙教授审稿，提出了宝贵的修改意见。在此一并致以衷心的感谢。

限于编者的水平，修订后的教材仍会存在缺点和错误，恳请有关专家、同行和同学指正。

编　者

2005年于武昌

第四版前言

自1978年本书第一版问世至今，已再版多次，受到广大师生及同行的好评，收到良好的教学效果，取得了巨大的社会效益。第二版获国家教委优秀教材一等奖，第三版获国家教委科技进步一等奖及国家科技进步三等奖。

根据国家教委教高(1997)16号文件，在“九五”期间将出版一批重点教材，作为推进普通高等教育的教材建设与改革的重要举措，要求编者“树立精品意识”。为此，我们根据自己的教学体会和广泛征集兄弟院校的宝贵意见及建议并参阅国内外的现有同类教材，对第三版教材进行了修订。

这一版教材除了保持前几版教材的长处外，还具有以下特点：

1. 为适应教学改革的需要，压缩了篇幅。力求进一步做到语言简练，文字流畅，信息量大，系统性强，便于阅读，避免冗长、重复的文字叙述。

2. 删除陈旧、过时、重复的内容，如：对pH计算、滴定曲线、误差计算等内容都进行了删繁就简的处理，尽力贯彻少而精的精神。

3. 增添了反映学科发展动态的内容，如：加强图解法的应用，介绍了固相微萃取、超临界流体萃取和毛细管电泳等新的分离富集方法。

4. 理论进一步联系实际，例题、习题中增加与科学研究、生产实际密切相关的内容，尤其是与环境科学、材料科学、生命科学有关的内容。

5. 增加了对滴定分析共性及不同点进行总结的内容。

6. 对滴定曲线三段一点式的模式进行改革，代之以滴定曲线方程，以利于使用计算机给出完整的滴定曲线。

本书由武汉大学主编，参加编写的有武汉大学杨代菱(第1、4、7章)、孟凡昌(第2章及5.9节)、潘祖亭(第5、9章)，中国科学技术大学倪其道(第3章)，中山大学李攻科(第6、8章)等。全书由杨代菱同志整理定稿。

本书初稿承蒙北京大学常文保教授主审，提出了许多宝贵的修改意见和建议。本书在编写的过程中，还得到了许多院校教师的关心和帮助，在此一并致谢。

由于编者的水平有限，对本书存在的缺点和错误，恳请读者批评指正。

编　者

1998年8月

第三版前言

本书第二版出版以来，在分析化学教学方面发生了许多变化。为了适应教学改革新形势的需要，根据各兄弟院校在使用本教材中提出的意见和建议及1991年10月理科分析化学教材建设会议的精神，我们对本书第二版进行了修订。

关于本书第三版的内容，作如下说明：

一、考虑到国内一些院校分析化学教学的具体情况，我们将定性分析的内容并入实验教材中，原来承担这一章编写任务的吉林大学的同志，参加《分析化学实验》（第三版）的编写工作。

二、为了有利于教学，将"误差和数据处理"一章分为两部分。误差部分的内容移至第一章"定量分析概论"中；数据处理部分的内容单独列为第七章"分析化学中的数据处理"。

三、原第二版"复杂物质分析"，改编为"分析试样的分解和试液制备"，重点介绍了无机试样的制备、分解及试液制备方法，同时也简要介绍了有机试样的分解方法，以及常见非金属元素的测定原理。

四、根据新的教学大纲的精神，定量化学分析讲授54课时。因此，本书第三版将较为次要的内容以小号字排印，作为参考内容，在教学中一般可不安排。

五、为了提高学生分析问题和解决问题的能力，并且做到理论联系实际，每章末附有思考题和习题两个部分。前者着重基本概念的运用，以提高推理判断的能力；后一部分是在重点掌握基本理论的基础上，进行综合性的解题运算。

六、本书第三版贯彻了国家法定计量单位的有关规定。

本书由武汉大学主编，参加编写的有：武汉大学尹权、杨代菱，中国科学技术大学张懋森、倪其道，中山大学容庆新、朱锡海等同志，由尹权同志整理定稿。赵藻藩教授生前对本书第三版的编写给予了热情的支持和帮助，他对编写本书的指导思想和内容曾提出了许多宝贵的意见，编者对他表示深切的怀念。

本书在编写过程中，还得到了许多院校教师的关心和帮助。在此一并致谢。

限于编者的水平，对于本书存在的缺点和错误，希望读者批评指正。

编　者

1992年6月

第二版前言

本书第一版出版发行以来，收到了一定的教学效果。但随着各校教学工作的深入开展，特别是1980年5月，教育部在长春召开的全国高等学校理科化学教材编审委员会会议上制定了新的教学大纲之后，本书第一版已不能很好地适应新的教学形势的需要。为此，我们于1980年下半年即着手第二版的编写工作。

关于本书第二版的内容，有必要作一些说明：

一、根据新的教学计划的规定，仪器分析将单独设课，因此，本书第一版中的发射光谱分析法和原子吸收分光光度法、电化学分析法及其他仪器分析法简介等三章全部删去。原来承担这几章编写任务的南开大学的同志们，承担了编写《仪器分析》教材的任务，不再参加本书的编写工作。

二、在定性分析中，硫化氢系统分析方法是重要的教学内容，故在本书中给予应有的重视。

三、根据新的教学大纲的精神，"误差和数据处理"单独列为一章，故内容有较大程度扩充。

四、酸碱滴定一章的内容作了较大程度调整。在酸碱平衡的处理中，以质子理论为基础，用代数法求解，但也简单地介绍了对数图解法的基本内容。"非水溶液中的酸碱滴定"一节，属于参考内容，教学中一般可不安排。

五、在络合滴定中，关于络合平衡和络合滴定基本理论的处理，广泛地采用了林邦(A. Ringbom)的处理副反应的方法。

本书由武汉大学主编。参加编写的有武汉大学赵藻藩、尹权、彭维豪，吉林大学顾念承，中国科学技术大学张懋森、倪其道，中山大学容庆新、朱锡海等同志，由赵藻藩同志整理定稿。

本书部分章节承北京大学张锡瑜教授、东北师范大学吴立民教授、山东师范大学王明德教授审阅。本书由人民教育出版社文方同志编辑加工。本书在编写过程中，还得到全国各地许多同志的热情支持和具体帮助。对于他们的关怀和支持，谨致谢忱。

由于编者水平有限，故本书还存在不少缺点和错误。对于本书的缺点错误，希望读者批评指正。

编　者

1982年4月

第一版前言

本书是根据1977年10月高等学校理科化学类教材会议制定的《分析化学》教材编写大纲编写的，作为综合性大学和师范院校化学系分析化学课程的试用教材。

分析化学是化学系的基础课程之一。通过本课程的学习，要求学生掌握分析化学的基本理论，准确树立量的概念，对近代仪器分析方法有所了解，并初步具有分析问题和解决问题的能力。

分析化学的内容非常广泛，但基础分析化学的内容主要是无机化学分析，故本书对"常见离子的基本性质和鉴定"、"酸碱滴定法"、"络合滴定法"、"氧化还原滴定法"、"重量分析和沉淀滴定法"等作了比较全面系统的阐述；在仪器分析方面，重点介绍了"吸光光度法"。以上这些内容是分析化学的基本内容，在教学过程中应有所加强。在这些重点章节中，凡属次要的和用小字排印的内容，供学生参考，可不列为教学内容。此外，根据教学大纲的要求，考虑到教材的适应面要适当广一点，本书还编写了"发射光谱分析法和原子吸收分光光度法"、"电化学分析法"、"其他仪器分析法简介"、"分析化学中常用的分离方法"和"复杂物质分析"等章节。

由于编者水平有限，加以成稿时间仓促，本书还存在不少缺点和错误，希望读者批评指正。

本书由武汉大学主编，参加编写的有武汉大学赵藻藩、陆定安，吉林大学顾念承，中国科学技术大学张懋森，中山大学容庆新、朱锡海，南开大学李谦初、翁永和等同志。参加审稿的有北京大学、复旦大学、兰州大学、南京大学、厦门大学、四川大学、北京师范大学和华东师范大学等院校的同志。

本书最后由武汉大学赵藻藩、陆定安两位同志通读整理，北京大学张锡瑜同志校阅。本书在最后整理过程中，还得到北京大学、复旦大学和武汉大学有关同志的具体协助，在此一并致谢。

编　者

1978年6月

目　录

第1章 概　论

1.1 分析化学的定义、任务和作用

什么是分析化学(analytical chemistry)？随着时代的进步、学科和科学技术的发展，国内外对分析化学的定义也不断变化，与时俱进。一般而言，分析化学是指发展和应用各种理论、方法、仪器和策略以获取有关物质在相对时空内的组成和性质的信息的一门科学①，也称为分析科学。

分析化学是最早发展起来的化学分支学科，并且在早期的化学发展中一直起着重要作用，被称为"现代化学之母"。我国化学界前辈徐寿先生(1818—1884)曾对分析化学学科给予很高评价。他说："考质求数之学，乃格物之大端，而为化学之极致也"。所谓考质，即定性分析；所谓求数，即定量分析。分析化学是一门极其重要的、应用广泛的、理论与实际紧密结合的基础学科，也是一门以多学科为基础的综合性学科。分析化学与化学、物理学、生命科学、信息科学、材料科学、环境科学、能源科学、地球与空间科学等都有着密切的联系，且相互交叉和渗透，相互促进和发展，因而称为分析科学，并不为过。

分析化学在国民经济的可持续发展、国防力量的壮大、科学技术的进步和自然资源的开发与综合利用等各方面的作用是举足轻重的。例如，在工业原料的选择、工艺流程条件的控制、成品质量检测、资源勘探、环境监测、海洋调查、武器和新型材料的研制，以及医药、食品的质量分析和突发公共卫生事件的处理等方面分析化学都发挥着重要作用。分析化学已成为科学技术的眼睛，可及时提供有效的、具有统计意义的结果与信息，并给以科学的解释，在发现和解决实际问题的过程中扮演着重要角色。

分析化学是高等学校化学、应用化学、材料科学、生命科学、环境科学、医学、药学、农学、地学等专业的重要基础课之一。通过本课程的学习，学生可以掌握分析化学的基本理论、基础知识和实验方法，养成严谨的科学态度、踏实细致的工作作风、实事求是的科学道德，初步具备从事科学研究的技能，自身的综合素质和创新能力得以提高。

---

① Kaller R，Mermet J M，Otto M，et al. 分析化学. 李克安，金钦汉，译. 北京：北京大学出版社，2001.

1.2 分析方法的分类与选择

根据分析要求、测定原理、分析对象、试样用量与待测成分含量的不同及工作性质等，分析方法可分为许多种类。

1.2.1 定性分析、定量分析和结构分析

定性分析(qualitative analysis)的任务是鉴定物质由哪些元素、原子团或化合物组成；定量分析(quantitative analysis)的任务是测定物质中有关成分的含量；结构分析(structure analysis)的任务是研究物质的分子结构、晶体结构或综合形态。

1.2.2 化学分析和仪器分析

以物质的化学反应及其计量关系为基础的分析方法称为化学分析法(chemical analysis)。化学分析法是分析化学的基础，又称经典分析法，主要有重量分析(gravimetry)(称重分析)法和滴定分析(titrimetry)(容量分析)法等。

重量分析法和滴定分析法主要用于高含量和中含量组分(又称常量组分，即待测组分的质量分数在1%以上)的测定。重量分析法的准确度很高，至今仍是一些组分测定的标准方法，但其操作繁琐，分析速度较慢。滴定分析法操作简便、条件易于控制、快速省时且测定结果的准确度高(相对误差约为±0.2%)，是重要的例行分析方法。

以物质的物理性质和物理化学性质为基础的分析方法称为物理分析法(physical analysis)和物理化学分析法(physicochemical analysis)。这类方法通过测量物质的物理或物理化学参数来进行，需要较特殊的仪器，通常称为仪器分析法(instrumental analysis)，是本套教材下册的内容。

化学分析和仪器分析是分析化学的两大分支，共同承担着大千世界各种不同的分析任务，并在化学及相关专业人才的培养中起着十分重要的作用。

1.2.3 无机分析和有机分析

无机分析(inorganic analysis)的对象是无机物质，有机分析(organic analysis)的对象是有机物质。两者分析对象不同，对分析的要求和使用的方法多有不同。针对不同的分析对象，还可以进一步分类，如冶金分析、地质分析、环境分析、药物分析、材料分析和生物分析等。

1.2.4 常量分析、半微量分析、微量分析和超微量分析

根据分析过程中所需试样量的多少，可把分析方法分为如表 1-1 中所示的几类。

表 1-1 基于试样用量的分析方法分类

分析方法	试样用量/mg	试液体积/mL
常量分析(macro)	>100	>10
半微量分析(semimicro)	10～100	1～10
微量分析(micro)	0.1～10	0.01～1
超微量分析(ultramicro)	<0.1	<0.01

根据被分析组分在试样中的相对含量的高低，可把分析方法分为常量组分(major，>1%)分析、微量组分(micro，0.01%～1%)分析、痕量组分(trace，<0.01%)分析和超痕量组分(ultratrace，约 0.000 1%)分析。

1.2.5 例行分析和仲裁分析

一般分析实验室对日常生产流程中的产品质量指标进行检查控制的分析称为例行分析(routine analysis)。不同企业部门间对产品质量和分析结果有争议时，请权威的分析测试部门进行裁判的分析称为仲裁分析(arbitral analysis)。

1.2.6 分析方法的选择

分析方法的选择通常应考虑以下几个方面：

a. 测定的具体要求，待测组分及其含量范围，待测组分的性质；

b. 共存组分的性质及对测定的影响，待测组分的分离富集；

c. 测定准确度、灵敏度的要求与对策；

d. 现有条件、测定成本及完成测定的时间要求等。

综合考虑、评价各种分析方法的灵敏度、检出限、选择性、标准偏差、置信度及分析速度、成本等因素，再查阅有关文献，拟定有关方案并进行条件试验，借助标准样检测方法的实际准确度与精密度，再进行试样的分析并对分析结果进行统计处理。

1.3 分析化学发展简史与发展趋势

分析化学有着悠久的历史，在科学史上，分析化学曾经是研究化学的开路先

锋,它对化学元素的发现、相对原子质量的测定、定比定律和倍比定律等化学基本定律的确立,以及矿产资源的勘察利用等,都曾作出过重要贡献。

一般认为,分析化学学科的发展经历了三次大的变革。第一次变革发生在20世纪初,由于物理化学溶液理论的发展,为分析化学提供了理论基础,使分析化学由一种技术发展为一门科学。第二次变革发生在20世纪中叶,物理学和电子学的发展,促进了各种仪器分析方法的发展,改变了经典分析化学以化学分析法为主的局面。20世纪70年代以来,计算机科学的发展及生命科学、环境科学、材料科学等发展的需要,基础理论及测试手段的完善,促使分析化学进入第三次变革时期。现代分析化学完全可能为各种物质提供组成、含量、结构、分布、形态等全方位的信息,因此微区分析、无损分析、瞬时分析,以及在线(on-line)、实时(real-time)甚至是活体(in vivo)原位分析等新方法应运而生。

今后,分析化学仍将为适合化学、生命科学、医学、药学、环境科学、能源科学、材料科学、安全与卫生、资源与综合利用等的发展需要,继续沿着高灵敏度、高选择性、准确、快速、简便、高通量、智能化和信息化的纵深方向发展,以解决更多、更新、更复杂的问题。在不断发展变化的大千世界中,分析化学仍将进一步发挥重要作用。

另外,在分析化学的学习、应用和科学研究中,应高度重视分析化学文献资料。分析化学文献资料的种类和形式多样,如丛书、大全、手册、教材、期刊、学位论文、技术标准、会议资料、文摘及专利等,又有音频、视频、互联网等,且数量庞大,增长迅速。作为一位分析化学工作者应能通过多种途径和媒体,查阅和利用有关的分析化学文献资料。

1.4 分析过程及分析结果的表示方法

1.4.1 分析过程

分析过程多种多样,这里主要概述定量分析过程。通常包括:试样的采集、处理与分解,试样的分离与富集,分析方法的选择与分析测定,分析结果的计算,必要的数理统计、评价和分析报告的撰写。

1. 试样的采集、处理与分解(详见本书第2章)

试样的采集与制备必须保证所得到的是具有代表性的试样(representative sample),即分析试样的组成能代表整批物料的平均组成。否则,无论后续的分析测定多么认真、多么准确,所得结果也是毫无价值的,甚至会由于提供的是没有代表性的分析结果,而给实际工作造成严重的后果。

对于各类试样的采集的具体操作方法可参阅有关的国家标准或行业标准。

2. 试样的分离与富集(详见本书第 11 章)

复杂试样中常含有多种组分,在测定其中某一组分时,共存的其他组分通常会产生干扰,因而应设法消除干扰。采用掩蔽剂消除干扰是一种有效而又简便的方法。若无合适的掩蔽方法,就需要对被测组分与干扰组分进行分离(常同时伴有富集)。常用的分离方法有沉淀分离法、萃取分离法、离子交换分离法和色谱分离法等。分离与测定常常是连续或同步进行的。

3. 分析测定

根据被测组分的性质、含量及对分析结果准确度的要求等,选择合适的分析方法进行分析测定。本套教材内容涵盖主要的化学分析法和仪器分析法,应从理论和实验两方面给以重视,熟悉各种分析方法的原理、准确度、灵敏度、选择性和适用范围等,选择正确的分析方法进行测定。

4. 分析结果的计算与评价

根据试样质量、测量所得信号(数据)和分析过程中有关反应的化学计量关系等,计算试样中有关组分的含量或浓度。分析化学中的误差与数据处理、分析化学中的质量保证与质量控制详见本书第 3 章和第 4 章。

1.4.2 分析结果的表示方法

1. 待测组分的化学表示形式

分析结果通常以待测组分实际存在形式的含量表示。例如,测得试样中氮的含量以后,根据实际情况,以 NH_3、NO_3^-、N_2O_5、NO_2^- 或 N_2O_3 等形式的含量表示分析结果。

如果待测组分的实际存在形式不清楚,则分析结果最好以氧化物或元素形式的含量表示。例如,在矿石分析中,分析结果常以各种元素的氧化物形式(如 K_2O、Na_2O、CaO、MgO、FeO、Fe_2O_3、SO_3、P_2O_5 和 SiO_2 等)的含量表示;在金属材料和有机分析中,常以元素形式(如 Fe、Cu、Mo、W 和 C、H、O、N、S 等)的含量表示。

在工业分析中,有时还用所需要的组分的含量表示分析结果。例如,分析铁矿石的目的是为了寻找炼铁的原料,这时就以金属铁的含量来表示分析结果。

电解质溶液的分析结果,常以其中所存在离子的含量表示,如以 K^+、Na^+、Ca^{2+}、Mg^{2+}、SO_4^{2-}、Cl^- 等的含量或浓度表示。

2. 待测组分含量的表示方法

(1) 固体试样

固体试样中待测组分的含量通常以质量分数表示。试样中待测物质 B 的质量以 m_B 表示,试样的质量以 m_s 表示,它们的比值称为物质 B 的质量分数,以符号 w_B 表示,即

$$w_B = \frac{m_B}{m_s} \tag{1-1}$$

应当注意的是 m_B 与 m_s 的单位应当一致。在实际工作中使用的百分比符号"%"是质量分数的一种表示方法，可理解为"10^{-2}"。例如某铁矿中铁的质量分数为 0.564 3 时，可以表示为 $w_{Fe}=56.43\%$。

当待测组分含量非常低时，可采用 $\mu g \cdot g^{-1}$（或 10^{-6}）、$ng \cdot g^{-1}$（或 10^{-9}）或 $pg \cdot g^{-1}$（或 10^{-12}）来表示[①]。

（2）液体试样

液体试样中待测组分的含量可用下列方式表示：

a. 物质的量浓度，指单位体积试液中所含待测组分的物质的量，常用单位为 $mol \cdot L^{-1}$。

b. 质量摩尔浓度，指单位质量溶剂中所含待测组分的物质的量，常用单位为 $mol \cdot kg^{-1}$。

c. 质量分数，指单位质量试液中所含待测组分的质量，量纲为 1。

d. 体积分数，指单位体积试液中所含待测组分的体积，量纲为 1。

e. 摩尔分数，指单位物质的量试液中所含待测组分的物质的量，量纲为 1。

f. 质量浓度，指单位体积试液中所含待测组分的质量，以 $g \cdot L^{-1}$、$mg \cdot L^{-1}$、$\mu g \cdot L^{-1}$ 或 $\mu g \cdot mL^{-1}$、$ng \cdot mL^{-1}$、$pg \cdot mL^{-1}$ 等表示。

（3）气体试样

气体试样中的常量或微量组分的含量，通常以体积分数或质量浓度表示。

1.5 滴定分析法概述

滴定分析法（titrimetric analysis）是主要的化学分析法，包括酸碱滴定法、配位滴定法、氧化还原滴定法及沉淀滴定法等，它们的基本原理将分别在本书第 5、第 6、第 7 和第 8 章中讨论。本节主要讨论滴定分析法的共性问题。

1.5.1 滴定分析法的特点

滴定分析法又称容量分析法，是将一种已知准确浓度的试剂（标准溶液，standard solution）通过滴定管滴加到被测物质的溶液中，或者是将被测物质的溶液滴加到标准溶液中，直到所加的试剂与被测物质按化学计量关系定量反应完全为止，然后根据试剂溶液的浓度和用量等，计算被测物质的含量或浓度。

---

① 国外教材和文献中常见以 ppm、ppb 和 ppt 表示，但需注意各国数值有所不同，如 ppb，美国和法国表示 10^{-9}，而英国和德国则表示 10^{-12}。

通常将已知准确浓度的试剂溶液称为“滴定剂”，把滴定剂从滴定管滴加到被测物质溶液中的过程称为“滴定”，加入的滴定剂与被测物质定量反应完全时，反应即到达了“化学计量点”(stoichiometric point，简称计量点，以 sp 表示)。实际中一般依据指示剂(indicator)的变色来确定是否反应完全，在滴定中指示剂改变颜色的那一点称为“滴定终点”(end point，简称终点，以 ep 表示)。滴定终点与化学计量点不一定恰好吻合，由此造成的分析误差称为“终点误差”(titration error，以 E_t 表示)。

滴定分析法简便、快速，可用于测定多种元素和化合物，特别是在常量组分分析中，由于它具有很高的准确度，故常作为标准方法使用。但滴定分析法的灵敏度较低，选择性较差，不适于微量组分的分析。

1.5.2 滴定分析法对化学反应的要求

适合滴定分析法的化学反应，应该具备以下几个条件：

a. 反应必须具有确定的化学计量关系，即反应按一定的化学反应方程式进行。这是定量计算的基础。

b. 反应必须定量地进行，即反应的完全程度要达到 99.9%以上。

c. 反应必须具有较快的反应速率。对于反应速率较慢的反应，有时可通过加热或加入催化剂来加速反应的进行。

d. 必须有适当简便的方法确定滴定终点，如指示剂法和仪器法等。

e. 具有较好的选择性，共存物不干扰测定，或有合适的消除干扰的方法。

1.5.3 滴定分析法的分类

1. 按滴定反应类型分类

根据滴定反应类型的不同，可将滴定分析法分为酸碱滴定法、配位滴定法、氧化还原滴定法及沉淀滴定法。大多数滴定分析法都在水溶液中进行，当在水以外的溶剂中进行时，则为非水滴定法。

(1) 酸碱滴定法(acid-base titration)

以质子转移反应为基础的滴定分析法称为酸碱滴定法。一般酸碱及能与酸碱直接或间接发生定量反应的物质都可以用此法滴定。例如：

强酸(碱)滴定强碱(酸)　　$H_3O^+ + OH^- = 2H_2O$

强碱滴定弱酸　　$OH^- + HA = A^- + H_2O$

强酸滴定弱碱　　$H_3O^+ + A^- = HA + H_2O$

(2) 配位滴定法(complex titration)

以配位反应为基础的滴定分析法称为配位滴定法，也称络合滴定法，常用乙二胺四乙酸二钠盐（EDTA，以 H_2Y^{2-} 表示）作滴定剂滴定金属离子，如滴定 Ca^{2+}：

$$Ca^{2+} + H_2Y^{2-} = [CaY]^{2-} + 2H^+$$

(3) 氧化还原滴定法（redox titration）

以氧化还原反应为基础的滴定分析法称为氧化还原滴定法。如高锰酸钾法滴定过氧化氢：

$$2MnO_4^- + 5H_2O_2 + 6H^+ = 2Mn^{2+} + 5O_2\uparrow + 8H_2O$$

(4) 沉淀滴定法（precipitation titration）

以沉淀反应为基础的滴定分析法称为沉淀滴定法（又称容量沉淀法）。以生成难溶性银盐为基础的沉淀滴定法称为银量法，可用于测定 Ag^+、Cl^-、Br^-、I^-、SCN^- 等离子：

$$Ag^+ + X^- = AgX\downarrow \quad (X 表示 Cl^-、Br^-、I^-、SCN^-)$$

2. 按滴定方式分类

滴定分析法也可根据滴定方式不同分为以下几类。

(1) 直接滴定法（direct titration）

凡能满足滴定分析法对化学反应的要求的反应，都可用直接滴定法，即用标准溶液直接滴定待测物质。直接滴定法是滴定分析中最常用和最基本的滴定方法。

但是，有些化学反应不完全符合上述要求，因而不能采用直接滴定法。遇到这种情况时，可采用下面几种方法进行滴定。

(2) 返滴定法（back titration）

当试液中待测物质与滴定剂反应缓慢（如 Al^{3+} 与 EDTA 的反应），或者用滴定剂直接滴定固体试样（如用 HCl 标准溶液滴定固体 $CaCO_3$）时，反应不能立即完成，故不能用直接滴定法进行滴定。此时可先准确地加入一定量且过量的标准溶液，使之与试液中的待测物质或固体试样进行反应，待完全反应后，再用另一种标准溶液滴定剩余的标准溶液，这种滴定方法称为返滴定法。对于上述 Al^{3+} 的滴定，在加入一定量且过量的 EDTA 标准溶液并完全反应后，剩余的 EDTA 可用 Zn^{2+} 或 Cu^{2+} 标准溶液返滴定；对于固体 $CaCO_3$ 的滴定，在加入一定量且过量的 HCl 标准溶液并完全反应后，剩余的 HCl 可用 NaOH 标准溶液返滴定。

有时采用返滴定法是由于某些反应没有合适的指示剂。如在酸性溶液中用 $AgNO_3$ 滴定 Cl^-，缺乏合适的指示剂，此时可先加入一定量且过量的 $AgNO_3$ 标准溶液，待完全反应后，再以铁铵矾作指示剂，用 NH_4SCN 标准溶液返滴定过量的 Ag^+，出现 $[Fe(SCN)]^{2+}$ 淡红色即为终点。

(3) 置换滴定法(replacement titration)

当待测组分所参与的反应不按一定反应式定量进行或伴有副反应时,不能采用直接滴定法。此时可先用适当试剂与待测组分反应,使其定量地置换出另一种物质,再用标准溶液滴定这种物质,这种滴定方法称为置换滴定法。例如,$Na_2S_2O_3$ 不能用来直接滴定 $K_2Cr_2O_7$ 及其他氧化剂,因为在酸性溶液中这些强氧化剂将把 $S_2O_3^{2-}$ 氧化为 $S_4O_6^{2-}$ 及 SO_4^{2-} 等的混合物,反应没有定量关系。但是,$Na_2S_2O_3$ 却是一种很好的滴定 I_2 的滴定剂,如果在 $K_2Cr_2O_7$ 的酸性溶液中加入过量 KI,使 $K_2Cr_2O_7$ 还原并产生一定量的 I_2,即可用 $Na_2S_2O_3$ 进行滴定。这种滴定方法常用于 $K_2Cr_2O_7$ 标定 $Na_2S_2O_3$ 标准溶液的浓度。

(4) 间接滴定法(indirect titration)

不能与滴定剂直接反应的物质,有时可以通过另外的化学反应,以滴定法间接进行测定。例如将 Ca^{2+} 定量沉淀为 CaC_2O_4 后,用 H_2SO_4 溶解,再用 $KMnO_4$ 标准溶液滴定与 Ca^{2+} 结合的 $C_2O_4^{2-}$,从而间接测定 Ca^{2+} 的含量。

返滴定法、置换滴定法和间接滴定法的应用大大扩展了滴定分析法的应用范围。

1.6 基准物质和标准溶液

1.6.1 基准物质

滴定分析离不开标准溶液。能用于直接配制标准溶液或标定溶液准确浓度的物质称为基准物质(primary standard substance),基准物质属于标准物质(reference material,RM)的一种,也称滴定分析标准物质。

基准物质应符合下列要求:

a. 试剂的组成与化学式完全相符,若含结晶水,如 $H_2C_2O_4 \cdot 2H_2O$、$Na_2B_4O_7 \cdot 10H_2O$ 等,其结晶水的含量均应符合化学式。

b. 试剂的纯度足够高(质量分数在 99.9%以上)。

c. 性质稳定,不易与空气中的 O_2 及 CO_2 反应,亦不易吸收空气中的水分。

d. 试剂参加滴定反应时,应按反应式定量进行,没有副反应。

e. 试剂最好有较大的摩尔质量,以减少称量误差。

常用的基准物质有纯金属和纯化合物,如 Ag、Cu、Zn、Cd、Si、Ge、Al、Co、Ni、Fe 和 NaCl、$K_2Cr_2O_7$、Na_2CO_3、邻苯二甲酸氢钾、硼砂、As_2O_3、$Na_2C_2O_4$、$CaCO_3$ 等。它们的质量分数一般在 99.9%以上,甚至可达 99.99%以上。

有些标识为高纯、超纯和光谱纯的试剂,只是表明这些试剂中特定杂质项的含量很低,并不表明它的主要成分的质量分数在 99.9%以上。有时候因为其中含有不定组成的水分和气体杂质，以及试剂本身的组成不固定等原因，使主要成分的质量分数达不到99.9%，不能用作基准物质。所以，不可随意认定基准物质。

1.6.2 标准溶液的配制

标准溶液是浓度准确、已知的溶液。配制标准溶液的方法有以下两种。

1. 直接配制法

准确称取一定量基准物质，溶解后配制成一定体积的溶液，根据物质质量和溶液体积，即可计算出该标准溶液的准确浓度。例如，称取 4.903 g 基准物质 $K_2Cr_2O_7$，用水溶解后，置于 1 L 容量瓶中，用水稀释至刻度，摇匀，即得 0.016 67 $mol \cdot L^{-1}$ $K_2Cr_2O_7$ 标准溶液。

2. 标定法（间接配制法）

有很多物质不能直接用来配制标准溶液，但可将其先配制成一种近似于所需浓度的溶液，然后用基准物质（或已经用基准物质标定过的标准溶液）来标定它的准确浓度。例如，欲配制 0.1 $mol \cdot L^{-1}$ HCl 标准溶液，先将浓 HCl 稀释配制成浓度大约为 0.1 $mol \cdot L^{-1}$ 的稀溶液，然后称取一定量的基准物质（如硼砂）进行标定，或者用已知准确浓度的 NaOH 标准溶液进行标定，这样便可求得 HCl 标准溶液的准确浓度。

在实际工作中，有时选用与被分析试样组成相似的“标准试样”来标定标准溶液，以消除共存物质的影响。

正确地配制标准溶液，准确地标定其浓度，妥善地保存和正确地使用标准溶液，对提高滴定分析的准确度是非常重要的。

1.7 滴定分析中的计算

滴定分析中会涉及一系列的计算问题，如标准溶液的配制和标定、滴定剂和待测定物质之间的计量关系、分析结果的计算等。

1.7.1 标准溶液浓度的表示方法

标准溶液的浓度通常用物质的量浓度表示。

物质 B 的物质的量浓度是指单位体积溶液中所含溶质 B 的物质的量，用符号 c_B 表示：

$$c_B = \frac{n_B}{V} \tag{1-2}$$

式中，n_B 表示溶液中溶质 B 的物质的量，单位为 mol 或 mmol；V 为溶液的体积，单位可以为 m^3、dm^3 等。在分析化学中，最常用的体积单位为 L 或 mL，浓

度 c_B 的常用单位为 $mol \cdot L^{-1}$。

例如，每升溶液中含 0.2 mol NaOH，其浓度表示为 $c_{NaOH}=0.2\ mol \cdot L^{-1}$，或者记为 $c(NaOH)=0.2\ mol \cdot L^{-1}$。又如：$c_{Na_2CO_3}=0.1\ mol \cdot L^{-1}$，即为每升溶液中含 Na_2CO_3 0.1 mol。

由于物质的量 n_B 的数值取决于基本单元的选择，因此，表示物质的量浓度时，必须指明基本单元。如某硫酸溶液的浓度，选择不同的基本单元，其摩尔质量就不同，浓度亦不相同：

$$c_{H_2SO_4}=0.1\ mol \cdot L^{-1}$$

$$c_{\frac{1}{2}H_2SO_4}=0.2\ mol \cdot L^{-1}$$

由此得出

$$c_{\frac{1}{2}B}=2c_B$$

其通式为

$$c_{\frac{b}{a}B}=\frac{a}{b}c_B \tag{1-3}$$

在生产单位的例行分析中，为了简化计算，常用滴定度表示标准溶液的浓度。滴定度(titer)是指每毫升滴定剂溶液相当于被测物质的质量(克或毫克)。例如 $T_{Fe/K_2Cr_2O_7}=0.005\ 000\ g \cdot mL^{-1}$，表示每毫升 $K_2Cr_2O_7$ 标准溶液恰好能与 0.005 000 g Fe^{2+} 反应。如果在滴定中消耗该 $K_2Cr_2O_7$ 标准溶液 21.50 mL，则被滴定溶液中铁的质量为

$$m_{Fe}=0.005\ 000\ g \cdot mL^{-1} \times 21.50\ mL=0.107\ 5\ g$$

滴定度与物质的量浓度可以换算。例如，基于 $1Cr_2O_7^{2-}$ 与 $6Fe^{2+}$ 的滴定反应，上例中每升 $K_2Cr_2O_7$ 溶液中 $K_2Cr_2O_7$ 物质的量，即它的物质的量浓度为

$$c_{K_2Cr_2O_7}=\frac{T \times 10^3\ mL \cdot L^{-1}}{M_{Fe} \times 6}=0.014\ 92\ mol \cdot L^{-1}$$

1.7.2 滴定剂与被滴定物质之间的计量关系

在直接滴定法中，设滴定剂 T(标准溶液)与被滴定物质 B 有下列化学反应：

$$tT+bB = cC+dD$$

式中，C 和 D 为滴定产物。当上述滴定反应到达化学计量点时，$t$mol 的 T 物质恰与 $b$mol 的 B 物质完全作用，生成 $c$mol 的 C 物质和 $d$mol 的 D 物质，即在滴定反应的化学计量点时，滴定剂 T 的物质的量 n_T 与被测物质 B 的物质的量 n_B 之间的比为

$$n_T : n_B = t : b$$

即

$$n_B = \frac{b}{t} n_T \quad 或 \quad n_T = \frac{t}{b} n_B \tag{1-4}$$

$\frac{b}{t}$或$\frac{t}{b}$称为反应计量数比，简称计量比。

例如在酸性溶液中，用 $H_2C_2O_4$ 作为基准物质标定 $KMnO_4$ 溶液的浓度时，滴定反应为

$$2MnO_4^- + 5C_2O_4^{2-} + 16H^+ = 2Mn^{2+} + 10CO_2 + 8H_2O$$

即可得出

$$n_{KMnO_4} = \frac{2}{5} n_{H_2C_2O_4}$$

根据实际滴定反应中滴定剂 T 物质与待测物 B 物质之间的反应计量数比，可以方便地进行各种有关滴定分析的计算，本书提倡采用这一方法。当然，也可以根据等物质的量规则计算。例如上例中，根据反应式，$KMnO_4$ 的基本单元可选为$\frac{1}{5}KMnO_4$，$H_2C_2O_4$ 的基本单元为$\frac{1}{2}H_2C_2O_4$，即相当于$\frac{1}{5}KMnO_4$ 正好与$\frac{1}{2}H_2C_2O_4$ 反应。由等物质的量规则可得

$$n_{\frac{1}{5}KMnO_4} = n_{\frac{1}{2}H_2C_2O_4}$$
$$5n_{KMnO_4} = 2n_{H_2C_2O_4}$$

同样可得出

$$n_{KMnO_4} = \frac{2}{5} n_{H_2C_2O_4}$$

在置换滴定法和间接滴定法中，涉及两个或两个以上的反应，此时应从总的反应中找出实际参加反应的物质的物质的量之间的关系。例如在酸性溶液中以 $K_2Cr_2O_7$ 为基准物质标定 $Na_2S_2O_3$ 溶液的浓度时，包括了两个反应。首先是在酸性溶液中 $K_2Cr_2O_7$ 与过量的 KI 反应析出 I_2：

$$Cr_2O_7^{2-} + 6I^- + 14H^+ = 2Cr^{3+} + 3I_2 + 7H_2O \tag{1}$$

然后用 $Na_2S_2O_3$ 溶液滴定析出的 I_2：

$$I_2 + 2S_2O_3^{2-} = 2I^- + S_4O_6^{2-} \tag{2}$$

在反应(1)中，I^- 被 $K_2Cr_2O_7$ 氧化为 I_2，但在反应(2)中，I_2 又被 $Na_2S_2O_3$

还原为 I^-。因此，实际上总反应相当于 $K_2Cr_2O_7$ 氧化了 $Na_2S_2O_3$。将反应(2)的系数乘以3，再与反应(1)合并，得

$$Cr_2O_7^{2-}+6S_2O_3^{2-}+14H^+ \longrightarrow 2Cr^{3+}+3S_4O_6^{2-}+7H_2O$$

由此得到 $K_2Cr_2O_7$ 与 $Na_2S_2O_3$ 的反应计量数比为 1∶6，即

$$n_{Na_2S_2O_3}=6n_{K_2Cr_2O_7}$$

若按等物质的量规则计算，确定 $Na_2S_2O_3$ 作为基本单元，则 $K_2Cr_2O_7$ 的基本单元为 $\frac{1}{6}K_2Cr_2O_7$。故

$$n_{Na_2S_2O_3}=n_{\frac{1}{6}K_2Cr_2O_7}=6n_{K_2Cr_2O_7}$$

1.7.3 标准溶液浓度的计算

1. 直接配制法

设基准物质 B 的摩尔质量为 M_B(g·mol^{-1})，质量为 m_B(g)，则物质 B 的物质的量为

$$n_B=\frac{m_B}{M_B} \tag{1-5a}$$

若将其配制成体积为 V_B(L)的标准溶液，它的浓度为

$$c_B=\frac{n_B}{V_B}=\frac{m_B}{V_BM_B} \tag{1-5b}$$

2. 标定法(间接配制法)

设以浓度为 c_T(mol·L^{-1})的标准溶液滴定体积 V_B(mL)的物质 B 的溶液。若在化学计量点时，用去标准溶液的体积为 V_T(mL)，则滴定剂和物质 B 的物质的量分别为

$$n_T=c_TV_T \tag{1-6a}$$

$$n_B=c_BV_B \tag{1-6b}$$

设该滴定反应计量数比为 $\frac{b}{t}$，将(1-6a)、(1-6b)式代入(1-4)式得

$$c_BV_B=\frac{b}{t}c_TV_T \tag{1-7a}$$

若已知 c_T、V_T 及 V_B，则可求出 c_B：

$$c_B=\frac{b}{t}c_T\frac{V_T}{V_B} \tag{1-7b}$$

若已知物质B的摩尔质量为M_B，则可由(1－5a)、(1－6b)和(1－7a)式，求出物质B的质量m_B：

$$m_B=n_BM_B=\frac{b}{t}c_TV_TM_B \tag{1-8a}$$

若以基准物质标定标准溶液，设所称基准物质的质量为m_T，其摩尔质量为M_T，则计算公式为

$$c_B=\frac{bm_T}{tM_TV_B} \tag{1-8b}$$

1.7.4 待测组分含量的计算

设试样的质量为m_s，测得其中待测组分B的质量为m_B，则待测组分在试样中的质量分数w_B为

$$w_B=\frac{m_B}{m_s} \tag{1-9}$$

将(1－8a)式代入上式得

$$w_B=\frac{\frac{b}{t}c_TV_TM_B}{m_s} \tag{1-10}$$

在进行滴定分析计算时应注意，通常试样的质量m_s以g为单位，滴定体积V_T以mL为单位，而浓度c_T的单位为$mol\cdot L^{-1}$，因此必须注意(1－10)式中有关数据的单位的正确统一。

前面已经介绍，若用百分数表示质量分数，则将质量分数乘以100%即可。

1.7.5 滴定分析计算示例

例1 准确称取基准物质$K_2Cr_2O_7$ 1.471 g，溶解后定量转移至250.0 mL容量瓶中。求此$K_2Cr_2O_7$溶液的浓度。

解 按(1－5b)式计算：

$$M_{K_2Cr_2O_7}=294.2\ g\cdot mol^{-1}$$

$$c_{K_2Cr_2O_7}=\frac{1.471\ g/294.2\ g\cdot mol^{-1}}{0.2500\ L}=0.02000\ mol\cdot L^{-1}$$

例2 欲配制0.1000 $mol\cdot L^{-1}$的Na_2CO_3标准溶液500 mL，应称取基准物质Na_2CO_3多少克？

解

$$M_{Na_2CO_3}=106.0\ g\cdot mol^{-1}$$

$$m_{Na_2CO_3}=c_{Na_2CO_3}V_{Na_2CO_3}M_{Na_2CO_3}$$

$$=0.1000\ \text{mol}\cdot\text{L}^{-1}\times0.5000\ \text{L}\times106.0\ \text{g}\cdot\text{mol}^{-1}$$
$$=5.300\ \text{g}$$

例 3 有 0.103 5 mol·L^{-1} NaOH 标准溶液 500 mL，欲使其浓度恰好为 0.100 0 mol·L^{-1}，需加水多少毫升？

解 设应加水的体积为 V(mL)，根据溶液稀释前后其溶质的物质的量相等的原则：

$$0.1035\ \text{mol}\cdot\text{L}^{-1}\times500\ \text{mL}=(500\ \text{mL}+V)\times0.1000\ \text{mol}\cdot\text{L}^{-1}$$

$$V=\frac{(0.1035\ \text{mol}\cdot\text{L}^{-1}-0.1000\ \text{mol}\cdot\text{L}^{-1})\times500\ \text{mL}}{0.1000\ \text{mol}\cdot\text{L}^{-1}}=17.5\ \text{mL}$$

例 4 为标定 HCl 溶液，称取硼砂($Na_2B_4O_7\cdot10H_2O$)0.471 0 g，用 HCl 溶液滴定至化学计量点时消耗 HCl 溶液 24.20 mL。求此 HCl 溶液的浓度。

解 滴定反应式为

$$5H_2O+Na_2B_4O_7+2HCl=\!=\!=4H_3BO_3+2NaCl$$

故

$$n_{HCl}=2n_{Na_2B_4O_7\cdot10H_2O}$$

$$c_{HCl}V_{HCl}=\frac{2m_{Na_2B_4O_7\cdot10H_2O}}{M_{Na_2B_4O_7\cdot10H_2O}}$$

$$c_{HCl}=\frac{2\times0.4710\ \text{g}}{381.37\ \text{g}\cdot\text{mol}^{-1}\times24.20\times10^{-3}\ \text{L}}=0.1021\ \text{mol}\cdot\text{L}^{-1}$$

例 5 称取铁矿石试样 0.500 6 g，将其溶解，使铁全部被还原为亚铁离子，用 0.015 00 mol·L^{-1} $K_2Cr_2O_7$ 标准溶液滴定至化学计量点时，用去 $K_2Cr_2O_7$ 标准溶液 33.45 mL。求试样中 Fe 和 Fe_2O_3 的质量分数。

解 滴定反应式为

$$6Fe^{2+}+Cr_2O_7^{2-}+14H^+=\!=\!=6Fe^{3+}+2Cr^{3+}+7H_2O$$

根据反应计量数比，由(1-10)式可得

$$w_{Fe}=\frac{n_{Fe^{2+}}M_{Fe}}{m_s}$$
$$=\frac{6n_{K_2Cr_2O_7}M_{Fe}}{m_s}$$
$$=\frac{6c_{K_2Cr_2O_7}V_{K_2Cr_2O_7}M_{Fe}}{m_s}$$
$$=\frac{6\times0.01500\ \text{mol}\cdot\text{L}^{-1}\times33.45\times10^{-3}\ \text{L}\times55.85\ \text{g}\cdot\text{mol}^{-1}}{0.5006\ \text{g}}$$
$$=0.3359$$

若以 Fe_2O_3 形式计算质量分数，由于每个 Fe_2O_3 分子中有两个 Fe 原子，对同一试样存在如下关系式：

$$n_{Fe_2O_3}=\frac{1}{2}n_{Fe}$$

则

$$w_{Fe_2O_3}=\frac{m_{Fe_2O_3}}{m_s}=\frac{n_{Fe_2O_3}M_{Fe_2O_3}}{m_s}$$

$$=\frac{\frac{1}{2}n_{Fe}M_{Fe_2O_3}}{m_s}$$

$$=\frac{3n_{K_2Cr_2O_7}M_{Fe_2O_3}}{m_s}$$

$$=\frac{3\times 0.015\,00\ mol\cdot L^{-1}\times 33.45\times 10^{-3}\ L\times 159.7\ g\cdot mol^{-1}}{0.500\,6\ g}$$

$$=0.480\,2$$

例 6 称取含铝试样 0.200 0 g，溶解后加入 0.020 82 $mol\cdot L^{-1}$ EDTA 标准溶液 30.00 mL，控制条件使 Al^{3+} 与 EDTA 配位完全。然后以 0.020 12 $mol\cdot L^{-1}$ Zn^{2+} 标准溶液返滴定，消耗 Zn^{2+} 标准溶液 7.20 mL。计算试样中 Al_2O_3 的质量分数。

解 EDTA(H_2Y^{2-})与 Al^{3+} 及 Zn^{2+} 的反应式为

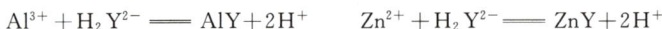

$$Al^{3+}+H_2Y^{2-} = AlY+2H^+ \qquad Zn^{2+}+H_2Y^{2-} = ZnY+2H^+$$

故

$$n_{Al_2O_3}=\frac{1}{2}n_{Al}=\frac{1}{2}n_{EDTA}$$

$$M_{Al_2O_3}=102.0\ g\cdot mol^{-1}$$

$$w_{Al_2O_3}=\left[\frac{1}{2}(0.020\,82\ mol\cdot L^{-1}\times 30.00\times 10^{-3}\ L-0.020\,12\ mol\cdot L^{-1}\times 7.20\times 10^{-3}\ L)\times 102.0\ g\cdot mol^{-1}\right]\Big/0.200\,0\ g$$

$$=0.122\,3$$

例 7 计算 0.015 00 $mol\cdot L^{-1}$ $K_2Cr_2O_7$ 溶液对 Fe、Fe_2O_3 和 Fe_3O_4 的滴定度。

解 从例 5 可知，$K_2Cr_2O_7$ 与 Fe^{2+} 的反应计量数比为 1∶6，意即每毫升 $K_2Cr_2O_7$ 标准溶液中 $K_2Cr_2O_7$ 的物质的量相当于 Fe 的物质的量的$\frac{1}{6}$，即

$$c_{K_2Cr_2O_7}=\frac{T_{Fe/K_2Cr_2O_7}}{M_{Fe}}\times\frac{1}{6}\times 1\,000\ mL\cdot L^{-1}$$

$$T_{Fe/K_2Cr_2O_7}=\frac{c_{K_2Cr_2O_7}\times M_{Fe}\times 6}{1\,000\ mL\cdot L^{-1}}=\frac{0.015\,00\ mol\cdot L^{-1}\times 55.85\ g\cdot mol^{-1}\times 6}{1\,000\ mL\cdot L^{-1}}$$

$$=0.005\,026\ g\cdot mL^{-1}$$

同理

$$T_{Fe_2O_3/K_2Cr_2O_7}=\frac{c_{K_2Cr_2O_7}\times M_{Fe_2O_3}\times 3}{1\,000\ mL\cdot L^{-1}}=\frac{0.015\,00\ mol\cdot L^{-1}\times 159.7\ g\cdot mol^{-1}\times 3}{1\,000\ mL\cdot L^{-1}}$$

$$=0.007\,186\ g\cdot mL^{-1}$$

$$T_{Fe_3O_4/K_2Cr_2O_7}=\frac{0.015\,00\ mol\cdot L^{-1}\times 231.5\ g\cdot mol^{-1}\times 2}{1\,000\ mL\cdot L^{-1}}$$

$$=0.006\,945\ g\cdot mL^{-1}$$

例 8 测定氮肥中 NH_3 的含量，称取试样 1.616 0 g，溶解后在 250.0 mL 容量瓶中定容。

移取 25.00 mL，加入过量 NaOH 溶液，将产生的 NH_3 导入到 40.00 mL $c_{\frac{1}{2}H_2SO_4}$ = 0.102 0 mol·L⁻¹的 H_2SO_4 标准溶液中吸收，剩余的 H_2SO_4 用 c_{NaOH} = 0.096 00 mol·L⁻¹ NaOH 标准溶液返滴定，消耗 17.00 mL 到达终点。计算该氮肥试样中 NH_3 的含量。

解

$$H_2SO_4 + 2NH_3 = (NH_4)_2SO_4$$

$$H_2SO_4(\text{剩余}) + 2NaOH = Na_2SO_4 + 2H_2O$$

$$c_{H_2SO_4} = \frac{1}{2}c_{\frac{1}{2}H_2SO_4} = \frac{1}{2} \times 0.102\,0\ \text{mol·L}^{-1} = 0.051\,00\ \text{mol·L}^{-1}$$

在化学计量点时 $n_{NH_3} = 2\left(n_{H_2SO_4} - \frac{1}{2}n_{NaOH}\right)$，得

$$w_{NH_3} = \frac{2\left(n_{H_2SO_4} - \frac{1}{2}n_{NaOH}\right) \times M_{NH_3}}{m_s \times \frac{25}{250}} \times 100\%$$

$$= \left[2\left(0.051\,00\ \text{mol·L}^{-1} \times 40.00\ \text{mL} - \frac{1}{2} \times 0.096\,00\ \text{mol·L}^{-1} \times 17.00\ \text{mL}\right) \times 17.03\ \text{g·mol}^{-1}\right] \Big/ \left(1.616\,0\ \text{g} \times \frac{1}{10} \times 1\,000\ \text{mL·L}^{-1}\right) \times 100\%$$

$$= 25.79\%$$

若依据等物质的量规则计算，选择 $\frac{1}{2}H_2SO_4$ 为硫酸的基本单元，NaOH 为氢氧化钠的基本单元，则

$$n_{\frac{1}{2}H_2SO_4} = n_{NaOH}$$

在化学计量点时 $n_{NH_3} = n_{\frac{1}{2}H_2SO_4} - n_{NaOH}$，得

$$w_{NH_3} = \frac{[n_{\frac{1}{2}H_2SO_4} - n_{NaOH}]M_{NH_3}}{m_s \times \frac{25}{250}} \times 100\%$$

$$= \frac{(0.102\,0\ \text{mol·L}^{-1} \times 40.00\ \text{mL} - 0.096\,00\ \text{mol·L}^{-1} \times 17.00\ \text{mL}) \times 17.03\ \text{g·mol}^{-1}}{1.616\,0\ \text{g} \times \frac{1}{10} \times 1\,000\ \text{mL·L}^{-1}} \times 100\%$$

$$= 25.79\%$$

思考题①

1. 简述分析化学的定义、任务和作用。
2. 简述分析方法的主要分类。
3. 讨论选择分析方法的基本原则。

---

① 思考题答案及习题的详细解答过程，请见配套出版的《分析化学习题解答(上册)》(曾百肇、赵发琼编，高等教育出版社 2018 年 5 月出版)。

4. 简述一般试样的分析过程。

5. 解释以下名词术语：滴定分析法、基准物质、标准溶液、化学计量点、滴定终点、终点误差、指示剂。

6. 用于滴定分析的化学反应应符合哪些条件？

7. 基准物质应具备哪些条件？

8. 简述滴定度的表示方法及意义。

9. 标定 NaOH 溶液浓度时，邻苯二甲酸氢钾（$KHC_8H_4O_4$，$M=204.23\ g\cdot mol^{-1}$）和二水合草酸（$H_2C_2O_4\cdot 2H_2O$，$M=126.07\ g\cdot mol^{-1}$）都可以作为基准物质。你认为选择哪一种更好？为什么？

10. 用什么方法配制下列各物质的标准溶液？如需标定，请给出相应的基准物质的名称，并写出各标准溶液浓度的计算式。

a. NaOH； b. HCl； c. H_2SO_4； d. NaCl； e. $Na_2S_2O_3$； f. $K_2Cr_2O_7$； g. $KMnO_4$； h. $KBrO_3$； i. $AgNO_3$。

习 题

1. 称取纯金属锌 0.325 0 g，溶于 HCl 溶液后，定量转移到 250 mL 容量瓶中，稀释定容，摇匀。计算 Zn^{2+} 溶液的浓度。

（$0.019\ 88\ mol\cdot L^{-1}$）

2. 有 $0.098\ 20\ mol\cdot L^{-1}$ 的 H_2SO_4 溶液 480 mL，现欲使其浓度增至 $0.100\ 0\ mol\cdot L^{-1}$，则应加入 $0.500\ 0\ mol\cdot L^{-1}$ 的 H_2SO_4 溶液多少毫升？

（2.16 mL）

3. 在 500 mL 溶液中，含有 9.21 g $K_4[Fe(CN)_6]$。计算该溶液的浓度及在以下反应中对 Zn^{2+} 的滴定度：

$$3Zn^{2+}+2[Fe(CN)_6]^{4-}+2K^+ = K_2Zn_3[Fe(CN)_6]_2$$

（$0.050\ 0\ mol\cdot L^{-1}$，$4.90\ mg\cdot mL^{-1}$）

4. 要求在滴定时消耗 $0.2\ mol\cdot L^{-1}$ NaOH 溶液 25～30 mL，应称取基准物质邻苯二甲酸氢钾多少克？如果改用二水合草酸作基准物质，则应称取多少克？

（1.0～1.2 g，0.3～0.4 g）

5. 含 S 有机试样 0.471 g，在氧气中燃烧使 S 氧化为 SO_2，用预中和过的 H_2O_2 将 SO_2 吸收，全部转化为 H_2SO_4，以 $0.108\ mol\cdot L^{-1}$ KOH 标准溶液滴定至终点，消耗28.2 mL。计算试样中 S 的质量分数。

（10.4%）

6. 将 50.00 mL $0.100\ 0\ mol\cdot L^{-1}$ $Ca(NO_3)_2$ 溶液加入到 1.000 g 含 NaF 的试样溶液中，过滤、洗涤。滤液及洗液中剩余的 Ca^{2+} 用 $0.050\ 00\ mol\cdot L^{-1}$ EDTA 标准溶液滴定，消耗 24.20 mL。计算试样中 NaF 的质量分数。

（31.83%）

7. 今有 $MgSO_4\cdot 7H_2O$ 纯试剂一瓶，假设不含其他杂质，但有部分失水变为 $MgSO_4\cdot$

$6H_2O$,测定其中 Mg 含量后,全部按 $MgSO_4 \cdot 7H_2O$ 计算,得其质量分数为 100.96%。计算试剂中 $MgSO_4 \cdot 6H_2O$ 的质量分数。

(12.19%)

8. 不纯 Sb_2S_3 0.251 3 g,将其置于氧气流中灼烧,产生的 SO_2 通入 $FeCl_3$ 溶液中,使 Fe^{3+} 还原为 Fe^{2+},然后用 0.020 00 mol·L^{-1} $KMnO_4$ 标准溶液滴定 Fe^{2+},消耗 $KMnO_4$ 溶液 31.80 mL。计算试样中 Sb_2S_3 的质量分数。若以 Sb 计,质量分数又为多少?

(71.64%,51.36%)

9. 已知在酸性溶液中,Fe^{2+} 与 $KMnO_4$ 反应时,1.00 mL $KMnO_4$ 溶液相当于 0.111 7 g Fe,而 1.00 mL $KHC_2O_4 \cdot H_2C_2O_4$ 溶液在酸性介质中恰好与 0.200 mL 上述 $KMnO_4$ 溶液完全反应,则需要多少毫升 0.200 0 mol·L^{-1} NaOH 溶液才能与 1.00 mL 上述 $KHC_2O_4 \cdot H_2C_2O_4$ 溶液完全中和?

(1.50 mL)

10. 用纯 As_2O_3 标定 $KMnO_4$ 溶液的浓度。若 0.211 2 g As_2O_3 在酸性溶液中恰好与 36.42 mL $KMnO_4$ 溶液反应,则该 $KMnO_4$ 溶液的浓度是多少?

(0.023 45 mol·L^{-1})

11. 称取大理石试样 0.230 3 g,溶于酸中,调节酸度后加入过量 $(NH_4)_2C_2O_4$ 溶液,使 Ca^{2+} 沉淀为 CaC_2O_4。过滤、洗净,将沉淀溶于稀 H_2SO_4 中。溶解后的溶液用浓度为 $c_{\frac{1}{5}KMnO_4}=0.201\ 2$ mol·L^{-1}的 $KMnO_4$ 标准溶液滴定,消耗 22.30 mL。计算大理石中 $CaCO_3$ 的质量分数。

(97.39%)

12. Cr^{3+} 因与 EDTA 反应缓慢而采用返滴定法测定。某含 Cr(Ⅲ)的药物试样 2.63 g 经处理后加入 5.00 mL 0.010 3 mol·L^{-1} EDTA 标准溶液。反应完毕,剩余的 EDTA 需 1.32 mL 0.012 2 mol·L^{-1} Zn^{2+} 标准溶液返滴定至终点。计算此药物试样中 $CrCl_3$(M=158.35 g·mol^{-1})的质量分数。

(0.213%)

13. 计算质量浓度为 5.442 g·L^{-1}的 $K_2Cr_2O_7$ 标准溶液的物质的量浓度,以及该溶液对 Fe_3O_4(M=231.54 g·mol^{-1})的滴定度(mg·mL^{-1})。

(0.018 50 mol·L^{-1},8.567 mg·mL^{-1})

14. 0.200 g 某含锰试样中锰含量的分析过程如下:加入 50.0 mL 0.100 mol·L^{-1} $(NH_4)_2Fe(SO_4)_2$ 标准溶液还原 MnO_2 到 Mn^{2+},完全还原以后,过量的 Fe^{2+} 在酸性溶液中用 0.020 0 mol·L^{-1} $KMnO_4$ 标准溶液滴定,需 $KMnO_4$ 溶液 15.0 mL。计算该试样中锰的含量[以 Mn_3O_4(M=228.8 g·mol^{-1})的形式表示]。

反应为

$$5Fe^{2+}+MnO_4^-+8H^+ = 5Fe^{3+}+Mn^{2+}+4H_2O$$
$$2Fe^{2+}+MnO_2+4H^+ = Mn^{2+}+2Fe^{3+}+2H_2O$$

(66.7%)

15. 国家标准规定,化学试剂 $FeSO_4 \cdot 7H_2O$(M=278.01 g·mol^{-1})的含量:99.50%~100.5%为一级(GR);99.00%~100.5%为二级(AR);98.00%~101.0%为三级(CP)。现以

$KMnO_4$ 法测定，称取试样 1.012 g，在酸性介质中用 0.020 34 mol·L^{-1} $KMnO_4$ 标准溶液滴定至终点时消耗 35.70 mL。计算此试剂中 $FeSO_4 \cdot 7H_2O$ 的质量分数，并判断此试剂符合哪一级化学试剂标准。

（99.75%，一级化学试剂）

16. CN^- 可通过 EDTA 间接滴定法测定，即加入一定量且过量的 Ni^{2+} 与 CN^- 反应生成 $[Ni(CN)_4]^{2-}$，过量的 Ni^{2+} 用 EDTA 标准溶液滴定，此时 $[Ni(CN)_4]^{2-}$ 不发生反应。取 12.70 mL含 CN^- 的试液，加入 25.00 mL Ni^{2+} 标准溶液以形成 $[Ni(CN)_4]^{2-}$，过量的 Ni^{2+} 需与 10.10 mL 0.013 00 mol·L^{-1} EDTA 标准溶液完全反应。已知 39.30 mL 0.013 00 mol·L^{-1} EDTA 标准溶液与 30.00 mL 上述 Ni^{2+} 标准溶液完全反应。计算试液中 CN^- 的物质的量浓度。

（0.092 76 mol·L^{-1}）

17. 称取硫酸铝试样 0.373 4 g，用水溶解，溶液中加入 $BaCl_2$ 定量沉淀 SO_4^{2-} 为 $BaSO_4$，沉淀经过滤、洗涤，溶入 50.00 mL 0.021 21 mol·L^{-1} EDTA 标准溶液中，过量的 EDTA 用 11.74 mL 浓度为 0.025 68 mol·L^{-1} 的 $MgCl_2$ 标准溶液滴定至终点。计算试样中 $Al_2(SO_4)_3$ 的质量分数。

（23.17%）

第2章 分析试样的采集与处理

试样的采集与处理是分析工作中的重要环节，它们直接影响试样的代表性和分析结果的可靠性。因此，要想所得分析结果能反映原始物料的真实情况，除了要根据试样的性质和分析要求选择合适的分析测定方法和仔细操作外，还要注重前期的试样采集与处理。由于待分析物料的形态和性质多种多样，因此对于不同的物料，其采集和处理方法也各有所别。本章仅就常见的一些试样采集和处理方法作简单介绍。

2.1 试样的采集

试样的采集（sampling）是指从大批物料中采取少量样本作为原始试样（gross sample）。原始试样再经加工处理后用于分析，其分析结果被视作反映原始物料的实际情况。因此，所采集的试样应具有高度的代表性，即采集的试样的组成能代表全部物料的平均组成，否则，后续分析工作将毫无实际意义。更为严重的是，所得到的无代表性的分析结果可能会干扰实际工作的开展，甚至带来巨大的损失。为了保证采样的代表性（有时也称准确性），又不致花费过多的人力和物力，采样时应依照一定的原则和方法进行。不同类型物料的采样方法不太一样，具体可参阅相关的国家标准方法和各行业制定的行业标准方法。

2.1.1 固体试样

固体物料种类繁多、形态各异，物料的性质和均匀程度差别较大。其中组成不均匀的物料有矿石、煤炭、废渣、土壤等，其颗粒大小不等，硬度相差也大；组成较均匀的有谷物、金属材料、化肥、水泥等。由于固体物料的成分分布不均，因此应按一定方式选择在不同点采样，然后混合（有时不混合，而分别处理和分析）以保证所采试样的代表性。采样点的选择方法有多种，如随机地选择采样点（即随机采样法）；根据一定规则（如在同一平面均匀布点，每隔一定深度选取一个采样面）选择采样点（即系统采样法）；根据有关分析组分分布信息等，并结合一定规则选择采样点（即判断-系统采样法）等。对于传送带上采样，则每隔一定时间采取一个横截面份样。随机采样法的采样点应比较多才能保证有高的代表性，系统采样法、判断-系统采样法等因选点已有一定代表性，所以选取的采样点可相对少些。

一般来说，采样单元数越多，所得试样的组成就越具有代表性，但所耗人力、物力将相应增加。因此，采样应在能达到预期要求的前提下，尽可能做到节省。显然，采样单元数与对采样准确度的要求有关。其次，采样单元数还与物料组成的均匀性和颗粒大小、分散程度有关。假设测量误差很小，分析结果与原始物料平均值的误差主要是由采样引起的，则包含物料总体平均值的区间为

$$\mu=\bar{x}\pm\frac{ts}{\sqrt{n}} \tag{2-1a}$$

式中，μ 为整批物料中某组分的平均含量；$\bar{x}$ 为所采试样中该组分的平均含量；t 为与采样单元数和置信度有关的统计量，其值见第 3 章表 3-3；s 为各个试样单元含量标准偏差的估计值；n 为采样单元数。

设 E 为分析试样中某组分含量和整批物料中该组分平均含量的差，即 $E=\bar{x}-\mu$，由此可得出下述公式：

$$n=\left(\frac{ts}{E}\right)^2 \tag{2-1b}$$

可见，对分析结果的准确度要求越高，即 E 越小，采样单元数就越多；物料越不均匀、分散度越大，s 就越大，要达到同样的准确度，采样单元数也需增加。若置信度要求高，则 t 值变大，采样单元数相应增多。

例 1 已知某堆矿石中各块矿石含铁量的标准偏差约为 0.20%，若要求在置信度为 95%时所采试样与整堆矿石中铁的平均含量的误差不高于 0.15%，则采样单元数 n 至少应为多少？

解 先假设采样单元数为∞，由第 3 章表 3-3 可知，$t=1.96$，则

$$n_1=\left(\frac{1.96\times0.20}{0.15}\right)^2=6.8\approx7$$

$n=7$ 时，查表 $t=2.45$，则

$$n_2=\left(\frac{2.45\times0.20}{0.15}\right)^2=10.7\approx11$$

$n=11$ 时，查表 $t=2.23$，则可求得 $n_3=9$。如此反复迭代，当 n 值不再变化时（如果计算结果为小数，则 n 取其整数部分+1），即为该题的解。本题中 $n=10$ 时不再变化，即需从 10 个采样点分别采集一份试样。

试样混合后经适当处理再进行分析，也可以不经混合，分别处理后分析，取其平均值。

平均试样采集量与物料的均匀性、粒径大小、破碎难易有关。根据经验，可通过切乔特公式估算，即

$$Q\geqslant Kd^2 \tag{2-2}$$

式中，Q(kg)为平均试样采集量的最小值；d(mm)为试样中最大颗粒直径；K 为反映物料特性的系数，因物料种类和性质不同而异，它由各部门根据经验拟定，

通常为 0.05～1。

2.1.2 液体试样

液态物料有水、饮料、油和工业溶剂等，它们一般比较均匀，因此采样单元数可以较少。对于体积较小的物料，通常可在搅匀后用瓶子或取样管采一份样用于分析。但当物料的量较大时，人为的搅拌难以有效地使物料混合均匀，此时应在不同的位置和深度分别采样，以保证它的代表性。对于水样，应根据具体情况，采用相应的方法采样。如采集水管中或有泵水井中的水样，采样前需让水龙头或泵先放水 10～15 min，然后再用干净试剂瓶收集水样。在采集江、河、池、湖中的水样时，首先要根据分析目的及水系的具体情况选择好采样地点，然后用采样器在不同采样点、不同深度各取一份水样，分别混合均匀后作为分析试样。对于管网中的水，一般需定时收集 24 h 水样，混合后作为分析试样。

液态物料的采样器常为塑料或玻璃瓶，一般情况下两者均可使用。但当要检测试样中的有机物时，宜选用玻璃器皿，而要测定试样中微量的金属元素时，则宜选用塑料采样器，以减少容器吸附和产生的微量被测组分的影响。

液体试样的化学组成易因溶液中的化学、生物和物理作用而发生变化。因此，试样一旦采好，除非马上对其进行测试，不然都应采取适当保存措施，以防止或减少存放期间试样的变化。常用的保存措施有：控制溶液的 pH、加入化学稳定试剂、冷藏和冷冻、避光和密封等。采取这些措施旨在减缓生物作用、化合物的水解、氧化还原作用及减少组分的挥发。保存期长短与待测物的稳定性及保存方法有关。表 2-1 所示为几种常见的液体试样保存方法及应用范围。

液体试样适合于大多数分析方法的检测，因此，原始液体试样一般不需额外处理便可用于测定。

表 2-1 几种常见的液体试样保存方法及应用范围

保存方法	作用	测定项目
加 $HgCl_2$	抑制细菌生长	多种形式的氮、多种形式的磷、有机氯农药
加 HNO_3，pH<2	防止金属沉淀	多种金属
加 H_2SO_4，pH<2	抑制细菌生长，与有机碱形成盐类	有机水样（化学需氧量、油和油脂、有机碳），氨、胺类
加NaOH	与挥发性酸性化合物形成盐类	氰化物、有机酸类
冷冻	抑制细菌生长，减慢化学反应速率	酸度、碱度、生物需氧量、色、臭、有机磷、有机氯、有机碳等

2.1.3 气体试样

气体试样有汽车尾气、工业废气、大气、压缩气体及气溶物等。最简单的气体试样采集方法为用泵将气体充入取样容器中，一定时间后将其封好即可。但在选择容器时应注意它对微量成分的影响。由于气体贮存困难，大多数气体试样采用装有吸收液、固体吸附剂或过滤器的装置收集。吸收液用于收集气态和蒸气状态物质，常用的吸收液有水溶液和有机溶液；固体吸附剂用于挥发性气体（蒸气压约大于 0.1 Pa）和半挥发性气体（蒸气压为 10^{-7}～0.1 Pa）的采集，许多无机物（如硅胶、氧化铝、分子筛）、有机聚合物和炭可用作吸附剂；过滤器用于收集气溶胶中的非挥发性组分。用吸收液或固体吸附剂采样时，是让一定量气体通过相应的装置，有时为了提高收集效率还用冷阱对收集装置进行冷却。用过滤器收集非挥发性物质（常为固体颗粒或与固体颗粒结合的成分），是让一定量气体通过一过滤装置，固体颗粒即被收集在玻璃纤维滤网上。这些采样方法均使被测组分得到了富集，因此常被称为浓缩采样法。

对于大气，应根据被测组分的存在状态（气态、蒸气或气溶胶）、浓度及测定方法的灵敏度，选用直接法或浓缩法采样。对于贮存在大容器（如贮气柜或槽）内的物料，因上下的密度和均匀性可能不同，应在上、中、下等不同处采样后混匀用于分析。

气体试样的化学成分通常较稳定，不需采取特别措施保存。对于用固体吸附剂和过滤器采集的试样，可通过加热脱附或用适当的溶剂溶解、洗脱后用于分析。用其他方法采集的气体试样一般也不需制备即可用于分析。

2.1.4 生物试样

生物物料不同于一般的有机和无机物料，其组成因部位和时季不同有较大差异。因此，采样时应根据研究或分析需要选取适当部位和生长发育阶段进行，也就是说采样除应注意有群体代表性外，还应有适时性和部位典型性。采样量应根据分析项目而定，须保证试样经处理、制备后，还有足够数量以满足需要。

对于植物试样，采集好后需用清洁水洗净，并及时用滤纸吸干或置干燥通风处晾干，或者用干燥箱烘干。用于鲜样分析的试样，应立即进行处理（如切细、捣碎、研磨等）和分析。当天未分析完的鲜样，应暂时置冰箱内保存。若要测定生物试样中的酚、亚硝酸、有机农药、维生素、氨基酸等在生物体内易发生转化、降解或不稳定的成分，一般应采用新鲜试样进行分析。

若需进行干样分析，可先将风干或烘干后的试样粉碎，再根据分析方法的要求，分别通过 40～100 号的筛，然后混匀备用。处理过程中应避免所用器皿带来的污染。由于生物试样的含水量很高，若要进行干样分析，其鲜样采集量应为所需干样量的 5～10 倍。

对于动物试样，如动物的尿液、血液、脑脊液、唾液、胃液、胆汁、乳液、粪便、毛发、指甲、骨、脏器和呼出的气体等，采集好后应根据分析项目的要求对试样进行适当处理。如毛发和指甲，采样后要用中性洗涤剂处理，经蒸馏水冲洗后，再用丙酮、乙醚、酒精或 EDTA 溶液洗涤。对于采得的血液试样，可根据分析需要分别在自然凝固后离心分离、加抗凝剂（如柠檬酸钠－葡萄糖混合溶液）、进一步离心分离，以得到所需的血清、全血和血浆。

2.2 试样的制备

分析实验中所需试样量一般为零点几克至几克，而原始试样的量一般很大（数千克至数十千克），且其组成复杂，化学成分的分布常常不均匀。因此，需对其进行加工处理，使其数量大为减少，但又能代表原始试样。通常要将其制备成 100～300 g 供分析用的最终试样，即实验室试样（laboratory sample）。由于液体和气体试样在混匀后取少量即可用于分析，因此，试样的制备主要是针对不均匀的固体试样而言。这里以矿石试样为例，简要介绍固体试样的制备方法。

将原始固体试样处理成分析试样一般需要经过如下过程。

（1）破碎和过筛

用机械或人工方法将试样逐步破碎，一般分为粗碎、中碎和细碎等阶段。粗碎用颚式碎样机把试样粉碎至能通过 4～6 号筛；中碎用盘式碎样机把粗碎后的试样磨碎至能通过约 20 号筛；细碎用盘式碎样机进一步磨碎，必要时用研钵研磨，直至能通过所要求的筛孔为止。分析试样要求的粒度与试样的分解难易等因素有关，一般要求通过 100～200 号筛。

矿石中的粗颗粒与细颗粒的化学成分常常不同，因此在任何一次过筛时，都应将未通过筛孔的粗颗粒进一步破碎，直至全部过筛为止，而不可将粗颗粒弃去，否则会影响分析试样的代表性。

筛子一般是用细铜合金丝制成的，其筛孔大小用筛号（或网目）表示，我国现用的标准筛的筛号及相应的孔径如表 2－2 所示。

表 2－2 标准筛的筛号及孔径

筛号（网目）	3	6	10	20	40	60	80	100	120	140	200
筛孔直径/mm	6.72	3.36	2.00	0.83	0.42	0.25	0.177	0.149	0.125	0.105	0.074

（2）混合与缩分

试样每经一次破碎后，使用机械（分样器）或人工方法取出一部分有代表性的试样，继续加以破碎，这样就可使试样量逐步减少，这个过程称为缩分。常用的手工缩分方法是四分法（quartering）。这种方法是将已粉碎的试样充分混匀后堆成圆锥形，然后将它压成圆饼状，再通过圆饼中心按“十”字形将其分为四等份，弃去任意对角的两份，将留下的一半试样收集在一起混匀。这样试样便缩减了一半，称为一次缩分。经过多次缩分后，剩余试样可减少至所需量。但缩分的次数不是随意的，而是根据需保留的试样量确定的。每次缩分后应保留的试样量与试样的粒度有关。欲使试样量减少，粒度就要足够小，不然就应在进一步破碎后，再缩分。

关于试样保留量与粒度的关系，有不同的经验公式，其中较简单的为前面提到的切乔特公式，即(2-2)式。

例 2 有试样 20 kg，粗碎后最大颗粒粒径为 6 mm 左右，设 K 值为 0.2，问采用四分法可缩分几次？如缩分后，再破碎至全部通过 10 号筛，问可再缩分几次？

解 $d=6$ mm，$K=0.2$ 时，最少试样量为 $Q=Kd^2=0.2\times6^2$ kg$=7.2$ kg。

缩分一次后余下的量为 $Q=20\times\frac{1}{2}$ kg$=10$ kg$>Kd^2$。若再缩分一次则 $Q=10\times\frac{1}{2}$ kg$=5$ kg$<Kd^2$，因此只能缩分一次，留下的试样量为 10 kg。

破碎过 10 号筛后，$d=2$ mm，$Q=Kd^2=0.2\times2^2$ kg$=0.80$ kg，即保留的试样量最少为 0.80 kg。$10\times\left(\frac{1}{2}\right)^n\geqslant0.80$，$n=3$，因此，可以再缩分三次。

2.3 试样的分解

在分析工作中，除少数干法分析（如光谱分析等）外，其余的分析方法基本上都要求试样为溶液，因此，若试样不是溶液，则需通过适当方法将其转化成溶液，这个过程称为试样的分解。试样的分解是分析工作的重要组成部分，它不仅关系到待测组分是否转变为合适的形态，也关系到后续的分离和测定。

在分解试样时，必须注意使试样分解完全，得到的溶液中不应残留原试样的细屑或粉末；若为部分分解试样，则应确保被测组分完全转入溶液中。此外，试样分解过程中待测组分不应挥发损失，不应引入被测组分和干扰物质。分解试样的方法较多，可根据试样的组成和特性、待测组分性质及分析目的，选择合适的方法进行分解。下面介绍的是几种常见的分解方法。

2.3.1 溶解法

溶解法是指采用适当的溶剂将试样溶解制备成溶液，这种方法比较简单、快速。水是重要溶剂之一，碱金属盐、铵盐、无机硝酸盐及大多数碱土金属盐和一些有机物等易溶于水，因此可用水溶解。对于不溶于水的试样，可用酸、碱或混合酸等溶解。下述是几种常用的酸、碱溶解剂。

(1) 盐酸

盐酸是分解试样的强酸之一，它可以溶解金属活泼顺序中氢以前的铁、钴、镍、铬、锌等活泼金属及多数金属氧化物、氢氧化物、碳酸盐、磷酸盐和多种硫化物。盐酸中的 Cl^- 可以和许多金属离子生成较稳定的配离子(如$[FeCl_4]^-$、$[SbCl_4]^-$等)，因此盐酸可溶解这些金属矿石。Cl^- 还有弱的还原性，所以它也是一些氧化性试样如软锰矿(MnO_2)、铅丹($2PbO\cdot PbO_2$)、氧化钴(Co_3O_4、Co_2O_3)的好溶剂。

盐酸和 Br_2 的混合溶液具有很强的氧化性，可有效地分解大多数硫化矿物。盐酸和 H_2O_2 的混合溶液可以溶解钢、铝、钨、铜及其合金等。用盐酸溶解砷、锑、硒、锗的试样，生成的氯化物在加热时易挥发而造成损失，应加以注意。

(2) 硝酸

硝酸兼有酸性和氧化性两重作用，溶解能力强且速度快。除铂族金属、金和某些稀有金属外，浓硝酸能溶解几乎所有的金属试样及其合金、大多数的氧化物、氢氧化物和几乎所有的硫化物。但金属铝、铬、铁等被氧化后，在金属表面形成一层致密的氧化物薄膜，产生钝化现象，阻碍金属继续溶解。为了溶去氧化物薄膜，必须再加些非氧化性的酸，如盐酸，才能达到溶解的目的。例如，用硝酸和盐酸溶解铬，反应式如下：

$$2Cr+2HNO_3 = Cr_2O_3+2NO\uparrow+H_2O$$
$$Cr_2O_3+6HCl = 2CrCl_3+3H_2O$$

(3) 硫酸

除钡、锶、钙、铅外，其他金属的硫酸盐一般都溶于水，因此，硫酸可以溶解铁、钴、镍、锌等金属及其合金和铝、铍、锰、钍、钛、铀等矿石。硫酸沸点高(338 ℃)，可在高温下分解矿石，或用于逐去挥发性酸(如 HCl、HNO_3、HF)和水分。在加热蒸发过程中要注意在冒出 SO_3 白烟时应停止加热，以免生成难溶于水的焦硫酸盐。浓硫酸有强氧化性和脱水作用，可破坏有机物而析出碳，碳在高温下又被氧化为 CO_2：

$$2H_2SO_4+C = CO_2\uparrow+2SO_2\uparrow+2H_2O$$

因此，试样中含有有机物时，可用浓硫酸除去。

(4) 磷酸

磷酸为中强酸，PO_4^{3-} 具有很强的配位能力，它能溶解很多其他酸不能溶解的矿石[如铬铁矿、钛铁矿、铝矾土、金红石(TiO_2)]和许多硅酸盐矿物(如高岭土、云母、长石等)。在钢铁分析中，含高碳、高铬、高钨的合金钢等，用磷酸溶解效果较好，但需注意的是在加热溶解过程中温度不宜过高，时间不宜过长，以免析出难溶性焦磷酸盐。

（5）高氯酸

浓高氯酸在加热情况下，特别是在接近沸点（203 ℃）时，是一种强氧化剂和脱水剂。铬、钨可被氧化成 $H_2Cr_2O_7$ 和 H_2WO_4，所以常用来分解不锈钢和其他铁合金、铬矿石、钨铁矿等。矿石中的硅分解后形成的硅酸能迅速脱水，得到易于过滤的 SiO_2。

使用热浓高氯酸时，必须注意避免与有机物接触，以免引起爆炸。所以，对含有机物和还原性物质的试样，应先在加热条件下用硝酸将其破坏，然后再用高氯酸分解，或直接用硝酸和高氯酸的混合溶液分解。在分解过程中应随时补加硝酸，待试样全部分解后，才能停止补加硝酸。一般来说，使用高氯酸分解试样应在有硝酸存在的条件下进行，这样才较安全。

（6）氢氟酸

氢氟酸是较弱的酸，但具有强的配位能力。氢氟酸主要用于分解硅酸盐，使其生成挥发性的 SiF_4。在分解硅酸盐和含硅化合物时，常与硫酸混合使用。HF 与 As(Ⅴ)、B(Ⅲ)、Te(Ⅳ)、Fe(Ⅲ)、Al(Ⅲ)、Ti(Ⅳ)、W(Ⅴ)、Nb(Ⅴ)等能形成挥发性的氟化物或配位化合物，因此氢氟酸也可用于含 As、B、Te、Fe 等的试样的分解。用氢氟酸分解试样时，应在铂皿或聚四氟乙烯器皿中进行。后者在 250 ℃以下是稳定的，当温度达 400～450 ℃时，聚四氟乙烯会解聚产生有毒的全氟异丁烯气体。

氢氟酸对人体有害，使用时应注意安全。

（7）混合酸

混合酸具有比单一酸更强的溶解能力。例如，单一酸不能溶解的 HgS，可溶于混合酸王水（1 份浓 HNO_3 + 3 份浓 HCl）中：

$$HgS + 2NO_3^- + 4H^+ + 4Cl^- = HgCl_4^{2-} + 2NO_2\uparrow + 2H_2O + S$$

这是因为硝酸具有氧化作用，将 S^{2-} 氧化成 S，而盐酸能供给大量的 Cl^-，与 Hg^{2+} 结合成很稳定的配离子 $[HgCl_4]^{2-}$。王水还可以溶解金、铂等贵金属。除王水外，常用的混合酸还有：

a. 硫酸-磷酸　具有强酸性，其中 H_3PO_4 有一定的配位能力。混合酸的沸点高，可用于分解高合金钢、低合金钢、铁矿、钒钛矿及含铌、钽、钨、钼的矿石。

b. 硫酸-硝酸　具有强氧化性，用于分解钼、锆、锡金属及黄铁矿、方铅矿、锌矿石等。在钢铁分析中常用此混合溶解剂。

c. 浓硫酸-高氯酸　具有强氧化性，主要用于分解金属镓、铬矿石等。

d. 盐酸-过氧化氢　具有氧化性，过量的 H_2O_2 可通过加热除去，主要用于分解铜与铜合金。

(8) 氢氧化钠和氢氧化钾溶液

常用于溶解两性金属铝、锌及其合金，以及它们的氧化物、氢氧化物等。用稀 NaOH 或 KOH 溶液还可以溶解 WO_3、MoO_3、GeO_2 和 V_2O_5 等酸性氧化物。用它们分解试样可在银、铂或聚四氟乙烯器皿中进行。

对于有机试样中的低级醇、多元酸、糖类、氨基酸、有机酸的碱金属盐，可用水或酸、碱水溶液溶解。许多有机物不溶于水但可溶于有机溶剂，因此可用有机溶剂溶解。例如，酚和有机酸易溶于乙二胺、丁胺等碱性有机溶剂；生物碱等易溶于甲酸、冰醋酸等酸性有机溶剂。此外也可根据相似相溶原理选择溶剂，极性有机化合物用甲醇、乙醇等极性有机溶剂溶解；非极性有机化合物用氯仿、四氯化碳、苯、甲苯等非极性有机溶剂溶解。溶剂的选择还可参考有关资料。表 2-3 列出了几种溶解高聚物的有机溶剂。

表 2-3 工业高聚物的溶剂

高聚物	溶剂
聚苯乙烯、醋酸纤维、醋酸-丁酸纤维素	甲基异丁基酮
聚丙烯腈、聚氯乙烯、聚碳酸酯	二甲替甲酰胺
聚氯乙烯-聚乙烯共聚物	环己酮
聚酰胺	60% 甲酸
聚醚	甲醇

2.3.2 熔融法

熔融法(fusion)是指将试样与酸性或碱性固体熔剂混合，在高温下让其进行反应，使待测组分转变为可溶于水或酸的化合物，如钠盐、钾盐、硫酸盐或氯化物等。不溶于水、酸和碱的无机试样一般可采用这种方法分解。熔融法分解能力强，但熔融时要加入大量熔剂(一般为试样量的 6～12 倍)，故会带入熔剂本身的离子和其中的杂质。此外，熔融时坩埚材料的腐蚀也会引入杂质。因此，如果试样的大部分组分可溶于酸等溶剂，则先用酸等使试样的大部分溶解，将不溶的部分过滤，然后再用较少量的熔剂进行熔融，将熔融物的溶液与溶解部分的溶液合并，制备成分析试液。

根据熔剂(flux)性质的不同，熔融法可分为酸熔法和碱熔法两种。酸熔法适合于分解碱性试样(如钛铁矿、镁砂等)，碱熔法宜用于熔融酸性试样(如酸性矿渣、酸性炉渣和酸性难溶试样)。常用的熔剂及其性质如下。

(1) $K_2S_2O_7$ 或 $KHSO_4$

$K_2S_2O_7$ 的熔点为 419 ℃，$KHSO_4$ 的熔点为219 ℃，后者经灼烧亦转化为 $K_2S_2O_7$：

$$2KHSO_4 \xlongequal{} K_2S_2O_7 + H_2O\uparrow$$

所以，两者的作用是一样的。这种熔剂在 300 ℃以上可与碱或中性氧化物作用，生成可溶性的硫酸盐，如分解金红石：

$$TiO_2 + 2K_2S_2O_7 \xlongequal{} Ti(SO_4)_2 + 2K_2SO_4$$

该法常用于分解氧化铝、氧化铬、氧化锆、四氧化三铁、钛铁矿、铬矿、中性耐火材料（如铝砂、高铝砖）及碱性耐火材料（如镁砂、镁砖）等。

用 $K_2S_2O_7$ 熔剂进行熔融时，温度不要超过 500 ℃，以防止产生的 SO_3 过多，熔剂被过早地损耗掉。熔融物冷却后用水溶解时，应加入少量酸，以免有些产物[如 $Ti(SO_4)_2$、$Zr(SO_4)_2$]发生水解而产生沉淀。

(2) 铵盐混合熔剂

采用铵盐混合熔剂熔样，效果也较好。铵盐混合熔剂熔解能力强、分解速度快，试样在 2～3 min 内即可分解完全。它分解试样是基于铵盐分解产生的无水酸等在高温下与试样发生强的化学作用。一些铵盐的热分解反应如下：

$$NH_4F \xlongequal{\text{约 110 ℃}} NH_3\uparrow + HF\uparrow$$

$$5NH_4NO_3 \xlongequal{\text{高于 190 ℃}} 4N_2\uparrow + 9H_2O\uparrow + 2HNO_3$$

$$NH_4Cl \xlongequal{\text{330 ℃}} NH_3\uparrow + HCl\uparrow$$

$$(NH_4)_2SO_4 \xlongequal{\text{350 ℃}} 2NH_3\uparrow + H_2SO_4$$

对于不同试样可以选用不同比例的上述铵盐的混合物。用此法熔样一般采用瓷坩埚，对于硅酸盐试样则采用镍坩埚，在 110～350 ℃下熔融，铵盐的用量为试样量的 10～15 倍。

(3) KHF_2

KHF_2 为弱酸性熔剂，浸取熔块时，F^- 具有配位作用。熔剂的用量为试样量的 8～10 倍，置于铂皿中在低温下熔融。主要用于分解硅酸盐、稀土和钍的矿石。

(4) Na_2CO_3 或 K_2CO_3

Na_2CO_3 或 K_2CO_3 常用于分解硅酸盐和硫酸盐等，熔融时发生复分解反应，使试样中的阳离子转变为可溶于酸的碳酸盐或氧化物，阴离子则转变为可溶性的钠盐。如熔融钠长石（$NaAlSi_3O_8$）和重晶石（$BaSO_4$）的反应分别为

$$NaAlSi_3O_8 + 3Na_2CO_3 \xlongequal{} NaAlO_2 + 3Na_2SiO_3 + 3CO_2\uparrow$$

$$BaSO_4 + Na_2CO_3 \xlongequal{} Na_2SO_4 + BaCO_3$$

Na_2CO_3 的熔点为 853 ℃，K_2CO_3 的熔点为 890 ℃，在熔融时常将其混合使

用，熔点可降低至约 712 ℃。有时为了增强氧化性，采用 Na_2CO_3 与 KNO_3 的混合熔剂，这样可以使 Cr_2O_3 转化为 Na_2CrO_4，MnO_2 转化为 Na_2MnO_4。如果在 Na_2CO_3 熔剂中加入硫，则可使含砷、锑、锡的试样转变为硫代酸盐而溶解。如锡石（SnO_2）的分解反应为

$$2SnO_2 + 2Na_2CO_3 + 9S \xlongequal{} 3SO_2\uparrow + 2Na_2SnS_3 + 2CO_2\uparrow$$

（5）Na_2O_2

Na_2O_2 是强氧化性、强碱性熔剂，它能分解难溶于酸的铁、铬、镍、钼、钨的合金和各种铂合金，以及难分解的矿石，如铬矿石、钛铁矿、绿柱石、铌－钽矿石、锆英石和电气石等。由于 Na_2O_2 的强氧化性，矿石中的元素可被转化为高价状态。如铬铁矿的分解反应为

$$2FeO\cdot Cr_2O_3 + 7Na_2O_2 \xlongequal{} 2NaFeO_2 + 4Na_2CrO_4 + 2Na_2O$$

有时为了降低熔融温度，可采用 Na_2O_2 与 NaOH 的混合熔剂。为了减缓氧化作用的剧烈程度，可采用 Na_2O_2 与 Na_2CO_3 的混合熔剂，用来分解硫化物或砷化物矿石。

（6）NaOH 或 KOH

NaOH 或 KOH 常用来分解硅酸盐、磷酸盐矿物、钼矿石和耐火材料等。用 NaOH 或 KOH 分解黏土的反应为

$$Fe_2O_3\cdot 2SiO_2\cdot H_2O + 6NaOH \xlongequal{} 2NaFeO_2 + 2Na_2SiO_3 + 4H_2O\uparrow$$

氢氧化物熔剂的优点是熔融速度快、熔块易溶解，而且熔点低（NaOH 熔点为 318 ℃，KOH 熔点为 380 ℃）。因此，氢氧化物熔融法得到了广泛应用。

2.3.3 半熔法

半熔法（semi melting method）又称烧结法，它是在低于熔点的温度下，使试样与熔剂发生反应。与熔融法相比，半熔法的温度较低，加热时间较长，不易损坏坩埚，通常可以在瓷坩埚中进行，不需要贵金属器皿。如以 MgO（或 ZnO）与一定比例的 Na_2CO_3 混合物为熔剂分解矿石及煤试样中的硫，MgO、ZnO 的作用在于其熔点高，可以预防 Na_2CO_3 在约 800 ℃灼烧时熔合，使其保持疏松状态，便于空气中的氧较快氧化完试样，同时使反应产生的气体容易逸出。

又如用碳酸钙与氯化铵的混合物做熔剂在铁（或镍）坩埚内于 750～800 ℃分解硅酸盐试样，测定其中的 K^+、Na^+ 等，K^+、Na^+ 转变为可溶的氯化物。

采用熔融法和半熔法分解试样时，应注意将试样和熔剂研匀，分解后用水或酸浸取熔块，然后根据分析工作的需要，再制成分析试液。

2.3.4 干式灰化法

干式灰化法(dry ashing)适于分解有机和生物试样,以便测定其中的金属、硫及卤素元素的含量。该法一般是将试样放在坩埚内,先在电炉上预烧、碳化,然后转置马弗炉中闷烧(一般为 400～700 ℃)。在分解过程中大气中的氧起氧化剂的作用,燃烧后留下的无机残余物通常用少量浓盐酸或热的浓硝酸浸取,然后定量转移到玻璃容器中。在干式灰化时,根据需要可加入少量的某种氧化性物质于试样中做助剂,以提高试样灰化效率。硝酸镁是常用的助剂之一。对于液态或湿的动、植物细胞组织,在进行灰化分解前应先通过蒸汽浴或轻度加热的方法干燥。马弗炉应逐渐加热到所需温度,以防止着明火或起泡沫。

氧瓶燃烧法也常用于干式灰化,它是由薛立格(Schöniger)于 1955 年创立的。这种方法最初主要用于卤素和硫的快速测定,后来被推广应用于测定有机化合物中的非金属和金属元素。该法是将试样包在定量滤纸内,用铂金片夹牢,放入充满氧气的锥形烧瓶中进行燃烧,燃烧产物用适当的吸收液吸收。试样中的卤素、硫、磷及金属元素分别形成卤素离子、硫酸根、磷酸根及金属氧化物溶解在吸收液中。氧瓶燃烧法分解试样完全,燃烧产物吸收液可直接进行元素分析,适于少量试样的分解。另外,其操作简便、快速。

有机化合物中碳、氢元素的测定,通常采用燃烧法分解试样,即将有机试样置于铂舟内,加适量金属氧化物催化剂,然后让其在氧气流中充分燃烧。此时,碳定量转化为 CO_2,氢定量转化为 H_2O。将燃烧生成的 CO_2 和 H_2O 分别用预先称重并盛有适当吸收剂的吸收管吸收。一般采用烧碱石棉吸收 CO_2,高氯酸镁吸收 H_2O。然后根据吸收管增加的质量,计算有机试样中碳和氢的含量。

干式灰化法的另一种方式,称为低温灰化法。该法通过射频放电产生的强活性氧自由基在低温下破坏有机物质。低温灰化法的温度一般保持在 100 ℃以下,这样可以最大限度地减少挥发损失。

干式灰化法的优点是不需加入或只加入少量试剂,这样避免了外部引入的杂质,而且方法简便。其缺点是因少数元素挥发及器皿壁黏附金属而造成损失。

2.3.5 湿式消化法

湿式消化法(wet digestion)通常将硝酸和硫酸混合物与试样一起置于克氏烧瓶内,在一定温度下进行煮解,其中硝酸能破坏大部分有机物。在煮解过程中,硝酸被蒸发,最后剩下硫酸,当开始冒出浓厚的 SO_3 白烟时,在烧瓶内进行回流,直到溶液变得透明为止。在消化过程中,硝酸将有机物氧化为二氧化碳、水及其他挥发性产物,剩下无机酸或盐。使用体积比为 3∶1∶1 的硝酸、高氯酸和硫酸的混合物进行消化,能收到更好的效果。高氯酸在脱水和受热时是一种强氧化剂,能破坏微量的有机物。若加入少量的钼(Ⅵ)盐作催化剂,则这种混合酸的消化效果更佳,并能缩短消化时间。混合酸能使锌、硒、砷、铜、钴、银、镉、锑、钼、锶和铁等元素定量回收。要防止低氧化态硒的挥发性化合物的形成,必须有高氯酸存在。它能维持消化过程中的氧化状态和防止炭化。有时也使用硝酸和高氯酸的混合物进行消化。应当注意,高氯酸不能直接加入到有机或生物试样中,而应先加入过量的硝酸,这样可以防止高氯酸引起爆炸。在使用高氯酸分解有机试样时,应当由有经验的分析人员进行操作。

对于容易形成挥发性化合物的被测物质(如砷、汞等),一般采用蒸馏的方式进行消化分解。这样,既能避免挥发损失和产生有害物质,又能使分解和分离同时进行。

克氏(Kjeldahl)法是测定有机化合物中氮含量的重要方法。该法是于有机试样中加入硫酸和硫酸钾溶液进行消化,硫酸钾的作用是提高酸溶液的沸点。通常还加入硒粉(或汞、铜盐)作催化剂,以提高消化效率。在消化过程中,试样中的氮定量转化为 NH_4HSO_4 或 $(NH_4)_2SO_4$。

湿式消化法的优点是速度快,缺点是有可能因加入试剂而引入杂质,因此,应尽可能使用高纯度的试剂。干式灰化法和湿式消化法所需的时间因试样的性质和分析要求不同而异,干式灰化法一般为 2～4 h,湿式消化法一般为 0.5～1 h。

2.3.6 微波辅助消解法

除在常温和一般加热条件下分解试样外,也可采用微波加热辅助分解。微波辅助消解法(microwave digestion)是利用试样和适当的溶(熔)剂吸收微波能产生热量加热试样,同时微波产生的交变磁场使介质分子极化,极化分子在高频磁场交替排列导致分子高速振荡,使分子获得高的能量。由于这两种作用,试样表层不断被搅动和破裂,因而迅速溶(熔)解。由于微波能是同时直接转递给溶液(或固体)中的各分子的,因此溶液(固体)可整体快速升温,加热效率高。微波消解一般采用密闭容器,这样可以加热到较高温度和较高压力,使分解更有效,同时也可减少溶剂用量和易挥发组分的损失。这种方法可用于有机和生物试样的氧化分解,也可用于难熔无机材料的分解。

值得一提的是,对于有机和生物试样,如果不是测定其中的无机成分含量,而是要测定有机或生物分子的含量,就不能采用湿法消化和干法灰化等对试样进行完全分解,而应该根据试样的类型(如浆汁、体液、组织)和被测组分的性质,采用溶剂萃取、溶液提取、沉淀、色谱分离等方法将其提取出来,再制备成适当的溶液用于分析。这样可避免破坏待测组分的结构并减少对生物活性物质的活性的影响。如果涉及细胞组分的测定,则事先还需用机械(如研磨)、物理(如超声破碎、反复融冻)或化学(如加丙酮、丁醇或氯仿等有机溶剂)等方法破坏细胞膜，以便释放出内容物。

应当指出的是分解试样是为了后续的测定，为了能简便、快速地进行测定，试样分解最好与干扰组分的分离相结合。例如，铝合金中 Fe、Mn、Ni 的测定，如用 NaOH 溶液溶解试样，此时 Fe、Mn、Ni 形成沉淀，过滤后再用酸溶解沉淀，制成分析试液，可避免大量 Al 的干扰。又如铬铁矿中铬的测定，若用 Na_2O_2 作为熔剂进行熔融，然后用水浸取熔块，Cr 被氧化成 CrO_4^{2-} 留在溶液中，Fe 等重金属则形成氢氧化物沉淀。这样，过滤后酸化，制备分析试液，可避免铁等元素的干扰。

2.4　测定前的预处理

试样经分解后有时还需进一步处理才能用于测定。处理的方法应根据试样的组成和采用的测定方法而定，不同的分析方法和分析项目对试样的要求不一样。对试样的处理一般应考虑下述几个方面。

(1) 试样的状态

根据分析方法和分析项目的要求，将试样转化成固态、水溶液、非水溶液等形式，以适于待测组分的结构、形态和含量等的测定。处理的方法有蒸发、萃取、离子交换、吸附等。一般化学分析和仪器分析在水溶液中进行；红外光谱、光电子能谱表征等要求试样为固态或非水溶液。

(2) 被测组分的存在形式

被测组分的氧化数、存在形式(如游离态、配位化合物、盐等)应适当。可采用适当的化学方法将其转变为所需形式。

(3) 被测组分的浓度或含量

各种分析方法均有一定的适用范围，被测组分的浓度或含量应在所用分析方法的检测范围内才能保证测定结果的准确性。因此，对于含量低的组分，应采取分离、富集的方法使其含量提高；对于含量很高的试样，可适当稀释，然后再进行测定，以减少测定误差。

(4) 共存物的干扰

根据共存物的干扰情况，测定前可采取化学掩蔽和沉淀、萃取、离子交换等分离方法消除干扰组分的影响。具体方法见本书第 11 章相关内容。

(5) 辅助试剂的选择

有时在测定前尚需向被测试样中加入一些辅助试剂，以便较好地检测被测组分，如催化剂、增敏剂、显色剂等。这些可根据相关分析手册或具体实验确定。

试样的预处理方法很多，针对具体的试样应根据实验或参考资料采取相适用的方法。处理得当，不仅可简化操作手续，还可提高分析结果的准确性。因此，试样的预处理在分析工作中非常重要。

思考题

1. 为了探讨某江河地段底泥中工业污染物的聚集情况，某单位于不同地段采集足够量的原始平均试样，混匀后，取部分试样送交分析部门。分析人员称取一定量试样，经处理后，用不同方法测定其中有害化学成分的含量。这样做对不对，为什么？

2. 分解无机试样与有机试样的主要区别有哪些？

3. 测定锌合金中 Fe、Ni、Mg 的含量，宜采用什么溶剂溶解试样？

4. 欲测定硅酸盐中 SiO_2 的含量，应选用什么方法分解试样？若是测定其中的 Fe、Al、Ca、Mg、Ti 的含量，又该如何？

5. 镍币中含有少量铜、银，欲测定其中铜、银的含量，有人将镍币的表层擦洁后，直接用稀硝酸溶解部分镍币制备试液，根据称量镍币在溶解前后的质量之差，确定试样的质量，然后用不同的方法测定试液中铜、银的含量。这样做对不对，为什么？

6. 微波辅助消解法有哪些优点？

习　题

1. 某批铁矿石，其各个采样单元间标准偏差的估计值为 0.61%，若允许的采样误差为 0.48%，测定 8 次，置信度选定为 90%，则采样单元数应为多少？

(7)

2. 某物料取得 8 份试样，经分别处理后测得其中硫酸钙含量的标准偏差为 0.23%，如果允许的误差为 0.20%，置信度选定为 95%，则在分析同样的物料时，应选取多少个采样单元？

(8)

3. 一批物料总共 400 捆，各捆间标准偏差的估计值为 0.40%，如果允许误差为0.30%，假定置信度为 90%，试计算采样时的基本单元数。

(7)

4. 已知铅锌矿的 K 值为 0.1，若矿石的最大颗粒直径为 30 mm，则最少应采取试样多少千克才有代表性？

(90 kg)

5. 采集锰矿试样 15 kg，经粉碎后矿石的最大颗粒直径为 2 mm，设 K 值为 0.3，则可缩分至多少千克？

(1.9 kg)

6. 分析新采的土壤试样，得如下结果：H_2O 5.23%，烧失量 16.35%，SiO_2 37.92%，Al_2O_3 25.91%，Fe_2O_3 9.12%，CaO 3.24%，MgO 1.21%，K_2O+Na_2O 1.02%。将试样烘干，除去水分，计算剩余各成分在烘干土中的质量分数。

(17.25%，40.01%，27.34%，9.62%，3.42%，1.28%，1.08%)

第3章　分析化学中的误差与数据处理

3.1　分析化学中的误差

定量分析的目的是通过一系列分析步骤来准确测定试样中待测组分的含量。但是，在分析过程中，由于受某些主观因素和客观条件的限制，所得结果不可能绝对准确，即使是技术很熟练的分析人员，在相同条件下用同一方法对同一试样仔细地进行多次测量，也不能得到完全一致的分析结果。这表明分析过程中存在误差，且它是不可能完全避免或消除的。因此，在进行定量测定时，必须对分析结果的可靠性和准确度做出合理的判断和正确的表达。了解分析过程中产生误差的原因及其特点，有助于采取相应措施尽量减少误差，使分析结果达到一定的准确度。

3.1.1　误差与偏差

误差有两种表示方法：绝对误差(absolute error，E)和相对误差(relative error，E_r)。绝对误差是测量值(measured value，x)与真实值(true value，x_T)之间的差值，即

$$E = x - x_T \tag{3-1a}$$

绝对误差的单位与测量值的单位相同，误差越小，表示测量值与真实值越接近，准确度越高；反之，误差越大，准确度越低。当测量值大于真实值时，误差为正值，表示测定结果偏高；反之，误差为负值，表示测定结果偏低。

相对误差是指绝对误差相当于真实值的百分率，表示为

$$E_r = \frac{E}{x_T} \times 100\% = \frac{x - x_T}{x_T} \times 100\% \tag{3-1b}$$

相对误差有大小、正负之分。相对误差反映的是误差占真实值的比例大小，因此在绝对误差相同的条件下，待测组分含量越高，相对误差越小；反之，相对误差越大。

无论是计算绝对误差还是相对误差，都涉及真值 x_T。所谓真值就是指某一物理量本身具有的客观存在的真实数值。严格地说，任何物质中各组分的真实含量是不知道的，用测量的方法是得不到真值的。那么如何计算误差呢？在分析化学中常将下面的值当做真值来处理：

a. 理论真值，如某化合物的理论组成等。

b. 计量学约定真值，如国际计量大会上确定的长度、质量、物质的量的单位等。

c. 相对真值。人们设法采用各种可靠的分析方法，使用最精密的仪器，经过不同实验室、不同人员进行平行分析，用数理统计方法对分析结果进行处理，确定出各组分相对准确的含量。此值称为标准值，一般用标准值代表该物质中各组分的真实含量。这种真值是相对而言的，如科学实验中使用的标准试样中组分的含量等。

例 1 用重量分析法测定纯 $BaCl_2 \cdot 2H_2O$ 试剂中 Ba 的含量，结果为 56.14%、56.16%、56.17%、56.13%，计算测定结果的绝对误差和相对误差。

解 先求四次测定的平均值：

$$\overline{x}=\frac{56.14\%+56.16\%+56.17\%+56.13\%}{4}=56.15\%$$

纯 $BaCl_2 \cdot 2H_2O$ 中 Ba 的理论含量为真值，查得 Ba 的 $A_r=137.33$，$BaCl_2 \cdot 2H_2O$ 的 $M_r=244.27$，则

$$x_T=\frac{137.33}{244.27}\times 100\%=56.22\%$$

绝对误差：

$$E=\overline{x}-x_T=56.15\%-56.22\%=-0.07\%$$

相对误差：

$$E_r=\frac{E}{x_T}\times 100\%=\frac{-0.07\%}{56.22\%}\times 100\%=-0.12\%$$

在实际分析工作中，一般要对试样进行多次平行测定，以求得分析结果的算术平均值。在这种情况下，通常用偏差来衡量所得结果的精密度。偏差（deviation，d）表示测量值与平均值（mean，$\overline{x}$）的差值：

$$d=x-\overline{x} \tag{3-2}$$

若 n 次平行测定数据为 x_1、x_2、…、x_n，则 n 次测量数据的算术平均值 $\overline{x}$ 为

$$\overline{x}=\frac{x_1+x_2+\cdots+x_n}{n}=\frac{1}{n}\sum_{i=1}^{n}x_i \tag{3-3}$$

在数理统计中也常使用中位数（median，x_M），即将一组测量数据按从小到大的顺序排列起来，当测量值的个数 n 是奇数时，排在正中间的那个数据即为中位数；当 n 为偶数时，中间相邻两个测量值的平均值是中位数。中位数与平均值相比，其优点是受离群值的影响较小，且当 n 很大时，求中位数就简单多了，其缺点是不能充分利用数据。

一组数据中各单次测定的偏差分别为

$$d_1=x_1-\overline{x}$$
$$d_2=x_2-\overline{x}$$
$$\cdots\cdots$$
$$d_n=x_n-\overline{x}$$

显然这些偏差必然有正有负，还有一些偏差可能为零。如果将各单次测定的偏差相加，其和应为零或接近零。即

$$\sum_{i=1}^{n} d_i=0 \tag{3-4}$$

为了表明分析结果的精密度(precision)，将各单次测定偏差的绝对值平均，称为单次测定结果的平均偏差($\overline{d}$)：

$$\overline{d}=\frac{1}{n}(|d_1|+|d_2|+\cdots+|d_n|)=\frac{1}{n}\sum_{i=1}^{n}|d_i| \tag{3-5a}$$

平均偏差 $\overline{d}$ 代表一组测量值中任何一个数据的偏差，没有正负号。因此，它最能表示一组数据间的重现性。在一般分析工作中平行测定次数不多时，常用平均偏差来表示分析结果的精密度。

单次测定结果的相对平均偏差($\overline{d}_r$)为

$$\overline{d}_r=\frac{\overline{d}}{\overline{x}}\times100\% \tag{3-5b}$$

当测定次数较多时，常使用标准偏差(standard deviation，s)或相对标准偏差(relative standard deviation，RSD，s_r)来表示一组平行测定值的精密度。

单次测定的标准偏差的表达式为

$$s=\sqrt{\frac{\sum_{i=1}^{n}(x_i-\overline{x})^2}{n-1}} \tag{3-6a}$$

相对标准偏差亦称变异系数，为

$$s_r=\frac{s}{\overline{x}}\times100\% \tag{3-6b}$$

标准偏差通过平方运算，能将较大的偏差更显著地表现出来，因此，标准偏差能更好地反映测定值的精密度。实际工作中，都用相对标准偏差表示分析结果的精密度。

偏差也可以用全距(range,R,也称极差)表示,它是一组测量数据中最大值与最小值之差:

$$R = x_{\max} - x_{\min} \tag{3-7}$$

用该法表示偏差,简单直观,便于运算。它的不足之处是没有利用全部测量数据。

例 2 用光度法测定某试样中微量铜的含量,6 次测定结果分别为 0.21%、0.23%、0.24%、0.25%、0.24%、0.25%,计算单次测定的平均偏差、相对平均偏差、标准偏差、相对标准偏差及极差。

解 先求平均值:

$$\overline{x} = \frac{1}{n}\sum_{i=1}^{n} x_i = \frac{0.21\% + 0.23\% + 0.24\% + 0.25\% + 0.24\% + 0.25\%}{6} = 0.24\%$$

单次测定的偏差分别为

$$d_1 = 0.21\% - 0.24\% = -0.03\% \qquad d_2 = 0.23\% - 0.24\% = -0.01\%$$

$$d_3 = 0.24\% - 0.24\% = 0 \qquad d_4 = 0.25\% - 0.24\% = 0.01\%$$

$$d_5 = 0.24\% - 0.24\% = 0 \qquad d_6 = 0.25\% - 0.24\% = 0.01\%$$

平均偏差:

$$\overline{d} = \frac{\sum_{i=1}^{n} |d_i|}{n} = \frac{0.03\% + 0.01\% + 0 + 0.01\% + 0 + 0.01\%}{6} = 0.01\%$$

相对平均偏差:

$$\overline{d}_r = \frac{\overline{d}}{\overline{x}} \times 100\% = \frac{0.01\%}{0.24\%} \times 100\% = 4.2\%$$

标准偏差:

$$s = \sqrt{\frac{\sum_{i=1}^{n} (x_i - \overline{x})^2}{n-1}}$$

$$= \sqrt{\frac{(0.03\%)^2 + (0.01\%)^2 + (0)^2 + (0.01\%)^2 + (0)^2 + (0.01\%)^2}{6-1}} = 0.015\%$$

相对标准偏差:

$$s_r = \frac{s}{\overline{x}} \times 100\% = \frac{0.015\%}{0.24\%} \times 100\% = 6.25\%$$

极差:

$$R = x_{\max} - x_{\min} = 0.25\% - 0.21\% = 0.04\%$$

3.1.2 准确度与精密度

对一种分析方法的评价首先要看准确度如何。准确度(accuracy)表示测量值与真值的接近程度，因此应该用误差来衡量。误差越小，分析结果的准确度越高；反之，误差越大，准确度越低。

精密度表示几次平行测定结果之间的相互接近程度，用偏差来衡量。偏差越小，精密度越好。在分析化学中，有时用重现性（repeatability）和再现性（reproducibility）表示不同情况下分析结果的精密度。前者表示同一分析人员在同一条件下所得分析结果的精密度，后者表示不同分析人员或不同实验室之间在各自的条件下所得结果的精密度。

准确度与精密度的关系可通过下面的例子形象地加以说明。图 3-1 表示甲、乙、丙、丁 4 人用同一方法同时测定一铁矿石中 Fe_2O_3 含量（真值以质量分数表示为 50.36%）的结果。由图可见，甲的准确度与精密度都好，结果可靠；乙的精密度虽然很高，但准确度低；丙的精密度与准确度都很差；丁的平均值虽接近真实值，但 4 次平行测定的精密度很差，只是由于大的正负误差互相抵消才使结果接近真实值，因此这个结果是巧合得到的，是不可靠的。

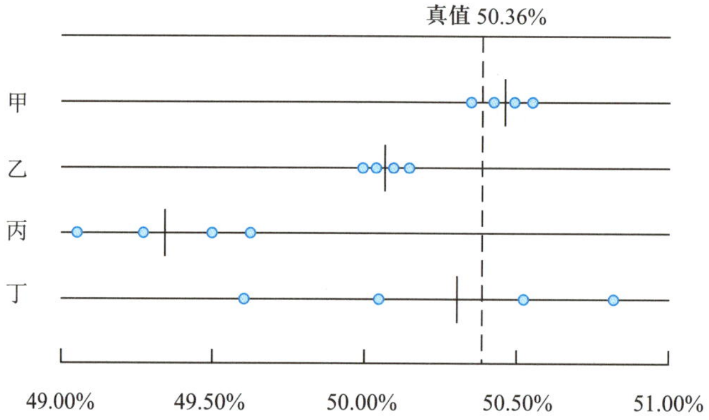

图 3-1　不同分析人员的分析结果

以上例子说明：精密度很高，测定结果的准确度不一定高，可能有系统误差存在，如图 3-1 中乙的情况。精密度低，说明测定结果不可靠，此时再考虑准确度就没有意义了。因此，准确度高一定要求精密度高，即精密度是保证准确度的前提。在确认消除了系统误差的情况下，可用精密度表达测定的准确度。

3.1.3　系统误差和随机误差

在定量分析中，对于各种原因导致的误差，根据误差的来源和性质的不同，可以分为系统误差（systematic error）和随机误差（random error）两大类。

1. 系统误差

系统误差是由某种固定的原因造成的，具有重复性、单向性。理论上，系统误差的大小、正负是可以测定的，所以系统误差又称可测误差。根据系统误差产生的具体原因，可将其分为以下几类。

（1）方法误差

这种误差是由于不适当的实验设计或所选择的分析方法不恰当造成的。例如，在重量分析中，沉淀的溶解损失、共沉淀和后沉淀、灼烧时沉淀的分解或挥发等；在滴定分析中，反应不完全、有副反应发生、存在干扰离子影响、滴定终点与化学计量点不一致等，都会引起测定结果系统偏高或偏低。

（2）仪器和试剂误差

仪器误差来源于仪器本身不够精确，如天平砝码质量、容量器皿刻度和仪表刻度不准确等。试剂误差来源于试剂或蒸馏水不纯，如试剂和蒸馏水中含有少量的被测组分或干扰物质，会使分析结果系统偏高或偏低。

（3）操作误差

在进行分析测定时，由于分析人员的操作不够正确所引起的误差称为操作误差。例如，称样前对试样的预处理不当；对沉淀的洗涤次数过多或不够；灼烧沉淀时温度过高或过低；滴定终点判断不当等。

（4）主观误差

这种误差是由于分析人员本身的一些主观因素造成的，又称个人误差。例如，在滴定分析中辨别滴定终点颜色时，有人偏深，有人偏浅；在读滴定管刻度时个人习惯性地偏高或偏低等。在实际工作中，没有分析工作经验的人往往以第一次测定结果为依据，第二次测定时主观上尽量向其第一次测定结果靠近，这样也容易引起主观误差。

2. 随机误差

随机误差亦称偶然误差，它是由某些难以控制且无法避免的偶然因素造成的。例如，测定过程中环境条件（温度、湿度、气压等）的微小变化，分析人员对各份试样处理时的微小差别等。这些不可避免的偶然因素使分析结果在一定范围内波动而引起随机误差。由于随机误差是由一些不确定的偶然原因造成的，其大小和正负不定，有时大，有时小，有时正，有时负，因此，随机误差是无法测量的，是不可避免的，也是不能加以校正的。例如，一个很有经验的人，进行很仔细的操作，对同一试样进行多次分析，得到的分析结果并不会完全一样，而是有高有低。随机误差的产生难以找出确定的原因，似乎没有规律性，但是当测量次数足够多时，从整体看随机误差是服从统计分布规律的，因此可以用数理统计的方法来处理。

除了系统误差和随机误差外，在分析过程中往往会遇到由于疏忽或差错引起的所谓“过失误差”，其实质就是一种错误，不能称为误差。例如，操作过程中有沉淀的溅失或沾污；试样溶解或转移时不完全或损失；称样时试样洒落在容器外；读错刻度；记录和计算错误；不按操作规程加错试剂等，这些都属于不允许的过失，一旦发生只能重做实验，这种结果决不能纳入平均值的计算中。

3.1.4 公差

公差是生产部门对分析结果误差允许的一种限量，如果误差超出允许的公差范围，该项分析工作就应重做。公差范围的确定，与诸多因素有关。首先是根据实际情况对分析结果准确度的要求而定。例如，对一般工业分析，允许的误差范围宽一些，其相对误差在千分之几到百分之几，而相对原子质量的测定，要求的相对误差要小得多。其次，公差范围常依试样组成及待测组分含量而不同。组成愈复杂，引起误差的可能性就愈大，允许的公差范围就宽一些。工业分析中，被测组分含量与公差范围的关系一般如下：

被测组分的质量分数/%	90	80	40	20	10	5	1.0	0.1	0.01	0.001
公差(相对误差)/%	±0.3	±0.4	±0.6	±1.0	±1.2	±1.6	±5.0	±20	±50	±100

此外，由于各种分析方法所能达到的准确度不同，公差的范围也因此有所不同。例如，比色、极谱和光谱分析法的相对误差较大，而重量法和滴定法的相对误差就小些，因此，规定公差的允许范围，要根据具体情况而定。例如，对钢中硫含量分析的允许公差范围的规定如下：

硫的质量分数/%	≤0.020	0.020～0.050	0.050～0.100	0.100～0.200	≥0.200
公差(绝对误差)/%	±0.002	±0.004	±0.006	±0.010	±0.015

如果含硫量为0.032%，若测得结果为0.035%，就符合公差要求。

3.1.5 误差的传递

在定量分析中，分析结果是根据各测量值和一定的公式运算得到的，该结果也称间接测量值。既然每个测量值都有各自的误差，因此各测量值的误差会传递到分析结果中去，进而影响分析结果的准确度。那么如何由这些测量值的误差来估算分析结果的误差？这就需要研究运算过程中误差的传递规律。误差传递(propagation of error)的规律依系统误差和随机误差有所不同，还与运算的方法有关，下面分别加以说明。

设测量值为 A、B、C，其绝对误差为 E_A、E_B、E_C，相对误差为 $\frac{E_A}{A}$、$\frac{E_B}{B}$、$\frac{E_C}{C}$，

标准偏差为 s_A、s_B、s_C，计算结果用 R 表示，R 的绝对误差为 E_R，相对误差为 $\frac{E_R}{R}$，标准偏差为 s_R。

1. 系统误差的传递

(1) 加减法

若分析结果的计算式为 $R=A+B-C$，则

$$E_R=E_A+E_B-E_C \tag{3-8a}$$

即在加减运算中，分析结果的绝对系统误差等于各测量值的绝对系统误差的代数和。若将 E 看做是微小的变化，则此式可通过对计算式微分得到。如果有关项有系数，如

$$R=A+mB-C$$

则

$$E_R=E_A+mE_B-E_C \tag{3-8b}$$

(2) 乘除法

若分析结果的计算式为 $R=\frac{AB}{C}$，则

$$\frac{E_R}{R}=\frac{E_A}{A}+\frac{E_B}{B}-\frac{E_C}{C} \tag{3-9a}$$

如果计算式带有系数，如

$$R=m\frac{AB}{C}$$

同样可得

$$\frac{E_R}{R}=\frac{E_A}{A}+\frac{E_B}{B}-\frac{E_C}{C} \tag{3-9b}$$

即在乘除运算中，分析结果的相对系统误差等于各测量值相对系统误差的代数和，与系数无关。

(3) 指数关系

若分析结果的计算式为 $R=mA^n$，则

$$\frac{E_R}{R}=n\frac{E_A}{A} \tag{3-10}$$

即分析结果的相对系统误差为测量值的相对系统误差的指数倍。

(4) 对数关系

若分析结果的计算式为 $R=m\lg A$，则

$$E_R = 0.434m\frac{E_A}{A} \tag{3-11}$$

即分析结果的绝对系统误差为测量值的相对系统误差的 0.434m 倍。

2. 随机误差的传递

随机误差用标准偏差 s 来表示最好，因此随机误差的传递均以标准偏差表示。有关的计算式可根据标准偏差的定义及对结果计算式微分导出。

(1) 加减法

若分析结果的计算式为 $R=A+B-C$，则

$$s_R^2 = s_A^2 + s_B^2 + s_C^2 \tag{3-12a}$$

即在加减运算中，不论是相加还是相减，分析结果的标准偏差的平方(称方差)都等于各测量值的标准偏差的平方之和。

若有关项有系数，如

$$R = aA + bB - cC$$

则有

$$s_R^2 = a^2s_A^2 + b^2s_B^2 + c^2s_C^2 \tag{3-12b}$$

(2) 乘除法

若分析结果的计算式为 $R=\dfrac{AB}{C}$，则

$$\frac{s_R^2}{R^2} = \frac{s_A^2}{A^2} + \frac{s_B^2}{B^2} + \frac{s_C^2}{C^2} \tag{3-13}$$

即在乘除运算中，不论是相乘还是相除，分析结果的相对标准偏差的平方等于各测量值的相对标准偏差的平方之和。

若有关项有系数，如

$$R = m\frac{AB}{C}$$

其误差传递公式与(3-13)式相同，与系数无关。

(3) 指数关系

若分析结果的计算式为 $R=mA^n$，则

$$\left(\frac{s_R}{R}\right)^2 = n^2\left(\frac{s_A}{A}\right)^2 \text{ 或 } \frac{s_R}{R} = n\frac{s_A}{A} \tag{3-14}$$

即分析结果的相对标准偏差为测量值相对标准偏差的 n 倍。

(4) 对数关系

若分析结果的计算式为 $R=m\lg A$，则

$$s_R = 0.434m\frac{s_A}{A} \tag{3-15}$$

即分析结果的标准偏差为测量值相对标准偏差的 0.434m 倍。

例 3　设天平称量时的标准偏差 $s=0.10$ mg，求称量试样的标准偏差 s_m。

解　称取试样时，无论是用差减法称量，还是将试样置于适当的称样器皿中进行称量，都需要称量两次，读取两次平衡点（包括零点）。试样质量 m 是两次称量所得质量 m_1 与 m_2 之差值，即

$$m=m_1-m_2 \quad 或 \quad m=m_2-m_1$$

读取称量 m_1 和 m_2 时平衡点的偏差，都要反映到 m 中去。因此，根据(3-12a)式，求得

$$s_m=\sqrt{s_1^2+s_2^2}=\sqrt{2s^2}=0.14\ \text{mg}$$

例 4　用 0.100 0 mol·L^{-1}(c_2) HCl 标准溶液标定 20.00 mL(V_1) NaOH 溶液的浓度，耗去HCl 25.00 mL(V_2)，已知用移液管量取溶液时的标准偏差为 $s_1=0.02$ mL，每次读取滴定管读数时的标准偏差为 $s_2=0.01$ mL，假设 HCl 溶液的浓度是准确的，计算 NaOH 溶液的浓度。

解　首先计算 NaOH 溶液的浓度(c_1)：

$$c_1=\frac{c_2V_2}{V_1}=\frac{0.100\,0\ \text{mol}\cdot\text{L}^{-1}\times 25.00\ \text{mL}}{20.00\ \text{mL}}=0.125\,0\ \text{mol}\cdot\text{L}^{-1}$$

V_1 及 V_2 的偏差对 c_1 的影响，以随机误差的乘除法运算方式传递，且滴定管有两次读数误差。

移液管体积 V_1 的标准偏差：

$$s_{V_1}=s_1=0.02$$

滴定管体积 V_2 的标准偏差：

$$s_{V_2}^2=s_2^2+s_2^2=0.01^2+0.01^2=2\times 0.01^2$$

以上两项标准偏差传递至计算结果 c_1 的标准偏差 s_{c_1} 为

$$\frac{s_{c_1}^2}{c_1^2}=\frac{s_{V_1}^2}{V_1^2}+\frac{s_{V_2}^2}{V_2^2}=\frac{0.02^2}{20.00^2}+\frac{2\times 0.01^2}{25.00^2}=1.32\times 10^{-6}$$

$$s_{c_1}^2=c_1^2\times 1.32\times 10^{-6}=0.125\,0^2\times 1.32\times 10^{-6}=2.06\times 10^{-8}$$

$$s_{c_1}=0.000\,1\ \text{mol}\cdot\text{L}^{-1}$$

$$c_1=(0.125\,0\pm 0.000\,1)\text{mol}\cdot\text{L}^{-1}$$

3. 极值误差

在分析化学中，当不需要严格定量计算，只需要通过简单的方法估计一下整个过程可能出现的最大误差时，可用极值误差来表示。它是假设在最不利的情况下各种误差都是最大的，而且是相互累积的。在实际分析工作中不一定会出现这种最不利的情况，但作为一种粗略的估计还是有一定意义的，且保险性大。例如，分析天平的绝对误差为±0.1 mg，称量试样时无论是间接称量还是直接

称量都要读取两次平衡点(包括零点),那么估计的最大可能误差为0.2 mg。滴定操作中,滴定前调一次零点,滴定至终点时读取一次体积。若滴定管读数误差为±0.01 mL,则读取滴定体积的最大可能误差为0.02 mL。

如果分析结果R是A、B、C三个测量数值相加减的结果,如

$$R=A+B-C$$

则极值误差为

$$|E_R|_{\max}=|E_A|+|E_B|+|E_C| \tag{3-16}$$

即在加减运算中,分析结果可能的极值误差是各测量值绝对误差的绝对值之和。

如果分析结果R是A、B、C三个测量数值相乘除的结果,如

$$R=\frac{AB}{C}$$

则极值相对误差为

$$\left|\frac{E_R}{R}\right|_{\max}=\left|\frac{E_A}{A}\right|+\left|\frac{E_B}{B}\right|+\left|\frac{E_C}{C}\right| \tag{3-17}$$

即在乘除运算中,分析结果的极值相对误差等于各测量值相对误差的绝对值之和。

例5 滴定管的初始读数为(0.05±0.01)mL,末读数为(22.10±0.01)mL,滴定剂的体积可能在多大范围内波动?

解 极值误差 $\Delta V=|\pm0.01|+|\pm0.01|=0.02$ mL,故滴定剂体积为(22.10−0.05)mL±0.02 mL=(22.05±0.02)mL。

例6 用滴定法测定矿石中铁的含量,若天平称量误差及滴定剂体积测量误差均为±0.1%,则分析结果的极值相对误差为多少?

解 矿石中铁的质量分数的计算式为

$$w_{\mathrm{Fe}}=\frac{cVM_{\mathrm{Fe}}}{m_s}\times100\%$$

只考虑m_s和V的测量误差,按(3-17)式,求得分析结果的极值相对误差为

$$\frac{E_R}{R}=\left|\frac{E_V}{V}\right|+\left|\frac{E_{m_s}}{m_s}\right|=0.001+0.001=0.2\%$$

应该指出,以上讨论的是分析结果的最大可能误差,即考虑在最不利的情况下,各步测量带来的误差互相累加在一起。但在实际工作中,个别测量误差对分析结果的影响可能是相反的,因此彼此部分地抵消,这种情况在定量分析中是经常遇到的。

3.2 有效数字及其运算规则

在定量分析中，分析结果所表达的不仅仅是试样中待测组分的含量，同时还反映了测量的准确程度。因此，在实验数据的记录和结果的计算中，保留几位数字不是任意的，要根据测量仪器、分析方法的准确度来决定，这就涉及有效数字的概念。

3.2.1 有效数字

用来表示量的多少，同时反映测量准确程度的各数字称为有效数字(significant figure)。具体说来，有效数字就是指在分析工作中实际上能测量到的数字。

在科学实验中，任何一个物理量的测定，其准确度都是有一定限度的。例如，用分析天平称量同一试样的质量，甲得到 12.345 6 g，乙得到 12.345 7 g，丙得到 12.345 4 g，这些 6 位数字中，前 5 位数字都是很准确的，第 6 位数字是由标尺的最小分刻度间估计出来的，所以稍有差别。第 6 位数字称为可疑数字，但它并不是臆造的，所以记录数据时应保留它，这 6 位数字都是有效数字。对于可疑数字，除非特别说明，通常可理解为它可能有±1 个单位的误差。

有效数字的位数，直接影响测定的相对误差。在测量准确度的范围内，有效数字位数越多，表明测量越准确；但一旦超过了测量准确度的范围，则过多的位数是没有意义的，而且是错误的。确定有效数字位数时应遵循以下几条原则：

a. 一个量值只保留一位不确定的数字。在记录测量值时必须记一位不确定的数字，且只能记一位。

b. 数字 0～9 都是有效数字，0 在仅起定小数点位置作用时不是有效数字。例如，1.008 0 是五位有效数字，0.003 5 则是两位有效数字。

c. 不能因为变换单位而改变有效数字的位数。例如，0.034 5 g 是三位有效数字，用毫克(mg)表示时应为 34.5 mg，用微克(μg)表示时则应写成 3.45×10^{4} μg，不能写成 34 500 μg，因为这样表示比较模糊，有效数字位数不确定。

d. 在分析化学计算中，常遇到倍数、分数关系。这些数据都是自然数而不是测量所得到的，因此它们的有效数字位数可以认为没有限制。

e. 在分析化学中还经常遇到 pH、pM、lg$K$ 等对数值，其有效数字位数取决于小数部分(尾数)数字的位数，其整数部分(首数)只代表该数的方次。例如，pH=10.28，换算为 H^+ 浓度时，应为$[H^+]=5.2\times10^{-11}$ mol·L^{-1}，有效数字的位数是两位，不是四位。

3.2.2 有效数字的修约规则

在数据处理过程中，涉及的各测量值的有效数字位数可能不同，因此需要按下面所述的计算规则，确定各测量值的有效数字位数。各测量值的有效数字位数确定之后，就要将它后面多余的数字舍弃。修约的原则是既不因保留过多的位数使计算复杂，也不因舍掉任何位数使准确度受损。舍弃多余数字的过程称为数字修约(rounding data)，按照国家标准采用“四舍六入五成双”规则。

“四舍六入五成双”规则规定，当测量值中被修约的数字等于或小于4时，该数字舍去；等于或大于6时，则进位；等于5时，要看5前面的数字，若是奇数则进位，若是偶数则将5舍掉，即修约后末位数字都成为偶数；若5的后面还有不是“0”的任何数，则此时无论5的前面是奇数还是偶数，均应进位。根据这一规则，将下列测量值修约为四位有效数字时，结果应为

$$0.245\,74 \longrightarrow 0.245\,7$$
$$0.245\,75 \longrightarrow 0.245\,8$$
$$0.245\,76 \longrightarrow 0.245\,8$$
$$0.245\,85 \longrightarrow 0.245\,8$$
$$0.245\,851 \longrightarrow 0.245\,9$$

修约数字时，只允许对原测量值一次修约到所要求的位数，不能分几次修约。例如将0.574 9修约为两位有效数字，不能先修约为0.575，再修约为0.58，而应一次修约为0.57。

3.2.3 有效数字的运算规则

不同位数的几个有效数字在进行运算时，所得结果应保留几位有效数字与运算的类型有关。

1. 加减法

几个数据相加减时，结果的有效数字位数的保留，应以小数点后位数最少的数据为准，其他的数据均修约到这一位。其根据是小数点后位数最少的那个数的绝对误差最大。如

$$0.012\,1+25.64+1.057\,82=?$$

由于每个数据中最后一位数有±1的绝对误差，即0.012 1±0.000 1、25.64±0.01、1.057 82±0.000 01，其中以小数点后位数最少的25.64的绝对误差最大，在加和的结果中总的绝对误差取决于该数，所以有效数字位数应以它为准，先修约再计算：

$$0.01+25.64+1.06=26.71$$

2. 乘除法

几个数据相乘除时，结果的有效数字的位数应以几个数中有效数字位数最少的那个数据为准。其根据是有效数字位数最少的那个数的相对误差最大。如

$$0.012\,1\times25.64\times1.057\,82=?$$

这三个数的相对误差分别为

$$\pm\frac{1}{121}\times100\%=\pm0.8\%$$

$$\pm\frac{1}{2\,564}\times100\%=\pm0.04\%$$

$$\pm\frac{1}{105\,782}\times100\%=\pm0.000\,9\%$$

因 0.012 1 的相对误差最大，所以应以此数的位数为标准将其他各数均修约为三位有效数字，然后再计算，即

$$0.012\,1\times25.6\times1.06=0.328$$

在乘除法的运算中，经常会遇到 9 以上的大数，如 9.00、9.86 等。它们的相对误差的绝对值约为 0.1%，与 10.06 和 12.08 这些四位有效数字的数值的相对误差绝对值接近，所以通常将它们当做四位有效数字的数值处理。

在计算过程中，为提高计算结果的可靠性，可以暂时多保留一位数字，而在得到最后结果时，舍弃多余的数字，使最后计算结果恢复到与准确度相适应的有效数字位数。现在由于普遍使用计算器运算，虽然在运算过程中不必对每一步的计算结果进行修约，但应注意根据其准确度要求，正确保留最后计算结果的有效数字位数。

在计算分析结果时，高含量（>10%）组分的测定，一般要求四位有效数字；含量在 1%～10%的一般要求三位有效数字；含量小于 1%的组分只要求两位有效数字。分析中的各类误差通常取 1～2 位有效数字。

3.3 分析化学中的数据处理

凡是测量就有误差存在，用数字表示的测量结果都具有不确定性。即便是最有经验的分析工作者用最好的方法和可靠的仪器对一个试样进行多次测定，得到的结果也不可能完全一致。这样，就会提出如何更好地表达分析结果，使其既能显示出测量的精密度，又能表达出结果的准确度；如何对测量的可疑值或离

群值有根据地进行取舍；如何比较不同人、不同实验室间的结果及用不同实验方法得到的结果等一系列问题。这些问题需要用数理统计的方法加以解决。用这种方法来处理实验数据能更准确地表达结果，能给出更多的信息。因此，近年来，分析化学中愈来愈广泛地采用统计学方法来处理各种分析数据。

在统计学中，将所考察对象的某特性值的全体称为总体（或母体，population）。自总体中随机抽取的一组测量值，称为样本（或子样，sample）。样本中所含测量值的数目，称为样本的容量（sample capacity）。例如，对某批矿石中的铁含量进行分析，经取样、粉碎、缩分后，得到一定数量（例如 400 g）的试样供分析用，这就是分析试样，是供分析用的总体。如果我们从中称取 10 份试样进行平行分析，得到 10 个分析结果，则这一组分析结果就是该矿石分析试样总体中的一个随机样本，样本容量为 10。

3.3.1 随机误差的正态分布

前面已指出，随机误差是由某些难以控制且无法避免的偶然因素造成的，它的大小、正负都不定，具有随机性。尽管单个随机误差的出现极无规律，但进行多次重复测定，会发现随机误差是服从一定的统计规律的，因此可以用数理统计的方法研究随机误差的分布规律。首先讨论测量值的频数分布。

1. 频数分布

有一合金试样，在相同条件下用吸光光度法测定其中铁的质量分数，共有 100 个测量值。由于测量过程中随机误差的存在，故分析结果有高有低，参差不齐。为了研究随机误差的分布规律，将 100 个测量值按大小顺序排列并按组距 0.03 来分成 10 组，为了避免骑墙值跨在两个组中重复计算，分组时各组界的数值比测量值多取一位数字。频数是指每组中测量值出现的次数，频数与数据总数之比为相对频数，即频数密度。将它们一一对应列出，得到频数分布表如表 3-1 所示。

表 3-1 频数分布表

分组	频数	相对频数
1.265%～1.295%	1	0.01
1.295%～1.325%	4	0.04
1.325%～1.355%	7	0.07
1.355%～1.385%	17	0.17
1.385%～1.415%	24	0.24
1.415%～1.445%	24	0.24
1.445%～1.475%	15	0.15

续表

分　组	频　数	相对频数
1.475%～1.505%	6	0.06
1.505%～1.535%	1	0.01
1.535%～1.565%	1	0.01
∑	100	1.00

以各组区间为底，相对频数为高做成一排矩形的相对频数分布直方图（图3-2）。如果测量数据非常多，组距可更小一些，这样组就分得更多一些，直方图的形状将趋于一条平滑的曲线。

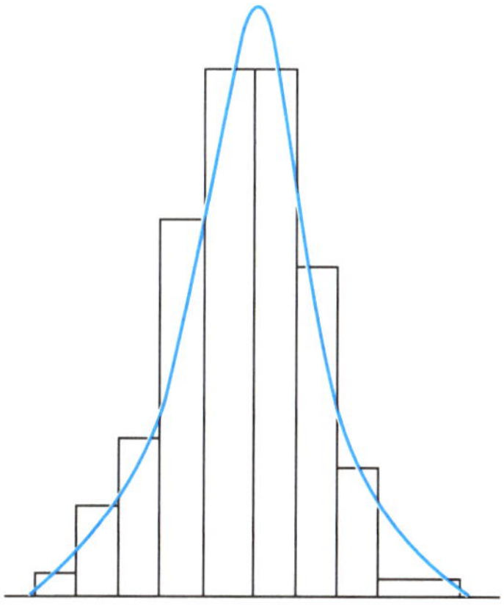
图3-2　相对频数分布直方图

观察相对频数分布直方图会发现它有两个特点。

（1）离散特性

全部数据是分散的、各异的，具有波动性，但这种波动是在平均值周围波动，或比平均值稍大些，或比平均值稍小些，所以离散特性应该用偏差来表示，最好的表示方法当然是标准偏差 s，它更能反映出大的偏差，也即离散程度。当测量次数无限多时，其标准偏差称为总体标准偏差（population standard deviation），用符号 σ 来表示，计算式为

$$\sigma=\sqrt{\frac{\sum_{i=1}^{n}(x_i-\mu)^2}{n}} \tag{3-18}$$

式中，μ 为总体平均值，将在下面予以解释。

（2）集中趋势

各数据虽然是分散的、随机出现的，但当数据多到一定程度时就会发现它们存在一定的规律，即它们有向某个中心值集中的趋势，这个中心值通常是算术平均值。当数据无限多时将无限多次测定的平均值称为总体平均值（population mean），用符号 μ 表示，则有

$$\lim_{n\to\infty}\frac{1}{n}\sum_{i=1}^{n}x_i=\mu \tag{3-19}$$

在确认消除系统误差的前提下总体平均值就是真值 x_T，此时总体平均偏差

δ 为

$$\delta=\frac{\sum_{i=1}^{n}|x_i-\mu|}{n} \tag{3-20}$$

用统计学方法可以证明，当测定次数非常多（大于 20）时，总体标准偏差与总体平均偏差有下列关系：

$$\delta=0.797\sigma\approx0.80\sigma \tag{3-21}$$

2. 正态分布

在分析化学中，测量数据一般符合正态分布规律。正态分布（normal distribution）是德国数学家高斯首先提出的，故又称为高斯曲线（Gaussian curve）。图 3-3 即为正态分布曲线，其数学表达式为

$$y=f(x)=\frac{1}{\sigma\sqrt{2\pi}}\,\mathrm{e}^{-(x-\mu)^2/2\sigma^2} \tag{3-22}$$

式中，y 表示概率密度（probability density），x 表示测量值，μ 是总体平均值，σ 为总体标准偏差。μ、σ 是此函数的两个重要参数，μ 是正态分布曲线最高点的横坐标值，σ 是从总体平均值 μ 到曲线拐点间的距离。μ 决定曲线在 x 轴的位置，例如，σ 相同 μ 不同时，曲线的形状不变，只是在 x 轴平移。σ 决定曲线的形状，σ 小，数据的精密度好，曲线瘦高；σ 大，数据分散，曲线较扁平。μ 和 σ 的值一定，曲线的形状和位置就固定了，正态分布就确定了，这种正态分布曲线以 $N(\mu,\sigma^2)$ 表示。$x-\mu$ 表示随机误差，若以 $x-\mu$ 作横坐标，则曲线最高点对应的横坐标为零，这时曲线成为随机误差的正态分布曲线。

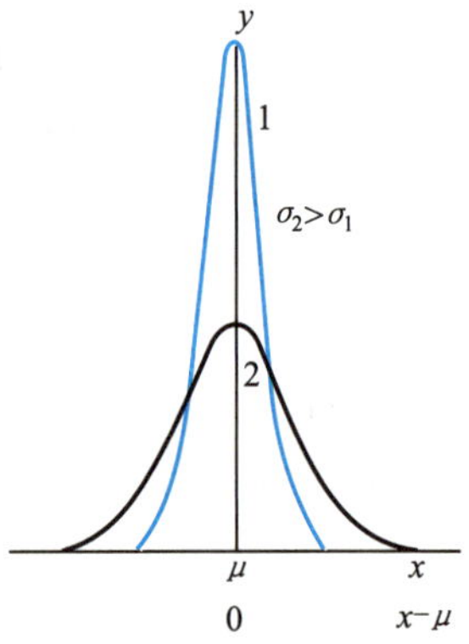

图 3-3 两组精密度不同的测量值的正态分布曲线

由(3-22)式及图 3-3 可见：

a. $x=\mu$ 时，y 值最大，此即正态分布曲线的最高点。说明误差为零的测量值出现的概率最大。也就是说，大多数测量值集中在算术平均值附近。

b. 曲线以通过 $x=\mu$ 这一点的垂直线为对称轴。这表明绝对值相等的正、负误差出现的概率相等。

c. 当 x 趋向于$-\infty$或$+\infty$时，曲线以 x 轴为渐近线，说明小误差出现的概率大，大误差出现的概率小。

如何计算某区间变量出现的概率，也即如何计算某取值范围的误差出现的概率呢？我们先从数学的角度来考察正态分布密度函数。正态分布曲线和横坐标之间所夹的总面积，就是概率密度函数在$-\infty < x < +\infty$区间的积分值，代表了具有各种大小偏差的测量值出现的概率总和，其值为 1，即概率为

$$P(-\infty < x < \infty)=\frac{1}{\sigma\sqrt{2\pi}}\int_{-\infty}^{+\infty} e^{-(x-\mu)^2/2\sigma^2}\,dx=1 \tag{3-23}$$

由于(3-23)式的积分计算同 μ 和 σ 有关，计算相当麻烦，简便起见，在数学上常经过一个变量转换。令

$$u=\frac{x-\mu}{\sigma} \tag{3-24}$$

代入(3-22)式，得

$$f(x)=\frac{1}{\sigma\sqrt{2\pi}}\ e^{-u^2/2}$$

由(3-24)式得

$$du=\frac{dx}{\sigma} \qquad dx=\sigma du$$

$$f(x)\cdot dx=\frac{1}{\sigma\sqrt{2\pi}}e^{-u^2/2}\cdot\sigma du=\frac{1}{\sqrt{2\pi}}\ e^{-u^2/2}\cdot du=\phi(u)\cdot du$$

如此便得到只有变量 u 的方程，即

$$\phi(u)=\frac{1}{\sqrt{2\pi}}\ e^{-u^2/2} \tag{3-25}$$

这样，曲线的横坐标就变为 u，纵坐标为概率密度，用 u 和概率密度表示的正态分布曲线称为标准正态分布曲线(图 3-4)，用符号 $N(0,1)$表示。这样，曲

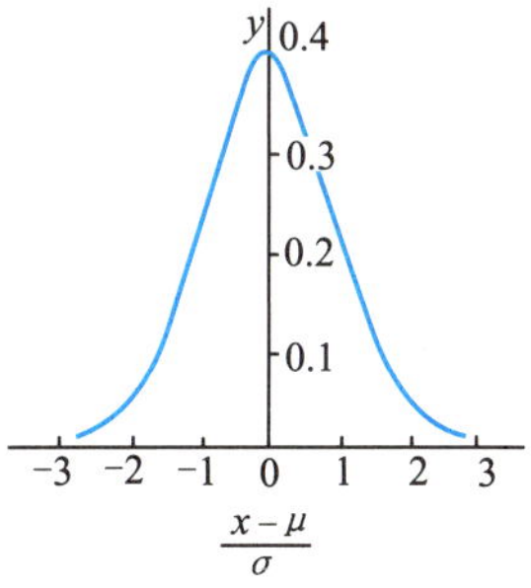

图 3-4 标准正态分布曲线

线的形状与 σ 大小无关，即不论原来正态分布曲线是瘦高的还是扁平的，经过这样的变换后都得到相同的一条标准正态分布曲线。标准正态分布曲线较正态分布曲线应用起来更方便些。

标准正态分布曲线与横坐标由 $-\infty$ 到 $+\infty$ 之间所夹面积，即为正态分布密度函数在区间 $-\infty \leqslant u \leqslant +\infty$ 的积分值，代表了所有数据出现的概率的总和，其值应为 1，即概率 P 为

$$P=\int_{-\infty}^{+\infty} \phi(u)\cdot \mathrm{d}u=\int_{-\infty}^{+\infty} \frac{1}{\sqrt{2\pi}}\ \mathrm{e}^{-u^2/2}\mathrm{d}u \tag{3-26}$$

为使用方便，可将不同 u 值对应的积分值（面积）做成表，称为正态分布概率积分表或简称 u 表。由 u 值可查表得到面积，也即某一区间的测量值或某一范围随机误差出现的概率。

由于积分上下限不同，表的形式有很多种，为了区别，一般在表头绘有示意图，用阴影部分指示面积，所以在查表时一定要仔细看，不要查错。本书采用的正态分布概率积分表如表 3-2 所示。

表 3-2 正态分布概率积分表

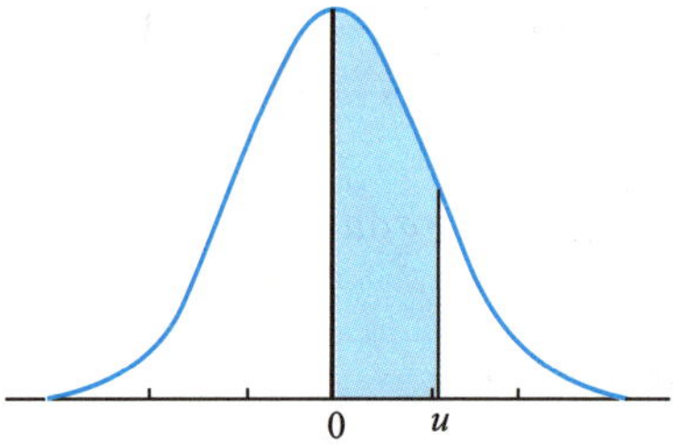

$$概率=面积=\frac{1}{\sqrt{2\pi}}\int_0^u \mathrm{e}^{-u^2/2}\mathrm{d}u$$

$\|u\|$	面积	$\|u\|$	面积	$\|u\|$	面积
0.0	0.000 0	1.0	0.341 3	2.0	0.477 3
0.1	0.039 8	1.1	0.364 3	2.1	0.482 1
0.2	0.079 3	1.2	0.384 9	2.2	0.486 1
0.3	0.117 9	1.3	0.403 2	2.3	0.489 3
0.4	0.155 4	1.4	0.419 2	2.4	0.491 8
0.5	0.191 5	1.5	0.433 2	2.5	0.493 8
0.6	0.225 8	1.6	0.445 2	2.6	0.495 3
0.7	0.258 0	1.7	0.455 4	2.7	0.496 5
0.8	0.288 1	1.8	0.464 1	2.8	0.497 4
0.9	0.315 9	1.9	0.471 3	3.0	0.498 7

几种较常见的区间概率如下：

随机误差出现的区间（以 σ 为单位）	测量值出现的区间	概率
$u=\pm 1.0$	$x=\mu\pm 1\sigma$	68.3%
$u=\pm 1.64$	$x=\mu\pm 1.64\sigma$	90.0%
$u=\pm 1.96$	$x=\mu\pm 1.96\sigma$	95.0%
$u=\pm 2.0$	$x=\mu\pm 2\sigma$	95.5%
$u=\pm 2.58$	$x=\mu\pm 2.58\sigma$	99.0%
$u=\pm 3.0$	$x=\mu\pm 3\sigma$	99.7%

由此可见，在一组测量值中，随机误差超过 $\pm 1\sigma$ 的测量值出现的概率为31.7%，随机误差超过 $\pm 2\sigma$ 的测量值出现的概率为4.5%，随机误差超过 $\pm 3\sigma$ 的测量值出现的概率很小，仅为0.3%。也就是说，在多次重复测量中，出现特别大的误差的概率是很小的。所以，在实际工作中，如果多次重复测量中的个别数据的误差的绝对值大于 3σ，则这个极端值可以舍去（见3.5.1小节）。

例7 按照正态分布求 x 在区间（$\mu-0.5\sigma,\mu+1.5\sigma$）出现的概率。

解 根据

$$u=\frac{x-\mu}{\sigma}$$

可将

$$\mu-0.5\sigma\leqslant x\leqslant\mu+1.5\sigma$$

变换为

$$-0.5\leqslant u\leqslant 1.5$$

查表3-2知：$u=0.5$，面积为0.191 5；$u=1.5$，面积为0.433 2。那么在 $-0.5\leqslant u\leqslant 1.5$ 区间的总面积即为 x 在区间（$\mu-0.5\sigma,\mu+1.5\sigma$）出现的概率，其值为

$$P=0.191\,5+0.433\,2=0.624\,7$$

所以 x 在区间（$\mu-0.5\sigma,\mu+1.5\sigma$）出现的概率为62.47%。

例8 已知某试样中Cu质量分数的标准值为1.48%，$\sigma=0.10\%$，又已知测量时没有系统误差，求分析结果落在（1.48 ± 0.10）%范围内的概率。

解

$$|u|=\frac{|x-\mu|}{\sigma}=\frac{|x-1.48\%|}{0.10\%}=\frac{0.10\%}{0.10\%}=1.0$$

查表3-2，求得概率为 $2\times0.341\,3=0.682\,6=68.26\%$。

例9 例8中，求分析结果大于1.70%的概率。

解 本例只讨论分析结果大于1.70%的分布情况，属于单边问题。

$$|u|=\frac{|x-\mu|}{\sigma}=\frac{1.70\%-1.48\%}{0.10\%}=\frac{0.22\%}{0.10\%}=2.2$$

查表3-2，求得此时阴影部分的概率为0.486 1。整个正态分布曲线右侧的概率为0.500 0，故阴影部分以外的概率为 $0.500\,0-0.486\,1=0.013\,9=1.39\%$，即分析结果大于1.70%的概率为1.39%。

3.3.2 总体平均值的估计

用数理统计的方法来处理分析测定所得到的结果，目的是将这些结果作一

个科学的表达，使人们能够认识到它的精密度、准确度、可信度如何。最好的方法是对总体平均值进行估计，在一定的置信度下给出一个包含总体平均值的范围。

1. 平均值的标准偏差

用统计方法处理分析数据时经常用到平均值的标准偏差（standard deviation of mean）。什么是平均值的标准偏差？当我们从总体中分别抽出 m 个样本（通常进行分析只是从总体中抽出一个样本进行 n 次平行测定），每个样本各进行 n 次平行测定。因为有 m 个样本，也就有 m 个平均值，$\overline{x}_1$、$\overline{x}_2$、…、$\overline{x}_m$，由 m 个样本计算得的平均值 $\overline{x}$ 来估计总体平均值比只用一个样本（做 n 次测定）求得的平均值要好。很显然，由 $\overline{x}_1$、$\overline{x}_2$、…、$\overline{x}_m$ 计算得到的平均值的标准偏差 $s_{\overline{x}}$ 一定比单个样本作 n 次测定所得的标准偏差 s 小，即 m 个样本的平均值之间的接近程度一定比单次测定的要好些，精密度高些。

数理统计学可以证明：用 m 个样本，每个样本做 n 次测量的平均值的标准偏差 $s_{\overline{x}}$ 与单次测量结果的标准偏差 s 间存在一定关系。

设一组测量值为 x_1、x_2、…、x_n，样本平均值为 $\overline{x}$，样本标准偏差为 s，则

$$\begin{aligned}\overline{x} &= \frac{x_1+x_2+\cdots+x_n}{n} \\ &= \frac{1}{n}x_1+\frac{1}{n}x_2+\cdots+\frac{1}{n}x_n\end{aligned}$$

x_1、x_2、…、x_n 的标准偏差均为 s。按照误差传递规律，若结果由下式计算而得

$$R=f(A,B,C,\cdots)$$

则

$$s_R^2=\left(\frac{\partial f}{\partial A}\right)^2 s_A^2+\left(\frac{\partial f}{\partial B}\right)^2 s_B^2+\left(\frac{\partial f}{\partial C}\right)^2 s_C^2+\cdots$$

代入平均值的表达式中：

$$\begin{aligned}s_{\overline{x}}^2 &= \left(\frac{\partial \overline{x}}{\partial x_1}\right)^2 s^2+\left(\frac{\partial \overline{x}}{\partial x_2}\right)^2 s^2+\cdots+\left(\frac{\partial \overline{x}}{\partial x_n}\right)^2 s^2 \\ &= \left(\frac{1}{n}\right)^2 s^2+\left(\frac{1}{n}\right)^2 s^2+\cdots+\left(\frac{1}{n}\right)^2 s^2 \\ &= n\left(\frac{1}{n}\right)^2 s^2 \\ &= \frac{1}{n}s^2\end{aligned}$$

$$s_{\bar{x}}=\frac{s}{\sqrt{n}} \tag{3-27a}$$

对于无限次测量值，则为

$$\sigma_{\bar{x}}=\frac{\sigma}{\sqrt{n}} \tag{3-27b}$$

由此可见，平均值的标准偏差与测量次数的平方根成反比。当测量次数增加时，平均值的标准偏差减小。这说明平均值的精密度会随着测量次数的增加而提高。

由图 3-5 可知，开始时随着测量次数 n 的增加，$s_{\bar{x}}$ 的相对值迅速减小；当 $n>5$ 时，$s_{\bar{x}}$ 的相对值减小的趋势就较慢了；$n>10$ 时，$s_{\bar{x}}$ 的相对值改变已很小了。也就是说，过多增加测量次数，所费劳力、时间与所获精密度的提高相比较，是很不合算的。在实际分析工作中，一般平行测量 3～4 次即可，要求较高时，可测量 5～9 次。

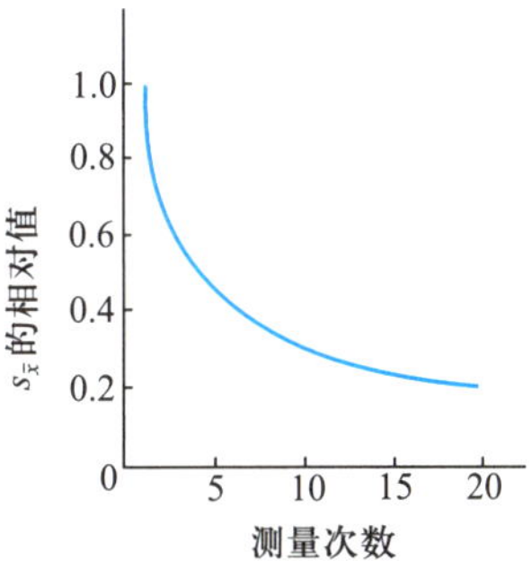

图 3-5　平均值的标准偏差与测量次数的关系

与(3-27a)式相似，平均值的平均偏差 $\delta_{\bar{x}}$(或 $\bar{d}_{\bar{x}}$)与单次测量的平均偏差 δ(或 $\bar{d}$)之间，也有下列关系存在：

$$\delta_{\bar{x}}=\frac{\delta}{\sqrt{n}} \tag{3-28a}$$

$$\bar{d}_{\bar{x}}=\frac{\bar{d}}{\sqrt{n}} \tag{3-28b}$$

不过平均值的平均偏差很少使用。

2. 少量实验数据的统计处理

正态分布是无限次测量数据的随机误差的分布规律，而在实际分析工作中，测量次数都是有限的，其随机误差的分布不服从正态分布。如何以统计的方法处理有限次测量数据，使其能合理地推断总体的特征？这是下面要讨论的问题。

(1) t 分布曲线

当测量数据不多时，无法求得总体平均值 μ 和总体标准偏差 σ，只能用样本的标准偏差 s 来估计测量数据的分散情况。用 s 代替 σ，必然引起分布曲线变得平坦，从而引起误差。为了得到同样的置信度(面积)，必须用一个新的因子代替 u，这个因子是由英国统计学家兼化学家 Gosset 用笔名 Student 提出来的，称为置信因子 t，定义为

$$t=\frac{\overline{x}-\mu}{s_{\overline{x}}} \tag{3-29}$$

以 t 为统计量的分布称为 t 分布。t 分布可说明当 n 不大时($n<20$)随机误差分布的规律性。t 分布曲线的纵坐标仍为概率密度，但横坐标则为统计量 t。图 3-6 所示为 t 分布曲线。

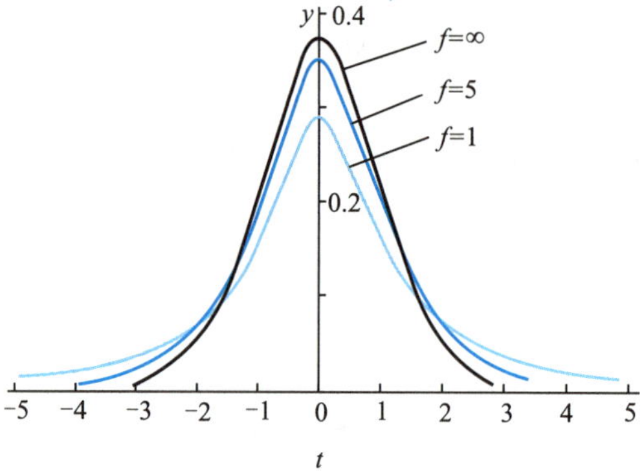

图 3-6 t 分布曲线

由图可见，t 分布曲线与正态分布曲线相似，只是 t 分布曲线随自由度(degree of freedom，f，$f=n-1$)而改变。在 $f<10$ 时，与正态分布曲线差别较大；在 $f>20$ 时，与正态分布曲线很近似；当 $f\to\infty$时，t 分布曲线与正态分布曲线严格一致。

与正态分布曲线一样，t 分布曲线下面一定区间内的积分面积，就是该区间内随机误差出现的概率。不同的是，对于正态分布曲线，只要 u 值一定，相应的概率也一定。但对于 t 分布曲线，当 t 值一定时，由于 f 值的不同，相应曲线所包括的面积也不同，即 t 分布中的区间概率不仅随 t 值而改变，还与 f 值有关。不同 f 值及概率所对应的 t 值已由统计学家计算出来。表 3-3 列出了最常用的部分 t 值。表中置信度(confidence)用 P 表示，它表示在某一 t 值时，测定值落在($\mu\pm ts$)范围内的概率。显然，测定值落在此范围之外的概率为($1-P$)，称为显著性水准(significance level)，用 α 表示。由于 t 值与置信度及自由度有关，一般表示为 $t_{\alpha,f}$。例如，$t_{0.05,10}$ 表示置信度为 95%，自由度为 10 时的 t 值；$t_{0.01,5}$ 表示置信度为 99%，自由度为 5 时的 t 值。f 小时，t 值较大。理论上，只有当 $f=\infty$时，各置信度对应的 t 值才与相应的 u 值一致。但从表 3-3 中可以看出，当$f=20$ 时，t 值与 u 值就已经很接近了。

表 3-3 $t_{\alpha,f}$ 值表(双边)

$f=n-1$	置信度,显著性水准		
	$P=0.90$ $\alpha=0.10$	$P=0.95$ $\alpha=0.05$	$P=0.99$ $\alpha=0.01$
1	6.31	12.71	63.66
2	2.92	4.30	9.92
3	2.35	3.18	5.84
4	2.13	2.78	4.60
5	2.02	2.57	4.03
6	1.94	2.45	3.71
7	1.90	2.36	3.50
8	1.86	2.31	3.36
9	1.83	2.26	3.25
10	1.81	2.23	3.17
20	1.72	2.09	2.84
∞	1.64	1.96	2.58

(2) 平均值的置信区间

由 3.3.1 小节可知,用单次测量结果(x)来估计总体平均值 μ 的范围,则 μ 被包括在区间($x\pm1\sigma$)内的概率为 68.3%,在区间($x\pm1.64\sigma$)内的概率为 90%,在区间($x\pm1.96\sigma$)内的概率为 95%……它的数学表达式为

$$\mu=x\pm u\sigma \qquad (3-30)$$

不同置信度的 u 值可查表得到。

若以样本平均值来估计总体平均值可能存在的区间,可用下式表示:

$$\mu=\overline{x}\pm\frac{u\sigma}{\sqrt{n}} \qquad (3-31)$$

对于少量测量数据,必须根据 t 分布进行统计处理,按 t 的定义式可得

$$\mu=\overline{x}\pm ts_{\overline{x}}=\overline{x}\pm t\,\frac{s}{\sqrt{n}} \qquad (3-32)$$

上式表示在某一置信度下,以平均值 $\overline{x}$ 为中心,包括总体平均值 μ 在内的可靠性范围,称为平均值的置信区间(confidence interval)。对于置信区间的概念必须正确理解,如$\mu=47.50\%\pm0.10\%$(置信度为 95%),应当理解为在 $47.50\%\pm0.10\%$的区间内包括总体平均值 μ 的概率为 95%。μ 是个客观存在的恒定值,没有随机性,谈不上什么概率问题,不能说 μ 落在某一区间的概率是多少。

例 10 测定某铜矿中铜含量的 4 次测定结果分别为 40.53%、40.48%、40.57%、40.42%,计算置信度为 90%、95%和 99%时,总体平均值 μ 的置信区间。

解 $$\bar{x}=\frac{1}{n}\sum_{i=1}^{n}x_i=\frac{40.53\%+40.48\%+40.57\%+40.42\%}{4}=40.50\%$$

$$s=\sqrt{\frac{\sum_{i=1}^{n}(x_i-\bar{x})^2}{n-1}}=0.06\%$$

置信度 90%时，$t_{0.10,3}=2.35$，得

$$\mu=\bar{x}\pm t_{\alpha,f}\frac{s}{\sqrt{n}}=40.50\%\pm0.07\%$$

置信度 95%时，$t_{0.05,3}=3.18$，得

$$\mu=\bar{x}\pm t_{\alpha,f}\frac{s}{\sqrt{n}}=40.50\%\pm0.10\%$$

置信度 99%时，$t_{0.01,3}=5.84$，得

$$\mu=\bar{x}\pm t_{\alpha,f}\frac{s}{\sqrt{n}}=40.50\%\pm0.18\%$$

从本例可以看出，置信度越低，同一体系的置信区间就越窄；置信度越高，同一体系的置信区间就越宽，即所估计的区间包括真值的可能性也就越大。在实际工作中，置信度不能定得过高或过低。若置信度过高会使置信区间过宽，往往这种判断就失去意义了；置信度定得太低，其判断可靠性就不能保证了。因此置信度的高低应定得合适，要使置信区间的宽度足够窄，而置信度又足够高。在分析化学中，一般将置信度定在 95%或 90%。

3.4 显著性检验

在分析工作中，常常会遇到这样一些问题，如对标准试样或纯物质进行测定时，所得到的平均值与标准值的比较问题；不同分析人员、不同实验室和采用不同分析方法对同一试样进行分析时，两组分析结果的平均值之间的比较问题；革新、改造生产工艺后的产品分析指标与原指标的比较问题等。由于测量都有误差存在，数据之间存在差异是毫无疑问的。这种差异是由随机误差引起的，还是由系统误差引起的？这类问题在统计学中属于“假设检验”。如果分析结果之间存在“显著性差异”就认为它们之间有明显的系统误差；否则，就认为没有系统误差，纯属随机误差引起的，是正常的。在分析化学中常用的显著性检验(significance test)方法是 t 检验法和 F 检验法。

3.4.1 t 检验法

1. 平均值与标准值的比较

为了检查分析数据是否存在系统误差，可对标准试样进行若干次分析，然后利用 t 检验法比较测定结果的平均值与标准试样的标准值之间是否存在显著性差异。

进行 t 检验时，首先按下式计算出 t 值：

$$\mu=\overline{x}\pm t\frac{s}{\sqrt{n}}$$

$$t=\frac{|\overline{x}-\mu|}{s}\sqrt{n} \tag{3-33}$$

再根据置信度和自由度由 t 值表(表 3-3)查出相应的 $t_{\alpha,f}$ 值。很明显，如果平均值与标准值相差越大，t 值一定也越大，在一定置信度和自由度的情况下，若算出的 $t>t_{\alpha,f}$，则认为 $\overline{x}$ 与 μ 之间存在着显著性差异，说明该分析方法存在系统误差；否则可认为 $\overline{x}$ 与 μ 之间的差异是由随机误差引起的正常差异，并非显著性差异。在分析化学中，通常以 95% 的置信度为检验标准，即显著性水准为 5%。

例 11 采用一种新方法测定基准明矾中铝的质量分数，9 次测定结果为 10.74%、10.77%、10.77%、10.77%、10.81%、10.82%、10.73%、10.86%、10.81%。已知明矾中铝含量的标准值(以理论值代替)为 10.77%。采用新方法后，是否引起系统误差(置信度 95%)？

解 $$n=9,\ f=9-1=8$$

计算可知 $$\overline{x}=10.79\%,\ s=0.042\%$$

故 $$t=\frac{|\overline{x}-\mu|}{s}\sqrt{n}=\frac{|10.79\%-10.77\%|}{0.042\%}\sqrt{9}=1.43$$

查表 3-3，$P=0.95$，$f=8$ 时，$t_{0.05,8}=2.31$。$t<t_{0.05,8}$，故 $\overline{x}$ 与 μ 之间不存在显著性差异，即采用新方法后，没有引起明显的系统误差。

2. 两组平均值的比较

不同分析人员、不同实验室或同一分析人员采用不同方法分析同一试样，所得到的平均值经常是不完全相等的。要从这两组数据的平均值来判断它们之间是否存在显著性差异，亦可采用 t 检验法。

设两组分析数据的测定次数、标准偏差及平均值分别为 n_1、s_1、$\overline{x}_1$ 和 n_2、s_2、$\overline{x}_2$，因为这种情况下两个平均值都是实验值，这时需要先用下面介绍的 F 检验法检验两组数据的精密度，即 s_1 和 s_2 之间有无显著性差异，如证明它们之间无显著性差异，则可认为 $s_1\approx s_2$，然后再用 t 检验法检验两组平均值有无显著性差异。

用 t 检验法检验两组平均值有无显著性差异时，首先要计算合并标准偏差：

$$s=\sqrt{\frac{\text{偏差平方和}}{\text{总自由度}}}=\sqrt{\frac{\sum(x_{1i}-\overline{x}_1)^2+\sum(x_{2i}-\overline{x}_2)^2}{(n_1-1)+(n_2-1)}} \tag{3-34a}$$

或
$$s=\sqrt{\frac{s_1^2(n_1-1)+s_2^2(n_2-1)}{(n_1-1)+(n_2-1)}} \tag{3-34b}$$

然后计算出 t 值：

$$t=\frac{|\overline{x}_1-\overline{x}_2|}{s}\sqrt{\frac{n_1n_2}{n_1+n_2}} \tag{3-35}$$

在一定置信度时，查出表值 $t_{\alpha,f}$（总自由度 $f=n_1+n_2-2$），若 $t<t_{\alpha,f}$，说明两组数据的平均值不存在显著性差异，可以认为两个平均值属于同一总体，即 $\mu_1=\mu_2$；若 $t>t_{\alpha,f}$ 时，则存在显著性差异，说明两个平均值不属于同一总体，两组平均值之间存在着系统误差。

3.4.2 *F* 检验法

F 检验法是通过比较两组数据的方差 s^2，以确定它们的精密度是否有显著性差异的方法。统计量 F 的定义为：两组数据的方差的比值，分子为大的方差，分母为小的方差，即

$$F=\frac{s_{大}^2}{s_{小}^2} \tag{3-36}$$

将计算所得 F 值与表 3-4 所列 $F_{表}$ 值进行比较，在一定的置信度及自由度时，若 F 值大于表值，则认为这两组数据的精密度之间存在显著性差异（置信度 95%），否则不存在显著性差异。表中列出的 F 值是单边值，引用时应加以注意。

表 3-4 置信度 95%时的 *F* 值（单边）

$f_{小}$ \ $f_{大}$	2	3	4	5	6	7	8	9	10	∞
2	19.00	19.16	19.25	19.30	19.33	19.36	19.37	19.38	19.39	19.50
3	9.55	9.28	9.12	9.01	8.94	8.88	8.84	8.81	8.78	8.53
4	6.94	6.59	6.39	6.26	6.16	6.09	6.04	6.00	5.96	5.63
5	5.79	5.41	5.19	5.05	4.95	4.88	4.82	4.78	4.74	4.36
6	5.14	4.76	4.53	4.39	4.28	4.21	4.15	4.10	4.06	3.67
7	4.74	4.35	4.12	3.97	3.87	3.79	3.73	3.68	3.63	3.23
8	4.46	4.07	3.84	3.69	3.58	3.50	3.44	3.39	3.34	2.93
9	4.26	3.86	3.63	3.48	3.37	3.29	3.23	3.18	3.13	2.71
10	4.10	3.71	3.48	3.33	3.22	3.14	3.07	3.02	2.97	2.54
∞	3.00	2.60	2.37	2.21	2.10	2.01	1.94	1.88	1.83	1.00

$f_{大}$ 是大方差数据的自由度；$f_{小}$ 是小方差数据的自由度。

由于表 3-4 所列 F 值是单边值，所以可以直接用于单侧检验，即当检验某组数据的精密度是否大于、等于（或小于、等于）另一组数据的精密度时，此时的置信度为 95%（显著性水平为 0.05）。而进行双侧检验时，如判断两组数据的精密度是否存在显著性差异，即一组数据的精密度可能优于、等于，也可能不如另一组数据的精密度时，显著性水平为单侧检验时的两倍，即 0.10，此时的置信度 $P=1-0.10=0.90$，即 90%。

例 12 用两种不同的方法测定合金中钼的质量分数，所得结果如下：

方法 1	方法 2
$\overline{x}_1=1.24\%$	$\overline{x}_2=1.33\%$
$s_1=0.021\%$	$s_2=0.017\%$
$n_1=3$	$n_2=4$

两种方法之间是否有显著性差异（置信度 90%）？

解

$$F=\frac{s_{大}^2}{s_{小}^2}=\frac{(0.021\%)^2}{(0.017\%)^2}=1.53$$

查表 3-4，$f_{大}=2$，$f_{小}=3$，$F_{表}=9.55$，$F<F_{表}$，说明两组数据的精密度没有显著性差异，故求得合并标准偏差为

$$s=\sqrt{\frac{s_1^2(n_1-1)+s_2^2(n_2-1)}{(n_1-1)+(n_2-1)}}=0.019\%$$

$$t=\frac{|\overline{x}_1-\overline{x}_2|}{s}\sqrt{\frac{n_1n_2}{n_1+n_2}}=\frac{|1.24\%-1.33\%|}{0.019\%}\sqrt{\frac{3\times4}{3+4}}=6.20$$

查表 3-3，当 $P=0.90$，$f=n_1+n_2-2=5$ 时，$t_{0.10,5}=2.02$。$t>t_{0.10,5}$，故两种分析方法之间存在显著性差异。

例 13 在吸光光度分析中，用一台旧仪器测定溶液的吸光度 6 次，得标准偏差 $s_1=0.055$；再用一台性能稍好的新仪器测定 4 次，得标准偏差 $s_2=0.022$。新仪器的精密度是否显著地优于旧仪器的精密度？

解 在本例中，已知新仪器的性能较好，它的精密度不会比旧仪器的差，因此，这属于单边检验问题。

$$F=\frac{s_{大}^2}{s_{小}^2}=\frac{0.055^2}{0.022^2}=\frac{0.003\,0}{0.000\,48}=6.25$$

查表 3-4，$f_{大}=6-1=5$，$f_{小}=4-1=3$，$F_{表}=9.01$，$F<F_{表}$，故有 95%的把握认为两种仪器的精密度之间不存在统计学上的显著性差异，即不能做出新仪器显著地优于旧仪器的结论。

例 14 采用两种不同的方法分析某种试样，用第一种方法分析 11 次，得标准偏差 $s_1=0.21\%$；用第二种方法分析 9 次，得标准偏差 $s_2=0.60\%$。试判断两种分析方法的精密度是否存在显著性差异？

解 在本例中，不论第一种方法的精密度是显著地优于还是劣于第二种方法的精密度，

都认为它们之间有显著性差异，因此，这属于双边检验问题。

$$F=\frac{s_{大}^2}{s_{小}^2}=\frac{(0.60\%)^2}{(0.21\%)^2}=\frac{3.6\times10^{-5}}{4.4\times10^{-6}}=8.2$$

查表3-4，$f_{大}=9-1=8$，$f_{小}=11-1=10$，$F_{表}=3.07$，$F>F_{表}$，故有90%的把握认为两种方法的精密度之间存在显著性差异。

3.5 可疑值取舍

在实验中，当对同一试样进行多次平行测定时，常常发现某一组测量值中有个别数据与其他数据相差较大，这一数据称为可疑值（也称离群值或极端值）。如果确定这是由于过失造成的，则可以弃去不要，否则不能随意舍弃或保留，应该用统计检验的方法，确定该可疑值与其他数据是否来源于同一总体，以决定取舍。统计学中对可疑值的取舍有几种方法，下面简单介绍处理方法较简单的 $4\bar{d}$ 法、Q 检验法及效果较好的格鲁布斯(Grubbs)法。

3.5.1 $4\bar{d}$ 法

根据正态分布规律，偏差超过 3σ 的测量值的概率小于0.3%，故这一测量值通常可以舍去。而 $\delta=0.80\sigma$、$3\sigma\approx4\delta$，即偏差超过 4δ 的个别测量值可以舍去。

对于少量实验数据，可以用 s 代替 σ，用 $\bar{d}$ 代替 δ，故可粗略地认为，偏差大于 $4\bar{d}$ 的个别测量值可以舍去。采用 $4\bar{d}$ 法判断可疑值取舍虽然存在较大误差，但该法比较简单，不必查表，至今仍为人们所采用。当 $4\bar{d}$ 法与其他检验法判断的结果发生矛盾时，应以其他方法为准。

采用 $4\bar{d}$ 法判断可疑值取舍时，首先应求出除可疑值外的其余数据的平均值 $\bar{x}$ 和平均偏差 $\bar{d}$，然后将可疑值与平均值进行比较，如绝对差值大于 $4\bar{d}$，则将可疑值舍去，否则保留。

例15 测定某药物中钼的含量($\mu g\cdot g^{-1}$)，4次测定结果分别为1.25、1.27、1.31、1.40，用 $4\bar{d}$ 法判断1.40这个数据是否应保留。

解 除1.40外的其余数据的平均值 $\bar{x}$ 和平均偏差 $\bar{d}$ 为

$$\bar{x}=1.28 \quad \bar{d}=0.023$$

可疑值与平均值之差的绝对值为

$$|1.40-1.28|=0.12>4\bar{d}(0.092)$$

故1.40这一数据应舍去。

3.5.2 Q 检验法

首先将一组数据按由小到大的顺序排列为：x_1、x_2、…、x_{n-1}、x_n，若 x_n 为可疑值，则统计量 Q 为

$$Q=\frac{x_n-x_{n-1}}{x_n-x_1} \tag{3-37a}$$

若 x_1 为可疑值，则

$$Q=\frac{x_2-x_1}{x_n-x_1} \tag{3-37b}$$

统计学家已计算出不同置信度时的 Q 值(表 3-5)，当计算所得 Q 值大于表中的 Q 值时，则可疑值应舍去，反之则保留。

表 3-5 Q 值 表

测定次数 n		3	4	5	6	7	8	9	10
置信度	90%($Q_{0.90}$)	0.94	0.76	0.64	0.56	0.51	0.47	0.44	0.41
	95%($Q_{0.95}$)	0.97	0.83	0.71	0.63	0.57	0.53	0.49	0.47
	99%($Q_{0.99}$)	0.99	0.93	0.82	0.74	0.68	0.63	0.60	0.57

例 16 例 15 中的实验数据，用 Q 检验法判断 1.40 这个数据是否应保留(置信度 90%)。

解

$$Q=\frac{1.40-1.31}{1.40-1.25}=0.60$$

已知 $n=4$，查表 3-5，$Q_{0.90}=0.76$，$Q<Q_{0.90}=0.76$，故 1.40 这个数据应予保留。

3.5.3 格鲁布斯(Grubbs)法

首先将测量值按由小到大的顺序排列为：x_1、x_2、…、x_n，并求出平均值 $\overline{x}$ 和标准偏差 s，再根据统计量 T 进行判断。若 x_1 为可疑值，则

$$T=\frac{\overline{x}-x_1}{s} \tag{3-38a}$$

若 x_n 为可疑值，则

$$T=\frac{x_n-\overline{x}}{s} \tag{3-38b}$$

将计算所得 T 值与表 3-6 中查得的 $T_{a,n}$(对应于某一置信度)相比较。若 $T>T_{a,n}$，则应舍去可疑值，否则保留。

格鲁布斯法最大的优点是在判断可疑值的过程中，引入了正态分布中的两个最重要的样本参数——平均值 $\overline{x}$ 和标准偏差 s，故此方法的准确性较好。此方法的缺点是需要计算 $\overline{x}$ 和 s，步骤稍麻烦。

表 3-6 $T_{a,n}$ 值表

n	显著性水准 a		
	0.05	0.025	0.01
3	1.15	1.15	1.15
4	1.46	1.48	1.49
5	1.67	1.71	1.75
6	1.82	1.89	1.94
7	1.94	2.02	2.10
8	2.03	2.13	2.22
9	2.11	2.21	2.32
10	2.18	2.29	2.41
11	2.23	2.36	2.48
12	2.29	2.41	2.55
13	2.33	2.46	2.61
14	2.37	2.51	2.63
15	2.41	2.55	2.71
20	2.56	2.71	2.88

例 17 例 15 中的实验数据，用格鲁布斯法判断 1.40 这个数据是否应保留（置信度 95%）。

解

$$\overline{x}=1.31 \quad s=0.066$$

$$T=\frac{x_n-\overline{x}}{s}=\frac{1.40-1.31}{0.066}=1.36$$

查表 3-6，$T_{0.05,4}=1.46$，$T<T_{0.05,4}$，故 1.40 这个数据应保留。此结论与用 $4\overline{d}$ 法判断所得结论不同，在这种情况下，一般取格鲁布斯法的结论，因这种方法的可靠性较高。

3.6 回归分析法

在分析化学中，特别是在仪器分析中，经常使用标准曲线法（也称校正曲线法或工作曲线法）来获得未知溶液的浓度。以吸光光度法为例，标准溶液的浓度 c 与吸光度 A 之间的关系，在一定范围内，可以用直线方程描述。但是由于测量仪器本身的精密度及测量条件的微小变化，即使同一浓度的溶液，两次测量结果也不完全一致。因而各测量点对于以直线方程为基础所建立的直线，往往会有一定的偏离，这就需要用数理统计的方法找到一条最接近于各测量点的直线，它对所有测量点来说误差是最小的，因此这条直线是最佳的标准曲线。如何得到这一条直线，如何估计直线上各点的精密度及数据间的相关关系？较好的方法是对数据进行回归分析。最简单的单一组分测定的线性校正模式可用一元线性回归(linear regression)。在本部分内容中，主要讨论一元线性回归。

3.6.1 一元线性回归方程及回归直线

回归直线可用如下方程表示：

$$y=a+bx$$

式中，a 为直线的截距，b 为直线的斜率。

设作标准曲线时取 n 个实验点 (x_1,y_1)、(x_2,y_2)、…、(x_n,y_n)，则每个实验点与回归直线的误差可用下式来定量描述：

$$Q_i=[y_i-(a+bx_i)]^2 \tag{3-39a}$$

回归直线与所有实验点的误差平方和即为

$$Q=\sum_{i=1}^{n}Q_i=\sum_{i=1}^{n}[y_i-(a+bx_i)]^2 \tag{3-39b}$$

要使所确定的回归方程和回归直线最接近实验点的真实分布状态，则 Q 必然取极小值。在分析校正时，可取不同的 x_i 值测量 y_i，用最小二乘法估计 a 与 b 值，使 Q 值达到极小值。用数学上求极值的方法，即有 $\frac{\partial Q}{\partial a}=0$ 和 $\frac{\partial Q}{\partial b}=0$，可推出 a 和 b 的计算式：

$$a=\frac{\sum_{i=1}^{n}y_i-b\sum_{i=1}^{n}x_i}{n}=\overline{y}-b\overline{x} \tag{3-40}$$

$$b=\frac{\sum_{i=1}^{n}(x_i-\overline{x})(y_i-\overline{y})}{\sum_{i=1}^{n}(x_i-\overline{x})^2} \tag{3-41}$$

式中，$\overline{x}$、$\overline{y}$ 分别为 x 和 y 的平均值。当直线的截距 a 和斜率 b 确定之后，一元线性回归方程(regression equation)及回归直线就确定了。

例 18 用吸光光度法测定合金钢中 Mn 的含量，吸光度与 Mn 的含量间有下列关系：

x(Mn 含量)/μg	0	0.02	0.04	0.06	0.08	0.10	0.12	未知样
y(吸光度)	0.032	0.135	0.187	0.268	0.359	0.435	0.511	0.242

试列出标准曲线的回归方程并计算未知样中 Mn 的含量。

解 此组数据中，组分浓度为零时，吸光度不为零，这可能是试剂中含有少量 Mn，或者含有其他在该测量波长下吸光的物质。

先按(3-40)及(3-41)式计算回归系数 a、b 值，$n=7$。

$$\bar{x}=0.06 \qquad \bar{y}=0.275 \qquad \sum_{i=1}^{7}(x_i-\bar{x})(y_i-\bar{y})=0.044\,2$$

$$\sum_{i=1}^{7}(x_i-\bar{x})^2=0.011\,2$$

故

$$b=\frac{\sum_{i=1}^{7}(x_i-\bar{x})\cdot(y_i-\bar{y})}{\sum_{i=1}^{7}(x_i-\bar{x})^2}=\frac{0.044\,2}{0.011\,2}=3.95$$

$$a=\bar{y}-b\bar{x}=0.275-3.95\times 0.06=0.038$$

该标准曲线的回归方程为

$$y=0.038+3.95x$$

未知试样的吸光度为 $y=0.242$，$x=\dfrac{0.242-0.038}{3.95}=0.052$。故未知试样中 Mn 的含量为 0.052 μg。

3.6.2 相关系数

在实际工作中，当两个变量间并不是严格的线性关系，数据的偏离较严重时，这时虽然也可以求得一条回归直线，但这条回归直线是否有意义，可用相关系数(correlation coefficient，r)来检验。

相关系数的定义式为

$$r=b\sqrt{\frac{\sum_{i=1}^{n}(x_i-\bar{x})^2}{\sum_{i=1}^{n}(y_i-\bar{y})^2}}=\frac{\sum_{i=1}^{n}(x_i-\bar{x})(y_i-\bar{y})}{\sqrt{\sum_{i=1}^{n}(x_i-\bar{x})^2\sum_{i=1}^{n}(y_i-\bar{y})^2}} \qquad (3-42)$$

相关系数的物理意义如下：

a. 当两个变量之间存在完全的线性关系，所有的 y_i 值都在回归线上时，$r=1$。

b. 当两个变量 y 与 x 之间完全不存在线性关系时，$r=0$。

c. 当 r 值在 0 至 1 之间时，表示两变量 y 与 x 之间存在关联性。r 值愈接近1,线性关系愈好。但是,以相关系数判断线性关系的好与不好时,还应考虑测量的次数及置信度。表3-7列出了不同置信度及自由度时的相关系数。若计算出的相关系数大于表上相应的数值,则表示两变量间是显著相关的,所求的回归直线有意义;反之,则无意义。

表3-7 检验相关系数的临界值表

$f=n-2$	置信度			
	90%	95%	99%	99.9%
1	0.988	0.997	0.9998	0.999999
2	0.900	0.950	0.990	0.999
3	0.805	0.878	0.959	0.991
4	0.729	0.811	0.917	0.974
5	0.669	0.755	0.875	0.951
6	0.622	0.707	0.834	0.925
7	0.582	0.666	0.798	0.898
8	0.549	0.632	0.765	0.872
9	0.521	0.602	0.735	0.847
10	0.497	0.576	0.708	0.823

例19 求例18中标准曲线回归方程的相关系数,并判断该曲线的线性关系(置信度99%)。

解 按(3-42)式

$$r=b\sqrt{\frac{\sum_{i=1}^{n}(x_i-\overline{x})^2}{\sum_{i=1}^{n}(y_i-\overline{y})^2}}=3.95\sqrt{\frac{0.011\,2}{0.175}}=0.999\,3$$

查表3-7,$r_{99\%,5}=0.875<r_{计算}$,故该标准曲线具有很好的线性关系。

3.7 提高分析结果准确度的方法

从上述有关误差的讨论中可知,在分析测定过程中,会不可避免地存在误差。要减少分析过程中的误差,可从以下几个方面来考虑。

1. 选择合适的分析方法

各种分析方法在准确度和灵敏度等方面各有侧重,互不相同,在实际工作中要根据具体情况和要求来选择分析方法。化学分析法中的滴定分析法和重量分析法的相对误差较小,准确度较高,但灵敏度较低,适于高含量组分的分析;而仪器分析法的相对误差较大，准确度较低，但灵敏度高，适于低含量组分的分析。例如，用 $K_2Cr_2O_7$ 滴定法测得铁矿石中铁的质量分数为 40.20%，若方法的相对误差为±0.2%，则铁的质量分数范围是 40.12%～40.28%。这一试样如果用直接比色法进行测定，由于方法的相对误差约为±2%，测得铁的质量分数范围为 39.4%～41.0%，显然化学分析法测定结果相当准确，而仪器分析法的结果不能令人满意。反之，若对铁含量为 0.40%的标样进行测定，因化学分析法灵敏度低，难以检测。若采用灵敏度高的分光光度法，因方法的相对误差为±2%，则分析结果的绝对误差为±0.02×0.40%＝±0.008%，对于低含量的铁的测定，这样大小的误差是允许的。因此，选择分析方法时要考虑试样中待测组分的相对含量。

此外，还要考虑试样的组成情况，有哪些共存组分，选择的分析方法干扰要尽量少，或者能采取措施消除干扰以保证一定的准确度。在这样的前提下再考虑分析方法尽量步骤少，操作简单、快速，当然，所用试剂是否易得，价格是否便宜等也是选择分析方法时所要考虑的。

2. 减少测量误差

测量时不可避免地会有误差存在，但是如果对测量对象的量进行合理地选取，就会减少测量误差，提高分析结果的准确度。例如，一般分析天平的一次称量误差为±0.000 1 g，无论直接称量还是间接称量，都要读两次平衡点，则两次称量引起的最大误差为±0.000 2 g。为了使称量的相对误差小于±0.1%，试样质量就不能太小。从相对误差的计算中可得

$$\text{相对误差}=\frac{\text{绝对误差}}{\text{试样质量}}\times 100\%$$

$$\text{试样质量}=\frac{\text{绝对误差}}{\text{相对误差}}=\frac{0.000\,2\ \text{g}}{0.001}=0.2\ \text{g}$$

可见试样质量必须在 0.2 g 以上。

在滴定分析中，一般滴定管一次读数误差为±0.01 mL，在一次滴定中，需要读数两次，因此，可能造成的最大误差是±0.02 mL。所以，为了使滴定时的相对误差小于±0.1%，消耗滴定剂的体积必须大于 20 mL，最好使体积在 25 mL左右，以减小相对误差。

应该指出，不同分析方法的准确度要求不同，应根据具体情况来控制各测量步骤的误差，使测量的准确度与分析方法的准确度相适应。例如，在微量组分的光度测定中，因一般允许较大的相对误差，故对于各测量步骤的准确度，就不必要求像重量法和滴定法那样高。假定用比色法测定铁，设方法的相对误差为±2%，则在称取 0.5 g 试样时，试样的称量误差小于±0.5 g×2%＝±0.01 g 就行了，没有必要称准至±0.000 1 g。但是，为了使称量误差可以忽略不计，最

好将称量的准确度提高约一个数量级。在本例中,宜称准至±0.001 g左右。

3. 消除系统误差

由于系统误差是由某种固定的原因造成的,检验和消除测定过程中的系统误差,通常采用如下方法。

(1) 对照试验

为了检验某分析方法是否有系统误差存在,做对照试验是最常用的方法。对照试验一般可分为两种。一种是用该分析方法对标准试样进行测定,将所得到的标准试样的测定结果与标准值进行对照,用显著性检验判断是否有系统误差。进行对照试验时,应尽量选择与试样组成相近的标准试样进行对照分析。由于标准试样的种类有限,所以有时也用有可靠结果的试样或自己制备的“人工合成试样”来代替标准试样进行对照试验。另一种是用其他可靠的分析方法进行对照试验以判断是否有系统误差。作为对照试验所用的分析方法必须可靠,一般选用国家颁布的标准分析方法或公认的经典分析方法来对照,这样得出的结论才可信。有时也采取不同分析人员、不同实验室用同一方法对同一试样进行对照试验,将所得结果加以比较。这样也能说明一定的问题,能检查误差受试剂药品、环境的影响。

当对试样的组成不清楚时,对照试验也难以检查出系统误差的存在,这时可采用“加入回收法”进行试验,这种方法是向试样中加入已知量的待测组分,然后进行对照试验,看看加入的待测组分是否能被定量回收,以判断分析过程是否存在系统误差。对回收率的要求主要根据待测组分的含量而定,对常量组分回收率要求高,一般为99%以上,对微量组分回收率可要求在90%~110%。

(2) 空白试验

为了检查蒸馏水、试剂是否有杂质,所用器皿是否被沾污等造成的系统误差,可以做空白试验。所谓空白试验,就是在不加待测组分的情况下,按照与待测组分分析同样的分析条件和步骤进行试验,把所得结果作为空白值,从试样的分析结果中扣除空白值后,就得到比较可靠的分析结果。当空白值较大时,应找出原因,加以消除。如对试剂、水、器皿进一步提纯、处理或更换。在做微量分析时空白试验是必不可少的。

(3) 校准仪器

校准仪器可以减少或消除由仪器不准确引起的系统误差。例如砝码、移液管、滴定管、容量瓶等,在要求精确的分析中,必须对这些计量仪器进行校准,并在计算结果时采用校正值。

(4) 分析结果的校正

分析过程的系统误差,有时可采用适当的方法进行校正。例如,用电重量法测定纯度为99.9%以上的铜,要求分析结果十分准确,因电解不很完全而引起负的系统误差。为此，可用光度法测定溶液中未被电解的残余铜量，将用光度法得到的结果加到电重量分析法的结果中去，即可得到试样中铜的较准确的结果。

4. 减少随机误差

由前面讨论可知，在消除系统误差的前提下，增加平行测定次数可以减少随机误差，平行测定次数越多，平均值就越接近真值，因此，增加测定次数，可以提高准确度。但由图 3-5 可知，测定次数超过 10 次后，不仅收效甚微，而且耗费太多的时间和试剂等。因此，在一般化学分析工作中平行测定 3～5 次就够了。

思考题

1. 准确度和精密度有何区别和联系？

2. 下列情况各引起什么误差？如果是系统误差，应如何消除？

a. 天平零点稍有变动；

b. 过滤时出现透滤现象没有及时发现；

c. 读取滴定管读数时，最后一位估计不准；

d. 标准试样保存不当，失去部分结晶水；

e. 移液管转移溶液后残留量稍有不同；

f. 试剂中含有微量待测组分；

g. 重量法测定 SiO_2 时，试样中硅酸沉淀不完全；

h. 砝码腐蚀；

i. 用 NaOH 滴定 HAc，选酚酞为指示剂确定终点颜色时稍有出入。

3. 下列数据的有效数字位数各是多少？

0.007， 7.026， pH=5.36， 6.00×10^{-5}， 1 000， 91.40， $pK_a=9.26$。

4. 某分析天平的称量误差为±0.1 mg，如果称取试样 0.060 0 g，相对误差是多少？如果称取试样为 1.000 0 g，相对误差又是多少？这些结果说明什么问题？

5. 某人以示差分光光度法测定某药物中主成分含量时，称取此药物 0.035 0 g，最后计算其主成分含量为 97.26%，此结果是否合理？为什么？

6. u 分布曲线和 t 分布曲线有何不同？

7. 说明双侧检验与单侧检验的区别，什么情况用前者或后者？

8. 用加热法驱除水分以测定 $CaSO_4\cdot\frac{1}{2}H_2O$ 中结晶水的含量。称取试样 0.200 0 g，若天平称量误差为±0.1 mg，则分析结果应以几位有效数字报出？

习 题

1. 根据有效数字运算规则计算下列算式：

a. 19.469+1.537−0.038 6+2.54；

b. $3.6\times0.0323\times20.59\times2.12345$；

c. $\dfrac{45.00\times(24.00-1.32)\times0.1245}{1.0000\times1000}$；

d. pH=0.06，求 H^+ 的浓度。

(a. 23.51；b. 5.1；c. 0.1271；d. 0.87 $mol\cdot L^{-1}$)

2. 返滴定法测定试样中某组分含量时，按下式计算：

$$w_x=\frac{\frac{2}{5}c(V_1-V_2)M_x}{m}\times100\%$$

已知 $V_1=(25.00\pm0.02)$ mL，$V_2=(5.00\pm0.02)$ mL，$m=(0.2000\pm0.0002)$ g，假设浓度 c 及摩尔质量 M_x 的误差可忽略不计，求分析结果的极值相对误差。

(0.3%)

3. 设某痕量组分按下式计算分析结果：$x=\dfrac{A-C}{m}$，A 为测量值，C 为空白值，m 为试样质量。已知 $s_A=s_C=0.1$，$s_m=0.001$，$A=8.0$，$C=1.0$，$m=1.0$ μg，求 s_x。

(0.14)

4. 测定某试样的含氮量，6 次平行测定的结果为 20.48%、20.55%、20.58%、20.60%、20.53%、20.50%。

a. 计算这组数据的平均值、中位数、全距、平均偏差、标准偏差和相对标准偏差；

b. 若此试样是标准试样，含氮量为 20.45%，计算测定结果的绝对误差和相对误差。

(a. 20.54%，20.54%，0.12%，0.04%，0.05%，0.2%；b. 0.09%，0.4%)

5. 反复称量一个质量为 1.0000 g 的物体，若标准偏差为 0.4 mg，那么称得值为 1.0000～1.0008 g 的概率为多少？

(47.73%)

6. 按正态分布，x 落在区间 $(\mu-1.0\sigma,\mu+0.5\sigma)$ 的概率是多少？

(53.28%)

7. 要使在置信度为 95%时总体平均值的置信区间不超过 $\bar{x}\pm s$，至少应平行测定几次？

(7)

8. 若采用已经确定标准偏差(σ)为 0.041%的分析氯化物的方法，重复 3 次测定某含氯试样，测得结果的平均值为 21.46%，计算：

a. 90%置信度时，平均值的置信区间；

b. 95%置信度时，平均值的置信区间。

(a. 21.46%±0.04%；b. 21.46%±0.05%)

9. 测定黄铁矿中硫的质量分数，6 次测定结果分别为 30.48%、30.42%、30.59%、30.51%、30.56%、30.49%，计算置信度 95%时总体平均值的置信区间。

(30.51%±0.06%)

10. 设分析某铁矿石中 Fe 的质量分数时，所得结果符合正态分布。已知测定结果总体平均值 μ 为 52.43%，总体标准偏差 σ 为 0.06%，试证明下列结论：重复测定 20 次，有 19 次测定结果落在 52.32%～52.54%范围内。

11. 下列两组实验数据的精密度有无显著性差异(置信度90%)?

a. 9.56， 9.49， 9.62， 9.51， 9.58， 9.63；

b. 9.33， 9.51， 9.49， 9.51， 9.56， 9.40。

(无)

12. 铁矿石标准试样中铁质量分数的标准值为54.46%，某分析人员分析4次，平均值为54.26%，标准偏差为0.05%。置信度为95%时，分析结果是否存在系统误差?

(存在)

13. 用两种不同分析方法对矿石中铁的质量分数进行测定，得到两组数据如下：

	$\overline{x}$	s	n
方法1	15.34%	0.10%	11
方法2	15.43%	0.12%	11

a. 置信度为90%时，两组数据的标准偏差是否存在显著性差异?

b. 置信度分别为90%、95%及99%时，两组分析结果的平均值是否存在显著性差异?

(a. 无；b. 有，无，无)

14. 某分析人员提出一个测定氯的方法，他分析一个标准试样，得到下列数据：4次测定结果平均值为16.72%，标准偏差为0.08%。已知标准试样的标准值是16.62%。置信度为95%时，所得结果与标准值的差异是否显著？对新方法作一评价。

(否，新方法可采用)

15. 实验室有两瓶NaCl试剂，标签上未标明出厂批号，为了判断这两瓶试剂中Cl的质量分数是否有显著性差异，某人用莫尔法对它们进行测定，w_{Cl}结果如下：

A瓶 60.52%， 60.41%， 60.43%， 60.45%

B瓶 60.15%， 60.15%， 60.05%， 60.08%

置信度为90%时，两瓶试剂中Cl的质量分数是否有显著性差异?

(有)

16. 用某种方法多次分析含镍的铜样，已确定其镍含量为0.052 0%，某一新化验员对此试样进行4次平行测定，平均值为0.053 4%，标准偏差为0.000 7%。此结果是否明显偏高(置信度95%)?

(是)

17. 为提高光度法测定微量Pd的灵敏度，改用一种新的显色剂。设同一溶液，用原显色剂及新显色剂各测定4次，所得吸光度分别为0.128、0.132、0.125、0.124及0.129、0.137、0.135、0.139。新显色剂测定Pd的灵敏度是否有显著提高(置信度95%)?

(有)

18. 某学生标定HCl溶液的浓度时，得到下列数据：0.101 1 $mol \cdot L^{-1}$、0.101 0 $mol \cdot L^{-1}$、0.101 2 $mol \cdot L^{-1}$、0.101 6 $mol \cdot L^{-1}$，用$4\overline{d}$法判断第4个数据是否应保留。若再测定一次，得到0.101 4 $mol \cdot L^{-1}$，则上面第4个数据应不应保留?

(不应保留，应保留)

19. 用某法分析烟道气中SO_2的质量分数，得到下列结果：4.88%、4.92%、4.90%、4.88%、4.86%、4.85%、4.71%、4.86%、4.87%、4.99%。

a. 用 $4\bar{d}$ 法判断有无异常值需舍弃；

b. 用 Q 检验法判断有无异常值需舍弃（置信度为 99%）。

（a. 4.71% 和 4.99% 需弃去；b. 全部保留）

20. 某荧光物质的含量（x）及其荧光相对强度（y）的关系如下：

$x/\mu g$	0.0	2.0	4.0	6.0	8.0	10.0	12.0
y	2.1	5.0	9.0	12.6	17.3	21.0	24.7

a. 列出一元线性回归方程；

b. 求相关系数并评价 y 与 x 间的相关关系。

（a. $y=1.52+1.93x$；b. $r=0.998\,9$）

21. 用巯基乙酸法进行亚铁离子的分光光度法测定，在波长 605 nm 测定试样溶液的吸光度，所得数据如下：

x（Fe 含量）/mg	0.20	0.40	0.60	0.80	1.00	未知
y（吸光度）	0.077	0.126	0.176	0.230	0.280	0.205

a. 列出一元线性回归方程；

b. 求未知液中 Fe 含量；

c. 求相关系数。

（a. $y=0.025+0.255x$；b. 0.71 mg；c. $r=0.999\,8$）

第4章 分析化学中的质量保证与质量控制

4.1 质量保证与质量控制概述

分析化学的任务是确定物质的化学组成、测定各组分的量及表征物质的化学结构，为评价材料和产品的质量、控制生产过程及产品和生产过程对环境的影响、诊断疾病、指导研究和改进生产过程提供重要依据。从质量保证和质量控制的角度出发，要求分析数据具有代表性、准确性、精密性、可比性和完整性，能够准确地反映实际情况，这些表达了分析结果的可靠性。

4.1.1 分析结果的可靠性

1. 代表性

分析结果的代表性在很大程度上取决于试样的代表性，因此，在整个取样过程中应使获得的分析试样能反映实际情况，即具有时间、地点和环境影响等的代表性。只有这样，分析结果才有意义。

2. 准确性

准确性是反映分析方法或测量系统存在的系统误差的综合指标，它决定着分析结果的可靠性。分析数据的准确性将受到从试样的采集、保存、运输到实验室分析等环节的影响。

准确性的评价方法有标准试样分析、回收率测定、不同分析方法的比较。通过测定标准试样或以标准试样做回收率来评价分析方法和测量系统的准确度。当用不同分析方法对同一试样进行重复测定时，若所得结果一致，或经统计检验表明其不存在显著性差异时，则可认为这些方法都具有较好的准确度；若所得结果呈现显著性差异，则应以公认的可靠方法为准。

3. 精密性

分析结果的精密性表示测定值有无良好的重现性和再现性，它反映分析方法或测量系统存在的随机误差的大小。其中，表示精密度的重现性也可称为“室内精密度”，以绝对偏差和相对偏差表示，主要用于实验室内部的质量控制；再现性可称为“室间精密度”，即为多个实验室测定同一试样的精密度，以相对平均偏差表示，主要用于实验室间的质控考核或实验室间的相互检验。

在考查精密度时还应注意以下几个问题：

a. 分析结果的精密度与试样中待测物质的浓度水平有关，因此，必要时应取两个或两个以上不同浓度水平的试样进行分析方法精密度的检查。

b. 精密度可因与测定有关的实验条件的改变而变动，通常由一整批分析结果中得到的精密度，往往高于分散在一段较长时间里的结果的精密度，如可能，最好将组成固定的试样分为若干批分散在适当长的时期内进行分析。

c. 标准偏差的可靠程度受测量次数的影响，因此，对标准偏差作较好估计时需要足够多的测量次数。

d. 质量保证和质量控制中通常以分析标准溶液的办法来了解方法的精密度，这与分析实际试样的精密度可能存在一定的差异。

4. 可比性

可比性指用不同分析方法测定同一试样时，所得结果的吻合程度。在标准试样的定值时，使用不同标准分析方法得出的数据应具有良好的可比性。可比性不仅要求各实验室之间对同一试样的分析结果相互可比，也要求每个实验室对同一试样的分析结果应达到相关项目之间的数据可比，相同项目在没有特殊情况时，历年同期的数据也是可比的。在此基础上，还应通过标准物质的量值传递与溯源，以实现国际间、行业间的数据一致、可比，以及大的环境区域之间、不同时间之间分析数据的可比。

例如，使用紫外分光光度法与使用红外光谱法测定石油类结果就没有可比性。因为紫外分光光度法使用的石油醚萃取剂与红外光谱法使用的四氯化碳萃取剂萃取效果不同。其次，紫外分光光度法的吸收波长与红外光谱法也不同，它们所测定的是不同的石油成分。

5. 完整性

完整性强调工作总体规划的切实完成，即保证按预期计划取得有系统性和连续性的有效试样，而且无缺漏地获得这些试样的分析结果及有关信息。

分析结果的准确性、精密性主要体现在实验室内的分析测试，而代表性、完整性则突出在现场调查、设计布点和采样保存等过程，可比性则是全过程的综合反映。分析数据只有达到足够高的代表性、准确性、精密性、可比性和完整性，才是真正正确可靠的，也才能在使用中具有权威性和法律性。人们常说："错误的数据比没有数据更可怕，因为它会导致一系列错误的结论。"为获得准确可靠的分析结果，世界各国都在积极制定和推行质量保证与质量控制计划。

4.1.2 分析方法的可靠性

1. 灵敏度

灵敏度(sensitivity)是指某分析方法对单位浓度或单位量待测物质变化所

产生的响应量的变化程度。它可以用仪器的响应量或其他指示量与对应的待测物质的浓度或量之比来描述。如分光光度法常以校准曲线的斜率度量灵敏度。一个分析方法的灵敏度可因实验条件的变化而改变。在一定的实验条件下，灵敏度具有相对的稳定性。

通常，校准曲线可以将仪器响应值与待测物质的浓度定量地联系起来，用下式表示它的直线部分：

$$s = kc + a$$

式中，s 为仪器响应值；k 为方法的灵敏度，即校准曲线的斜率；c 为待测物质的浓度；a 为校准曲线的截距。

2. 检出限

检出限（detection limit）为某特定分析方法在给定的置信度内可从试样中检出待测物质的最小浓度或最小量。所谓"检出"是指定性检出，即判定试样中存有浓度高于空白的待测物质。检出限除了与分析中所用试剂和水的空白有关外，还与仪器的稳定性及噪声水平有关。灵敏度和检出限是两个从不同角度表示检测器对测定物质敏感程度的指标，前者越高、后者越低，说明检测器性能越好。检出限有仪器检出限和方法检出限两类。

a. 仪器检出限：指产生的信号比仪器噪声大 3 倍的待测物质的浓度，但不同仪器的仪器检出限定义有所差别。

b. 方法检出限：指当用一完整的方法，在 99% 置信度内，产生的信号不同于空白时被测物质的浓度。

3. 空白值

所谓空白值（blank value）就是除了不加试样外，按照试样分析的操作手续和条件进行实验得到的分析结果。空白值全面地反映了分析实验室和分析人员的水平。当试样中待测物质与空白值处于同一数量级时，空白值的大小及其波动性对试样中待测物质分析的准确度影响很大，直接关系到报出测定下限的可信程度。以引入杂质为主的空白值，其大小与波动无直接关系；以污染为主的空白值，其大小与波动的关系密切。

4. 测定限

测定限为定量范围的两端，分别为测定上限与测定下限。在测定误差能满足预定要求的前提下，用特定方法能准确地定量测定待测物质的最小浓度或量，称为该方法的测定下限。测定下限反映出分析方法能准确地定量测定低浓度水平待测物质的极限可能性。在没有（或消除了）系统误差的前提下，它受精密度要求的限制。分析方法的精密度要求越高，测定下限高于检出限越多。有人建议以 3.3 倍检出限浓度作为测定下限，其测定值的相对标准偏差约为 10%。在测定误差能满足预定要求的前提下，用特定方法能够准确地定量测定待测物质的最大浓度或量，称为该方法的测定上限。对没有（或消除了）系统误差的特定分析方法的精密度要求不同，测定上限也将不同。

5. 最佳测定范围

最佳测定范围也称有效测定范围，指在测定误差能满足预定要求的前提下，特定方法的测定下限至测定上限之间的浓度范围。在此范围内能够准确地定量测定待测物质的浓度或量。最佳测定范围应小于方法的适用范围。对测量结果的精密度要求越高，相应最佳测定范围越小（图 4-1）。

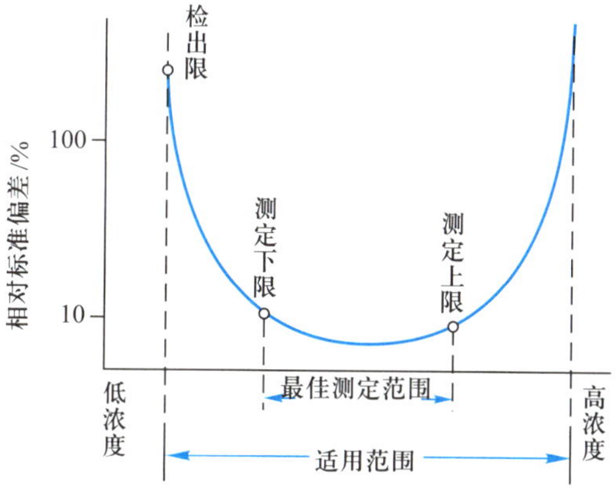

图 4-1 分析方法特性关系图

6. 校准曲线

校准曲线（calibration curve）是描述待测物质浓度或量与相应的测量仪器响应或其他指示量之间的定量关系曲线。校准曲线包括标准曲线和工作曲线，前者用标准溶液系列直接测量，没有经过试样的预处理过程，这对于基体复杂的试样往往造成较大误差；而后者所使用的标准溶液经过了与试样相同的消解、净化、测量等全过程。凡应用校准曲线的分析方法，都是在试样测得信号值后，从校准曲线上查得其含量（或浓度）。因此，绘制准确的校准曲线，直接影响到试样分析结果的准确性。此外，校准曲线也确定了方法的测定范围。

7. 加标回收率

在测定试样的同时，于同一试样的子样中加入一定量的标准物质进行测定，将其测定结果扣除试样的测定值，计算回收率。这种加标回收率（recovery）可以反映分析结果的准确度。当按照平行加标进行回收率测定时，所得结果既可以反映分析结果的准确度，也可判断其精密度。

在实际测定过程中，有的将标准溶液加入到经过处理后的待测试样溶液中，这是不对的，它不能反映预处理过程中的沾污或损失情况，虽然回收率较好，但不能完全说明数据准确。

进行加标回收率测定时，还应注意以下几点。

(1) 加标物的形态应该和待测物的形态相同。

(2) 加标量应和试样中所含待测物的量控制在相同的范围内，通常需考虑如下几点：

a. 加标量应尽量与试样中待测物含量相等或相近，并应注意对试样容积、环境的影响；

b. 当试样中待测物含量接近方法检出限时，加标量应控制在校准曲线的低浓度范围；

c. 在任何情况下加标量均不得大于待测物含量的 3 倍；

d. 加标后的测定值不应超出分析方法的测量上限的 90%；

e. 当试样中待测物浓度高于校准曲线中间浓度时，加标量应控制在待测物浓度的半量。

(3) 由于加标样和试样的分析条件完全相同，其中干扰物质和不正确操作等因素所导致的效果相等。当以其测定结果的差计算回收率时，常不能准确反映试样测定结果的实际差错。

8. 干扰试验

干扰试验是针对实际试样中可能存在的共存物，检验其是否对测定有干扰，并了解共存物的最大允许浓度。干扰可能导致正或负的系统误差，与待测物浓度和共存物浓度大小有关。因此，干扰试验应选择两个(或多个)待测物浓度值和不同水平的共存物浓度的溶液进行试验测定。

4.1.3 质量保证的工作内容

1. 质量保证系统

质量保证是在影响数据有效性的所有方面采取一系列的有效措施，将误差控制在一定的允许范围内，是对整个分析过程的全面质量管理。它包括了保证分析数据正确可靠的全部活动和措施，其主要内容是：制定分析计划；根据需要和可能并考虑经济成本和效益，确定对分析数据的质量要求；规定相适应的分析测试系统，诸如采样布点、采样方法、试样的采集和保存、实验室供应、仪器设备和器皿的选用、容器和量具的检定、试剂和标准物质的使用、分析测试方法、质量控制程序、技术培训等，图 4-2 列举了环境监测质量保证系统。

2. 质量保证内容

质量保证是贯穿分析全过程的质量保证体系，包括：人员素质、分析方法的选定、布点采样方案和措施、实验室内质量控制、实验室间质量控制、数据处理和

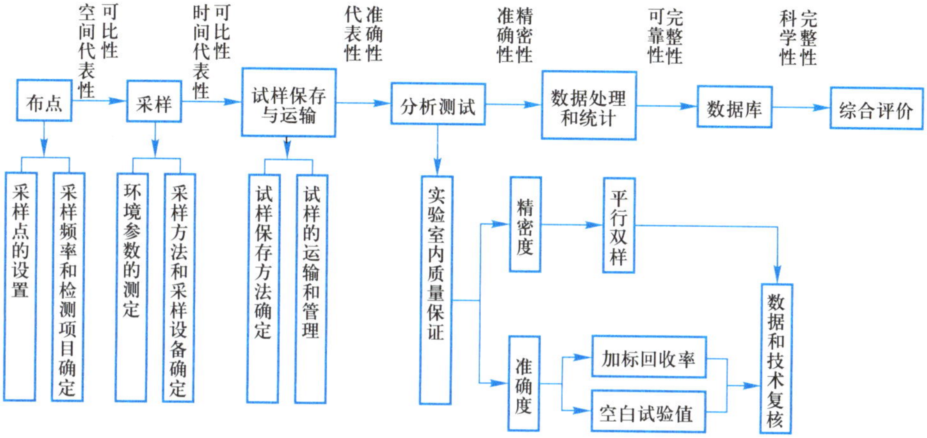

图 4-2 环境监测质量保证系统

报告审核等一系列质量保证措施和技术要求。

3. 质量保证的实施

(1) 建立质量保证管理体系

包括组织、职责、制度管理和物资保障工作，以及制定各种分析测试技术管理制度和质量管理制度。

(2) 提高人员素质，实行考核持证上岗

合格证考核由基本理论、基本操作技能和实际试样分析三部分组成。基本理论包括分析化学基本理论、实验室基础知识、数理统计基础知识、质量保证和质量控制基础知识、有关的分析方法原理及有关注意事项。基本操作技能包括现场采样技术、玻璃器皿的正确使用、分析仪器操作规范性等。实际试样分析是指按照规定的操作程序对发放的考核试样进行分析测试，考查其测定结果的准确度和精密度。

(3) 重视质量保证的基础工作

质量保证的基础工作很多，包括标准溶液的配制和标定、空白试验、标准曲线的绘制、分析仪器的校正、玻璃量器的校验等。做好基础工作，有利于保证分析数据的准确性，从而为综合分析评价提供良好的基础。要保证现场和实验室操作环境、器皿材质的清洁度符合要求，还要保证实验用水和试剂纯度、分析仪器设备精度及选择正确的分析方法。

4.2 分析全过程的质量保证与质量控制

4.2.1 分析前的质量保证与质量控制

采样的质量保证包括试样采集、试样处理、试样运输和试样贮存的质量控制。要确保采集的试样在空间、时间及环境条件上的合理性和代表性，最根本的是保证试样的真实性，既满足时空要求，又保证试样在分析之前不发生物理、化学性质的变化。要满足试样代表性的要求必须实行严格的质量保证计划及采样质量保证措施。

1. 采样过程质量保证的基本要求

采样过程一般包括试样采集、试样处理、试样运输和试样贮存等主要步骤，要求如下：

a. 应具有与开展的工作相适应的有关的试样采集的文件化程序和相应的统计技术；

b. 应建立并保证切实贯彻执行的有关试样采集管理的规章制度，严格执行试样采集规范和统一的采样方法；

c. 所有采样人员必须经过采样技术、试样保存、处置和贮运等方面的技术训练，做到切实掌握并能熟练运用相关技术，保证采样质量；

d. 应有明确的采样质量保证责任制度和措施，确保试样在采集、贮存、处理、运输过程中，试样不致变质、损坏、混淆；

e. 认真加强试样采集、运输、交接等记录管理，保证其真实、可靠、准确，同时要随时注意进行试样跟踪观察，确保其代表性。

2. 采样过程质量保证的控制措施

采样过程中的质量保证一般采用现场空白、运输空白、现场平行样和现场加标样或质控样等方法对采样进行跟踪控制。下面以环境水样的采集为例进行说明。

(1) 现场空白

现场空白是指在采样现场以纯水作试样，按照测定项目的采样方法和要求，与试样在相同条件下装瓶、保存、运输，直至送交实验室分析。通过将现场空白与室内空白测定结果相对照，掌握采样过程中操作步骤和环境条件对试样质量影响的状况。现场空白所用的纯水要用洁净的专用容器，由采样人员带到采样现场，运输过程中应注意防止沾污。

(2) 运输空白

运输空白是以纯水作试样，从实验室到采样现场又返回实验室。运输空白可用来测定试样运输、现场处理和贮存期间或由容器带来的总沾污，每批试样至少有一个运输空白样。

(3) 现场平行样

现场平行样是指在同等采样条件下，采集平行双样送实验室分析，测定结果可反映采样与实验室测定的精密度。当实验室精密度受控时，主要反映采样过程的精密度变化状况。现场平行样要注意控制采样操作和条件的一致。对水质中非均相物质或分布不均匀的污染物，在试样灌装时摇动采样器，使试样保持均匀。现场平行样占试样总量的10%以上，一般每批试样至少采集两组平行样。

(4) 现场加标样

现场加标样是取一组现场平行样，将实验室配制的一定浓度的被测物质的标准溶液，等量加入到其中一份已知体积的水样中，另一份不加标，然后按试样要求进行处理，送实验室分析。将测定结果与实验室加标样对比，掌握测定对象在采样、运输过程中的准确度变化状况。现场加标样除在采样现场进行外，其他要求应与实验室加标样相一致。现场使用的标准溶液与实验室使用的为同一标准溶液。

(5) 现场质控样

现场质控样是指将与试样基体组分接近的标准样带到采样现场，按试样要求处理后与试样一起送实验室分析。现场加标样或质控样的数量，一般控制在试样总量的10%左右，但每批试样不少于两个。

(6) 采样设备、材料空白

采样设备、材料空白是指用纯水浸泡采样设备及材料作为试样，这些空白用来检验采样设备、材料的沾污状况。

现场采样质量保证作为质量保证的一部分，它与实验室分析和数据管理质量保证一起，共同确保分析数据具有一定的可信度。因此除上述采样质量控制方法外，还应采取以下防污染措施：采样器、试样瓶等均需按规定的洗涤方法洗净，确保采样前采样器皿的洁净度；用于分装有机化合物的试样容器，洗涤后用聚四氟乙烯或铝内衬箔盖好，防止污染；采样人员的手必须保持清洁，采样时不能用手或手套等接触试样瓶的内壁和瓶盖；试样瓶要防尘、防污、防烟雾，须置于清洁环境中。采样器的性能对试样的代表性有很大影响，对各种采样器的性能应进行定期的检定和校准。

4.2.2 分析中的质量保证与质量控制

分析中的质量控制，应包括试样的前处理、分析过程、室内复核、登记及填发报告等。分析中的质量保证是质量保证的重要组成部分。当采集的有代表性的试样送到实验室进行试样分析时，为取得满足质量要求的分析数据，必须在分析过程中实施各项质量保证、质量控制的技术方法、措施和管理规定。由这些技术方法、措施和管理规定组成的程序就是实验室质量保证与质量控制程序。

1. 实验室质量保证

(1) 人员的技术能力

实验室分析测试人员的能力和经验是保证分析质量的首要条件，随着现代分析仪器的应用，对人员的专业水平要求更高。实验室应不断地对各类技术人员进行业务技术培训。

(2) 仪器设备管理与定期检查

实验室的分析仪器设备必须适应分析测试任务要求，应根据分析测试任务的需要，选择适当的仪器设备。此外，还需认真地进行仪器设备检定、标识、校准，使仪器设备产生误差的因素处于控制之下，确保得到合乎质量要求的分析数据。

(3) 实验室应具备的基础条件

a. 技术管理与质量管理制度。实验室应建立一套完整的技术管理与质量管理制度。

b. 实验室环境。应保持实验室整洁、安全的操作环境，通风良好，布局合理。相互干扰的分析项目不在同一实验室内操作。可产生刺激性、腐蚀性、有毒气体的实验操作应在通风橱中进行。分析天平应设置专室，做到避光、防震、防尘、防腐蚀性气体和避免对流空气。化学试剂贮藏室必须防潮、防火、防爆、防毒、避光和通风。

c. 实验用水。实验用水按有关规定检验合格后使用。盛水容器应定期清洗，以保持容器清洁，防止容器沾污而影响水的质量。

d. 实验器皿。根据实验需要，选用合适材质的器皿，使用后应及时清洗、晾干，防止灰尘等沾污。

e. 化学试剂。应采用符合分析方法所规定的等级的化学试剂。配制一般试液的试剂应不低于分析纯级。取用时，应遵循"量用为出，只出不进"的原则。取用后及时密塞，分类保存，严格防止试剂被沾污。不应将固体试剂与液体试剂或试液混合贮放。经常检查试剂质量，一经发现变质、失效，应及时废弃。

f. 试液的配制和标准溶液的标定。试液应根据使用情况适量配制，选用合适材质和容积的试剂瓶盛装，注意瓶塞的密合性。试剂瓶上应贴有标签，写明试剂名称、浓度、配制日期和配制人。试液瓶中试液一经倒出，不得返回。保存于冰箱内的试液，取用时应置室温使达到温度平衡后再量取。

g. 技术资料。实验室应妥善保存的技术资料有：测试分析方法汇编；原始数据记录本及数据处理、测试报告的复印件；实验室的各种规章制度；质量控制图；考核试样的分析结果报告；标准物质、盲样鉴定或审查报告、鉴定证书；质量保证手册、质量控制程序文件;实验室人员的技术业务档案等。

2. 实验室内质量控制

实验室内质量控制,包括实验室内自控和他控。自控是分析测试人员自我控制分析质量的过程;他控属于外部质量控制,是由独立于实验室之外的人对检测分析人员实施质量控制过程。实施实验室内质量控制的目的在于把分析误差控制在一定的可接受的限度之内,保证分析结果的精密度和准确度在给定的置信度内,达到规定的质量要求。

(1) 分析方法选定

分析方法是分析测试的核心,每个分析方法有其特性和适用范围,应正确选择分析方法。选择分析方法的原则如下:

a. 权威性。有标准分析方法时,要优先选用标准方法,尤其是 ISO 国际标准方法。当使用非标准方法时,必须与委托方协商一致,制定详细有效的方法文件,并应提供给委托方或其他接收单位。

b. 灵敏性。选择的分析方法应能满足分析项目标准的准确定量要求,即方法检出限至少小于要求标准值的 1/3,并力求低于标准值的 1/10,这样能准确判断是否超标。

c. 稳定性。分析方法的稳定性要好,能够较好地保证分析结果的重复性、再现性,能够对各种试样得到相近的准确度和精密度。

d. 选择性。分析方法的选择性要好,抗干扰能力要强。若存在干扰,可用适当的掩蔽剂或预分离的方法予以消除,以增强方法的适用性。

e. 实用性。分析方法所用的试剂和仪器易得,操作方法尽量简便快捷,并应尽可能地采用国内外的新技术和新方法。

(2) 质控基础实验

选定分析方法之后,必须反复多次进行实验,以熟练掌握实验技能和操作条件。基础实验包括全程序空白值测定、分析方法的检出限测定、校准曲线的绘制、分析方法的精密度和准确度及干扰因素等实验,以了解和掌握分析方法的原理和条件,达到分析方法的各项特性要求。对于接触测试项目的任何分析人员,都应按照要求完成上述基础实验,只有当实验检出限、精密度和准确度等指标达到分析方法规定要求,接受质控人员安排的质控样和实验试样测定,经评价测试结果合格后,才能发给测报该项目的合格证书。

(3) 实验分析质控程序

送入实验室的试样首先应核对采样单、容器编号、包装情况、保存条件和有效期等,符合要求的试样方可开展分析。每批试样分析时,空白试样对被测项目有响应的,必须作一个实验室空白,当空白值明显偏高时,应仔细检查原因,以消除空白值偏高的因素。

a. 试样分析。用分光光度法校准曲线定量时，应检验校准曲线的相关系数和截距是否正常。原子吸收分光光度法、气相色谱法等仪器分析方法校准曲线的制作应与试样测定同时进行。

b. 精密度控制。对均匀试样，凡能做平行双样的分析项目，分析每批试样时均须做10%的平行双样，试样较少时，每批试样应至少做一份试样的平行双样。平行双样可采用密码或明码编入。测定的平行双样允许差符合规定质控指标的试样，最终结果以双样分析结果的平均值报出。平行双样分析结果超出规定允许偏差时，在试样允许保存期内，再加测一次，取相对偏差符合规定质控指标的两个测定值的平均值报出。

c. 准确度控制。采用标准物质或质控样作为控制手段，每批试样带一个已知浓度的质控样。如果实验室自行配制质控样，要注意与国家标准物质比对，但不得使用与绘制校准曲线相同的标准溶液，必须另行配制。质控样的分析结果应控制在标准值的90%～110%，标准物质分析结果应控制在标准值的95%～105%，对痕量物质应控制在标准值的60%～140%。对复杂基体的试样，需做加标回收试验。

(4) 常规质量控制技术

通常使用的质量控制方法有平行样分析、加标回收分析、密码加标样分析、标准物比对分析、分析方法对照分析及质控图等。这些控制技术各有其特点和适用范围。

a. 平行样分析。指将同一试样的两份或多份子样在完全相同的条件下进行同步分析，一般是做双份平行。平行样分析反映的是分析结果的精密度。平行双样应根据试样的复杂程度、所用分析方法、仪器精密度和操作技术水平，随机抽取10%～20%的试样进行平行双样的测定。一批试样数量较少时，应保证每批试样至少测定一份平行双样。现场平行双样要以密码方式分散在整个分析过程，不得集中分析平行双样。平行双样测定结果的精密度应符合方法给定的室内标准偏差的要求，或按方法允许差判断，也可按下述原则进行数据舍取：

试样平行样的相对偏差应不大于6%；密码平行样的相对偏差应不大于10%；每批试样平行样合格率在90%以上时，分析结果有效，超差的取平行双样均值报出；平行双样合格率在70%～90%时，应随机抽取30%的试样进行复查，复查结果与原结果总合格率达90%以上时，分析结果方为有效；平行双样合格率在50%～70%时，应复查50%的试样，累积合格率达90%时，分析结果有效，否则需查清原因后加以纠正，或重新采样；平行双样合格率小于50%时，该分析结果不能接受，需要重新采样。

b. 加标回收分析。当按照平行加标进行回收率测定时，所得结果既可以反映分析结果的准确度，也可以判断其精密度。加标回收率的测定可以和平行样的测定相同，按随机抽取10%～20%的试样量做加标回收率分析，所得结果可按方法规定的水平进行判断，或在质量控制图中检验。两者都无依据时，可按95%～105%的域限做判断。

c. 密码加标样分析。由质控人员在随机抽取的常规试样中加入适量标准物质（或标准溶液），与试样同时交付分析人员进行分析，由质控人员计算加标回收率，以控制分析结果的精密度和准确度。密码加标样分析是一种他控方式的质量控制技术。

d. 标准物比对分析。实验室可应用权威部门制备和分发的标准物质或标准合成试样进行比对分析，即在进行试样分析的同时，平行对它们进行分析，并将此分析结果与已知浓度进行对照，以控制分析结果的准确度。除了使用标准物质或标准合成试样外，还可将平行样或加标样的一部分或全部由他人编号作为密码样，混在试样中交分析人员进行测定，最后由编码人按平行双样加标回收率的合格要求核查其分析结果，以检查其分析质量。

由于标准物质的品种、规格所限，选用的标准物质的基体和浓度水平常常难以与试样中待测物浓度及同批试样的多样性等相匹配，所以使用标准物质比对分析以控制工作质量时，也存在着明显的局限性。

e. 分析方法对照分析。应用具有可比性的不同分析方法，对同一试样进行分析，将所得测定值互相比较，根据其符合程度估计测定的准确度。在比较实验中，由于采用的分析方法不同，甚至操作人员也不同，误差不能抵消，故比应用加标回收率实验判断测定的准确度更为可靠。对于难度较大而不易掌握的分析方法，或对测定结果有争议的试样，常常应用比较实验。必要时还可进一步实行交换操作者、交换仪器设备，或两者都进行交换，将所得结果加以比较，以检查操作稳定性和发现问题。

f. 质控图。分析质量控制图（graphy of quality control）是保证分析质量的有效措施之一。

质控图有三个作用：质控图是测量系统性能的系统图表记录，可用来证实测量系统是否处于统计控制状态中；质控图能直观地描述数据质量的变化情况，监视分析过程，及时发现分析误差的异常变化或变化趋势，判断分析结果的质量是否异常，从而采取必要的措施加以纠正；质控图可累积大量的数据，从而得到比较可靠的置信限。

质控图的基本原理：质控图建立在实验数据分布接近于正态分布（高斯分布）的基础上，把分析数据用图表形式表现出来。在理想条件下，一组连续测试结果，从概率意义上来讲，有99.7%的概率落在 $\overline{x}\pm 3s$（即上、下控制限——UCL、LCL）内；有95.4%的概率应在 $\overline{x}\pm 2s$（即上、下警告限——UWL、LWL）内；有68.3%的概率应在 $\overline{x}\pm s$（即上、下辅助线——UAL、LAL）内。以测定结果为纵坐标，测定次序为横坐标；预期值为中心线；$\pm 3s$ 为控制限，表示测定结果的可接受范围；$\pm 2s$ 为警告限，表示测定结果目标值区域，超过此范围给予警告，应引起注意；$\pm s$ 则为测定结果质量的辅助指标所在区间。质控图的基本组成如图 4-3。

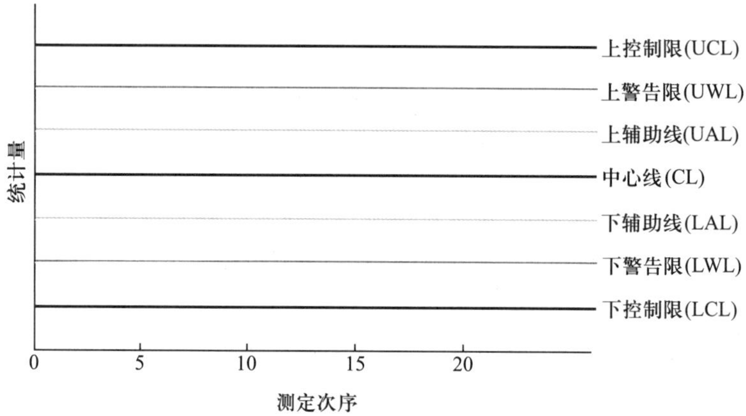

图 4-3 质控图的基本组成

质控图的绘制：建立质控图首先应分析质控样，按所选质控图的要求积累数据，经过统计处理，求得各项统计量，绘制出质控图。

质控样可以选用标准物质，也可用自制的质控样或质量可靠的标准溶液。质控样必须与被分析的试样相近，浓度水平相当。质控样也必须有足够的一致性和稳定性，每次测定变异要较小。质控样所用分析方法及操作步骤必须与试样的分析完全一致。当质控样含量很低时，其浓度极不稳定，要先配制较高浓度的溶液，临用时按分析方法规定的要求进行稀释。质控图是用以连续地反映分析工作质量的，因而，积累的数据应尽可能覆盖不同条件下数据的变化情况。一般每天测定一次，按照所选质控图的要求，在一定间隔时间内积累一定数量的数据，如单值质控图可每天测一个数据，在一段时间内累积 100 个数据。空白值质控图、准确度质控图和精密度质控图，累积的数据以 20～40 个为宜。当按要求完成数据积累后，即可按质控图的需要计算各项统计量值，绘制质控图。

质控图的检验：将绘制质控图的全部数据按顺序点入图中相应的位置，超出控制限以外的点要剔除，重新补做，重新计算统计量值。如此反复进行直至落在控制限内的点数符合要求为止。分布在上、下辅助线之间的点数应占总点数的 68%，低于 50%表示点的分布不合理，图不可靠，应重做。相邻 3 个点中两个点接近控制限时，表示工作质量异常，应立即停止实验，查明原因，补充不少于 5 个数据，再重新计算统计量值、绘图；连续 7 个点位于中心线同一侧，表示工作不在受控状态，此图不适用。

质控图的使用：在制得质控图之后，常规分析中把标准物质（或质控样）与试样在同样条件下进行分析。如果标准物质（或质控样）的测定结果落在上、下警告限之内，表示分析质量正常，试样测定结果可信。

如果标准物质（或质控样）的测定结果落在警告限和控制限之间，这种情况是可能发生的，因为 20 次测定中允许有一次超出警告限。此时，虽然分析结果可以接受，但有趋于失控倾向，应予以注意。如果标准物质（或质控样）的测定结果落在上、下控制限之外，表明测定过程失控，测定结果不可信。此时，应立即检查原因，纠正后重新测定，直到测定结果落在质量控制限之内，才能重新进行未知试样的测定。

有关质控图的一个重要的实际问题是分析标准物质的次数问题。根据经验，假如每批试样少于 10 个，则每一批试样应增加分析一个标准物质。假如每批试样多于 10 个，则每分析 10 个试样至少应分析一个标准物质。

质控图的应用范围：分析中质控图的应用很广泛，例如，有标准物质的质控图、质控样的质控图、平行试样的质控图、仪器工作特性的质控图、对操作者的质控图、工作曲线斜率的质控图、校正点的质控图、空白质控图、关键操作步骤的质控图及回收率的质控图等。

(5) 各类质量控制技术的比较

各类质量控制技术具有一定的特点和局限性，共存的问题在于试样的基体和待测物浓度的未知性。针对此类问题，应根据不同的目的，选用不同的质量控制技术，使分析过程始终处于受控状态，提高分析的质量，使分析数据准确可靠。各类质量控制技术特性的比较见表 4-1。

表 4-1 质量控制技术特性及相互比较

质量控制技术	质控方式	技术特性	技术局限性
平行样分析	自控	反映批内结果精密度	不能反映结果的准确度
空白试验	自控	有助于发现异常值	空白结果的偏高或异变，不意味着测定结果准确度受到影响
加标回收分析	自控	检查准确度，可显示系统误差的某些来源，消除相同试样基体效应的影响	只能对相同试样测定结果的精密度和准确度做出孤立点统计，当加标物形态与待测物不同时，常掩盖误差而造成判断失误
分析方法对照分析	自控	能有效地反映测试结果的精密度与准确度	只能对测试质量做出孤立点统计，几种分析方法同时使用有困难

续表

质量控制技术	质控方式	技术特性	技术局限性
密码加标样分析	他控	检查准确度，可显示系统误差的某些来源，可消除相同试样基体效应的影响	只能对相同试样测定结果的精密度和准确度做出孤立点统计，当加标物形态与待测物不同时，常掩盖误差而造成判断失误
标准物比对分析	自控及他控	当标准物质组成及形态与试样相同时能反映同批试样测定结果的准确度	对同批测定结果的质量仅能给出孤立点的统计，当标准物质的组成和形态与试样不同时，难以确切地反映测试质量
质控图	自控及他控	可发现分析过程中异常现象，对每天工作方法准确度和精密度进行评价，说明测试数据是有效、可疑，还是无效	只能当分析结果符合正态分布时，质控图才有效

3. 实验室间质量控制

实验室间质量控制也称外部质量控制，它指由外部有工作经验和技术水平的第三方或技术组织，对各实验室及其分析工作者进行定期或不定期的分析质量考查的过程。这项工作常由上级部门发放标准试样在所属实验室之间进行比对分析，也可用质控样以随机考核的方式进行实际试样的考核，以检查各实验室间数据的可比性及是否存在系统误差，检查分析质量是否受控，分析结果是否有效。实验室间质量控制必须在切实施行实验室内质量控制的基础上进行，需要有足够的实验室参加，使所得数据的数量能够满足数理统计处理的要求，也便于分析人员和数据使用者了解分析方法、分析误差及数据质量等方面的内容。

(1) 标准溶液的校核

校核分析过程中使用的各类标准溶液是保证分析数据准确可靠的物质基础。由于标准物质种类不全，目前还不能全部使用统一配制的标准溶液，最简单的方法就是选用适当的标准物质配制校准溶液，以便进行量值传递，校正因标准溶液不准而导致的系统误差，及时掌握实验室间的质量状况。同时取若干份($n=3\sim6$)发放的供量值传递的标准溶液和实验室自制相同浓度的标准溶液，按规定方法进行分析测定，并对测定值作 t 检验，检查实验室自制的标准溶液与下发的标准溶液是否存在系统误差。

(2) 统一分析方法

为了减少各实验室的系统误差，使所得分析数据具有可比性，应使用规定的分析方法。各实验室应首先从国家或部门所规定的“标准方法”中选定统一的分析方法。当根据具体情况需选用“标准方法”以外的其他分析方法时，必须用该分析方法与相应的“标准方法”对几份试样进行比较实验，并用“t 检验法”判定两种方法的测定结果无显著性差异后，方可选定该方法作为统一分析方法。各实验室均应以所选定的统一方法中规定的检出限、精密度和准确度为依据，控制和评价实验室内和实验室间的分析质量。

(3) 发放标准试样

发放标准试样便于各实验室在进行准备工作期间，对仪器、标准物质及分析方法进行检验，以达到消除系统误差的目的。

(4) 发放统一试样

发放的统一试样应贴有统一编号的标签，并附有试样使用说明书，明确试样的浓度范围、稀释方法及注意事项等。发放的试样应尽量使参加单位在相近日期内收到，发放数量应适当。

(5) 上报分析结果

测试结果应按要求在规定的期限内上报，报告内容应满足考核的目的要求，在质量评价中一般应包括如下的各项内容。

a. 空白值。应报出每天平行双份和连续 5 天的测定结果，同时上报原始记录的数据。由于空白值反映的是实验室的全面情况，而且反映非常灵敏，所以上报原始数据，可以便于主持单位能正确地分析判断数据的实际情况，并根据实际情况对数据进行必要的处理。

b. 统一试样测定值。一般要求上报 6 个测定值，以便于进行统计检验。主持单位认为必要时，也可以要求同时上报原始数据。

c. 加标回收实验值。上报随机编号的平行双份加标回收实验值，并说明加标量。针对具体项目和测定时所用的方法，可以要求上报校准曲线的实验数据和回归方程、相关系数，在不限定必须使用统一的测试方法和质量控制程序时，应要求上报所用分析方法的详细内容和选用的质量控制程序及全部质量控制实验的数据、图表等。

(6) 结果的整理和评价

主持单位在收到各单位的上报结果后，要对其进行登记、建表，并对结果进行统计检验，分析判断数据的质量。对有疑问的结果，应要求有关实验室或人员作出明确的回答，对于确实属于离群的数据进行剔除。最后对全部结果做出评价，按照规定的日期通知各参加实验室。

4. 实验室质量审核

实验室质量审核是质量保证计划中最基本的部分，包括对质量计划中操作细则所述系统进行定性评价审核和对测定系统分析数据定性评价审核。质量审核按审核人员来源及其审核活动可分为实验室内审核和实验室间审核。

(1) 实验室内审核

实验室内审核一般由室内质量监督员对质量保证执行情况进行监视与检查。质量手册的定期检查是常规审核的一种简单方法。质量监督员要对实验室数据的质量负责，查明保证数据质量的系统程序和记录是否按规范要求进行。审核可由质量负责人或质量保证室对质量保证能力以定期或不定期的方法进行，也可随机选择测定项目检查分析人员的应急操作，可选择实验记录进行评价，观察文件档案是否符合规定，检验资料的质量和完整性。

实验室内审核不是对方法的评价而是对实验室能力的检验，其目标是评价全部数据的准确度。通过对质控图的评述，确保测定过程处于受控状态，规定在一定期间测定质控样和标准物。有条件的实验室可通过制备盲样、质控样，系统分析实验室测定结果。各实验室必须对提交的数据质量负责，应不断提高数据质量，把数据的置信度放在重要位置。

(2) 实验室间审核

实验室间审核基本上遵从实验室内审核所述的形式。进行实验室间审核通常是查明与原则、规范和标准的适应性，要求强制性记录，以便评价与记录的一致性，寻求校正行为和校准以前审核中鉴别出的问题。

实验室间审核员通常需看实验室内的记录，特别是在强制性质量保证计划中更应如此。较好保存记录能够提高外部审核者的置信度，推进和增加实验室间审核的效力。

4.2.3 分析后的质量保证与质量控制

1. 数据处理的质量保证

试样测定过程中，误差总是存在的，在实际分析中并不能得到准确无误的真值，所以定量分析的结果都必然带有不确定度，需要对实验所得数据进行处理，判断其最可能值及可靠性。

(1) 分析数据处理的基本要求

a. 遵守计算规则，减少计算误差。在进行分析数据运算时，必须遵循修约规则，注意保护重要参数，尽量减少运算次数，努力提高算法和计算程序技巧。

b. 谨慎对待异常值的取舍。在一组分析数据中，由于实验条件和实验方法的变化或在实验操作中出现过失或产生于计算、记录中的失误而出现的离群数据，必须经过实验复查、专家判断等检验程序后，方可做出最后取舍决定。

c. 建立严格的数据审核制度。对于众多的分析数据除按规定进行数据处理外，一个重要的管理措施就是建立分析数据审核制度。

(2) 分析数据处理的主要内容

a. 分析数据的记录整理。要确保原始数据的正确记录和数据的正确运算。

在记录数据的时候必须考虑计量器具的精密度、准确度及测试人员的读数误差。在数据运算时要注意遵照有效数字运算规则，不得随意增减有效数字位数。

b. 分析数据有效性检查。实验室在提交分析报告之前，应按实验室质量控制要求，对分析数据进行全面检查，并根据“离群数据的统计检验”的规定，剔除失控数据。对平行试样的分析数据要按规定的相对误差容许范围进行检查，舍弃不平行的数据。

c. 分析数据离群值检验。对于离群值，必须首先从技术上弄清楚原因，若查明是因实验技术的失误引起的，则舍弃，不必参加统计检验。若未查明原因，则不能轻易决定弃留，应对其进行统计检验，如果确认为异常值，则舍弃；如不是异常值，即使是极值，也应予以保留。

d. 分析数据统计检验。运用数理统计检验的程序与方法，可以判别两组数据间的差异是否显著，从而更合理地使用数据和做出确切的结论。最常用的检验方法有 t 检验法和 F 检验法。

e. 分析数据方差分析。方差分析就是通过分析数据，弄清与研究对象有关的各个因素对该对象是否存在影响及影响程度和性质。方差分析要求同一水平的数据应遵从正态分布，各水平试验数据的总体方差都相等。因此，通常要用样本方差检验总体方差的一致性。在实验室质控中应用最广泛的是单因素实验及其方差分析。

f. 分析数据回归分析。分析中经常遇到相互间有一定联系的变量。回归分析就是研究各变量相互关系的统计方法。分析数据回归分析主要用于建立校准曲线，进行同一试样不同分析项目数据间的相关分析，不同仪器测定同一物质所得结果的相关分析，不同时期物质浓度的相关分析，不同测定方法所得分析结果的相关分析等。

2. 综合分析评价质量保证

综合分析评价工作在质量保证中具有特殊的地位，它直接影响到分析成果及分析效益的发挥。从分析过程来讲，它是分析五大基本过程（布点、采样、分析、数据处理和综合分析评价）的最终环节，它以综合技术为手段，完成分析数据质量定性结论的转变。综合分析评价技术是高层次的信息加工、分析、利用技术，在一定程度上体现了一个分析机构的水平。

(1) 分析数据的表述

为了便于对原始数据进行分析和解释，通常使用图表表示分析数据。对分析数据图表的要求是：用最少的图表数量来获取最丰富的质量信息；在每一种具体图表中，尽可能反映多种信息；图表的格式应统一规定，以利于不同层次的信息交流；图表的种类应满足数据分析和解释工作的需要。

(2) 分析数据的概括

对分析数据进行综合概括的目的，就是运用科学的方法，从大量的原始分析数据中，尽量抽取那些能够反映规律特征的数据，并对其作进一步的分析和解释，从而完成质量的认识过程。分析数据概括的主要方法有频数分布概括法、中心趋势法、分散度法和空间概括法等。

(3) 分析数据的分析

对分析数据进行综合分析的目的，就是运用数学方法和系统分析方法对分析数据进行完整性、规律性、周期性和趋势性分析，揭示分析对象宏观情况。分析数据分析主要有完整性分析、数据分布规律分析、数据的时间序列分析、对照环境条件分析和变化趋势分析等。

(4) 分析数据的解释

分析数据的解释就是在数据分析的基础上，对分析结果表明的意义进行解释和说明。分析数据的解释必须结合不同分析目的来进行。

(5) 分析结果综合评价

分析结果的综合评价是在对各种分析数据资料归纳、分析和解释的基础上，对分析成果的一个更高层次的宏观概括，反映了各种分析数据、资料所提供的信息与分析对象整体的关系。分析结果综合评价的方法有图形叠置法、列表清单法、矩阵法、指数法和网络法等。

4.2.4 质量控制的标准化操作程序

分析过程包括采样、分析、数据处理和综合分析评价等几个环节，要求对从采样到获得分析数据的整个过程进行全面质量管理。分析工作要按照统一的技术规范、操作的要求，依照一定的程序，进行科学的组织与技术上的规范化管理。质量保证与质量控制应包括从管理到技术，凡是影响分析数据质量的全部内容。质量保证中，尤其是对于分析方法体系的深入了解、现场空白样的处理和测量、操作空白的取得、数据质量的判断等是目前常常被人们所忽视的。表 4-2 是分析检测中质量控制的标准化操作程序规定的内容。

表 4-2 质量控制的标准化操作程序规定的内容(QA/QC)

分 类	规 定 内 容
各种试剂、标准试样等	① 领取采样用试剂 ● 检查生产厂家、纯度、规格、有效期等 ● 纯化、溶液配制、保存及处理方法 ② 领取分析用试剂及标准试样 ● 标准贮备液及标准溶液的准备(标准及检查制造厂家、浓度、制作方法等) ● 标准溶液的保存及处理方法

续表

分　类	规定内容
采样及预处理	① 组装采样装置，流量等校正，熟知操作方法 ● 采样方法及其性能的确认 ● 采样设备及容器的使用情况、清洗方法及操作空白检查确认 ② 预处理方法及使用设备、器皿的性能确认方法（回收率、待测物质稳定性或分解率等） ● 确认操作空白
仪器分析	① 分析仪器的定期检定、清扫、维护保养、使用情况及标准方法 ● 确定、调整分析仪器的测定条件、校正方法（分离性能、灵敏度、检测限等） ② 确定进样操作方法 ③ 记录方式及取得数据、保存及检索 ● 操作空白值、现场空白值，确认空白漂移情况
数据处理及记录等	① 数据处理、保存及检索 ② 利用仪器的计算机系统处理 ③ 测定操作的全程序记录及保存

4.2.5 实验室质量保证体系

分析机构为了保证分析数据的科学、准确、公正，满足社会的需要，就要加强实验室内部管理，建立质量保证体系。

1. 有关质量体系的基本概念

(1) 质量方针

质量方针（quality policy，QP）是指由某组织的最高管理者正式发布的该组织的质量宗旨和质量方向。质量方针是一个组织的总的质量宗旨和质量方向。因此，它不是一个短期的目标，而是一个比较长远的有关质量方面的总的宗旨。质量方针是由组织的最高领导者正式批准颁布的，但其制定与实施是与组织的每一个成员密切相关的。应该依靠组织的全体成员集思广益，并使其成为每一个成员的座右铭。

(2) 质量管理

质量管理（quality management，QM）是指在质量体系中通过诸如质量策划、质量控制、质量保证和质量改进使其实施全部管理职能的所有活动。质量管理的职责由组织的领导者或质量职能部门负责，组织内每一个成员的工作都直接或间接地影响着产品或服务的质量，组织内所有成员都必须参与质量管理活动，并承担相应义务和责任，组织中的所有机构都应承担相应的质量职能。

(3) 质量控制

质量控制（quality control，QC）是指为达到质量要求所采取的作业技术和活动。“质量要求”需转化为质量特性，这些质量特性可以用定量或定性的规范来表示，以便于质量控制的执行和检查。这些“作业的技术和活动”贯穿于产品或服务的全过程。

(4) 质量保证

质量保证(quality assurance,QA)是指为了提供足够的信任表明实体能够满足质量要求，而在质量体系中实施并根据需要进行证实的全部有计划和有系统的活动。通过质量保证活动，有利于组织的长远效益。质量保证的目的在于取得信任，可分为外部和内部两部分，内部质量保证是质量管理职能的一个组成部分，外部质量保证是为了向顾客或需方提供信任。有效的质量保证必须重视审核和评审，重视验证工作，重视提供证据。

(5) 质量体系

质量体系(quality system,QS)是指为实施质量管理所需的组织结构、程序、过程和资源。质量体系不仅包括组织结构、职责、程序等软件，还包括资源等硬件。就是说，质量体系建立和健全的基础在于人和物。质量体系是为了实施质量管理而建立和运行的，是包含在该组织质量管理范畴之内的。一个组织的质量体系只有一个。质量体系的重点是预防质量问题的发生，因此组织的全体成员对质量方针和质量体系都要充分地理解并贯彻执行，这是质量体系得以有效运行的关键。

(6) 质量审核

质量审核(quality audit)是指确定质量活动和有关结果是否符合计划的安排，以及这些安排是否有效地实施并适合于达到预定目标的、有系统的、独立的检查。质量审核应由被审核领域无直接责任的人员进行，但最好在有关人员的配合下进行。质量审核的主要目的是评价是否需采取改进或纠正措施，不能和过程控制的“质量监督”或“检验”相混淆。质量审核活动不仅适合于内部，同时也适合于外部。

(7) 管理评审

管理评审(management review)是指由最高管理者就质量方针和目标，对质量体系的现状和适应性进行的正式评价。管理评审包括质量方针评审。质量体系审核的结果应作为管理评审的一种依据。最高管理者指的是其质量体系受到评审的组织的管理者。

(8) 质量计划

质量计划(quality plan)是指针对特定的产品、项目或合同，规定专门的质量措施、资源和活动顺序的文件。质量计划是参照质量手册中适用于特定情况的有关部分。质量计划可以使用限定词，如“质量保证计划”“质量管理计划”。

2. 质量保证体系的构成和质量职能的分配

质量保证体系包括硬件部分和软件部分，两者缺一不可。首先，对于一个实

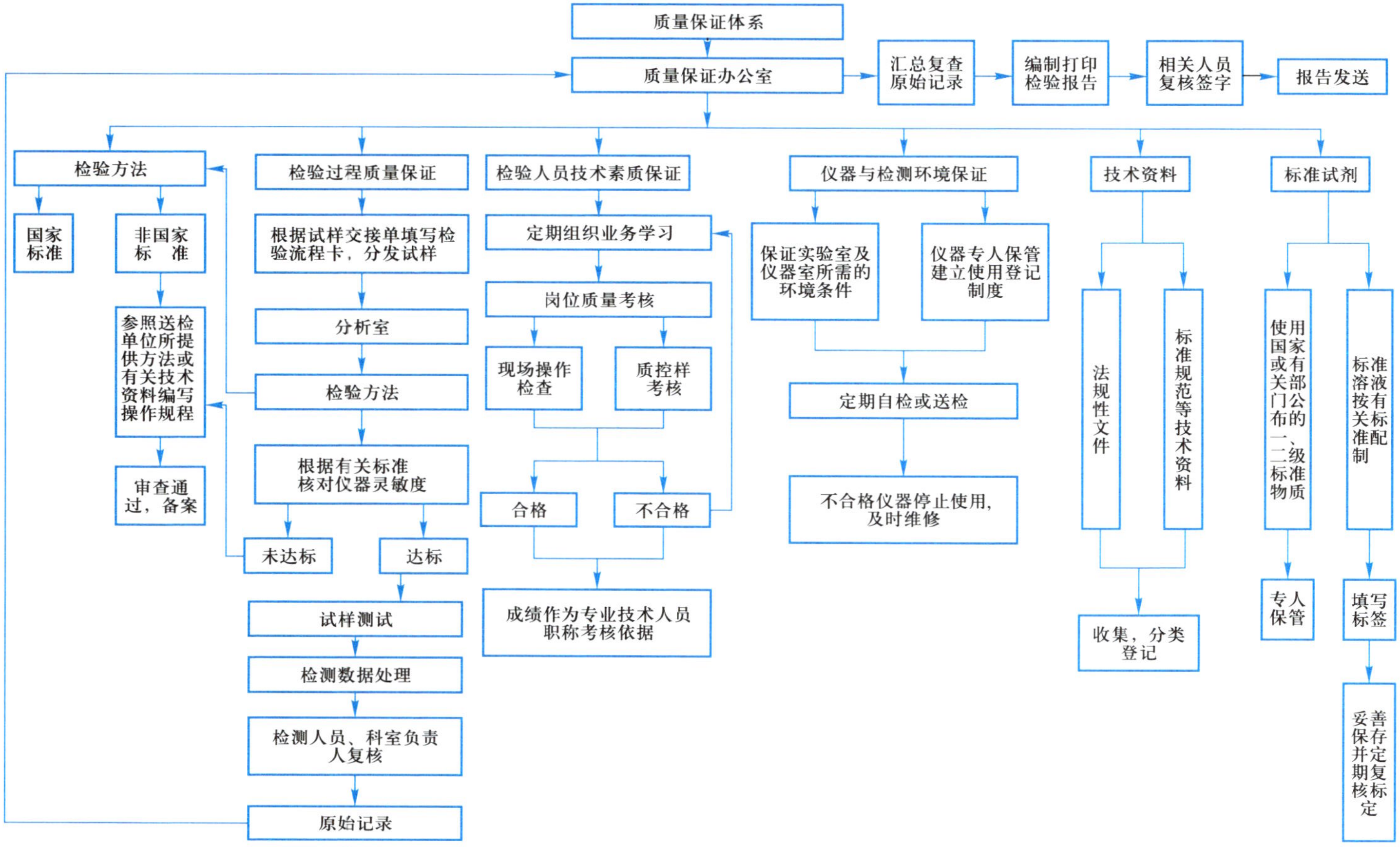

图4–4　实验室质量保证体系示意图

验室必须具备相应的检测条件，包括必要的、符合要求的仪器设备、实验场地及办公设施、合格的检测人员等资源，然后通过与其相适应的组织机构，分析确定各检测工作的过程，分配协调各项检测工作的职责和接口，指定检测工作的工作程序及检测依据方法，使各项检测工作能有效、协调地进行，成为一个有机的整体，并通过采用管理评审、内外部的审核、实验室之间验证和比对等方式，不断使质量体系完善和健全，以保证实验室有信心、有能力为社会出具准确、可靠的检测报告。实验室质量保证体系的各个方面如图4-4。

4.3 标准方法与标准物质

4.3.1 标准分类与标准化

1. 标准分类

标准是以科学、技术、实践经验和综合成果为基础，经有关部门人员协商一致，由主管机构批准，以特定形式发布，作为共同遵守的准则和依据。

目前数量最多的是技术标准。它是从事生产、建设工作以及商品流通的一种共同技术依据。凡正式生产的工业产品、重要的农产品、各类工程建设、环境保护、安全卫生要求，以及其他应当统一的技术要求，都必须制定技术标准。由于标准种类繁多，不可能只用一种方法对所有标准进行分类。根据不同的目的，可从不同制定角度来对标准进行分类。

(1) 层级分类法

层级分类法是指按照标准审批权限和作用范围对标准进行分类。根据这种分类方法，我国标准可以分为国家标准、行业标准、地方标准和企业标准等四级。

(2) 性质分类法

性质分类法是指按照标准的约束性对标准进行分类。根据这种分类方法，可分为强制性标准和推荐性标准两类。

(3) 属性分类法

属性分类法是指按照标准本身的属性对标准进行分类。由于标准的属性有众多的种类和复杂的层次，所以只能按其基本属性分为技术标准、管理标准和工作标准三类。

(4) 对象分类法

对象分类法是指按照标准对象进行分类。这种方法又有很多种，如按标准对象的特征分类、按标准对象的作用分类等。按照常用的分类，我国的标准分为基础标准、安全标准、卫生标准、环保标准、产品标准、方法标准、管理标准、其他标准等八类。

2. 标准化

标准化是指在经济、技术、科学及管理等社会实践中,对重复性事物和概念通过制定、发布和实施标准,达到统一,以获得最佳秩序和社会效益。标准化过程表明:

a. 标准化是一个活动过程。这是一个制定标准、发布与实施标准并对标准的实施进行监督的过程,是一个进而修订标准的过程,是一个循环往复、螺旋上升的运动过程。每完成一个循环,标准的水平就提高一步。

b. 标准化的目的和作用是获得最佳秩序和社会效益,而这一作用,要通过制定和实施标准来实现,并体现标准化效果。所以,标准化工作的任务,不仅是制定标准,还应组织实施标准和对标准的实施进行监督。

c. 标准化是综合性的技术基础和科学管理手段,是提高质量的依据,是实现高效率和高效益的先进的科学方法。因此,标准对稳定和提高质量、实现科学管理、促进技术进步、保护环境及人身安全和健康、保护消费者利益、消除贸易壁垒、提高企业竞争力等,都具有重要意义,发挥着行政命令或其他管理手段所不可替代的重要作用。

d. 通过标准化过程的技术规范、编码和符号、代号、业务规程、术语等,可促进国际间、国内各部门、各单位的技术交流。

4.3.2 分析方法标准

分析方法标准是方法标准中的一种。它是对各种分析方法中的重复性事物和概念所作的规定。分析方法标准的内容包括方法的类别、适用范围、原理、试剂或材料、仪器或设备、采样、分析或操作、结果的计算、结果的数据处理等。形式一般有两种:专门单列的分析方法标准和包含在产品标准中的分析方法标准。按照层级分类法,分为分析方法国家标准、分析方法行业标准、分析方法地方标准和分析方法企业标准四级标准;按照性质分类法,分为强制性分析方法标准和推荐性分析方法标准两类。

分析实验室使用的分析方法,必须要有文字表述的完整文件,每个分析人员须熟悉他所用的分析方法,包括方法的局限性和可能出现的变化。对于现行分析方法,不管改进(或变化)多么小,只要它是分析方法的一部分,就必须把它写入方法的表述之内。

1. 分析方法的影响因素

分析方法的影响因素包括准确度、精密度、灵敏度、检出限和空白值、线性范围及分析方法的耐变性。一个理想的分析方法,应是准确度好、精密度高、灵敏度高、检出限低、分析空白值低、线性范围宽、耐变性强。但是一个好的分析方法,未必是一个实用方法。作为一个实用方法,还要求方法的适用性强、操作简便、容易掌握、消耗费用低等。

2. 标准分析方法的编写格式

标准分析方法的书写应遵守 GB/T20001.4—2015《标准编写规则 第4部分:试验方法标准》。要求方法尽可能写得清楚,减少含糊不清的词句,应按国家规定的技术名词、术语、法定计量单位,用通俗的语言编写,并且有一定的格式,通常包括下列内容:方法的编写、方法发布日期及施行日期、标题、引用标准或参考文献、方法适用范围、基本原理、仪器和试剂、方法步骤、计算、统计、注释和附加说明。

4.3.3 标准物质与标准试样

1. 标准物质

标准物质是标准的一种形式,它是指已准确地确定了其某些化学成分、物理性质和工程参数等的一类物质。

(1) 标准物质的基本特征

a. 均匀性。标准物质的材质是均匀的,这是其最基本的特征之一。在化学计量中,标准物质可以作为标定计量的“量具”,进行化学计量的量值传递,不但简便实用,而且减少了传递层次。

b. 量值稳定性。标准物质在有效期内性能是稳定的,标准物质的特性量值保持不变。标准物质的有效期是有条件的,使用注意事项和保存条件在标准物质证书上明确地写明,使用者应严格执行,否则标准物质的有效期就无法保证。在此要注意区别保存期限和使用期限,如一瓶标准物质封闭保存可能5年有效期,但开封后,反复使用它,也许两年就变质失效。

c. 量值准确性。量值准确是标准物质的另一基本特征。标准物质作为统一量值的一种计量标准,就是凭借标准值及定值准确度校准器具、评价测量方法和进行量值传递。标准物质的特性量值必须由具有良好仪器设备的实验室,组织有经验的操作人员,采用准确、可靠的测量方法进行测定。

d. 量值复现性。每一种标准物质都有一定的化学成分或物理特性,消耗后重新制备时,要求新制备的标准物质与原来的标准物质成分或特性一致,换言之,标准物质要具有复现的特性。

e. 自身消耗性。标准物质不同于技术标准,许多标准物质在进行比对和量值传递过程中要逐渐消耗掉,有的标准物质只能使用一次。所以,标准物质需要定期制备,经常补充,以满足测量工作的需要。

f. 量值保证书。标准物质必须有证书,它是生产者向使用者提供的计量保证书,是使用标准物质进行量值传递或进行量值追溯的凭据。证书上注明该标准物质的标准值及定值准确度。

(2) 标准物质的主要用途

标准物质是国家计量法中依法管理的计量标准，具有复现、保存和量值传递的基本作用。除此之外，标准物质还在以下各方面起着广泛的作用。

a. 用于分析的质量保证。用于实验室内部的质量保证，可用标准物质作质量控制图，长期监视测量过程是否处于统计控制之中，以提高实验室的分析质量，建立质量保证体系。用于实验室之间的质量保证，中心实验室可把标准物质发放于所管辖的各个实验室进行分析，然后收集各实验室的测定值，用于评价各实验室和分析工作者的工作质量及质量保证。

b. 用于分析仪器的校准。根据需要可选用一个或数个标准物质对分析仪器进行校准和校验，以确定仪器工作状态，减少或避免监测数据的系统误差。

c. 用于评估分析数据的准确度。按照选用试样所遵循的基本原则，选用与试样相当的标准物质、与分析试样相同的方法和程序，同时平行测定标准物质，如果所测标准物质的结果与保证值一致，则可判断实际试样的分析结果可靠。

d. 用作新方法的研究和验证。用标准物质对拟研究或改进的分析方法进行验证测试，可正确地评估和判断新方法的可靠性。

e. 用于评价和提高协作实验结果的精密度与准确度。为保证在多个实验室协作时，使各实验室的结果达到一个相当一致的精度，提高实验室间的再现性和精密度，通常采用以下三种方式运用标准物质：(a) 在正式试样测试前，协作实验室的组织者把标准物质作为未知试样分发给实验室测定，将各实验室的测定值与标准值进行比较，借以评价各实验室测量工作的质量。(b) 协作实验的组织者在分发被测试样时，将相应的标准物质作为已知试样发给各实验室，由其用标准物质的测定值与标准值之差校正其工作曲线的系统误差，以提高实验室间结果的一致，增加结果的可靠性。(c) 协作实验室的组织者在分发被测试样时，把相应的标准物质作为密码试样同时发给各实验室，用标准值和各实验室的测定值的总平均值来评价协作实验结果的可靠性。

为消除分析工作者用自己配制标准溶液所作工作曲线的不一致性和不够准确的缺陷，可用与被测试样基本类似的标准物质作为工作标准绘制工作曲线，不但能使分析结果建立在一个相对准确、可靠、可比的共同基础上，而且还能提高工作效率。当使用仪器进行大批量试样连续测定时，为了监视并校正仪器示值可能发生的漂移，可采用一个或多个标准物质作为控制标准，在连续测定中以一定间隔重复测定，监视和校正仪器示值可能出现的数据漂移，以切实提高测定数据的可靠性。

当被测物很稀少贵重或特殊原因要求迅速提供分析结果或不允许进行重复测定时，应选用多个标准物质作平行测定，以严格监控分析过程，确保结果的准确度。

(3) 标准物质的分类方法

国际上常用的分类方法有以下两种。

a. 国际纯粹与应用化学联合会(IUPAC)分类:相对原子质量标准的参比物质、基础标准物质、一级标准物质、工作标准物质、二级标准物质、标准参考物质、传递标准物质。

b. 按审批者的权限水平分类:国际标准物质、国家一级标准物质、地方标准物质。

(4) 标准物质的选择原则

要使用标准物质,首先应进行选择。分析方法的基体效应与干扰组分、定量范围、进样方式与进样量、被测试样的基体组成、测定结果欲达到的准确水平等都是选择标准物质时应考虑的因素。

a. 必须采用与待测试样相类似的标准物质。为了更好地起到参照、校准和比对的作用,选择的标准物质一定要尽可能地与待测试样相类似。所谓类似并不是也不需要完全一致,只是要求类型上相似,基体大致相同。如待测试样是水质试样,就应选用水质标准物质;是土壤试样,就应选用土壤标准物质等。

b. 标准物质的准确度水平应与期望分析结果的准确度相匹配。准确度有着不同的表示方法,要了解准确度不同表示方式的具体含义。我国的标准物质证书上用"不确定度""标准偏差""相对标准偏差"等方式来表达标准物质特性值的可靠程度。标准物质的准确度应比被测试样欲达到的准确度高 3～10 倍。

c. 所选标准物质的浓度水平与直接用途相适应。分析方法的精密度随试样浓度的降低而放宽,应选择与被测试样浓度相近的标准物质。用标准物质评价分析方法时,应选择浓度水平接近方法上限与下限的两个标准物质;用标准物质作控制标准时,应选择与被测试样浓度相近的标准物质;用标准物质校准仪器时,应选择浓度在仪器测量范围内的标准物质等。

(5) 标准物质的使用

标准物质的使用应注意以下事项:

a. 必须注意选用标准物质的适用性,以避免基体效应误差;

b. 建立标准物质台账,实施统一的标识制度,防止误用和混淆;

c. 严格按规定条件保存标准物质,实行专人负责制和专柜存贮制,防止变质和损坏;

d. 建立标准物质使用程序和登记制度;

e. 使用标准物质对量值进行校验时,测定系统必须处于质量控制状态下;

f. 应注意标准物质基体、浓度等与待测试样的类似性,以排除基体干扰和浓度误差;

g. 应按标准物质最小取样量规定取样,以尽量减小取样误差;

h. 标准物质应按说明书(合格证)上规定的使用期限定期更换,不得使用过期或无许可证的标准物质。

2. 标准试样

除标准物质以外,标准试样也是标准的一种形式。标准物质与标准试样主要的不同点是使用范围上的区别。标准物质是作为量值的传递工具和手段,而标准试样是为保证国家标准、行业标准的实施而制定的国家实物标准。使用实物标准更能直观地表达出指标的含义,如酒、颜料的外观等。

标准试样适用于标准的贯彻、实施,具有很强的针对性和实用性,所以标准试样的研制和应用对促进标准化工作,促进标准的实施有着更现实的意义。我国标准试样的编号是 GSB,代表国家实物标准。

3. 质控样

为了控制实验室内分析的精密度而使用的试样叫做质控样(质量控制样)。质控样因分析项目和试样类型不同,其组分和浓度范围也不相同。通常可按下述原则设计质控样:

a. 适用于某种分析方法的质控样,可以在该方法的线性范围内选择几种适当浓度(如方法线性范围内上、下限浓度的 10% 及 90%,以及中点附近的浓度等)配制。

b. 适用于某种分析的质控样,可以在该样浓度的变化范围内选择几种浓度配制。

c. 根据各种标准中规定的浓度设计质控样。

d. 质控样可以是只含单一组分的溶液,仅用于单项测定;也可以是含多种组分的溶液,可用于多种项目的测定。

e. 质控样中可以含有某种类型的基体。

f. 为了满足各种不同浓度水平测定的需要,质控样常配制成各种不同浓度水平。

g. 为能延长质控样的稳定时间,并减少其发放体积,质控样多配制成浓溶液,由使用者在临用前按照规定的方法进行稀释。为减少稀释误差,稀释倍数不应超过 200 倍,一般以 100 倍为宜。

4.4 不确定度和溯源性

1. 不确定度的定义

不确定度(uncertainty)是测量不确定度的简称,指分析结果的正确性或准确性的可疑程度。不确定度是用于表达分析质量优劣的一个指标,是合理地表征测量值或其误差离散程度的一个参数。不确定度又称为可疑程度,习惯地俗称为"不可靠程度"。它定量地表述了分析结果的可疑程度,定量地说明了实验室(包括所用设备和条件)的分析能力水平。因此,常作为计量认证、质量认证及实验室认可等活动的重要依据之一。另外,由于通常真实值是未知的,分析结果是分析组分真实值的一个估计值,只有在得到不确定度值后,才能衡量分析所得数据的质量,才能指导数据在技术、商业、安全和法律方面的应用。

通过一条具有规定不确定度的不间断的比较链,使测量结果或测量标准的值能够与规定的参考标准,通常是与国家测量标准或国际测量标准联系起来的特性,即溯源性(traceability)。

需要提及的是实验室间的一致性在一定程度上受到每个实验室的溯源性链所带来的不确定度的限制。溯源性因此与不确定度紧密联系。溯源性提供了一种将所有有关的测量放在同一测量尺度上的方法,而不确定度则表征了校准链链环的"强度"及从事同类测量的实验室间所期望的一致性。因此在所有测量领域中溯源性是一个重要的概念。通常,某个可溯源至特定参考标准的结果的不确定度,将由该标准的不确定度与对照该标准所进行的测量的不确定度组成。

2. 不确定度的分类

不确定度是与分析结果有关的参数,在分析结果的完整表述中,应包括不确定度。不确定度可以用标准偏差或其倍数,或是一定置信度下的区间(置信区间)来表示,由此可将不确定度分为两大类:标准不确定度和扩展不确定度。

(1) 标准不确定度

标准不确定度即用标准偏差表示的分析结果的不确定度。根据计算方法,标准不确定度又分为三类:A类标准不确定度是用统计分析方法计算的不确定度;B类标准不确定度是用不同于A类的其他方法计算的,以估计的标准偏差表示;而所有标准不确定度分量的合成称为合成标准不确定度,其标准偏差也是一个估计值。

(2) 扩展不确定度

扩展不确定度又称为总不确定度,它提供了一个区间,分析值以一定的置信度落在这个区间内。扩展不确定度一般是这个区间的半宽。

3. 不确定度来源

在实际分析工作中,分析结果的不确定度来源于很多方面,典型的来源包括:对试样的定义不完整或不完善;分析方法不理想;采样的代表性不够;对分析过程中环境影响的认识不周全,或对环境条件的控制不完善;对仪器的读数存在偏差;分析仪器计量性能(灵敏度、分辨力、稳定性等)上的局限性;标准物质的标准值不准确;引进的数据或其他参量的不确定度;与分析方法和分析程序有关的近似性和假定性;在表面上看来完全相同的条件下,分析时重复观测值的变化等。

4. 不确定度的评估过程

不确定度的评估在原理上很简单,分为四个步骤,如图 4−5 所示。

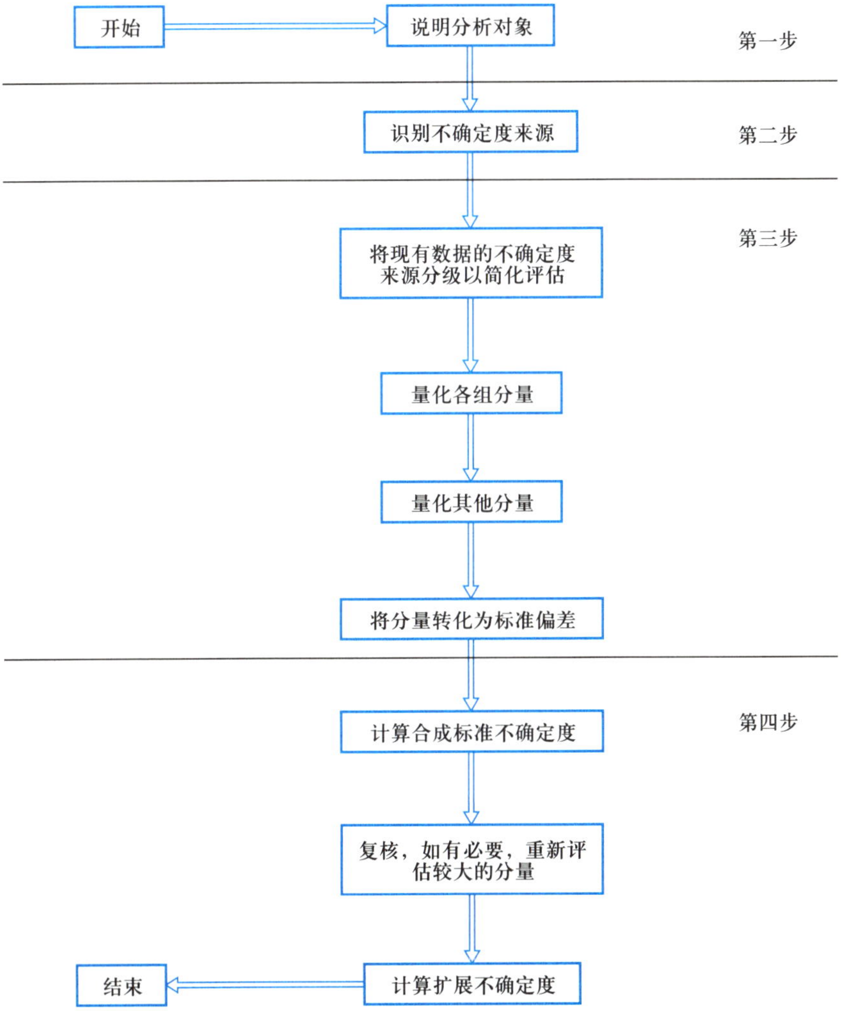

图 4−5 不确定度评估的原理

5. 误差和不确定度

误差和不确定度是两个完全不同的概念。不确定度是理念上的,而误差是实际存在的。误差是本,没有误差,就没有误差的分布,就无法估计分析的标准偏差,当然也就不会有不确定度了。而不确定度分析实质上是误差分析中对误差分布的分析。然而,误差分析更具广义性,包含的内容更多,如系统误差的消除与减少等。误差和不确定度紧密相关，但也有区别，其具体区别见表 4-3。

表 4-3 误差与不确定度的主要区别

序号	误差	不确定度
1	单一值	区间形式，可用于其所描述的所有分析值
2	表示分析结果相对真实值的偏离	表示分析结果的离散性
3	有正号或负号，其值为分析结果减去真实值	无符号的参数，用标准偏差、标准偏差的倍数或置信区间的半宽表示
4	客观存在，不以人的认识程度而改变	与人们对分析对象、影响因素及分析过程的认识有关
5	由于真实值未知，往往不能准确得到，当用约定真实值代替真实值时，可以得到其估计值	可以由人们根据实验、资料、经验等信息进行评定，从而可以定量估计
6	按性质可分为随机误差和系统误差两类。定义随机误差和系统误差都是无穷多次分析情况下的理想概念	不确定度分量评定时一般不必区分其性质，若需要区分时应表述为："由随机效应引入的不确定度分量"和"由系统效应引入的不确定度分量"
7	已知系统误差的估计值时可以对分析结果进行修正，得到已修正的分析结果	不能用不确定度对分析结果进行修正，在已修正分析结果的不确定度中应考虑修正不完善而引入的不确定度

6. 提高分析结果的准确度、减少不确定度的措施

分析结果的准确度是指分析结果与真实值之间的一致程度。在定量分析工作中，为了使分析结果和数据有意义，就要尽量提高分析结果的准确度。因此，定量分析必须对所测的数据进行归纳、取舍等一系列分析处理；同时，还需根据具体分析任务对准确度的要求，合理判断和正确表述分析结果的可靠性与精密度及分析的不确定度。为此，分析人员应该了解分析过程中产生误差的原因及误差出现的规律，并采取相应的措施减小误差，使分析结果尽量地接近客观的真实值。通过选择合适的分析方法，减少测定误差；增加平行测定次数，减少随机误差；消除测量过程中的系统误差；标准曲线的回归等措施减小分析误差和分析的不确定度，提高分析结果的准确度。

7. 分析过程结果的溯源性的建立

完整的分析过程的结果的溯源性应通过下列步骤的综合使用来建立：

a. 使用可溯源标准来校准测量仪器；

b. 通过使用标准方法或与标准方法的结果比较；

c. 使用纯物质的标准物质；

d. 使用含有合适基体的有证标准物质；

e. 使用公认的、规定严谨的程序。

4.5 实验室认可、计量认证及审查认可

4.5.1 实验室认可

实验室认可是指权威机构给予某实验室具有执行规定任务能力的正式承认。继产品质量认证、质量体系认证之后,实验室的认可制度日益受到重视,并日趋完善。随着国际贸易自由化程度的提高,各国要求加快消除贸易壁垒,特别是技术壁垒,以形成全球统一的市场。因而,各国实验室认可活动的国际化趋势已提到了显著的位置。

我国主管实验室认可工作的政府机构是国务院标准化和计量行政主管部门——国家质量监督检验检疫总局。中国合格评定国家认可委员会(CNAS)是统一负责实验室资格认可及获准认可后日常监督的评定组织。

实验室认可的目的是:

a. 向社会各界证明获准认可实验室(主要是提供校准、检验和测试服务的实验室)的体系和技术能力,满足实验室用户的需要;

b. 促进实验室提高内部管理水平、技术能力、服务质量和服务水平,增强竞争能力,使其能公正、科学、准确地为社会提供高信誉的服务;

c. 减少和消除实验室用户(第二方)对实验室进行的重复评审或认可;

d. 通过国与国之间的实验室认可机构签订相互承认协议(双边或多边互认)来达到对认可的实验室出具证书或报告的相互承认,以此减少重复检验,消除贸易技术壁垒,促进国际贸易。

实验室认可应遵循中国合格评定国家认可委员会发布的《实验室认可规则》(CNAS—RL01)开展认可工作,遵循的原则是客观公正、科学规范、权威信誉和廉洁高效。申请人应在遵守国家的法律法规、诚实守信的前提下,自愿地申请认可。申请人必须满足如下条件方可获得认可:

a. 具有明确的法律地位,具备承担法律责任的能力;

b. 符合 CNAS 颁布的认可准则和相关要求;

c. 遵守 CNAS 认可规范文件的有关规定,履行相关义务。

实验室认可流程主要包括意向申请阶段、正式申请阶段、评审准备阶段、文件评审阶段、现场评审阶段(包括现场见证)、认可批准阶段、监督评审及复评审阶段。CNAS 秘书处向获准认可实验室颁发认可证书及认可决定书,认可证书有效期一般为 6 年。

4.5.2 计量认证

计量认证是省级以上计量行政部门根据《中华人民共和国计量法》的规定，对产品质量检验机构的计量检定、测试能力和可靠性、公正性进行考核。经计量认证合格的质量检验机构所出具的数据，可作为贸易出证、产品质量评价、成果鉴定的公正依据，具有法律效力。计量认证是一种资格认证，不代表授权。

为保证评审结果的权威性、科学性、客观性和公正性，计量认证是第三方认证，而不是行政干预。计量认证工作坚持专家评审原则、坚持技术考核与管理工作考核相结合的原则、坚持非歧视性原则和坚持采取考核与帮、促相结合的工作方法。

计量认证的目的是：

a. 保障全国计量单位制的统一和量值的准确可靠；

b. 提高质检机构的知名度和竞争力；

c. 提高质检机构的管理能力、检测技术水平和第三方公正性，使“测量数据”受到法律认可和保护；

d. 确立质检机构的合法地位和权威；

e. 为国际间检测数据的相互承认、与国际接轨创造条件。

计量认证的作用是为了促进实验室的质量管理，提高监测人员素质、分析技术水平和分析数据质量。它是强制性的，在规定期限内不通过认证，其出具的某些数据会失去第三方公证性和权威性，也即失去法律效力。

计量认证的内容包括：

a. 计量检定、测试设备的配备情况与测试能力的符合程度，仪器设备的准确度、量程等主要技术指标必须达到计量认证的要求；

b. 计量检定、测试设备的工作环境，包括温度、湿度、防尘、防震、防腐蚀、防干扰等条件，均应适应测试工作的需要；

c. 使用测试设备和测试手段的操作人员，应具备计量基本知识、分析化学专业知识和实际操作经验，其理论知识和操作技能必须考核合格；

d. 分析检测机构应具有保证量值统一、量值溯源和量值传递准确、可靠的措施及测试数据公证可靠的管理制度；

e. 测试试样的时空代表性、采样的频次、试样的保管与运输等应该符合分析检测技术规范的要求，可作为检查内容。

4.5.3 审查认可

审查认可是指政府质量技术监督行政部门依据《中华人民共和国标准化法》《中华人民共和国标准化法实施条例》及《中华人民共和国产品质量法》的规定，

对依法设置或授权承担产品质量监督检验任务的产品质量监督检验机构的设立条件、界定任务范围、检验能力考核、最终授权的强制性管理手段。这种授权前的评审也完全建立在计量认证、审查认可或实验室认可评审的基础上。

思考题

1. 什么是不确定度？典型的不确定度源包括哪些方面？误差和不确定度有什么关系？怎样提高分析测试的准确度，减少不确定度？

2. 实验室内质量控制技术包括哪几方面的内容？

3. 怎样进行实验室外部质量评定？

4. 质控图分为哪几类？怎样绘制质控图？

5. 实验室认可有哪些作用？其程序是什么？计量认证的目的是什么？

6. 什么是 QA 和 QC？

7. 再现性和重复性的差别是什么？

8. 耐变性和耐久性的定义和重要性是什么？

9. 什么是标准物质？标准物质的特点、性质和主要应用是什么？

10. 如何检验标准物质的均匀性和稳定性？

11. 有证标准物质的作用和定义是什么？

12. 分析结果的溯源性是什么？

13. 如何达到溯源性？溯源到什么？

14. 如何保证分析结果的准确度？如何保证分析方法的可靠性？

15. 什么是实验室认可、计量认证和审查认可？三者的异同点如何？

16. 用某标准分析方法分析还原糖质量浓度为 0.250 $mg \cdot L^{-1}$ 的标准物质溶液，得到下列 20 个分析结果($mg \cdot L^{-1}$)：0.251、0.250、0.250、0.263、0.235、0.240、0.260、0.290、0.262、0.234、0.229、0.250、0.283、0.300、0.262、0.270、0.225、0.250、0.256、0.250。试绘制分析数据的质控图。

第5章 酸碱滴定法

酸碱滴定法(acid－base titrimetry)是基于酸碱反应的滴定分析方法,也称中和滴定法(neutralization titrimetry)。该方法简便、快速,是广泛应用的分析方法之一。酸碱滴定法的理论基础是酸碱平衡理论,所以要讨论有关酸碱滴定的问题,应先对酸碱平衡理论有一定了解。酸碱平衡是溶液中普遍存在的化学平衡,它对溶液中物质的存在形式和化学反应有重要影响,因此它也是讨论溶液中的其他化学反应和平衡时常需考虑的。本章采用酸碱质子理论处理有关平衡问题,这样便于将水溶液和非水溶液中的酸碱平衡统一起来。对于酸碱平衡体系中的计算,以代数法为主,同时简要介绍对数图解法。有关酸碱滴定条件、指示剂选择和滴定误差等则通过计算和分析滴定曲线来阐述。

5.1 溶液中的酸碱反应与平衡

5.1.1 离子的活度和活度系数

从以往学过的课程中可知,溶液中的化学反应与反应物和产物的活度(activity)有关。离子的活度是指其在化学反应中表现出来的有效浓度。由于溶液中离子间存在静电作用,它们的自由运动和反应活性因此受到影响,这样它们在化学反应中表现出的浓度与其实际浓度存在一定差别。如果以 c_i 表示第 i 种离子的平衡浓度(equilibrium concentration,通常用[x_i]表示),a_i 表示活度,则它们之间的关系可表示为

$$a_i = \gamma_i c_i \tag{5-1}$$

比例系数 γ_i 称为 i 离子的活度系数(activity coefficient),它反映实际溶液与理想溶液之间偏差的大小。对于强电解质溶液,当溶液的浓度极稀时,离子之间的距离变得相当大,以致它们相互间的作用力小至可以忽略不计。这时可将其视为理想溶液,离子的活度系数可视为1,即 $a_i = c_i$。

目前,对于高浓度电解质溶液中离子的活度系数,由于情况比较复杂,还没有较好的定量计算方法。但对于稀溶液($<0.1\ mol\cdot L^{-1}$)①中离子的活度系数,

① 本书中常用物质的量浓度代替质量摩尔浓度进行计算。

可以采用德拜-休克尔(Debye-Hückel)公式来计算,即

$$-\lg \gamma_i = 0.51 z_i^2 \left(\frac{\sqrt{I}}{1 + B\mathring{a}\sqrt{I}} \right) \tag{5-2}$$

式中,z_i 为 i 离子的电荷数;B 是常数,25 ℃时为 0.003 28;$\mathring{a}$ 为离子体积参数,约等于水化离子的有效半径,以 pm(10^{-12} m)计,一些常见离子的 $\mathring{a}$ 值列于附录表 3 中;I 为溶液的离子强度(ionic strength)。当离子强度较小时,可不考虑水化离子的大小,活度系数可按德拜-休克尔极限公式计算,即

$$-\lg \gamma_i = 0.51 z_i^2 \sqrt{I} \tag{5-3}$$

在进行近似计算时也可采用此公式。

离子强度与溶液中各种离子的浓度及所带电荷有关,稀溶液中离子强度的计算式为

$$I = \frac{1}{2}\sum_{i=1}^{n} c_i z_i^2 \tag{5-4}$$

例 1 计算 0.10 $mol \cdot L^{-1}$ HCl 溶液中 H^+ 的活度系数。

解

$$I = \frac{1}{2}\sum c_i z_i^2 = \frac{1}{2}([H^+]z_{H^+}^2 + [Cl^-]z_{Cl^-}^2) = \frac{1}{2} \times 0.10\ mol \cdot L^{-1} \times 1^2 + \frac{1}{2} \times 0.10\ mol \cdot L^{-1} \times 1^2 = 0.10\ mol \cdot L^{-1}$$

查附录表 3 得 H^+ 的 $\mathring{a} = 900$ pm,根据(5-2)式可知

$$-\lg \gamma_{H^+} = 0.51 \times 1^2 \times \left(\frac{\sqrt{0.10}}{1 + 0.003\ 28 \times 900 \times \sqrt{0.10}} \right) = 0.084$$

即 $\gamma_{H^+} = 0.83$。

例 2 计算 0.010 $mol \cdot L^{-1}$ $AlCl_3$ 溶液中 Cl^- 和 Al^{3+} 的活度。

解

$$I = \frac{1}{2}\sum c_i z_i^2 = \frac{1}{2}(0.010\ mol \cdot L^{-1} \times 3^2 + 3 \times 0.010\ mol \cdot L^{-1} \times 1^2) = 0.060\ mol \cdot L^{-1}$$

查附录表 3 得 Cl^- 的 $\mathring{a} = 300$ pm,根据(5-2)式可知

$$-\lg \gamma_{Cl^-} = 0.51 \times 1^2 \times \left(\frac{\sqrt{0.060}}{1 + 0.003\ 28 \times 300 \times \sqrt{0.060}} \right) = 0.10$$

故

$$\gamma_{Cl^-} = 0.79$$

$$a_{Cl^-}=\gamma_{Cl^-}[Cl^-]=0.78\times3\times0.010\ mol\cdot L^{-1}=0.023\ mol\cdot L^{-1}$$

对于 Al^{3+}，$\mathring{a}=900$ pm，故

$$-\lg \gamma_{Al^{3+}}=0.51\times3^2\times\left(\frac{\sqrt{0.060}}{1+0.003\ 28\times900\times\sqrt{0.060}}\right)=0.65$$

$$\gamma_{Al^{3+}}=0.22$$

$$a_{Al^{3+}}=\gamma_{Al^{3+}}[Al^{3+}]=0.22\times0.010\ mol\cdot L^{-1}=0.002\ 2\ mol\cdot L^{-1}$$

比较 $\gamma_{Al^{3+}}$ 和 γ_{Cl^-} 可知离子强度对高价离子的影响要大得多。

对于溶液中的中性分子，由于它们的电荷数为零，因此，若根据德拜－休克尔公式来计算，其活度系数将恒为1。但实际情况并不完全如此，其活度系数随溶液中离子强度的变化也会有所改变，只是这种变化一般很小，所以通常可认为它们的活度系数近似地等于1。

5.1.2 溶液中的酸碱反应与平衡常数

根据布朗斯特(Brønsted)的酸碱质子理论，凡能给出质子的物质是酸，能接受质子的物质是碱，既能接受质子又可以给出质子的物质为两性物质(amphiprotic species)。酸碱反应则为它们相互间的质子授受过程。由此可见，下述几种类型的反应均为溶液中的酸碱反应。

(1) 溶剂分子之间的质子转移反应

也称质子自递反应(autoprotolysis reaction)，如

$H_2O+H_2O \rightleftharpoons H_3O^++OH^-$（常简写为 $H_2O \rightleftharpoons H^++OH^-$）

$K_w=[H^+][OH^-]=1\times10^{-14}$（25 ℃）

$C_2H_5OH+C_2H_5OH \rightleftharpoons C_2H_5OH_2^++C_2H_5O^-$

$K_s=[C_2H_5OH_2^+][C_2H_5O^-]=1\times10^{-19}$

其平衡常数称为溶剂分子的质子自递常数。

(2) 酸碱溶质与溶剂分子间的反应

也称酸碱的解离，如

$HCl+H_2O \rightleftharpoons Cl^-+H_3O^+$

$HF+H_2O \rightleftharpoons F^-+H_3O^+$　　$K_a=[F^-][H_3O^+]/[HF]=6.6\times10^{-4}$

$NH_3+H_2O \rightleftharpoons NH_4^++OH^-$　　$K_b=[NH_4^+][OH^-]/[NH_3]=1.8\times10^{-5}$

人们习惯将其中起碱作用的溶剂分子 H_2O 省略掉，简写为

$$HCl \rightleftharpoons Cl^-+H^+ \qquad HF \rightleftharpoons F^-+H^+$$

其平衡常数称为溶质的解离常数(dissociation constant)。

(3) 酸碱中和反应

它们一般是酸碱解离反应的逆反应，通常也是酸碱滴定中用到的反应，反应后它们变成比原来弱的酸和碱，溶液则趋于中性，如

$$H^+ + OH^- \rightleftharpoons H_2O \qquad K_t = 1/([H^+][OH^-]) = 1/K_w$$

$$HAc + OH^- \rightleftharpoons Ac^- + H_2O \qquad K_t = [Ac^-]/([HAc][OH^-]) = K_a/K_w$$

$$NH_3 + HAc \rightleftharpoons NH_4^+ + Ac^- \qquad K_t = [NH_4^+][Ac^-]/([NH_3][HAc]) = K_bK_a/K_w$$

K_t 称为酸碱反应常数。

(4) 水解反应

典型的弱酸弱碱的水解反应(hydrolysis reaction)与上述的酸碱解离反应相同，如 S^{2-} 的水解反应。但有些水解反应则稍有区别，如 Cr^{3+} 的水解：①

$$Cr^{3+} + 2H_2O \rightleftharpoons Cr(OH)_2^+ + 2H^+ \qquad K_a = [Cr(OH)_2^+][H^+]^2/[Cr^{3+}]$$

若反应后酸给出 1 个质子，则变成为它的共轭碱；碱得到 1 个质子则变成相应的共轭酸，它们分别组成共轭酸碱对(conjugate acid-base pair)。共轭酸碱对之间的转变可视做酸碱半反应(half reaction)，两个半反应构成一个完整的酸碱反应。如 NH_3 的解离反应可视为由下述两个半反应构成：

半反应 1　　NH_3(碱 1) $+ H^+ \rightleftharpoons NH_4^+$(共轭酸 1)

半反应 2　　H_2O(酸 2) $\rightleftharpoons H^+ + OH^-$(共轭碱 2)

半反应 1+半反应 2，得

NH_3(碱 1) $+ H_2O$(酸 2) $\rightleftharpoons NH_4^+$(共轭酸 1) $+ OH^-$(共轭碱 2)

其平衡常数 $K_b = [NH_4^+][OH^-]/[NH_3]$，而其共轭酸 NH_4^+ 的解离反应为

$$NH_4^+ \rightleftharpoons NH_3 + H^+ \qquad K'_a = [NH_3][H^+]/[NH_4^+]$$

显然，$K'_a = K_w/K_b$。由此可见，由碱的解离常数可计算出其共轭酸的解离常数，反之亦然。由于酸碱的解离常数大小反映相应酸碱的强弱，因此，碱越强，其共轭酸越弱；酸越强，其共轭碱越弱。

例 3　求柠檬酸氢二钠(Na_2HCit)的解离常数 K_b。

解　其碱式解离反应为

$$HCit^{2-} + H_2O \rightleftharpoons H_2Cit^- + OH^-$$

$$K_b = [H_2Cit^-][OH^-]/[HCit^{2-}] = K_w/K_{a_2}$$

查表得 $K_{a_2} = 1.7\times10^{-5}$，故 $K_b = K_w/K_{a_2} = 5.9\times10^{-10}$。

在前面的讨论中，反应平衡常数表达式是用有关组分的平衡浓度表示，实际上，它也可用活度或同时用浓度和活度来表示。假设溶液中的化学反应为

---

① 金属离子可写成水合离子的形式，这样可看做是水合离子给出质子。

$$HA+B \rightleftharpoons A^- + HB^+$$

当反应物及生成物均以活度表示时，其平衡常数为

$$K^\circ = \frac{a_{A^-} a_{HB^+}}{a_B a_{HA}}$$

K°称为活度常数，又称热力学常数(thermodynamic constant)，它的大小与温度有关。

若各组分都用平衡浓度表示，则

$$K^c = \frac{[A^-][HB^+]}{[B][HA]}$$

此时的平衡常数 K^c 称为浓度常数(concentration constant)。K°与 K^c 之间的关系为

$$K^\circ = \frac{a_{A^-} a_{HB^+}}{a_B a_{HA}} = \frac{[A^-][HB^+]}{[B][HA]} \times \frac{\gamma_{A^-}\gamma_{HB^+}}{\gamma_B \gamma_{HA}} \approx K^c \gamma_{A^-}\gamma_{HB^+}$$

可见，浓度常数不仅与温度有关，还与溶液的离子强度有关。只有当温度和离子强度一定时，浓度常数才是一定的。

若 HB^+ 用活度表示，其他组分用浓度表示，则上述反应的平衡常数表达式为

$$K_{mix} = \frac{[A^-] a_{HB^+}}{[B][HA]}$$

K_{mix}称为混合常数(mixed constant)。显然，K_{mix}也与温度和离子强度有关。在实际工作中，由于 H^+ 或 OH^- 的活度很易用 pH 计测得，因此它们常用活度表示，其他有关组分则多用浓度表示。在这种情况下，用混合常数来进行有关计算较为方便。

在有关分析化学的酸碱平衡处理中，因溶液浓度一般较小，通常忽略离子强度的影响，即以活度常数代替浓度常数进行相关计算。这样做能满足一般工作的要求，但当需要进行较精确的计算时，如计算标准缓冲溶液的 pH 等，则应该考虑离子强度对化学平衡的影响。

5.1.3 溶液中的其他相关平衡——物料平衡、电荷平衡和质子平衡

酸碱平衡常数表达式是进行酸碱平衡计算的基本关系式，但单凭这一关系式处理酸碱平衡问题，常会遇到一些困难。若能结合溶液中存在的其他平衡关系，则处理起来就要容易得多。下述几个是常需用到的平衡。

1. 物料平衡

物料平衡是指在一个化学平衡体系中，某一给定物质的总浓度(即分析浓度 c)与各有关型体平衡浓度之和相等。其数学表达式称作物料平衡方程(material balance equation)，用 MBE 表示。如浓度为 c 的 H_3PO_4 溶液的物料平衡方程为

$$[H_3PO_4]+[H_2PO_4^-]+[HPO_4^{2-}]+[PO_4^{3-}]=c$$

又如浓度为 c 的 Na_2SO_3 溶液，根据需要，可列出与 Na^+ 和 SO_3^{2-} 有关的两个物料平衡方程：

$$[Na^+]=2c, \quad [SO_3^{2-}]+[HSO_3^-]+[H_2SO_3]=c$$

2. 电荷平衡

由于溶液呈电中性，因此，同一溶液中阳离子所带正电荷的量应等于阴离子所带负电荷的量，此即电荷平衡。根据这一平衡，考虑各离子所带的电荷数和浓度列出的表达式称为电荷平衡方程(charge balance equation)，用 CBE 表示。如浓度为 c 的 NaCN 溶液，在溶液中有下列反应：

$$NaCN \rightleftharpoons Na^+ + CN^-$$
$$CN^- + H_2O \rightleftharpoons HCN + OH^-$$
$$H_2O \rightleftharpoons H^+ + OH^-$$

因此，溶液中阳离子所带正电荷的量为($[H^+]+[Na^+]$)V，阴离子所带负电荷的量为($[CN^-]+[OH^-]$)V。由于溶液是电中性的，两者相等，即

$$([H^+]+[Na^+])V=([CN^-]+[OH^-])V$$
$$[H^+]+c=[CN^-]+[OH^-]$$

因为是在同一溶液中，体积相同，所以，可直接用平衡浓度表示离子荷电量之间的关系。如浓度为 c 的 $CaCl_2$ 溶液，根据下列反应：

$$CaCl_2 \rightleftharpoons Ca^{2+} + 2Cl^-$$
$$H_2O \rightleftharpoons H^+ + OH^-$$

可知，溶液中的阳离子有 Ca^{2+} 和 H^+，阴离子有 Cl^- 和 OH^-。其中 Ca^{2+} 带两个正电荷，列电荷平衡方程时应在$[Ca^{2+}]$上乘以 2，以保证各离子浓度所代表的电荷量的单位相同。因此，其电荷平衡方程为

$$[H^+]+2[Ca^{2+}]=[OH^-]+[Cl^-]$$

3. 质子平衡

按照酸碱质子理论，酸碱反应的实质是质子的转移。溶液中酸碱反应的结果是有些物质失去质子，有些物质得到质子。显然，得质子物质(即碱)得到质子

的量与失质子物质(即酸)失去质子的量应该相等,这就是所谓的质子平衡。根据质子得失数和相关组分的浓度列出的表达式称为质子平衡方程(proton balance equation)或质子条件式,简称 PBE。由于溶液中的酸碱组分往往有多种,因此,列质子平衡方程时,需要知道哪些组分得质子,哪些组分失质子。在判断谁得失质子时,通常要选择一些酸碱组分作为参考水准(reference level 或 zero level)。其他酸碱组分与它们相比,质子少了的,就是失质子产物,质子多了的,就是得质子产物。参考水准通常选原始的酸碱组分或溶液中大量存在的并与质子转移直接相关的酸碱组分。值得注意的是,对于同一物质,只能选择其中一种型体作为参考水准。另外,在涉及多元酸碱时,有些组分的质子转移数目超过1,这时应在代表质子量的平衡浓度前乘一相应的系数。

例4 写出$(NH_4)_2HPO_4$水溶液的质子平衡方程。

解 以NH_4^+、HPO_4^{2-}和H_2O为参考水准,则得质子后的产物有$H_2PO_4^-$、H_3PO_4和H^+,失质子后的产物为NH_3、PO_4^{3-}和OH^-。得失质子量相同,故质子平衡方程为

$$([H^+]+[H_2PO_4^-]+2[H_3PO_4])V=([OH^-]+[PO_4^{3-}]+[NH_3])V$$

即

$$[H^+]+[H_2PO_4^-]+2[H_3PO_4]=[OH^-]+[PO_4^{3-}]+[NH_3]$$

有时,酸碱组分溶于水后会发生明显的酸碱反应,溶液中实际存在的主要酸碱组分不再是原始酸碱组分。这时,仍可以原始酸碱组分为参考水准,其得失质子的量依然是相等的。如浓度为c的Na_2S溶液,可选择原始酸碱组分S^{2-}、H_2O为质子参考水准。这样,得质子后的产物有H^+、HS^-、H_2S,失质子后的产物为OH^-。由此得到的质子平衡方程为

$$[H^+]+[HS^-]+2[H_2S]=[OH^-]$$

对于共轭酸碱体系,可以将其视为弱酸与强碱或强酸与弱碱的混合溶液。因此,其质子参考水准可选相应的弱酸与强碱或强酸与弱碱。如0.2 $mol\cdot L^{-1}$ NaAc-0.1 $mol\cdot L^{-1}$ HAc溶液,其质子参考水准可选NaOH(0.2 $mol\cdot L^{-1}$,即强碱)、HAc和H_2O,或强酸HA(0.1 $mol\cdot L^{-1}$)、Ac^-和H_2O,质子平衡方程为

$[Na^+]+[H^+]=[Ac^-]+[OH^-]$ (其中$[Na^+]=c_{NaAc}$,以0.2 $mol\cdot L^{-1}$代入)

或$[HAc]+[H^+]=[Ac^-]+[OH^-]$ (其中$[Ac^-]=c_{HAc}$,以0.1 $mol\cdot L^{-1}$代入)

5.2 酸碱组分的平衡浓度与分布分数

酸碱平衡体系中,通常同时存在多种酸碱组分,这些组分的平衡浓度随溶液

中 H^+ 浓度的变化而变化。溶液中某酸碱组分的平衡浓度占其总浓度的分数，称为它的分布分数(distribution fraction)，以 δ 表示。分布分数的大小能定量说明溶液中的各种酸碱组分的分布情况。知道了分布分数，便可计算有关组分的平衡浓度。

5.2.1 一元酸溶液

一元酸(monoprotic acid)仅有一级解离，其分布较简单。如醋酸，它在溶液中以 HAc 和 Ac^- 两种型体(species)存在。设 c 为醋酸的总浓度，δ_0 与 δ_1 分别为 Ac^- 和 HAc 的分布分数，则[①]

$$\delta_1=\frac{[HAc]}{c}=\frac{[HAc]}{[HAc]+[Ac^-]}=\frac{[HAc]}{[HAc]+\dfrac{K_a[HAc]}{[H^+]}}=\frac{[H^+]}{[H^+]+K_a}$$

$$\delta_0=\frac{[Ac^-]}{c}=\frac{[Ac^-]}{[HAc]+[Ac^-]}=\frac{[Ac^-]}{\dfrac{[H^+][Ac^-]}{K_a}+[Ac^-]}=\frac{K_a}{[H^+]+K_a}$$

$$\delta_1+\delta_0=1$$

例 5 计算 pH=5.00 时，HAc 和 Ac^- 的分布分数。

解

$$\delta_1=\frac{[H^+]}{[H^+]+K_a}=\frac{1.0\times10^{-5}}{1.0\times10^{-5}+1.8\times10^{-5}}=0.36$$

$$\delta_0=1-0.36=0.64$$

若将不同 pH 时的 δ_1 和 δ_0 计算出来，并对 pH 作图，可得如图 5-1 所示的曲线。由图可知，δ_0 随 pH 升高而增大，δ_1 随 pH 升高而减小。当 $pH=pK_a$(即 4.74)时，$\delta_0=\delta_1=0.50$，HAc 与 Ac^- 各占一半；$pH<pK_a$，主要存在型体是 HAc；$pH>pK_a$，主要存在型体是 Ac^-。这种情况可以推广到其他一元酸。

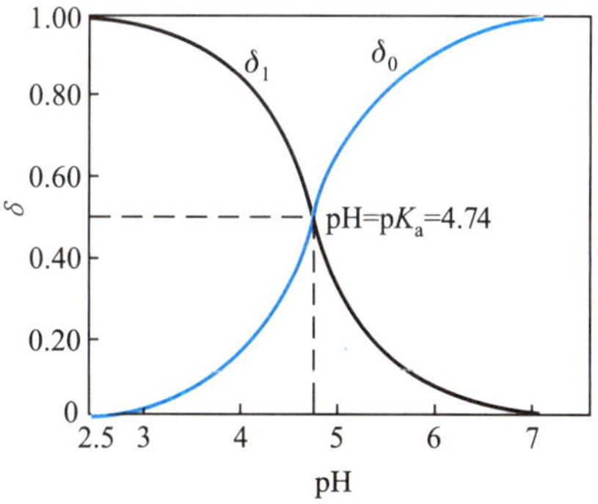

图 5-1 HAc 与 Ac^- 的分布分数与溶液 pH 的关系

5.2.2 多元酸溶液

多元酸(polyprotic acid，polyfunctional acid)溶液中酸碱组分较多，其分布要复杂一些。例如草酸，它在溶液中以 $H_2C_2O_4$、$HC_2O_4^-$ 和 $C_2O_4^{2-}$ 三种型体存在。设草酸的总浓度为 c，δ_0、δ_1 和 δ_2 分别表示 $C_2O_4^{2-}$、$HC_2O_4^-$ 和 $H_2C_2O_4$ 的

① 在有关平衡的计算中，浓度一般为标准化后的值，即除以 1 $mol\cdot L^{-1}$ 后的值。

分布分数，则

$$\delta_2=\frac{[H_2C_2O_4]}{c}=\frac{[H_2C_2O_4]}{[H_2C_2O_4]+[HC_2O_4^-]+[C_2O_4^{2-}]}$$

$$=\frac{1}{1+\frac{[HC_2O_4^-]}{[H_2C_2O_4]}+\frac{[C_2O_4^{2-}]}{[H_2C_2O_4]}}=\frac{1}{1+\frac{K_{a_1}}{[H^+]}+\frac{K_{a_1}K_{a_2}}{[H^+]^2}}$$

$$=\frac{[H^+]^2}{[H^+]^2+K_{a_1}[H^+]+K_{a_1}K_{a_2}}$$

同理可得

$$\delta_1=\frac{K_{a_1}[H^+]}{[H^+]^2+K_{a_1}[H^+]+K_{a_1}K_{a_2}}$$

$$\delta_0=\frac{K_{a_1}K_{a_2}}{[H^+]^2+K_{a_1}[H^+]+K_{a_1}K_{a_2}}$$

若以 δ 对 pH 作图，则得到如图 5-2 所示的曲线。可见，当溶液 pH 变化时，有时仅两种组分受影响，有时则三者同时变化。

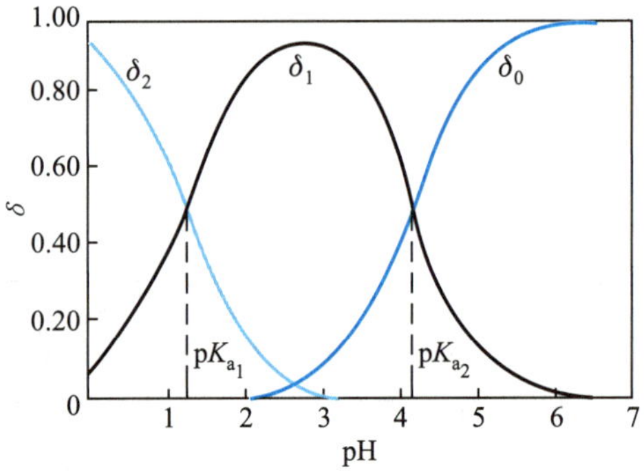

图 5-2　草酸三种型体的分布分数与溶液 pH 的关系

例 6　计算 pH=5.00 时，0.10 mol·L^{-1}草酸溶液中 $C_2O_4^{2-}$ 的浓度。

解　$$\delta_0=\frac{[C_2O_4^{2-}]}{c}=\frac{K_{a_1}K_{a_2}}{[H^+]^2+K_{a_1}[H^+]+K_{a_1}K_{a_2}}$$

$$=\frac{5.9\times10^{-2}\times6.4\times10^{-5}}{(1.0\times10^{-5})^2+5.9\times10^{-2}\times1.0\times10^{-5}+5.9\times10^{-2}\times6.4\times10^{-5}}$$

$$=0.86$$

$$[C_2O_4^{2-}]=\delta_0c=0.86\times0.10\ \text{mol}\cdot\text{L}^{-1}=0.086\ \text{mol}\cdot\text{L}^{-1}$$

如果是三元酸，如 H_3PO_4，则情况更复杂一些，但可采用同样的方法处理，得到各组分的分布分数为

$$\delta_3=\frac{[H_3PO_4]}{c}=\frac{[H^+]^3}{[H^+]^3+K_{a_1}[H^+]^2+K_{a_1}K_{a_2}[H^+]+K_{a_1}K_{a_2}K_{a_3}}$$

$$\delta_2=\frac{[H_2PO_4^-]}{c}=\frac{K_{a_1}[H^+]^2}{[H^+]^3+K_{a_1}[H^+]^2+K_{a_1}K_{a_2}[H^+]+K_{a_1}K_{a_2}K_{a_3}}$$

$$\delta_1=\frac{[HPO_4^{2-}]}{c}=\frac{K_{a_1}K_{a_2}[H^+]}{[H^+]^3+K_{a_1}[H^+]^2+K_{a_1}K_{a_2}[H^+]+K_{a_1}K_{a_2}K_{a_3}}$$

$$\delta_0=\frac{[PO_4^{3-}]}{c}=\frac{K_{a_1}K_{a_2}K_{a_3}}{[H^+]^3+K_{a_1}[H^+]^2+K_{a_1}K_{a_2}[H^+]+K_{a_1}K_{a_2}K_{a_3}}$$

其他多元酸的分布分数可照此类推。至于碱的分布分数，可按类似方法处理。若将其当做酸的组分来看，那么它完全质子化后的型体可视做其原始酸的存在型体。在计算时要注意是用碱的解离常数 K_b 还是用相应共轭酸的解离常数 K_a'（有时也用 K_a 表示）。如 NH_3 溶液，若按碱来处理，其分布分数为

$$\delta_0=\frac{[NH_3]}{c}=\frac{[OH^-]}{[OH^-]+K_b},\quad \delta_1=\frac{[NH_4^+]}{c}=\frac{K_b}{[OH^-]+K_b}$$

若按酸来处理，NH_4^+ 为它原始酸的型体，分布分数为

$$\delta_1=\frac{[NH_4^+]}{c}=\frac{[H^+]}{[H^+]+K_a'},\quad \delta_0=\frac{[NH_3]}{c}=\frac{K_a'}{[H^+]+K_a'}$$

由上可知，分布分数取决于酸碱物质的解离常数和溶液中 H^+ 的浓度，而与其总浓度无关。同一物质的不同型体的分布分数的和恒为 1。

5.3 溶液中 H^+ 浓度的计算

5.3.1 强酸或强碱溶液

强酸强碱在溶液中全部解离，故在一般情况下，其溶液中 H^+ 浓度的计算比较简单。如 0.1 $mol\cdot L^{-1}$ HCl 溶液，其 H^+ 浓度也是 0.1 $mol\cdot L^{-1}$。但当它们的浓度很稀时（如小于 1×10^{-6} $mol\cdot L^{-1}$、大于 1×10^{-8} $mol\cdot L^{-1}$），计算溶液的 H^+ 浓度除需考虑酸或碱本身解离出来的 H^+ 或 OH^- 之外，还应考虑水解离出来的 H^+ 和 OH^-。若强酸或强碱的浓度小于 1×10^{-8} $mol\cdot L^{-1}$，则此时它们解离出的 H^+ 或 OH^- 可忽略。

例 7 计算 2.0×10^{-7} $mol\cdot L^{-1}$ HCl 溶液的 pH。

解 由于HCl浓度很稀，因此不能忽略水解离释放出的H^+。溶液的质子平衡方程为

$$[H^+]=[Cl^-]+[OH^-]$$

即

$$[H^+]^2-[Cl^-][H^+]-1.0\times10^{-14}=0$$

$$[H^+]^2-2.0\times10^{-7}[H^+]-1.0\times10^{-14}=0$$

解方程得

$$[H^+]=2.4\times10^{-7}\ mol\cdot L^{-1},pH=6.62$$

人们习惯将H^+浓度称作溶液的酸度，用pH表示。若pH为测量值，则只有在忽略离子强度影响的情况下才如此。显然，酸度与酸的浓度在概念上是不相同的。酸的浓度又叫酸的分析浓度(analytical concentration)，它是指单位体积溶液中所含某种酸的量，包括未解离的和已解离的酸的浓度。溶液的总酸度一般可用碱滴定得到。同样，碱的浓度和碱度在概念上也是有区别的，碱度常用pOH表示。

5.3.2 弱酸或弱碱溶液

1. 一元弱酸或弱碱溶液

设一元弱酸HA的解离常数为K_a，溶液的浓度为c。溶液中存在的酸碱组分有H^+、OH^-、H_2O、A^-和HA，以HA和H_2O为参考水准，其质子平衡方程为

$$[H^+]=[A^-]+[OH^-]$$

根据解离平衡$HA \rightleftharpoons H^+ + A^-$可知

$$[A^-]=K_a[HA]/[H^+]$$

将其代入质子平衡方程得

$$[H^+]=\frac{K_a[HA]}{[H^+]}+\frac{K_w}{[H^+]}$$

即

$$[H^+]=\sqrt{K_a[HA]+K_w} \tag{5-5}$$

而

$$[HA]=c\delta_{HA}=c\times\frac{[H^+]}{[H^+]+K_a}$$

将两式整理后得

$$[H^+]^3+K_a[H^+]^2-(K_ac+K_w)[H^+]-K_aK_w=0 \tag{5-6}$$

这是计算一元弱酸溶液H^+浓度的精确式，若直接用代数法求解，数学处理十分麻烦，在实际工作中也没有必要。通常根据计算H^+浓度时的允许误差，视弱酸

的 K_a 和 c 值的大小，采用近似方法进行计算①。(5-5)式中，当 $K_a[HA]\geqslant 10K_w$ 时，K_w 可忽略，此时计算结果的相对误差不大于±5%。考虑到弱酸的解离度一般不大，为简便起见，常以 $K_a[HA]\approx K_ac\geqslant 10K_w$ 来进行判断。即当 $K_ac\geqslant 10K_w$ 时，可忽略 K_w，(5-5)式简化为

$$[H^+]\approx\sqrt{K_a[HA]} \qquad (5-7)$$

根据物料平衡和质子平衡关系，对于浓度为 c 的弱酸 HA 溶液：

$$[HA]=c-[A^-]=c-[H^+]+[OH^-]\approx c-[H^+]$$

代入(5-7)式，得

$$[H^+]=\sqrt{K_a(c-[H^+])} \qquad (5-8)$$

即

$$[H^+]^2+K_a[H^+]-K_ac=0$$

或

$$[H^+]=\frac{-K_a+\sqrt{K_a^2+4K_ac}}{2}$$

(5-8)式是计算一元弱酸溶液中 H^+ 浓度的近似式。若平衡时溶液中 H^+ 的浓度远小于弱酸的原始浓度，即 $c>10[H^+]$，则(5-8)式中的 $c-[H^+]\approx c$，故

$$[H^+]=\sqrt{K_ac} \qquad (5-9)$$

(5-9)式是计算一元弱酸溶液中 H^+ 浓度的最简式。一般说来，当 $K_ac\geqslant 10K_w$，且 $c/K_a\geqslant 100$ 时，即可采用最简式进行计算。

例 8 计算 0.10 mol·L^{-1}乳酸(即 2-羟基丙酸)溶液的 pH。

解 已知 $c=0.10\ \text{mol·L}^{-1}$，查表得乳酸的 $K_a=1.4\times10^{-4}$，$K_ac>10K_w$，又因$c/K_a>100$，故采用最简式计算：

$$[H^+]=\sqrt{K_ac}=\sqrt{1.4\times10^{-4}\times0.10}=3.7\times10^{-3}\ \text{mol·L}^{-1}$$

$$pH=2.43$$

例 9 计算 0.010 mol·L^{-1}一氯乙酸($CH_2ClCOOH$)溶液中的 H^+ 浓度。

解 已知 $c=0.010\ \text{mol·L}^{-1}$，查表得一氯乙酸的 $K_a=1.40\times10^{-3}$，$K_ac>10K_w$，但 $c/K_a<100$，故应采用近似式计算，即

$$[H^+]=-\frac{K_a}{2}+\sqrt{\frac{K_a^2}{4}+K_ac}$$

---

① 考虑到计算中所采用的解离常数本身有一定误差，且在计算中常忽略了离子强度的影响，因此，进行此类计算时一般允许有±5%的误差。另外，在实际工作中，当溶液的酸碱性不是太强时(如 2<pH<12)，其酸度一般由 pH 计测得，用仪器测量也有±5%左右的误差。因此，计算时对代数式进行适当简化是合理的。

$$=-\frac{1.40\times10^{-3}}{2}+\sqrt{\frac{(1.40\times10^{-3})^2}{4}+1.40\times10^{-3}\times0.010}$$

$$=3.1\times10^{-3}\ \mathrm{mol\cdot L^{-1}}$$

对于极稀或极弱酸的溶液，由于溶液中 H^+ 的浓度非常小，这时不能忽略水本身解离出来的 H^+，甚至它可能就是 H^+ 的主要来源。在这种情况下，有时也可采用近似方法计算。例如，当 $K_a c<10K_w$ 时，说明此时水解离出的 H^+ 不能忽略，但只要其浓度不是太小，即 $c/K_a\geqslant100$，则弱酸的平衡浓度就近似等于它的原始浓度 c。由(5-5)式得

$$[H^+]=\sqrt{K_a c+K_w} \tag{5-10}$$

例 10 计算 $1.0\times10^{-4}\ \mathrm{mol\cdot L^{-1}}$ H_3BO_3 溶液的 pH。

解 查表得 H_3BO_3 的 $K_a=5.8\times10^{-10}$，$K_a c<10K_w$，$c/K_a>100$，可采用(5-10)式计算，得

$$[H^+]=\sqrt{5.8\times10^{-10}\times1.0\times10^{-4}+1.0\times10^{-14}}$$

$$=2.6\times10^{-7}\ \mathrm{mol\cdot L^{-1}}$$

$$\mathrm{pH}=6.58$$

对于一元弱碱 B，它在水溶液中存在下列酸碱平衡：

$$B+H_2O \rightleftharpoons HB^+ + OH^-$$

可见，与一元弱酸相似，所不同的是解离出来的是 OH^-。其质子平衡方程为 $[HB^+]+[H^+]=[OH^-]$。按类似方法处理，可得相应的计算式。实际上，前面有关计算一元弱酸溶液中 H^+ 浓度的计算式，只要将 K_a 换成 K_b，H^+ 换成 OH^-，均可用于计算一元弱碱溶液中 OH^- 的浓度。后面有关酸的一些计算式同样也适用于碱的计算，因此，在进行讨论时，未将碱的情况单独列出。

例 11 计算 $1.0\times10^{-4}\ \mathrm{mol\cdot L^{-1}}$ NaCN 溶液的 pH。

解 CN^- 的水解反应为

$$CN^- + H_2O \rightleftharpoons HCN + OH^-$$

查表得 HCN 的 $K_a=6.2\times10^{-10}$，故 CN^- 的 $K_b=K_w/K_a=1.6\times10^{-5}$，$K_b c>10K_w$，$c/K_b<100$。应采用近似式计算，即

$$[OH^-]=-\frac{K_b}{2}+\sqrt{\frac{K_b^2}{4}+K_b c}$$

$$=-\frac{1.6\times10^{-5}}{2}+\sqrt{\frac{(1.6\times10^{-5})^2}{4}+1.6\times10^{-5}\times1.0\times10^{-4}}$$

$$=3.3\times10^{-5}\ \mathrm{mol\cdot L^{-1}}$$

$$\mathrm{pOH}=4.48,\quad \mathrm{pH}=14.00-4.48=9.52$$

2. 多元酸碱溶液

多元酸碱溶液中 H^+ 浓度的计算方法与一元弱酸弱碱相似，但由于多元酸碱在溶液中逐级解离，因此情况要复杂一些。如二元弱酸 H_2B，设其浓度为 c，解离常数为 K_{a_1} 和 K_{a_2}。以 H_2O 和 H_2B 为参考水准，其质子平衡方程为 $[H^+]=[HB^-]+2[B^{2-}]+[OH^-]$。根据解离平衡关系，并将式中的酸碱组分浓度用原始组分的浓度表示，得

$$[H^+]=\frac{[H_2B]K_{a_1}}{[H^+]}+2\frac{[H_2B]K_{a_1}K_{a_2}}{[H^+]^2}+\frac{K_w}{[H^+]}$$

即

$$[H^+]=\sqrt{[H_2B]K_{a_1}\left(1+\frac{2K_{a_2}}{[H^+]}\right)+K_w} \qquad (5-11)$$

而

$$[H_2B]=\delta_{H_2B}c=\frac{[H^+]^2}{[H^+]^2+K_{a_1}[H^+]+K_{a_1}K_{a_2}}c$$

整理后得

$$\begin{aligned}&[H^+]^4+K_{a_1}[H^+]^3+(K_{a_1}K_{a_2}-K_{a_1}c-K_w)[H^+]^2\\&-(K_{a_1}K_w+2K_{a_1}K_{a_2}c)[H^+]-K_{a_1}K_{a_2}K_w=0\end{aligned} \qquad (5-12)$$

(5-11)式和(5-12)式是计算二元弱酸溶液 H^+ 浓度的精确公式。若采用此公式来计算，数学处理比较复杂。通常根据具体情况，对其进行近似、简化处理。由(5-11)式可以看出，当 $K_{a_1}[H_2B]\geqslant 10K_w$ 时，K_w 可忽略，计算结果的相对误差不大于±5%。在一般情况下，二元弱酸的解离度不是很大，为简便起见，我们可以按 $K_{a_1}[H_2B]\approx K_{a_1}c\geqslant 10K_w$ 进行初步判断，即当 $K_{a_1}c\geqslant 10K_w$ 时，忽略 K_w。又若 $K_{a_2}/[H^+]\approx K_{a_2}/\sqrt{cK_{a_1}}<0.05$，则第二级解离也可忽略。此时二元弱酸可按一元弱酸处理，H^+ 浓度为

$$[H^+]=\sqrt{K_{a_1}[H_2B]}\approx\sqrt{K_{a_1}(c-[H^+])} \qquad (5-13)$$

或

$$[H^+]^2+K_{a_1}[H^+]-K_{a_1}c=0$$

(5-13)式是计算二元弱酸溶液中 H^+ 浓度的近似式。与一元弱酸相似，如果二元弱酸除满足上述条件外，其 $c/K_{a_1}>100$，说明二元弱酸的一级解离度也较小。在这种情况下，二元弱酸的平衡浓度可视为等于其原始浓度 c，即

$$[H_2B]=c-[H^+]\approx c$$

因此，(5-13)式可简化为

$$[H^+]=\sqrt{K_{a_1}c} \qquad (5-14)$$

(5-14)式是计算二元弱酸溶液 H^+ 浓度的最简式。

例 12 室温时，H_2CO_3 饱和溶液的浓度约为 0.040 $mol\cdot L^{-1}$，计算该溶液的 pH。

解 H_2CO_3 溶液中，存在如下平衡：

$$H_2CO_3 \rightleftharpoons CO_2 + H_2O \qquad K=\frac{[CO_2]}{[H_2CO_3]}=3.8\times10^2\ (25\ ^\circ C)$$

由 K 值可知，水合 CO_2 是最主要的存在形式，占 99.7%以上，H_2CO_3 不到 0.3%，但通常统一用 H_2CO_3 表示这两种存在型体。

查表得 H_2CO_3 的 $K_{a_1}=4.2\times10^{-7}$，$K_{a_2}=5.6\times10^{-11}$，因此 $K_{a_1}[H_2CO_3]\approx K_{a_1}c\gg 10K_w$，$K_w$ 可忽略。而 $\frac{K_{a_2}}{\sqrt{K_{a_1}c}}=\frac{5.6\times10^{-11}}{\sqrt{4.2\times10^{-7}\times0.040}}<0.05$，$\frac{c}{K_{a_1}}=\frac{0.040}{4.2\times10^{-7}}\gg100$，故采用(5-14)式计算，得

$$[H^+]=\sqrt{K_{a_1}c}=\sqrt{4.2\times10^{-7}\times0.040}=1.3\times10^{-4}\ mol\cdot L^{-1}$$

$$pH=3.89$$

某些有机酸，如酒石酸等，它们的 K_{a_1} 和 K_{a_2} 之间的差别不是很大，当浓度较小时，通常还需考虑它们的二级解离。因此，其代数计算式较复杂，不便求解。在这种情况下，欲定量计算这些有机酸溶液中的 H^+ 浓度，可采用迭代法(iterative calculation method)，即先以分析浓度代替平衡浓度，通过近似式计算 H^+ 的近似浓度，再根据所得 H^+ 的浓度计算酸的平衡浓度，并将其代入 H^+ 的计算式中求 H^+ 的二级近似值。如此反复计算，直至所得 H^+ 浓度基本不再变化，此即该溶液的 H^+ 浓度。采用迭代法可得到较准确的结果。该方法也适于其他情况下的计算，但一般会增加计算量。

5.3.3 混合溶液

1. 弱酸或弱碱混合溶液

设有一元弱酸 HA 和 HB 的混合溶液，其浓度分别为 c_{HA} 和 c_{HB}，解离常数为 K_{HA} 和 K_{HB}。此溶液的质子平衡方程为

$$[H^+]=[A^-]+[B^-]+[OH^-]$$

因为溶液呈弱酸性，$[OH^-]$ 可忽略，故

$$[H^+]=[A^-]+[B^-]$$

根据平衡关系，得

$$[H^+]=\frac{K_{HA}[HA]}{[H^+]}+\frac{K_{HB}[HB]}{[H^+]} \qquad (5-15)$$

即

$$[H^+]=\sqrt{K_{HA}[HA]+K_{HB}[HB]} \tag{5-16}$$

由于两者解离出来的 H^+ 彼此抑制，所以，当两种弱酸都比较弱而浓度又比较大时（即 $c/K_a \geqslant 100$），可认为$[HA]\approx c_{HA}$、$[HB]\approx c_{HB}$。这样，上式可简化为

$$[H^+]=\sqrt{K_{HA}c_{HA}+K_{HB}c_{HB}} \tag{5-17}$$

若 $K_{HA}c_{HA} \gg K_{HB}c_{HB}$，则

$$[H^+]=\sqrt{K_{HA}c_{HA}} \tag{5-18}$$

如果不能简化，一般可在(5-16)式的基础上采用迭代法计算。

例 13 计算 0.10 mol·L^{-1} HF 和 0.20 mol·L^{-1} HAc 混合溶液的 pH。

解 查表得 HF 的 $K_a=6.6\times10^{-4}$，HAc 的 $K_a=1.8\times10^{-5}$，故两者的 $c/K_a>100$，将数据代入(5-17)式，得

$$[H^+]=\sqrt{6.6\times10^{-4}\times0.10+1.8\times10^{-5}\times0.20}=8.3\times10^{-3}\ \text{mol·L}^{-1}$$

$$\text{pH}=2.08$$

2. 弱酸与弱碱的混合溶液

设弱酸-弱碱混合溶液中弱酸 HA 的浓度为 c_{HA}，弱碱 B 的浓度为 c_B。以 HA、B、H_2O 为参考水准，其质子平衡方程为

$$[H^+]+[HB^+]=[OH^-]+[A^-]$$

若两者的原始浓度都较大，且酸碱性都较弱（即混合溶液接近中性），相互间的酸碱反应可忽略，则质子平衡方程可简化为

$$[HB^+]\approx[A^-]$$

根据解离平衡关系可得

$$\frac{[H^+][B]}{K_{HB}}=\frac{K_{HA}[HA]}{[H^+]} \tag{5-19}$$

平衡时，$[HA]\approx c_{HA}$、$[B]\approx c_B$，将此代入(5-19)式，得

$$\frac{[H^+]c_B}{K_{HB}}\approx\frac{K_{HA}c_{HA}}{[H^+]}$$

即

$$[H^+]=\sqrt{\frac{c_{HA}}{c_B}K_{HA}K_{HB}} \tag{5-20}$$

例 14 计算 0.10 mol·L^{-1} HAc 和 0.20 mol·L^{-1} KF 的混合溶液的 pH。

解 溶液中的酸碱解离平衡为

$$HAc \rightleftharpoons H^+ + Ac^- \qquad K_a = 1.8\times10^{-5}$$

$$F^- + H_2O \rightleftharpoons HF + OH^- \qquad K_b = K_w/K_a = 1.5\times10^{-11}$$

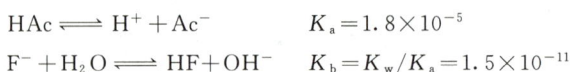

两者的原始浓度都较大，且酸碱性都较弱，相互间的酸碱反应可忽略，因此可用(5-20)式计算。将 $c_{HAc}=0.10\ mol\cdot L^{-1}$、$c_{F^-}=0.20\ mol\cdot L^{-1}$ 代入(5-20)式，求得

$$[H^+]=\sqrt{\frac{c_{HAc}}{c_{F^-}}K_{HAc}K_{HF}}=\sqrt{\frac{0.10}{0.20}\times1.8\times10^{-5}\times6.6\times10^{-4}}=7.7\times10^{-5}\ mol\cdot L^{-1}$$

$$pH=4.11$$

应当指出，在这类混合溶液中，酸碱组分之间不应发生显著的酸碱反应，否则，据此计算出的 H^+ 浓度会与实际情况有较大的出入。对于发生反应的混合溶液，应根据反应产物或反应后溶液的组成来进行计算，如 HAc 与 NH_3 的混合溶液，应当做 NH_4Ac 溶液或其与 HAc 或 NH_3 的混合溶液处理。

5.3.4 两性物质溶液

较重要的两性物质有多元酸的酸式盐(amphiprotic salt)、弱酸弱碱盐和氨基酸(amino acid)等。两性物质溶液中的酸碱平衡比较复杂，故应根据具体情况，进行简化处理。

1. 酸式盐

设酸式盐为 NaHA，其浓度为 c。在此溶液中，若选择 HA^-、H_2O 为质子参考水准，则质子平衡方程为

$$[H^+]=[A^{2-}]+[OH^-]-[H_2A]$$

结合二元弱酸 H_2A 的解离平衡关系，可得

$$[H^+]=\frac{K_{a_2}[HA^-]}{[H^+]}+\frac{K_w}{[H^+]}-\frac{[H^+][HA^-]}{K_{a_1}}$$

整理后得

$$[H^+]=\sqrt{\frac{K_{a_1}(K_{a_2}[HA^-]+K_w)}{K_{a_1}+[HA^-]}} \tag{5-21}$$

一般情况下，HA^- 的酸式解离和碱式解离的倾向都较小，因此，溶液中的 HA^- 消耗甚少，(5-21)式中 HA^- 的平衡浓度近似等于其原始浓度 c，即 $[HA^-]\approx c$，故

$$[H^+]=\sqrt{\frac{K_{a_1}(K_{a_2}c+K_w)}{K_{a_1}+c}} \tag{5-22}$$

当 $K_{a_2}c\geqslant10K_w$ 时，(5-22)式中的 K_w 可忽略，即

$$[H^+]=\sqrt{\frac{K_{a_1}K_{a_2}c}{K_{a_1}+c}} \tag{5-23}$$

若 $c\geqslant 10K_{a_1}$，则(5−23)式中的 $K_{a_1}+c\approx c$，即

$$[H^+]=\sqrt{K_{a_1}K_{a_2}} \tag{5-24}$$

(5−22)式和(5−23)式是计算酸式盐溶液中 H^+ 浓度的近似式，(5−24)式则是最简式。应当注意，最简式只有在两性物质的浓度不是很小，且水的解离可以忽略的情况下才能应用。对于其他多元酸的酸式盐，其 H^+ 浓度计算式可依此类推。

例 15 计算 5.0×10^{-3} mol·L^{-1}酒石酸氢钾溶液的 H^+ 浓度。

解 查表得酒石酸的 $K_{a_1}=9.1\times10^{-4}$，$K_{a_2}=4.3\times10^{-5}$，$K_{a_2}c>10K_w$，但 K_{a_1} 与 c 比较，不可忽略，故应采用(5−23)式计算：

$$[H^+]=\sqrt{\frac{K_{a_1}K_{a_2}c}{K_{a_1}+c}}=\sqrt{\frac{9.1\times10^{-4}\times4.3\times10^{-5}\times5.0\times10^{-3}}{9.1\times10^{-4}+5.0\times10^{-3}}}=1.8\times10^{-4}\ \text{mol·L}^{-1}$$

例 16 计算 1.0×10^{-2} mol·L^{-1} Na_2HPO_4 溶液的 pH。

解 查表得 H_3PO_4 的 $K_{a_2}=6.3\times10^{-8}$，$K_{a_3}=4.4\times10^{-13}$。显然，$K_{a_3}c<10K_w$，$K_w$ 不可忽略，但 $K_{a_2}+c\approx c$，故可用近似式(5−22)式计算，得

$$[H^+]=\sqrt{\frac{K_{a_2}(K_{a_3}c+K_w)}{K_{a_2}+c}}=\sqrt{\frac{6.3\times10^{-8}\times(4.4\times10^{-13}\times1.0\times10^{-2}+1.0\times10^{-14})}{1.0\times10^{-2}}}$$

$$=3.0\times10^{-10}\ \text{mol·L}^{-1}$$

即 pH=9.52。

例 17 计算 0.10 mol·L^{-1}氨基乙酸溶液的 H^+ 浓度。

解 氨基乙酸(NH_2CH_2COOH)在溶液中以双极离子(即内盐)$^+H_3NCH_2COO^-$形式存在，可看做是酸式盐。它既能起酸的作用：

$$^+H_3NCH_2COO^- \rightleftharpoons H_2NCH_2COO^- + H^+ \qquad K_{a_2}=2.5\times10^{-10}$$

又能起碱的作用：

$$^+H_3NCH_2COO^- + H_2O \rightleftharpoons {}^+H_3NCH_2COOH + OH^- \qquad K_{b_2}=K_w/K_{a_1}=2.2\times10^{-12}$$

由于 $cK_{a_2}>10\,K_w$、$c>10\,K_{a_1}$，因此可采用最简式计算，得

$$[H^+]=\sqrt{K_{a_1}K_{a_2}}=\sqrt{4.5\times10^{-3}\times2.5\times10^{-10}}=1.1\times10^{-6}\ \text{mol·L}^{-1}$$

2. 弱酸弱碱盐

弱酸弱碱盐溶液中 H^+ 浓度的计算方法与同浓度弱酸弱碱混合溶液及酸式盐溶液相似。如浓度为 c 的 $CH_2ClCOONH_4$ 溶液，其中 NH_4^+ 起酸的作用，CH_2ClCOO^- 起碱的作用，其质子平衡方程为

$$[H^+]=[NH_3]+[OH^-]-[CH_2ClCOOH]$$

设 $CH_2ClCOOH$ 的解离常数为 K_{a_1}（常写作 K_a），NH_4^+ 的解离常数为 K_{a_2}（常写作 K_a'），则上述有关酸式盐溶液 H^+ 浓度的计算式均适用于它的计算。

例 18 计算 $1.0\times10^{-3}\ mol\cdot L^{-1}\ CH_2ClCOONH_4$ 溶液的 pH。

解 CH_2ClCOO^- 的共轭酸的 $K_a=1.4\times10^{-3}$，NH_4^+ 的 $K_a'=K_w/K_b=5.6\times10^{-10}$，可见，$K_a'c>10K_w$，但 K_a 与 c 比较，不可忽略，故应采用(5-23)式计算：

$$[H^+]=\sqrt{\frac{K_aK_a'c}{K_a+c}}=\sqrt{\frac{1.4\times10^{-3}\times5.6\times10^{-10}\times1.0\times10^{-3}}{1.4\times10^{-3}+1.0\times10^{-3}}}=5.7\times10^{-7}\ mol\cdot L^{-1}$$

即 pH=6.24。

以上讨论的弱酸弱碱盐溶液中，酸碱组成比均为 1∶1。对于酸碱组成比不为 1∶1 的弱酸弱碱盐溶液，其溶液 pH 的计算与此类似，可根据情况进行近似处理。如浓度为 c 的 $(NH_4)_2CO_3$ 溶液，选 NH_4^+、CO_3^{2-}、H_2O 为质子参考水准，则质子平衡方程为

$$[H^+]+[HCO_3^-]+2[H_2CO_3]=[NH_3]+[OH^-]$$

因为溶液呈弱碱性，$[H^+]$和$[H_2CO_3]$均可忽略；另一方面，只要 c 不是太小，水的解离就可以忽略。因此，上述质子平衡方程可简化为

$$[HCO_3^-]\approx[NH_3]$$

故

$$\delta_{HCO_3^-}\times c=\delta_{NH_3}\times 2c$$

$$\frac{[H^+]K_{a_1}}{[H^+]^2+[H^+]K_{a_1}+K_{a_1}K_{a_2}}\times c=\frac{K_{NH_4^+}}{[H^+]+K_{NH_4^+}}\times 2c$$

上式仍过于复杂，还应进行适当简化。在 $(NH_4)_2CO_3$ 溶液中，只考虑 CO_3^{2-} 的第一级解离，即溶液中主要以 CO_3^{2-} 及 HCO_3^- 两种型体存在，则

$$[HCO_3^-]=\frac{[H^+]}{[H^+]+K_{a_2}}\times c$$

将此关系式代入上式中，得

$$\frac{[H^+]}{[H^+]+K_{a_2}}=\frac{K_{NH_4^+}}{[H^+]+K_{NH_4^+}}\times 2$$

整理后得

$$[H^+]=\frac{K_{NH_4^+}+\sqrt{K_{NH_4^+}^2+8K_{NH_4^+}K_{a_2}}}{2}$$

例 19 计算 $0.10\ mol\cdot L^{-1}\ (NH_4)_2CO_3$ 溶液的 pH。

解 其解离平衡为

$$(NH_4)_2CO_3 \rightleftharpoons 2NH_4^+ + CO_3^{2-}$$

因此，$c_{NH_4^+}=2\times0.10=0.20\ mol\cdot L^{-1}$，$c_{CO_3^{2-}}=0.10\ mol\cdot L^{-1}$，由于 c 较大，故可采用简化式计算。将相关数据代入，得

$$[H^+]=\frac{K_{NH_4^+}+\sqrt{K_{NH_4^+}^2+8K_{NH_4^+}K_{a_2}}}{2}$$

$$=\frac{5.6\times10^{-10}+\sqrt{(5.6\times10^{-10})^2+8\times5.6\times10^{-10}\times5.6\times10^{-11}}}{2}$$

$$=6.6\times10^{-10}\ mol\cdot L^{-1}$$

$$pH=9.18$$

综上所述，计算溶液中的 H^+ 浓度一般遵循这样几步：先写出相应的质子平衡方程，再根据溶液的酸碱性，判断其中哪些为明显的次要组分，并将其忽略掉；然后根据解离平衡关系，将质子平衡方程中的酸碱组分浓度用溶液中大量存在的原始组分和 H^+ 的平衡浓度表示；再在此基础上，通过采用分析浓度代替平衡浓度、忽略次要项等，进行简化处理和计算。若在未考虑简化条件的情况下采用简化式计算，则在计算完后应根据计算结果反过来计算检验一下，看所用的近似方法是否合理，以便确定是否需进一步计算。

5.4 对数图解法

在分析化学中，对数图解法(logarithmic graphic method)是一种处理溶液中的离子平衡和滴定分析中某些基本问题的有力方法，它具有简便、直观等优点，其准确度也能满足一般工作的要求。在处理酸碱平衡时，如用代数法求解，有时需解高次方程，数学处理十分复杂，若此时配合使用对数图解法，则很容易从对数图中判断出主要和次要的酸碱组分，从而可根据允许误差的大小，忽略次要酸碱组分，然后用代数法或直接用图解法求解。

5.4.1 浓度对数图的绘制方法

1. 一元弱酸溶液

以绘制 $1.0\times10^{-2}\ mol\cdot L^{-1}$ HAc(或 NaAc、HAc+NaAc)溶液中各组分的浓度对数图为例。在该溶液中存在的酸碱组分有 HAc、Ac^-、H^+、OH^-，其中$[H^+]$和$[OH^-]$的对数与 pH 的关系很简单：

$$\lg[H^+]=-pH,\quad \lg[OH^-]=\lg K_w-\lg[H^+]=pH-14$$

可见，$\lg[H^+]$-pH 是一条斜率为-1，截距为 0 的直线。$\lg[OH^-]$-pH 是一条斜率为$+1$，截距为-14 的直线。在图 5-3 中，$[H^+]$线和$[OH^-]$线分别表示这两条直线。

根据 HAc 的分布分数关系式：

$$[HAc]=c\delta_{HAc}=\frac{c[H^+]}{[H^+]+K_a}$$

可知 lg[HAc]与 pH 的关系为

$$\lg[\mathrm{HAc}]=\lg c-\mathrm{pH}-\lg([\mathrm{H}^+]+K_a)$$

当$[\mathrm{H}^+]\gg K_a$(即$[\mathrm{H}^+]\geqslant 10K_a$，$\mathrm{pH}\leqslant \mathrm{p}K_a-1$)时，$[\mathrm{HAc}]\approx c$，$\lg[\mathrm{HAc}]=\lg c=-2.00$，lg[HAc]-pH 线的斜率为 0，截距为 $\lg c$。它是一条与 pH 轴平行的直线。

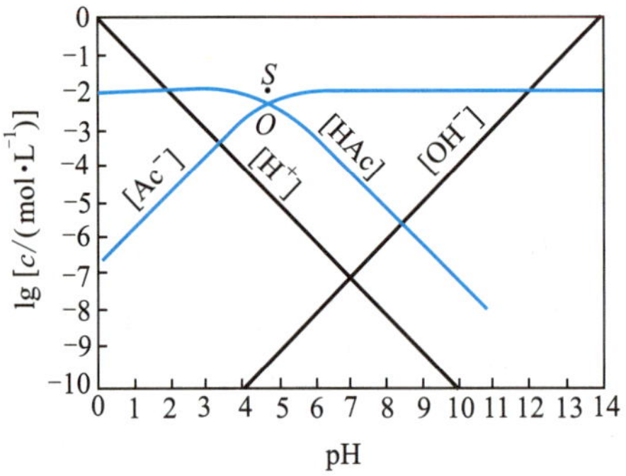

图 5-3　0.010 $\mathrm{mol\cdot L^{-1}}$ HAc 溶液的浓度对数图($\mathrm{p}K_a=4.74$)

当$[\mathrm{H}^+]\ll K_a$(即 $10[\mathrm{H}^+]\leqslant K_a$，$\mathrm{pH}\geqslant \mathrm{p}K_a+1$)时，$[\mathrm{Ac}^-]\approx c$，$\lg[\mathrm{HAc}]=\lg c+\mathrm{p}K_a-\mathrm{pH}$，lg[HAc]-pH 线的斜率为−1，截距为 $\lg c+\mathrm{p}K_a$。它是一条与 $\lg[\mathrm{H}^+]$-pH 线平行的斜线。

当$[\mathrm{H}^+]$在 K_a 附近时，上式中没有一项可以忽略，需进行较复杂的计算。

当$[\mathrm{H}^+]=K_a$ 时，$[\mathrm{HAc}]=c/2$，$\lg[\mathrm{HAc}]=\lg(c/2)=\lg c-0.3$。此时，横坐标为 $\mathrm{p}K_a$，纵坐标为 $\lg c-0.3$。这一点在绘制浓度对数图时非常重要，在图上用 O 标出。很明显，lg[HAc]-pH线一定通过此点。$\lg[\mathrm{HAc}]=\lg c$ 式表示的直线与 $\lg[\mathrm{HAc}]=\lg c+\mathrm{p}K_a-\mathrm{pH}$ 式表示的斜线的交点 S 的坐标，是这两式的共同解，为 $\mathrm{pH}=\mathrm{p}K_a$，$\lg[\mathrm{HAc}]=\lg c$。$S(\mathrm{p}K_a,\lg c)$点通常被称为体系点(system point)。比较 S 点与 O 点的坐标，可见，O 点位于 S 点下面 0.3 对数单位处。

按同样的方法可求得 $\lg[\mathrm{Ac}^-]$在不同 pH 范围内与 pH 的关系。

根据以上讨论，可绘制出如图 5-3 所示的浓度对数图。

由此可知，浓度对数图实为几条平行线和弧线组成，结构比较简单，绘制起来也较容易。一般说来，浓度对数图的绘制可按下述步骤进行。

(1) 确定体系点 S

根据某一酸碱体系的分析浓度 c 及其 K_a 值，确定 S 点的坐标($\mathrm{p}K_a$，$\lg c$)。在本例中，$c=1.0\times10^{-2}\ \mathrm{mol\cdot L^{-1}}$，$\mathrm{p}K_a=4.74$，故 S 点坐标为(4.74，−2.00)。

(2) 通过体系点绘制斜率为 0、−1 和+1 的直线

如果计算中不涉及体系点附近时的情况，则绘制出这几条直线就够用了，有时甚至只需绘制其中一条与计算有关的直线就可以了。

(3) 通过 O 点画与斜率为 0、−1 和 +1 的直线相切的曲线

本例中，lg[HAc]、lg[Ac^-]与 pH 在 S 点附近呈曲线关系，为了较准确地绘制此部分曲线，通常需要计算体系点附近±0.2、±0.5、±1.0pH 单位时相应的[HAc]和[Ac^-]值，取对数后再在图上逐点描出。也可采用一简单的方法来绘制这一段，即先确定曲线与两条直线相切的两个切点，再通过体系点下 0.3 对数单位那一点（O 点）绘制曲线。曲线与两条直线的切点可粗略地确定如下：当lg[HAc]−pH线的曲线部分（即 $\lg[\mathrm{HAc}]=\lg c-\mathrm{pH}-\lg([\mathrm{H}^+]+K_a)$）与水平线（即 $\lg[\mathrm{HAc}]=\lg c$）相切时，$[\mathrm{HAc}]\approx c$，[Ac^-]可忽略。若允许误差不大于±5%，即要求 $10K_a\leqslant[\mathrm{H}^+]$，$\mathrm{pH}\leqslant \mathrm{p}K_a-1$。也就是说，曲线与水平线相切于 pH 约为 ($\mathrm{p}K_a-1$) 处。当lg[HAc]−pH 线的曲线部分与斜率为 −1 的线（即 $\lg[\mathrm{HAc}]=\lg c+\mathrm{p}K_a-\mathrm{pH}$）相切时，说明此时lg[HAc]与 pH 的关系开始符合 $\lg[\mathrm{HAc}]=\lg c+\mathrm{p}K_a-\mathrm{pH}$ 式。此式是在 $10[\mathrm{H}^+]\leqslant K_a$，即 $\mathrm{pH}\geqslant \mathrm{p}K_a+1$ 的情况下，由 lg[HAc]与 pH 的关系式 $\lg[\mathrm{HAc}]=\lg c-\mathrm{pH}-\lg([\mathrm{H}^+]+K_a)$ 得到的。这就是说，曲线与斜率为 −1 的 lg[HAc]−pH 线相切于 pH 约为 ($\mathrm{p}K_a+1$) 处。

同理，lg[Ac^-]−pH 关系曲线的弯曲部分，与水平线相切于 pH 约为 ($\mathrm{p}K_a+1$) 处，与斜率为 +1 的线相切于 pH 约为 ($\mathrm{p}K_a-1$) 处。

(4) 标出线名

在线的旁边写上相应型体的平衡浓度表示符，以便区分和应用。

2. 多元酸和混合酸溶液

以二元酸为例来说明多元酸的浓度对数图的绘制方法。假设二元酸 H_2B 的浓度为 $1.0\times10^{-2}\ \mathrm{mol\cdot L^{-1}}$，解离常数 $K_{a_1}=1.0\times10^{-4}$，$K_{a_2}=1.0\times10^{-8}$。此时，溶液中存在的酸碱组分有 H_2B、HB^-、B^{2-}、H^+ 及 OH^-。因此，在 H_2B 的浓度对数图中，除了 lg[H^+]线和lg[OH^-]线外，尚有 lg[H_2B]、lg[HB^-]和 lg[B^{2-}]三条曲线。

根据 c、K_{a_1} 和 K_{a_2}，确定第一体系点 S_1 和第二体系点 S_2 的坐标，它们分别为 ($\mathrm{p}K_{a_1}$, $\lg c$) 和 ($\mathrm{p}K_{a_2}$, $\lg c$)。

由分布分数式可知

$$[\mathrm{H_2B}]=c\delta_{\mathrm{H_2B}}=\frac{c[\mathrm{H}^+]^2}{[\mathrm{H}^+]^2+K_{a_1}[\mathrm{H}^+]+K_{a_1}K_{a_2}}$$

$$\lg[\mathrm{H_2B}]=2\lg[\mathrm{H}^+]+\lg c-\lg([\mathrm{H}^+]^2+K_{a_1}[\mathrm{H}^+]+K_{a_1}K_{a_2}) \qquad (1)$$

当 $[\mathrm{H}^+]\gg K_{a_1}$ 时

$$\lg[\mathrm{H_2B}]\approx\lg c \qquad (2)$$

lg[H_2B]−pH 线为水平线。

当 $[\mathrm{H}^+]=K_{a_1}\gg K_{a_2}$ 时

$$[\mathrm{H_2B}]=[\mathrm{HB}^-]=c/2,\ \lg[\mathrm{H_2B}]=\lg c-0.3$$

当 $K_{a_1}\gg[\mathrm{H}^+]\gg K_{a_2}$ 时

$$\lg[\mathrm{H_2B}]\approx-\mathrm{pH}+\lg c+\mathrm{p}K_{a_1} \qquad (3)$$

可见，lg[H_2B]−pH 线的斜率为 −1。

当$[H^+] \ll K_{a_2} \ll K_{a_1}$时，由(1)式得

$$\lg[H_2B] \approx -2pH + \lg c + pK_{a_1} + pK_{a_2} \tag{4}$$

此时$\lg[H_2B]$-pH线的斜率为-2。(3)、(4)两式的共同解，就是斜率为-1和-2这两条直线的交点，其坐标为$(pK_{a_2}, \lg c + pK_{a_1} - pK_{a_2})$。与在一元酸的体系点附近的情况一样，此处的有关线段也呈曲线关系。考虑到这一范围的浓度对数图实用价值不大，所以不对此进一步加以讨论。

$\lg[B^{2-}]$-pH线与$\lg[H_2B]$-pH线呈镜面对称，可按照对应关系绘制。图5-4所示为据此绘出的0.010 mol·L^{-1} H_2B的浓度对数图。

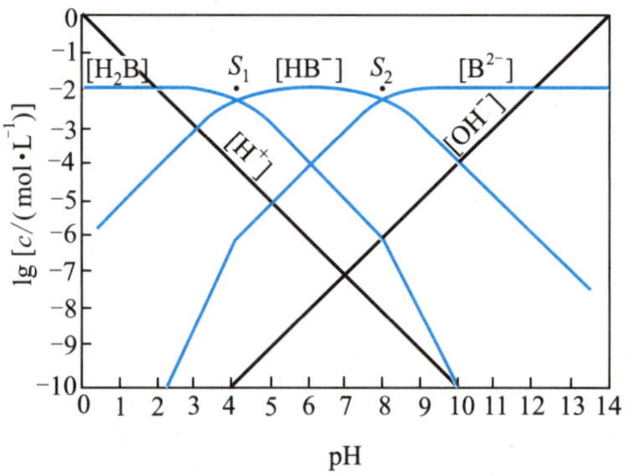

图5-4 0.010 mol·L^{-1} H_2B溶液的浓度对数图($pK_{a_1}=4.0$，$pK_{a_2}=8.0$)

混合酸的浓度对数图与上述一元和多元酸的绘制方法相同。绘图时可将其中各种酸看做是独立存在的，分别将它们的线绘出即可。碱的浓度对数图可按它的共轭酸的图来绘制，但要注意，其体系点的坐标是$(pK_a', \lg c)$。

5.4.2 对数图解法的应用

对数图解法在酸碱平衡处理和计算中有着广泛的应用，如判断溶液中的主次要组分、计算溶液的pH和酸碱滴定终点误差、求分布分数和平衡浓度等。本节仅就酸碱溶液pH和有关组分平衡浓度的计算举例说明。

例20 通过浓度对数图解法求1.0×10^{-1} mol·L^{-1}和1.0×10^{-4} mol·L^{-1} HB溶液的pH。已知HB的$K_a=1.0\times10^{-5}$。

解 HB溶液的质子平衡方程为

$$[H^+]=[B^-]+[OH^-]$$

质子平衡方程中各型体的浓度对数曲线见图5-5。

用对数图解法求解时，主要就是在浓度对数图中找出符合质子平衡方程的条件。在本例中，就是要找出$[H^+]$与$([B^-]+[OH^-])$相等时溶液的pH。在许多情况下，$[B^-]$和$[OH^-]$这两项中，只有一项是主要的，另一项可忽略。由图可见，$\lg[H^+]$-pH线(简写为$\lg[H^+]$、

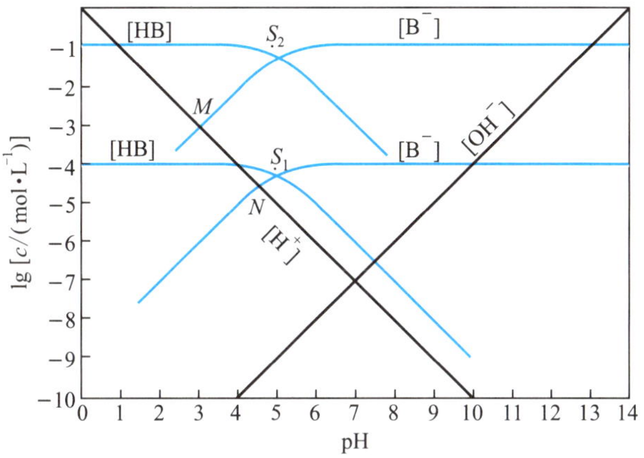

图 5-5 1.0×10^{-1} mol·L^{-1}和 1.0×10^{-4} mol·L^{-1} HB 溶液的浓度对数图（$pK_a=5.00$）

H^+或[H^+]线，其他线亦如此简写）先与 lg[B^-]线相交，其次与 lg[OH^-]线相交，而 lg[B^-]线远比 lg[OH^-]线高 1 个对数单位，即[B^-]>10[OH^-]，故[OH^-]可忽略。因此，质子平衡方程可简化为[H^+]≈[B^-]。

当 $c=1.0\times10^{-1}$ mol·L^{-1}时，由图中找到 lg[H^+]线和lg[B^-]线的交点 M 所对应的 pH 为 3.00，此即该溶液的 pH。又由图 5-5 看出，在交点 M 点附近时，[HB]≫[H^+]，说明此时 HB 的解离度是很小的，[HB]$=c-$[H^+]$\approx c$。在这种情况下，若以代数法求解，则可采用最简式。

当 $c=1.0\times10^{-4}$ mol·L^{-1}时，由图 5-5 看出，在 lg[H^+]线与 lg[B^-]和lg[OH^-]线交叉的 pH 区间及附近区域内，[B^-]≫[OH^-]，故[OH^-]仍可忽略。由图中找到 lg[B^-]线和 lg[H^+]线的交点 N 所对应的 pH=4.52，即为该溶液的 pH。注意，此时 N 点位于lg[B^-]线的曲线部分，[H^+]与[HB]相比较，差别不是很大，说明此时 HB 的解离度是较大的。在这种情况下，若用代数法求解，则应采用近似式。

由上述讨论可知，用对数图解法求溶液的 pH 时，应当根据质子平衡方程中有关组分绘制浓度对数图，溶液中存在的其他酸碱组分与解题无关，因此，这些组分的浓度对数曲线也就不必绘制了。此外，当质子平衡方程中有关组分浓度对数曲线的交点位于斜率为±1 的直线部分时，就无需绘制体系点 S 附近的曲线部分。

例 21 求 0.10 mol·L^{-1} $HCOONH_4$ 溶液的 pH。当溶液 pH 为 8.0 时，溶液中 NH_3 的平衡浓度为多少？

解 已知 HCOOH 的 $pK_a=3.74$，NH_4^+ 的 $pK_a=9.26$。该溶液的质子平衡方程为

$$[H^+]+[HCOOH]=[NH_3]+[OH^-]$$

质子平衡方程中有关组分的浓度对数曲线如图 5-6 所示。在相关的 pH 范围内，lg[HCOOH]线比lg[H^+]线高 1 个对数单位，即[HCOOH]≫[H^+]；lg[NH_3]线远高于 lg[OH^-]线 1 个对数单位，即[NH_3]≫[OH^-]。因此，[H^+]和[OH^-]均可忽略，质子平衡方程可简化为[HCOOH]≈[NH_3]。由 lg[HCOOH]线与 lg[NH_3]线的交点 M 所对应的横

坐标查得pH=6.50。做pH=8.0线，其与 lg[NH_3]-pH 线的交点所对应的 lg$c$=-2.40，换算成 NH_3 的浓度为4.0×10^{-3} mol·L^{-1}，此即 pH=8.0 时 NH_3 的平衡浓度①。

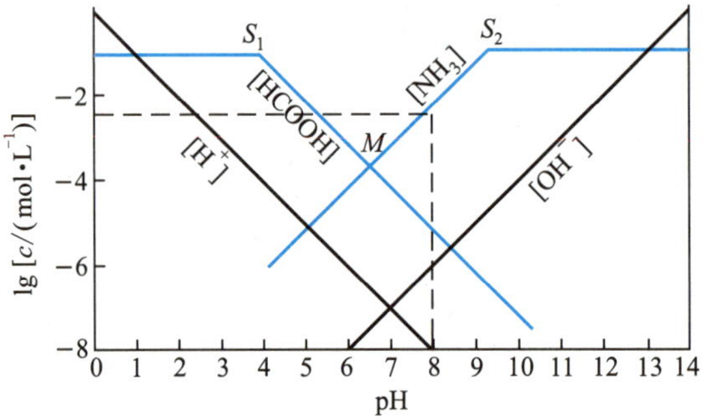

图 5-6 0.10 mol·L^{-1} $HCOONH_4$ 溶液的浓度对数图

需要指出的是，当质子平衡方程中有关组分的浓度对数线相近时，应该将这些组分的浓度相加，然后绘制"校正线"，再求解。若用代数法计算，则需采用近似式或精确式。

5.5 酸碱缓冲溶液

酸碱缓冲溶液(acid-base buffer solution)是一类对溶液的酸度有稳定作用的溶液。当向这类溶液中引入少量的酸或碱，或对其稍加稀释时，溶液的酸度基本保持不变。酸碱缓冲溶液在化学、生物化学和临床医学中有十分重要的作用，它是维持生化反应向特定方向进行的重要因素。酸碱缓冲溶液一般是由浓度较大的弱酸及其共轭碱组成，如 $HAc-Ac^-$、$NH_4^+-NH_3$ 等。此外，浓度较大的强酸、强碱溶液也可作为缓冲溶液，因为强酸、强碱溶液中 H^+ 或 OH^- 的浓度较大，增加少量的酸或碱不会对溶液的酸度产生大的影响。显然，强酸、强碱溶液只适于做高酸度(pH<2)和高碱度(pH>12)时的缓冲溶液。另外，它们对稀释不具缓冲作用。

5.5.1 缓冲溶液 pH 的计算

假设缓冲溶液是由弱酸 HB 及其共轭碱 NaB 组成，它们的浓度分别为 c_{HB} 和 c_{B^-}。该溶液的物料平衡方程为

$$[Na^+]=c_{B^-},[HB]+[B^-]=c_{HB}+c_{B^-}$$

① 印制的浓度对数图上除标明 lg$c$ 和 pH 坐标值外，尚标有对应的 c、[H^+]、pc 坐标值，因此可方便查得平衡浓度及其对数值等。

电荷平衡方程为

$$[Na^+]+[H^+]=[B^-]+[OH^-]$$

即$[B^-]=c_{B^-}+[H^+]-[OH^-]$，将此式代入物料平衡方程，得

$$[HB]=c_{HB}-[H^+]+[OH^-]$$

再根据 HB 的解离平衡关系，得

$$[H^+]=K_a\frac{[HB]}{[B^-]}=K_a\frac{c_{HB}-[H^+]+[OH^-]}{c_{B^-}+[H^+]-[OH^-]} \qquad (5-25)$$

这是计算由弱酸及其共轭碱组成的缓冲溶液的 H^+ 浓度的精确式。用精确式进行计算时，数学处理较繁琐，故通常根据具体情况，对其进行简化。

当溶液的 pH<6 时，一般可忽略$[OH^-]$，(5-25)式变为

$$[H^+]=K_a\frac{c_{HB}-[H^+]}{c_{B^-}+[H^+]} \qquad (5-26)$$

当溶液的 pH>8 时，可忽略$[H^+]$，(5-25)式变为

$$[H^+]=K_a\frac{c_{HB}+[OH^-]}{c_{B^-}-[OH^-]} \qquad (5-27)$$

(5-26)式、(5-27)式是计算缓冲溶液中 H^+ 浓度的近似式。若 $c_{HB}\gg[OH^-]-[H^+]$，$c_{B^-}\gg[H^+]-[OH^-]$，则(5-25)式简化为

$$[H^+]=K_a\frac{c_{HB}}{c_{B^-}}，即\ pH=pK_a+\lg\frac{c_{B^-}}{c_{HB}} \qquad (5-28)$$

这是计算缓冲溶液 H^+ 浓度的最简式。作为一般控制酸度用的缓冲溶液，因缓冲剂本身的浓度较大，对计算结果也不要求十分准确，所以，通常可采用该式进行计算。

例 22 计算 0.10 mol·L^{-1} NH_4Cl-0.20 mol·L^{-1} NH_3 缓冲溶液的 pH。

解 已知 NH_3 的 $K_b=1.8\times10^{-5}$，$K_a'=K_w/K_b=5.6\times10^{-10}$，由于 $c_{NH_4^+}$ 和 c_{NH_3} 均较大，故可采用(5-28)式计算，求得

$$pH=pK_a'+\lg\frac{c_{NH_3}}{c_{NH_4^+}}=9.26+\lg\frac{0.20}{0.10}=9.56$$

显然，$c_{NH_4^+}\gg[OH^-]-[H^+]$，$c_{NH_3}\gg[H^+]-[OH^-]$，这表明所采用的近似方法是合理的。

例 23 计算 0.20 mol·L^{-1} HAc 与 4.0×10^{-3} mol·L^{-1} NaAc 组成的缓冲溶液的 pH。

解 已知 HAc 的 $K_a=1.8\times10^{-5}$，先采用最简式计算溶液的 H^+ 浓度，即

$$[H^+]\approx1.8\times10^{-5}\times\frac{0.20}{4.0\times10^{-3}}\ \text{mol·L}^{-1}=9.0\times10^{-4}\ \text{mol·L}^{-1}$$

由于 c_{Ac^-} 和 H^+ 的浓度接近，故应用(5-26)式计算，即

$$[H^+]=K_a\frac{c_{HAc}-[H^+]}{c_{Ac^-}+[H^+]}\approx 1.8\times10^{-5}\times\frac{0.20}{4.0\times10^{-3}+[H^+]}$$

解得

$$[H^+]=7.6\times10^{-4}\ mol\cdot L^{-1},pH=3.12$$

例 24 0.30 $mol\cdot L^{-1}$ 吡啶和 0.10 $mol\cdot L^{-1}$ HCl 等体积混合，所得溶液是否为缓冲溶液？计算溶液的 pH。

解 吡啶为有机弱碱，与 HCl 作用生成吡啶盐酸盐：

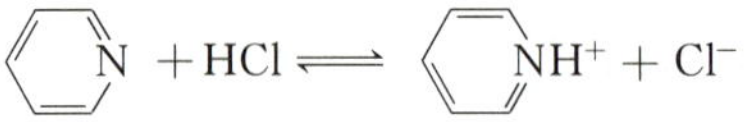

生成吡啶盐的量和加入 HCl 的量相等。因此，两溶液等体积混合后，吡啶盐酸盐的浓度为 0.10 $mol\cdot L^{-1}/2=0.050\ mol\cdot L^{-1}$，未作用的吡啶的浓度为 $(0.30-0.10)\ mol\cdot L^{-1}/2=0.10\ mol\cdot L^{-1}$。可见，溶液中同时存在吡啶盐及吡啶，所以该溶液是缓冲溶液。已知吡啶的 $K_b=1.7\times10^{-9}$，故吡啶盐酸盐的 $K_a'=K_w/K_b=5.9\times10^{-6}$，由于 $c_{C_5H_5NH^+}$ 和 $c_{C_5H_5N}$ 都较大，故可采用(5-28)式计算，即

$$pH=pK_a'+\lg\frac{c_{C_5H_5N}}{c_{C_5H_5NH^+}}=5.23+\lg\frac{0.10}{0.050}=5.53$$

缓冲溶液除用于控制溶液的酸度外，有些也用做测量溶液 pH 时的参照标准，称为标准缓冲溶液。标准缓冲溶液的 pH 是由非常精确的实验确定的。如果要通过理论计算加以核对，则必须同时考虑离子强度的影响。

例 25 考虑离子强度的影响，计算 0.025 $mol\cdot L^{-1}$ KH_2PO_4-0.025 $mol\cdot L^{-1}$ Na_2HPO_4 缓冲溶液的 pH，并与标准值(25 ℃，pH=6.86)相比较。

解 若不考虑离子强度的影响，按通常方法计算，则

$$pH=pK_{a_2}+\lg\frac{c_{HPO_4^{2-}}}{c_{H_2PO_4^-}}=-\lg(6.3\times10^{-8})+\lg\frac{0.025}{0.025}=7.20$$

计算结果与标准值相差较大，产生偏差的原因是由于实测的为 H^+ 的活度而不是浓度。因此，计算时应考虑离子强度的影响。该溶液的离子强度为

$$I=\frac{1}{2}\sum c_iz_i^2=\frac{1}{2}(c_{K^+}\times1^2+c_{Na^+}\times1^2+c_{H_2PO_4^-}\times1^2+c_{HPO_4^{2-}}\times2^2)$$

$$=\frac{1}{2}(0.025\ mol\cdot L^{-1}+2\times0.025\ mol\cdot L^{-1}+0.025\ mol\cdot L^{-1}+0.025\ mol\cdot L^{-1}\times4)$$

$$=0.10\ mol\cdot L^{-1}$$

由附录表 4 查得 $\gamma_{H_2PO_4^-}=0.77$，$\gamma_{HPO_4^{2-}}=0.355$，故

$$a_{H^+}=K_{a_2}\frac{a_{H_2PO_4^-}}{a_{HPO_4^{2-}}}=K_{a_2}\frac{\gamma_{H_2PO_4^-}[H_2PO_4^-]}{\gamma_{HPO_4^{2-}}[HPO_4^{2-}]}$$

$$=6.3\times10^{-8}\times\frac{0.77\times0.025}{0.355\times0.025}\ \mathrm{mol\cdot L^{-1}}=1.4\times10^{-7}\ \mathrm{mol\cdot L^{-1}}$$

$$\mathrm{pH}=-\lg a_{\mathrm{H^+}}=6.86$$

计算结果与标准值一致。

实际工作中，缓冲溶液的 pH 一般以测定结果为准。所以，配制缓冲溶液时，可先根据需要选取合适的缓冲体系，再通过计算确定取样量，然后用 pH 计测定所配溶液的 pH，并在此基础上通过加酸或加碱将 pH 调节至所需值。缓冲溶液也可参考有关手册和参考书上的配方配制。

5.5.2 缓冲容量

缓冲溶液的缓冲能力是有一定限度的，如果加入的酸或碱的量太多，或是稀释的倍数太大，缓冲溶液的 pH 将不再保持基本不变。缓冲溶液的缓冲能力大小常用缓冲容量(buffer capacity)来衡量，以 β 表示。其定义为：使 1 L 缓冲溶液的 pH 增加 dpH 单位所需强碱的量 db(mol)，或是使 1 L 缓冲溶液的 pH 降低 dpH 单位所需强酸的量 da(mol)。因此，缓冲容量 β 的数学表达式为

$$\beta=\frac{\mathrm{d}b}{\mathrm{dpH}}=-\frac{\mathrm{d}a}{\mathrm{dpH}}$$

由于酸的增加使 pH 降低，故在 da/dpH 前加负号，以使 β 具有正值。显然，β 值愈大，表明缓冲溶液的缓冲能力愈强。根据这个定义，β 具有类似强度的量纲，所以，也有人称之为缓冲指数，但大多数人仍习惯称其为缓冲容量。

现以 $\mathrm{HB-B^-}$ 缓冲体系为例，说明缓冲组分的比值和总浓度对缓冲容量的影响。设缓冲溶液的总浓度为 c，其中 $\mathrm{B^-}$ 的浓度为 b。显然，它相当于 $c(\mathrm{mol\cdot L^{-1}})$ HB 与 $b(\mathrm{mol\cdot L^{-1}})$强碱的混合溶液。溶液的质子平衡方程为

$$b=[\mathrm{OH^-}]+[\mathrm{B^-}]-[\mathrm{H^+}]$$

所以

$$b=-[\mathrm{H^+}]+\frac{K_{\mathrm{w}}}{[\mathrm{H^+}]}+\frac{cK_{\mathrm{a}}}{[\mathrm{H^+}]+K_{\mathrm{a}}}$$

$$\frac{\mathrm{d}b}{\mathrm{d}[\mathrm{H^+}]}=-1-\frac{K_{\mathrm{w}}}{[\mathrm{H^+}]^2}-\frac{cK_{\mathrm{a}}}{([\mathrm{H^+}]+K_{\mathrm{a}})^2}$$

而

$$\mathrm{pH}=-\lg[\mathrm{H^+}]=-\frac{1}{2.30}\ln[\mathrm{H^+}]$$

$$\mathrm{dpH}=-\frac{\mathrm{d}[\mathrm{H^+}]}{2.30[\mathrm{H^+}]},\quad \frac{\mathrm{d}[\mathrm{H^+}]}{\mathrm{dpH}}=-2.30[\mathrm{H^+}]$$

故

$$\beta=\frac{\mathrm{d}b}{\mathrm{dpH}}=\frac{\mathrm{d}b}{\mathrm{d}[\mathrm{H}^+]}\times\frac{\mathrm{d}[\mathrm{H}^+]}{\mathrm{dpH}}=-2.30[\mathrm{H}^+]\left\{-1-\frac{K_\mathrm{w}}{[\mathrm{H}^+]^2}-\frac{cK_\mathrm{a}}{([\mathrm{H}^+]+K_\mathrm{a})^2}\right\}$$

$$=2.30[\mathrm{H}^+]+2.30[\mathrm{OH}^-]+2.30\frac{cK_\mathrm{a}[\mathrm{H}^+]}{([\mathrm{H}^+]+K_\mathrm{a})^2} \tag{5-29}$$

去掉后面一项，此式则适用于强酸、强碱缓冲溶液。当$[\mathrm{H}^+]$和$[\mathrm{OH}^-]$较小时，均可忽略，得到近似式：

$$\beta=2.30\frac{cK_\mathrm{a}[\mathrm{H}^+]}{([\mathrm{H}^+]+K_\mathrm{a})^2}=2.30\delta_0\delta_1 c \tag{5-30}$$

对(5-30)式求导数，并令其等于零，即

$$\frac{\mathrm{d}\beta}{\mathrm{d}[\mathrm{H}^+]}=2.30cK_\mathrm{a}\frac{(K_\mathrm{a}-[\mathrm{H}^+])}{([\mathrm{H}^+]+K_\mathrm{a})^3}=0$$

可得$[\mathrm{H}^+]=K_\mathrm{a}$，将其代入(5-30)式，可求得缓冲容量的极大值：

$$\beta_{\max}=2.30c/4=0.575c$$

由此可知，缓冲溶液的浓度愈大，其缓冲容量也愈大；对于共轭酸碱对缓冲体系，其缓冲容量还与两组分浓度比有关，当两组分浓度相等时，缓冲容量最大。

根据(5-30)式，当$[\mathrm{HB}]/[\mathrm{B}^-]$为10或0.1时，$\beta=0.19c$，约为$\beta_{\max}$的1/3。若比例进一步偏离该范围，缓冲容量会更小，溶液的缓冲能力逐渐消失。可见，缓冲溶液的有效pH缓冲范围约为$\mathrm{p}K_\mathrm{a}\pm1$。因此，配制缓冲溶液时，所选缓冲剂的$\mathrm{p}K_\mathrm{a}$应尽量与所需pH接近，这样所得溶液的缓冲能力较强。图5-7中黑线是$0.10\ \mathrm{mol\cdot L^{-1}}$ $\mathrm{HAc-Ac^-}$缓冲溶液在不同pH时的缓冲容量，蓝线表示强酸(pH<3)和强碱(pH>11)溶液的缓冲容量(即$\beta_{\mathrm{H}^+}=2.30[\mathrm{H}^+]$，$\beta_{\mathrm{OH}^-}=2.30[\mathrm{OH}^-]$)。曲线的极大点就是$\mathrm{HAc-Ac^-}$缓冲溶液的最大缓冲容量$\beta_{\max}$。

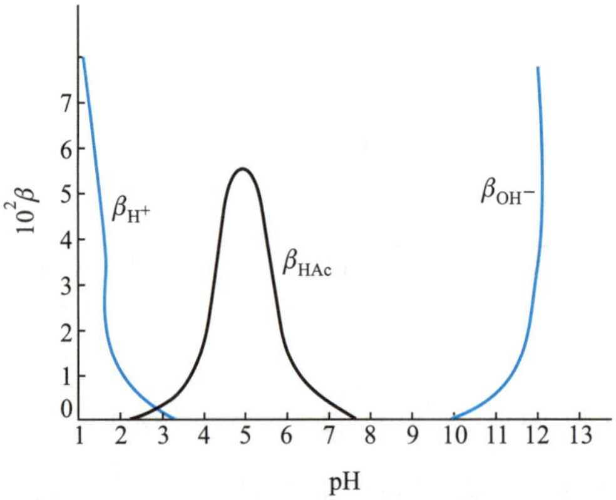

图5-7　$0.10\ \mathrm{mol\cdot L^{-1}}$ $\mathrm{HAc-Ac^-}$溶液在不同pH时的缓冲容量

如果加入的酸或碱的量很少，所引起的 pH 的变化也很小（如 $\Delta pH<0.4$），此时可以 ΔpH 代替 dpH，Δa 或 Δb 代替 da 或 db，用下式进行某些近似计算，但这样计算误差较大：

$$\beta \approx \frac{\Delta b}{\Delta pH} = -\frac{\Delta a}{\Delta pH}$$

5.5.3 常见的 pH 缓冲溶液

表 5-1 列出的为几种被国际上规定为测定溶液 pH 时的标准参照溶液，其中有些为共轭酸碱对组成的缓冲溶液，有些只是酸式盐溶液，但习惯上都把它们叫做 pH 标准缓冲溶液。它们的 pH 是经过准确的实验测得的。附录表 5 所列出的为若干常用于控制溶液酸度（pH＝2～11）的缓冲溶液。根据各缓冲剂的 pK_a，可知它们最适合的 pH 缓冲范围。

表 5-1 几种常见的 pH 标准溶液

pH 标准溶液	pH 标准值（25 ℃）
饱和酒石酸氢钾（$0.034\ mol \cdot L^{-1}$）	3.56
$0.050\ mol \cdot L^{-1}$ 邻苯二甲酸氢钾	4.01
$0.025\ mol \cdot L^{-1}\ KH_2PO_4-0.025\ mol \cdot L^{-1}\ Na_2HPO_4$	6.86
$0.010\ mol \cdot L^{-1}$ 硼砂	9.18

分析化学中用于控制溶液酸度的缓冲溶液的种类非常多，通常根据实际情况，选用合适的缓冲溶液。选择缓冲溶液的原则是：

a. 缓冲溶液对分析过程应没有干扰。

b. 所需控制的 pH 应在缓冲溶液的缓冲范围之内。如果缓冲溶液是由弱酸及其共轭碱组成的，则 pK_a 应尽量与所需控制的 pH 一致。

c. 缓冲溶液应有足够的缓冲容量。通常缓冲组分的浓度在 $0.01 \sim 1\ mol \cdot L^{-1}$ 之间。

在实际工作中，有时需要 pH 缓冲范围广的缓冲溶液，这时可采用多种酸和碱组成的缓冲体系。在这样的体系中，因其中存在 pK_a 不同的共轭酸碱对，各共轭酸碱对的缓冲容量加和在较宽 pH 范围内可保持较大，所以它们能在较宽的 pH 范围内起缓冲作用。例如，将柠檬酸（$pK_{a_1}=3.13$，$pK_{a_2}=4.76$，$pK_{a_3}=6.40$）和磷酸氢二钠（H_3PO_4 的 $pK_{a_1}=2.12$，$pK_{a_2}=7.20$，$pK_{a_3}=12.36$）两种溶液按不同比例混合，可得到 pH 为 2～8 的一系列缓冲溶液。

5.6 酸碱指示剂

5.6.1 酸碱指示剂的作用原理

酸碱指示剂(acid-base indicator)一般是弱的有机酸或有机碱,它的酸式和共轭碱式具有明显不同的颜色。当溶液的 pH 改变时,指示剂失去质子由酸式转变为碱式,或得到质子由碱式转化为酸式。由于其酸、碱式结构不同,因而颜色发生变化。例如,甲基橙(methyl orange,MO)在溶液中存在下述平衡:

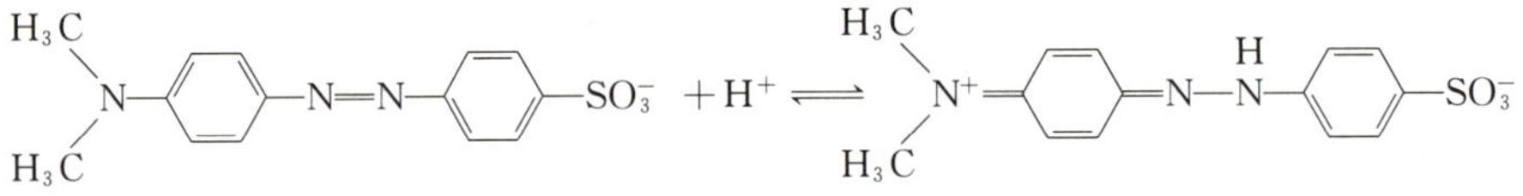

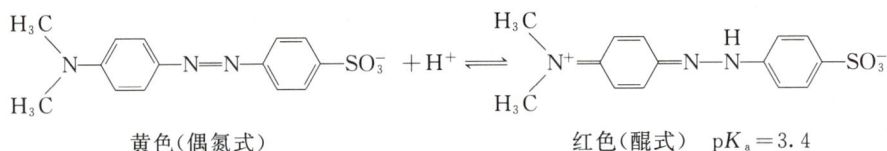

黄色(偶氮式)　　　　红色(醌式)　$pK_a=3.4$

由平衡关系可以看出,当溶液酸度大时,甲基橙主要以红色双极离子形式存在,所以溶液呈红色;降低酸度,它则变为黄色离子形式,使溶液显黄色。

又如酚酞(phenolphthalein,PP),在酸性溶液中它以多种无色形式存在,在碱性溶液中则转化为醌式而显红色。但在足够浓的强碱溶液中,它又进一步转化为无色的羧酸盐式。

若以 HIn 表示指示剂的酸式,In^- 表示指示剂的碱式,它们在溶液中的解离平衡为

$$HIn \rightleftharpoons H^+ + In^-$$

因此,有

$$K_a=\frac{[H^+][In^-]}{[HIn]}$$

即

$$\frac{[In^-]}{[HIn]}=\frac{K_a}{[H^+]}$$

由此可知,比值$[In^-]/[HIn]$是$[H^+]$的函数。一般认为,如果 $pH \leqslant pK_a-1$,即$[HIn]/[In^-] \geqslant 10$,看到的应是 HIn 的颜色;$pH \geqslant pK_a+1$,即$[In^-]/[HIn] \geqslant 10$,看到的是 In^- 的颜色。因此,当溶液的 pH 由 pK_a-1 变化到 pK_a+1,就能明显地看到指示剂由酸式色变为碱式色,反之亦然。所以,$pH=pK_a \pm 1$ 被看做是指示剂变色的 pH 范围,习惯上称为指示剂的理论变色范围。在实际工作中,指示剂的变色范围不是根据 pK_a 计算出来的,而是依靠人眼观察出来的。由于

人眼对各种颜色的敏感度不同，加上两种颜色互相掩盖，影响观察，所以实际观察结果与理论计算结果有所差别。此外，不同人的观察结果也不尽相同。例如，甲基橙的变色范围，有人报道为 3.1～4.4，也有人报道为 3.2～4.5 或 2.9～4.2。附录表 6 列出的为常用酸碱指示剂及其变色范围，大多数指示剂的变色范围为1.6～1.8 pH 单位。

当 $pH=pK_a$ 时，$[In^-]/[HIn]=1$，称为指示剂的理论变色点，在计算中常将其视作滴定终点。实际变色点与理论变色点常有一定差别，这与指示剂酸、碱式的颜色深浅及观察者对不同颜色的敏感度有关。

5.6.2 指示剂用量对变色点的影响

由指示剂的解离平衡可以看出，对于双色指示剂，如甲基橙等，变色点仅与 $[In^-]/[HIn]$ 比有关，与用量无关。因此，指示剂用量多一点或少一点都可以。但指示剂的用量也不宜太多，否则，颜色的变化会不敏锐，而且指示剂本身也会消耗一些滴定剂，带来误差。

对于单色指示剂，指示剂用量的多少对它的变色点有一定影响。例如酚酞，它的酸式无色，碱式呈红色。假设人眼能观察到红色时所要求的最低碱式酚酞浓度为 a，它应该是固定不变的。若指示剂的总浓度为 c，由指示剂的解离平衡式可知

$$\frac{K_a}{[H^+]}=\frac{[In^-]}{[HIn]}=\frac{a}{c-a}$$

因为 K_a 和 a 都是定值，所以，如果 c 增大了，维持溶液中碱式酚酞浓度为 a 所要求的 H^+ 浓度就要相应增大，也就是说，酚酞会在较低 pH 时变色。如在 50～100 mL溶液中加 2～3 滴 0.1%的酚酞，pH≈9 时出现微红，而在同样情况下加10～15 滴酚酞，则在 pH≈8 时出现微红。

5.6.3 离子强度对变色点的影响

若酸碱指示剂的酸式为 HIn(可能为离子，为书写方便，省去所带电荷)，则其在溶液中的解离平衡及平衡关系式为

$$HIn \rightleftharpoons H^+ + In^-$$

$$a_{H^+}=K_a^\circ\frac{a_{HIn}}{a_{In^-}}=K_a^\circ\frac{\gamma_{HIn}[HIn]}{\gamma_{In^-}[In^-]}$$

式中，K_a° 为指示剂的活度常数。当 $[HIn]/[In^-]=1$，即达到指示剂理论变色点时

$$a_{H^+}=K_a^\circ\frac{\gamma_{HIn}}{\gamma_{In^-}}$$

即

$$pH=-\lg a_{H^+}=pK_a^\circ+\lg\gamma_{In^-}-\lg\gamma_{HIn}$$

由(5-3)式可知,上述指示剂的理论变色点与离子强度的关系为

$$pH=pK_a^\circ+0.51z_{HIn}^2\sqrt{I}-0.51z_{In^-}^2\sqrt{I}$$

可见,改变离子强度,指示剂的理论变色点 pH 会相应发生变化。不同类型的指示剂,其变色点受溶液离子强度的影响可能不一样。变色点的 pH 是增大还是减小,要根据具体情况分析。此外,指示剂的变色点还受溶液的温度、溶剂种类和溶液中存在的胶体等的影响。

5.6.4 混合指示剂

在酸碱滴定中,有时需要将滴定终点限制在很窄的 pH 范围内,以保证滴定的准确度,这时可采用混合指示剂。混合指示剂有两类,一类是由两种或两种以上的指示剂混合而成,利用颜色的互补作用,使变色更快、更明显。例如溴甲酚绿($pK_a=4.9$)和甲基红($pK_a=5.2$),前者的酸式色为黄色,碱式色为蓝色,后者的酸式色为红色,碱式色为黄色。当它们混合后,由于共同作用的结果,使溶液在酸性条件下显橙色(黄+红),在碱性条件下显绿色(蓝+黄),而在 pH≈5.1 时,溴甲酚绿的碱式成分较多,呈绿色,甲基红的酸式成分较多,呈橙红色,这两种颜色互补,产生灰色,因而使颜色在这时候发生突变,变色敏锐。

另一类混合指示剂是由一种酸碱指示剂和一种惰性染料(如亚甲基蓝、靛蓝二磺酸钠等)组成的,其作用原理与上面讲到的一样。从理论上讲,这类混合指示剂的变色范围仍与酸碱指示剂相同,但由于颜色的互补作用使颜色变化的敏锐性得到了提高。附录表 7 列出了若干常用的混合酸碱指示剂。

5.7 酸碱滴定原理

酸碱滴定法是以酸碱反应为基础的滴定分析方法。在酸碱滴定中,滴定剂一般是强酸或强碱,如 HCl、H_2SO_4、NaOH 和 KOH 等;被滴定的是各种具有碱性或酸性的物质,如 NaOH、NH_3、Na_2CO_3、H_3PO_4 和吡啶盐等。在进行滴定时,重要的是要了解被测物质能否被准确滴定,滴定过程中溶液 pH 如何变化,以及选择什么指示剂来确定滴定终点(end point,ep)。本节将根据酸碱平衡原理,通过具体计算来展示滴定过程中溶液 pH 随滴定剂体积增加而变化的情况,

进而讨论各类酸碱的滴定曲线和相关问题。

5.7.1 强酸强碱的滴定

强酸强碱在溶液中全部解离，所以滴定时的反应为

$$H^+ + OH^- \longrightarrow H_2O$$

现以 0.100 0 mol·L^{-1} NaOH 滴定 20.00 mL 0.100 0 mol·L^{-1} HCl 为例，讨论强酸强碱相互滴定时的滴定曲线和指示剂的选择问题。

(1) 滴定前

滴定分数(titration fraction) $a = n_{NaOH}/n_{HCl} = (cV)_{NaOH}/(cV)_{HCl} = 0.00$，溶液的酸度等于 HCl 的原始浓度，即$[H^+]=0.100\,0$ mol·L^{-1}，pH=1.00。

(2) 滴定开始至化学计量点前

溶液的酸度取决于剩余 HCl 的浓度。例如，当滴入 NaOH 溶液18.00 mL，即 $a=0.90$ 时，$[H^+]=0.100\,0$ mol·L^{-1}×2.00 mL/(20.00 mL+18.00 mL)=5.26×10^{-3} mol·L^{-1}，pH=2.28；当滴入 NaOH 溶液 19.98 mL，即 $a=0.999$ 时，$[H^+]=0.100\,0$ mol·L^{-1}×0.02 mL/(20.00 mL+19.98 mL)=5.0×10^{-5} mol·L^{-1}，pH=4.30。

(3) 化学计量点(stoichiometric point，sp)

滴入 NaOH 溶液 20.00 mL，$a=1.00$。此时，溶液呈中性，$[H^+]=[OH^-]=1.0\times10^{-7}$ mol·L^{-1}，pH=7.00。

(4) 化学计量点后

溶液的碱度取决于过量 NaOH 的浓度。例如，滴入 NaOH 溶液20.02 mL，即 $a=1.001$ 时，$[OH^-]=0.100\,0$ mol·L^{-1}×0.02 mL/(20 mL+20.02 mL)=5.0×10^{-5} mol·L^{-1}，pOH=4.30，pH=14.00−pOH=14.00−4.30=9.70。

照此逐一计算，将计算结果列于表 5−2 中。如果以 NaOH 的加入量或滴定分数 a 为横坐标，以 pH 为纵坐标绘图，可得到图 5−8 所示的酸碱滴定曲线(titration curve)。

表 5−2 用 0.100 0 mol·L^{-1} NaOH 滴定 20.00 mL 0.100 0 mol·L^{-1} HCl 时溶液 pH 随 a 的变化

加入 NaOH 体积/mL	滴定分数 a	剩余 HCl 体积/mL	过量 NaOH 体积/mL	pH
0.00	0.00	20.00		1.00
18.00	0.90	2.00		2.28
19.80	0.99	0.20		3.30
19.96	0.998	0.04		4.00
19.98	0.999	0.02		4.30*

续表

加入 NaOH 体积/mL	滴定分数 a	剩余 HCl 体积/mL	过量 NaOH 体积/mL	pH
20.00	1.000	0.00	0.00	7.00**
20.02	1.001		0.02	9.70*
20.04	1.002		0.04	10.00
20.20	1.010		0.20	10.70
22.00	1.100		2.00	11.70
40.00	2.000		20.00	12.52

*突跃范围

**计量点

从表5-2和图5-8(左)中可以看出,从滴定开始到加入19.80 mL NaOH溶液,溶液的pH只改变2.3个单位。再滴入0.18 mL NaOH溶液,pH就改变1个单位,变化速度加快了;再滴入0.02 mL NaOH溶液,正好是化学计量点,此时pH迅速增至7.00;继续滴入0.02 mL NaOH溶液,pH为9.70。此后过量NaOH溶液所引起的pH的变化又愈来愈小。

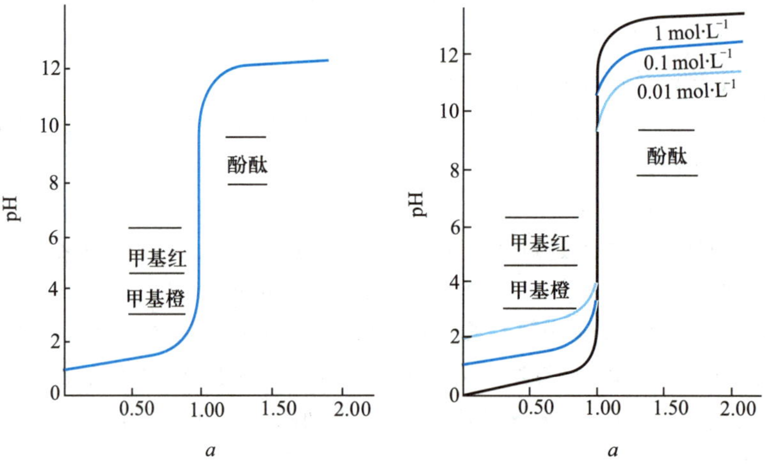

图5-8　0.100 0 mol·L^{-1} NaOH滴定0.100 0 mol·L^{-1} HCl的滴定曲线(左)及不同浓度NaOH溶液滴定不同浓度HCl溶液时的滴定曲线(右)

由此可见,在化学计量点前后,从剩余0.02 mL HCl到过量0.02 mL NaOH,即滴定由尚差0.1%(即$a=0.999$)到过量0.1%(即$a=1.001$),溶液的pH从4.30增大到9.70,变化近5.4个单位。我们把pH的这种急剧变化叫做滴定突跃(titration jump),把对应化学计量点前后±0.1%(即$a=1.000\pm0.001$)的pH变化范围称为突跃范围。突跃范围是选择指示剂的基本依据,显然，最理想的指示剂应该恰好在化学计量点时变色，但凡在突跃范围以内变色的指示剂，都可保证其滴定终点误差在±0.1%范围内。因此，甲基红（pH4.4～6.2）、酚酞（pH8.0～9.6）等，均可用作这一滴定的指示剂。

滴定突跃的大小与溶液的浓度有关。图5-8（右）为通过计算得到的不同浓度 NaOH 与 HCl 的滴定曲线。可见，当酸碱浓度增大10倍时，滴定突跃部分的 pH 变化范围增加约两个单位。假设用 1 $mol\cdot L^{-1}$ NaOH 滴定 1 $mol\cdot L^{-1}$ HCl，其 pH 突跃范围为 3.3～10.7。此时若以甲基橙为指示剂，滴定至黄色为终点，滴定误差将在±0.1%以内。假如用 0.01 $mol\cdot L^{-1}$ NaOH 滴定 0.01 $mol\cdot L^{-1}$ HCl，则 pH 突跃范围减小为 5.3～8.7。由于滴定突跃小了，指示剂的选择就受到限制。要使终点误差在±0.1%以内，最好用甲基红作指示剂，也可用酚酞。若用甲基橙作指示剂，误差则达±1%以上。应该指出的是，空气中的 CO_2 对滴定可能会产生影响，这与终点 pH 有关。若终点 pH<5，则基本不影响；若 pH 较高，则需通过煮沸溶液等方法消除溶解的 CO_2 所带来的影响。

强酸滴定强碱的情况与强碱滴定强酸相似，只是 pH 的变化与此相反，下面的讨论中亦是如此，因此不再赘述。

5.7.2 一元弱酸弱碱的滴定

滴定弱酸（HA）、弱碱（B）溶液，一般采用强碱或强酸。例如，用 NaOH 滴定甲酸、乙酸、乳酸和吡啶盐等，用 HCl 滴定氨、乙胺等。滴定时的反应为

$$HA + OH^- \rightleftharpoons A^- + H_2O$$
$$B + H^+ \rightleftharpoons HB^+$$

现以 0.100 0 $mol\cdot L^{-1}$ NaOH 滴定 20.00 mL 0.100 0 $mol\cdot L^{-1}$ HAc 为例，阐述强碱滴定弱酸时的情况。

（1）滴定前

$a=0.00$，溶液是 0.100 0 $mol\cdot L^{-1}$ HAc，溶液中 H^+ 浓度为

$$[H^+]=\sqrt{K_a c}=\sqrt{1.8\times10^{-5}\times0.100\,0}=1.34\times10^{-3}\ mol\cdot L^{-1}, pH=2.87$$

（2）滴定开始至化学计量点前

溶液中未反应的 HAc 和反应产物 Ac^- 同时存在，组成一个缓冲体系。因此，溶液的 pH 可根据缓冲溶液 pH 计算式计算，一般情况下可按（5-28）式计算。例如，当滴入 NaOH 溶液 19.80 mL 时

$$c_{HAc}=\frac{0.20}{20.00+19.80}\times0.100\,0\ mol\cdot L^{-1}=5.03\times10^{-4}\ mol\cdot L^{-1}$$

$$c_{Ac^-}=\frac{19.80}{20.00+19.80}\times0.100\,0\ mol\cdot L^{-1}=4.97\times10^{-2}\ mol\cdot L^{-1}$$

代入(5-28)式，得

$$pH=pK_a+\lg\frac{c_{Ac^-}}{c_{HAc}}=4.74+\lg\frac{4.97\times10^{-2}}{5.03\times10^{-4}}=6.73$$

当滴入 NaOH 溶液 19.98 mL，即 $a=0.999$ 时，用(5-28)式近似计算得

$$pH\approx pK_a+\lg\frac{c_{Ac^-}}{c_{HAc}}=4.74+\lg\frac{5.0\times10^{-2}}{5.0\times10^{-5}}=7.74$$

(3) 化学计量点时

此时全部 HAc 被中和，生成 NaAc。由于 Ac^- 为弱碱，溶液 pH 可根据弱碱的有关计算式计算。

$$[OH^-]=\sqrt{K_bc}=\sqrt{\frac{K_w}{K_a}c}=\sqrt{\frac{1.0\times10^{-14}}{1.8\times10^{-5}}\times0.050\,00}=5.3\times10^{-6}\ mol\cdot L^{-1}$$

$$pOH=5.28$$

$$pH=14.00-5.28=8.72$$

(4) 化学计量点后

由于过量 NaOH 的存在，抑制了 Ac^- 的水解，故此时溶液的 pH 主要取决于过量的 NaOH 浓度，其计算方法与强碱滴定强酸相同。例如，滴入 NaOH 溶液 20.02 mL(即 $a=1.001$)，溶液的 pH 可按下式计算：

$$[OH^-]=\frac{0.02}{20.00+20.02}\times0.100\,0\ mol\cdot L^{-1}=5.0\times10^{-5}\ mol\cdot L^{-1}$$

$$pOH=4.30$$

$$pH=14.00-4.30=9.70$$

如此逐一计算，计算结果列于表 5-3 中。图 5-9(左)为据此绘制的滴定曲线。与表 5-2 和图 5-8 比较，滴定前，0.100 0 mol·L^{-1} HAc的 pH = 2.87，比 0.100 0 mol·L^{-1} HCl 约大两个 pH 单位。这是因为 HAc 的解离度比等浓度的 HCl 小的缘故。滴定开始之后，曲线的坡度比滴定 HCl 的更倾斜，这是因为 HAc 的解离度很小，一旦滴入 NaOH 后，部分的 HAc 被中和而生成 NaAc，由于 Ac^- 的同离子效应，使 HAc 的解离度变得更小，因而 H^+ 浓度迅速降低，pH 较快增大。但当继续滴入 NaOH 时，由于 NaAc 的不断生成，在溶液中构成缓冲体系，因此这一段曲线较为平坦。接近化学计量点时，由于溶液中 HAc 已很少，溶液的缓冲作用减弱，所以继续滴入 NaOH，溶液 pH 的变化速度又逐渐加快。在化学计量点附近 pH 的突跃范围为 7.74～9.70，比同浓度的强碱滴定强酸要小得多。化学计量点以后，溶液 pH 的变化规律与强碱滴定强酸时的情况基本相同。

表 5-3 用 0.100 0 mol·L^{-1} NaOH 滴定 20.00 mL 0.100 0 mol·L^{-1} HAc 时溶液 pH 随 a 的变化

加入 NaOH 体积/mL	滴定分数 a	剩余 HAc 体积/mL	过量 NaOH 体积/mL	pH
0.00	0.00	20.00		2.87
18.00	0.90	2.00		5.70
19.80	0.99	0.20		6.73
19.98	0.999	0.02		7.74*
20.00	1.000	0.00	0.00	8.72**
20.02	1.001		0.02	9.70*
20.20	1.010		0.20	10.70
22.00	1.100		2.00	11.70
40.00	2.000		20.00	12.50

*突跃范围

**计量点

由于 pH 突跃范围为 7.74～9.70，因此在酸性范围内变色的指示剂，如甲基橙、甲基红等，都不能用作 NaOH 滴定 HAc 的指示剂，否则，将引起较大的滴定误差。酚酞、百里酚酞和百里酚蓝等的变色范围恰好在突跃范围之内，可作为这一滴定体系的指示剂。

图 5-9(右)所示为用 0.100 0 mol·L^{-1} NaOH 溶液滴定 0.100 0 mol·L^{-1} 不同强度弱酸的滴定曲线。从中可以看出，K_a 愈小，滴定突跃范围也愈小。当 $K_a \leqslant 10^{-9}$ 时，已经没有明显的突跃了。在这种情况下，已无法利用酸碱指示剂确定它的滴定终点。另一方面，当 K_a 一定时，酸的浓度减少，突跃范围也变小。

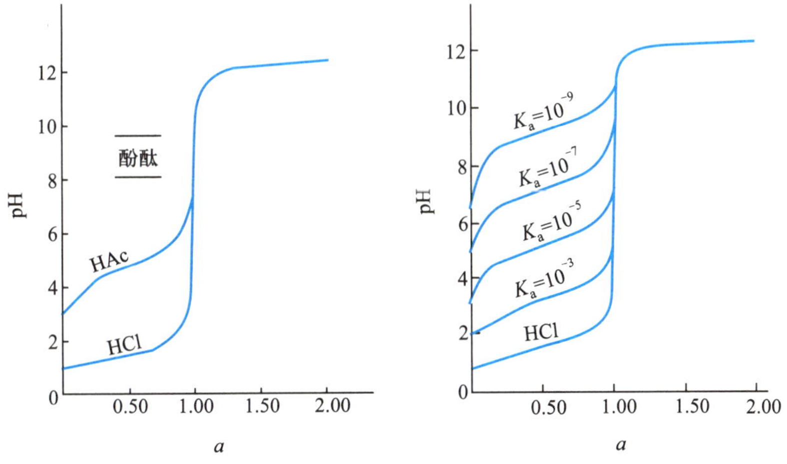

图 5-9 0.100 0 mol·L^{-1} NaOH 滴定 0.100 0 mol·L^{-1} HAc 的滴定曲线(左)及滴定 0.100 0 mol·L^{-1}不同强度弱酸的滴定曲线(右)

因此，如果弱酸的解离常数很小，或酸的浓度很低，达到一定限度时，就不能进行准确滴定了。如用指示剂来确定终点，即使指示剂的变色点与化学计量点一致，但由于人眼判断终点时仍有±0.2～±0.3pH的不确定性，所以要保证滴定的准确度，滴定突跃就不能太小。若以ΔpH＝±0.30作为借助指示剂判别终点的极限，要使滴定终点误差在±0.2%以内，则突跃范围应大于0.6pH，这要求$cK_a \geqslant 10^{-8}$（见5.8节）。

5.7.3 多元酸和混合酸的滴定

例如，用0.100 0 mol·L^{-1} NaOH滴定0.100 0 mol·L^{-1} H_3PO_4溶液，H_3PO_4的各级解离平衡为

$$H_3PO_4 \rightleftharpoons H^+ + H_2PO_4^- \qquad K_{a_1}=7.6\times10^{-3}$$
$$H_2PO_4^- \rightleftharpoons H^+ + HPO_4^{2-} \qquad K_{a_2}=6.3\times10^{-8}$$
$$HPO_4^{2-} \rightleftharpoons H^+ + PO_4^{3-} \qquad K_{a_3}=4.4\times10^{-13}$$

首先H_3PO_4被中和，生成$H_2PO_4^-$，出现第一个化学计量点；然后$H_2PO_4^-$继续被中和，生成HPO_4^{2-}，出现第二个化学计量点。HPO_4^{2-}的K_{a_3}太小，$cK_{a_3} \ll 10^{-8}$，不能直接准确滴定。NaOH滴定H_3PO_4的滴定曲线见图5－10。

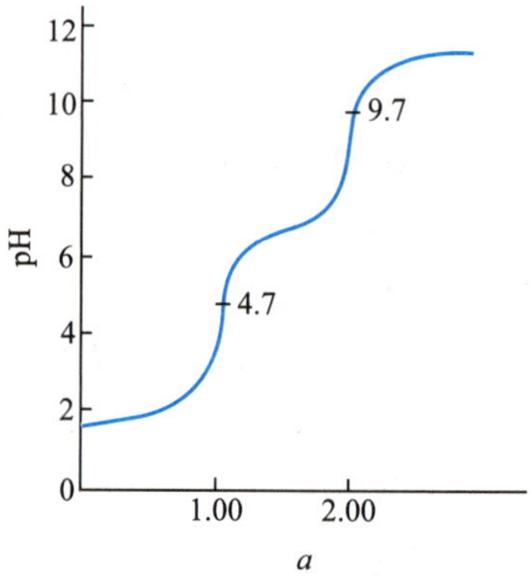

图5－10 0.100 0 mol·L^{-1} NaOH滴定等浓度H_3PO_4的滴定曲线

准确计算多元酸的滴定过程中的溶液pH，涉及比较复杂的数学处理，这里不予介绍。下面只讨论化学计量点pH的计算和指示剂的选择。

(1) 第一化学计量点

用NaOH滴定H_3PO_4至第一化学计量点时，产物是$H_2PO_4^-$，浓度为0.050 00 mol·L^{-1}，它是两性物质。因为$cK_{a_2} \gg K_w$，溶液的pH按近似式计算，求得

$$[H^+]=\sqrt{\frac{K_{a_1}K_{a_2}c}{K_{a_1}+c}}=\sqrt{\frac{7.6\times10^{-3}\times6.3\times10^{-8}\times0.050\ 00}{7.6\times10^{-3}+0.050\ 00}}=2.0\times10^{-5}\ \mathrm{mol\cdot L^{-1}}$$
$$pH=4.70$$

如以甲基橙为指示剂，终点由红变黄，滴定结果的误差约为－0.5%。

(2) 第二化学计量点

H_3PO_4作为二元酸被滴定，产物是HPO_4^{2-}，浓度为0.033 33 mol·L^{-1}，溶

液 pH 按(5-22)式计算，求得

$$[H^+]=\sqrt{\frac{K_{a_2}(K_{a_3}c+K_w)}{K_{a_2}+c}}=\sqrt{\frac{6.3\times10^{-8}(4.4\times10^{-13}\times0.033\ 33+1.0\times10^{-14})}{0.033\ 33}}$$
$$=2.2\times10^{-10}\ mol\cdot L^{-1}$$

pH＝9.66

选用百里酚酞(变色点 pH≈10)作指示剂，终点时由无色变为浅蓝，分析结果的误差约为＋0.3%。

(3) 第三化学计量点

由于 H_3PO_4 的 K_{a_3} 太小，故 HPO_4^{2-} 不能用 NaOH 直接滴定，但可通过适当的化学反应使其 H^+ 被释放出来，这样便可用 NaOH 滴定 HPO_4^{2-} 了。

用强碱滴定多元酸(H_nA)时，第一化学计量点附近的 pH 突跃大小与 K_{a_1}/K_{a_2} 有关，其他化学计量点附近的突跃也是这样，与相邻两级解离常数的比值有关。如果 K_{a_1}/K_{a_2} 太小，H_nA 尚未被中和完，$H_{n-1}A^-$ 就开始参加反应，致使化学计量点附近 H^+ 浓度没有明显的突变，因而无法确定滴定终点。如果检测终点的误差约为 0.3pH 单位，要保证滴定终点误差约为 0.5%，相邻两级解离常数的比值必须大于 10^5。这一结论可通过计算终点误差得到。

通常，对于多元酸的滴定，首先根据 $K_{a_1}c\geqslant10^{-8}$ 与否，判断能否对第一级解离的 H^+ 进行准确滴定，然后再看 K_{a_1}/K_{a_2} 是否大于 10^5，以此判断第二级解离的 H^+ 是否对滴定第一级解离的 H^+ 产生干扰。例如，草酸的 $K_{a_1}=5.9\times10^{-2}$，$K_{a_2}=6.4\times10^{-5}$，$K_{a_1}/K_{a_2}\approx10^3$，故不能准确进行分步滴定。但 K_{a_1} 和 K_{a_2} 均较大，只要草酸浓度不是很小，可按二元酸一次被滴定，化学计量点附近有较大突跃。

滴定混合酸的情况与滴定多元酸相似，如用强碱滴定弱酸 HA(解离常数 K_a，浓度 c_1)和 HB(解离常数 K'_a，浓度 c_2)的混合溶液。若其中 HA 为较强的弱酸，$K_ac_1\geqslant10^{-8}$，且两种弱酸的浓度较大又相等，则在第一化学计量点时，溶液中的 H^+ 浓度可按下式计算：

$$[H^+]=\sqrt{K_aK'_a}，pH=\frac{1}{2}(pK_a+pK'_a)$$

同样，只有当 $K_a/K'_a>10^5$ 时，才能准确滴定弱酸 HA。如果两者的浓度不相等，则要求 $c_1K_a/c_2K'_a>10^5$，才能准确滴定 HA。若其中的 HA 为强酸，HB 为弱酸，则当 HB 的解离常数足够小时(一般要求 $K_a<10^{-4}$)，两酸才可分步滴定，或在滴定 HA 时 HB 不影响。

5.8 终点误差

在酸碱滴定中，通常利用指示剂来确定滴定终点。若滴定终点与化学计量点不一致，就会产生滴定误差(titration error)，这种误差常被称为终点误差(end point error，E_t)，它不包括滴定操作本身所引起的误差。终点误差一般以百分数表示。

5.8.1 滴定强酸的终点误差

假设用浓度为 c 的 NaOH 溶液滴定体积为 V_0、浓度为 c_0 的 HCl 溶液。滴定至终点时，消耗 NaOH 溶液的体积为 V，则过量(或不足)的 NaOH 的量为 $(cV-c_0V_0)$，滴定终点误差为

$$E_t=\frac{n_{NaOH}-n_{HCl}}{n_{HCl}}=\frac{cV-c_0V_0}{c_0V_0}=\frac{(c_{NaOH}^{ep}-c_{HCl}^{ep})V_{ep}}{c_{HCl}^{ep}V_{ep}}=\frac{c_{NaOH}^{ep}-c_{HCl}^{ep}}{c_{HCl}^{ep}}$$

式中，V_{ep}为终点时的体积，c^{ep}为终点时的浓度。滴定终点时的溶液相当于 $c_{NaOH}^{ep}(mol\cdot L^{-1})$ NaOH与 $c_{HCl}^{ep}(mol\cdot L^{-1})$ HCl 的混合溶液，其质子平衡方程为

$$[Na^+]_{ep}+[H^+]_{ep}=[OH^-]_{ep}+[Cl^-]_{ep}$$

即

$$c_{NaOH}^{ep}-c_{HCl}^{ep}=[OH^-]_{ep}-[H^+]_{ep}$$

所以

$$E_t=\frac{c_{NaOH}^{ep}-c_{HCl}^{ep}}{c_{HCl}^{ep}}=\frac{[OH^-]_{ep}-[H^+]_{ep}}{c_{HCl}^{ep}} \tag{5-31}$$

若滴定终点与化学计量点 pH 的差为 ΔpH，即

$$\Delta pH=pH_{ep}-pH_{sp}=-\lg[H^+]_{ep}-(-\lg[H^+]_{sp})=-\lg\frac{[H^+]_{ep}}{[H^+]_{sp}}$$

则

$$[H^+]_{ep}=[H^+]_{sp}\times 10^{-\Delta pH}$$

而 $\Delta pOH=pOH_{ep}-pOH_{sp}=(pK_w-pH_{ep})-(pK_w-pH_{sp})=-\Delta pH$

所以

$$\frac{[OH^-]_{ep}}{[OH^-]_{sp}}=10^{\Delta pH},\quad [OH^-]_{ep}=[OH^-]_{sp}\times 10^{\Delta pH}$$

$$E_t=\frac{[OH^-]_{ep}-[H^+]_{ep}}{c_{HCl}^{ep}}=\frac{[OH^-]_{sp}\times 10^{\Delta pH}-[H^+]_{sp}\times 10^{-\Delta pH}}{c_{HCl}^{ep}}$$

而$[OH^-]_{sp}=[H^+]_{sp}=\sqrt{K_w}$

故

$$E_t=\frac{\sqrt{K_w}(10^{\Delta pH}-10^{-\Delta pH})}{c_{HCl}^{ep}}\times100\%=\frac{10^{\Delta pH}-10^{-\Delta pH}}{\sqrt{\frac{1}{K_w}}\times c_{HCl}^{ep}}\times100\% \quad (5-32)$$

人们通常把这种形式的误差计算式称作林邦误差公式。显然，林邦误差公式的形式会因滴定体系不同而异。

例 26 计算以甲基橙为指示剂时，0.10 $mol\cdot L^{-1}$ NaOH 滴定等浓度 HCl 的终点误差。

解 强碱滴定强酸的化学计量点的 pH=7.0，设滴定终点为甲基橙的变色点，pH 约为 4.0，所以，$\Delta pH=4.0-7.0=-3.0$。而 $c_{HCl}^{ep}=0.050\ mol\cdot L^{-1}$，代入(5-32)式中，得

$$E_t=\frac{10^{-3.0}-10^{-(-3.0)}}{(1.0\times10^{14})^{1/2}\times0.050}\times100\%=-0.2\%$$

5.8.2 滴定弱酸的终点误差

设用浓度为 c 的 NaOH 滴定浓度为 c_0、体积为 V_0 的一元弱酸 HA，滴定至终点时消耗 NaOH 的体积为 V。那么，终点时的溶液相当于 $c_{NaOH}^{ep}(mol\cdot L^{-1})$ NaOH 和 $c_{HA}^{ep}(mol\cdot L^{-1})$HA 的混合溶液。其质子平衡方程为

$$[H^+]_{ep}+c_{NaOH}^{ep}=[A^-]_{ep}+[OH^-]_{ep}$$

物料平衡方程为

$$c_{HA}^{ep}=[A^-]_{ep}+[HA]_{ep}$$

两式相减后整理得

$$c_{NaOH}^{ep}-c_{HA}^{ep}=[OH^-]_{ep}-[H^+]_{ep}-[HA]_{ep}\approx[OH^-]_{ep}-[HA]_{ep}$$

故

$$E_t=\frac{cV-c_0V_0}{c_0V_0}=\frac{c_{NaOH}^{ep}-c_{HA}^{ep}}{c_{HA}^{ep}}=\frac{[OH^-]_{ep}-[HA]_{ep}}{c_{HA}^{ep}}$$

若滴定终点与化学计量点 pH 的差为 ΔpH，则

$$[OH^-]_{ep}=[OH^-]_{sp}\times10^{\Delta pH}\approx\sqrt{\frac{K_w}{K_a}c_{HA}^{sp}}\times10^{\Delta pH}$$

而 $K_a=\frac{[A^-][H^+]}{[HA]}=\frac{[A^-]_{sp}[H^+]_{sp}}{[HA]_{sp}}=\frac{[A^-]_{ep}[H^+]_{ep}}{[HA]_{ep}}$

因滴定终点与化学计量点一般很接近，故

$$[A^-]_{sp} \approx [A^-]_{ep}, [H^+]_{sp}/[H^+]_{ep} = [HA]_{sp}/[HA]_{ep}$$

所以

$$[HA]_{ep} = [HA]_{sp} \times 10^{-\Delta pH}$$

而在化学计量点时

$$[OH^-]_{sp} = [H^+]_{sp} + [HA]_{sp} \approx [HA]_{sp}$$

故

$$[HA]_{ep} = [OH^-]_{sp} \times 10^{-\Delta pH}$$

将上述两式代入误差计算式得

$$E_t = \frac{[OH^-]_{ep} - [HA]_{ep}}{c_{HA}^{ep}} = \frac{[OH^-]_{sp} \times 10^{\Delta pH} - [OH^-]_{sp} \times 10^{-\Delta pH}}{c_{HA}^{ep}}$$

即

$$E_t = \frac{\sqrt{\frac{K_w}{K_a} c_{HA}^{sp}}\,(10^{\Delta pH} - 10^{-\Delta pH})}{c_{HA}^{ep}} \times 100\% = \frac{10^{\Delta pH} - 10^{-\Delta pH}}{\sqrt{\frac{K_a}{K_w} c_{HA}^{sp}}} \times 100\% \quad (c_{HA}^{ep} \approx c_{HA}^{sp})$$

(5-33)

例 27 用 0.10 mol·L^{-1} NaOH 滴定等浓度的 HAc，以酚酞为指示剂($pK_{HIn} = 9.1$)，计算终点误差。

解 由题意可知，$pH_{ep} = 9.1$，$c_{HAc}^{sp} \approx c_{HAc}^{ep} = 0.050$ mol·L^{-1}，$K_a = 1.8 \times 10^{-5}$

$$[OH^-]_{sp} = \sqrt{\frac{K_w}{K_a} c_{HAc}^{sp}} = \sqrt{\frac{1.0 \times 10^{-14}}{1.8 \times 10^{-5}} \times 0.050} = 5.27 \times 10^{-6}\ \text{mol·L}^{-1}$$

$$pH_{sp} = 14.00 - pOH_{sp} = 14.00 - 5.28 = 8.72$$

$$\Delta pH = 9.1 - 8.72 = 0.38$$

将以上数据代入(5-33)式，得

$$E_t = \frac{10^{0.38} - 10^{-0.38}}{(10^{9.26} \times 0.050)^{1/2}} \times 100\% = 0.02\%$$

例 28 用 NaOH 滴定等浓度弱酸 HA。已知指示剂变色点与化学计量点完全一致，但由于目测法检测终点时有 $\Delta pH = 0.3$ 的不确定性，因而产生误差。若希望 $E_t \leqslant 0.2\%$，则 $c_{HA}^{ep} K_a$ 应大于等于多少？

解 由(5-33)式得

$$(c_{HA}^{ep} K_a)^{\frac{1}{2}} \geqslant \frac{10^{\Delta pH} - 10^{-\Delta pH}}{E_t} \sqrt{K_w}$$

$$c_{HA}^{ep}K_a \geqslant \left(\frac{10^{0.3}-10^{-0.3}}{0.002}\right)^2 \times 10^{-14} = 5\times10^{-9}$$

由于弱酸 HA 的初始浓度 $c_{HA}=2c_{HA}^{ep}$，所以

$$c_{HA}K_a = 2c_{HA}^{ep}K_a \geqslant 1\times10^{-8} \tag{5-34}$$

这就是一元弱酸 HA 能否被准确滴定的判据。

5.8.3 滴定多元酸和混合酸的终点误差

设用 NaOH 滴定二元酸 H_2A。滴定至第一终点时，产物为 NaHA。若此时溶液中过量的 NaOH 浓度为 b(不足量为负值)，则溶液的质子平衡方程为

$$b=([OH^-]+[A^{2-}]-[H^+]-[H_2A])_{ep1}$$

在第一化学计量点附近$[OH^-]_{ep1}$和$[H^+]_{ep1}$均很小，可忽略，故

$$E_{t1}=\frac{b}{c_{H_2A}^{ep1}}=\frac{([A^{2-}]-[H_2A]+[OH^-]-[H^+])_{ep1}}{c_{H_2A}^{ep1}}\approx\frac{([A^{2-}]-[H_2A])_{ep1}}{c_{H_2A}^{ep1}}$$

若滴定终点与化学计量点 pH 的差为 ΔpH，则

$$[H^+]_{ep1}=[H^+]_{sp1}\times10^{-\Delta pH}=\sqrt{K_{a_1}K_{a_2}}\times10^{-\Delta pH}$$

又

$$[A^{2-}]_{ep1}=\frac{K_{a_2}[HA^-]_{ep1}}{[H^+]_{ep1}},[H_2A]_{ep1}=\frac{[H^+]_{ep1}[HA^-]_{ep1}}{K_{a_1}},[HA^-]_{ep1}\approx c_{sp1}\approx c_{ep1}$$

将其代入上式后整理得

$$E_{t1}=\frac{10^{\Delta pH}-10^{-\Delta pH}}{\sqrt{K_{a_1}/K_{a_2}}}\times100\% \tag{5-35}$$

第二滴定终点时，产物为 Na_2A，设过量的 NaOH 浓度为 b'(不足量为负值)，则终点时溶液的质子平衡方程为

$$b'=([OH^-]-[H^+]-[HA^-]-2[H_2A])_{ep2}\approx([OH^-]-[HA^-])_{ep2}$$

所以

$$E_{t2}=\frac{V_{ep}b'}{2c_{H_2A}^{ep2}V_{ep}}\times100\%=\frac{([OH^-]-[HA^-])_{ep2}}{2c_{H_2A}^{ep2}}\times100\%^{①}$$

假设第二滴定终点与化学计量点的 pH 差为 ΔpH′，则

---

① 这里是指将 H_2A 滴定至第二终点时的终点误差，由于化学反应计量系数为 2，故分母中乘以 2。若为滴定 HA^- 至 A^{2-}，则化学反应计量系数为 1。

$$[HA^-]_{ep2}=[HA^-]_{sp2}\times 10^{-\Delta pH},[OH^-]_{ep2}=[OH^-]_{sp2}\times 10^{\Delta pH}$$

根据第二计量点时溶液的质子平衡方程可知

$$[HA^-]_{sp2}+2[H_2A]_{sp2}+[H^+]_{sp2}=[OH^-]_{sp2}$$
$$[HA^-]_{sp2}\approx[OH^-]_{sp2}=(K_w c_{H_2A}^{sp2}/K_{a_2})^{1/2}$$

所以

$$E_{t2}=\frac{[OH^-]_{sp2}\times 10^{\Delta pH}-[OH^-]_{sp2}\times 10^{-\Delta pH}}{2c_{H_2A}^{ep2}}\times 100\%=\frac{10^{\Delta pH}-10^{-\Delta pH}}{2\sqrt{K_{a_2}c_{H_2A}^{sp2}/K_w}}\times 100\% \quad (5-36)$$

若为滴定 HA 和 HB 的混合溶液，设 $K_{HA}>K_{HB}$，同样可求得滴定至第一终点时的误差为

$$E_t=\frac{([OH^-]+[B^-]-[HA]-[H^+])_{ep}}{c_{HA}^{ep}}\approx\frac{([B^-]-[HA])_{ep}}{c_{HA}^{ep}}$$

若滴定终点与化学计量点的 pH 差为 ΔpH，则

$$E_t=\frac{10^{\Delta pH}-10^{-\Delta pH}}{\sqrt{\dfrac{K_{HA}c_{HA}^{ep}}{K_{HB}c_{HB}^{ep}}}}\times 100\% \quad (5-37)$$

对于酸滴定碱的终点误差，也可按类似方法进行处理和计算。其林邦误差计算式与碱滴定酸的相似，只需对碱滴定酸的林邦误差计算式稍做变换即可得到。

例 29 用 0.10 $mol\cdot L^{-1}$ HCl 滴定 0.10 $mol\cdot L^{-1}$ 甲胺与 0.10 $mol\cdot L^{-1}$ 吡啶混合溶液中的甲胺，已知滴定终点的 pH 比化学计量点的 pH 高 0.5 个单位，计算滴定终点误差。

解 根据题意，ΔpH=0.5，$c_{ep}=0.050\ mol\cdot L^{-1}$，查表得，甲胺与吡啶的解离常数分别为 4.2×10^{-4} 和 1.7×10^{-9}。

设 B_1 和 B_2 分别为较强和较弱的碱，K_{b_1} 和 K_{b_2} 为它们的解离常数。按上述方法可推得其终点误差计算式为

$$E_t=\frac{10^{-\Delta pH}-10^{\Delta pH}}{\sqrt{\dfrac{K_{b_1}c_{B_1}^{ep}}{K_{b_2}c_{B_2}^{ep}}}}\times 100\%=\frac{10^{-0.5}-10^{0.5}}{\sqrt{\dfrac{4.2\times 10^{-4}\times 0.050}{1.7\times 10^{-9}\times 0.050}}}\times 100\%=-0.57\%$$

例 30 计算用 0.10 $mol\cdot L^{-1}$ NaOH 滴定 0.10 $mol\cdot L^{-1}$ H_3PO_4 至甲基橙变黄（pH=4.4）和百里酚酞显蓝色（pH=10.0）时的终点误差。

解 设滴定至第一终点时，向溶液中多滴加（或少加）的 NaOH 的浓度为 $b\ mol\cdot L^{-1}$，则滴定终点时的溶液相当于 $b\ mol\cdot L^{-1}$ NaOH 和 0.050 $mol\cdot L^{-1}$ NaH_2PO_4 的混合溶液，其质子平衡方程为

$$([H_3PO_4]+[H^+])_{ep1}+b=([OH^-]+[HPO_4^{2-}]+2[PO_4^{3-}])_{ep1}$$

即

$$([H_3PO_4]+[H^+])_{ep1}+b\approx[HPO_4^{2-}]_{ep1}$$

$$E_{t1}=\frac{b}{c_{H_3PO_4}^{ep1}}\approx\frac{([HPO_4^{2-}]-[H_3PO_4]-[H^+])_{ep1}}{c_{H_3PO_4}^{ep1}}\times100\%$$

滴定至甲基橙变黄(pH=4.4)时

$$[HPO_4^{2-}]_{ep1}=\frac{K_{a_2}[H_2PO_4^-]_{ep1}}{[H^+]_{ep1}}\approx\frac{6.3\times10^{-8}\times0.050}{3.98\times10^{-5}}=7.9\times10^{-5}\ mol\cdot L^{-1}$$

$$[H_3PO_4]_{ep1}=\frac{[H^+]_{ep1}[H_2PO_4^-]_{ep1}}{K_{a_1}}\approx\frac{3.98\times10^{-5}\times0.050}{7.6\times10^{-3}}=2.6\times10^{-4}\ mol\cdot L^{-1}$$

代入上式得

$$E_{t1}=\frac{7.9\times10^{-5}-2.6\times10^{-4}-3.98\times10^{-5}}{0.050}\times100\%=-0.44\%$$

第二滴定终点时，$c_{HPO_4^{2-}}^{ep2}\approx0.033\ mol\cdot L^{-1}$。同样计算可得

$$E_{t2}=\frac{1}{2}\times\frac{([OH^-]+[PO_4^{3-}]-[H_2PO_4^-])_{ep2}}{c_{H_3PO_4}^{ep2}}\times100\%$$

$$=\frac{1}{2}\times\frac{1.0\times10^{-4}+1.45\times10^{-4}-5.24\times10^{-5}}{0.033}\times100\%$$

$$=0.29\%$$

若根据林邦误差公式计算，则滴至第一终点时，$pH_{sp}=4.70$，$\Delta pH=4.4-4.7=-0.30$，将有关数据代入(5-35)式，得

$$E_{t1}=\frac{10^{-0.3}-10^{0.3}}{\sqrt{\frac{7.6\times10^{-3}}{6.3\times10^{-8}}}}\times100\%=-0.43\%$$

第二滴定终点时，$pH_{sp}=9.66$，$\Delta pH=10.0-9.66=0.34$，将有关数据代入(5-35)式，得

$$E_{t2}=\frac{10^{0.34}-10^{-0.34}}{2\times\sqrt{\frac{6.3\times10^{-8}}{4.4\times10^{-13}}}}\times100\%=0.23\%$$

此时相当于用一元碱滴定二元酸，所以上式分母中乘以计量系数 2。显然，在本例中用林邦误差公式计算有一定误差，这是由于计算式中忽略了一些不应忽略的项。由于涉及逐级解离，滴定多元弱酸、弱碱的终点误差计算式都比较复杂。上述林邦误差公式是经过数次简化才得到的，因此，它们对多元弱酸、弱碱滴定的指导作用要小一些。

5.9 酸碱滴定法的应用

酸碱滴定法在生产实际中应用广泛，许多化工产品，如烧碱、纯碱、硫酸铵和碳酸氢铵等，一般用酸碱滴定法测定其主成分的含量。钢铁及某些原材料中碳、

硫、磷、硅和氮等元素的测定，也可采用酸碱滴定法。其他如有机合成工业和医药工业中的原料、中间产品及成品的分析等，有时也用酸碱滴定法。下面介绍几个应用酸碱滴定法的实例。

1. 混合碱的分析

例如烧碱中 NaOH 和 Na_2CO_3 含量的测定。氢氧化钠俗称烧碱，在生产和贮存过程中，常因吸收空气中的 CO_2 而部分转变为 Na_2CO_3。对于烧碱中 NaOH 和 Na_2CO_3 含量的测定，通常有两种方法。

(1) 氯化钡法

准确称取一定量试样，将其溶解于已除去 CO_2 的蒸馏水中，稀释到一定体积后进行滴定。一份溶液用甲基橙作指示剂，用标准 HCl 溶液滴定，测定其总碱度。反应如下：

$$NaOH + HCl \xlongequal{} NaCl + H_2O$$
$$Na_2CO_3 + 2HCl \xlongequal{} 2NaCl + CO_2\uparrow + H_2O$$

滴定至橙红色，消耗 HCl 的体积为 V_1。

另一份溶液中加 $BaCl_2$，使 Na_2CO_3 转化为微溶的 $BaCO_3$：

$$Na_2CO_3 + BaCl_2 \xlongequal{} BaCO_3\downarrow + 2NaCl$$

然后以酚酞作指示剂，用标准 HCl 溶液滴定，消耗 HCl 的体积为 V_2。根据 V_2 可求得 NaOH 的质量分数：

$$w_{NaOH} = \frac{c_{HCl}V_2M_{NaOH}}{m_s}\times 100\%$$

滴定混合碱中的 Na_2CO_3 所消耗的 HCl 的体积为(V_1-V_2)，所以

$$w_{Na_2CO_3} = \frac{(1/2)c_{HCl}\times(V_1-V_2)\times M_{Na_2CO_3}}{m_s}\times 100\%$$

注意在滴定第二份溶液时不要用甲基橙作指示剂，因为甲基橙变色点的 pH≈4，若滴定到甲基橙变色，将有部分 $BaCO_3$ 溶解，使滴定结果不准确。

(2) 双指示剂法

准确称取一定量试样，溶解后以酚酞为指示剂，用 HCl 标准溶液滴定至红色刚好消失，记下用去 HCl 的体积 V_1。这时 NaOH 全部被中和，而 Na_2CO_3 仅被中和到 $NaHCO_3$。向溶液中加入甲基橙，继续用 HCl 滴定至橙红色(为了使终点变化更明显，在终点前可暂停滴定，加热除去 CO_2)，记下用去 HCl 的体积 V_2。显然，V_2 是滴定 $NaHCO_3$ 所消耗 HCl 的体积。

由化学计量关系可知，Na_2CO_3 被中和至 $NaHCO_3$ 与 $NaHCO_3$ 被中和至

H_2CO_3 所消耗的 HCl 的体积是相等的。所以

$$w_{Na_2CO_3}=\frac{(1/2)c_{HCl}\times 2V_2\times M_{Na_2CO_3}}{m_s}\times 100\%$$

$$w_{NaOH}=\frac{c_{HCl}\times(V_1-V_2)\times M_{NaOH}}{m_s}\times 100\%$$

2. 极弱酸碱的滴定

对于一些极弱的酸碱，有时可利用化学反应使其转变为比较强的酸碱再进行滴定，一般将此称为强化法。例如，硼酸为极弱酸，它在水溶液中按下式解离[①]：

$$H_3BO_3+H_2O \rightleftharpoons H_3O^+ + H_2BO_3^- \qquad K_a=5.8\times 10^{-10}$$

由于硼酸的酸性极弱，故不能用 NaOH 直接准确滴定。但如果向硼酸溶液中加入大量甘油或甘露醇，由于它们与硼酸根形成稳定的“配位化合物”，使得硼酸在水溶液中的解离大大增强，以至于可被滴定。譬如，当溶液中有大量甘露醇存在时，硼酸将按下式解离：

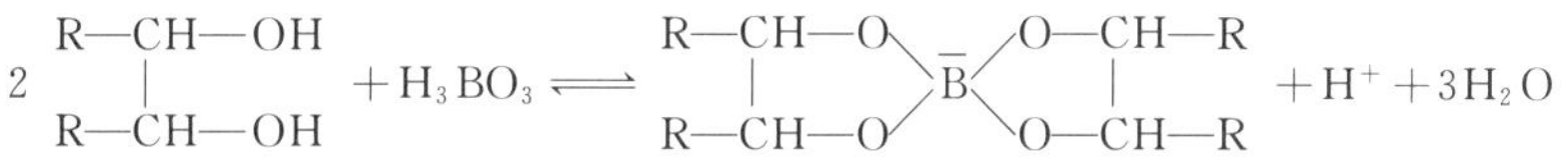

该“配位化合物”的酸性较强，其 $pK_a=4.26$，可用 NaOH 准确滴定。

利用沉淀反应也可使弱酸强化。例如，Na_2HPO_4 的 $K_{a_3}=4.4\times 10^{-13}$，不能用 NaOH 直接滴定。如果向其中加入钙盐，由于生成 $Ca_3(PO_4)_2$ 沉淀，故可继续对 HPO_4^{2-} 进行较为准确的滴定。

极弱酸碱的滴定，也可以在浓盐体系或非水介质中进行，利用介质的作用使滴定准确度得以提高。此外，还可利用离子交换剂与溶液中离子的交换作用使极弱的酸碱乃至中性的盐定量置换出强酸或强碱来，进而进行滴定。

3. 磷含量的测定

钢铁和矿石等试样中磷的测定也可采用酸碱滴定法。在硝酸介质中，磷酸与钼酸铵反应，生成黄色磷钼酸铵沉淀：

$$PO_4^{3-}+12MoO_4^{2-}+2NH_4^+ +25H^+ \rightleftharpoons (NH_4)_2HPMo_{12}O_{40}\cdot H_2O\downarrow +11H_2O$$

沉淀过滤后，用水洗涤，然后将其溶于定量且过量的 NaOH 标准溶液中：

$$(NH_4)_2HPMo_{12}O_{40}\cdot H_2O+27OH^- \rightleftharpoons PO_4^{3-}+12MoO_4^{2-}+2NH_3+16H_2O$$

过量的 NaOH 用 HNO_3 标准溶液返滴定至酚酞刚好退色为终点（pH≈8），这

① 人们习惯将硼酸 $B(OH)_3$ 写成 H_3BO_3，而将其共轭碱 $B(OH)_4^-$ 简写成 $H_2BO_3^-$。本书亦如此。

时，有下列三个反应发生：

$$OH^-_{(过量的NaOH)} + H^+ \rightleftharpoons H_2O$$

$$PO_4^{3-} + H^+ \rightleftharpoons HPO_4^{2-}$$

$$NH_3 + H^+ \rightleftharpoons NH_4^+$$

因此可把总反应式写成：

$$(NH_4)_2HPMo_{12}O_{40} \cdot H_2O + 24OH^- \rightleftharpoons HPO_4^{2-} + 12MoO_4^{2-} + 2NH_4^+ + 13H_2O$$

可见，磷与 NaOH 的化学计量关系为 1∶24，试样中磷的质量分数为

$$w_P = \frac{(c_{NaOH}V_{NaOH} - c_{HNO_3}V_{HNO_3}) \times (1/24)M_P}{m_s} \times 100\%$$

需要指出的是，用 HNO_3 标准溶液滴定至酚酞刚退色时（pH≈8），溶液中的 NH_3 并未完全被中和（包括挥发损耗的），会引起负的误差。但是，溶液中有一部分 HPO_4^{2-} 却被继续中和至 $H_2PO_4^-$ 了，即 PO_4^{3-} 被中和过度了，引起正的误差。实际上这两种误差可基本抵消。通过计算可知，此滴定体系化学计量点的 pH 为 8.1 左右，因此，滴定至 pH≈8，误差并不大。

4. 氧化硅含量的测定

硅酸盐试样中 SiO_2 含量的测定，在实验室里过去都是采用重量法。该法测定结果虽然比较准确，但很费时，因此，目前生产上的例行分析多采用氟硅酸钾滴定法。

试样用 KOH 熔融，使其转化为可溶性硅酸盐，如 K_2SiO_3。硅酸钾在钾盐存在下与 HF 作用（或在强酸性溶液中加 KF。注意：HF 有剧毒，必须在通风橱中操作），转化成微溶的氟硅酸钾，其反应如下：

$$K_2SiO_3 + 6HF \rightleftharpoons K_2SiF_6 \downarrow + 3H_2O$$

由于沉淀的溶解度较大，通常需加入固体 KCl 以降低其溶解度。沉淀经过滤和氯化钾-乙醇溶液洗涤后，放入原烧杯中，然后加入氯化钾-乙醇溶液，以 NaOH 中和游离酸至酚酞变红，再加入沸水，使氟硅酸钾水解释放出 HF：

$$K_2SiF_6 + 3H_2O \rightleftharpoons 2KF + H_2SiO_3 + 4HF$$

用 NaOH 标准溶液滴定 K_2SiF_6 水解释放出的 HF，根据所消耗的 NaOH 标准溶液的量计算试样中 SiO_2 的含量。由反应式可知，1 mol K_2SiF_6 释放出 4 mol HF，即消耗 4 mol NaOH。所以，SiO_2 与 NaOH 的化学计量关系为 1∶4，试样中 SiO_2 的质量分数为

$$w_{SiO_2} = \frac{c_{NaOH}V_{NaOH} \times (1/4)M_{SiO_2}}{m_s} \times 100\%$$

5. 铵盐的测定

常用于测定铵盐含量的方法有以下两种。

(1) 蒸馏法

向铵盐试液中加浓 NaOH 并加热，将 NH_3 蒸馏出来。用 H_3BO_3 溶液吸收释放出的 NH_3，然后采用甲基红与溴甲酚绿混合指示剂，用标准硫酸溶液滴定至灰色时为终点。H_3BO_3 的酸性极弱，它可以吸收 NH_3，但不影响滴定，故不需要定量加入。也可以用标准 HCl 或 H_2SO_4 溶液吸收，过量的酸用 NaOH 标准溶液返滴定，以甲基红或甲基橙为指示剂。

(2) 甲醛法

甲醛与铵盐作用，生成等物质的量的酸（即质子化的六亚甲基四胺和 H^+）：

$$4NH_4^+ + 6HCHO \rightleftharpoons (CH_2)_6N_4H^+ + 3H^+ + 6H_2O$$

然后，以酚酞作指示剂，用 NaOH 标准溶液滴定。如果试样中含有游离酸，则需事先以甲基红为指示剂，用 NaOH 将其中和。此时不能用酚酞作指示剂，否则，部分 NH_4^+ 也将被中和。

6. 克氏定氮法

克氏(Kjeldahl)定氮法是测定有机化合物中氮含量的重要方法。该法是于有机试样中加入硫酸和硫酸钾溶液进行煮解，通常还加入硒（或铜）盐作催化剂，以提高煮解效率。在煮解过程中，有机物中的氮定量转化为 NH_4HSO_4 或 $(NH_4)_2SO_4$，然后于上述煮解液中加入浓 NaOH 溶液至呈强碱性，析出的 NH_3 随水蒸气蒸馏出来，将其导入过量的标准 HCl 溶液中，最后以标准 NaOH 溶液返滴定多余的 HCl。根据消耗 HCl 的量，计算氮的质量分数。在上述操作中，也可用饱和 H_3BO_3 溶液吸收蒸馏出来的氨，然后用标准 HCl 溶液滴定。

克氏定氮法适于蛋白质、胺类、酰胺类及尿素等有机化合物中氮的测定，对于含硝基、亚硝基或偶氮基等的有机化合物，煮解前必须用还原剂处理，使氮定量转化为铵离子。常用的还原剂有亚铁盐、硫代硫酸盐和葡萄糖等。

不同蛋白质中氮的含量基本相同，因此，根据氮的含量可计算蛋白质的含量。将氮的质量换算成蛋白质的质量的换算因数约为 6.25（即蛋白质中含 16% 的氮），若蛋白质大部分为白蛋白，则质量换算因数为 6.27。

例 31 称取尿素试样 0.300 0 g，采用克氏定氮法测定其含量。将蒸馏出来的氨收集于饱和 H_3BO_3 溶液中，加入溴甲酚绿和甲基红混合指示剂，以 0.200 0 $mol\cdot L^{-1}$ HCl 溶液滴定至终点，消耗 37.50 mL。计算试样中尿素的质量分数。

解 吸收反应 $NH_3 + H_3BO_3 \rightleftharpoons NH_4^+ + H_2BO_3^-$

滴定反应 $H^+ + H_2BO_3^- \rightleftharpoons H_3BO_3$

由于 1 mol 尿素[$CO(NH_2)_2$]相当 2 mol NH_3，相当于 2 mol HCl，故

$$w_{尿素}=\frac{(1/2)cV_{HCl}\times M_{尿素}}{m_s}\times 100\%$$

$$=\frac{(1/2)\times 0.200\,0\ mol\cdot L^{-1}\times 37.50\times 10^{-3}\ L\times 60.06\ g\cdot mol^{-1}}{0.300\,0\ g}\times 100\%=75.08\%$$

例 32 称取 0.250 0 g 食品试样，采用克氏定氮法测定蛋白质的含量。以 0.100 0 mol·L^{-1} HCl 溶液滴定吸收氨的硼酸溶液至终点，消耗 21.20 mL，计算食品中蛋白质的含量。

解

$$w_{蛋白质}=\frac{cV_{HCl}\times M_N\times 6.25}{m_s}\times 100\%$$

$$=\frac{0.100\,0\ mol\cdot L^{-1}\times 21.20\times 10^{-3}\ L\times 14.01\ g\cdot mol^{-1}\times 6.25}{0.250\,0\ g}\times 100\%=74.25\%$$

7. 醛和酮的测定

酸碱滴定法也可用于测定一些带羟基、羰基等的有机物，如醛、酮、醇和酯等。由于有机反应一般较慢，通常需用返滴定法进行测定。酸碱滴定法测醛和酮常用下述两种方法。

(1) 盐酸羟胺法

向醛、酮溶液中加入过量的盐酸羟胺，让它们充分反应，然后用标准碱溶液滴定反应产生的游离酸。由于溶液中存在多余的盐酸羟胺，显酸性，因此采用溴酚蓝指示滴定终点。有关化学反应如下：

$$R—CHO+NH_2OH\cdot HCl = R—CHNOH+H_2O+HCl$$
$$R—CO—R'+NH_2OH\cdot HCl = R—CNOH—R'+H_2O+HCl$$

(2) 亚硫酸钠法

亚硫酸钠与醛、酮发生下述反应：

$$R—CHO+Na_2SO_3+H_2O = R—CH(OH)SO_3Na+NaOH$$
$$R—CO—R'+Na_2SO_3+H_2O = R—CR'(OH)SO_3Na+NaOH$$

生成的游离碱以百里酚酞为指示剂，用盐酸标准溶液滴定。

5.10 非水溶液中的酸碱滴定

酸碱滴定多数是在水溶液中进行的，但是，在水溶液中进行滴定有时会遇到这样一些困难：一是解离常数太小的(如小于 10^{-7})弱酸或弱碱，不能准确滴定；其次是许多有机化合物在水中的溶解度小，使滴定无法进行；再就是一些酸(或碱)的混合溶液在水溶液中不能进行分别滴定。因此，在水溶液中进行酸碱滴定有一定局限性。如果采用各种非水溶剂作为滴定介质，就可在较大程度上克服上述困难，从而扩大酸碱滴定法的应用范围。本节对非水滴定法做一简要介绍。

5.10.1 非水滴定中的溶剂

1. 溶剂的种类

在非水溶液酸碱滴定中，常用的溶剂有甲醇、乙醇、乙酸、二甲基甲酰胺、丙酮和苯等。根据溶剂性质的差别，可定性地将它们分为两大类，即：两性溶剂(amphiprotic solvent)和非释质子性溶剂(也有人称之为惰性溶剂)。两性溶剂既可作为酸，又可作为碱，当溶质是较强的酸时，这类溶剂显碱性；反之，则显酸性。根据两性溶剂给出和接受质子能力的不同，可进一步将它们分为以下三类：

a. 中性溶剂。这类溶剂的酸碱性与水相近，即：它们给出和接受质子的能力相当。属于这类溶剂的主要是醇类，如甲醇、乙醇、丙醇、乙二醇等。

b. 酸性溶剂。这类溶剂给出质子的能力比水强，接受质子的能力比水弱，它们的水溶液显酸性，如甲酸、乙酸、丙酸等。

c. 碱性溶剂。这类溶剂给出质子的能力较弱，接受质子的能力较强，它们的水溶液显碱性，如乙二胺、丁胺、乙醇胺等。

非释质子性溶剂不能给出质子，溶剂分子之间没有质子自递反应。但是，这类溶剂可能具有接受质子的能力，因而溶液中可能有溶剂化质子的形成，但没有溶剂阴离子的形成。根据非释质子性溶剂接受质子能力的不同，可进一步将它们分为：极性亲质子溶剂，如亲质子的二甲基甲酰胺、二甲亚砜；极性疏质子溶剂，如丙酮、乙腈；惰性溶剂，如苯、四氯化碳、三氯甲烷。在惰性溶剂(inert solvent)中，质子转移反应直接发生在被滴物与滴定剂之间。

应当指出，溶剂的分类是一个比较复杂的问题，目前有多种不同的分类方法，但都各有其局限性。实际上，各类溶剂之间并无严格的界限。

2. 溶剂的性质

(1) 质子自递反应

两性溶剂中溶剂分子之间有质子的转移，即质子自递反应(autoprotolysis reaction)，并因此产生溶剂化质子和溶剂阴离子。若以 SH 代表两性溶剂，其质子自递反应可表示如下：[①]

$$2SH \rightleftharpoons SH_2^+ + S^- \qquad K_s=\frac{a_{SH_2^+}a_{S^-}}{(a_{SH})^2}$$

其反应常数 K_s 称为溶剂的质子自递常数。该反应中溶剂作为酸碱的半反应分别为

$$SH \rightleftharpoons H^+ + S^- \qquad K_a^{SH}=\frac{a_{H^+}a_{S^-}}{a_{SH}}$$

$$SH + H^+ \rightleftharpoons SH_2^+ \qquad K_b^{SH}=\frac{a_{SH_2^+}}{a_{H^+}a_{SH}}$$

K_a^{SH} 和 K_b^{SH} 分别称作溶剂的固有酸度(intrinsic acidity)常数和固有碱度常数，它们反映溶剂给出和接受质子能力的强弱。式中 $a_{SH}\approx1$，故

① 溶剂化质子和溶剂阴离子的溶剂化程度一般不知道，通常将溶剂化质子写成 1 个质子与 1 个溶剂分子相结合，溶剂阴离子写成未溶剂化形式。

$$K_a^{SH}K_b^{SH}=\frac{a_{SH_2^+}a_{S^-}}{(a_{SH})^2}=a_{SH_2^+}a_{S^-}=K_s$$

即溶剂的酸碱性越弱，溶剂的质子自递常数越小。表示物质固有酸度和碱度的常数的绝对数值目前无法测得，但可利用固有酸碱度的概念，得出一些重要的结论。

根据溶剂的质子自递常数，可以知道该溶剂用于酸碱滴定时适用的 pH 范围。水的 $pK_s=14.0$，在水溶液中，1 $mol\cdot L^{-1}$强酸溶液的 pH=0.0，1 $mol\cdot L^{-1}$强碱溶液的 pH=14.0，整个 pH 的变化范围为 14 单位。乙醇的 $pK_s=19.1$，在乙醇溶液中，1 $mol\cdot L^{-1}$ 强酸的 $pC_2H_5OH_2=0.0$，1 $mol\cdot L^{-1}$强碱的 $pC_2H_5OH_2=pK_s-pC_2H_5O=19.1-0.0=19.1$，整个 $pC_2H_5OH_2$（相当于水溶液的 pH）的变化范围为 19.1 单位，比在水溶液中大得多。显然，溶剂的 K_s 越小，则滴定时溶液“pH”的变化范围就越大。在这种情况下，不同强度的酸或碱的混合物有可能被分别滴定。例如，在甲基异丁酮介质中（$pK_s>30$），以氢氧化四丁基铵作为滴定剂，可以分别滴定 $HClO_4$ 和 H_2SO_4（或 HNO_3）混合溶液中各组分的含量。同时，在这种介质中进行滴定，滴定突跃将增大，滴定的准确度因此也可提高。常见的几种溶剂的质子自递常数及相对介电常数列于表 5-4 中。

表 5-4 几种常见溶剂的 pK_s 及相对介电常数(25 ℃)

溶剂	pK_s	ε_r	溶剂	pK_s	ε_r
水	14.00	78.5	乙腈	28.5	36.6
甲醇	16.7	31.5	甲基异丁酮	>30	13.1
乙醇	19.1	24.0	二甲基甲酰胺	18.0(20 ℃)	36.7
甲酸	6.22	58.5(16 ℃)	吡啶	—	12.3
乙酸	14.45	6.13	二氧六烷	—	2.21
乙酸酐	14.5	20.5	苯	—	2.3
乙二胺	15.3	14.2	三氯甲烷	—	4.81

(2) 溶剂对溶质酸碱性的影响

根据酸碱质子理论，一种物质在某种溶剂中所表现出来的酸或碱性的强弱，与其解离常数有关，而其解离是通过接受或给予溶剂质子得以实现的，因此，溶剂的酸碱性对溶质酸碱性强弱有影响。

若用 SH 代表两性溶剂，溶质 HA(酸)或 B(碱)在其中的解离平衡可表示为

$$HA+SH \rightleftharpoons SH_2^+ + A^- \qquad K_{HA}=\frac{a_{SH_2^+}a_{A^-}}{a_{HA}}\times\frac{a_{H^+}}{a_{H^+}}=K_a^{HA}K_b^{SH}$$

$$B+SH \rightleftharpoons HB^+ + S^- \qquad K_B=\frac{a_{HB^+}a_{S^-}}{a_B}=K_b^BK_a^{SH}$$

其中，SH_2^+ 为溶剂化质子，K_a^{HA} 和 K_b^B 分别表示 HB 和 B 的固有酸度常数和固有碱度常数，K_{HA}和 K_B 分别为它们在该溶剂中的解离常数。由上述两式可知，一种酸（或碱）在溶液中的强度，既与该酸的固有酸度（或碱的固有碱度）有关，也与溶剂的固有碱度（或酸度）有关。这就是说，酸碱的强度取决于酸碱本身及溶剂的性质。例如，苯甲酸在水中表现为弱酸，而在乙二胺中显示较强的酸性。这是因为乙二胺的碱性比水强（K_b^{SH} 较大），所以，苯甲酸在乙二胺

中更易失去质子，显示较强的酸性。因此，滴定弱碱时，应选择碱性弱或酸性强的溶剂；滴定弱酸时，宜选择酸性弱或碱性强的溶剂。

溶质的酸碱性不仅与溶剂的酸碱性有关，也与溶剂的相对介电常数有关。在溶剂中，离子之间的静电引力遵循库仑定律：

$$F=\frac{q^{+}q^{-}}{r^{2}\varepsilon}$$

式中，F 为离子间的静电引力；q^{+}、q^{-} 为离子的电荷量；r 是阴、阳离子电荷中心之间的距离；ε 为溶剂的相对介电常数，它与溶剂的极性有关。由上式可知，溶剂中两个带相反电荷的离子之间的静电引力，与溶剂的相对介电常数成反比。溶剂的相对介电常数愈大，阴、阳离子之间的静电引力愈弱，电解质的解离愈容易发生；反之，形成离子缔合物（离子对）的倾向愈大。

在相对介电常数不太大的两性溶剂中，对于不带电的酸（HA）、碱（B）的解离，一般经历电离和解离这两步：

$$HA+SH \rightleftharpoons [SH_2^+ \cdot A^-] \rightleftharpoons SH_2^+ + A^-$$

$$B+SH \underset{\text{电离}}{\rightleftharpoons} \underset{\text{离子对}}{[BH^+ \cdot S^-]} \underset{\text{解离}}{\rightleftharpoons} BH^+ + S^-$$

显然，溶剂的相对介电常数减小，离子对间的静电作用增强，HA（或 B）的解离减弱，即酸（碱）的强度减弱。但是，对于带电荷的酸、碱，如 NH_4^+ 等的解离，这种影响则较小，因解离过程中没有离子对的形成：

$$NH_4^+ + SH \underset{\text{电离}}{\rightleftharpoons} (NH_3 \cdot SH_2^+) \underset{\text{解离}}{\rightleftharpoons} SH_2^+ + NH_3$$

当两种溶剂的酸碱性相差不大时，在相对介电常数小的溶剂中带电荷的酸碱的强度变化很小，但不带电荷的酸碱的强度变化很大。例如 H_3BO_3 和 NH_4^+ 在水（$\varepsilon=80.4$）溶液中，两者的强度差不多，而且都很弱，不能准确滴定，但在乙醇（$\varepsilon=25$，碱性与水相近）溶液中，H_3BO_3 的解离度减小约 10^6 倍，NH_4^+ 的解离度与在水溶液中差不多。由于乙醇的 pK_s 较大，NH_4^+ 与强碱在乙醇中的反应常数比在水中大，故能在 H_3BO_3 存在下准确滴定 NH_4^+。对于乙酸盐、苯甲酸盐等阴离子碱，情况也一样。

物质的酸碱强度，除了与溶剂的酸碱性及其相对介电常数有关外，还与溶质和溶剂之间以及溶质分子内是否形成氢键等有关。

(3) 溶剂的拉平效应与分辨效应

在水溶液中，$HClO_4$、H_2SO_4、HCl 和 HNO_3 都是强酸，它们的强度没有什么差别。这是因为这些酸在水溶液中给出质子的能力都很强，只要这些酸的浓度不是太大，它们将定量地与水作用，全部转化为水化质子 H_3O^+（通常简写为 H^+）。因此，这些酸的强度全部被拉平到 H_3O^+ 的水平。这种将各种不同强度的酸拉平到溶剂化质子水平的效应称为拉平效应（leveling effect）。具有拉平效应的溶剂称为拉平性溶剂。在这里，水是 $HClO_4$、H_2SO_4、HCl 和 HNO_3 的拉平性溶剂。很明显，通过水的拉平效应，任何一种比 H_3O^+ 的酸性更强的酸，都被拉平到 H_3O^+ 的水平。也就是说，H_3O^+ 是水溶液中能够存在的最强的酸的形式。

如果是在乙酸介质中，由于乙酸的碱性比水弱，在这种情况下，这四种酸就不能全部将其质子转移给 HAc 了，并且在程度上产生差别，如

$$HClO_4 + HAc \rightleftharpoons H_2Ac^+ + ClO_4^- \qquad pK_a = 5.8$$

$$H_2SO_4 + HAc \rightleftharpoons H_2Ac^+ + HSO_4^- \qquad pK_a = 8.2$$

$$HCl + HAc \rightleftharpoons H_2Ac^+ + Cl^- \qquad pK_a = 8.8$$

$$HNO_3 + HAc \rightleftharpoons H_2Ac^+ + NO_3^- \qquad pK_a = 9.4$$

这种能区分酸(或碱)的强弱的效应称为分辨效应(又叫区分效应,differentiating effect)。具有分辨效应的溶剂称为分辨性溶剂。在这里,乙酸是 $HClO_4$、H_2SO_4、HCl 和 HNO_3 的分辨性溶剂。

溶剂的拉平效应和分辨效应与溶质和溶剂的相对酸碱性强弱有关。例如水,它虽然不是上述四种酸之间的分辨性溶剂,但它却是这四种酸和乙酸的分辨性溶剂,因为在水中,乙酸显示较弱的酸性。

同理,在水溶液中最强的碱是 OH^-,更强的碱(如 O_2^-、NH_2^- 等)都被拉平到 OH^- 水平,只有比 OH^- 弱的碱(如 NH_3、$HCOO^-$ 等),其强弱才能被分辨出来。

惰性溶剂不参与质子转移反应,因此没有拉平效应。在惰性溶剂中各溶质的酸碱性差别不受影响,所以,惰性溶剂是良好的区分性溶剂。

在非水滴定中,利用溶剂的拉平效应可以滴定混合酸(或碱)的总量;利用分辨效应可较方便地进行各组分含量的测定。

5.10.2 非水滴定条件的选择

1. 溶剂的选择

在非水滴定中,溶剂的选择至关重要。在选择溶剂时首先要考虑的是溶剂的酸碱性,因为它直接影响滴定反应的完全程度。例如,滴定弱酸 HA,通常用溶剂阴离子 S^-,其反应如下:

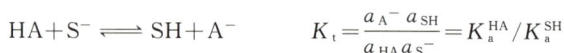

$$HA + S^- \rightleftharpoons SH + A^- \qquad K_t = \frac{a_{A^-}\,a_{SH}}{a_{HA}\,a_{S^-}} = K_a^{HA}/K_a^{SH}$$

平衡常数 K_t 反映滴定反应的完全程度,K_t 越大,滴定反应越完全。而 K_t 随溶剂 SH 的固有酸度的降低而增大。因此,对于酸的滴定,溶剂的酸性越弱越好,采用碱性溶剂或非释质子性溶剂可以达到此目的。与此类似,对于弱碱,通常用溶剂化质子(H_2S^+)进行滴定,所以选择碱性越弱的溶剂越好,采用酸性溶剂或惰性溶剂可达此目的。

对于强酸或强碱的混合溶液,例如 $HClO_4$ 和 H_2SO_4 或 $HClO_4$ 和 HNO_3 的混合溶液,在水溶液中,只能滴定它们的总量,要分别滴定它们,应在适当的分辨性溶剂中进行。显然,这种溶剂的碱性要比水弱,可选择酸性溶剂、极性疏质子溶剂或惰性溶剂等。例如,在甲基异丁酮介质中,用氢氧化四丁基铵的异丙醇溶液作为滴定剂,可用电位滴定法分别滴定上述强酸混合溶液中各组分的含量,其电位滴定曲线如图 5-11 所示。

此外,选择溶剂时还应考虑下述两个方面:一是溶剂应能溶解试样及滴定反应的产物,当用一种溶剂不能溶解时,可采用混合溶剂;其次,溶剂应有一定的纯度,黏度要小,挥发性要低,还要价廉、安全、易于回收。

2. 滴定剂的选择

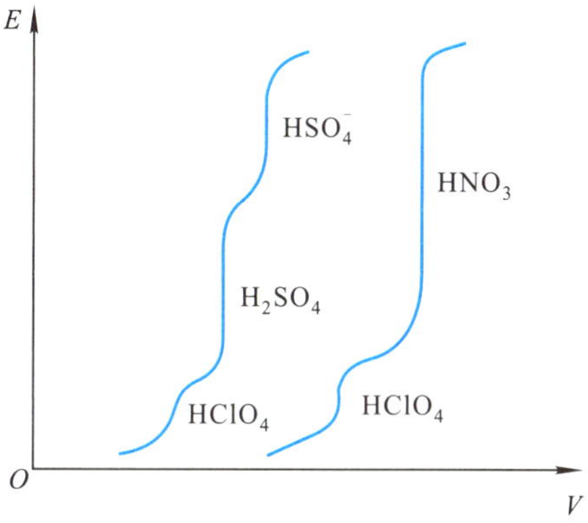

图 5-11 甲基异丁酮中用氢氧化四丁基铵滴定 $HClO_4-H_2SO_4$ 及 $HClO_4-HNO_3$ 混合酸的电位滴定曲线

(1) 酸性滴定剂

在非水介质中滴定碱时，常用的溶剂为乙酸，滴定剂则采用溶于乙酸的高氯酸(其中的少量水可通过加乙酸酐除去)。高氯酸的浓度用邻苯二甲酸氢钾基准物质标定，以甲基紫或结晶紫为指示剂。滴定反应为

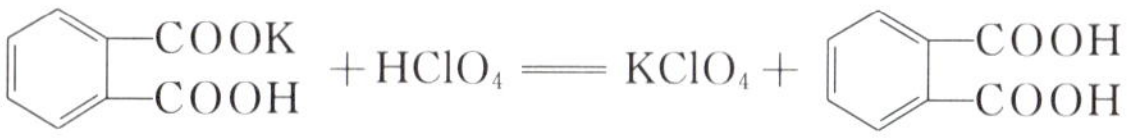

(2) 碱性滴定剂

最常用的为醇钠和醇钾，如甲醇钠，它由金属钠和甲醇反应制得：

$$2CH_3OH + 2Na \longrightarrow 2CH_3ONa + H_2\uparrow$$

碱金属氢氧化物和季铵碱(如氢氧化四丁基铵)也可用作滴定剂。

3. 滴定终点的检测

检测终点的方法主要有电位法和指示剂法。电位法以玻璃电极或锑电极为指示电极，Ag/AgCl 电极为参比电极，通过绘制滴定曲线来确定滴定终点。

用指示剂来检定终点，关键在于怎样选用合适的指示剂。指示剂的选择一般是通过实验来确定的，如在电位滴定的同时，观察指示剂颜色的变化，从而可以确定何种指示剂的颜色改变与电位滴定的终点相符合。常用的指示剂有：百里酚蓝、偶氮紫、邻硝基苯胺等。一般而言，对于在水中的 $pK_a \leqslant 9$ 的弱酸的非水滴定，百里酚蓝的变色点与电位滴定终点基本一致。偶氮紫适用于 pK_a 为 9～10.5 的弱酸的滴定，而邻硝基苯胺则适用于酸性更弱的物质的滴定。在乙酸中滴定碱的常用指示剂为甲基紫和结晶紫。

5.10.3 非水滴定应用示例

1. 钢中碳的非水滴定[①]

让试样在氧气中经高温燃烧，将产生的 CO_2 导入含有百里香酚蓝和百里酚酞指示剂的丙酮-甲醇混合吸收液中，然后以甲醇钾标准溶液滴定至终点，根据消耗甲醇钾的量，计算试样中碳的质量分数。

2. α-氨基酸含量的测定

α-氨基酸为两性物质，在水中的解离很弱，无法用酸或碱准确滴定。若将试样溶于乙酸中，其碱性解离显著增强，可用溶于乙酸的高氯酸准确滴定。滴定时以结晶紫为指示剂，滴至由紫变为蓝绿色为终点。氨基酸也可在二甲基甲酰胺等碱性溶剂中用甲醇钾或季铵碱标准溶液滴定。

3. 磺胺药的滴定

磺胺药(如磺胺吡啶等)的磺酰氨基的酸性很弱，在水溶液中难以滴定。但在丁胺溶剂中，它们的酸性变强，可以偶氮紫作指示剂，用季铵碱进行滴定。

思考题

1. 在硫酸溶液中，离子活度系数的大小次序为：$\gamma_{H^+} > \gamma_{HSO_4^-} > \gamma_{SO_4^{2-}}$，试加以说明。

2. 于苹果酸溶液中加入大量强电解质，苹果酸的浓度常数 $K_{a_1}^c$ 和 $K_{a_2}^c$ 之比是增大还是减小？对其活度常数 $K_{a_1}^\circ$ 和 $K_{a_2}^\circ$ 之比的影响又如何？

3. 在下列各组酸碱物质中，哪些属于共轭酸碱对？

a. $H_3PO_4-Na_2HPO_4$；　　b. $H_2SO_4-SO_4^{2-}$；

c. $H_2CO_3-HSO_3^-$；　　d. $NH_3^+CH_2COOH-NH_2CH_2COOH$；

e. $H_2Ac^+-Ac^-$；　　f. $(CH_2)_6N_4H^+-(CH_2)_6N_4$。

4. 判断下列情况对测定结果的影响：

a. 标定 NaOH 溶液时，邻苯二甲酸氢钾中混有邻苯二甲酸；

b. 用吸收了 CO_2 的 NaOH 标准溶液滴定 H_3PO_4 至第一化学计量点和第二化学计量点；

c. 已知某 NaOH 标准溶液吸收了 CO_2，其中约有 0.4%的 NaOH 转变成 Na_2CO_3。用此 NaOH 溶液滴定 HAc 的含量时，会对结果产生多大的影响？

5. 有人试图用酸碱滴定法来测定 NaAc 的含量，先向溶液中加入一定量且过量的 HCl 标准溶液，然后用 NaOH 标准溶液返滴定过量的 HCl。这样设计是否正确，为什么？

6. 用 HCl 中和 Na_2CO_3 溶液分别至 pH=10.50 和 pH=6.00 时，溶液中的 CO_3^{2-} 转变为哪些型体存在？其中主要型体是什么？当中和至 pH<4.0 时，主要型体又是什么？

7. 增加电解质的浓度，会使酸碱指示剂 HIn^- ($HIn^- \rightleftharpoons H^+ + In^{2-}$) 的理论变色点 pH 变大还是变小？

---

① 非水溶剂的体积膨胀系数一般较大，应用时需注意消除其影响。

8. 与单一指示剂比，混合指示剂有哪些优点？

9. 缓冲溶液的缓冲能力与哪些因素有关？

10. 试推导由两个共轭酸碱对 $HA-A^-$ 和 $HB-B^-$ 组成的混合缓冲溶液的缓冲容量表达式。

11. 以 NaOH 或 HCl 溶液滴定下列溶液时，在滴定曲线上会出现几个突跃？

a. $H_2SO_4+H_3PO_4$；　b. $HCl+H_3BO_3$；

c. HF+HAc；　d. $NaOH+Na_3PO_4$；

e. $Na_2CO_3+Na_2HPO_4$；　f. $Na_2HPO_4+NaH_2PO_4$。

12. 设计测定下列混合物中各组分含量的酸碱滴定方法，并简述其理由。

a. $HCl+H_3BO_3$；　b. $H_2SO_4+H_3PO_4$；

c. $HCl+NH_4Cl$；　d. $Na_3PO_4+Na_2HPO_4$；

e. Na_3PO_4+NaOH；　f. $NaHSO_4+NaH_2PO_4$。

13. 试拟定一酸碱滴定方案，测定由 Na_3PO_4、Na_2CO_3 及其他非酸碱性物质组成的混合物中 Na_3PO_4 与 Na_2CO_3 的质量分数。

14. 在浓度对数图中，0.001 0 $mol\cdot L^{-1}$ 的 NH_3 溶液和 HAc 溶液的理论体系点 S 的坐标分别是什么？$[NH_3]$和$[NH_4^+]$两线交点 O 的坐标是什么？

15. 在乙酸中，最强的碱的存在形式和最强的酸的存在形式分别是什么？

16. 用酸碱滴定法测定氨基乙酸，既可在碱性非水介质中进行，也可在酸性非水介质中进行，为什么？

习　题

1. 写出下列溶液的质子平衡方程：

a. 浓度为 c_1 的 NH_3 与浓度为 c_2 的 NH_4Cl 的混合溶液；

b. 浓度为 c_1 的 NaOH 与浓度为 c_2 的 H_3BO_3 的混合溶液；

c. 浓度为 c_1 的 H_3PO_4 与浓度为 c_2 的 HCOOH 的混合溶液；

d. 0.010 $mol\cdot L^{-1}$ $FeCl_3$ 溶液。

2. 计算下列各溶液的 pH：

a. 0.10 $mol\cdot L^{-1}$ H_3BO_3 溶液；　b. 0.10 $mol\cdot L^{-1}$ H_2SO_4 溶液；

c. 0.10 $mol\cdot L^{-1}$三乙醇胺溶液；　d. 5.0×10^{-8} $mol\cdot L^{-1}$ HCl 溶液；

e. 0.20 $mol\cdot L^{-1}$ H_3PO_4 溶液。

(a. 5.12；b. 0.96；c. 10.38；d. 6.89；e. 1.45)

3. 计算下列各溶液的 pH：

a. 0.050 $mol\cdot L^{-1}$ NaAc 溶液；　b. 0.050 $mol\cdot L^{-1}$ NH_4NO_3 溶液；

c. 0.10 $mol\cdot L^{-1}$ NH_4CN 溶液；　d. 0.050 $mol\cdot L^{-1}$ K_2HPO_4 溶液；

e. 0.050 $mol\cdot L^{-1}$氨基乙酸溶液；　f. 0.10 $mol\cdot L^{-1}$ Na_2S 溶液；

g. 0.010 $mol\cdot L^{-1}$ H_2O_2 溶液；

h. 0.050 $mol\cdot L^{-1}$ $CH_3CH_2NH_3Cl$ 和 0.050 $mol\cdot L^{-1}$ NH_4Cl 的混合溶液；

i. 0.060 mol·L^{-1} HCl 和 0.050 mol·L^{-1}氯乙酸钠($ClCH_2COONa$)的混合溶液。

(a. 8.72;b. 5.28;c. 9.23;d. 9.70;e. 5.97;
f. 12.97;g. 6.78;h. 5.27;i. 1.84)

4. 人体血液的 pH 约为 7.40,H_2CO_3、HCO_3^- 和 CO_3^{2-} 在其中的分布分数各为多少?

(0.086,0.91,0.001)

5. 某混合溶液含有 0.10 mol·L^{-1} HCl、2.0×10^{-4} mol·L^{-1} $NaHSO_4$ 和 2.0×10^{-6} mol·L^{-1} HAc,计算:

a. 此混合溶液的 pH;

b. 加入等体积 0.10 mol·L^{-1} NaOH 后溶液的 pH。

(a. 1.00;b. 4.00)

6. 将 $H_2C_2O_4$ 加入到 0.10 mol·L^{-1} Na_2CO_3 溶液中(忽略溶液体积的变化),使其总浓度为 0.020 mol·L^{-1},求该溶液的 pH。已知 $H_2C_2O_4$ 的 $pK_{a_1}=1.20$,$pK_{a_2}=4.20$;H_2CO_3 的 $pK_{a_1}=6.38$,$pK_{a_2}=10.25$。

(10.38)

7. 已知 Cr^{3+} 的一级水解反应常数为 $10^{-3.8}$,若只考虑一级水解,则 0.010 mol·L^{-1} $Cr(ClO_4)_3$溶液的 pH 为多少? 此时溶液中 $Cr(OH)^{2+}$ 的分布分数是多大?

(2.93,0.12)

8. 欲使 100 mL 0.10 mol·L^{-1} HCl 溶液的 pH 从 1.00 增加至 4.44,需加入固体 NaAc 多少克(忽略溶液体积的变化)?

(1.23 g)

9. 今用某弱酸 HB 及其盐配制缓冲溶液,其中 HB 的浓度为 0.25 mol·L^{-1}。于 100 mL 该缓冲溶液中加入 200 mg NaOH(忽略溶液体积的变化),所得溶液的 pH 为 5.60。原来配制的缓冲溶液的 pH 为多少? 已知 HB 的 $K_a=5.0\times10^{-6}$。

(5.45)

10. 正常情况下,人体血浆中 $H_2CO_3+CO_2$ 的浓度为 1.2×10^{-3} mol·L^{-1},HCO_3^- 的平衡浓度为 2.4×10^{-2} mol·L^{-1}。假设某人因腹泻使血浆中 HCO_3^- 浓度降低至原来的 90%,是否会引起酸中毒? 已知此条件下 H_2CO_3 的 $pK_{a_1}=6.10$,pH<7.35 时会引起酸中毒。

(不会)

11. 配制氨基乙酸总浓度为 0.10 mol·L^{-1}、pH 为 2.00 的缓冲溶液 100 mL,需氨基乙酸多少克? 还需多少毫升 1.0 mol·L^{-1}的酸或碱? 所得溶液的缓冲容量为多大?

(0.75 g,7.9 mL 0.038 mol·pH^{-1}·L^{-1})

12. 称取 20 g 六亚甲基四胺,加浓盐酸(按 12 mol·L^{-1}计)4.0 mL,稀释至 100 mL,溶液的 pH 是多少? 此溶液是否为缓冲溶液?

(5.45,是)

13. 计算下列 pH 标准溶液的 pH(考虑离子强度的影响),并与标准值比较:

a. 饱和酒石酸氢钾(0.034 0 mol·L^{-1})溶液;

b. 0.050 0 mol·L^{-1}邻苯二甲酸氢钾溶液;

c. 0.010 0 mol·L^{-1}硼砂溶液。

(a. 3.56;b. 4.02;c. 9.18)

14. 用 0.100 0 $mol·L^{-1}$ $Ba(OH)_2$ 溶液滴定 0.100 0 $mol·L^{-1}$ HAc 溶液至化学计量点时，溶液的 pH 是多少？

(8.79)

15. 二元弱酸 H_2B，已知 pH＝1.92 时，$\delta_{H_2B}=\delta_{HB^-}$；pH＝6.22 时，$\delta_{HB^-}=\delta_{B^{2-}}$。

a. 计算 H_2B 的 K_{a_1} 和 K_{a_2}；

b. 若用 0.100 0 $mol·L^{-1}$ NaOH 溶液滴定 0.100 0 $mol·L^{-1}$ H_2B 溶液，滴定至第一和第二化学计量点时，溶液的 pH 各为多少？各应选用何种指示剂？

(a. 1.2×10^{-2}，6.0×10^{-7}；b. 4.12，9.37，甲基橙，百里酚酞)

16. 已知 0.10 $mol·L^{-1}$一元弱酸 HB 溶液的 pH＝3.00，其等浓度的共轭碱 NaB 溶液的 pH 为多少？已知 $K_a c>10K_w$，且 $c/K_a>100$。

(9.0)

17. 称取 Na_2CO_3 和 $NaHCO_3$ 的混合试样 0.685 0 g，溶于适量水中。以甲基橙为指示剂，用 0.200 0 $mol·L^{-1}$ HCl 溶液滴定至终点时，消耗 50.00 mL。如改用酚酞为指示剂，用上述 HCl 溶液滴定至终点时，消耗多少毫升？

(12.50 mL)

18. 称取纯一元弱酸 HB 0.815 0 g，溶于适量水中。以酚酞为指示剂，用 0.110 0 $mol·L^{-1}$ NaOH 溶液滴定至终点时，消耗 24.60 mL。在滴定过程中，当加入 NaOH 溶液11.00 mL时，溶液的 pH＝4.80。计算该弱酸 HB 的 pK_a 值。

(4.89)

19. 用 0.100 0 $mol·L^{-1}$ NaOH 溶液滴定 0.100 0 $mol·L^{-1}$ HAc 溶液至 pH＝8.00。计算终点误差。

(－0.05％)

20. 用 0.100 0 $mol·L^{-1}$ NaOH 溶液滴定 0.100 0 $mol·L^{-1}$ H_3PO_4 溶液至第一化学计量点，若终点 pH 较化学计量点 pH 高 0.5 单位，计算终点误差。

(0.82％)

21. 阿司匹林的有效成分是乙酰水杨酸。现称取阿司匹林试样 0.250 0 g，加入 50.00 mL 0.102 0 $mol·L^{-1}$ NaOH 溶液，煮沸 10 min，冷却后，以酚酞做指示剂用 H_2SO_4 溶液滴定其中过量的碱，消耗 0.050 50 $mol·L^{-1}$ H_2SO_4 溶液 25.00 mL。计算试样中乙酰水杨酸的质量分数。已知乙酰水杨酸的摩尔质量为 180.2 $g·mol^{-1}$。

(0.928 0)

22. 用 0.100 0 $mol·L^{-1}$ NaOH 溶液滴定 0.100 0 $mol·L^{-1}$盐酸羟胺($NH_2OH·HCl$)和 0.100 0 $mol·L^{-1}$ NH_4Cl的混合溶液。

a. 化学计量点时溶液的 pH 为多少？

b. 在化学计量点有百分之几的 NH_4Cl 参加了反应？

(a. 7.60；b. 2.2％)

23. 称取一元弱酸 HA 试样 1.000 g，溶于 60.0 mL 水中，用 0.250 0 $mol·L^{-1}$ NaOH 溶液滴定。已知中和 HA 至 50％时，溶液的 pH＝5.00；当滴定至化学计量点时，pH＝9.00。

计算试样中 HA 的质量分数。假设 HA 的摩尔质量为 82.00 g·mol^{-1}。

(82.0%)

24. 称取 KCl 和 NaCl 的混合物 0.180 0 g，溶解后，将溶液倒入强酸型离子交换树脂柱中，流出液用 NaOH 溶液滴定，消耗 0.120 0 mol·L^{-1} NaOH 溶液 23.00 mL，计算其中 KCl 的质量分数。

(0.481 3)

25. 称取磷矿试样 1.000 g，溶解后，将其中的磷沉淀为磷钼酸氢铵。用 20.00 mL 0.100 0 mol·L^{-1} NaOH溶液溶解沉淀，过量的 NaOH 用 HNO_3 返滴定至酚酞刚好退色，消耗 0.200 0 mol·L^{-1} HNO_3 溶液 7.50 mL。计算试样中 P 和 P_2O_5 的质量分数。

(0.064 4%，0.148%)

26. 面粉中粗蛋白质含量与氮含量的比例系数为 5.7。2.449 g 面粉经消化后，用 NaOH 溶液处理，将蒸发出的 NH_3 用 100.0 mL 0.010 86 mol·L^{-1} HCl 溶液吸收，然后用 0.012 28 mol·L^{-1} NaOH 溶液滴定，消耗 15.30 mL。计算面粉中粗蛋白质的质量分数。

(2.9%)

27. 在纯水中，甲基橙的理论变色点 pH=3.4，向溶液中加入 NaCl 溶液，使其浓度达到 0.10 mol·L^{-1}，甲基橙的理论变色点 pH 又为多少？

(3.2)

28. 乙酰水杨酸(pK_a=3.48)以游离酸形式从胃中吸收。若患者服用解酸药使胃容物的 pH 变为 2.95，在此情况下口服乙酰水杨酸药物 0.65 g。假如药物立即溶解，胃内的 pH 保持不变，患者从胃中立即吸收的乙酰水杨酸为多少克？

(0.50 g)

29. 称取不纯 HgO 试样 0.633 4 g，溶解于过量 KI 溶液后，用 HCl 溶液滴定，消耗 0.117 8 mol·L^{-1} HCl溶液 42.59 mL，计算试样中 HgO 的质量分数。

(85.78%)

30. 取某甲醛溶液 10.00 mL 于锥形瓶中，向其中加入过量的盐酸羟胺，让它们充分反应，然后以溴酚蓝为指示剂，用 0.110 0 mol·L^{-1} NaOH 溶液滴定反应产生的游离酸，消耗 28.45 mL。计算甲醛溶液的浓度。

(0.313 0 mol·L^{-1})

第6章 配位滴定法

配位滴定(complex titration)又称络合滴定,是以生成配位化合物的化学反应为基础的滴定分析法。配位反应也是路易斯酸碱反应(金属离子是路易斯酸,可接受路易斯碱提供的未成键电子对而形成化学键),所以配位滴定法与酸碱滴定法有许多相似之处,但情况更为复杂。配位反应在分析化学中的应用非常广泛,除用于滴定外,还常用于显色、萃取、沉淀及掩蔽等,因此,有关配位反应和配位滴定的理论和应用知识,是分析化学的重要内容之一。

为了便于处理各种因素对配位平衡的影响,本书采用副反应系数(重点是酸效应系数、配位效应系数和共存离子效应系数)及条件稳定常数等概念,来阐明配位滴定原理,及处理配位平衡和配位滴定的有关问题。这种方法也可广泛地应用于涉及多重复杂平衡的其他体系。

另外,为了将几种副反应系数的计算形式统一,本章对所涉及的酸碱平衡也用形成常数(即酸碱质子化常数)代替酸碱解离常数进行处理。

6.1 配位滴定中的滴定剂

6.1.1 无机配位滴定剂

简单配位化合物由中心离子和单齿配体构成,如$[AlF_6]^{3-}$、$[Cu(NH_3)_4]^{2+}$等。它一般没有螯合物稳定,常形成不同级配位化合物,如同多元弱酸根一样,存在逐级质子化平衡,即分级配位现象。

简单配位化合物的逐级稳定常数通常差别很小,使得溶液中常有多种配位形式同时存在,使平衡情况变得复杂,难以满足滴定分析的基本要求。因此,简单配位反应在滴定分析中的应用很少。简单配位剂一般用作掩蔽剂、显色剂和指示剂,可用于滴定分析的只有以CN^-为配体的氰量法和以Hg^{2+}为中心离子的汞量法。

汞量法主要用于滴定Cl^-和SCN^-等,通常以$Hg(NO_3)_2$或$Hg(ClO_4)_2$溶液作滴定剂,二苯胺基脲作指示剂,滴定反应如下:

$$Hg^{2+} + 2Cl^- \rightleftharpoons HgCl_2$$
$$Hg^{2+} + 2SCN^- \rightleftharpoons Hg(SCN)_2$$

生成的 $HgCl_2$ 或 $Hg(SCN)_2$ 是解离度很小的配位化合物，称为拟盐或假盐。过量的汞盐与指示剂形成蓝紫色的螯合物以指示终点的到达。

若用 KSCN 标准溶液滴定 Hg^{2+}，可用 Fe^{3+} 作指示剂，过量的 SCN^- 与 Fe^{3+} 生成橙红色 $[FeSCN]^{2+}$ 为终点。

氰量法主要用于滴定 Ag^+ 和 Ni^{2+} 等，以 KCN 溶液作滴定剂，滴定反应如下：

$$Ag^+ + 2CN^- \rightleftharpoons [Ag(CN)_2]^-$$

$$Ni^{2+} + 4CN^- \rightleftharpoons [Ni(CN)_4]^{2-}$$

若要滴定 CN^-，可以 $AgNO_3$ 溶液为滴定剂，终点时生成白色的 $Ag[Ag(CN)_2]$ 沉淀。

6.1.2　有机配位滴定剂

有机配体分子中常含有两个或两个以上的配位原子，这类有机配体常称为螯合剂，它们与金属离子配位时可形成环状结构的螯合物(chelate)。螯合物稳定性高，是目前应用最广的一类配位化合物。虽然螯合物有时也存在分级配位现象，但情况较简单，若控制适当的反应条件，就能得到所需的配位化合物。此外，有的配体还对金属离子具有一定的选择性。因此，有机配体被广泛用作配位滴定剂和掩蔽剂等。

化学分析中常用的螯合剂主要有下列几种类型。

1. "OO 型"螯合剂

这类螯合剂以两个氧原子为键合原子，例如羟基酸、多元酸、多元醇、多元酚等。它们通过氧原子(硬碱)和金属离子相键合，能与硬酸型的阳离子形成稳定的螯合物。例如，酒石酸与 Al^{3+} 的螯合反应：

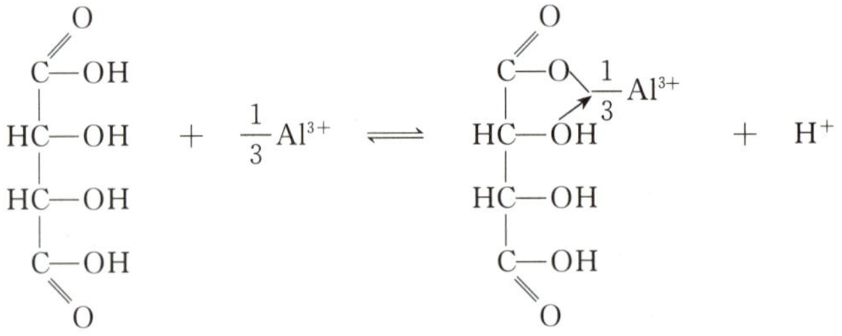

2. "NN 型"螯合剂

这类螯合剂，如各种有机胺类及含氮杂环化合物等，通过氮原子(中间碱)与金属离子相键合，能与中间酸和一部分软酸型的阳离子形成稳定的螯合物。例如，1,10-邻二氮菲与 Fe^{2+} 生成下列螯合物：

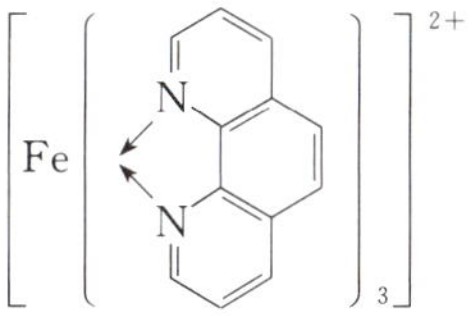

3. “NO 型”螯合剂

这类螯合剂，如氨羧配体、羟基喹啉和一些邻羟基偶氮染料等，通过氧原子（硬碱）和氮原子（中间碱）与金属离子相键合，能与许多硬酸、软酸和中间酸型的阳离子形成稳定的螯合物。例如，8－羟基喹啉与 Al^{3+} 的螯合反应：

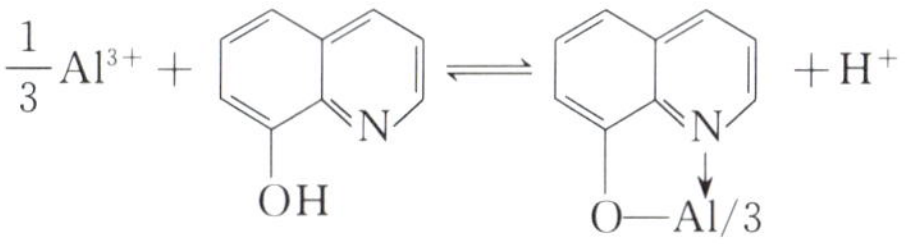

4. 含硫螯合剂

含硫螯合剂可分为“SS 型”“SO 型”和“SN”型等。由两个硫原子（软碱）作键合原子的“SS 型”螯合剂，能与软酸和一部分中间酸型的阳离子形成稳定的螯合物。通常形成较稳定的四原子环螯合物。例如，二乙胺基二硫代甲酸钠（铜试剂）与 Cu^{2+} 的螯合反应：

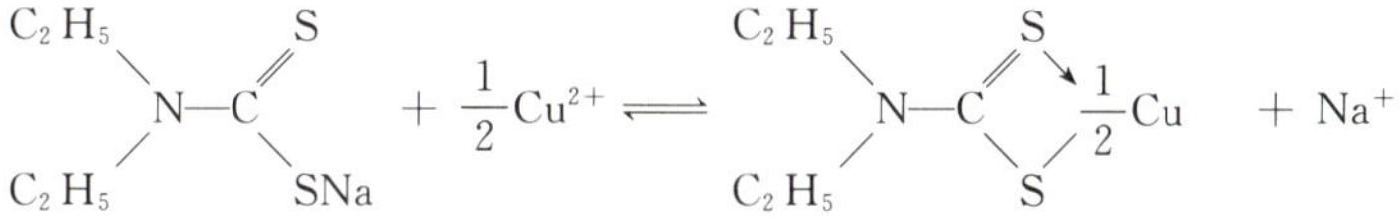

“SO 型”和“SN 型”螯合剂能与许多种阳离子形成螯合物，通常形成较稳定的五原子环螯合物。例如，巯基乙酸与 Cd^{2+} 的螯合反应：

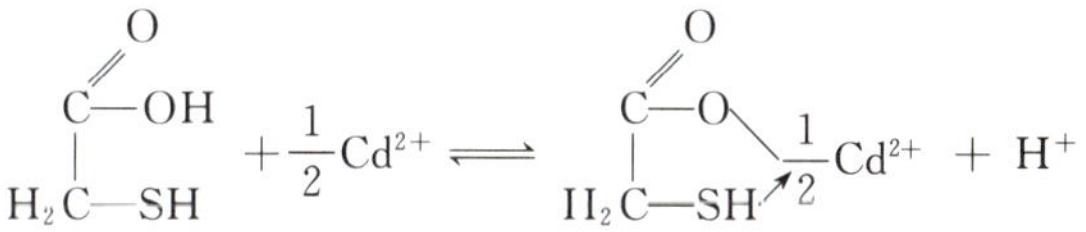

有机配体的种类较多，但其中只有一小部分与金属离子的反应符合滴定分析要求，大多数不能用于直接滴定。

6.1.3 乙二胺四乙酸

乙二胺四乙酸(ethylene diamine tetraacetic acid)是含有羧基（硬碱）和氨基（中间碱）的配体，能与许多硬酸、中间酸和软酸型的阳离子形成稳定的配位化合物。20 世纪 40 年代以来，它在化学分析中除了用于配位滴定外，还在各种分离和测定方法中广泛地用作掩蔽剂。迄今为止，它是分析化学中使用最广泛的螯合剂。

乙二胺四乙酸可以制成结晶固体，其结构式为

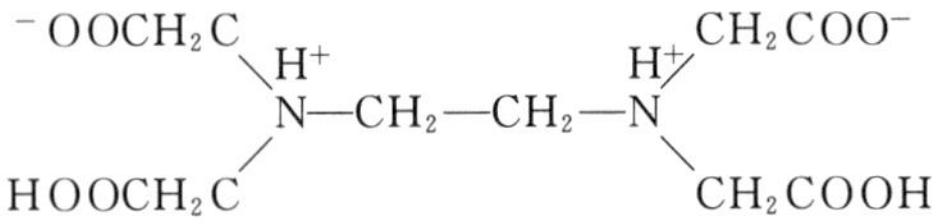

在水溶液中，两个羧酸基上的 H^+ 转移至 N 原子上，形成双偶极离子。

乙二胺四乙酸简称 EDTA 或 EDTA 酸，用 H_4Y 表示。它在水中的溶解度小，通常把它制成二钠盐，一般也简称 EDTA，或称 EDTA 二钠盐，用 Na_2H_2Y 表示。EDTA 二钠盐的溶解度较大，在 22 ℃时，每 100 mL 水可溶解 11.1 g(包含结晶水)，浓度约为 0.3 $mol\cdot L^{-1}$，pH 约为 4.4。

当 H_4Y 溶解于水时，如果溶液的酸度很高，它的两个羧基可再接受 H^+，形成 H_6Y^{2+}，这样，EDTA 就相当于六元酸（EDTA 本身是四元酸），有六级解离平衡：

$$H_6Y^{2+} \rightleftharpoons H^+ + H_5Y^+ \qquad K_{a_1}=1.3\times10^{-1}=10^{-0.88}$$
$$H_5Y^+ \rightleftharpoons H^+ + H_4Y \qquad K_{a_2}=2.5\times10^{-2}=10^{-1.6}$$
$$H_4Y \rightleftharpoons H^+ + H_3Y^- \qquad K_{a_3}=1.0\times10^{-2}=10^{-2.0}$$
$$H_3Y^- \rightleftharpoons H^+ + H_2Y^{2-} \qquad K_{a_4}=2.14\times10^{-3}=10^{-2.67}$$
$$H_2Y^{2-} \rightleftharpoons H^+ + HY^{3-} \qquad K_{a_5}=6.92\times10^{-7}=10^{-6.16}$$
$$HY^{3-} \rightleftharpoons H^+ + Y^{4-} \qquad K_{a_6}=5.50\times10^{-11}=10^{-10.26}$$

以形成反应与质子化常数表示如下：

$$Y^{4-}+H^+ \rightleftharpoons HY^{3-} \quad K_1^H=\frac{[HY^{3-}]}{[H^+][Y^{4-}]}=\frac{1}{K_{a_6}}=1.82\times10^{10}=10^{10.26}$$

$$HY^{3-}+H^+ \rightleftharpoons H_2Y^{2-} \quad K_2^H=\frac{[H_2Y^{2-}]}{[H^+][Y^{3-}]}=\frac{1}{K_{a_5}}=1.44\times10^{6}=10^{6.16}$$

$$H_2Y^{2-}+H^+ \rightleftharpoons H_3Y^- \quad K_3^H=\frac{[H_3Y^-]}{[H^+][H_2Y^{2-}]}=\frac{1}{K_{a_4}}=4.68\times10^{2}=10^{2.67}$$

$$H_3Y^-+H^+ \rightleftharpoons H_4Y \quad K_4^H=\frac{[H_4Y]}{[H^+][H_3Y^-]}=\frac{1}{K_{a_3}}=1.0\times10^{2}=10^{2.0}$$

$$H_4Y+H^+ \rightleftharpoons H_5Y^+ \quad K_5^H=\frac{[H_5Y^+]}{[H^+][H_4Y]}=\frac{1}{K_{a_2}}=4.0\times10=10^{1.6}$$

$$H_5Y^++H^+ \rightleftharpoons H_6Y^{2+} \quad K_6^H=\frac{[H_6Y^{2+}]}{[H^+][H_5Y^+]}=\frac{1}{K_{a_1}}=7.69=10^{0.88}$$

在水溶液中，EDTA 可以 H_6Y^{2+}、H_5Y^+、H_4Y、H_3Y^-、H_2Y^{2-}、HY^{3-} 和 Y^{4-} 等 7 种形式存在，它们的分布分数与 pH 有关。图 6-1 是 EDTA 溶液中各种存在型体的分布图。特定 pH 下有关型体的分布分数可以很方便地表示

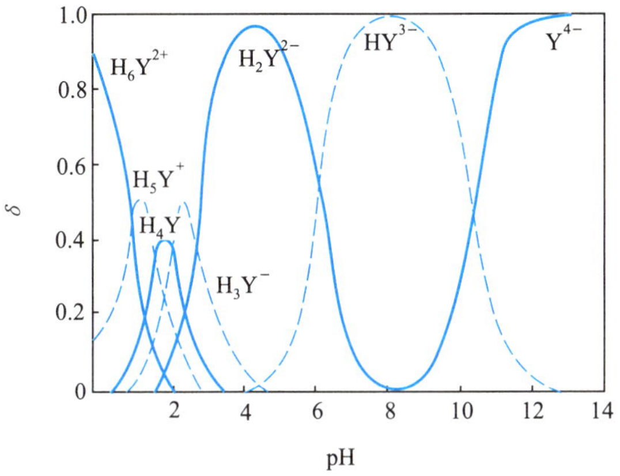

图 6-1 EDTA 溶液中各种型体的分布图

(参照酸碱平衡中的有关概念),例如

$$\delta_{Y^{4-}}=K_{a_1}K_{a_2}K_{a_3}K_{a_4}K_{a_5}K_{a_6}/([H^+]^6+[H^+]^5K_{a_1}+[H^+]^4K_{a_1}K_{a_2}+[H^+]^3K_{a_1}K_{a_2}K_{a_3}+[H^+]^2K_{a_1}K_{a_2}K_{a_3}K_{a_4}+[H^+]K_{a_1}\cdots K_{a_5}+K_{a_1}K_{a_2}K_{a_3}K_{a_4}K_{a_5}K_{a_6})$$

从图 6-1 可以看出,不论 EDTA 的原始存在型体是 H_4Y 还是 Na_2H_2Y,在 pH<1 的强酸性溶液中,其主要以 H_6Y^{2+} 型体存在;在 pH 为 2.67~6.16 的溶液中,其主要以 H_2Y^{2-} 型体存在;在 pH>10.26 的碱性溶液中,其主要以 Y^{4-} 型体存在。图6-2 则以 lgδ-pH表示两者之间的依存关系。

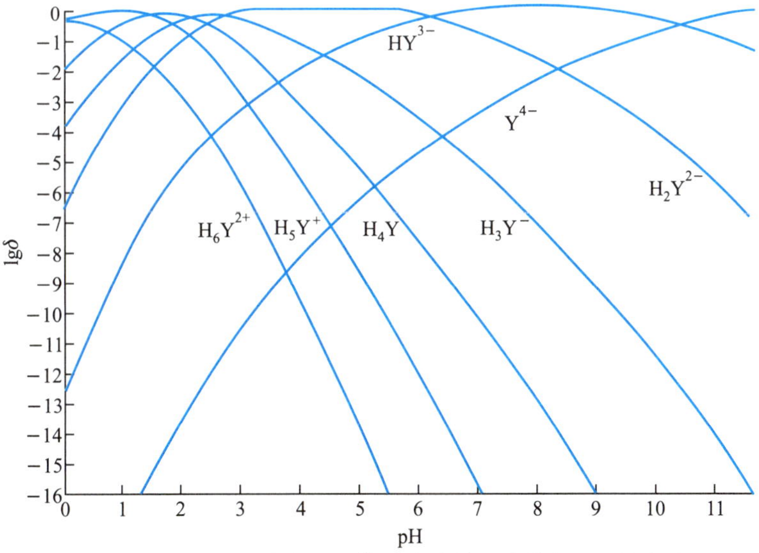

图 6-2 EDTA 溶液中各种型体分布分数对数值与 pH 的关系图

6.1.4 乙二胺四乙酸与金属离子形成的螯合物

EDTA与金属离子形成螯合物时，它的氮原子和氧原子与金属离子键合，生成具有多个五原子环的螯合物，螯合物的立体构型通常如图6-3所示。一般情况下，EDTA的配位能力很强，与大多数金属离子可形成稳定的螯合物，且反应速率快，配位化合物水溶性好，配位比大多为1∶1。生成配位化合物时的反应式如下：

$$M^{2+} + Y^{4-} \rightleftharpoons [MY]^{2-}$$

$$M^{3+} + Y^{4-} \rightleftharpoons [MY]^{-}$$

$$M^{4+} + Y^{4-} \rightleftharpoons MY$$

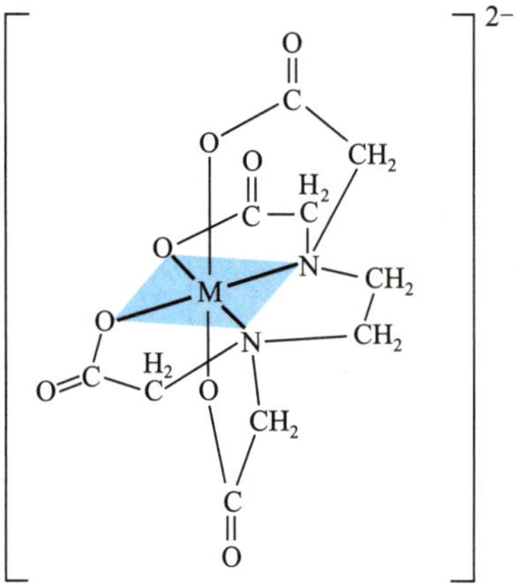

图6-3 M-EDTA螯合物的立体结构

少数高价金属离子与EDTA发生配位反应时，不是形成配位比为1∶1的配位化合物。例如，五价钼与EDTA形成2∶1的配位化合物$[(MoO_2)_2Y]^{2-}$。

EDTA与金属离子还可形成酸式或碱式配位化合物。酸式配位化合物在酸度较高时形成；碱式配位化合物在碱度较高时形成。酸式和碱式配位化合物大多不稳定，一般可不予考虑。

EDTA与无色的金属离子生成无色的配位化合物，与有色金属离子一般生成颜色更深的配位化合物。若配位化合物的颜色太深，会使目测终点发生困难。因此，在滴定有色金属离子时，浓度不要太大，以免影响滴定终点的判别。个别离子(如Cr^{3+})可用EDTA作显色剂，进行吸光光度法测定。几种有色M-EDTA配位化合物见表6-1。

表6-1 有色M-EDTA配位化合物

配位化合物	颜色	配位化合物	颜色
$[CoY]^{2-}$	紫红	$[Fe(OH)Y]^{2-}$	褐(pH≈6)
$[CrY]^{-}$	深紫	$[FeY]^{-}$	黄
$[Cr(OH)Y]^{2-}$	蓝(pH>10)	$[MnY]^{2-}$	紫红
$[CuY]^{2-}$	蓝	$[NiY]^{2-}$	蓝绿

6.2 配位平衡常数

6.2.1 配位化合物的稳定常数

在配位反应中，配位化合物的形成与解离同时存在，配位反应的进行程度可用配位平衡常数来衡量，这个常数常称为配位化合物的稳定常数或形成常数(stability constant，formation constant)。例如，Ca^{2+} 与 EDTA 的配位反应：

$$Ca^{2+} + Y^{4-} \rightleftharpoons [CaY]^{2-}$$

$$K_{稳} = \frac{[CaY^{2-}]}{[Ca^{2+}][Y^{4-}]} = 4.90 \times 10^{10} \qquad \lg K_{稳} = 10.69$$

$K_{稳}$ 也常用 K 来表示。部分金属离子与 EDTA 的配位化合物的 $\lg K_{稳}$ 值列于附录表 9。$K_{稳}$ 的倒数称为 $K_{不稳}$。

金属离子 M 若与其他配体 L 形成 ML_n 型配位化合物，由于 ML_n 型配位化合物是逐级形成的，因此其逐级形成反应及相应的逐级稳定常数(stepwise stability constant)可表示为(为简化书写，略去所有离子的电荷)

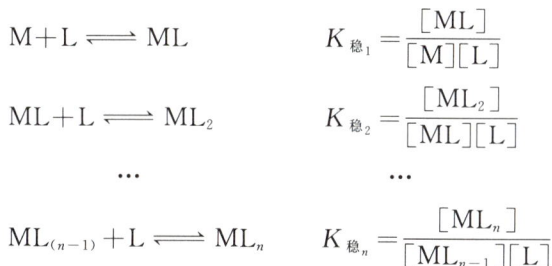

$$M + L \rightleftharpoons ML \qquad K_{稳_1} = \frac{[ML]}{[M][L]}$$

$$ML + L \rightleftharpoons ML_2 \qquad K_{稳_2} = \frac{[ML_2]}{[ML][L]}$$

$$\cdots \qquad \cdots$$

$$ML_{(n-1)} + L \rightleftharpoons ML_n \qquad K_{稳_n} = \frac{[ML_n]}{[ML_{n-1}][L]}$$

在许多配位平衡的计算中，经常用到 $K_{稳_1} \cdot K_{稳_2}$ 等数值，这就是逐级累积稳定常数(cumulative stability constant)，用 β_n 表示：

第一级累积稳定常数 $\beta_1 = K_{稳_1}$

第二级累积稳定常数 $\beta_2 = K_{稳_1} \cdot K_{稳_2}$

… …

第 n 级累积稳定常数 $\beta_n = K_{稳_1} \cdot \cdots \cdot K_{稳_n}$

即
$$\beta_n = \prod_{i=1}^{n} K_{稳_i} \qquad (6-1)$$

或
$$\lg \beta_n = \sum_{i=1}^{n} \lg K_{稳_i} \qquad (6-2)$$

最后一级累积稳定常数 β_n 又称总稳定常数。

6.2.2　溶液中各级配位化合物的分布

在处理酸碱平衡时，经常要考虑酸度对溶液中各种存在型体的分布的影响。同样，在配位平衡中，也需考虑配体浓度对各级配位化合物的分布的影响。

设溶液中 M 离子的总浓度为 c_M，配体 L 的总浓度为 c_L，M 与 L 发生逐级配位反应：

$$\begin{aligned}
&M+L \rightleftharpoons ML && [ML]=\beta_1[M][L]\\
&ML+L \rightleftharpoons ML_2 && [ML_2]=\beta_2[M][L]^2\\
&\cdots && \cdots\\
&ML_{(n-1)}+L \rightleftharpoons ML_n && [ML_n]=\beta_n[M][L]^n
\end{aligned}$$

根据物料平衡：

$$\begin{aligned}
c_M &=[M]+[ML]+[ML_2]+\cdots+[ML_n]\\
&=[M]+\beta_1[M][L]+\beta_2[M][L]^2+\cdots+\beta_n[M][L]^n\\
&=[M](1+\beta_1[L]+\beta_2[L]^2+\cdots+\beta_n[L]^n)\\
&=[M](1+\sum_{i=1}^{n}\beta_i[L]^i)
\end{aligned}$$

按分布分数 δ 的定义，得

$$\delta_M=\frac{[M]}{c_M}=\frac{[M]}{[M]\left(1+\sum\limits_{i=1}^{n}\beta_i[L]^i\right)}=\frac{1}{1+\sum\limits_{i=1}^{n}\beta_i[L]^i}$$

$$\delta_{ML}=\frac{[ML]}{c_M}=\frac{\beta_1[M][L]}{[M]\left(1+\sum\limits_{i=1}^{n}\beta_i[L]^i\right)}=\frac{\beta_1[L]}{1+\sum\limits_{i=1}^{n}\beta_i[L]^i}$$

$$\cdots$$

$$\delta_{ML_n}=\frac{[ML_n]}{c_M}=\frac{\beta_n[M][L]^n}{[M]\left(1+\sum\limits_{i=1}^{n}\beta_i[L]^i\right)}=\frac{\beta_n[L]^n}{1+\sum\limits_{i=1}^{n}\beta_i[L]^i}$$

由此可见，δ 仅仅是[L]的函数，与 c_M 无关。

例 1　在铜氨溶液中，当氨的平衡浓度为 1.0×10^{-3} mol·L^{-1} 时，计算 $\delta_{Cu^{2+}}$、$\delta_{[Cu(NH_3)]^{2+}}$、…、$\delta_{[Cu(NH_3)_5]^{2+}}$。

解　查附录表 8 可知铜氨配离子的 $\lg\beta_1 \sim \lg\beta_5$ 分别为 4.31、7.98、11.02、13.32、12.86。

$$1+\sum_{i=1}^{5}\beta_i[L]^i=1+10^{4.31}\times10^{-3.00}+10^{7.98}\times10^{-3.00\times2}+10^{11.02}\times10^{-3.00\times3}+$$

$$10^{13.32}\times10^{-3.00\times4}+10^{12.86}\times10^{-3.00\times5}$$
$$=1+20.4+95.5+105+20.9+0.0072$$
$$=242.8$$

$$\delta_0=\delta_{Cu^{2+}}=\frac{1}{242.8}=0.41\%$$

$$\delta_1=\delta_{[Cu(NH_3)]^{2+}}=\frac{20.4}{242.8}=8.4\%$$

$$\delta_2=\delta_{[Cu(NH_3)_2]^{2+}}=\frac{95.5}{242.8}=39.3\%$$

$$\delta_3=\delta_{[Cu(NH_3)_3]^{2+}}=\frac{105}{242.8}=43.2\%$$

$$\delta_4=\delta_{[Cu(NH_3)_4]^{2+}}=\frac{20.9}{242.8}=8.6\%$$

$$\delta_5=\delta_{[Cu(NH_3)_5]^{2+}}=\frac{0.0072}{242.8}=0.003\%$$

当氨的平衡浓度不同时，可求得相应的 $\delta_{Cu^{2+}}\sim\delta_{[Cu(NH_3)_5]^{2+}}$。若以lg[$NH_3$]为横坐标，$\delta$ 为纵坐标作图，则得到如图 6－4 所示 δ－lg[NH_3]关系曲线（分布图）。

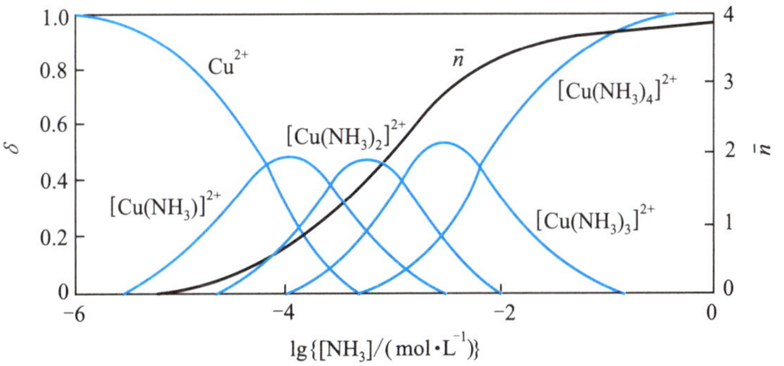

图 6－4 铜氨配位化合物分布曲线及 $\bar{n}$ 图

由图 6－4 可知，随着[NH_3]的增大，Cu^{2+} 与 NH_3 逐级生成 1∶1、1∶2、…、直至 1∶5 的配离子。但是，由于相邻两级配位化合物的稳定常数差别不大，故[NH_3]在相当大范围内变化时，没有一种配离子的分布分数接近 1。因此，不能用 NH_3 作配位剂来滴定 Cu^{2+}。

Hg^{2+}－Cl^- 体系的 $\lg K_1=6.74$、$\lg K_2=6.48$、$\lg K_3=0.85$、$\lg K_4=1.00$。可见 $\lg K_2$ 与 $\lg K_3$ 有较大差别。从图 6－5 可知，当 lg[Cl^-]约为－5～－3 时，$\delta_{HgCl_2}\approx1.0$，故可用 Hg^{2+} 来滴定 Cl^-，化学计量点时生成 $HgCl_2$。

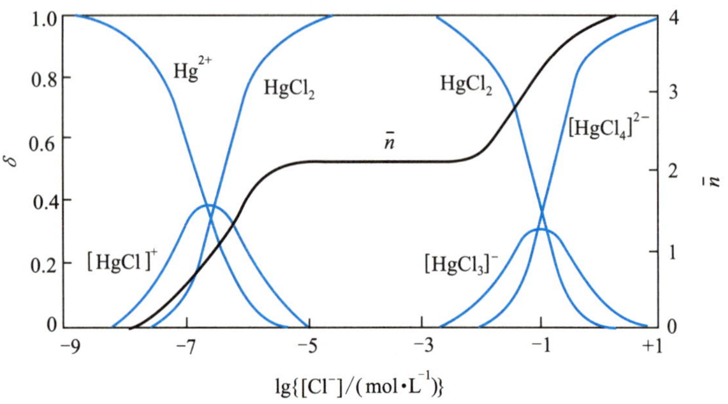

图 6-5 汞(Ⅱ)-氯配位化合物分布曲线及$\bar{n}$图

6.2.3 平均配位数

平均配位数$\bar{n}$表示金属离子与配体发生配位反应的配位数的平均值。设金属离子的总浓度为 c_M，配体的总浓度为 c_L，配体的平衡浓度为[L]，则

$$\bar{n}=\frac{c_L-[L]}{c_M} \tag{6-3}$$

$\bar{n}$ 又称生成函数。

将 c_L 和 c_M 的物料平衡方程式代入上式，得

$$\begin{aligned}\bar{n}&=\frac{([L]+[ML]+2[ML_2]+\cdots+n[ML_n])-[L]}{[M]+[ML]+[ML_2]+\cdots+[ML_n]}\\&=\frac{[ML]+2[ML_2]+\cdots+n[ML_n]}{[M]+[ML]+[ML_2]+\cdots+[ML_n]}\\&=\frac{\beta_1[M][L]+2\beta_2[M][L]^2+\cdots+n\beta_n[M][L]^n}{[M]+\beta_1[M][L]+\beta_2[M][L]^2+\cdots+\beta_n[M][L]^n}\\&=\frac{\sum_{i=1}^{n}i\beta_i[L]^i}{1+\sum_{i=1}^{n}\beta_i[L]^i}\end{aligned} \tag{6-4}$$

可见，$\bar{n}$ 仅是[L]的函数，$\bar{n}=\delta_{ML}+2\delta_{ML_2}+\cdots+n\delta_{ML_n}$。

例 2 计算$[Cl^-]=10^{-3.20}$ mol·L^{-1}和 $10^{-4.20}$ mol·L^{-1}时，汞(Ⅱ)-氯配离子的 $\bar{n}$ 值。

解 查附录表 8 可知汞(Ⅱ)-氯配离子的 $\lg\beta_1\sim\lg\beta_4$ 分别为 6.74、13.22、14.07、15.07。当$[Cl^-]=10^{-3.20}$ mol·L^{-1}时

$$\bar{n}=\frac{\sum_{i=1}^{4} i\beta_i[\text{Cl}^-]^i}{1+\sum_{i=1}^{4}\beta_i[\text{Cl}^-]^i}$$

$$=\frac{\begin{bmatrix}10^{6.74}\times10^{-3.20}+2\times10^{13.22}\times10^{-3.20\times2}+\\3\times10^{14.07}\times10^{-3.20\times3}+4\times10^{15.07}\times10^{-3.20\times4}\end{bmatrix}}{\begin{bmatrix}1+10^{6.74}\times10^{-3.20}+10^{13.22}\times10^{-3.20\times2}+\\10^{14.07}\times10^{-3.20\times3}+10^{15.07}\times10^{-3.20\times4}\end{bmatrix}}$$

$$=2.004\approx2.0$$

同样可计算出当$[\text{Cl}^-]=10^{-4.20}\ \text{mol}\cdot\text{L}^{-1}$时，$\bar{n}=1.996\approx2.0$。

6.3 副反应系数和条件稳定常数

在化学反应中，通常把主要考察的一种反应看作主反应，其他与之有关的反应看作副反应。这些副反应能影响主反应中的反应物及生成物的平衡浓度。

在配位滴定中，若主反应是被测金属离子 M 与滴定剂 Y 的配位反应；同时，溶液中还可能存在下列各种副反应：

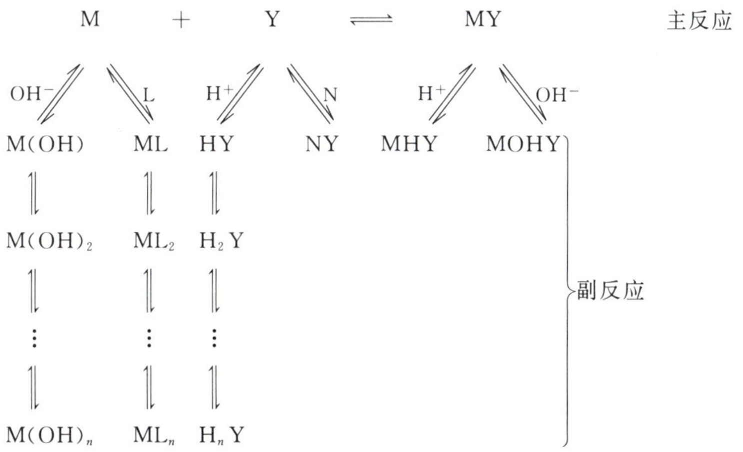

反应物 M 和 Y 的各种副反应不利于主反应的进行，而生成物 MY 的各种副反应则有利于主反应的进行。M、Y 和 MY 的各种副反应进行的程度，可由其副反应系数定量地表示。

6.3.1 副反应系数

根据平衡关系计算副反应对主反应的影响大小，即求未参加主反应组分 M（或 Y 等）的总浓度与平衡浓度[M]（或[Y]等）的比值，从而得到副反应系数

(side reaction coefficient)。下面对配位滴定反应中几种重要的副反应及副反应系数进行讨论。

1. 配体 Y 的副反应及副反应系数

(1) EDTA 的酸效应与酸效应系数

EDTA(Y)是一种广义的碱，当 M 与 Y 进行配位反应时，如有 H^+ 存在，就会与 Y 结合。此时，Y 的平衡浓度降低，故使主反应受到影响。这种由于 H^+ 存在使配体参加主反应能力降低的现象，称为酸效应。H^+ 引起副反应时的副反应系数称为酸效应系数，通常用 $\alpha_{L(H)}$ 表示，对于 EDTA 则用 $\alpha_{Y(H)}$ 表示。

$\alpha_{Y(H)}$ 表示未与 M 配位的 EDTA 的总浓度[Y′]是 EDTA 的平衡浓度[Y]的多少倍：

$$\alpha_{Y(H)}=\frac{[Y']}{[Y]}=\frac{[Y]+[HY]+[H_2Y]+\cdots+[H_6Y]}{[Y]} \qquad (6-5)$$

$\alpha_{Y(H)}$ 越大，表示酸效应越严重。如果 Y 没有酸效应，即未配位的 EDTA 全部以 Y 形式存在，则 $\alpha=1$。

根据第 5 章中 δ_n 的计算方法，可推导出酸效应系数以累积质子化常数 β_i 表示的计算公式：

$$\begin{aligned} n\text{ 元酸}\quad \alpha_{L(H)}&=1+\frac{[H^+]}{K_{a_n}}+\frac{[H^+]^2}{K_{a_n}K_{a_{n-1}}}+\cdots+\frac{[H^+]^n}{K_{a_n}K_{a_{n-1}}\cdots K_{a_1}}\\ &=1+K_1^H[H^+]+K_1^HK_2^H[H^+]^2+\cdots+K_1^HK_2^H\cdots K_n^H[H^+]^n\\ &=1+\beta_1^H[H^+]+\beta_2^H[H^+]^2+\cdots+\beta_n^H[H^+]^n\\ &=1+\sum_{i=1}^{n}\beta_i^H[H^+]^i \end{aligned} \qquad (6-6)$$

例 3 计算 pH=5.00 时 $\alpha_{CN(H)}$ 及 $\lg\alpha_{CN(H)}$。

解 $\alpha_{CN(H)}=1+K^H[H^+]=1+10^{9.21}\times10^{-5.00}=10^{4.21}$，$\lg\alpha_{CN(H)}=4.21$

例 4 计算 pH=2.00 时 $\alpha_{Y(H)}$ 及 $\lg\alpha_{Y(H)}$。

解

$$\begin{aligned} \alpha_{Y(H)}&=1+\beta_1^H[H^+]+\beta_2^H[H^+]^2+\cdots+\beta_6^H[H^+]^6\\ &=1+10^{10.26}\times10^{-2.00}+10^{10.26+6.16}\times10^{-4.00}+10^{10.26+6.16+2.67}\times10^{-6.00}+\\ &\quad 10^{10.26+6.16+2.67+2.0}\times10^{-8.00}+10^{10.26+6.16+2.67+2.0+1.6}\times10^{-10.00}+\\ &\quad 10^{10.26+6.16+2.67+2.0+1.6+0.9}\times10^{-12.00}\\ &=10^{13.51} \end{aligned}$$

$\lg\alpha_{Y(H)}=13.51$

由于 α 值的变化范围很大，取其对数值使用较为方便。EDTA 在不同 pH 时的 $\lg\alpha_{Y(H)}$ 和其他一些配体的 $\lg\alpha_{L(H)}$ 见附录表 10 及表 11。

在分析工作中，常将 EDTA 在不同 pH 时的 $\lg\alpha_{Y(H)}$ 绘制成 pH−$\lg\alpha_{Y(H)}$ 关系

曲线，如图 6-6 所示。应当注意，EDTA 的酸效应曲线与相应浓度对数图密切相关。由 EDTA 的质子化常数可知，当 pH 较大时，$\lg K_1^H \sim \lg K_3^H$ 之间差值较大，故曲线实际上为几段折线所组成。由于图形绘制较小，折线部分表现不明显。在 pH 较小时，$\lg K_3^H \sim \lg K_6^H$ 之间差值较小，曲线则较为圆滑。

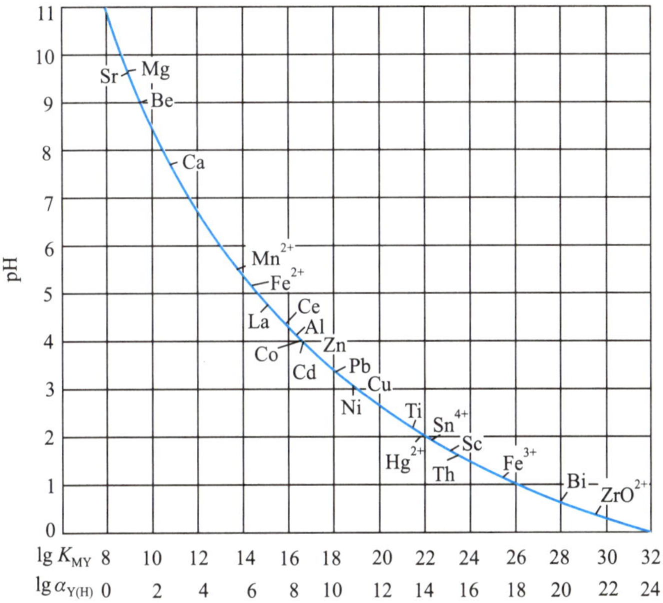

图 6-6 EDTA 的酸效应曲线及滴定金属离子的最高酸度

金属离子浓度 0.01 mol·L^{-1}，$E_t = \pm 0.1\%$

(2) 共存离子效应

若除了金属离子 M 与配体 Y 反应外，共存离子 N 也能与配体 Y 反应，则这一反应可看作 Y 的一种副反应，它能降低 Y 的平衡浓度。共存离子引起的副反应称为共存离子效应，其副反应系数称为共存离子效应系数，用 $\alpha_{Y(N)}$ 表示：

$$\alpha_{Y(N)} = \frac{[Y']}{[Y]} = \frac{[NY]+[Y]}{[Y]} = 1 + K_{NY}[N] \tag{6-7}$$

式中，[Y′]是 NY 的平衡浓度与游离 Y 的平衡浓度之和，K_{NY} 为 NY 的稳定常数，[N]为游离 N 的平衡浓度。

若有多种共存离子 N_1、N_2、N_3、…、N_n 存在，则

$$\alpha_{Y(N)} = \frac{[Y']}{[Y]} = \frac{[Y]+[N_1Y]+[N_2Y]+\cdots+[N_nY]}{[Y]}$$

$$=1+K_{N_1Y}[N_1]+K_{N_2Y}[N_2]+\cdots+K_{N_nY}[N_n]$$
$$=1+\alpha_{Y(N_1)}+\alpha_{Y(N_2)}+\cdots+\alpha_{Y(N_n)}-n$$
$$=\alpha_{Y(N_1)}+\alpha_{Y(N_2)}+\cdots+\alpha_{Y(N_n)}-(n-1) \qquad (6-8)$$

当有多种共存离子存在时，$\alpha_{Y(N)}$往往只取其中一种或少数几种影响较大的共存离子副反应系数之和，而其他次要项可忽略不计。

(3) Y 的总副反应系数

当体系中既有共存离子 N，又有酸效应时，Y 的总副反应系数为

$$\alpha_Y=\alpha_{Y(H)}+\alpha_{Y(N)}-1 \qquad (6-9)$$

例5 在 pH=6.0 的溶液中，含有浓度均为 0.010 mol·L^{-1}的 EDTA、Zn^{2+} 及 Ca^{2+}，对于 EDTA 与 Zn^{2+} 的主反应，计算 $\alpha_{Y(Ca)}$ 和 α_Y。

解 查附录表9和表10可知 $K_{CaY}=10^{10.69}$，pH=6.0 时 $\alpha_{Y(H)}=10^{4.65}$

$$\alpha_{Y(Ca)}=1+K_{CaY}[Ca]$$
$$=1+10^{10.69}\times0.010=10^{8.69}$$
$$\alpha_Y=\alpha_{Y(H)}+\alpha_{Y(Ca)}-1$$
$$=10^{4.65}+10^{8.69}-1\approx10^{8.69}$$

例6 在 pH=1.5 的溶液中，含有浓度均为 0.010 mol·L^{-1}的 EDTA、Fe^{3+} 及 Ca^{2+}，对于 EDTA 与 Fe^{3+} 的主反应，计算 $\alpha_{Y(Ca)}$ 和 α_Y。

解 查附录表9和表10可知 $K_{CaY}=10^{10.69}$，pH=1.5 时 $\alpha_{Y(H)}=10^{15.55}$

$$\alpha_{Y(Ca)}=1+K_{CaY}[Ca]$$
$$=1+10^{10.69}\times0.010=10^{8.69}$$
$$\alpha_Y=\alpha_{Y(H)}+\alpha_{Y(Ca)}-1$$
$$=10^{15.55}+10^{8.69}-1\approx10^{15.55}$$

2. 金属离子 M 的副反应及副反应系数

(1) 配位效应与配位效应系数

当 M 与 Y 反应时，如有另一配体 L 存在，而 L 能与 M 形成配位化合物，则主反应会受到影响。这种由于其他配体存在使金属离子参加主反应能力降低的现象，称为配位效应。

配体 L 引起副反应时的副反应系数称为配位效应系数，用 $\alpha_{M(L)}$ 表示。$\alpha_{M(L)}$ 表示没有参加主反应的金属离子总浓度[M′]是游离金属离子浓度[M]的多少倍：

$$\alpha_{M(L)}=\frac{[M']}{[M]}=\frac{[M]+[ML]+[ML_2]+\cdots+[ML_n]}{[M]} \qquad (6-10)$$

$\alpha_{M(L)}$越大，表示金属离子被配体 L 配位得越完全，即副反应越严重。如果 M 没有副反应，则 $\alpha_{M(L)}=1$。

根据配位平衡关系式，可导出计算 $\alpha_{M(L)}$ 的公式：

$$\begin{aligned}[M'] &= [M]+[ML]+[ML_2]+\cdots+[ML_n] \\ &= [M]+K_1[M][L]+K_1K_2[M][L]^2+\cdots+K_1K_2\cdots K_n[M][L]^n \\ &= [M]\{1+K_1[L]+K_1K_2[L]^2+\cdots+K_1K_2\cdots K_n[L]^n\}\end{aligned}$$

代入(6-10)式，得

$$\alpha_{M(L)}=1+K_1[L]+K_1K_2[L]^2+\cdots+K_1K_2\cdots K_n[L]^n$$

或

$$\alpha_{M(L)}=1+\beta_1[L]+\beta_2[L]^2+\cdots+\beta_n[L]^n \tag{6-11}$$

例 7 在 0.10 $mol\cdot L^{-1}$ 的$[AlF_6]^{3-}$溶液中，游离 F^- 的浓度为 0.010 $mol\cdot L^{-1}$。求溶液中游离的 Al^{3+} 浓度，并指出溶液中配位化合物的主要存在形式。

解 查附录表 8 可知$[AlF_6]^{3-}$的 $\lg\beta_1\sim\lg\beta_6$ 分别为 6.15、11.15、15.00、17.75、19.36、19.84，故

$$\begin{aligned}\alpha_{Al(F)} &= 1+10^{6.15}\times0.010+10^{11.15}\times(0.010)^2+10^{15.00}\times(0.010)^3+ \\ &\quad 10^{17.75}\times(0.010)^4+10^{19.36}\times(0.010)^5+10^{19.84}\times(0.010)^6 \\ &= 1+1.4\times10^4+1.4\times10^7+1.0\times10^9+5.6\times10^9+2.3\times10^9+6.9\times10^7 \\ &= 10^{9.95}\end{aligned}$$

$$[Al^{3+}]=\frac{0.10\ mol\cdot L^{-1}}{10^{9.95}}=1.1\times10^{-11}\ mol\cdot L^{-1}$$

比较上式中右边各项数值，可知配位化合物的主要存在形式是 AlF_3、$[AlF_4]^-$ 和$[AlF_5]^{2-}$。

(2) 金属离子的总副反应系数

若溶液中有两种配体 L 和 A 同时与金属离子 M 发生副反应，则其影响可用 M 的总副反应系数 α_M 表示：

$$\begin{aligned}\alpha_M &= \frac{[M']}{[M]}=\frac{[M]+[ML]+\cdots+[ML_n]}{[M]}+\frac{[M]+[MA]+\cdots+[MA_m]}{[M]}-\frac{[M]}{[M]} \\ &= \alpha_{M(L)}+\alpha_{M(A)}-1\end{aligned}$$

同理，若溶液中有多种配体 L_1、L_2、L_3、…、L_n 同时与金属离子 M 发生副反应，则 M 的总副反应系数 α_M 为

$$\alpha_M=\alpha_{M(L_1)}+\alpha_{M(L_2)}+\cdots+\alpha_{M(L_n)}-(n-1) \tag{6-12}$$

一般说来，在有多种配体共存的情况下，只有一种或少数几种配体引起的副反应是主要的，其余的副反应可忽略。

例 8 在 0.010 $mol\cdot L^{-1}$ 锌氨溶液中，当游离氨的浓度为 0.10 $mol\cdot L^{-1}$，溶液 pH=10.0 时，计算锌离子的总副反应系数 α_{Zn}。已知 pH=10.0 时，$\alpha_{Zn(OH)}=10^{2.4}$。

解 查附录表 8 可知$[Zn(NH_3)_4]^{2+}$的 $\lg\beta_1\sim\lg\beta_4$ 分别为 2.37、4.81、7.31、9.46，故

$$\alpha_{Zn(NH_3)}=1+\beta_1[NH_3]+\beta_2[NH_3]^2+\beta_3[NH_3]^3+\beta_4[NH_3]^4$$
$$=1+10^{2.37}\times 0.10+10^{4.81}\times(0.10)^2+10^{7.31}\times(0.10)^3+10^{9.46}\times(0.10)^4$$
$$=10^{5.49}$$

$$\alpha_{Zn}=\alpha_{Zn(NH_3)}+\alpha_{Zn(OH)}-1=10^{5.49}+10^{2.4}-1=10^{5.49}$$

计算结果表明，在上述情况下 $\alpha_{Zn(OH)}$ 可忽略。

例 9 若例 8 改为 pH=12.0，游离氨的浓度仍为 0.10 mol·L^{-1}，α_{Zn} 又为多大？

解 查附录表 8 可知 $[Zn(OH)_4]^{2-}$ 的 $\lg\beta_1\sim\lg\beta_4$ 分别为 4.4、10.1、14.2、15.5，$[OH^-]=1\times10^{-2.0}$ mol·L^{-1}，故

$$\alpha_{Zn(OH)}=1+\beta_1[OH^-]+\beta_2[OH^-]^2+\beta_3[OH^-]^3+\beta_4[OH^-]^4$$
$$=1+10^{4.4}\times10^{-2.0}+10^{10.1}\times(10^{-2.0})^2+10^{14.2}\times(10^{-2.0})^3+10^{15.5}\times(10^{-2.0})^4$$
$$=10^{8.3}$$

$$\alpha_{Zn}=\alpha_{Zn(NH_3)}+\alpha_{Zn(OH)}-1$$
$$=10^{5.49}+10^{8.3}-1$$
$$=10^{8.3}$$

由此可见，在该条件下 $\alpha_{Zn(NH_3)}$ 可略去不计。

3. 配位化合物 MY 的副反应及副反应系数

在较高酸度下，M 除了能与 EDTA 生成 MY 外，尚能与 EDTA 生成酸式配位化合物 MHY。酸式配位化合物的形成，相当于增强了 EDTA 对 M 的配位能力，故这种副反应对主反应有利。

在较低酸度下，金属离子还能与 EDTA 生成碱式配位化合物 M(OH)Y。碱式配位化合物的形成，也加强了 EDTA 对 M 的配位能力。

形成酸式 EDTA 配位化合物时的副反应系数为

$$\alpha_{MY[H]}=\frac{[MY']}{MY}=\frac{[MY]+[MHY]}{[MY]}$$
$$=1+K^{H}_{MHY}[H^+] \qquad (6-13)$$

式中
$$K^{H}_{MHY}=\frac{[MHY]}{[MY][H^+]}$$

同理得

$$\alpha_{MY(OH)}=1+K^{OH}_{M(OH)Y}[OH^-] \qquad (6-14)$$

式中
$$K^{OH}_{M(OH)Y}=\frac{[M(OH)Y]}{[MY][OH^-]}$$

由于酸式、碱式配位化合物一般不太稳定，反应程度小，故在多数计算中忽略不计。

6.3.2 条件稳定常数

在溶液中，金属离子 M 与配体 EDTA 反应生成 MY。如果没有副反应发

生，当达到平衡时，K_{MY}是衡量此配位反应进行程度的主要参数。如果有副反应发生，将受到 M、Y 及 MY 的副反应的影响。设未参加主反应的 M 总浓度为[M′]，Y 的总浓度为[Y′]，生成的 MY、MHY 和 M(OH)Y 的总浓度为[(MY)′]，当达到平衡时，可以得到以[M′]、[Y′]及[(MY)′]表示的配位化合物的稳定常数——条件稳定常数(conditional stability constant)K'_{MY}：①

$$K'_{MY}=\frac{[(MY)']}{[M'][Y']} \tag{6-15}$$

从以上副反应系数的讨论中可知

$$[M']=\alpha_M[M]$$
$$[Y']=\alpha_Y[Y]$$
$$[(MY)']=\alpha_{MY}[MY]$$

将这些关系式代入(6-15)式中，得条件稳定常数与稳定常数的关系：

$$K'_{MY}=\frac{\alpha_{MY}[MY]}{\alpha_M[M]\alpha_Y[Y]}=K_{MY}\frac{\alpha_{MY}}{\alpha_M\alpha_Y} \tag{6-16a}$$

取对数，得

$$\lg K'_{MY}=\lg K_{MY}-\lg\alpha_M-\lg\alpha_Y+\lg\alpha_{MY} \tag{6-16b}$$

K'_{MY}表示在有副反应的情况下，配位反应进行的程度。在一定条件下，α_M、α_Y及α_{MY}为定值，故K'_{MY}在一定条件下为常数。

在许多情况下，MHY 和 MY(OH)可以忽略，故(6-16b)式可简化为

$$\lg K'_{MY}=\lg K_{MY}-\lg\alpha_M-\lg\alpha_Y \tag{6-17}$$

例 10 计算在 pH=5.00 的 0.10 $mol\cdot L^{-1}$ AlY 溶液中，游离 F^- 浓度为 0.010 $mol\cdot L^{-1}$ 时 AlY 的条件稳定常数。

解 查附录表 10 可知在 pH=5.00 时 $\lg\alpha_{Y(H)}=6.45$。根据例 7 的计算结果，$\lg\alpha_{Al(F)}=9.95$，故

$$\lg K'_{AlY}=16.3-6.45-9.95=-0.1, K'_{AlY}=0.8$$

条件稳定常数如此之小，说明此时 AlY 配位化合物已被氟化物破坏。

EDTA 能与许多金属离子生成稳定的配位化合物，它们的K_{MY}一般都很大，有的甚至高达10^{30}，但在实际化学反应中，不可避免地会发生各种副反应，因而条件稳定常数要小许多。部分金属离子与 EDTA 形成的配位化合物的K'_{MY}与 pH 的关系见图 6-7。

---

① 条件稳定常数K'_{MY}曾称为表观稳定常数(apparent stability constant)。

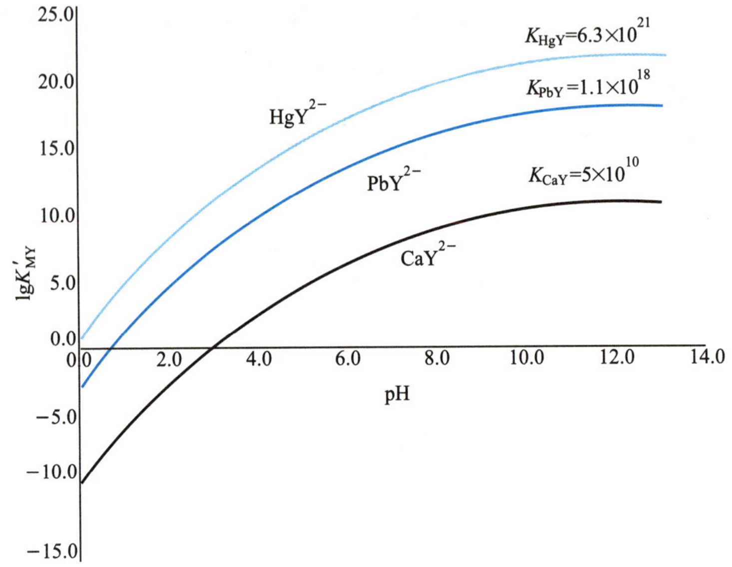

图 6−7 $\lg K'_{MY}$与 pH 的关系

6.3.3 金属离子缓冲溶液

一组弱酸或弱碱的共轭酸碱对可以组成酸碱缓冲溶液，同样，配位化合物与配体也可组成金属离子缓冲溶液。依下式可推导出金属离子缓冲溶液的计算公式。如 M 离子与 Y 的配位反应为

$$M + Y \rightleftharpoons MY$$

若无副反应，则

$$K_{MY} = \frac{[MY]}{[M][Y]}$$

即

$$pM = \lg K_{MY} + \lg \frac{[Y]}{[MY]} \tag{6-18a}$$

考虑 Y 的酸效应，则以相应的条件稳定常数表示：

$$pM = \lg K'_{MY} + \lg \frac{[Y']}{[MY]}$$

$$= \lg K_{MY} - \lg \alpha_{Y(H)} + \lg \frac{[Y']}{[MY]} \tag{6-18b}$$

当配位化合物与配体浓度足够大时，加入少量的金属离子 M，由于大量存在的配体可与 M 形成配位化合物，从而抑制了 pM 的降低；当加入能与 M 形成

配位化合物的配体时，pM 也不会明显增大，因为大量存在的 MY 会在外加配体的作用下解离出 M 来。

对于多配体的配位化合物 ML_n 与配体 L 组成的金属离子缓冲体系，其计算公式为

$$pM = \lg K'_{ML_n} + \lg \frac{[L']^n}{[ML_n]} \tag{6-19}$$

在一些化学反应中，常需控制某金属离子浓度(或配体浓度)在一定范围，上述金属离子缓冲溶液或配体缓冲溶液($pL = \lg K_{ML} + \lg \frac{[M]}{[ML]}$)既可维持相应浓度在一定范围，又有很大的“库存储备”浓度，很有实用价值。

6.4 配位滴定法的基本原理

6.4.1 配位滴定曲线

这里主要讨论以 EDTA 为滴定剂的配位滴定法的有关原理及配位滴定曲线。

在配位滴定中，若被滴定的是金属离子，则随着配位滴定剂的加入，金属离子不断被配位，其浓度不断减小。达到化学计量点附近时，溶液的 pM 发生突变。讨论滴定过程中金属离子浓度的变化规律，即滴定曲线及影响 pM 突跃的因素对进行配位滴定是很重要的。

配位滴定与酸碱滴定相似，若以 EDTA 为滴定剂，大多数金属离子 M 与 Y 形成 1∶1 型配位化合物，可视 M 为酸，Y 为碱，与一元酸碱滴定类似。但是，M 有配位效应和水解效应，Y 有酸效应和共存离子效应，所以配位滴定要比酸碱滴定复杂。酸碱滴定中，酸的 K_a 或碱的 K_b 是不变的，而配位滴定中 MY 的 $K'_{稳}$ 是随滴定体系中反应条件变化的。常用酸碱缓冲溶液控制酸度，以使滴定过程中 K'_{MY} 基本不变。

设金属离子 M 的初始浓度为 c_M^0，体积为 V_M，滴定过程中的浓度为 c_M，用等浓度的滴定剂 Y 滴定，滴入的体积为 V_Y，则滴定分数：

$$a = \frac{V_Y}{V_M}$$

根据物料平衡，得

$$\begin{cases}[M]+[MY]=c_M & (1)\\ [Y]+[MY]=c_Y=ac_M & (2)\end{cases}$$

由配位平衡可知

$$K_{MY}=\frac{[MY]}{[M][Y]} \tag{3}$$

由(1)及(2)式可得 $$[MY]=c_M-[M]=ac_M-[Y] \tag{4}$$

$$[Y]=ac_M-c_M+[M] \tag{5}$$

将(4)式、(5)式代入(3)式得

$$K_{MY}=\frac{c_M-[M]}{[M](ac_M-c_M+[M])}=K_t$$

展开

$$c_M-[M]=K_t[M]^2-K_t[M]c_M+K_t[M]ac_M$$

整理得

$$K_t[M]^2+[K_tc_M(a-1)+1][M]-c_M=0 \tag{6-20}$$

此即配位滴定曲线方程。

在化学计量点时，$a=1.00$，(6-20)式可简化为

$$K_{MY}[M]_{sp}^2+[M]_{sp}-c_M^{sp}=0$$

$$[M]_{sp}=\frac{-1\pm\sqrt{1+4K_{MY}c_M^{sp}}}{2K_{MY}}$$

一般配位滴定要求 $K_{MY}\geqslant 10^7$，若 $c_M=10^{-2}\ mol\cdot L^{-1}$，则 $K_{MY}c_M^{sp}\geqslant 10^5$，即 $4K_{MY}c_M^{sp}\gg 1$，故

$$[M]_{sp}\approx\frac{\sqrt{4K_{MY}c_M^{sp}}}{2K_{MY}}=\sqrt{\frac{c_M^{sp}}{K_{MY}}} \tag{6-21a}$$

c_M^{sp} 为化学计量点时的浓度，对(6-21a)式取对数，得

$$pM_{sp}=\frac{1}{2}(pc_M^{sp}+\lg K_{MY}) \tag{6-21b}$$

当已知 K_{MY}、c_M 和 a 值，或已知 K_{MY}、c_M、V_M 和 V_Y 时，便可求得[M]。以 pM 对 a(或对 V_Y)作图，即得到滴定曲线。若 M、Y 或 MY 有副反应，(6-21b)

式中的 K_{MY} 用 K'_{MY} 取代，[M]应为[M′]；而滴定曲线图上的纵坐标与横坐标分别为 pM′及 a（或 V_Y）。

设金属离子的初始浓度为 0.010 mol·L^{-1}，用 0.010 mol·L^{-1} EDTA 滴定，若 $\lg K'_{MY}$ 分别是 2、4、6、8、10、12、14，应用(6-20)式计算出相应的滴定曲线，如图 6-8 所示。当 $\lg K'_{MY}=10$，c_M^0 分别是 10^{-1}～10^{-4} mol·L^{-1}，分别用等浓度的 EDTA 滴定，所得的滴定曲线如图 6-9 所示。

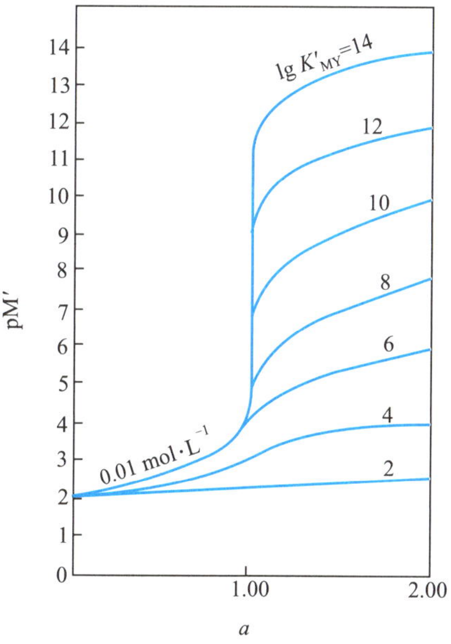

图 6-8 不同 $\lg K'_{MY}$ 时的滴定曲线

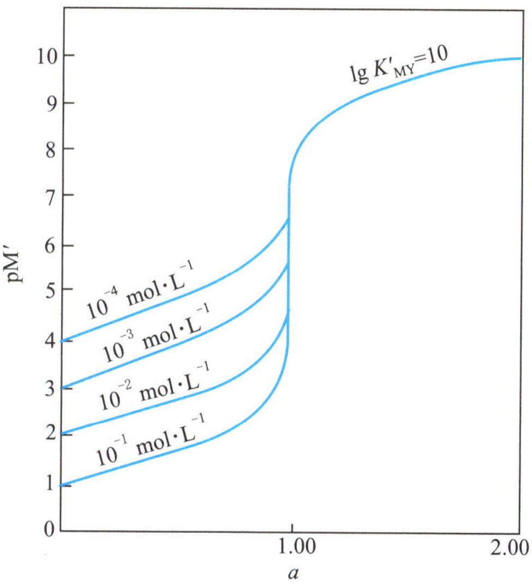

图 6-9 不同浓度 EDTA 对 M 的滴定曲线

由图 6-8、图 6-9 可知，影响配位滴定中的 pM 突跃大小的主要因素是 K'_{MY} 和 c_M^0，具体分析如下。

(1) 金属离子浓度对 pM′突跃大小的影响

由图 6-9 可以看出，c_M^0 越大，滴定曲线的起点就越低，pM′突跃就越大；反之，pM′突跃就越小。

(2) K'_{MY} 对 pM′突跃大小的影响

由图 6-8 可以看出，K'_{MY} 的大小是影响 pM′突跃的重要因素之一，而 K'_{MY} 取决于 K_{MY}、α_M 和 $\alpha_{Y(H)}$。因而：

a. K_{MY} 越大，K'_{MY} 相应增大，pM′突跃也大，反之就小。

b. 滴定体系的酸度越大，pH 越小，$\alpha_{Y(H)}$ 越大，K'_{MY} 越小，引起滴定曲线尾部平台下降，使 pM′突跃变小。

c. 当缓冲剂对 M 有配位效应(如在 pH=10 的氨性缓冲溶液中，用 EDTA

滴定 Zn^{2+} 时，NH_3 对 Zn^{2+} 有配位效应），或为了防止 M 的水解，加入辅助配体阻止水解时，OH^- 和所加入的辅助配体对 M 就有配位效应。缓冲剂或辅助配体浓度越大，$\alpha_{M(L)}$ 越大，K'_{MY} 越小，使 pM′突跃变小。

在配位滴定中，计算化学计量点的 pM_{sp} 和 pM'_{sp} 很重要，它是选择指示剂和计算终点误差的主要依据。

例 11 在 pH=10 的氨性缓冲溶液中，若 $[NH_3]$ 为 0.20 mol·L^{-1}，用 0.020 mol·L^{-1} EDTA 溶液滴定 0.020 mol·L^{-1} Cu^{2+} 溶液，计算化学计量点时的 pCu′。如被滴定的是 0.020 mol·L^{-1} Mg^{2+} 溶液，化学计量点时的 pMg′又为多少？

解 化学计量点时，$c_{Cu^{2+}}^{sp}=0.010\ mol\cdot L^{-1}$，$[NH_3]_{sp}=0.10\ mol\cdot L^{-1}$。

$$\begin{aligned}\alpha_{Cu(NH_3)}&=1+\beta_1[NH_3]+\beta_2[NH_3]^2+\beta_3[NH_3]^3+\beta_4[NH_3]^4+\beta_5[NH_3]^5\\&=1+10^{4.31}\times0.10+10^{7.98}\times0.10^2+10^{11.02}\times0.10^3+10^{13.32}\times0.10^4+\\&\quad 10^{12.86}\times0.10^5\\&=10^{9.36}\end{aligned}$$

查附录表 12 可知 pH=10 时 $\alpha_{Cu(OH)}=10^{1.7}\ll10^{9.36}$，所以 $\alpha_{Cu(OH)}$ 可忽略。查附录表 10 可知在 pH=10 时 $\lg\alpha_{Y(H)}=0.45$，故

$$\lg K'_{CuY}=\lg K_{CuY}-\lg\alpha_{Y(H)}-\lg\alpha_{Cu(NH_3)}=18.80-0.45-9.36=8.99$$

$$pCu'=\frac{1}{2}(pc_{Cu^{2+}}^{sp}+\lg K'_{CuY})=\frac{1}{2}(2.00+8.99)=5.50$$

滴定 Mg^{2+} 时，由于 Mg^{2+} 不形成氨配位化合物，形成氢氧基配位化合物的倾向亦很小，故 $\lg\alpha_{Mg}=0$。因此

$$\lg K'_{MgY}=\lg K_{MgY}-\lg\alpha_{Y(H)}=8.7-0.45=8.25$$

$$pMg'=\frac{1}{2}(pc_{Mg^{2+}}^{sp}+\lg K'_{MgY})=\frac{1}{2}(2.00+8.25)=5.13$$

计算结果表明，尽管 K_{CuY} 与 K_{MgY} 相差颇大，但在氨性溶液中，由于 NH_3 对 Cu^{2+} 的副反应，使 K'_{CuY} 与 K'_{MgY} 相差很小，化学计量点时的 pM′也很接近。因此，如果溶液中有 Cu^{2+} 和 Mg^{2+} 共存，在此条件下将同时被 EDTA 滴定，得到的是 Cu^{2+} 与 Mg^{2+} 的合量。

6.4.2 金属离子指示剂

配位滴定中有多种指示终点的方法，如电位法、吸光光度法，但最常用的还是使用金属离子指示剂指示终点。

1. 金属离子指示剂作用原理

在配位滴定中，通常利用一种能与金属离子生成有色配位化合物的显色剂来指示滴定过程中金属离子浓度的变化，这种显色剂称为金属离子指示剂，简称金属指示剂(metallochromic indicator)。

金属离子指示剂一般是些具有配位能力的有机染料，在一定条件下与被滴

定金属离子反应，形成一种与指示剂本身颜色不同的配位化合物：

$$\underset{\text{颜色甲}}{M + In} \rightleftharpoons \underset{\text{颜色乙}}{MIn}$$

滴入 EDTA 时，金属离子逐步被配位，当接近化学计量点时，已与指示剂配位的金属离子被 EDTA 置换，释放出指示剂，这样就引起溶液颜色的变化：

$$\underset{\text{颜色乙}}{MIn} + Y \rightleftharpoons MY + \underset{\text{颜色甲}}{In}$$

金属离子的显色剂很多，但其中只有一部分能用作金属离子指示剂。一般来说，金属离子指示剂应具备下列条件：

a. 显色配位化合物(MIn)与指示剂(In)的颜色显著不同。

b. 显色反应灵敏、迅速，有良好的变色可逆性。

c. 显色配位化合物的稳定性适当。它既要有足够的稳定性，但又要比该金属离子的 EDTA 配位化合物的稳定性小。如果稳定性太低，就会提前出现终点，而且变色不敏锐；如果稳定性太高，就会使终点拖后，而且有可能使 EDTA 不能置换出其中的金属离子，显色反应失去可逆性，得不到滴定终点。

d. 金属离子指示剂性质应比较稳定，便于贮藏和使用。

此外，显色配位化合物应易溶于水，如果生成胶体溶液或沉淀，则会使变色不明显。

2. 金属离子指示剂的选择

与酸碱滴定相类似，在化学计量点附近，被滴定金属离子的 pM 产生"突跃"。因此要求指示剂能在此突跃区间内发生颜色变化，并且指示剂变色时的 pM_{ep} 应尽量与化学计量点的 pM_{sp} 一致，以减小终点误差。

设被滴定金属离子 M 与指示剂形成有色配位化合物 MIn，它在溶液中有下列解离平衡：

$$MIn \rightleftharpoons M + In$$

考虑到指示剂的酸效应，得

$$K'_{MIn} = \frac{[MIn]}{[M][In']}$$

$$\lg K'_{MIn} = pM + \lg \frac{[MIn]}{[In']}$$

当达到指示剂的变色点时，$[MIn]=[In']$，故此时

$$\lg K'_{MIn} = pM \qquad (6-22)$$

可见，对应指示剂变色点的 pM 等于有色配位化合物的 $\lg K'_{MIn}$。

配位滴定中所用的指示剂一般为有机弱酸，存在着酸效应。它与金属离子M所形成的有色配位化合物的条件稳定常数K'_{MIn}将随pH的变化而变化；指示剂变色点的pM_{ep}也随pH的变化而变化。因此，金属离子指示剂不可能像酸碱指示剂那样，有一个确定的变色点。在选择配位滴定指示剂时，必须考虑体系的酸度，使pM_{ep}与pM_{sp}尽量一致，至少应在化学计量点附近的pM突跃范围内，否则误差会比较大。如果M也有副反应，则应使pM'_{ep}与pM'_{sp}尽量一致。

配位滴定中常用的几种指示剂列于表6-2。

表6-2 常用的金属离子指示剂

指示剂	适用的pH范围	颜色变化		直接滴定的离子	配制	注意事项
		In	MIn			
铬黑T (eriochrome black T) 简称EB或EBT	8～10	蓝	红	pH＝10，Mg^{2+}、Zn^{2+}、Cd^{2+}、Pb^{2+}、Mn^{2+}、稀土元素离子	1∶100NaCl (固体)	Fe^{3+}、Al^{3+}、Cu^{2+}、Ni^{2+}等离子封闭EBT
酸性铬蓝K(acid chrome blue K)	8～13	蓝	红	pH＝10，Mg^{2+}、Zn^{2+}、Mn^{2+}；pH＝13，Ca^{2+}	1∶100NaCl (固体)	
二甲酚橙 (xylenol orange) 简称XO	＜6	亮黄	红	pH＜1，ZrO^{2+}；pH＝1～3.5，Bi^{3+}、Th^{4+}；pH＝5～6，Tl^{3+}、Zn^{2+}、Pb^{2+}、Cd^{2+}、Hg^{2+}、稀土元素离子	5 g·L⁻¹水溶液	Fe^{3+}、Al^{3+}、Ni^{2+}、Ti(Ⅳ)等离子封闭XO
磺基水杨酸 (sulfosalicylic acid)简称Ssal	1.5～2.5	无色	紫红	pH＝1.5～2.5，Fe^{3+}	50 g·L⁻¹水溶液	Ssal本身无色，$[FeY]^-$呈黄色
钙指示剂 (calconcarboxy lic acid) 简称NN	12～13	蓝	红	pH＝12～13，Ca^{2+}	1∶100NaCl (固体)	Ti(Ⅳ)、Fe^{3+}、Al^{3+}、Cu^{2+}、Ni^{2+}、Co^{2+}、Mn^{2+}等离子封闭NN
1-(2-吡啶偶氮)-2-萘酚 [1-(2-pyridylazo)-2-naphthol] 简称PAN	2～12	黄	紫红	pH＝2～3，Th^{4+}、Bi^{3+}；pH＝4～5，Cu^{2+}、Ni^{2+}、Pb^{2+}、Cd^{2+}、Zn^{2+}、Mn^{2+}、Fe^{2+}	1 g·L⁻¹乙醇溶液	MIn在水中溶解度很小，为防止PAN僵化，滴定时需加热

虽然指示剂的选择可以通过指示剂的有关常数进行理论计算确定，但是金属离子指示剂的常数尚不齐全，有时无法计算。所以在实际工作中大多采用实验方法来选择指示剂，即先试验其终点时颜色变化的敏锐程度，然后检查滴定结果是否准确，这样就可确定该指示剂是否符合要求。

3. 指示剂的封闭、僵化与变质

配位滴定中金属离子指示剂在化学计量点附近应有敏锐的颜色变化，但在实际工作中有时会出现 MIn 配位化合物颜色不变或变化非常缓慢的现象，前者称为指示剂的封闭（blocking of indicator），后者称为指示剂的僵化（ossification of indicator）。

产生指示剂封闭现象的原因，可能是溶液中存在的某些金属离子与指示剂形成十分稳定的有色配位化合物，且比该金属离子与 Y 形成的螯合物还稳定，因而造成颜色不变现象。通常可采用适当的掩蔽剂加以消除。如以铬黑 T 作指示剂，用 EDTA 滴定 Ca^{2+} 和 Mg^{2+} 时，若有 Fe^{3+}、Al^{3+} 存在，就会发生封闭现象，可用三乙醇胺与氰化钾或硫化物掩蔽 Fe^{3+}、Al^{3+} 而加以消除。

产生指示剂僵化现象的原因是金属离子与指示剂生成难溶于水的有色配位化合物，虽然它的稳定性比该金属离子与 Y 生成的螯合物差，但置换反应缓慢，使色变拖长。一般采用加入适当的有机溶剂或加热来使指示剂颜色变化敏锐。如用 PAN 作指示剂时，加入乙醇或丙酮或加热，可使指示剂颜色变化明显。

金属离子指示剂多为含双键的有机化合物，易受氧化剂、日光和空气等的影响而分解，在水溶液中多不稳定。改变溶剂或配成固体混合物可增加其稳定性，例如铬黑 T 和钙指示剂，常用氯化钠固体粉末作为稀释剂配制。

6.4.3 终点误差

配位滴定中终点误差的计算方法，与酸碱滴定中的方法相似。通过分析配位滴定终点时的平衡情况，可得到终点误差的计算公式：

$$E_t = \frac{[Y']_{ep} - [M']_{ep}}{c_M^{ep}} \times 100\% \qquad (6-23)$$

设滴定终点与化学计量点的 pM′之差为 ΔpM′，即

$$\Delta pM' = pM'_{ep} - pM'_{sp}$$

$$[M']_{ep} = [M']_{sp} \cdot 10^{-\Delta pM'} \qquad (1)$$

同理得

$$[Y']_{ep} = [Y']_{sp} \cdot 10^{-\Delta pY'} \qquad (2)$$

因为化学计量点时 K'_{MY} 与终点时的 K'_{MY} 非常接近，且

$$[MY]_{sp} \approx [MY]_{ep}$$

故

$$\frac{[MY]_{sp}}{[M']_{sp}[Y']_{sp}} = \frac{[MY]_{ep}}{[M']_{ep}[Y']_{ep}}$$

$$\frac{[M']_{ep}}{[M']_{sp}} = \frac{[Y']_{sp}}{[Y']_{ep}} \tag{3}$$

将(3)式取负对数，得到

$$pM'_{ep} - pM'_{sp} = pY'_{sp} - pY'_{ep}$$

$$\Delta pM' = -\Delta pY' \tag{4}$$

而化学计量点时

$$[M']_{sp} = [Y']_{sp} = \sqrt{\frac{c_M^{sp}}{K'_{MY}}} \tag{5}$$

又因终点在化学计量点附近，所以 $c_M^{sp} \approx c_M^{ep}$，将(1)～(5)式代入(6－23)式整理后得

$$E_t = \frac{10^{\Delta pM'} - 10^{-\Delta pM'}}{\sqrt{K'_{MY} c_M^{sp}}} \times 100\% \tag{6-24}$$

(6－24)式就是配位滴定中的林邦终点误差公式。由此式可知，终点误差既与 $K'_{MY} c_M^{sp}$ 有关，还与 $\Delta pM'$ 有关。K'_{MY} 越大，被测离子在化学计量点时的分析浓度越大，终点误差越小；$\Delta pM'$ 越小，即终点离化学计量点越近，终点误差越小。

例 12 在 pH＝10.00 的氨性溶液中，以铬黑 T(EBT)为指示剂，用 0.020 mol·L^{-1} EDTA溶液滴定 0.020 mol·L^{-1} Ca^{2+} 溶液，计算终点误差。若滴定的是 0.020 mol·L^{-1} Mg^{2+} 溶液，终点误差为多少？

解 查附录表 10 可知 pH＝10.00 时 $\lg\alpha_{Y(H)} = 0.45$，故

$$\lg K'_{CaY} = \lg K_{CaY} - \lg\alpha_{Y(H)} = 10.69 - 0.45 = 10.24$$

$$pCa'_{sp} = \frac{1}{2}(pc_{Ca^{2+}}^{sp} + \lg K'_{CaY}) = \frac{1}{2}(2.00 + 10.24) = 6.12$$

EBT 的 $pK_{a_2} = 6.3$，$pK_{a_3} = 11.6$，故 pH＝10.00 时

$$\alpha_{EBT(H)} = 1 + \frac{[H^+]}{K_{a_3}} + \frac{[H^+]^2}{K_{a_2}K_{a_3}}$$
$$= 1 + 10^{11.6} \times 10^{-10} + 10^{6.3} \times 10^{11.16} \times (10^{-10})^2$$
$$= 40$$

$$\lg\alpha_{EBT(H)} = 1.6$$

已知 $\lg K_{Ca-EBT}=5.4$，故

$$\lg K'_{Ca-EBT}=\lg K_{Ca-EBT}-\lg\alpha_{EBT(H)}=5.4-1.6=3.8$$

即

$$pCa_{ep}=\lg K'_{Ca-EBT}=3.8$$
$$\Delta pCa=pCa_{ep}-pCa_{sp}=3.8-6.12=-2.3$$
$$E_t=\frac{10^{-2.3}-10^{2.3}}{\sqrt{10^{10.24}\times10^{-2.00}}}\times100\%=-1.5\%$$

如果滴定的是 Mg^{2+}，则

$$\lg K'_{MgY}=\lg K_{MgY}-\lg\alpha_{Y(H)}=8.7-0.45=8.25$$
$$pMg'_{sp}=\frac{1}{2}(pc^{sp}_{Mg^{2+}}+\lg K'_{MgY})=\frac{1}{2}(2.00+8.25)=5.12$$

已知 $\lg K_{Mg-EBT}=7.0$，故

$$\lg K'_{Mg-EBT}=\lg K_{Mg-EBT}-\lg\alpha_{EBT(H)}=7.0-1.6=5.4$$

即

$$pMg_{ep}=5.4$$
$$\Delta pMg=pMg_{ep}-pMg_{sp}=5.4-5.12=0.3$$

故
$$E_t=\frac{10^{0.3}-10^{-0.3}}{\sqrt{10^{8.25}\times10^{-2.00}}}\times100\%=0.11\%$$

计算结果表明，采用铬黑 T 作指示剂时，尽管 CaY 较 MgY 稳定，但终点误差较大。这是由于滴定 Ca^{2+} 时，指示剂变色点的 pM 与化学计量点的 pM 相差较大所致。

例 13 在 pH=10.00 的氨性缓冲液中，以铬黑 T 作指示剂，用 0.020 $mol\cdot L^{-1}$ EDTA 溶液滴定 0.020 $mol\cdot L^{-1}$ Zn^{2+} 溶液，终点时游离氨的浓度为 0.20 $mol\cdot L^{-1}$，计算终点误差。

解 查附录表 12 可知 pH=10.00 时 $\lg\alpha_{Zn(OH)}=2.4$

$$\alpha_{Zn(NH_3)}=1+10^{2.37}\times0.20+10^{4.81}\times0.20^2+10^{7.31}\times0.20^3+10^{9.46}\times0.20^4$$
$$=4.78\times10^5=10^{6.68}$$
$$\alpha_{Zn}=\alpha_{Zn(NH_3)}+\alpha_{Zn(OH)}-1=10^{6.68}+10^{2.4}-1=10^{6.68}$$

查附录表 14 可知 pH=10.00 时 $pZn_{ep}=12.2$。但此时 Zn^{2+} 有副反应，故 pZn'_{ep} 要比 pZn_{ep} 为小，即 $[Zn^{2+'}]_{ep}$ 要比 $[Zn^{2+}]_{ep}$ 大。

$$pZn'_{ep}=pZn_{ep}-\lg\alpha_{Zn}=12.2-6.68=5.52$$
$$\lg K'_{ZnY}=\lg K_{ZnY}-\lg\alpha_{Y(H)}-\lg\alpha_{Zn}=16.5-0.45-6.68=9.37$$
$$pZn'_{sp}=\frac{1}{2}(pc^{sp}_{Zn^{2+}}+\lg K'_{ZnY})=\frac{1}{2}(2.00+9.37)=5.69$$

$$\Delta pZn'=pZn'_{ep}-pZn'_{sp}=5.52-5.69=-0.17$$

$$E_t=\frac{10^{-0.17}-10^{0.17}}{\sqrt{10^{9.37}\times10^{-2.00}}}\times100\%=-0.02\%$$

例 14 用配位滴定法滴定 Mg^{2+} 时，通常以铬黑 T 为指示剂，在 pH=9.0～10.5 的氨性溶液中进行。试以 0.010 mol·L^{-1} EDTA 溶液滴定 0.010 mol·L^{-1} Mg^{2+} 溶液为例，讨论酸度与终点误差的关系。

解 查附录表可知 $\lg K_{MgY}=8.70$，$\lg K_{Mg-EBT}=7.0$，EBT 的 $pK_{a_2}=6.3$，$pK_{a_3}=11.6$，$K_{Mg(OH)}=10^{2.6}$。按例 12 和例 13 方法，计算 pH 在 9.0～10.5 间的 pMg_{sp}、pMg_{ep}、ΔpMg 及 E_t 的结果如下：

pH	pMg_{sp}	pMg_{ep}	ΔpMg	$E_t/\%$
9.0	4.86	4.4	−0.46	−0.70
9.5	5.09	4.9	−0.19	−0.15
9.7	5.17	5.09	−0.08	−0.05
9.8	5.21	5.19	−0.02	−0.01
9.9	5.24	5.29	0.05	0.03
10.0	5.28	5.39	0.11	0.05
10.5	5.38	5.82	0.44	0.20

分别以 pMg_{sp} 和 pMg_{ep} 对 pH 作图，由于两者的截距和斜率皆不同，得两条相交的曲线（图 6-10），交点处所对应的 pH 为 9.84，即化学计量点与滴定终点一致的酸度为 pH=9.84。小于此 pH，$pMg_{sp}>pMg_{ep}$，产生负误差，且 pH 愈小，终点误差愈负；反之，产生正误差，且 pH 愈大，终点误差愈大。由此可见，配位滴定中酸度的控制是十分重要的。

若用指示剂指示终点，需要考虑指示剂的酸效应等引起终点与化学计量点的偏离。否则，会引起一定的误差。

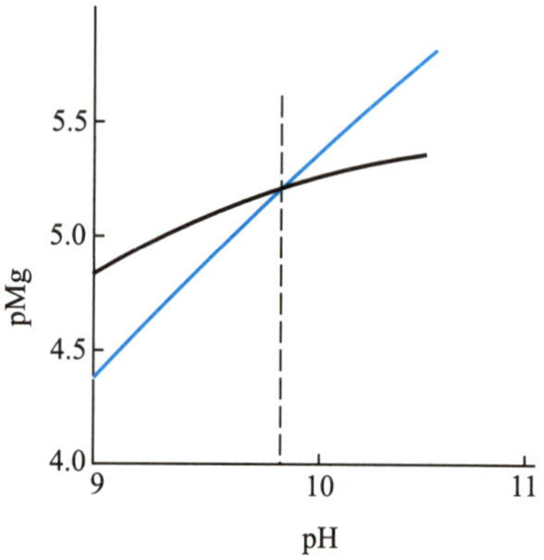

图 6-10 pMg_{sp} 及 pMg_{ep} 与 pH 的关系

6.5 准确滴定与分别滴定判别式

6.5.1 准确滴定判别式

在配位滴定中，通常采用金属离子指示剂指示滴定终点，由于人眼判断颜色的局限性，即使指示剂的变色点与化学计量点完全一致，仍有可能造成 ±0.2～±0.5pM′ 单位的不确定性。设 $\Delta pM'=\pm0.2$，用等浓度的 EDTA 滴定初始浓度为 c 的金属离子 M，若要求终点误差 E_t 在 ±0.1% 以内，由林邦误差公式可得

$$c_M^{sp}K'_{MY} \geqslant \left(\frac{10^{0.2}-10^{-0.2}}{0.001}\right)^2$$

即

$$c_M^{sp}K'_{MY} \geqslant 10^6 \text{ 或 } \lg(c_M^{sp}K'_{MY}) \geqslant 6 \tag{6-25}$$

(6-25)式为判断单一金属离子能否准确滴定的判别式。这里需要特别指出的是,这种判断是有前提条件的,若允许误差增大到1%,则允许 $\lg(cK'_{MY})$减小至4。若采用混合指示剂或应用光度滴定或电位滴定等仪器分析方法检测终点,可使 $\Delta pM'$的不确定性减小,终点误差相应减小,对 $\lg(cK'_{MY})$值的要求亦随之而改变。

6.5.2 分别滴定判别式

在实际工作中,经常遇到的情况是多种金属离子共存于同一溶液中,而EDTA能与很多金属离子生成稳定的配位化合物。因此,判断能否进行分别滴定是极为重要的。

现在讨论一种比较简单的情况。设溶液中含有M、N两种金属离子,且 $K_{MY}>K_{NY}$,在化学计量点的分析浓度分别为 c_M^{sp} 和 c_N^{sp}。那么在此情况下,准确且选择性地滴定M而不受N干扰的条件是什么呢?

考虑到混合离子中选择滴定的允许误差较大,设 $\Delta pM'=0.2$,$E_t \leqslant 0.3\%$,由林邦误差公式可得

$$\lg(K'_{MY}c_M^{sp}) \geqslant 5$$

若金属离子M无副反应,即

$$\begin{aligned}\lg(K'_{MY}c_M^{sp}) &= \lg(K_{MY}c_M^{sp}) - \lg\alpha_Y \\ &= \lg(K_{MY}c_M^{sp}) - \lg(\alpha_{Y(H)}+\alpha_{Y(N)}) \end{aligned} \tag{1}$$

由此可知,能否准确、选择性地滴定M而N不干扰的关键是 $\lg(\alpha_{Y(H)}+\alpha_{Y(N)})$项。若 $\alpha_{Y(H)} \ll \alpha_{Y(N)}$,表明N影响大。若能将此情况下N不干扰M滴定的极限条件求出来,就可判断能否准确地滴定M。当 $\alpha_{Y(H)} \ll \alpha_{Y(N)}$时

$$\alpha_Y \approx \alpha_{Y(N)} = 1 + K_{NY}c_N^{sp} \approx K_{NY}c_N^{sp} \tag{2}$$

若不考虑 $\lg\alpha_M$,将(2)式代入(1)式得

$$\lg(K'_{MY}c_M^{sp}) = \lg(K_{MY}c_M^{sp}) - \lg(K_{NY}c_N^{sp}) \geqslant 5$$

或

$$\Delta\lg(Kc) \geqslant 5 \tag{6-26}$$

(6-26)式就是配位滴定的分别滴定判别式,它表示滴定体系满足此条件时,只

要有合适的指示剂，那么在M离子的适宜酸度范围内，都可准确滴定M而N离子不干扰，终点误差 $E_t \leqslant 0.3\%(\Delta pM = \pm 0.2)$。

若在滴定反应中有其他副反应存在，则分别滴定的判别式以条件稳定常数来表示，(6-26)式变为

$$\Delta \lg(K'c) \geqslant 5$$

6.6 配位滴定中酸度的控制

在以EDTA二钠盐标准溶液为滴定剂进行配位滴定的过程中，随着配位化合物的生成，不断有 H^+ 释放，使溶液的酸度增大，K'_{MY} 变小，造成 pM′突跃减小；同时，配位滴定所用指示剂的变色点也随pH而变化，导致较大误差。因此，在配位滴定中需用适当的缓冲溶液来控制溶液的pH。

6.6.1 单一离子配位滴定的适宜酸度范围

由林邦误差公式可知，当 c_M^{sp}、$\Delta pM'$ 和 E_t 一定时，K'_{MY} 必须大于某一数值，否则就会超过允许的误差。今假设配位反应中除EDTA的酸效应和M的水解效应外，没有其他副反应，则

$$\lg K'_{MY} = \lg K_{MY} - \lg \alpha_{Y(H)} - \lg \alpha_{M(OH)}$$

在较高酸度下，$\lg \alpha_{M(OH)}$ 很小，可忽略不计，即

$$\lg \alpha_{Y(H)} = \lg K_{MY} - \lg K'_{MY} \tag{6-27}$$

根据(6-27)式得出的 $\lg \alpha_{Y(H)}$ 值所求出的酸度，称为“最高酸度”。当超过此酸度时，$\alpha_{Y(H)}$ 变大，K'_{MY} 变小，E_t 增大。

例15 用 $0.020\ mol \cdot L^{-1}$ EDTA溶液滴定 $0.020\ mol \cdot L^{-1}\ Pb^{2+}$ 溶液，若要求 $\Delta pPb' = 0.2$，$E_t \leqslant 0.1\%$，计算滴定 Pb^{2+} 的最高酸度。

解 $\Delta pM = 0.2$，$E_t \leqslant 0.1\%$，判别式 $\lg(cK') \geqslant 6$ 适用

$$\lg K'_{PbY} = 6 - \lg \frac{0.020}{2} = 8$$

$$\lg \alpha_{Y(H)} = \lg K_{PbY} - \lg K'_{PbY} = 18.04 - 8 = 10.04$$

查附录表10得 pH≈3.2，所以最高酸度为 pH=3.2。

在配位滴定中，了解各种金属离子滴定时的最高允许酸度，对解决实际问题是有一定意义的。前面已经讨论过，c_M、E_t 及 ΔpM 不同时，最高允许酸度也不同。如设 $c_M = 0.020\ mol \cdot L^{-1}$，$\Delta pM$ 为 ± 0.2，E_t 为 $\pm 0.1\%$，可以计算出各种

金属离子滴定时的最高允许酸度。图 6-6 中将部分金属离子滴定时的最低允许 pH 直接标在 EDTA 的酸效应曲线上，供实际工作参考。

在没有辅助配体存在时，金属离子由于水解析出沉淀（尤其是高价金属离子），影响配位反应的进行，不利于滴定。因此，在配位滴定时，求水解酸度也是必要的。一般粗略计算时，可直接应用其氢氧化物的溶度积求水解酸度，忽略氢氧基配位化合物、离子强度等因素的影响。但对极少数溶解度较大的氢氧化物，粗略计算时出入较大，通常以条件试验结果为准。

例 16 用 0.020 $mol\cdot L^{-1}$ EDTA 溶液滴定 0.020 $mol\cdot L^{-1}$ Fe^{3+} 溶液，若要求 $\Delta pM'=\pm 0.2$，E_t 在 ±0.1% 以内，计算适宜的酸度范围。

解 由 $\lg(K'_{FeY}c^{sp}_{Fe^{3+}})\geqslant 6$ 得 $\lg K'_{FeY}\geqslant 8$，故

$$\lg\alpha_{Y(H)}=\lg K_{FeY}-\lg K'_{FeY}=25.1-8=17.1$$

查附录表 10 得 pH≈1.2（最高酸度）。

已知 $Fe(OH)_3$ 的 $K_{sp}=10^{-37.4}$，则

$$[OH^-]=\sqrt[3]{\frac{K_{sp}}{c_{Fe^{3+}}}}=\sqrt[3]{\frac{10^{-37.4}}{0.020}}\ mol\cdot L^{-1}=10^{-11.9}\ mol\cdot L^{-1}$$

此处 $c_{Fe^{3+}}$ 为初始浓度，因为若滴定开始时就已生成 $Fe(OH)_3$ 沉淀，会影响滴定，故不用 $c^{sp}_{Fe^{3+}}$ 计算。

$$pH=14.0-11.9=2.1\quad（水解酸度）$$

故滴定 Fe^{3+} 的适宜酸度范围为 pH1.2～2.1。

例 17 用 0.020 $mol\cdot L^{-1}$ EDTA 溶液滴定 0.020 $mol\cdot L^{-1}$ Zn^{2+} 溶液，若要求 $\Delta pM=0.2$，E_t 在 ±0.3% 以内，计算适宜的酸度范围。

解 由 $\lg(K'_{ZnY}c^{sp}_{Zn^{2+}})\geqslant 5$ 得 $\lg K'_{ZnY}\geqslant 7$，故

$$\lg\alpha_{Y(H)}=\lg K_{ZnY}-\lg K'_{ZnY}=16.5-7=9.5$$

查附录表 10 得 pH≈3.5（最高酸度）。

已知 $Zn(OH)_2$ 的 $K_{sp}=10^{-16.92}$，则

$$[OH^-]=\sqrt{\frac{K_{sp}}{c_{Zn^{2+}}}}=\sqrt{\frac{10^{-16.92}}{0.020}}\ mol\cdot L^{-1}=10^{-7.61}\ mol\cdot L^{-1}$$

$$pH=14-7.61\approx 6.4\quad（水解酸度）$$

故滴定 Zn^{2+} 的适宜酸度范围为 pH3.5～6.4。

例 18 在 pH=10.0 的氨性缓冲溶液中，含 Zn^{2+} 和 Mg^{2+} 各 0.020 $mol\cdot L^{-1}$，用 0.020 $mol\cdot L^{-1}$ EDTA 溶液能否选择滴定 Zn^{2+}？设 $\Delta pZn'=0.2$，E_t 在 ±0.3% 以内，化学计量点时 $[NH_3]=0.20\ mol\cdot L^{-1}$。

解 查附录表可知 $\lg K_{ZnY}=16.5$，$\lg K_{MgY}=8.7$

pH=10.0 时，$\lg\alpha_{Y(H)}=0.45$，$[OH^-]=10^{-4.0}\ mol\cdot L^{-1}$，

$[Zn(OH)_4]^{2-}$ 的 $\lg\beta_1 \sim \lg\beta_4$ 为 4.4、10.1、14.2、15.5

$[Zn(NH_3)_4]^{2-}$ 的 $\lg\beta_1 \sim \lg\beta_4$ 为 2.37、4.81、7.31、9.46

$[Mg(OH)]^+$ 的 $\lg\beta_1 = 2.6$

$$\begin{aligned}\alpha_{Zn(OH)} &= 1+\beta_1[OH^-]+\beta_2[OH^-]^2+\beta_3[OH^-]^3+\beta_4[OH^-]^4 \\ &= 1\times 10^{4.4}\times 10^{-4}+10^{10.1}\times 10^{-4\times 2}+10^{14.2}\times 10^{-4\times 3}+10^{15.5}\times 10^{-4\times 4} \\ &= 10^{2.46}\end{aligned}$$

$$\begin{aligned}\alpha_{Zn(NH_3)} &= 1+\beta_1[NH_3]+\beta_2[NH_3]^2+\beta_3[NH_3]^3+\beta_4[NH_3]^4 \\ &= 1+10^{2.37}\times 0.20+10^{4.81}\times 0.20^2+10^{7.31}\times 0.20^3+10^{9.46}\times 0.20^4 \\ &= 10^{6.68}\end{aligned}$$

$$\begin{aligned}\alpha_{Zn} &= \alpha_{Zn(OH)}+\alpha_{Zn(NH_3)}-1 \\ &= 10^{2.46}+10^{6.68}-1 \\ &= 10^{6.68}\end{aligned}$$

$$\alpha_{Mg(OH)} = 1+\beta_1[OH^-] = 1+10^{2.6}\cdot 10^{-4} = 1.0$$

$$\begin{aligned}\lg K'_{ZnY} &= \lg K_{ZnY}-\lg\alpha_{Y(H)}-\lg\alpha_{Zn} \\ &= 16.5-0.45-6.68 = 9.37\end{aligned}$$

$$\begin{aligned}\lg K'_{MgY} &= \lg K_{MgY}-\lg\alpha_{Y(H)}-\lg\alpha_{Mg(OH)} \\ &= 8.7-0.45-0 = 8.25\end{aligned}$$

$$\begin{aligned}\Delta\lg(K'c) &= \lg(K'_{ZnY}c^{sp}_{Zn^{2+}})-\lg(K'_{MgY}c^{sp}_{Mg^{2+}}) \\ &= \lg\left(10^{9.37}\times\frac{0.020}{2}\right)-\lg\left(10^{8.25}\times\frac{0.020}{2}\right) \\ &= 1.12 < 5\end{aligned}$$

所以在题设条件下不能准确滴定 Zn^{2+}，Mg^{2+} 有干扰。

例 19 用 0.020 mol·L^{-1} EDTA 溶液滴定 25 mL 0.020 mol·L^{-1} Pb^{2+} 溶液，若 Pb^{2+} 溶液的 pH=5.0，如何控制溶液的 pH 使其在整个滴定过程中的变化不超过 0.2 pH 单位？

解 EDTA(H_2Y^{2-})滴定 Pb^{2+} 的反应如下：

$$Pb^{2+}+H_2Y^{2-} \rightleftharpoons [PbY]^{2-}+2H^+$$

即在 Pb^{2+} 与 EDTA 的配位反应中，将产生 2 倍量的 H^+，为 0.04 mol·L^{-1}。溶液酸度升高会降低 K'_{MY} 值，影响滴定反应的完全程度，同时也会减小 K'_{MIn} 值，降低指示剂的灵敏度。因此在配位滴定中常加入缓冲溶液以控制溶液的酸度。缓冲溶液的选择首先需考虑其所能缓冲的 pH 范围，还要考虑其是否会引起金属离子的副反应而影响反应的完全度。本题中控制 pH=5.0 时用 EDTA 滴定 Pb^{2+}，不宜采用 HAc－NaAc 缓冲溶液，因为 Pb^{2+} 会与 Ac^- 发生配位反应而降低 K'_{PbY}。此外，所选择的缓冲溶液还应有足够的缓冲容量以控制溶液的 pH 基本不变。本题可选用六亚甲基四胺及其硝酸盐缓冲体系。

根据缓冲容量的定义 $\beta = -\dfrac{da}{dpH}$，有

$$\beta = -\frac{da}{dpH} = \frac{0.04}{0.2} = 0.2$$

又

$$\beta=2.3c\frac{K_a[H^+]}{(K_a+[H^+])^2}$$

将$[H^+]=10^{-5.0}\ mol\cdot L^{-1}$及$K_a=10^{-5.3}$代入上式，解得

$$c_{(CH_2)_6N_4}=0.39\ mol\cdot L^{-1}$$

故

$$m_{(CH_2)_6N_4}=0.39\ mol\cdot L^{-1}\times0.025\ L\times140\ g\cdot mol^{-1}=1.4\ g$$

$$n_{HNO_3}=0.39\ mol\cdot L^{-1}\times\frac{[H^+]}{[H^+]+K_a}\times0.025\ L=6.5\ mmol$$

即在 25 mL Pb^{2+}溶液中加入 1.4 g 六亚甲基四胺及 6.5 mmol HNO_3。

6.6.2 分别滴定的酸度控制

在配位滴定中，当有共存离子时，溶液酸度的控制较单一离子滴定复杂，但酸度选择的原则是类似的。

在滴定单一金属离子 M 时，若除 EDTA 的酸效应外，没有其他副反应，则K'_{MY}将随溶液酸度的降低而增大，直至金属离子发生水解，此即金属离子 M 滴定时的最低酸度。如果有共存离子 N 存在，当$\alpha_{Y(H)}\gg\alpha_{Y(N)}$时，与单独滴定 M 一样，$K'_{MY}$将随着溶液酸度降低而增大。但是当$\alpha_{Y(N)}\gg\alpha_{Y(H)}$时，则可忽略 EDTA 的酸效应，此时

$$\lg K'_{MY}=\lg K_{MY}-\lg\alpha_{Y(N)}=\lg K_{MY}-\lg(1+K_{NY}[N])\approx\lg K_{MY}-\lg K_{NY}[N]$$

显然，K'_{MY}较大时滴定突跃更为明显，有利于滴定进行。因此，在确定滴定 M 的最高酸度时，应尽可能使K'_{MY}较大。为计算方便，往往粗略地以$\alpha_{Y(H)}\approx\alpha_{Y(N)}$时所对应的酸度作为滴定 M 的最高酸度。最低酸度与单一离子滴定相同，是 M 离子的水解酸度。少数金属离子极易水解，且其 EDTA 配位化合物的稳定常数很大，此时可提高滴定酸度。如以 0.020 $mol\cdot L^{-1}$的 EDTA 溶液滴定相同浓度的Bi^{3+}、Pb^{2+}混合溶液，因Bi^{3+}与 EDTA 的配位化合物远比Pb^{2+}与 EDTA 的配位化合物稳定，可用控制酸度的方法在一份试液中连续滴定Bi^{3+}和Pb^{2+}，选用二甲酚橙作为指示剂。首先滴定Bi^{3+}，此时，最高酸效应系数为

$$\alpha_{Y(H)}\approx\alpha_{Y(N)}=\alpha_{Y(Pb)}=1+K_{PbY}[Pb^{2+}]=10^{18.0}\times\frac{0.020}{2}=10^{16.0}$$

相应的 pH 为 1.4。此时Bi^{3+}仍易水解，因而将 pH 降低至 1.0，此时的$\lg K'_{BiY}=9.6$，仍然可以准确滴定。

如果金属指示剂不与 N 离子配位显色，则选择滴定的酸度控制范围就是 M 离子的适宜酸度范围。由于化学计量点的pM_{sp}值和终点的pM_{ep}随 pH 改变，ΔpM也随着变化。当$|\Delta pM|$增大，误差也增大，反之误差就变小。若有如附录表 14 的常数值，即可查得pM_{sp}与pM_{ep}接近时所对应的 pH，在该 pH 条件下滴

定终点误差较小。

例 20 用 0.020 $mol\cdot L^{-1}$ EDTA 溶液滴定 0.020 $mol\cdot L^{-1}$ Zn^{2+} 和 0.10 $mol\cdot L^{-1}$ Mg^{2+} 混合溶液中的 Zn^{2+}，问能否准确滴定？若溶液中的共存离子不是 Mg^{2+}，而是 0.10 $mol\cdot L^{-1}$ Ca^{2+}，能否准确滴定 Zn^{2+}？在 pH=5.5 以二甲酚橙作指示剂进行滴定时，发现 Ca^{2+} 有干扰，而 Mg^{2+} 没有干扰，原因何在？能否不分离 Ca^{2+}、也不加掩蔽剂来消除 Ca^{2+} 的干扰？已知二甲酚橙与 Ca^{2+} 和 Mg^{2+} 均不显色。二甲酚橙的有关常数见附录。

解 (1)

$$\begin{aligned}&\lg(K_{ZnY}c_{Zn^{2+}}^{sp})-\lg(K_{MgY}c_{Mg^{2+}}^{sp})\\&=\lg\left(10^{16.5}\times\frac{0.020}{2}\right)-\lg\left(10^{8.7}\times\frac{0.10}{2}\right)\\&=7.1>6\end{aligned}$$

故能准确滴定 Zn^{2+}，E_t 在±0.1%以内，Mg^{2+} 不干扰。

(2)

$$\begin{aligned}&\lg(K_{ZnY}c_{Zn^{2+}}^{sp})-\lg(K_{CaY}c_{Ca^{2+}}^{sp})\\&=\lg\left(10^{16.5}\times\frac{0.020}{2}\right)-\lg\left(10^{10.7}\times\frac{0.10}{2}\right)\\&=5.1>5\end{aligned}$$

故能准确滴定 Zn^{2+}，E_t 在±0.3%以内，Ca^{2+} 不干扰。

(3) 查附录表 14 可知在 pH=5.5 时 $pZn_{ep}=5.7$。

对 Zn^{2+}、Mg^{2+} 体系：

$$\begin{aligned}\lg K'_{ZnY}&=\lg K_{ZnY}-\lg(K_{MgY}c_{Mg^{2+}}^{sp})\\&=16.5-8.7+1.33\approx 9.1\end{aligned}$$

$$pZn_{sp}=\frac{1}{2}(pc_{Zn^{2+}}^{sp}+\lg K'_{ZnY})=\frac{1}{2}(2.00+9.1)=5.55$$

$$\Delta pZn=pZn_{ep}-pZn_{sp}=5.7-5.55=0.15$$

此时 $E_t=\dfrac{10^{0.15}-10^{-0.15}}{\sqrt{10^{9.1}\times 10^{-2}}}\times 100\%=0.02\%$，说明 Mg^{2+} 不干扰。

对 Zn^{2+}、Ca^{2+} 体系：

$$\begin{aligned}\lg K'_{ZnY}&=\lg K_{ZnY}-\lg(K_{CaY}c_{Ca^{2+}}^{sp})\\&=16.5-10.7+1.3=7.1\end{aligned}$$

$$pZn_{sp}=\frac{1}{2}(pc_{Zn^{2+}}^{sp}+\lg K'_{ZnY})=\frac{1}{2}(2.00+7.1)=4.55$$

$$\Delta pZn=pZn_{ep}-pZn_{sp}=5.7-4.55=1.15$$

同样计算可得 $E_t=4\%$，说明 Ca^{2+} 有干扰。

可见，这里的较大误差是由于 ΔpM 增大所造成的，与选择滴定 Zn^{2+} 的酸度不合适有关。如果将酸度提高到 pH=4.8～5.0，误差即符合要求。

当 pH=5.0 时，$pZn_{ep}=4.8$，pZn_{sp} 仍为 4.55，此时 $\Delta pZn=0.25$，$E_t=0.3\%$。

由此看来，应用配位滴定的分别滴定判别式时，还必须选择合适的 pH，使 pM_{ep} 与 pM_{sp} 尽量接近，这样可以减小滴定误差。为此，一般是通过试验来选择合适的 pH，若采用离子选择电极等手段指示终点，则可进一步减小终点误差。

6.7 提高配位滴定选择性的途径

6.5 节中已讨论了准确滴定和分别滴定的可行性，尤其需要强调和重视其前提条件。

当 $\Delta\lg(Kc)<5$，滴定 M 时，N 必然产生干扰。因此，要设法降低 $K_{NY}c_N^{sp}$ 值，以提高配位滴定的选择性。一般有三种途径。

a. 降低 N 离子的游离浓度，使

$$\lg(K_{MY}c_M^{sp})-\lg(K_{NY}[N])\geqslant5$$

可采用配位掩蔽法和沉淀掩蔽法等。

b. 应用氧化剂或还原剂改变 N 离子的价态，降低其与 Y 形成配位化合物的稳定性或使其不与 Y 配位，从而达到选择滴定 M 的目的，这种方法称为氧化还原掩蔽法。

c. 选择其他的氨羧配体或多胺类螯合剂 X 作滴定剂，使

$$\lg(K_{MX}c_M^{sp})-\lg(K_{NX}c_N^{sp})\geqslant5$$

6.7.1 配位掩蔽法

于溶液中加入配位掩蔽剂(masking agent)L，使 N 与 L 形成稳定的配位化合物，以降低溶液中 N 的游离浓度。此时 $\alpha_{Y(N)}=1+K_{NY}[N]=1+K_{NY}\cdot\dfrac{c_N^{sp}}{\alpha_{N(L)}}$，即 $K_{NY}c_N^{sp}$ 值降低了 $\alpha_{N(L)}$ 倍，可使 $\Delta\lg(Kc)\geqslant5$，从而达到选择滴定 M 而 N 不干扰的目的。

具体实施方法如下。

(1) 先加配位掩蔽剂，再用 EDTA 滴定 M。例如，溶液中含有 Al^{3+}、Zn^{2+}，则先在酸性溶液中加入过量的 Al^{3+} 配位掩蔽剂，如 F^-，再调至 pH＝5～6，使 Al^{3+} 生成 $[AlF_6]^{3-}$ 后，再用 EDTA 准确滴定 Zn^{2+}，Al^{3+} 不干扰。

(2) 先加配位掩蔽剂 L，使 N 生成 NL 后，用 EDTA 准确滴定 M，再用 X 破坏 NL，从 NL 中将 N 释放出来，以 EDTA 再准确滴定 N。由于 X 起了消除掩蔽剂的作用，故称 X 为解蔽剂(demasking agent)。

例如，测定铜合金中的铅、锌时，可在氨性试液中用 KCN 掩蔽 Cu^{2+}、Zn^{2+}，以铬黑 T 为指示剂，用 EDTA 滴定 Pb^{2+}。于滴定 Pb^{2+} 后的溶液中加入甲醛(也可以用三氯乙醛)，则 $[Zn(CN)_4]^{2-}$ 被解蔽而释放出 Zn^{2+}，然后用 EDTA 滴定释放出来的 Zn^{2+}：

$$4HCHO+[Zn(CN)_4]^{2-}+4H_2O = Zn^{2+}+\underset{\text{羟基乙腈}}{4H_2\overset{\displaystyle OH}{\overset{|}{C}}—CN}+4OH^-$$

$[Cu(CN)_2]^-$比较稳定，不易解蔽。在实际工作中，要注意甲醛用量、加入速度和溶液的温度，否则$[Cu(CN)_2]^-$部分被解蔽，使Zn^{2+}的测定结果偏高。

(3) 先以 EDTA 直接滴定或返滴定测出 M、N 的总量，再加配位掩蔽剂 L，L 与 NY 中的 N 配位：

$$NY+L \rightleftharpoons NL+Y$$

释放出 Y，再以金属离子标准溶液滴定 Y，测定出 N 的含量。

例如，在有多种金属离子的 EDTA 配位化合物溶液中，加入苦杏仁酸 $C_6H_5CHOHCOOH$，从 SnY（或 TiY）中夺取金属离子，释放出定量的 EDTA，然后用锌离子标准溶液滴定释放出来的 EDTA，即可求得Sn^{4+}［或 Ti(Ⅳ)］的含量。

又如，当Al^{3+}、Ti(Ⅳ)共存时，首先加 EDTA 使它们生成 AlY 和 TiY。再加入NH_4F（或 NaF），则两者的 EDTA 都释放出来，如此可测得 Al、Ti 总量。另取一份溶液，加入苦杏仁酸，则只能释放出 TiY 中的 EDTA，这样可测得 Ti 量。由 Al、Ti 总量减去 Ti 的量，即可求得 Al 的量。

一些常用的配位掩蔽剂见表 6-3。

表 6-3 一些常用的配位掩蔽剂

名　称	pH 范围	被掩蔽离子	备　注
氰化钾	>8	Co^{2+}、Ni^{2+}、Cu^{2+}、Zn^{2+}、Hg^{2+}、Cd^{2+}、Ag^+、Tl^+及铂系元素	
氟化铵	4～6	Al^{3+}、Ti(Ⅳ)、Sn(Ⅳ)、Zn^{2+}、W(Ⅵ)等	NH_4F 比 NaF 效果好，加入后溶液 pH 变化不大
	10	Al^{3+}、Mg^{2+}、Ca^{2+}、Sr^{2+}、Ba^{2+}及稀土元素	
邻二氮杂菲	5～6	Cu^{2+}、Co^{2+}、Ni^{2+}、Zn^{2+}、Cd^{2+}、Mn^{2+}	
三乙醇胺(TEA)	10	Al^{3+}、Sn(Ⅳ)、Ti(Ⅳ)、Fe^{3+}	与 KCN 并用，可提高掩蔽效果
	11～12	Fe^{3+}、Al^{3+}及少量Mn^{2+}	
二巯基丙醇	10	Hg^{2+}、Cd^{2+}、Zn^{2+}、Bi^{3+}、Pb^{2+}、Ag^+、As^{3+}、Sn(Ⅳ)及少量Cu^{2+}、Co^{2+}、Ni^{2+}、Fe^{3+}	
硫脲	弱酸性	Cu^{2+}、Hg^{2+}、Tl^+	

续表

名　　称	pH 范围	被掩蔽离子	备　　注
铜试剂(DDTC)	10	能与 Cu^{2+}、Hg^{2+}、Pb^{2+}、Cd^{2+}、Bi^{3+} 生成沉淀，其中 Cu－DDTC 为褐色，Bi－DDTC 为黄色，故其存在量应分别小于 2 mg 和 10 mg	
酒石酸	1.5～2	Sb^{3+}、Sn(Ⅳ)	在抗坏血酸存在下使用
	5.5	Fe^{3+}、Al^{3+}、Sn(Ⅳ)、Ca^{2+}	
	6～7.5	Mg^{2+}、Cu^{2+}、Fe^{3+}、Al^{3+}、Mo^{4+}	
	10	Al^{3+}、Sn(Ⅳ)、Fe^{3+}	

采用配位掩蔽剂时需注意以下几点。

a. 掩蔽剂不与待测离子配位，即使与待测离子形成配位化合物，其稳定性也应远小于待测离子与 EDTA 配位化合物的稳定性。

b. 干扰离子与掩蔽剂形成的配位化合物应远比与 EDTA 形成的配位化合物稳定，而且形成的配位化合物应为无色或浅色，不影响终点的判断。

c. 应注意掩蔽剂适用的 pH 范围，例如，在 pH＝8～10 时测定 Zn^{2+}，用铬黑 T 作指示剂，可用 NH_4F 掩蔽 Al^{3+}。但在测定含有 Ca^{2+}、Mg^{2+} 和 Al^{3+} 溶液中的 Ca^{2+}、Mg^{2+} 总量时，于 pH＝10 滴定，因为 F^- 会与被测物 Ca^{2+} 生成 CaF_2 沉淀，故不能用氟化物来掩蔽 Al^{3+}。此外，选用掩蔽剂还要注意它的性质和加入时的 pH 条件。例如，KCN 是剧毒物，故只允许在碱性溶液中使用。

例 21　溶液中含有 27 mg Al^{3+} 和 65.4 mg Zn^{2+}，用 0.020 $mol \cdot L^{-1}$ EDTA 溶液滴定，能否选择滴定 Zn^{2+}？若加入 1 g NH_4F，调节溶液的 pH 为 5.5，以二甲酚橙作指示剂，用 0.010 $mol \cdot L^{-1}$ EDTA 溶液滴定 Zn^{2+}，能否准确滴定？终点误差为多少？(假定终点总体积为 100 mL)

解　化学计量点时

$$c_{Al^{3+}}^{sp}=\frac{0.027\ g}{27\ g \cdot mol^{-1}}\times\frac{1\,000\ mL \cdot L^{-1}}{100\ mL}=0.010\ mol \cdot L^{-1}$$

$$c_{Zn^{2+}}^{sp}=\frac{0.065\,4\ g}{65.4\ g \cdot mol^{-1}}\times\frac{1\,000\ mL \cdot L^{-1}}{100\ mL}=0.010\ mol \cdot L^{-1}$$

$$\lg(K_{ZnY}c_{Zn^{2+}}^{sp})-\lg(K_{AlY}c_{Al^{3+}}^{sp})=(16.5-2.0)-(16.3-2.0)=0.2\ll 5$$

故不能选择滴定 Zn^{2+}。

加入 1 g NH_4F 后，$c_{F}^{sp}=\dfrac{1\ g}{37\ g \cdot mol^{-1}}\times\dfrac{1\,000\ mL \cdot L^{-1}}{100\ mL}=0.27\ mol \cdot L^{-1}$。

已知$[AlF_6]^{3-}$的 $\lg\beta_1$～$\lg\beta_6$ 分别为 6.15、11.15、15.00、17.75、19.36、19.84，$\lg\beta_5$ 与

$\lg\beta_6$之差值仅为 0.48,说明形成$[AlF_6]^{3-}$时 F^- 的游离浓度比较大,所以先假设$[AlF_5]^{2-}$为主要形式,则$[F']_{sp}=0.27\ mol\cdot L^{-1}-5\times0.01\ mol\cdot L^{-1}=0.22\ mol\cdot L^{-1}$。

当 pH=5.5 时,

$$\alpha_{F(H)}=1+\frac{[H^+]}{K_a}=1+\frac{10^{-5.5}}{10^{-3.18}}\approx1$$

即不存在酸效应,故

$$\begin{aligned}\alpha_{Al(F)}&=1+\beta_1[F]+\beta_2[F]^2+\cdots+\beta_6[F]^6\\&=1+10^{6.15}\times0.22+10^{11.15}\times0.22^2+10^{15.00}\times0.22^3+\\&\quad10^{17.75}\times0.22^4+10^{19.36}\times0.22^5+10^{19.84}\times0.22^6\\&=1+10^{5.49}+10^{9.83}+10^{13.03}+10^{15.12}+10^{16.07}+10^{15.89}\\&=10^{16.32}\end{aligned}$$

计算表明,$[AlF_4]^-$、$[AlF_5]^{2-}$、$[AlF_6]^{3-}$确实为主要存在形式,因此,$[F^-]$按 0.22 $mol\cdot L^{-1}$计算合理。

$$\begin{aligned}\alpha_{Y(Al)}&=1+K_{AlY}[Al]=1+K_{AlY}\frac{c_{Al}^{sp}}{\alpha_{Al(F)}}\\&=1+10^{16.3}\times\frac{0.01}{10^{16.32}}=1.01\approx1\end{aligned}$$

$\lg\alpha_{Y(Al)}\approx0$,因此,可以忽略 EDTA 的共存离子效应,只考虑 EDTA 的酸效应。查附录表 10 可知 pH=5.5 时 $\alpha_{Y(H)}=10^{5.51}$,则

$$\begin{aligned}\lg K'_{ZnY}&=\lg K_{ZnY}-\lg\alpha_{Y(H)}\\&=16.5-5.51=11.0\end{aligned}$$

$$pZn_{sp}=\frac{1}{2}(pc_{Zn^{2+}}^{sp}+\lg K'_{ZnY})=\frac{1}{2}(2.00+11.0)=6.50$$

查附录表 14 可知二甲酚橙在 pH=5.5 时 $pZn_{ep}=5.7$,故

$$\begin{aligned}\Delta pZn&=pZn_{ep}-pZn_{sp}\\&=5.7-6.50=-0.8\end{aligned}$$

$$\begin{aligned}E_t&=\frac{10^{-0.8}-10^{0.8}}{\sqrt{10^{11.0}\times10^{-2.00}}}\times100\%\\&=-0.02\%\end{aligned}$$

说明加入 1 gNH_4F 完全可以掩蔽 Al^{3+},选择滴定 Zn^{2+}。

例 22 用 0.020 $mol\cdot L^{-1}$ EDTA 溶液滴定含 0.020 $mol\cdot L^{-1}$ Zn^{2+} 和 0.020 $mol\cdot L^{-1}$ Cd^{2+} 混合溶液中的 Zn^{2+},加入过量 KI 掩蔽 Cd^{2+},终点时$[I^-]=1.0\ mol\cdot L^{-1}$,能否准确滴定 Zn^{2+}?若能滴定,酸度应控制在多大范围内?已知二甲酚橙与 Cd^{2+}、Zn^{2+} 都能配位显色,则在 pH=5.0 时,能否用二甲酚橙作指示剂选择滴定 Zn^{2+}?已知 pH=5.0 时 $pCd_{ep}=4.5$,$pZn_{ep}=4.8$。

解 已知$[CdI_4]^{2-}$的 $\lg\beta_1\sim\lg\beta_4$ 为 2.10、3.43、4.49、5.41,故

$$\alpha_{Cd(I)}=1+10^{2.1}\times1.0+10^{3.4}\times1.0^2+10^{4.5}\times1.0^3+10^{5.4}\times1.0^4$$
$$=10^{5.5}$$

$$\lg(K_{ZnY}c_{Zn^{2+}}^{sp})-\lg(K'_{CdY}c_{Cd^{2+}}^{sp})=\lg(K_{ZnY}c_{Zn^{2+}}^{sp})-\lg\left(\frac{K_{CdY}c_{Cd^{2+}}^{sp}}{\alpha_{Cd(I)}}\right)$$
$$=16.5-2.0-(16.46-2.0-5.5)=5.5>5$$

故可准确滴定 Zn^{2+}。

由于 Cd^{2+} 被掩蔽，所以酸度范围可按单一 Zn^{2+} 计算。若要求 $\Delta pM=0.2$，$E_t\leqslant0.3\%$，由 $\lg(K'_{ZnY}c_{Zn^{2+}}^{sp})\geqslant5$ 得 $\lg K'_{ZnY}\geqslant7$，故

$$\lg\alpha_{Y(H)}=\lg K_{ZnY}-\lg K'_{ZnY}=16.5-7=9.5$$

查附录表 10 得 pH=3.5(最高酸度)。

$$[OH^-]=\sqrt{\frac{K_{sp}}{c_{Zn^{2+}}}}=\sqrt{\frac{10^{-16.92}}{0.020}}\ \text{mol·L}^{-1}=10^{-7.6}\ \text{mol·L}^{-1}$$

$$pH=14-7.6=6.4(\text{水解酸度})$$

选择滴定 Zn^{2+} 时 pH 控制在 3.5～6.4 之间都能滴定。

当 pH=5.0 时，共存离子效应远大于酸效应，因此酸效应可忽略，仅需考虑共存离子效应的影响。

$$\lg K'_{ZnY}=\lg K_{ZnY}-\lg\frac{K_{CdY}c_{Cd^{2+}}^{sp}}{\alpha_{Cd(I)}}$$

$$=16.5-(16.46-2.0-5.5)=7.5$$

$$pZn_{sp}=\frac{1}{2}(pc_{Zn^{2+}}^{sp}+\lg K'_{ZnY})=\frac{1}{2}(2.00+7.5)=4.75$$

$$[Cd^{2+}]_{sp}=\frac{c_{Cd^{2+}}^{sp}}{\alpha_{Cd(I)}}=\frac{0.010}{10^{5.5}}\ \text{mol·L}^{-1}=10^{-7.5}\ \text{mol·L}^{-1}$$

因为 $\Delta pZn=pZn_{ep}-pZn_{sp}=4.8-4.75=0.05$，二甲酚橙作为 Zn^{2+} 的指示剂是合适的。而此时 $[Cd^{2+}]_{sp}=10^{-7.5}$ mol·L^{-1}，远远小于 K'_{CdIn}，所以不会有 CdIn 的红色出现。

6.7.2 沉淀掩蔽法

于溶液中加入一种选择性沉淀剂，使其与干扰离子形成沉淀，从而使干扰离子浓度降低，在不分离沉淀的情况下可以直接进行滴定，这种消除干扰的方法称为沉淀掩蔽法。例如，在强碱溶液中用 EDTA 滴定 Ca^{2+} 时，强碱与 Mg^{2+} 形成 $Mg(OH)_2$ 沉淀而不干扰 Ca^{2+} 的滴定，此时 OH^- 就是 Mg^{2+} 的沉淀掩蔽剂。

沉淀掩蔽法不是一种理想的掩蔽方法，它常存在下列缺点：

a. 某些沉淀反应进行不完全，有时掩蔽效率不高。

b. 发生沉淀反应时，通常伴随共沉淀现象，影响滴定的准确度。当沉淀能吸附金属离子指示剂时，会影响终点观察。

c. 某些沉淀颜色很深,或体积庞大,妨碍终点观察。

配位滴定中常用的沉淀掩蔽剂及应用实例如表 6-4 所示。

表 6-4 配位滴定中常用的沉淀掩蔽剂及应用实例

名 称	被掩蔽的离子	待测定的离子	pH 范围	指 示 剂
NH_4F	Mg^{2+}、Ca^{2+}、Sr^{2+}、Ba^{2+}、Ti(Ⅳ)、Al^{3+} 及稀土元素离子	Zn^{2+}、Cd^{2+}、Mn^{2+}(有还原剂存在下)	10	铬黑 T
		Cu^{2+}、Co^{2+}、Ni^{2+}	10	紫脲酸铵
K_2CrO_4	Ba^{2+}	Sr^{2+}	10	Mg-EDTA 铬黑 T
Na_2S 或铜试剂	Bi^{3+}、Cd^{2+}、Cu^{2+}、Hg^{2+}、Pb^{2+} 等	Mg^{2+}、Ca^{2+}	10	铬黑 T
H_2SO_4	Pb^{2+}	Bi^{3+}	1	二甲酚橙
$K_4[Fe(CN)_6]$	微量 Zn^{2+}	Pb^{2+}	5～6	二甲酚橙

6.7.3 氧化还原掩蔽法

当某种价态的共存离子对滴定有干扰时,利用氧化还原反应改变干扰离子的价态以消除干扰的方法,称为氧化还原掩蔽法。

例如,$\lg K_{Fe(Ⅲ)Y}=25.1$,$\lg K_{Fe(Ⅱ)Y}=14.33$,根据这个特性,在 Fe^{3+} 与一些 $\lg K_{MY}$ 与其相近的离子如 ZrO^{2+}、Bi^{3+}、Th^{4+}、Sc^{3+}、In^{3+}、Sn^{4+}、Hg^{2+} 等共存时,可将溶液中的 Fe^{3+} 还原为 Fe^{2+},增大 $\Delta\lg K$ 值,从而达到选择滴定上述离子的目的。

有的氧化还原掩蔽剂既有还原性,又能与干扰离子生成配位化合物。例如,$Na_2S_2O_3$ 可将 Cu^{2+} 还原为 Cu^+,并与 Cu^+ 发生配位反应:

$$2Cu^{2+}+2S_2O_3^{2-} = 2Cu^++S_4O_6^{2-}$$

$$Cu^++2S_2O_3^{2-} = [Cu(S_2O_3)_2]^{3-}$$

有些离子的高价态对 EDTA 滴定不发生干扰。例如,Cr^{3+} 对滴定有干扰,但 CrO_4^{2-}、$Cr_2O_7^{2-}$ 对滴定没有干扰,故将 Cr^{3+} 氧化为 $Cr_2O_7^{2-}$ 后,即可消除其干扰。

6.7.4 其他滴定剂的应用

氨羧配体的种类很多,除 EDTA 外,许多其他氨羧配体也能与金属离子生成稳定的配位化合物,但其稳定性与 EDTA 配位化合物的稳定性相比有时差别较大,故选用这些氨羧配体作滴定剂,有可能提高滴定某些金属离子的选择性。

1. EGTA(乙二醇二乙醚二胺四乙酸)

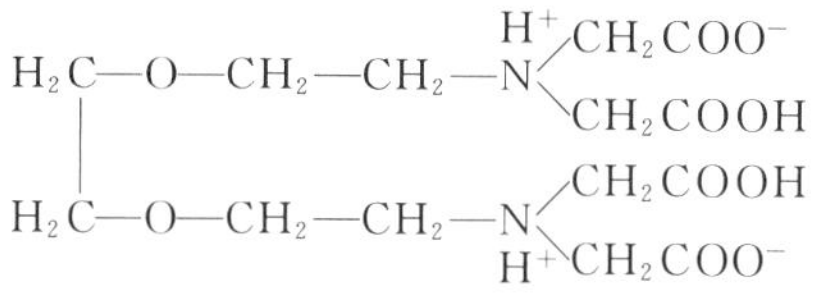

$$
\begin{array}{l}
H_2C-O-CH_2-CH_2-\overset{H^+}{N}\diagup^{CH_2COO^-}_{CH_2COOH} \\
\quad | \\
H_2C-O-CH_2-CH_2-N\diagup^{CH_2COOH}_{\underset{H^+}{CH_2COO^-}}
\end{array}
$$

EGTA 和 EDTA 与 Mg^{2+}、Ca^{2+}、Sr^{2+}、Ba^{2+} 形成的螯合物的 lgK 值比较如下：

	Mg^{2+}	Ca^{2+}	Sr^{2+}	Ba^{2+}
lgK_{M-EGTA}	5.21	10.97	8.50	8.41
lgK_{M-EDTA}	8.7	10.69	8.73	7.86

可以看出，如果要在大量 Mg^{2+} 存在下滴定 Ba^{2+} 或 Sr^{2+}，采用 EDTA 时 Mg^{2+} 的干扰严重，如用 EGTA，Mg^{2+} 的干扰就较小。

2. EDTP(乙二胺四丙酸)

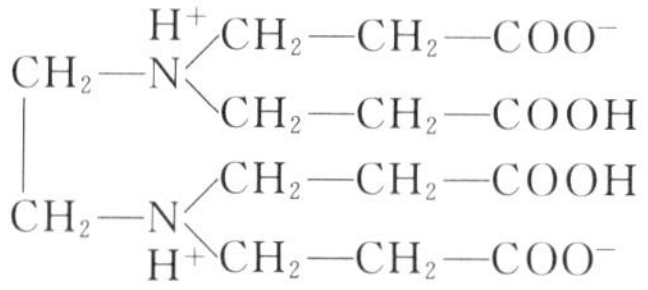

$$
\begin{array}{l}
CH_2-\overset{H^+}{N}\diagup^{CH_2-CH_2-COO^-}_{CH_2-CH_2-COOH} \\
\quad | \\
CH_2-N\diagup^{CH_2-CH_2-COOH}_{\underset{H^+}{CH_2-CH_2-COO^-}}
\end{array}
$$

EDTP 与金属离子形成的螯合物的稳定性较相应的 EDTA 螯合物差，但 Cu-EDTP 螯合物却有相当高的稳定性：

	Cu^{2+}	Zn^{2+}	Cd^{2+}	Mn^{2+}	Mg^{2+}
lgK_{M-EDTP}	15.4	7.8	6.0	4.7	1.8
lgK_{M-EDTA}	18.80	16.50	16.46	13.87	8.7

因此，控制一定的 pH，用 EDTP 滴定 Cu^{2+} 时，Zn^{2+}、Cd^{2+}、Mn^{2+}、Mg^{2+} 都不干扰。

3. 三乙撑四胺

三乙撑四胺简称 Trien，是一种不含羧基的多胺类螯合剂：

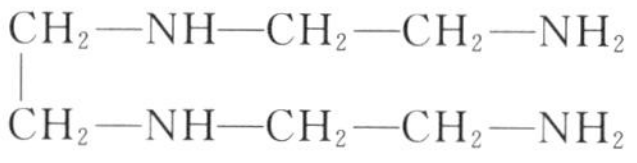

$$
\begin{array}{l}
CH_2-NH-CH_2-CH_2-NH_2 \\
\quad | \\
CH_2-NH-CH_2-CH_2-NH_2
\end{array}
$$

三乙撑四胺可与 Cu^{2+}、Ni^{2+}、Co^{2+}、Zn^{2+}、Cd^{2+}、Hg^{2+} 等形成稳定的配位化合物，而与 Ca^{2+}、Mg^{2+}、Mn^{2+}、Fe^{3+}、Al^{3+}、Pb^{2+} 等不形成稳定的配位化合物。

三乙撑四胺与 Mn^{2+}、Pb^{2+}、Ni^{2+} 形成的配位化合物的稳定性与 EDTA 配位化合物的稳定性比较如下：

	Mn^{2+}	Pb^{2+}	Ni^{2+}
$\lg K_{M-Trien}$	4.9	10.4	14.0
$\lg K_{M-EDTA}$	18.80	16.50	16.46

有Mn^{2+}、Pb^{2+}存在时，如用EDTA滴定Ni^{2+}，它们的干扰会很大，若改用三乙撑四胺滴定，则Mn^{2+}的干扰很小，Pb^{2+}也容易被掩蔽。

6.8 配位滴定方式及其应用

在配位滴定中，采用不同类型的滴定方式，不仅可以扩大配位滴定的应用范围，而且还可以提高配位滴定的选择性。

6.8.1 直接滴定法

直接滴定法是配位滴定的基本方法。这种方法是将试样处理成溶液后，调节至所需要的酸度，加入必要的其他试剂和指示剂，直接用EDTA标准溶液滴定。

直接滴定法的使用必须符合下列条件。

a. 被测离子的浓度c_M及其EDTA配位化合物的条件稳定常数K'_{MY}应满足$\lg(c_M K'_{MY})\geqslant 6$的要求，至少应在5以上。

b. 配位反应速率应该很快。

c. 应有变色敏锐的指示剂，且指示剂没有封闭或僵化现象。

d. 在选用的滴定条件下，被测离子不发生水解和沉淀反应。

金属离子的水解和沉淀反应是容易防止的。例如，在pH≈10时滴定Pb^{2+}，可先在酸性试液中加入酒石酸盐，与Pb^{2+}配位，再调节溶液的pH为10左右，然后进行滴定。这样就防止了Pb^{2+}的水解。在这里，酒石酸盐是辅助配体。

若不符合上述条件，则可考虑采用下述其他类型滴定方式。

6.8.2 返滴定法

返滴定法是在试液中先加入已知量且过量的EDTA标准溶液，然后用另一种金属盐类的标准溶液滴定过量的EDTA，根据两种标准溶液的浓度和用量，即可求得被测物质的含量。

返滴定剂与EDTA形成的配位化合物应有足够的稳定性，但不宜超过被测离子与EDTA形成的配位化合物的稳定性太多，否则在滴定过程中，返滴定剂会置换出被测离子，引起误差，而且终点不敏锐。

返滴定法主要用于下列情况：

a. 采用直接滴定法时，缺乏符合要求的指示剂，或者被测离子对指示剂有封闭作用。

b. 被测离子与 EDTA 的配位反应速率很慢。

c. 被测离子发生水解等副反应，影响测定。

例如，Al^{3+} 的滴定由于存在下列问题，故不宜采用直接滴定法。

a. Al^{3+} 对二甲酚橙等指示剂有封闭作用。

b. Al^{3+} 与 EDTA 的配位反应速率缓慢，需要加过量 EDTA 并加热煮沸，配位反应才完全。

c. 在酸度不高时，Al^{3+} 水解生成一系列多核氢氧基配位化合物，如 $[Al_2(H_2O)_6(OH)_3]^{3+}$、$[Al_3(H_2O)_6(OH)_6]^{3+}$ 等，即使将酸度提高至 EDTA 滴定 Al^{3+} 的最高酸度（$pH\approx4.1$），仍不能避免多核配位化合物的形成。铝的多核配位化合物与 EDTA 反应缓慢，配位比不恒定，故对滴定不利。

为了避免发生上述问题，可采用返滴定法。为此，可先加入一定量且过量的 EDTA 标准溶液，在 $pH\approx3.5$ 时，煮沸溶液。由于此时溶液的酸度较大（$pH<4.1$），故不至于形成多核氢氧基配位化合物；又因 EDTA 过量较多，故能使 Al^{3+} 与EDTA配位完全。配位完全后，调节溶液 pH 至 5～6（此时 AlY 稳定，不会重新水解析出多核配位化合物），加入二甲酚橙，即可顺利地用 Zn^{2+} 标准溶液进行返滴定。

6.8.3 置换滴定法

利用置换反应，置换出等物质的量的另一金属离子，或置换出 EDTA，然后滴定，这就是置换滴定法。置换滴定法的方式灵活多样。

1. 置换出金属离子

被测离子 M 与 EDTA 反应不完全或所形成的配位化合物不稳定时，可让 M 置换出另一配位化合物（如 NL）中等物质的量的 N，用 EDTA 滴定 N，即可求得 M 的含量：

$$M+NL \rightleftharpoons ML+N$$

例如，Ag^+ 与 EDTA 的配位化合物不稳定，不能用 EDTA 直接滴定，但将 Ag^+ 加入到 $Ni(CN)_4^{2-}$ 溶液中，则

$$2Ag^+ +[Ni(CN)_4]^{2-} \rightleftharpoons 2[Ag(CN)_2]^- +Ni^{2+}$$

在 $pH=10$ 的氨性缓冲溶液中，以紫脲酸铵作指示剂，用 EDTA 滴定置换出来的 Ni^{2+}，即可求得 Ag^+ 的含量。

2. 置换出 EDTA

若被测离子 M 与干扰离子皆可与 EDTA 配位完全，加入选择性高的配体 L 以夺取 M，并释放出 EDTA：

$$MY + L \rightleftharpoons ML + Y$$

反应后，释放出与 M 等物质的量的 EDTA，用金属盐类标准溶液滴定释放出来的 EDTA，即可测得 M 的含量。

例如，测定锡合金中的 Sn 时，可于试液中加入过量的 EDTA，将可能存在的 Pb^{2+}、Zn^{2+}、Cd^{2+}、Bi^{3+} 等与 Sn(Ⅳ)一起配位。用 Zn^{2+} 标准溶液滴定过量的 EDTA。加入 NH_4F，选择性地将 SnY 中的 EDTA 置换出来，再用 Zn^{2+} 标准溶液滴定置换出来的 EDTA，即可求得 Sn(Ⅳ)的含量。

置换滴定法是提高配位滴定选择性的途径之一。

此外，利用置换滴定法的原理，可以改善指示剂指示滴定终点的敏锐性，以解决配位滴定中没有满意的指示剂的问题。例如，铬黑 T 与 Mg^{2+} 显色很灵敏，但与 Ca^{2+} 显色的灵敏度较差，为此，在 pH＝10 的溶液中用 EDTA 滴定 Ca^{2+} 时，常于溶液中先加入少量 MgY，此时发生下列转换反应：

$$MgY + Ca^{2+} \rightleftharpoons CaY + Mg^{2+}$$

置换出来的 Mg^{2+} 与铬黑 T 显很深的红色。滴定时，EDTA 先与 Ca^{2+} 配位，当达到滴定终点时，EDTA 夺取 Mg－铬黑 T 配位化合物中的 Mg^{2+}，形成 MgY，游离出指示剂，显蓝色，颜色变化很明显。在这里，滴定前加入的 MgY 和最后生成的 MgY 的物质的量是相等的，故加入的 MgY 并不影响滴定结果。

用 CuY－PAN 作指示剂时，也是利用置换滴定法的原理。例如，用 EDTA 配位滴定法测定与 Cu^{2+} 和 Zn^{2+} 共存的 Al^{3+} 的含量，以 PAN 为指示剂，测定的相对误差在 0.1%以内。测定过程可表示如下：

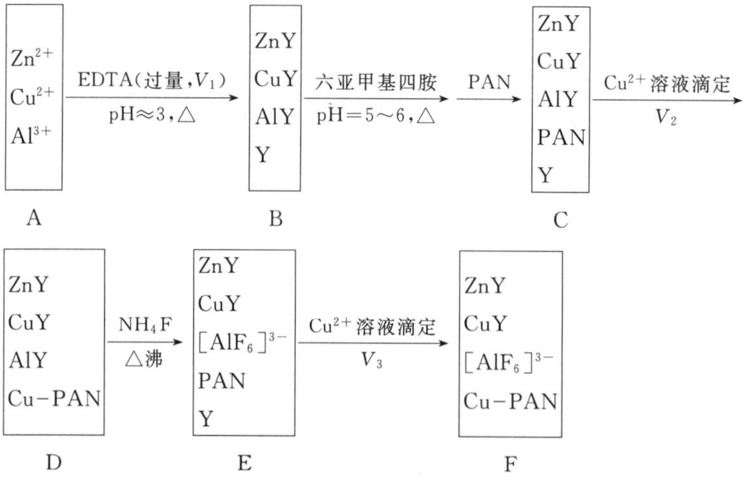

有关配位化合物稳定常数的对数值 $\lg K_{稳}$ 的数据为

CuY：18.8　ZnY：16.5　AlY：16.1　$[AlF_6]^{3-}$：19.7　Cu－PAN：16

这其中，并不需要确知 V_1 的量，过量即可；若 V_2 过量了，可加入少量 EDTA，继续以 Cu^{2+} 标准溶液滴定过量的 Y，准确进入 D 框状态，而不必从头开始重做。

6.8.4 间接滴定法

有些金属阳离子和非金属阴离子不与 EDTA 配位或生成的配位化合物不稳定，这时可以采用间接滴定法。此法一般是先加入一定量且过量的、能与 EDTA 形成稳定配位化合物的金属离子作沉淀剂，以沉淀待测离子，过量沉淀剂用 EDTA 滴定；或将沉淀分离、溶解后，再用 EDTA 滴定其中的金属离子。例如测定 PO_4^{3-}，可加一定量且过量的 $Bi(NO_3)_3$，使之生成 $BiPO_4$ 沉淀，再用 EDTA 滴定剩余的 Bi^{3+}。又如测定 Na^+ 时，将 Na^+ 沉淀为醋酸铀酰锌钠 $NaOAc \cdot Zn(OAc)_2 \cdot 3UO_2(OAc)_2 \cdot 9H_2O$，分离沉淀，溶解后，用 EDTA 滴定 Zn^{2+}，从而求得 Na^+ 含量；测定 SO_4^{2-} 时，可在 pH＝1 时以过量 Ba^{2+} 沉淀 SO_4^{2-}，产生 $BaSO_4$ 沉淀，在 pH＝10 时以一定量且过量的 EDTA 处理（煮沸）而形成 Ba－EDTA，过量的 EDTA 采用 Mg^{2+} 标准溶液返滴定。对于 CO_3^{2-}、CrO_4^{2-}、S^{2-} 等也可采用一定量且过量的金属离子标准溶液与其形成沉淀，过滤、洗涤沉淀后，用 EDTA 标准溶液滴定滤液中的过量金属离子。

间接滴定法操作较繁琐，引入误差的机会也较多，不是一种理想的分析方法。

6.8.5 配位滴定结果的计算

在直接滴定法中，由于 EDTA 通常与各种价态的金属离子以 1∶1 配位，因此结果的计算比较简单，以被测物的质量分数表示为

$$w=\frac{cVM}{m_s}\times 100\%$$

式中，c 和 V 分别为 EDTA 的浓度和滴定时用去 EDTA 的体积，代入数值计算时，应注意相关数据的单位要合理，例如将体积化为升（L）；M 为被测物的摩尔质量（$g \cdot mol^{-1}$），m_s 为试样的质量（g）。

采用其他滴定方式时，也应根据被测物与滴定剂等的相应的计量关系进行计算。

例 23　称取含硫的试样 0.300 0 g，将试样处理成溶液后，加入 20.00 mL 0.050 00 $mol \cdot L^{-1}$ $BaCl_2$ 溶液，加热产生 $BaSO_4$ 沉淀，再以 0.025 00 $mol \cdot L^{-1}$ EDTA 标准溶液滴定剩余的 Ba^{2+} 离子，消耗 24.81 mL。求试样中硫的质量分数。

解 这是一典型的返滴定示例。试样中S的质量分数可表示为

$$w_{\mathrm{S}}=\frac{[(cV)_{\mathrm{BaCl_2}}-(cV)_{\mathrm{EDTA}}]\times M_{\mathrm{S}}}{m_{\mathrm{s}}}\times100\%$$

$$=\frac{(0.050\,00\ \mathrm{mol\cdot L^{-1}}\times20.00\ \mathrm{mL}-0.025\,00\ \mathrm{mol\cdot L^{-1}}\times24.81\ \mathrm{mL})\times32.06\ \mathrm{g\cdot mol^{-1}}}{0.300\,0\ \mathrm{g}\times1\,000\ \mathrm{mL\cdot L^{-1}}}\times100\%$$

$$=4.06\%$$

例 24 分析铜锌镁的合金，称取 0.500 0 g 试样，处理成溶液后定容至 100 mL。移取 25.00 mL，调至 pH=6，以 PAN 为指示剂，用 0.050 00 mol·L^{-1} EDTA 溶液滴定 Cu^{2+} 和 Zn^{2+}，消耗 37.30 mL。另取一份 25.00 mL 试样溶液，用 KCN 以掩蔽 Cu^{2+} 和 Zn^{2+}，用同浓度的 EDTA 溶液滴定 Mg^{2+}，消耗 4.10 mL。然后再加甲醛以解蔽 Zn^{2+}，用同浓度的EDTA溶液滴定，消耗 13.40 mL。计算试样中铜、锌、镁的质量分数。

解 依题意，可分别计算如下

$$w_{\mathrm{Mg}}=\frac{0.050\,00\ \mathrm{mol\cdot L^{-1}}\times4.10\ \mathrm{mL}\times24.31\ \mathrm{g\cdot mol^{-1}}}{0.500\,0\ \mathrm{g}\times\dfrac{25.00}{100}\times1\,000\ \mathrm{mL\cdot L^{-1}}}\times100\%=3.90\%$$

$$w_{\mathrm{Zn}}=\frac{0.050\,00\ \mathrm{mol\cdot L^{-1}}\times13.40\ \mathrm{mL}\times65.38\ \mathrm{g\cdot mol^{-1}}}{0.500\,0\ \mathrm{g}\times\dfrac{25.00}{100}\times1\,000\ \mathrm{mL\cdot L^{-1}}}\times100\%=35.04\%$$

$$w_{\mathrm{Cu}}=\frac{0.050\,00\ \mathrm{mol\cdot L^{-1}}\times(37.30-13.40)\ \mathrm{mL}\times63.55\ \mathrm{g\cdot mol^{-1}}}{0.500\,0\ \mathrm{g}\times\dfrac{25.00}{100}\times1\,000\ \mathrm{mL\cdot L^{-1}}}\times100\%=60.75\%$$

例 25 称取含氟矿样 0.500 0 g，溶解，在弱碱性介质中加入 0.100 0 mol·L^{-1} Ca^{2+} 溶液 50.00 mL，将沉淀过滤，收集滤液和洗液，然后于 pH=10.00 时用 0.050 00 mol·L^{-1} EDTA 溶液返滴定过量的 Ca^{2+}，消耗 20.00 mL。计算试样中氟的质量分数。

解 1 mol Ca^{2+} 与 2 mol F^- 生成 1 mol CaF_2 沉淀，因此

$$w_{\mathrm{F}}=\frac{2[(cV)_{\mathrm{Ca^{2+}}}-(cV)_{\mathrm{EDTA}}]\times M_{\mathrm{F}}}{m_{\mathrm{s}}}$$

$$=\frac{2(0.100\,0\ \mathrm{mol\cdot L^{-1}}\times50.00\ \mathrm{mL}-0.050\,00\ \mathrm{mol\cdot L^{-1}}\times20.00\ \mathrm{mL})\times19.00\ \mathrm{g\cdot mol^{-1}}}{0.500\,0\ \mathrm{g}\times1\,000\ \mathrm{mL\cdot L^{-1}}}\times100\%$$

$$=30.40\%$$

思考题

1. 简述金属离子与 EDTA 形成的配位化合物的特点及条件稳定常数的实际意义。

2. 根据金属离子形成配位化合物的性质，说明下列配位化合物中哪些是有色的，哪些是无色的：

Cu^{2+}-乙二胺，Zn^{2+}-乙二胺，$[TiOY]^{2-}$，$[TiY]^{-}$，$[FeY]^{2-}$，$[FeY]^{-}$。

3. H_2O_2 能与$[TiOY]^{2-}$形成三元配位化合物$[TiO(H_2O_2)Y]^{2-}$，它使$[TiOY]^{2-}$的条件稳定常数增大了还是减少了？为什么？

4. Hg^{2+}既能与 EDTA 生成$[HgY]^{2-}$，还能与 NH_3、OH^- 继续生成$[Hg(NH_3)Y]^{2-}$和$[Hg(OH)Y]^{3-}$。若在 pH=10 的氨性缓冲溶液中，用 EDTA 滴定 Hg^{2+}，增大缓冲剂的总浓度(即增大 $c_{NH_4^+ + NH_3}$)，此时 $\lg K'_{HgY}$是增大还是减小？滴定的突跃范围是增大还是减小？试简要说明其原因。

5. 0.010 mol·L^{-1}的 Zn^{2+} 在 pH≈6.4 开始沉淀，若有以下两种情况：

a. 在 pH=4～5 时，加入等物质的量的 EDTA 后再调至 pH≈10；

b. 在 pH=10 的氨性缓冲溶液中，用 EDTA 滴定 Zn^{2+} 至终点。

当两者体积相同时，试问哪种情况的 $\lg K'_{ZnY}$大？为什么？

6. 在 pH=10 的氨性缓冲溶液中，用 0.020 mol·L^{-1} EDTA 溶液滴定含 0.020 mol·L^{-1} Cu^{2+} 和0.020 mol·L^{-1} Mg^{2+} 的混合溶液，以离子选择电极指示终点。实验结果表明，若终点时游离氨的浓度控制在 10^{-3} mol·L^{-1}左右时，出现两个电位突跃；若终点时游离氨的浓度在 0.2 mol·L^{-1}，只有一个电位突跃。试简要说明其原因。

7. 金属指示剂与酸碱指示剂的作用原理有何不同？金属指示剂应具备哪些条件？什么是金属指示剂的封闭与僵化？如何避免？

8. Ca^{2+} 与 PAN 不显色，但在 pH=10～12 时，加入适量的 CuY，却可用 PAN 作滴定 Ca^{2+} 的指示剂。简述其原理。

9. KB 指示剂为酸性铬蓝 K 与萘酚绿 B 混合而成的指示剂，其中萘酚绿 B 起什么作用？

10. 用 NaOH 标准溶液滴定 $FeCl_3$ 溶液中的游离 HCl 时，Fe^{3+} 将产生怎样的影响？加入下列哪一种化合物可消除其干扰？

EDTA，Ca-EDTA，柠檬酸三钠，三乙醇胺。

11. 用 EDTA 滴定 Ca^{2+}、Mg^{2+} 时，可用三乙醇胺、KCN 掩蔽 Fe^{3+}，但抗坏血酸或盐酸羟胺不能掩蔽 Fe^{3+}。而在 pH≈1 滴定 Bi^{3+} 时，恰恰相反，抗坏血酸或盐酸羟胺可掩蔽 Fe^{3+}，而三乙醇胺、KCN 不能掩蔽 Fe^{3+}，且 KCN 严禁在 pH<6 的溶液中使用。试简要说明原因。

12. $K'_{Fe(III)Y}$在 pH 较大时，仍具有较大的数值，若 $c_{Fe(III)}$=0.010 mol·L^{-1}，在 pH=6 时，$\lg K'_{Fe(III)Y}$=14.6，完全可以准确滴定，但实际上并不在此条件下进行，为什么？

13. pH=5～6 时，以二甲酚橙作指示剂，用 EDTA 滴定黄铜(锌铜合金)中锌的质量分数，现有以下几种方法标定 EDTA 溶液的浓度：

a. 以氧化锌作基准物质，在 pH=10.0 的氨性缓冲溶液中，以铬黑 T 作指示剂，标定 EDTA 溶液的浓度；

b. 以碳酸钙作基准物质，在 pH=12.0 时，以 KB 作指示剂，标定 EDTA 溶液的浓度；

c. 以氧化锌作基准物质，在 pH=6.0 时，以二甲酚橙作指示剂，标定 EDTA 溶液的浓度。

用上述哪一种方法标定 EDTA 溶液的浓度最合适？试简要说明其理由。

14. 配制试样溶液所用的蒸馏水中含有少量的 Ca^{2+}，若在 pH=5.5 测定 Zn^{2+} 和在 pH=10.0氨性缓冲溶液中测定 Zn^{2+}，所消耗 EDTA 溶液的体积是否相同？在哪种情况下产生的误差大？

15. 试拟定一个测定工业产品 $Na_2[CaY]$中 Ca 和 EDTA 质量分数的配位滴定方案。

16. 以盐酸溶解水泥试样后，制成一定量试样溶液。试拟定一个以 EDTA 标准溶液滴定此试样溶液中 Fe^{3+}、Al^{3+}、Ca^{2+}、Mg^{2+} 含量的滴定方案。

17. 利用掩蔽和解蔽作用，拟定一个测定 Ni^{2+}、Zn^{2+}、Mg^{2+} 混合溶液中各组分浓度的滴定方案。

习 题

1. 在不同资料上查得 Cu(Ⅱ)配位化合物的常数如下。

Cu－柠檬酸	$K_{不稳}=6.3\times10^{-15}$
Cu－乙酰丙酮	$\beta_1=1.86\times10^8$，$\beta_2=2.19\times10^{16}$
Cu－乙二胺	逐级稳定常数为 $K_1=4.7\times10^{10}$，$K_2=2.1\times10^9$
Cu－磺基水杨酸	$\lg\beta_2=16.45$
Cu－酒石酸	$\lg K_1=3.2$，$\lg K_2=1.9$，$\lg K_3=-0.33$，$\lg K_4=1.73$
Cu－EDTA	$\lg K_{稳}=18.80$
Cu－EDTP	$pK_{不稳}=15.4$

试按总稳定常数($\lg K_{稳}$)从大到小把它们排列起来。

(Cu－乙二胺＞Cu－EDTA＞Cu－磺基水杨酸＞Cu－乙酰丙酮＞Cu－EDTP＞Cu－柠檬酸＞Cu－酒石酸)

2. 在 pH＝9.26 的氨性缓冲溶液中，除氨配位化合物外的缓冲剂总浓度为 0.20 $mol\cdot L^{-1}$，游离 $C_2O_4^{2-}$ 浓度为 0.10 $mol\cdot L^{-1}$。计算 Cu^{2+} 的 α_{Cu}。已知 $Cu^{2+}-C_2O_4^{2-}$ 配位化合物的 $\lg\beta_1=4.5$，$\lg\beta_2=8.9$；$Cu^{2+}-OH^-$ 配位化合物的 $\lg\beta_1=6.0$。

($10^{9.4}$)

3. 铬黑 T(EBT)是一种有机弱酸，它的 $\lg K_1^H=11.6$，$\lg K_2^H=6.3$，Mg－EBT 的 $\lg K_{MgIn}=7.0$，计算 pH＝10.0 时的 $\lg K'_{MgIn}$值。

(5.4)

4. 已知$[M(NH_3)_4]^{2+}$的 $\lg\beta_1\sim\lg\beta_4$ 分别为 2.0、5.0、7.0、10.0，$[M(OH)_4]^{2-}$的$\lg\beta_1\sim\lg\beta_4$ 分别为 4.0、8.0、14.0、15.0。在浓度为 0.10 $mol\cdot L^{-1}$的 M^{2+} 溶液中，滴加氨水至溶液中的游离 NH_3 浓度为 0.010 $mol\cdot L^{-1}$，pH＝9.0。试问溶液中配位化合物的主要存在型体是哪一种？浓度为多少？若将 M^{2+} 溶液用 NaOH 和氨水调节至 pH≈13.0，且游离氨浓度为 0.010 $mol\cdot L^{-1}$，则上述溶液中的主要存在型体是什么？浓度又为多少？

($[M(NH_3)_4]^{2+}$，0.082 $mol\cdot L^{-1}$，$[M(OH)_3]^-$、$[M(OH)_4]^{2-}$，0.050 $mol\cdot L^{-1}$)

5. 实验测得 0.10 $mol\cdot L^{-1}$ $[Ag(H_2NCH_2CH_2NH_2)_2]^+$ 溶液中游离的乙二胺浓度为 0.010 $mol\cdot L^{-1}$。计算溶液中 $c_{乙二胺}$ 和 $\delta_{[Ag(H_2NCH_2CH_2NH_2)]^+}$。已知 Ag^+ 与乙二胺配位化合物的 $\lg\beta_1=4.7$，$\lg\beta_2=7.7$。

(0.20 $mol\cdot L^{-1}$，0.091)

6. 在 pH＝6.0 的溶液中，含有 0.020 $mol\cdot L^{-1}$ Zn^{2+} 和 0.020 $mol\cdot L^{-1}$ Cd^{2+}，游离酒石酸根(Tart)浓度为 0.20 $mol\cdot L^{-1}$，加入等体积的 0.020 $mol\cdot L^{-1}$ EDTA，计算 $\lg K'_{CdY}$ 和 $\lg K'_{ZnY}$ 值。已知 Cd^{2+}－Tart 的 $\lg\beta_1=2.8$，Zn^{2+}－Tart 的 $\lg\beta_1=2.4$，$\lg\beta_2=8.32$，酒石酸在 pH＝6.0 时的酸效应可忽略不计。

(6.47，－0.23)

7. 应用 Bjerrum 半值点法测定 Cu^{2+}－5－磺基水杨酸配位化合物稳定常数的过程如下：5－磺基水杨酸结构式为 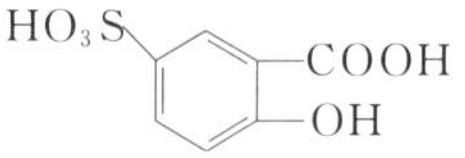 ，为三元酸，$\lg K_1^H=11.6$，$\lg K_2^H=2.6$。按酸碱滴定的准确滴定判别式和分别滴定判别式判别，以 NaOH 溶液滴定只能准确滴定磺酸基和羧酸基，且只有一个 pH 突跃。当在 5－磺基水杨酸溶液中加入适量的 Cu^{2+}，随着 NaOH 溶液的滴加，溶液 pH 增大，发生下述反应：

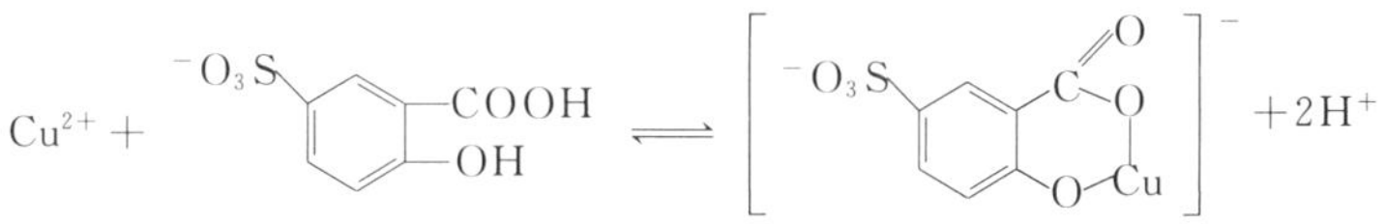

(H_2L^-)　　　　　　([CuL]$^-$)

$$[CuL]^- + H_2L^- \rightleftharpoons [CuL_2]^{4-} + 2H^+$$

当 K_{CuL} 和 K_{CuL_2} 都较大，且 $K_{CuL}/K_{CuL_2}\geqslant 10^{2.8}$(若比 $10^{2.8}$ 小一些时也可测定，但误差稍大)时，可认为平均配位数 $\bar{n}=0.50$ 时，$\lg K_{CuL}=p[L]$；$\bar{n}=1.50$ 时，$\lg K_{CuL_2}=p[L]$。

现有甲、乙两溶液各 50.00 mL。甲溶液中含有 5.00 mL 0.100 0 $mol\cdot L^{-1}$ 5－磺基水杨酸、20.00 mL 0.20 $mol\cdot L^{-1}$ $NaClO_4$ 和水；乙溶液中含有 5.00 mL 0.100 0 $mol\cdot L^{-1}$ 5－磺基水杨酸、20.00 mL 0.20 $mol\cdot L^{-1}$ $NaClO_4$、10.00 mL 0.010 00 $mol\cdot L^{-1}$ $CuSO_4$ 和水。

当用 0.100 0 $mol\cdot L^{-1}$ NaOH 溶液分别滴定甲、乙溶液至 pH＝4.30 时，甲溶液消耗 NaOH 溶液 9.77 mL，乙溶液消耗 NaOH 溶液 10.27 mL。当滴定至 pH＝6.60 时，甲溶液消耗 NaOH 溶液 10.05 mL，乙溶液消耗 NaOH 溶液 11.55 mL。试问：

a. 乙溶液被滴定至 pH＝4.30 和 6.60 时，所形成的 Cu^{2+}－5－磺基水杨酸配位化合物的平均配位数各为多少？

b. 乙溶液在 pH＝4.30 时，Cu^{2+}－5－磺基水杨酸配位化合物的 $K'_{稳_1}$ 为多大？

c. 计算 Cu^{2+}－5－磺基水杨酸的 K_{CuL} 和 K_{CuL_2}。

(a. 0.50，1.50；b. 1.3×10^2；c. $10^{9.4}$，$10^{7.2}$)

8. 已知某 Bi^{3+}、Pb^{2+} 混合溶液中，$c_{Bi}=c_{Pb}=0.020\ 00\ mol\cdot L^{-1}$，欲用同浓度的 EDTA 标准溶液连续滴定。

a. 连续滴定的可行性如何？

b. 控制溶液的 pH＝1.0，能否准确滴定 Bi^{3+}？

c. 滴定 Pb^{2+} 的适宜酸度范围是多少？采用何种缓冲溶液？

d. 解释选用二甲酚橙作为 Bi^{3+}、Pb^{2+} 连续滴定的指示剂的原理。

(a. 可以；b. 能；c. pH3.3～7.5，六亚甲基四胺－硝酸缓冲溶液)

9. 浓度均为 0.010 00 $mol·L^{-1}$的 Zn^{2+}、Cd^{2+}混合溶液，加入过量 KI，使终点时游离 I^-浓度为 1.0 $mol·L^{-1}$，在 pH＝5.0 时，以二甲酚橙作指示剂，用等浓度的 EDTA 溶液滴定其中的 Zn^{2+}，计算终点误差。

（－0.22％）

10. 欲要求 E_t 在±0.2％以内，实验检测终点时，ΔpM＝0.38，用 0.020 0 $mol·L^{-1}$ EDTA 溶液滴定等浓度的 Bi^{3+}，允许最低 pH 为多少？若检测终点时，ΔpM＝1.0，则允许最低 pH 又为多少？

（0.65，0.90）

11. 用返滴定法测定铝时，先在 pH≈3.5 时加入过量的 EDTA 溶液，使 Al^{3+}配位完全，试通过计算说明选择此 pH 的理由。假设 Al^{3+}的浓度为 0.010 $mol·L^{-1}$。

12. 浓度均为 0.020 $mol·L^{-1}$的 Cd^{2+}、Hg^{2+}混合溶液，欲在 pH＝6.0 时，用等浓度的 EDTA 溶液滴定其中的 Cd^{2+}。

a. 用 KI 掩蔽其中的 Hg^{2+}，使终点时游离 I^-浓度为 0.010 $mol·L^{-1}$，能否完全掩蔽？此时 $\lg K'_{CdY}$为多大？

b. 已知二甲酚橙与 Cd^{2+}、Hg^{2+}都显色，在 pH＝6.0 时，$\lg K'_{CdIn}=5.5$，$\lg K'_{HgIn}=9.0$，能否用二甲酚橙作滴定 Cd^{2+}的指示剂？

c. 滴定 Cd^{2+}时若用二甲酚橙作指示剂，终点误差为多大？

d. 若终点时游离 I^-浓度为 0.050 $mol·L^{-1}$，终点误差又为多大？

（a. $[Hg^{2+}]_{sp}=10^{-24.03}$ $mol·L^{-1}$，可以完全掩蔽，11.40；
b. $[Hg^{2+}]_{sp}\ll 10^{-9.0}$ $mol·L^{-1}$，Hg^{2+}不会与二甲酚橙显色，能作 Cd^{2+}的指示剂；
c. －0.079％；d. －0.61％）

13. 在 pH＝5.0 的缓冲溶液中，用 0.002 0 $mol·L^{-1}$ EDTA 溶液滴定 0.002 0 $mol·L^{-1}$ Pb^{2+}，以二甲酚橙作指示剂，在下述情况下，终点误差各是多少？

a. 使用 HAc－NaAc 缓冲溶液，终点时，缓冲剂总浓度为 0.31 $mol·L^{-1}$；

b. 使用六亚甲基四胺缓冲溶液（不与 Pb^{2+}配位）。

已知 $Pb(Ac)_2$ 的 $\beta_1=10^{1.9}$，$\beta_2=10^{3.8}$，pH＝5.0 时，$\lg K'_{PbIn}=7.0$，HAc 的 $K_a=10^{-4.74}$。

（a. －2.7％；b. －0.008％）

14. 在 pH＝10.00 的氨性缓冲溶液中含有 0.020 $mol·L^{-1}$的 Cu^{2+}，若以 PAN 作指示剂，用 0.020 $mol·L^{-1}$ EDTA 溶液滴定至终点，计算终点误差。已知终点时，游离氨浓度为 0.10 $mol·L^{-1}$，$pCu_{ep}=13.8$。

（－0.36％）

15. 用 0.020 $mol·L^{-1}$ EDTA 溶液滴定浓度为 0.020 $mol·L^{-1}$ La^{3+}和 0.050 $mol·L^{-1}$ Mg^{2+}混合溶液中的 La^{3+}，设 $\Delta pLa'=0.2$ 单位，欲要求 $E_t\leqslant 0.3\%$时，则适宜酸度范围为多大？若指示剂不与 Mg^{2+}显色，则适宜酸度范围又为多大？若以二甲酚橙作指示剂，$\alpha_{Y(H)}=0.1\alpha_{Y(Mg)}$时，滴定 La^{3+}的终点误差为多少？已知 $\lg K'_{LaIn}$在 pH＝4.5、5.0、5.5、6.0 时分别为 4.0、4.5、5.0、5.6，Mg^{2+}与二甲酚橙不显色，$La(OH)_3$ 的 $K_{sp}=10^{-18.8}$，$\lg K_{LaY}=15.4$。

（pH4.0～4.7，pH4.0～8.4，－0.3％）

16. 溶液中含有 0.020 $mol·L^{-1}$的 Th(Ⅳ)、La^{3+}，用等浓度的 EDTA 溶液滴定，试设计以二甲酚橙作指示剂的测定方法。已知 $Th(OH)_4$ 的 $K_{sp}=10^{-44.89}$，$La(OH)_3$ 的 $K_{sp}=$

$10^{-18.8}$，$\lg K_{LaY}=15.4$，$\lg K_{ThY}=23.2$，二甲酚橙与 La^{3+} 及 Th(Ⅳ)的 $\lg K'_{MIn}$ 如下：

pH	1.0	2.0	2.5	3.0	4.0	4.5	5.0	5.5	6.0
$\lg K'_{LaIn}$	不显色					4.0	4.5	5.0	5.5
$\lg K'_{ThIn}$	3.6	4.9		6.3					

17. 利用掩蔽剂，试设计在 pH＝5～6 时测定 Zn^{2+}、Ti(Ⅲ)、Al^{3+} 混合溶液中各组分浓度的配位滴定方法(以二甲酚橙作指示剂)。

18. 在 pH＝10 的氨性缓冲溶液中，用 0.020 $mol·L^{-1}$ 的 EDTA 溶液滴定等浓度的 Zn^{2+}，选用 EBT 作为指示剂适宜吗？设滴定至终点时的$[NH_3]=0.10\ mol·L^{-1}$。

(适宜)

19. 测定水泥中 Al^{3+} 时，因为含有 Fe^{3+}，所以先在 pH＝3.5 条件下加入过量 EDTA 溶液，加热煮沸，再以 PAN 为指示剂，用硫酸铜标准溶液返滴定过量的 EDTA。然后调节 pH＝4.5，加入 NH_4F，继续用硫酸铜标准溶液滴定至终点。若终点时，$[F^-]$为 0.10 $mol·L^{-1}$，[CuY]为 0.010 $mol·L^{-1}$，计算 FeY 有百分之几转化为 FeF_3。用此法测定 Al^{3+} 时要注意什么问题？已知 pH＝4.5 时 $\lg K'_{CuIn}=8.3$。

(0.029%)

20. 测定铅锡合金中 Pb、Sn 含量时，称取试样 0.200 0 g，用盐酸溶解后，准确加入 50.00 mL 0.030 00 $mol·L^{-1}$ EDTA 溶液和 50 mL 水，加热煮沸 2 min，冷却后，用六亚甲基四胺将溶液调至 pH＝5.5，加入少量 1，10－邻二氮菲，以二甲酚橙作指示剂，用 0.030 00 $mol·L^{-1}$ Pb^{2+} 标准溶液滴定，消耗 3.00 mL。然后加入足量 NH_4F，加热至 40 ℃左右，再用上述 Pb^{2+} 标准溶液滴定，消耗 35.00 mL。计算试样中 Pb 和 Sn 的质量分数。

(37.30%，62.32%)

21. 测定锆英石中 ZrO_2、Fe_2O_3 含量时，称取 1.000 g 试样，以适当的熔样方法制成 200.0 mL 试样溶液。移取 50.00 mL 试液，调至 pH＝0.8，加入盐酸羟胺还原 Fe^{3+}，以二甲酚橙为指示剂，用 0.010 00 $mol·L^{-1}$ EDTA 溶液滴定，消耗 10.00 mL。加入浓硝酸，加热，使 Fe^{2+} 被氧化成 Fe^{3+}，将溶液调至 pH≈1.5，以磺基水杨酸作指示剂，用上述 EDTA 溶液滴定，消耗 20.00 mL。计算试样中 ZrO_2 和 Fe_2O_3 的质量分数。

(4.93%，6.39%)

22. 某退热止痛剂为咖啡因、盐酸喹啉和安替比林的混合物，为测定其中咖啡因的含量，称取试样 0.500 0 g，移入 50 mL 容量瓶中，加入 30 mL 水、10 mL 0.35 $mol·L^{-1}$ 四碘合汞酸钾溶液和 1 mL 浓盐酸，此时喹啉和安替比林与四碘合汞酸根生成沉淀，以水稀释至刻度，摇匀。将试液干过滤，移取 20.00 mL 滤液于干燥的锥形瓶中，准确加入 5.00 mL 0.300 0 $mol·L^{-1}$ $K[BiI_4]$溶液，此时质子化的咖啡因与$[BiI_4]^-$反应：

$$(C_8H_{10}N_4O_2)H^+ + [BiI_4]^- = (C_8H_{10}N_4O_2)HBiI_4\downarrow$$

干过滤，取 10.00 mL 滤液，在 pH＝3～4 的 HAc－NaAc 缓冲溶液中，以 0.050 0 $mol·L^{-1}$ EDTA溶液滴至$[BiI_4]^-$的黄色消失为终点，消耗 6.00 mL。计算试样中咖啡因($C_8H_{10}N_4O_2$)的质量分数。已知 $M_{咖啡因}=194.16\ g·mol^{-1}$。

(72.81%)

23. 称取苯巴比妥钠($C_{12}H_{11}N_2O_3Na$,$M=254.2\ g\cdot mol^{-1}$)试样 0.201 4 g,于稀碱溶液中加热(60 ℃),使之溶解。冷却,以乙酸酸化后转移至 250 mL 容量瓶中,加入 25.00 mL 0.030 00 mol·L^{-1} $Hg(ClO_4)_2$ 标准溶液,稀释至刻度,放置待下述反应完毕:

$$Hg^{2+}+2C_{12}H_{11}N_2O_3^- \longrightarrow Hg(C_{12}H_{11}N_2O_3)_2\downarrow$$

干过滤弃去沉淀,滤液用干烧杯承接。移取 25.00 mL 滤液,加入 10 mL 0.010 0 mol·L^{-1} MgY 溶液,释放出的 Mg^{2+} 在 pH=10 时以 EBT 为指示剂,用 0.010 00 mol·L^{-1} EDTA 溶液滴定至终点,消耗 3.60 mL。计算试样中苯巴比妥钠的质量分数。

(98.45%)

24. 称取含 Bi、Pb、Cd 的合金试样 2.420 g,用 HNO_3 溶解并定容至 250 mL。移取 50.00 mL试液于 250 mL 锥形瓶中,调至 pH=1,以二甲酚橙为指示剂,用 0.024 79 mol·L^{-1} EDTA 溶液滴定,消耗 25.67 mL;然后用六亚甲基四胺缓冲溶液将 pH 调至 5,再以上述 EDTA 溶液滴定,消耗 EDTA 溶液 24.76 mL;加入邻二氮菲,置换出 EDTA 配位化合物中的 Cd^{2+},用0.021 74 mol·L^{-1} $Pb(NO_3)_2$ 标准溶液滴定游离的 EDTA,消耗 6.76 mL。计算此合金试样中 Bi、Pb、Cd 的质量分数。

(27.48%,19.99%,3.41%)

25. 某人提出一个间接测定自然界中(如海水、工业废水中)SO_4^{2-} 的方法。这一方法的操作步骤为:(1) 将 SO_4^{2-} 完全转化为 $PbSO_4$ 沉淀;(2) 将 $PbSO_4$ 沉淀溶解在含有过量 EDTA的氨溶液中,形成$[PbY]^{2-}$配位化合物;(3) 用 Mg^{2+} 标准溶液滴定多余的 EDTA。已知一些数据如下:

$$PbSO_4(s) \rightleftharpoons Pb^{2+}+SO_4^{2-} \qquad K_{sp}=1.6\times10^{-8}$$

$$Pb^{2+}+Y^{4-} \rightleftharpoons [PbY]^{2-} \qquad K_{稳}=1.1\times10^{18}$$

$$Mg^{2+}+Y^{4-} \rightleftharpoons [MgY]^{2-} \qquad K_{稳}=4.9\times10^{8}$$

$$Zn^{2+}+Y^{4-} \rightleftharpoons [ZnY]^{2-} \qquad K_{稳}=3.2\times10^{16}$$

通过计算回答下列问题:

a. 沉淀可以溶于含有 EDTA 的溶液吗?

b. 另一人提出用 Zn^{2+} 作滴定剂的类似方法,却发现结果的准确度很低,一种解释是 Zn^{2+}可能与$[PbY]^{2-}$反应形成$[ZnY]^{2-}$。用前面的平衡常数说明用 Zn^{2+} 作滴定剂存在这个问题,而用 Mg^{2+} 作滴定剂却不存在这个问题的原因。Pb^{2+} 被 Zn^{2+} 置换导致实验的结果是偏高还是偏低?

c. 在一次分析中,25.00 mL 的工业废水试样通过上述过程共消耗 50.00 mL 0.050 00 mol·L^{-1}的 EDTA 溶液。滴定多余的 EDTA 需要 12.24 mL 0.100 0 mol·L^{-1}的 Mg^{2+}溶液,试计算废水试样中 SO_4^{2-} 的浓度。

(a. 可以;b. 偏低;c. 0.051 04 mol·L^{-1})

26. 有一 Ni、Fe、Cr 合金试样,其中各组分都可以用 EDTA 作滴定剂进行配位滴定分析。称取这种合金试样 0.717 6 g,用硝酸溶解后,用蒸馏水稀释于 250 mL 容量瓶中,定容,摇匀。移取50.00 mL试样溶液,用焦磷酸盐掩蔽 Fe^{3+} 和 Cr^{3+},达到滴定终点时消耗浓度为

0.058 31 mol·L^{-1}的 EDTA 溶液 26.14 mL。然后再移取 50.00 mL 试样溶液用六亚甲基四胺处理以掩蔽 Cr^{3+}，此时用上述 EDTA 溶液滴定，到达滴定终点时消耗 35.44 mL。再移取 50.00 mL原溶液，用 50.00 mL 上述EDTA溶液处理后，返滴定用去0.063 16 mol·L^{-1}的 Cu^{2+} 溶液 6.21 mL。求此合金试样中上述各成分的含量。

(62.33%，21.09%，16.55%)

第7章 氧化还原滴定法

氧化还原滴定法(redox titration)是以氧化还原反应为基础的滴定分析法。它的应用十分广泛,采用不同滴定方式可以测定多种无机物和有机物。但是,氧化还原反应的机理比较复杂,有些反应常因伴有副反应而没有确定的化学计量关系;有些反应从热力学上判断可以进行,但因反应速率缓慢而给分析应用带来困难。为此,在氧化还原滴定中,需要综合考虑有关平衡、反应机理、反应速率、反应条件和滴定条件等因素。

适当的氧化剂和还原剂标准溶液均可用作氧化还原滴定的滴定剂。通常根据滴定剂的名称来命名氧化还原滴定法,例如高锰酸钾法、重铬酸钾法、碘量法与间接碘量法、溴酸钾法和硫酸铈法等,这些方法各有自己的特点及应用范围。

7.1 氧化还原平衡

7.1.1 概述

在氧化还原反应过程中,反应物之间有电子的得失或转移,反应往往分多步完成;反应与介质条件有关,相同的反应物在不同介质中进行反应时生成物可能不同;电子在氧化剂与还原剂间转移时常会遇到阻力。用于氧化还原滴定的氧化还原反应需符合一定的条件。

氧化还原反应与氧化还原电对有关,氧化还原电对常粗略地分为可逆电对与不可逆电对两大类。在氧化还原反应的任一瞬间,可逆电对(如 Fe^{3+}/Fe^{2+}、$[Fe(CN)_6]^{3-}/[Fe(CN)_6]^{4-}$、$I_2/I^-$ 等)都能迅速地建立起氧化还原平衡,其电势基本符合能斯特公式计算出的理论电势。不可逆电对(如 MnO_4^-/Mn^{2+}、$Cr_2O_7^{2-}/Cr^{3+}$、$S_4O_6^{2-}/S_2O_3^{2-}$、$CO_2/C_2O_4^{2-}$、SO_4^{2-}/SO_3^{2-}、O_2/H_2O_2 及 H_2O_2/H_2O 等)则不能在氧化还原反应的任一瞬间立即建立起符合能斯特公式的平衡,实际电势与理论电势相差较大。以能斯特公式计算得到的理论电势仅能用作初步判断。

在处理氧化还原平衡时,还应注意电对有对称和不对称之分。在对称电对的半反应中,氧化态与还原态的系数相同,如 $Fe^{3+}+e^- \rightleftharpoons Fe^{2+}$,$MnO_4^-+8H^++5e^- \rightleftharpoons Mn^{2+}+4H_2O$ 等。在不对称电对的半反应中,氧化态与还原态的系数不同,如 $I_2+2e^- \rightleftharpoons 2I^-$,$Cr_2O_7^{2-}+14H^++6e^- \rightleftharpoons 2Cr^{3+}+7H_2O$ 等。

当涉及不对称电对的有关计算时，情况比较复杂，应加以注意。

例 1 0.100 mol·L^{-1} $K_2Cr_2O_7$ 溶液，加入固体亚铁盐使其还原。设此时溶液中的$[H^+]=$ 0.10 mol·L^{-1}，平衡电势 $\varphi=1.17$ V，求 $Cr_2O_7^{2-}$ 的转化率。

解

$$Cr_2O_7^{2-}+14H^++6e^- \longrightarrow 2Cr^{3+}+7H_2O$$

根据上述反应的化学计量关系，得

$$[Cr_2O_7^{2-}]+\frac{1}{2}[Cr^{3+}]=0.100\ mol\cdot L^{-1}$$

$$[Cr^{3+}]=0.200\ mol\cdot L^{-1}-2[Cr_2O_7^{2-}]$$

根据能斯特公式，得

$$\varphi=\varphi^{\ominus}+\frac{0.059\ V}{6}\lg\frac{[Cr_2O_7^{2-}][H^+]^{14}}{[Cr^{3+}]^2}$$

$$1.17\ V=1.33\ V+\frac{0.059\ V}{6}\lg 10^{-14.00}+\frac{0.059\ V}{6}\lg\frac{[Cr_2O_7^{2-}]}{(0.200-2[Cr_2O_7^{2-}])^2}$$

可求得

$$[Cr_2O_7^{2-}]=2.30\times10^{-4}\ mol\cdot L^{-1}$$

$$转化率=\frac{0.100\ mol\cdot L^{-1}-2.30\times10^{-4}\ mol\cdot L^{-1}}{0.100\ mol\cdot L^{-1}}\times100\%=99.8\%$$

7.1.2 条件电势

为了简化计算，例 1 忽略了溶液中离子强度的影响。但在实际工作中，这种影响有时是不容忽略的。此外，当溶液组分改变时，电对的氧化态和还原态的存在型体也随之改变，从而引起电势的变化。在这种情况下，即使是可逆的氧化还原电对，其简化计算结果与实际结果仍会相差较大。例如，HCl 溶液中 Fe^{3+}/Fe^{2+} 电对的电势，由能斯特公式得

$$\begin{aligned}\varphi&=\varphi^{\ominus}+0.059\ V\lg\frac{a_{Fe^{3+}}}{a_{Fe^{2+}}}\\&=\varphi^{\ominus}+0.059\ V\lg\frac{\gamma_{Fe^{3+}}[Fe^{3+}]}{\gamma_{Fe^{2+}}[Fe^{2+}]}\end{aligned}\qquad(1)$$

但溶液中除了 Fe^{3+}、Fe^{2+} 外，还存在有$[FeOH]^{2+}$、$[FeCl]^{2+}$、$[FeCl_2]^+$、$[FeCl]^+$、$FeCl_2$、…。此时

$$[Fe^{3+}]=\frac{c_{Fe^{3+}}}{\alpha_{Fe(\text{III})}}\qquad(2)$$

$$[Fe^{2+}]=\frac{c_{Fe^{2+}}}{\alpha_{Fe(\text{II})}}\qquad(3)$$

$\alpha_{Fe(III)}$和$\alpha_{Fe(II)}$分别是 HCl 溶液中 Fe^{3+} 和 Fe^{2+} 的总副反应系数。

将(2)式、(3)式代入(1)式中，得

$$\varphi=\varphi^{\ominus}+0.059\ \text{V}\ \lg\frac{\gamma_{Fe^{3+}}\alpha_{Fe(II)}c_{Fe^{3+}}}{\gamma_{Fe^{2+}}\alpha_{Fe(III)}c_{Fe^{2+}}} \tag{4}$$

当溶液的离子强度很大时，γ 值不易求得；当副反应很多时，求 α 值也很麻烦。因此，如果要用(4)式来计算 HCl 溶液中 Fe^{3+}/Fe^{2+} 电对的电势，将是十分困难的。在分析化学中，Fe^{3+} 和 Fe^{2+} 的总浓度 $c_{Fe^{3+}}$ 和 $c_{Fe^{2+}}$ 是容易知道的，如果将其他不易得到的数据合并入常数中，计算就简化了。例如，将(4)式改写为

$$\varphi=\varphi^{\ominus}+0.059\ \text{V}\ \lg\frac{\gamma_{Fe^{3+}}\alpha_{Fe(II)}}{\gamma_{Fe^{2+}}\alpha_{Fe(III)}}+0.059\ \text{V}\ \lg\frac{c_{Fe^{3+}}}{c_{Fe^{2+}}}$$

当电对的氧化态和还原态的分析浓度均为 1 mol·L^{-1}时，可得

$$\varphi=\varphi^{\ominus}+0.059\ \text{V}\ \lg\frac{\gamma_{Fe^{3+}}\alpha_{Fe(II)}}{\gamma_{Fe^{2+}}\alpha_{Fe(III)}}=\varphi^{\ominus'} \tag{7-1}$$

$\varphi^{\ominus'}$称为条件电势，又称条件电极电位(conditional potential)。它是在特定条件下，氧化态与还原态的分析浓度都为 1 mol·L^{-1}时的实际电势。$\varphi^{\ominus'}$和 $\varphi^{\ominus}$的关系就如同配位滴定中的条件稳定常数 K'与稳定常数 K 之间的关系。条件电势反映了离子强度与各种副反应影响的总结果，用它来处理问题，既简便又与实际情况比较相符。条件电势可通过实验测得，但目前尚只有某些条件下的条件电势，因而实际应用受到一定限制。

根据式(7-1)可知，影响条件电势的因素，即影响电对物质活度系数和副反应系数的因素，主要有盐效应、酸效应、沉淀效应和配位效应。

附录表 16 中列出了部分氧化还原电对在不同介质中的条件电势，均为实验测得值。当缺乏其他条件下的条件电势时，可采用条件相近的条件电势数据。例如，未查到 1.5 mol·L^{-1} H_2SO_4 溶液中 Fe^{3+}/Fe^{2+} 电对的条件电势，可用 1.0 mol·L^{-1} H_2SO_4 溶液中该电对的条件电势(0.68 V)代替。若此时采用标准电势(0.77 V)进行计算，则误差更大，甚至有可能得出错误的结论。

本书在进行氧化还原反应的电势计算时，尽量采用条件电势，对于没有相应条件电势数据的氧化还原电对，则采用标准电势。

例 2 计算 1 mol·L^{-1} HCl 溶液中 $c_{Ce^{4+}}=1.00\times10^{-2}$ mol·L^{-1}，$c_{Ce^{3+}}=1.00\times10^{-3}$ mol·L^{-1}时 Ce^{4+}/Ce^{3+} 电对的电势。

解 在 1 mol·L^{-1} HCl 介质中，$\varphi^{\ominus'}_{Ce^{4+}/Ce^{3+}}=1.28$ V

$$\varphi=\varphi^{\ominus'}_{Ce^{4+}/Ce^{3+}}+0.059\ \text{V}\ \lg\frac{c_{Ce^{4+}}}{c_{Ce^{3+}}}$$

$$=1.28\ \text{V}+0.059\ \text{V}\ \lg\frac{1.00\times10^{-2}}{1.00\times10^{-3}}$$

$$=1.34\ \text{V}$$

例 3 计算 0.10 mol·L^{-1} HCl 溶液中 As(Ⅴ)/As(Ⅲ)电对的条件电势(忽略离子强度的影响,已知 $\varphi^{\ominus}_{As(V)/As(III)}=0.559$ V)。

解 在 0.10 mol·L^{-1} HCl 溶液中,As(Ⅴ)/As(Ⅲ)电对的反应为

$$H_3AsO_4+2H^++2e^-\rightleftharpoons H_3AsO_3+H_2O$$

在 0.10 ml·L^{-1} HCl 溶液中,As(Ⅴ)主要以 H_3AsO_4 形式存在,As(Ⅲ)主要以 H_3AsO_3 形式存在,因此它们的平衡浓度约等于分析浓度。忽略离子强度的影响,则有

$$\varphi=\varphi^{\ominus}+\frac{0.059\ \text{V}}{2}\lg\frac{[H_3AsO_4][H^+]^2}{[H_3AsO_3]}$$

$$=\varphi^{\ominus}+0.059\ \text{V}\ \lg[H^+]+\frac{0.059\ \text{V}}{2}\lg\frac{[H_3AsO_4]}{[H_3AsO_3]}$$

当$[H_3AsO_4]=[H_3AsO_3]=1$ mol·L^{-1}时,$\varphi=\varphi^{\ominus'}$,故

$$\varphi^{\ominus'}=0.559\ \text{V}+0.059\ \text{V}\ \lg[H^+]=0.500\ \text{V}$$

7.1.3 氧化还原反应平衡常数

氧化还原反应进行的程度,可由氧化还原反应的平衡常数(equilibrium constant of redox reaction)来衡量。氧化还原反应的平衡常数,可以根据有关电对的标准电势或条件电势求得。

25 ℃时,两电对的半反应及相应的能斯特方程式为

$$Ox_1+z_1e^-=\!=\!=Red_1$$

$$Ox_2+z_2e^-=\!=\!=Red_2$$

$$\varphi_1=\varphi_1^{\ominus}+\frac{0.059\ \text{V}}{z_1}\lg\frac{a_{Ox_1}}{a_{Red1}}$$

$$\varphi_2=\varphi_2^{\ominus}+\frac{0.059\ \text{V}}{z_2}\lg\frac{a_{Ox_2}}{a_{Red2}}$$

氧化还原反应为

$$z_2Ox_1+z_1Red_2\rightleftharpoons z_1Ox_2+z_2Red_1$$ ①

当反应达到平衡时,两电对电势相等,故有

$$\varphi_1^{\ominus}+\frac{0.059\ \text{V}}{z_1}\lg\frac{a_{Ox_1}}{a_{Red1}}=\varphi_2^{\ominus}+\frac{0.059\ \text{V}}{z_2}\lg\frac{a_{Ox_2}}{a_{Red2}}$$

---

① 如果 z_1 和 z_2 有除 1 以外的公约数,则氧化还原反应方程式中的 z_1、z_2 要约分为最简数。

整理后得

$$\lg K = \lg \frac{a_{Red_1}^{z_2} a_{Ox_2}^{z_1}}{a_{Ox_1}^{z_2} a_{Red_2}^{z_1}} = \frac{(\varphi_1^{\ominus} - \varphi_2^{\ominus})z}{0.059\ V} \quad (7-2a)$$

式中,K 即为反应平衡常数,z 是反应电子转移数 z_1 与 z_2 的最小公倍数。上式表明,氧化还原反应的平衡常数与两电对的标准电极电势及电子转移数有关。若考虑溶液中各种副反应的影响,则以相应的条件电势代入上式,所得平衡常数即为条件平衡常数 K'(conditional equilibrium constant),相应的活度也应以总浓度代替,即

$$\lg K' = \lg \frac{c_{Red_1}^{z_2} c_{Ox_2}^{z_1}}{c_{Ox_1}^{z_2} c_{Red_2}^{z_1}} = \frac{(\varphi_1^{\ominus'} - \varphi_2^{\ominus'})z}{0.059\ V} \quad (7-2b)$$

它更能说明氧化还原反应实际进行的程度。

例 4 根据标准电极电势计算下列反应的平衡常数:

$$IO_3^- + 5I^- + 6H^+ \rightleftharpoons 3I_2 + 3H_2O$$

解 已知 $\varphi^{\ominus}_{IO_3^-/I_2} = 1.20\ V$,$\varphi^{\ominus}_{I_2/I^-} = 0.535\ V$,反应中两电对电子转移数的最小公倍数 $z=5$,故

$$\lg K = \frac{(1.20\ V - 0.535\ V)\times 5}{0.059\ V} = 56.4$$

$$K = 2.5\times 10^{56}$$

例 5 计算下列氧化还原反应的平衡常数:

$$2MnO_4^- + 3Mn^{2+} + 2H_2O \rightleftharpoons 5MnO_2 + 4H^+$$

解 已知 $MnO_4^- + 4H^+ + 3e^- = MnO_2(s) + 2H_2O \qquad \varphi^{\ominus} = 1.695\ V$

$MnO_2(s) + 4H^+ + 2e^- = Mn^{2+} + 2H_2O \qquad \varphi^{\ominus} = 1.23\ V$

当体系达到平衡时

$$1.695\ V - \frac{0.059\ V}{3}\lg\frac{1}{[MnO_4^-][H^+]^4} = 1.23\ V - \frac{0.059\ V}{2}\lg\frac{[Mn^{2+}]}{[H^+]^4}$$

$$\lg K = \lg\frac{[H^+]^4}{[MnO_4^-]^2[Mn^{2+}]^3} = \frac{6(1.695\ V - 1.23\ V)}{0.059\ V} = 47.1$$

$$K = 1\times 10^{47}$$

7.1.4 化学计量点时反应进行的程度

到达化学计量点时,氧化还原反应进行的程度可用氧化态与还原态浓度的比值来表示,该比值可根据平衡常数求得。

例 6 计算在 1 mol·L^{-1} HCl 介质中,Fe^{3+} 与 Sn^{2+} 反应的平衡常数及化学计量点时反应

进行的程度。

解 反应为

$$2Fe^{3+}+Sn^{2+} \rightleftharpoons 2Fe^{2+}+Sn^{4+}$$

已知 $\varphi^{\ominus'}_{Fe^{3+}/Fe^{2+}}=0.68\ V$，$\varphi^{\ominus'}_{Sn^{4+}/Sn^{2+}}=0.14\ V$。两电对电子转移数 $z_1=1$，$z_2=2$，故 $z=2$，由(7-2b)式可知

$$\lg K'=\frac{(\varphi^{\ominus'}_{Fe^{3+}/Fe^{2+}}-\varphi^{\ominus'}_{Sn^{4+}/Sn^{2+}})z}{0.059\ V}$$
$$=\frac{(0.68\ V-0.14\ V)\times 2}{0.059\ V}$$
$$=18.30$$

$$K'=2.0\times 10^{18}$$

$$K'=\frac{(c_{Fe^{2+}})^2 c_{Sn^{4+}}}{(c_{Fe^{3+}})^2 c_{Sn^{2+}}}=\frac{(c_{Fe^{2+}})^3}{(c_{Fe^{3+}})^3}=2.0\times 10^{18}$$

$$\frac{c_{Fe^{2+}}}{c_{Fe^{3+}}}=1.3\times 10^6$$

溶液中的 Fe^{3+} 有 99.999%被还原至 Fe^{2+}。所以，此条件下反应进行得很完全。

例 7 对于下列反应：

$$z_2 Ox_1+z_1 Red_2 \rightleftharpoons z_1 Ox_2+z_2 Red_1$$

若 $z_1=z_2=1$，要使化学计量点时反应的完全程度达 99.9%以上，问 $\lg K$ 至少应为多少？$(\varphi_1^{\ominus}-\varphi_2^{\ominus})$又至少应为多少？若 $z_1=z_2=2$，情况又如何？

解 要使反应程度达 99.9%以上，即要求

$$\frac{c_{Red_1}}{c_{Ox_1}}\approx\frac{a_{Red_1}}{a_{Ox_1}}\geqslant 10^3 \qquad \frac{c_{Ox_2}}{c_{Red_2}}\approx\frac{a_{Ox_2}}{a_{Red_2}}\geqslant 10^3$$

故

$$\lg K=\lg\frac{a_{Red_1}a_{Ox_2}}{a_{Ox_1}a_{Red_2}}\geqslant 6$$

$$\varphi_1^{\ominus}-\varphi_2^{\ominus}=\frac{0.059\ V}{z}\lg K\geqslant 0.059\ V\times 6=0.35\ V$$

若 $z_1=z_2=2$，要求反应完全程度达 99.9%以上，对 $\lg K$ 的要求不变，为

$$\lg K\geqslant 6$$

故

$$\varphi_1^{\ominus}-\varphi_2^{\ominus}=\frac{0.059\ V}{z}\lg K\geqslant\frac{0.059\ V\times 6}{2}=0.18\ V$$

在氧化还原滴定中，有多种强氧化剂可作滴定剂，且可控制有关条件来改变电对的电势，因此要达到上述条件是比较容易的。反应完全程度的问题在氧化还原反应中不像在酸碱反应中那么突出。

7.1.5 影响氧化还原反应速率的因素

在氧化还原反应中，根据氧化还原电对的标准电势或条件电势，可以判断反应进行的方向和程度。但这只能表明反应进行的可能性，并不能反映反应进行的速率。

例如，水溶液中的溶解氧：

$$O_2+4H^++4e^- \longrightarrow 2H_2O \qquad \varphi^\ominus=1.23\ V$$

标准电势较大，应该很容易氧化一些强还原剂，如

$$Sn^{4+}+2e^- \longrightarrow Sn^{2+} \qquad \varphi^\ominus=0.154\ V$$

又如强氧化剂：

$$Ce^{4+}+e^- \longrightarrow Ce^{3+} \qquad \varphi^\ominus=1.61\ V$$

从标准电势来看，它应该氧化水生产 O_2，但实际上 Ce^{4+} 与 Sn^{2+} 均能存在于水溶液中，说明它们与水分子和 O_2 之间反应速率太慢，因而可以认为没有发生氧化还原反应。反应速率缓慢的原因是由于电子在氧化剂和还原剂之间转移时，受到了来自溶剂分子、各种配体及静电排斥等各方面的阻力。此外，由于价态改变而引起的电子层结构、化学键及组成的变化也会阻碍电子的转移。如 $Cr_2O_7^{2-}$ 被还原为 Cr^{3+} 及 MnO_4^- 被还原为 Mn^{2+}，由带负电荷的含氧酸根转变为带正电荷的水合离子，结构发生了很大的改变，导致反应速率变慢。

氧化还原反应速率除了受参加反应的氧化还原电对本身的性质影响外，还与反应时外界的条件如反应物浓度、温度、催化剂等有关。

1. 反应物浓度

在氧化还原反应中，由于反应机理比较复杂，所以不能从总的氧化还原反应方程式来判断反应物浓度对反应速率的影响程度。但一般说来，反应物的浓度越大，反应的速率越快。例如，在酸性溶液中 $K_2Cr_2O_7$ 和 KI 的反应：

$$Cr_2O_7^{2-}+6I^-+14H^+ \longrightarrow 2Cr^{3+}+3I_2+7H_2O$$

增大 I^- 的浓度或提高溶液的酸度，都可以使反应速率加快。

2. 温度

对大多数反应来说，升高溶液的温度，可提高反应速率。这是由于升高溶液的温度不仅增加了反应物之间的碰撞概率，更重要的是增加了活化分子或活化离子的数目，所以提高了反应速率。通常溶液的温度每增高 10 ℃，反应速率约增大 2～3 倍。例如，在酸性溶液中 MnO_4^- 和 $C_2O_4^{2-}$ 的反应：

$$2MnO_4^-+5C_2O_4^{2-}+16H^+ \longrightarrow 2Mn^{2+}+10CO_2+8H_2O$$

在室温下，反应速率缓慢。如果将溶液加热至 80 ℃左右，反应速率大大加快。所以用 $KMnO_4$ 滴定 $H_2C_2O_4$ 时，通常将溶液加热至 70～80 ℃。

应当注意，不是在所有的情况下都允许用升高溶液温度的办法来加快反应速率。有些物质(如 I_2)具有挥发性，如将溶液加热，则会引起挥发损失；有些物质(如 Sn^{2+}、Fe^{2+} 等)很容易被空气中的氧所氧化，如将溶液加热，就会促进它们的氧化，从而引起误差。在这些情况下，如果要提高反应的速率，就只有采用别的办法了。

3. 催化剂

催化剂对反应速率有很大的影响，这个问题将在下面讨论。

7.1.6 催化反应和诱导反应

1. 催化反应

在分析化学中，经常利用催化剂来改变反应速率。催化剂有正催化剂和负催化剂之分。正催化剂加快反应速率，负催化剂减慢反应速率。负催化剂又称“阻化剂”。

催化反应(catalytic reaction)的历程非常复杂。在催化反应中，由于催化剂的存在，可能新产生了一些不稳定的中间价态的离子、游离基或活泼的中间配位化合物，从而改变了原来的氧化还原反应历程，或者降低了原来进行反应时所需的活化能，使反应速率发生变化。

例如，MnO_4^- 和 $C_2O_4^{2-}$ 的反应在分析化学中应用较多，反应式为

$$2MnO_4^- + 5C_2O_4^{2-} + 16H^+ = 2Mn^{2+} + 10CO_2\uparrow + 8H_2O$$

这一反应的速率较慢，若加入 Mn^{2+}，便能催化反应迅速进行。若不加入 Mn^{2+} 而利用 MnO_4^- 与 $C_2O_4^{2-}$ 反应所生成的微量 Mn^{2+} 作催化剂，反应也可以进行。这种生成物本身就起催化作用的反应叫做自动催化反应。自动催化作用有一个特点，就是开始时的反应速率比较慢(称为诱导期)，随着生成物逐渐增多，反应速率逐渐加快；经过一最高点后，随着反应物浓度的减小，反应速率逐渐降低。

在分析化学中，还经常用到负催化剂。例如，加入多元醇可以减慢 $SnCl_2$ 与溶液中的氧的作用；加入 AsO_3^{3-} 可以防止 SO_3^{2-} 与溶液中的氧起作用等。

2. 诱导反应

$KMnO_4$ 氧化 Cl^- 的速率很慢，但是，当溶液中同时存在 Fe^{2+} 时，$KMnO_4$ 与 Fe^{2+} 的反应可以加速 $KMnO_4$ 与 Cl^- 的反应。这种由一个反应的发生，促进另一个反应进行的现象，称为诱导反应(induced reaction)。

$$MnO_4^- + 5Fe^{2+} + 8H^+ = Mn^{2+} + 5Fe^{3+} + 4H_2O \text{ (诱导反应)}$$
$$2MnO_4^- + 10Cl^- + 16H^+ = 2Mn^{2+} + 5Cl_2 + 8H_2O \text{ (受诱反应)}$$

其中 MnO_4^- 称为作用体，Fe^{2+} 称为诱导体，Cl^- 称为受诱体。

诱导反应和催化反应是不相同的。在催化反应中，催化剂参加反应后，又变回原来的物质；在诱导反应中，诱导体参加反应后，变为其他物质。

诱导反应的产生，与氧化还原反应的中间步骤产生的不稳定中间价态离子或游离基等有关。例如，上述 Cl^- 存在时 $KMnO_4$ 氧化 Fe^{2+} 所产生的诱导反应，就是由于 $KMnO_4$ 被 Fe^{2+} 还原时，经过一系列 1 电子反应，产生了 Mn(Ⅵ)、Mn(Ⅴ)、Mn(Ⅳ)、Mn(Ⅲ)等不稳定的中间价态离子，然后它们再与 Cl^- 起反应，引起诱导反应。如此时溶液中有大量 Mn^{2+} 存在，则可使 Mn(Ⅶ)迅速转变为Mn(Ⅲ)，由于此时溶液中有大量 Mn^{2+}，故可降低 Mn(Ⅲ)/Mn(Ⅱ)电对的电势，从而使 Mn(Ⅲ)基本上只与 Fe^{2+} 起反应，不与 Cl^- 起反应，这样就减弱了 Cl^- 对 $KMnO_4$ 的还原作用。

诱导反应在滴定分析中往往是有害的。但是，利用一些诱导效应很大的反应，也有可能进行选择性的分离和鉴定。例如，Pb(Ⅱ)被 SnO_2^{2-} 还原为金属 Pb 的反应很慢，但只要有少量 Bi^{3+} 存在，便可立即被还原。利用这一诱导反应来鉴定 Bi^{3+}，较之直接用 Na_2SnO_2 还原法鉴定 Bi^{3+}，灵敏度提高约 250 倍。

7.2 氧化还原滴定原理

7.2.1 氧化还原滴定指示剂

在氧化还原滴定过程中，除了用电位法确定终点外，还可利用某些物质在化学计量点附近时颜色的改变来指示滴定终点。

氧化还原滴定中常用的指示剂有以下几种类型。

1. 自身指示剂

在氧化还原滴定中，有些标准溶液或被滴定的物质本身有颜色，如果反应后变为无色或浅色物质，那么滴定时就不必另加指示剂。例如，在高锰酸钾法中，MnO_4^- 本身显紫红色，可用它滴定无色或浅色的还原剂溶液，在滴定中，MnO_4^- 被还原为无色的 Mn^{2+}，滴定到化学计量点时，只要 MnO_4^- 稍微过量就可使溶液显粉红色，表示已到达滴定终点。实验表明，$KMnO_4$ 的浓度约为 $2\times10^{-6}\ mol\cdot L^{-1}$时，就可以看到溶液呈粉红色。

2. 特殊指示剂

有的物质本身并不具有氧化还原性，但它能与氧化剂或还原剂产生特殊的颜色，因而可以指示滴定终点。例如，可溶性淀粉与碘溶液反应，生成深蓝色的化合物，当 I_2 被还原为 I^- 时，深蓝色消失，因此，在碘量法中，可用淀粉溶液作指示剂。在室温下，用淀粉可检出约 $10^{-5}\ mol\cdot L^{-1}$ 的碘溶液。温度升高，灵敏度降低。淀粉称得上是碘量法的专属指示剂。

又如,KSCN 可用于指示 Fe^{3+} 滴定 Sn^{2+},终点时溶液由浅绿色变为红色。但这类指示剂中除淀粉外,其他的都不常用。

3. 氧化还原型指示剂

这类指示剂的氧化态和还原态具有不同的颜色,在滴定过程中,指示剂由氧化态变为还原态,或由还原态变为氧化态,颜色发生变化可指示终点。例如,用 $K_2Cr_2O_7$ 溶液滴定 Fe^{2+},常用二苯胺磺酸钠作指示剂。二苯胺磺酸钠的还原态无色,氧化态为紫红色,故滴定至化学计量点时,稍过量的 $K_2Cr_2O_7$ 就能使二苯胺磺酸钠由还原态转变为氧化态,溶液显紫红色,因而可以指示滴定终点。

若用 In(Ox)和 In(Red)分别表示指示剂的氧化态和还原态,其氧化还原半反应为

$$\mathrm{In(Ox)} + z\mathrm{e^-} = \mathrm{In(Red)}$$

随着滴定过程中溶液电极电势值的变化,指示剂的[In(Ox)]/[In(Red)]亦按能斯特公式所示的关系变化:

$$\varphi = \varphi^{\ominus}_{\mathrm{In}} + \frac{0.059\ \mathrm{V}}{z}\lg\frac{[\mathrm{In(Ox)}]}{[\mathrm{In(Red)}]}$$

与酸碱指示剂的变色情况相似,当[In(Ox)]/[In(Red)]≥10 时,溶液呈现氧化态的颜色,此时

$$\varphi \geqslant \varphi^{\ominus}_{\mathrm{In}} + \frac{0.059\ \mathrm{V}}{z}\lg 10 = \varphi^{\ominus}_{\mathrm{In}} + \frac{0.059}{z}\ \mathrm{V}$$

当[In(Ox)]/[In(Red)]$\leqslant\frac{1}{10}$时,溶液呈现还原态的颜色,此时

$$\varphi \leqslant \varphi^{\ominus}_{\mathrm{In}} + \frac{0.059\ \mathrm{V}}{z}\lg\frac{1}{10} = \varphi^{\ominus}_{\mathrm{In}} - \frac{0.059}{z}\ \mathrm{V}$$

故指示剂变色的电势范围为 $\varphi^{\ominus}_{\mathrm{In}} \pm \frac{0.059}{z}$ V,若采用条件电势,则为 $\varphi^{\ominus'}_{\mathrm{In}} \pm \frac{0.059}{z}$ V。

表 7-1 列出了一些常用的氧化还原指示剂。在选择指示剂时,应使指示剂的条件电势尽量与滴定反应的化学计量点电势一致,以减小终点误差。

表 7-1　一些常用的氧化还原指示剂

指示剂	颜色变化		$\varphi_{In}^{\ominus'}$/V
	氧化态	还原态	
酚藏花红	红	无色	0.28
四磺酸基靛蓝	蓝	无色	0.36
亚甲基蓝	蓝	无色	0.53
二苯胺	紫	无色	0.75
乙氧基苯胺	黄	红	0.76
二苯胺磺酸钠	紫红	无色	0.85
磺酸二苯基联苯胺	紫	无色	0.87
嘧啶合铁	浅蓝	红	1.147
1,10-邻二氮菲-亚铁	浅蓝	红	1.06
硝基邻二氮菲-亚铁	浅蓝	紫红	1.25
嘧啶合钌	浅蓝	黄	1.29

许多氧化还原指示剂，尤其是可逆性不太好的指示剂，反应机理较为复杂。例如，常用的二苯胺磺酸盐，它被氧化后，首先不可逆地形成无色的二苯联苯胺磺酸盐，然后再进一步被可逆地氧化成紫色的二苯联苯胺磺酸紫。二苯胺磺酸钠的反应过程如下：

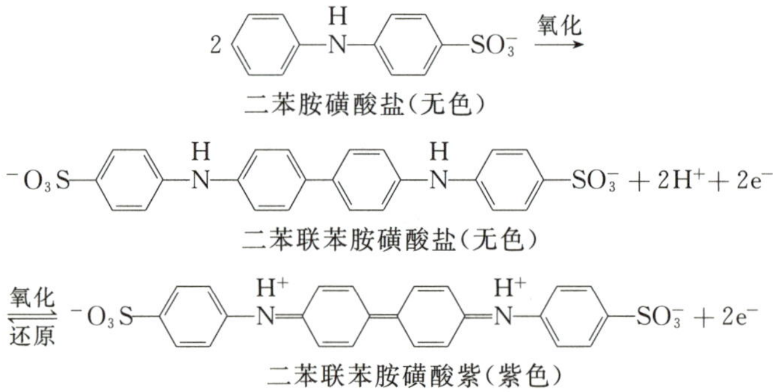

采用二苯胺类指示剂时，常显示出较大的指示剂空白值。这是由二苯胺类指示剂反应机理的复杂性所引起的。这类指示剂空白值与指示剂用量、滴定剂加入速度、被滴定物浓度及滴定时间等因素有关，故不能单独通过做空白试验加以校正。例如，用 $K_2Cr_2O_7$ 滴定 Fe^{2+}，随着 Fe^{2+} 含量的增加，指示剂空白值也增大。因此，最好的办法是用含量与分析试样相近的标准试样或标准溶液在同样条件下标定 $K_2Cr_2O_7$，这样才能较好地消除指示剂空白值的影响。

1,10-邻二氮菲-亚铁也是常用的氧化还原指示剂之一。1,10-邻二氮菲能与 Fe^{2+} 生成深红色的配离子，而与 Fe^{3+} 形成的配离子呈淡蓝色（稀溶液几乎

无色)，这两种配离子之间的氧化还原半反应为

$$[Fe(C_{12}H_8N_2)_3]^{3+} + e^- \rightleftharpoons [Fe(C_{12}H_8N_2)_3]^{2+}$$

在 1 mol·L^{-1} H^+存在时 $\varphi^{\ominus'}=1.06$ V。

该反应是可逆的。由于指示剂的条件电势较高，所以特别适用于强氧化剂作滴定剂时使用，如用 Ce^{4+} 滴定 Fe^{2+}、$[Fe(CN)_6]^{4-}$、VO^{2+} 等。强酸以及能与 1,10-邻二氮菲形成稳定配位化合物的金属离子(如 Co^{2+}、Cu^{2+}、Ni^{2+}、Zn^{2+}、Cd^{2+})，都会破坏 1,10-邻二氮菲-亚铁配位化合物。

7.2.2 氧化还原滴定曲线

在氧化还原滴定中，随着滴定剂的加入，被滴定物质的氧化态和还原态的浓度逐渐改变，电对的电势也随之不断变化，这种情况可以用滴定曲线较好地表示。滴定曲线一般通过实验方法测得，但对于可逆氧化还原体系，根据能斯特公式计算得出的滴定曲线与实测所得滴定曲线可以较好地吻合。

1. 基于对称电对间反应的滴定

(1) 滴定曲线方程

设某氧化还原滴定反应为

$$z_2 Ox_1 + z_1 Red_2 \rightleftharpoons z_2 Red_1 + z_1 Ox_2$$

氧化剂的半反应为　　$Ox_1 + z_1 e^- \rightleftharpoons Red_1$

还原剂的半反应为　　$Red_2 \rightleftharpoons Ox_2 + z_2 e^-$

若以浓度为 c_1^0 的 Ox_1 滴定体积为 V_0、浓度为 c_2^0 的 Red_2，当加入滴定剂体积为 V 时，物料平衡方程为

$$\frac{c_1^0 V}{V+V_0} = c_1 = [Ox_1] + [Red_1] \tag{1}$$

$$\frac{c_2^0 V_0}{V+V_0} = c_2 = [Red_2] + [Ox_2] \tag{2}$$

(1)式除以(2)式得

$$\frac{c_1^0 V}{c_2^0 V_0} = \frac{[Ox_1]+[Red_1]}{[Red_2]+[Ox_2]} = \frac{[Red_1]\left(\frac{[Ox_1]}{[Red_1]}+1\right)}{[Ox_2]\left(\frac{[Red_2]}{[Ox_2]}+1\right)} \tag{3}$$

在滴定过程中，两种滴定产物的浓度之间有下述关系：

$$[Ox_2] = \frac{z_1}{z_2}[Red_1] \tag{4}$$

(4)式代入(3)式得

$$\frac{c_1^0 V}{c_2^0 V_0}=\frac{z_2\left(\dfrac{[\mathrm{Ox}_1]}{[\mathrm{Red}_1]}+1\right)}{z_1\left(\dfrac{[\mathrm{Red}_2]}{[\mathrm{Ox}_2]}+1\right)} \tag{5}$$

令

$$f=\frac{\dfrac{[\mathrm{Ox}_1]}{[\mathrm{Red}_1]}+1}{\dfrac{[\mathrm{Red}_2]}{[\mathrm{Ox}_2]}+1} \tag{6}$$

则滴定分数 $a=\dfrac{z_1 c_1^0 V}{z_2 c_2^0 V_0}=f$。

显然，当 $f=1$ 时，滴定达到化学计量点。

滴定曲线方程为滴定分数与溶液电势间的函数关系，根据能斯特方程求得平衡电势为

$$\varphi=\varphi_1^{\ominus'}+\frac{0.059\ \mathrm{V}}{z_1}\lg\frac{[\mathrm{Ox}_1]}{[\mathrm{Red}_1]}=\varphi_2^{\ominus'}+\frac{0.059\ \mathrm{V}}{z_2}\lg\frac{[\mathrm{Ox}_2]}{[\mathrm{Red}_2]} \tag{7}$$

因此

$$\frac{[\mathrm{Ox}_1]}{[\mathrm{Red}_1]}=10^{z_1(\varphi-\varphi_1^{\ominus'})/0.059\ \mathrm{V}} \tag{8}$$

$$\frac{[\mathrm{Ox}_2]}{[\mathrm{Red}_2]}=10^{z_2(\varphi-\varphi_2^{\ominus'})/0.059\ \mathrm{V}} \tag{9}$$

(8)及(9)式代入(6)式可得

$$f=\frac{1+10^{z_1(\varphi-\varphi_1^{\ominus'})/0.059\ \mathrm{V}}}{1+10^{-z_2(\varphi-\varphi_2^{\ominus'})/0.059\ \mathrm{V}}} \tag{7-3}$$

(7-3)式即为滴定曲线方程。

将不同滴定分数对应的 φ 值求出，即可绘出滴定曲线。

例如，在 1 $\mathrm{mol\cdot L^{-1}}$ H_2SO_4 介质中用 0.100 0 $\mathrm{mol\cdot L^{-1}}$ Ce^{4+} 滴定 0.100 0 $\mathrm{mol\cdot L^{-1}}$ Fe^{2+} 的反应为

$$Fe^{2+}+Ce^{4+} \rightleftharpoons Fe^{3+}+Ce^{3+}$$

不同 a 对应的 φ 值列于表 7-2，滴定曲线如图 7-1 所示。

表 7-2 在 1 mol·L^{-1} H_2SO_4 溶液中，用 0.100 0 mol·L^{-1} $Ce(SO_4)_2$ 滴定 20.00 mL 0.100 0 mol·L^{-1} Fe^{2+} 溶液的相关数据

滴入 Ce^{4+} 溶液体积 V/mL	滴定分数 a	电势 φ/V
1.00	0.050 00	0.60
2.00	0.100 0	0.62
4.00	0.200 0	0.64
8.00	0.400 0	0.67
10.00	0.500 0	0.68
12.00	0.600 0	0.69
18.00	0.900 0	0.74
19.80	0.990 0	0.80
19.98	0.999 0	0.86 ⎫
20.00	1.000	1.06 ⎬ 突跃范围
20.02	1.001	1.26 ⎭
22.00	1.100	1.38
30.00	1.500	1.42
40.00	2.000	1.44

由滴定曲线可以看出，用氧化剂滴定还原剂时，若有关电对均为可逆电对，则滴定分数为 0.50 处的电势就是还原剂的条件电势；滴定分数为 2.00 处的电势就是氧化剂的条件电势。这两个条件电势相差越大，滴定突跃也越大。

(2) 化学计量点电势的计算

化学计量点时，$f=1$，将其代入(7-3)式，即可得到对称的氧化还原滴定反应的化学计量点电势 φ_{sp}。

当 $f=\dfrac{1+10^{z_1(\varphi-\varphi_1^{\ominus'})/0.059\text{ V}}}{1+10^{-z_2(\varphi-\varphi_2^{\ominus'})/0.059\text{ V}}}=1$ 时，

$$z_1(\varphi_{sp}-\varphi_1^{\ominus'})=-z_2(\varphi_{sp}-\varphi_2^{\ominus'})$$

$$z_1\varphi_{sp}-z_1\varphi_1^{\ominus'}+z_2\varphi_{sp}-z_2\varphi_2^{\ominus'}=0$$

$$\varphi_{sp}=\frac{z_1\varphi_1^{\ominus'}+z_2\varphi_2^{\ominus'}}{z_1+z_2} \qquad (7-4)$$

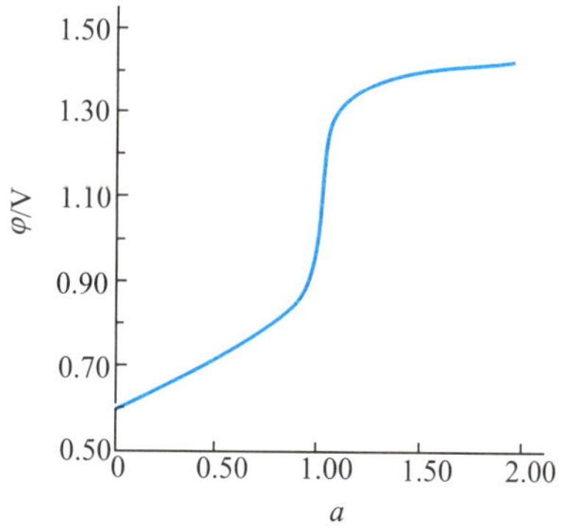

图 7-1 0.100 0 mol·L^{-1} Ce^{4+} 滴定 0.100 0 mol·L^{-1} Fe^{2+} 的滴定曲线（介质为 1 mol·L^{-1} H_2SO_4）

由(7-4)式可见，对于对称的氧化还原滴定反应，其化学计量点电势仅取决于两电对的条件电势与电子转移数，与滴定剂或被滴物的浓度无关。

例8 计算在1 mol·L^{-1} H_2SO_4 介质中，Ce^{4+} 与 Fe^{2+} 滴定反应的平衡常数及滴定至化学计量点时的电势。

解 由(7-2b)式得

$$\lg K=\frac{(\varphi_1^{\ominus'}-\varphi_2^{\ominus'})z}{0.059\ \mathrm{V}}=\frac{1.44\ \mathrm{V}-0.68\ \mathrm{V}}{0.059\ \mathrm{V}}=12.88$$

$$K=7.6\times10^{12}$$

由(7-4)式得

$$\varphi_{sp}=\frac{z_1\varphi^{\ominus'}_{Ce^{4+}/Ce^{3+}}+z_2\varphi^{\ominus'}_{Fe^{3+}/Fe^{2+}}}{z_1+z_2}=\frac{1.44\ \mathrm{V}+0.68\ \mathrm{V}}{1+1}$$

$$=1.06\ \mathrm{V}$$

(3) 滴定突跃范围

当滴定分析的误差要求在±0.1%以内时，可以由能斯特公式导出滴定的突跃范围。

设以滴定剂(条件电势 $\varphi_1^{\ominus'}$，电子转移数 z_1)滴定待测物(条件电势为 $\varphi_2^{\ominus'}$，电子转移数 z_2)，则突跃范围为

$$\left(\varphi_2^{\ominus'}+\frac{0.059\ \mathrm{V}}{z_2}\lg10^3\right)\sim\left(\varphi_1^{\ominus'}+\frac{0.059\ \mathrm{V}}{z_1}\lg10^{-3}\right)$$

它仅取决于两电对的电子转移数与电势差，与浓度无关。

例如，例8中以 Ce^{4+} 滴定 Fe^{2+}，其突跃范围为

$$(0.68+0.059\times3)\sim(1.44-0.059\times3)\mathrm{V}$$

即

$$0.86\sim1.26\ \mathrm{V}$$

该滴定体系的两电对的电子转移数相等(均为1)，φ_{sp} 正好位于突跃范围的中点。若两电对的电子转移数 z_1 与 z_2 不相等，则 φ_{sp} 不处在突跃范围的中点，而是偏向电子转移数大的电对一方。在以电势法测得滴定曲线后，通常以滴定曲线中突跃部分的中点作为滴定终点，这与化学计量点电势不一定相等，应当加以注意。

例9 求在1 mol·L^{-1} HCl介质中用 Fe^{3+} 滴定 Sn^{2+} 的化学计量点电势及突跃范围。

解 反应式为

$$2Fe^{3+}+Sn^{2+}\rightleftharpoons 2Fe^{2+}+Sn^{4+}$$

$$\varphi_{sp}=\frac{1\times0.70\ \mathrm{V}+2\times0.14\ \mathrm{V}}{1+2}=0.33\ \mathrm{V}$$

突跃范围为

$$\left(0.14+\frac{0.059}{2}\lg 10^{3}\right)\sim\left(0.70+\frac{0.059}{1}\lg 10^{-3}\right)\text{V}$$

即 0.23～0.52 V，其中点为 0.38 V，即 φ_{sp} 偏向于 Sn^{4+}/Sn^{2+} 电对（电子转移数较大的电对）一方。

2. 基于不对称电对反应的氧化还原滴定

如反应

$$z_2\text{Ox}_1+z_1\text{Red}_2 \rightleftharpoons z_1 b\text{Ox}_2+z_2 a\text{Red}_1$$

按上述相同的方法，同样可导出它的滴定曲线方程式：

$$f=\frac{1+a[\text{Red}_1]^{a-1}10^{z_1(\varphi_{sp}-\varphi_1^{\ominus'})/0.059\text{ V}}}{1+b[\text{Ox}_2]^{b-1}10^{-z_2(\varphi_{sp}-\varphi_2^{\ominus'})/0.059\text{ V}}} \tag{7-5}$$

若将 $f=1$ 代入(7-5)式，则可得到有不对称电对参加的氧化还原反应的滴定化学计量点电势：

$$a[\text{Red}_1]_{sp}^{a-1}10^{z_1(\varphi_{sp}-\varphi_1^{\ominus'})/0.059\text{ V}}=b[\text{Ox}_2]_{sp}^{b-1}10^{-z_2(\varphi_{sp}-\varphi_2^{\ominus'})/0.059\text{ V}}$$

取对数：

$$\lg\{a[\text{Red}_1]_{sp}^{a-1}\}+\frac{z_1(\varphi_{sp}-\varphi_1^{\ominus'})}{0.059\text{ V}}=\lg\{b[\text{Ox}_2]_{sp}^{b-1}\}-\frac{z_2(\varphi_{sp}-\varphi_2^{\ominus'})}{0.059\text{ V}}$$

整理后得

$$\varphi_{sp}=\frac{z_1\varphi_1^{\ominus'}+z_2\varphi_2^{\ominus'}}{z_1+z_2}+\frac{0.059\text{ V}}{z_1+z_2}\lg\frac{b[\text{Ox}_2]_{sp}^{b-1}}{a[\text{Red}_1]_{sp}^{a-1}} \tag{7-6}$$

由该式可看出，在这种情况下，φ_{sp} 不仅与条件电势及电子转移数有关，还与反应前后有不对称系数的电对的物质的浓度有关。

若使用标准电极电势计算化学计量点电势，对于有 H^+ 参加的氧化还原滴定反应，在计算式中应当包含有参与反应的 H^+ 浓度项。例如，以 $K_2Cr_2O_7$ 滴定 Fe^{2+}，以标准电势计算 φ_{sp} 的计算式为

$$\varphi_{sp}=\frac{z_1\varphi_1+z_2\varphi_2}{z_1+z_2}+\frac{0.059\text{ V}}{z_1+z_2}\lg\frac{1}{2c_{Cr^{3+}}}+\frac{0.059\text{ V}}{z_1+z_2}\lg[H^+]^{14}$$

即

$$\varphi_{sp}=\frac{6\times1.33\text{ V}+0.77\text{ V}}{6+1}+\frac{0.059\text{ V}}{7}\lg\frac{1}{2c_{Cr^{3+}}}+\frac{0.059\text{ V}}{7}\lg[H^+]^{14}$$

例 10 以 0.016 67 $\text{mol}\cdot\text{L}^{-1}$ $K_2Cr_2O_7$ 标准溶液滴定 0.100 0 $\text{mol}\cdot\text{L}^{-1}$ 的 Fe^{2+} 至终点时，溶液的 pH＝2.0，求化学计量点电势。若 $[H^+]=1.0\ \text{mol}\cdot\text{L}^{-1}$，化学计量点电势又为多少？已知 $\varphi^{\ominus}_{Fe^{3+}/Fe^{2+}}=0.77\text{ V}$，$\varphi^{\ominus}_{Cr_2O_7^{2-}/Cr^{3+}}=1.33\text{ V}$。

解 反应式为

$$Cr_2O_7^{2-}+6Fe^{2+}+14H^+ \longrightarrow 2Cr^{3+}+6Fe^{3+}+7H_2O$$

化学计量点时,体积增大1倍,$[Cr^{3+}]=\dfrac{2\times0.016\,67\ mol\cdot L^{-1}}{2}=0.016\,67\ mol\cdot L^{-1}$

若 pH 为 2.0,则

$$\varphi_{sp}=\frac{6\times1.33\ V+0.77\ V}{6+1}+\frac{0.059\ V}{7}\lg\frac{1}{2\times0.016\,67}+\frac{0.059\ V}{7}\lg(10^{-2.0})^{14}$$
$$=1.25\ V+1.2\times10^{-2}\ V-0.236\ V=1.03\ V$$

若$[H^+]=1.0\ mol\cdot L^{-1}$,则

$$\varphi_{sp}=\frac{6\times1.33\ V+0.77\ V}{6+1}+\frac{0.059\ V}{7}\lg\frac{1}{2\times0.016\,67}$$
$$=1.26\ V$$

当氧化还原体系中有不可逆氧化还原电对参加反应时,实测的滴定曲线与理论计算所得的滴定曲线常有差别。这种差别通常出现在电势主要由不可逆氧化还原电对控制的时候。例如,在 H_2SO_4 溶液中用 $KMnO_4$ 滴定 Fe^{2+},MnO_4^-/Mn^{2+} 为不可逆氧化还原电对,Fe^{3+}/Fe^{2+} 为可逆的氧化还原电对。在化学计量点前,电势主要由 Fe^{3+}/Fe^{2+} 控制,故实测滴定曲线与理论滴定曲线并无明显的差别。但是,在化学计量点后,当电势主要由 MnO_4^-/Mn^{2+} 电对控制时,它们二者在形状及数值上均有较明显的差别。这种情况可由图 7-2 清楚地看出。

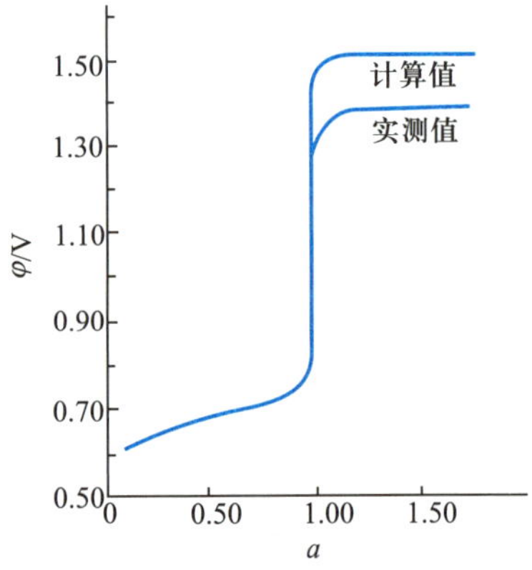

图 7-2 $0.100\,0\ mol\cdot L^{-1}\ KMnO_4$ 滴定 $0.100\,0\ mol\cdot L^{-1}\ Fe^{2+}$ 时理论滴定曲线与实测滴定曲线的比较

用指示剂确定滴定终点时,指示剂变色点、化学计量点及电位滴定终点三者往往不完全一致,在实际工作中应予以考虑。

7.2.3 氧化还原滴定终点误差

在酸碱滴定及配位滴定中已广泛使用林邦终点误差公式计算滴定误差,十分方便。由于大多数氧化还原滴定反应进行较为完全,而且有不少灵敏的指示剂,更重要的是不少氧化还原电对为不可逆的,用能斯特方程计算与实测值不完全吻合,因此过去对氧化还原滴定的终点误差讨论不多。用林邦误差公式处理氧化还原滴定的终点误差,将各种滴定的终点误差统一起来,这是有一定意义的。这里仅介绍简单情况下终点误差公式的导出及其应用。

设滴定反应为氧化剂 Ox_1 滴定还原剂 Red_2，即

$$Ox_1 + Red_2 = Red_1 + Ox_2$$

若两个半反应的电子转移数均为 1，且两个电对皆为对称电对，按终点误差公式，得

$$E_t = \frac{[Ox_1]_{ep} - [Red_2]_{ep}}{c_{Red_2}^{sp}} \tag{1}$$

对于 Ox_1/Red_1 电对，在终点与化学计量点时各有如下关系：

$$\varphi_{ep} = \varphi_1^{\ominus} + 0.059\ \text{V}\ \lg\frac{[Ox_1]_{ep}}{[Red_1]_{ep}} \tag{2}$$

$$\varphi_{sp} = \varphi_1^{\ominus} + 0.059\ \text{V}\ \lg\frac{[Ox_1]_{sp}}{[Red_1]_{sp}} \tag{3}$$

当滴定终点与化学计量点接近时，$[Red_1]_{ep} \approx [Red_1]_{sp}$，(2)式与(3)式相减，整理后得

$$\Delta\varphi = \varphi_{ep} - \varphi_{sp} = 0.059\ \text{V}\ \lg\frac{[Ox_1]_{ep}}{[Ox_1]_{sp}} \tag{4}$$

即

$$[Ox_1]_{ep} = [Ox_1]_{sp}10^{\Delta\varphi/0.059\ \text{V}} \tag{5}$$

同理，可导出

$$[Red_2]_{ep} = [Red_2]_{sp}10^{-\Delta\varphi/0.059\ \text{V}} \tag{6}$$

将(5)式、(6)式代入(1)式，且在化学计量点时$[Ox_1]_{sp} = [Red_2]_{sp}$，可得

$$E_t = \frac{[Red_2]_{sp}(10^{\Delta\varphi/0.059\ \text{V}} - 10^{-\Delta\varphi/0.059\ \text{V}})}{c_{Red_2}^{sp}} \tag{7}$$

对于 Ox_2/Red_2 电对：

$$\varphi_{sp} = \varphi_2^{\ominus} + 0.059\ \text{V}\ \lg\frac{[Ox_2]_{sp}}{[Red_2]_{sp}} \tag{8}$$

由(7-4)式可知化学计量点电势为

$$\varphi_{sp} = \frac{z_1\varphi_1^{\ominus} + z_2\varphi_2^{\ominus}}{z_1 + z_2}$$

在本例中

$$\varphi_{sp} = \frac{\varphi_1^{\ominus} + \varphi_2^{\ominus}}{2}$$

代入(8)式，整理后得

$$\frac{[Ox_2]_{sp}}{[Red_2]_{sp}}=10^{\Delta\varphi^{\ominus}/2\times 0.059\ V} \tag{9}$$

化学计量点时

$$c_{Red_2}^{sp}=[Ox_2]_{sp} \tag{10}$$

将(9)式、(10)式代入(7)式得到

$$E_t=\frac{10^{\Delta\varphi/0.059\ V}-10^{-\Delta\varphi/0.059\ V}}{10^{\Delta\varphi^{\ominus}/2\times 0.059\ V}} \tag{7-7}$$

例 11 在 1.0 $mol\cdot L^{-1}$ H_2SO_4 介质中，以 0.10 $mol\cdot L^{-1}$ Ce^{4+} 溶液滴定 0.10 $mol\cdot L^{-1}$ Fe^{2+}，若选用二苯胺磺酸钠为指示剂，计算终点误差。

解 $\varphi_1^{\ominus'}=1.44\ V$，$\varphi_2^{\ominus'}=0.68\ V$，$z_1=z_2=1$，二苯胺磺酸钠的条件电位 $\varphi_{In}^{\ominus'}=0.84\ V$。故

$$\Delta\varphi^{\ominus'}=1.44\ V-0.68\ V=0.76\ V$$

$$\varphi_{sp}=\frac{1.44\ V+0.68\ V}{2}=1.06\ V$$

$$\varphi_{ep}=0.84\ V$$

$$\Delta\varphi=0.84\ V-1.06\ V=-0.22\ V$$

$$\begin{aligned}E_t&=\frac{10^{\Delta\varphi/0.059\ V}-10^{-\Delta\varphi/0.059\ V}}{10^{\Delta\varphi^{\ominus}/2\times 0.059\ V}}\times 100\%\\&=\frac{10^{-0.22/0.059}-10^{0.22/0.059}}{10^{0.76/2\times 0.059}}\times 100\%\\&=\frac{10^{-3.73}-10^{3.73}}{10^{6.44}}\times 100\%\\&=-0.19\%\end{aligned}$$

当 $z_1\neq z_2$，但两电对仍为对称电对时，其终点误差公式为

$$E_t=\frac{10^{z_1\Delta\varphi/0.059\ V}-10^{-z_2\Delta\varphi/0.059\ V}}{10^{z_1z_2\Delta\varphi^{\ominus'}/(z_1+z_2)0.059\ V}} \tag{7-8}$$

7.3 氧化还原滴定中的预处理

在氧化还原滴定中，常将待测组分先氧化为高价态后再用还原剂标准溶液滴定；或先还原为低价态后再用氧化剂标准溶液滴定。这种滴定前使待测组分转变为适当价态的步骤称为预氧化(preoxidation)或预还原(prereduction)。

预处理时所用的氧化剂或还原剂，应符合下列要求。

a. 必须将待测组分定量地氧化或还原成适宜的价态；

b. 反应速率快，即预处理反应能迅速完成；

c. 预处理试剂的反应具有一定的选择性，不引入干扰成分；

d. 过量的预处理氧化剂或还原剂易于除去，或转变为不参与滴定反应的物质。

通常可采用以下方法除去过量的氧化剂或还原剂。

(1) 利用化学反应

例如，用 $HgCl_2$ 可除去过量的 $SnCl_2$：

$$2HgCl_2 + SnCl_2 = SnCl_4 + Hg_2Cl_2\downarrow$$

生成的 Hg_2Cl_2 沉淀一般不被滴定剂氧化，不需过滤除去。

(2) 过滤

例如，$NaBiO_3$ 不溶于水，可采用过滤法除去。

(3) 加热分解

例如，H_2O_2 和 $(NH_4)_2S_2O_8$ 等可采用加热煮沸分解除去。

预处理时常用的还原剂、氧化剂及其反应条件、主要应用、除去方法等列于表 7-3 和表 7-4。

表 7-3 预处理时常用的还原剂

还原剂	反应条件	主要应用	除去方法
SO_2 $SO_2 + 2H_2O = SO_4^{2-} + 4H^+ + 2e^-$ $\varphi^\ominus = 0.20\ V$	1 mol·L^{-1} 硫酸（有 SCN^- 共存，加速反应）	Fe(Ⅲ)→Fe(Ⅱ) As(Ⅴ)→As(Ⅲ) Sb(Ⅴ)→Sb(Ⅲ) Cu(Ⅱ)→Cu(Ⅰ)	煮沸，通 CO_2
$SnCl_2$ $Sn^{2+} = Sn^{4+} + 2e^-$ $\varphi^\ominus = 0.15\ V$	酸性，加热	Fe(Ⅲ)→Fe(Ⅱ) Mo(Ⅵ)→Mo(Ⅴ) As(Ⅴ)→As(Ⅲ)	快速加入过量的 $HgCl_2$ $Sn^{2+} + 2HgCl_2 = Sn^{4+} + Hg_2Cl_2 + 2Cl^-$
锌-汞齐还原柱	H_2SO_4 介质	Cr(Ⅲ)→Cr(Ⅱ) Fe(Ⅲ)→Fe(Ⅱ) Ti(Ⅳ)→Ti(Ⅲ) V(Ⅴ)→V(Ⅱ)	
盐酸肼、硫酸肼或肼	酸性	As(Ⅴ)→As(Ⅲ)	浓 H_2SO_4，加热
汞阴极	恒定电位下	Fe(Ⅲ)→Fe(Ⅱ) Cr(Ⅲ)→Cr(Ⅱ)	

表 7-4 预处理时常用的氧化剂

氧化剂	反应条件	主要应用	除去方法
$NaBiO_3$ $NaBiO_3(固)+6H^++2e^- = Bi^{3+}+Na^++3H_2O$ $\varphi^{\ominus}=1.80\ V$	室温，HNO_3 介质 H_2SO_4 介质	$Mn^{2+} \rightarrow MnO_4^-$ Ce(Ⅲ)→Ce(Ⅳ)	过滤
PbO_2	pH=2～6 焦磷酸盐缓冲溶液	Mn(Ⅱ)→Mn(Ⅲ) Ce(Ⅲ)→Ce(Ⅳ) Cr(Ⅲ)→Cr(Ⅵ)	过滤
$(NH_4)_2S_2O_8$ $S_2O_8^{2-}+2e^- = 2SO_4^{2-}$ $\varphi^{\ominus}=2.01\ V$	酸性 Ag^+ 作催化剂	Ce(Ⅲ)→Ce(Ⅳ) $Mn^{2+} \rightarrow MnO_4^-$ $Cr^{3+} \rightarrow Cr_2O_7^{2-}$ $VO^{2+} \rightarrow VO_3^-$	煮沸分解
H_2O_2 $H_2O_2+2e^- = 2OH^-$ $\varphi^{\ominus}=0.88\ V$	NaOH 介质 HCO_3^- 介质 碱性介质	$Cr^{3+} \rightarrow CrO_4^{2-}$ Co(Ⅱ)→Co(Ⅲ) Mn(Ⅱ)→Mn(Ⅳ)	煮沸分解，加少量 Ni^{2+} 或 I^- 作催化剂，加速 H_2O_2 分解
高锰酸盐	焦磷酸盐和氟化物，Cr(Ⅲ)存在时	Ce(Ⅲ)→Ce(Ⅳ) V(Ⅳ)→V(Ⅴ)	亚硝酸钠和尿素
高氯酸	热、浓 $HClO_4$ *	V(Ⅳ)→V(Ⅴ) Cr(Ⅲ)→Cr(Ⅵ)	迅速冷却至室温，用水稀释
KIO_4	热的酸性介质	光度法测微量锰 $Mn^{2+} \rightarrow MnO_4^-$	不必除去

* 热、浓的 $HClO_4$ 遇有机物时，会发生爆炸。因此，对含有有机物的试样，用 $HClO_4$ 处理前，应先用 HNO_3 将有机物破坏。

7.4 常用的氧化还原滴定法

氧化还原滴定法是应用最广泛的滴定分析法之一，它可用于多种无机物和有机物含量的直接或间接测定。

由于氧化还原滴定剂的种类繁多，氧化还原能力各不相同，因此，可以根据待测物质的性质来选择合适的滴定剂，这是氧化还原滴定法得到广泛应用的主要原因。作为滴定剂，要求它在空气中保持稳定，因此能用作滴定剂的还原剂不多，常用的仅有 $Na_2S_2O_3$ 和 $FeSO_4$ 等。滴定剂为氧化剂的氧化还原滴定应用较广泛，常用的有 $KMnO_4$、$K_2Cr_2O_7$、I_2、$KBrO_3$、$Ce(SO_4)_2$ 等。一般根据滴定剂的名称来命名氧化还原滴定法。下面简要介绍常用的几种方法。

7.4.1 高锰酸钾法

1. 概述

高锰酸钾法(potassium permanganate method)的优点是 $KMnO_4$ 氧化能力强,本身呈深紫色,用它滴定无色或浅色溶液时,不需另加指示剂。高锰酸钾法的主要缺点是试剂常含有少量杂质,使溶液不够稳定;又由于 $KMnO_4$ 的氧化能力强,可以和很多还原性物质发生作用,因此干扰比较严重。

$KMnO_4$ 在强酸性溶液(一般采用 H_2SO_4 而不用 HCl 或 HNO_3)中与还原剂作用,MnO_4^- 被还原为 Mn^{2+}:

$$MnO_4^- + 8H^+ + 5e^- \longrightarrow Mn^{2+} + 4H_2O \qquad \varphi^\ominus = 1.51\ V$$

在弱酸性、中性或弱碱性溶液中,MnO_4^- 被还原为 MnO_2:

$$MnO_4^- + 2H_2O + 3e^- \longrightarrow MnO_2 + 4OH^- \qquad \varphi^\ominus = 0.59\ V$$

在 NaOH 浓度大于 2 $mol \cdot L^{-1}$ 的碱性溶液中,MnO_4^- 能被多种有机物还原为 MnO_4^{2-}:

$$MnO_4^- + e^- \longrightarrow MnO_4^{2-} \qquad \varphi^\ominus = 0.564\ V$$

应用高锰酸钾法时,可根据待测物质的不同性质采用不同的滴定方式。

(1) 直接滴定法

许多还原性物质,如 Fe^{2+}、As(Ⅲ)、Sb(Ⅲ)、H_2O_2、$C_2O_4^{2-}$、NO_2^- 等,可用 $KMnO_4$ 标准溶液直接滴定。

(2) 返滴定法

有些氧化性物质不能用 $KMnO_4$ 溶液直接滴定,可用返滴定法。例如,测定 MnO_2 的含量时,可在 H_2SO_4 溶液中先加入一定量且过量的 $Na_2C_2O_4$ 标准溶液,待 MnO_2 与 $C_2O_4^{2-}$ 作用完全后,再用 $KMnO_4$ 标准溶液滴定过量的 $C_2O_4^{2-}$。

(3) 间接滴定法

某些非氧化还原性物质,可以用间接滴定法进行测定。例如,测定 Ca^{2+} 时,可首先将 Ca^{2+} 定量沉淀为 CaC_2O_4,再用稀 H_2SO_4 将所得沉淀溶解,用 $KMnO_4$ 标准溶液滴定溶液中的 $C_2O_4^{2-}$,从而间接求得 Ca^{2+} 的含量。利用此法,还可以间接测定 Ba^{2+}、Mg^{2+}、Zn^{2+}、Pb^{2+}、Ag^+ 等。

2. $KMnO_4$ 溶液的配制和标定

市售 $KMnO_4$ 试剂中常含有少量 MnO_2 和其他杂质,蒸馏水中也常含有微量还原性物质,它们可与 MnO_4^- 反应而析出 $MnO(OH)_2$ 沉淀。这些生成物以及热、光、酸、碱等外界条件的改变均会促进 $KMnO_4$ 的分解,因而 $KMnO_4$ 标准溶液不能直接配制。

为配制较稳定的 $KMnO_4$ 溶液，常采用下列措施：

a. 称取稍多于理论量的 $KMnO_4$，溶解在规定体积的蒸馏水中；

b. 将配好的 $KMnO_4$ 溶液加热至沸，并保持微沸约 1 h，然后放置 2～3 天，使溶液中可能存在的还原性物质完全氧化；

c. 用微孔玻璃漏斗过滤，除去析出的沉淀；

d. 将过滤后的 $KMnO_4$ 溶液贮存于棕色试剂瓶中，并存放于暗处，以待标定。

如需要浓度较稀的 $KMnO_4$ 溶液，可用蒸馏水将 $KMnO_4$ 溶液临时稀释并标定后使用，但不宜长期贮存。

标定 $KMnO_4$ 溶液的基准物质相当多，如 $Na_2C_2O_4$、As_2O_3、$H_2C_2O_4 \cdot 2H_2O$ 和纯金属铁丝等。其中以 $Na_2C_2O_4$ 较为常用，因为它容易提纯，性质稳定，不含结晶水。$Na_2C_2O_4$ 在 105～110 ℃烘干约 2 h，冷却后，就可以使用。

在 H_2SO_4 溶液中，MnO_4^- 与 $C_2O_4^{2-}$ 的反应如下：

$$2MnO_4^- + 5C_2O_4^{2-} + 16H^+ \longrightarrow 2Mn^{2+} + 10CO_2\uparrow + 8H_2O$$

为了使该反应能够定量且较快地进行，应该注意下列条件。

(1) 温度

在室温下，这个反应的速率缓慢，因此常将溶液加热至 70～80 ℃ 时进行滴定。但温度不宜过高，若高于 90 ℃，部分 $H_2C_2O_4$ 会发生分解：

$$H_2C_2O_4 \longrightarrow CO_2\uparrow + CO\uparrow + H_2O$$

(2) 酸度

酸度过低，$KMnO_4$ 易分解为 MnO_2；酸度过高，$H_2C_2O_4$ 亦易分解。滴定开始时的酸度一般应控制在 0.5～1 $mol \cdot L^{-1}$。

(3) 滴定速度

开始滴定时的速度不宜太快，否则加入的 $KMnO_4$ 溶液来不及与 $C_2O_4^{2-}$ 反应，即在热的酸性溶液中发生分解：

$$4MnO_4^- + 12H^+ \longrightarrow 4Mn^{2+} + 5O_2\uparrow + 6H_2O$$

(4) 催化剂

开始加入的几滴 $KMnO_4$ 溶液退色较慢，随着滴定产物 Mn^{2+} 的生成，反应速率逐渐加快。因此，常在滴定前加入几滴 $MnSO_4$ 作催化剂。

(5) 指示剂

$KMnO_4$ 自身可作为滴定时的指示剂，但使用浓度低至 0.002 $mol \cdot L^{-1}$ $KMnO_4$ 溶液作滴定剂时，应加入二苯胺磺酸钠或 1,10-邻二氮菲-亚铁等指示剂来确定终点。

(6) 滴定终点

用 $KMnO_4$ 溶液滴定至终点后,溶液中出现的粉红色不能持久,这是因为空气中的还原性气体和灰尘都能使 MnO_4^- 还原,使溶液的粉红色逐渐消失。所以,滴定时溶液中出现的粉红色如在 0.5～1 min 内不退色,即已达到滴定终点。

3. 高锰酸钾滴定法应用示例

(1) H_2O_2 的测定

在酸性溶液中,H_2O_2 能还原 MnO_4^-,并释放出 O_2,其反应式为

$$5H_2O_2 + 2MnO_4^- + 6H^+ = 5O_2\uparrow + 2Mn^{2+} + 8H_2O$$

因此,H_2O_2 可用 $KMnO_4$ 标准溶液直接滴定。

碱金属及碱土金属的过氧化物可采用同样的方法进行测定。

(2) Ca^{2+} 的测定

高锰酸钾法测定 Ca^{2+} 是采用间接滴定法,前面已作简要介绍。为保证 Ca^{2+} 与 $C_2O_4^{2-}$ 有 1∶1 的化学计量关系并得到大颗粒的晶形沉淀,必须控制好反应条件。为此,先向待测的含 Ca^{2+} 酸性试液中加入过量的 $(NH_4)_2C_2O_4$,再用稀氨水中和试液的 pH 为 4～5,放置陈化。若在中性或弱碱性溶液中沉淀,则会有部分 $Ca(OH)_2$ 或碱式草酸钙生成,使分析结果偏低。过滤后,沉淀表面吸附的 $C_2O_4^{2-}$ 必须洗净,否则分析结果将偏高。为减少洗涤时沉淀溶解的损失,可用冷水洗涤沉淀。

凡是能与 $C_2O_4^{2-}$ 定量地生成沉淀的金属离子,都可用上述间接法测定,如 Th^{4+} 和稀土元素的测定。

(3) 软锰矿中 MnO_2 的测定

MnO_2 与 $C_2O_4^{2-}$ 的反应是测定 MnO_2 的基础:

$$MnO_2 + C_2O_4^{2-} + 4H^+ = Mn^{2+} + 2CO_2\uparrow + 2H_2O$$

加入一定量且过量的 $Na_2C_2O_4$ 溶液于试样中,加入 H_2SO_4 并加热,待反应完全后,用 $KMnO_4$ 标准溶液返滴定过剩的 $C_2O_4^{2-}$。

(4) 测定某些有机化合物

在强碱性溶液中,$KMnO_4$ 与某些有机物反应后,还原为绿色的 MnO_4^{2-}。利用这一反应,可用高锰酸钾法测定某些有机化合物。

例如,将甘油、甲酸或甲醇等加入到一定量过量的碱性 $KMnO_4$ 标准溶液中:

$$\underset{\displaystyle OH}{\underset{|}{CH_2}}-\underset{\displaystyle OH}{\underset{|}{CH}}-\underset{\displaystyle OH}{\underset{|}{CH_2}} + 14MnO_4^- + 20OH^- \longrightarrow 3CO_3^{2-} + 14MnO_4^{2-} + 14H_2O$$

$$HCOO^- + 2MnO_4^- + 3OH^- \longrightarrow CO_3^{2-} + 2MnO_4^{2-} + 2H_2O$$

$$CH_3OH + 6MnO_4^- + 8OH^- \longrightarrow CO_3^{2-} + 6MnO_4^{2-} + 6H_2O$$

待反应完成后，将溶液酸化，此时 MnO_4^{2-} 发生歧化反应：

$$3MnO_4^{2-}+4H^+ \longrightarrow 2MnO_4^-+MnO_2+2H_2O$$

准确加入过量的 $FeSO_4$ 标准溶液，将所有高价锰离子全部还原为 Mn^{2+}，再用 $KMnO_4$ 标准溶液滴定过量的 Fe^{2+}。由两次加入 $KMnO_4$ 的量及 $FeSO_4$ 的量计算有机物的含量。

此法还可用于测定甘醇酸（羟基乙酸）、酒石酸、柠檬酸、苯酚、水杨酸、甲醛、葡萄糖等。

（5）化学需氧量（COD①）的测定

高锰酸盐指数是水质分析中表征水体被微量有机物和无机可氧化物质污染程度的常用指标。国家标准及国际标准中的定义为：在规定条件下，用 $KMnO_4$ 氧化水样中的某些有机物及无机还原性物质所消耗的 MnO_4^- 量相当的氧的质量浓度（以 O_2 计，$mg \cdot L^{-1}$）。测定时，在水样中加入 H_2SO_4 及一定量的 $KMnO_4$ 标准溶液，置沸水浴中加热，使其中的还原性物质氧化。剩余的 $KMnO_4$ 用一定量过量的 $Na_2C_2O_4$ 标准溶液还原，再以 $KMnO_4$ 标准溶液返滴定过量的 $Na_2C_2O_4$。该法适用于地表水、生活饮用水和生活污水 COD 的测定。对于工业废水和污染严重的环境水中 COD 的测定，要采用 $K_2Cr_2O_7$ 法（参见下节）。

本法反应为

$$4MnO_4^-+5C+12H^+ \longrightarrow 4Mn^{2+}+5CO_2\uparrow+6H_2O$$

$$2MnO_4^-+5C_2O_4^{2-}+16H^+ \longrightarrow 2Mn^{2+}+10CO_2\uparrow+8H_2O$$

依据反应式及化学计量关系，可写出 COD 的计算公式。

国家标准对地下水、地表水等水体的高锰酸盐指数都规定了质量指标，并规定了相应的分析方法。另需注意，不能认为高锰酸盐指数是理论需氧量或总有机物含量的指标，因为在规定条件下，一些有机物仅部分被氧化。

7.4.2 重铬酸钾法

1. 概述

重铬酸钾法（dichromate titration）具有如下优点：

a. $K_2Cr_2O_7$ 容易提纯，在 140～250 ℃干燥后，可以直接称量配制标准溶液；

b. $K_2Cr_2O_7$ 标准溶液非常稳定，可以长期保存；

c. $K_2Cr_2O_7$ 的氧化能力没有 $KMnO_4$ 强，在 1 $mol \cdot L^{-1}$ HCl 溶液中 $\varphi^{\ominus'}=$

---

① COD 为 chemical oxygen demand 的简称。以 $KMnO_4$ 法测得的化学需氧量，以前称为 COD_{Mn}，现在称为“高锰酸盐指数”。

1.00 V,室温下不与 Cl^- 作用($\varphi^{\ominus}_{Cl_2/Cl^-}=1.36$ V)。受其他还原性物质的干扰也比 $KMnO_4$ 法少。

$Cr_2O_7^{2-}$ 在酸性溶液中与还原剂作用时被还原为 Cr^{3+}：

$$Cr_2O_7^{2-}+14H^++6e^- = 2Cr^{3+}+7H_2O \qquad \varphi^{\ominus}=1.33\ V$$

实际上,$Cr_2O_7^{2-}/Cr^{3+}$ 电对在酸性介质中的条件电势往往小于标准电极电势。例如在 1 $mol\cdot L^{-1}$ HCl 中 $\varphi^{\ominus'}=1.00$ V;在 0.5 $mol\cdot L^{-1}$ H_2SO_4 中 $\varphi^{\ominus'}=1.08$ V;在 1 $mol\cdot L^{-1}$ H_2SO_4 中 $\varphi^{\ominus'}=1.03$ V。

$K_2Cr_2O_7$ 的还原产物 Cr^{3+} 呈绿色,终点时无法辨别出过量的 $K_2Cr_2O_7$ 的黄色,因而需加入指示剂,常用二苯胺磺酸钠作为指示剂。

2. 重铬酸钾法应用实例

(1) 铁矿石中全铁的测定

重铬酸钾法主要用于测定 Fe^{2+},是铁矿中全铁量测定的标准方法。

试样用热的浓 HCl 分解,加 $SnCl_2$ 将 Fe^{3+} 还原为 Fe^{2+}。过量的 $SnCl_2$ 用 $HgCl_2$ 氧化,此时溶液中析出丝状的 Hg_2Cl_2 白色沉淀。然后在 1～2 $mol\cdot L^{-1}$ $H_2SO_4-H_3PO_4$ 混合酸介质中,以二苯胺磺酸钠作指示剂,用 $K_2Cr_2O_7$ 标准溶液滴定 Fe^{2+}。为减小终点误差,常于试液中加入 H_3PO_4,使 Fe^{3+} 生成稳定的 $Fe^{3+}-HPO_4^{2-}$ 配位化合物,降低 Fe^{3+}/Fe^{2+} 电对的电势,因而滴定突跃范围增大;此外,由于该配位化合物无色,消除了 Fe^{3+} 的黄色对观察终点的影响。

近年来,为了保护环境,提倡用无汞法测铁。试样溶解后,以 $SnCl_2$ 将大部分 Fe^{3+} 还原,再以钨酸钠为指示剂,用 $TiCl_3$ 还原,当 W(Ⅵ)被还原至 W(Ⅴ),“钨蓝”的出现表示 Fe^{3+} 已被还原完全,滴加 $K_2Cr_2O_7$ 溶液至蓝色刚好消失,最后在 H_3PO_4 存在下,以二苯胺磺酸钠为指示剂,用 $K_2Cr_2O_7$ 标准溶液滴定。

通过 $Cr_2O_7^{2-}$ 和 Fe^{2+} 的反应,还可以测定其他氧化性或还原性的物质。例如,钢中铬的测定,先用适当的氧化剂将铬氧化为 $Cr_2O_7^{2-}$,然后用 Fe^{2+} 标准溶液滴定;还可以测定非氧化还原性物质如 Pb^{2+}(或 Ba^{2+} 等),先定量沉淀为 $PbCrO_4$,将沉淀过滤,洗涤后溶解于酸中,以 Fe^{2+} 标准溶液滴定 $Cr_2O_7^{2-}$,从而间接测得 Pb^{2+} 的含量。

(2) UO_2^{2+} 的测定

将 UO_2^{2+} 还原为 UO^{2+} 后,以 Fe^{3+} 为催化剂,二苯胺磺酸钠作指示剂,可直接用 $K_2Cr_2O_7$ 标准溶液滴定：

$$Cr_2O_7^{2-}+3UO^{2+}+8H^+ = 2Cr^{3+}+3UO_2^{2+}+4H_2O$$

此法还可以应用于测定 Na^+,即先将 Na^+ 沉淀为 $NaZn(UO_2)_3(CH_3COO)_9\cdot 9H_2O$,将所得沉淀溶于稀 H_2SO_4 后,再将 UO_2^{2+} 还原为 UO^{2+},用重铬酸钾法滴定。

(3) COD的测定

在酸性介质中以重铬酸钾为氧化剂，测定化学需氧量的方法记作COD_{Cr}，这是目前应用最为广泛的方法(见GB11914—1989)。分析步骤如下：于水样中加入$HgSO_4$消除Cl^-的干扰，加入一定量且过量的$K_2Cr_2O_7$标准溶液，在强酸介质中，以Ag_2SO_4作为催化剂，加热回流2 h，待氧化作用完全后，以1,10-邻二氮菲-亚铁为指示剂，用Fe^{2+}标准溶液滴定过量的$K_2Cr_2O_7$。该法适用范围广泛，可用于各类工业废水和污染严重的环境水中化学需氧量的测定，缺点是测定过程中带来Cr(Ⅵ)、Hg^{2+}等有害物质的污染。

7.4.3 碘量法

1. 概述

碘量法(iodimetric and iodometric method)是利用I_2的氧化性和I^-的还原性来进行滴定的方法。固体I_2在水中的溶解度很小(0.001 33 $mol \cdot L^{-1}$，20 ℃)，故通常将I_2溶解在KI溶液中形成I_3^-(为方便起见，一般简写为I_2)。

用I_3^-滴定时的基本反应为

$$I_3^- + 2e^- \longrightarrow 3I^- \qquad \varphi^{\ominus} = 0.545 \text{ V}$$

I_2是较弱的氧化剂，能与较强的还原剂作用，而I^-是中等强度的还原剂，能与许多氧化剂作用。因此，碘量法可用直接和间接两种方式进行。

电势比φ_{I_2/I^-}低的还原性物质，可直接用I_2标准溶液滴定，这种方法称作直接碘量法(direct iodimetry)。例如，钢铁中硫的测定，试样在近1 300 ℃的燃烧管中通O_2燃烧，使钢铁中的硫转化为SO_2，再用I_2滴定，其反应为

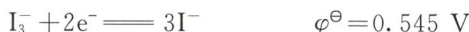

$$I_2 + SO_2 + 2H_2O \longrightarrow 2I^- + SO_4^{2-} + 4H^+$$

采用淀粉作指示剂，终点非常明显。用直接碘量法还可以测定As_2O_3、Sb(Ⅲ)、Sn(Ⅱ)等还原性物质。直接碘量法不能在碱性溶液中进行，否则会发生歧化反应。

电势比φ_{I_2/I^-}高的氧化性物质，可在一定条件下，用I^-还原，然后用$Na_2S_2O_3$标准溶液滴定产生的I_2。这种方法称作间接碘量法(indirect iodimetry)。例如，$KMnO_4$在酸性溶液中，与过量的KI作用析出I_2，其反应为

$$2MnO_4^- + 10I^- + 16H^+ \longrightarrow 2Mn^{2+} + 5I_2 \downarrow + 8H_2O$$

再用$Na_2S_2O_3$溶液滴定：

$$I_2 + 2S_2O_3^{2-} \longrightarrow 2I^- + S_4O_6^{2-}$$

间接碘量法可应用于测定Cu^{2+}、CrO_4^{2-}、$Cr_2O_7^{2-}$、IO_3^-、BrO_3^-、AsO_4^{3-}、

SbO_4^{3-}、ClO^-、NO_2^-、H_2O_2 等氧化性物质。

使用间接碘量法必须注意以下两点：

(1) 控制溶液的酸度

滴定必须在中性或弱酸性溶液中进行。在碱性溶液中，I_2 与 $S_2O_3^{2-}$ 将发生下列反应：

$$S_2O_3^{2-} + 4I_2 + 10OH^- = 2SO_4^{2-} + 8I^- + 5H_2O$$

而且 I_2 在碱性溶液中会发生歧化反应生成 I^- 及 IO_3^-。在强酸性溶液中，$Na_2S_2O_3$ 溶液会发生分解：

$$S_2O_3^{2-} + 2H^+ = SO_2 + S\downarrow + H_2O$$

(2) 防止 I_2 的挥发和空气中的 O_2 氧化 I^-

加入过量的 KI 可使 I_2 形成 I_3^- 配离子，且滴定时使用碘量瓶，不要剧烈摇动，以减少 I_2 的挥发。I^- 被空气氧化的反应，随光照及酸度增高而加快。因此，在反应时，应置于暗处，滴定前调节好酸度，析出 I_2 后，立即进行滴定。此外，Cu^{2+}、NO_2^-、NO 等将催化氧化反应，应注意消除它们的影响。

2. 标准溶液的配制和标定

碘量法中经常使用的有 $Na_2S_2O_3$ 和 I_2 两种标准溶液，下面分别介绍这两种溶液的配制和标定方法。

(1) $Na_2S_2O_3$ 溶液的配制和标定

$Na_2S_2O_3$ 不是基准物质，不能直接配制标准溶液。配制好的 $Na_2S_2O_3$ 溶液不稳定，容易分解，这是由于在水中的微生物、CO_2、空气中 O_2 作用下，发生下列反应：

$$Na_2S_2O_3 \xrightarrow{\text{微生物}} Na_2SO_3 + S\downarrow$$

$$S_2O_3^{2-} + CO_2 + H_2O \longrightarrow HSO_3^- + HCO_3^- + S\downarrow$$

$$S_2O_3^{2-} + \frac{1}{2}O_2 \longrightarrow SO_4^{2-} + S\downarrow$$

此外，水中微量的 Cu^{2+} 或 Fe^{3+} 等也能促进 $Na_2S_2O_3$ 分解。

因此，配制 $Na_2S_2O_3$ 溶液时，需要用新煮沸（为了除去 CO_2 和杀死细菌）并冷却了的蒸馏水，加入少量 Na_2CO_3 使溶液呈弱碱性，以抑制细菌生长。这样配制的溶液也不宜长期保存，使用一段时间后要重新标定。如果发现溶液变浑浊或析出硫，就应该过滤后再标定，或者另配溶液。

$K_2Cr_2O_7$、KIO_3 等基准物质常用来标定 $Na_2S_2O_3$ 溶液的浓度。称取一定量上述基准物质，在酸性溶液中与过量 KI 作用，析出的 I_2，以淀粉为指示剂，用

$Na_2S_2O_3$ 溶液滴定，有关反应式如下：

$$Cr_2O_7^{2-} + 6I^- + 14H^+ \longrightarrow 2Cr^{3+} + 3I_2 \downarrow + 7H_2O$$

或

$$IO_3^- + 5I^- + 6H^+ \longrightarrow 3I_2 \downarrow + 3H_2O$$

$K_2Cr_2O_7$（或 KIO_3）与 KI 的反应需注意以下几点：

a. 溶液的酸度愈大，反应速率愈快，但酸度太大时，I^- 容易被空气中的 O_2 氧化，所以酸度一般以 0.2～0.4 mol·L^{-1} 为宜。

b. $K_2Cr_2O_7$ 与 KI 作用时，应将溶液贮于碘量瓶或锥形瓶中（盖上表面皿），在暗处放置一定时间，待反应完全后，再进行滴定。KIO_3 与 KI 作用时，不需要放置，宜及时进行滴定。

c. 所用 KI 溶液中不应含有 KIO_3 或 I_2。如果 KI 溶液显黄色，则应事先用 $Na_2S_2O_3$ 溶液滴定至无色后再使用。若滴至终点后，很快又转变为 I_2-淀粉的蓝色，表示 KI 与 $K_2Cr_2O_7$ 的反应未进行完全，应另取溶液重新标定。

（2）I_2 溶液的配制和标定

用升华法可以制得纯碘，但由于碘的挥发性及对天平的腐蚀，不宜在分析天平上称量。而应在托盘天平上称取一定量的碘，加入过量的 KI，置于研钵中，加少量水研磨，使 I_2 全部溶解，然后将溶液稀释，倾入棕色瓶中于暗处保存。应避免 I_2 溶液与橡皮等有机物接触，也要防止 I_2 溶液见光遇热，否则浓度将发生变化。可用已标定好的 $Na_2S_2O_3$ 标准溶液来标定 I_2 溶液，也可用 As_2O_3 来标定。As_2O_3 难溶于水，但可溶于碱性溶液中：

$$As_2O_3 + 6OH^- \longrightarrow 2AsO_3^{3-} + 3H_2O$$

AsO_3^{3-} 与 I_2 的反应为

$$AsO_3^{3-} + I_2 + H_2O \rightleftharpoons AsO_4^{3-} + 2I^- + 2H^+$$

这个反应是可逆的。在中性或微碱性溶液中（pH≈8），反应能定量地向右进行。在酸性溶液中，AsO_4^{3-} 氧化 I^- 而析出 I_2，反应向左进行。

3. 碘量法分析应用

（1）直接碘量法和间接碘量法分析应用归纳于表 7-5。

表 7-5 碘量法分析应用

直接碘量法		
待测组分	氧化反应	反应条件
As^{3+}	$H_3AsO_3 + H_2O = H_3AsO_4 + 2H^+ + 2e^-$	直接用 I_3^- 在 $NaHCO_3$ 溶液中滴定
Sn^{2+}	$[SnCl_4]^{2-} + 2Cl^- = [SnCl_6]^{2-} + 2e^-$	在无氧条件下，用 Pb 或 Ni 颗粒将 Sn(Ⅳ)还原为 Sn(Ⅱ)
N_2H_4	$N_2H_4 = N_2 + 4H^+ + 4e^-$	在 $NaHCO_3$ 溶液中滴定
SO_2	$SO_2 + H_2O = H_2SO_3$ $H_2SO_3 + H_2O = SO_4^{2-} + 4H^+ + 2e^-$	将 SO_2（或 H_2SO_3、HSO_3^-、SO_3^-）通入过量的 I_3^- 溶液中，再用硫代硫酸钠标准溶液返滴定
H_2S	$H_2S = S(s) + 2H^+ + 2e^-$	将 H_2S 加入过量的 $1\ mol\cdot L^{-1}$ HCl 的 I_3^- 溶液中，然后返滴定
Zn^{2+}、Cd^{2+}、Hg^{2+}、Pb^{2+}	$M^{2+} + H_2S = MS(s) + 2H^+$ $MS(s) = M^{2+} + S + 2e^-$	沉淀，洗涤，溶于 $3\ mol\cdot L^{-1}$ HCl 中，加入过量 I_3^- 标准溶液，然后返滴定
巯基丙氨酸、谷胱甘肽、巯基乙酸、巯基乙醇	$2RSH = RSSR + 2H^+ + 2e^-$	$pH=4\sim5$ 条件下用 I_3^- 滴定
HCN	$I_2 + HCN = ICN + I^- + H^+$	碳酸钠-碳酸氢钠缓冲溶液，二甲苯为指示剂
$H_2C=O$	$H_2CO + 3OH^- = HCO_2^- + 2H_2O + 2e^-$	加入过量 I_3^- 和 NaOH 混合液 5 min 后，用硫代硫酸钠标准溶液返滴定
葡萄糖(还原性糖类)	$R\overset{\overset{O}{\Vert}}{C}H + 3OH^- = RCO_2^- + 2H_2O + 2e^-$	加入过量 I_3^- 和 NaOH 混合液 5 min 后，用硫代硫酸钠标准溶液返滴定
抗坏血酸(维生素 C)	抗坏血酸盐 $+ H_2O =$ 脱氢抗坏血酸盐 $+ 2H^+ + 2e^-$	直接用 I_3^- 滴定
H_3PO_3	$H_3PO_3 + H_2O = H_3PO_4 + 2H^+ + 2e^-$	在 $NaHCO_3$ 溶液中滴定
间接碘量法		
待测组分	氧化反应	反应条件
Cl_2	$Cl_2 + 3I^- = 2Cl^- + I_3^-$	在稀酸中反应
HClO	$HClO + H^+ + 3I^- = Cl^- + I_3^- + H_2O$	在 $0.5\ mol\cdot L^{-1}$ H_2SO_4 中反应

续表

Br_2	$Br_2+3I^- = 2Br^-+I_3^-$	在稀酸中反应
BrO_3^-	$BrO_3^-+6H^++9I^- = Br^-+3I_3^-+3H_2O$	在 0.5 mol·L^{-1} H_2SO_4 中反应
IO_3^-	$2IO_3^-+16I^-+12H^+ = 6I_3^-+6H_2O$	在 0.5 mol·L^{-1} HCl 中反应
IO_4^-	$2IO_4^-+22I^-+16H^+ = 8I_3^-+8H_2O$	在 0.5 mol·L^{-1} HCl 中反应
O_2	$O_2+4Mn(OH)_2+2H_2O = 4Mn(OH)_3$ $2Mn(OH)_3+6H^++6I^- = 2Mn^{2+}+2I_3^-+6H_2O$	先用 Mn^{2+}、NaOH 和 KI 处理试样。1 min 后，用 H_2SO_4 酸化，滴定
H_2O_2	$H_2O_2+3I^- = I_3^-+2H_2O$	在 1 mol·L^{-1} H_2SO_4 中反应，NH_4MoO_3 作催化剂
O_3^*	$O_3+3I^-+2H^+ = O_2+I_3^-+H_2O$	在中性 2%(质量分数)KI 溶液中通入 O_3，加 H_2SO_4 后滴定
NO_2^-	$2HNO_2+2H^++3I^- = 2NO+I_3^-+2H_2O$	先除去 NO，再滴定溶液中的 I_3^-
As(Ⅴ)	$H_3AsO_4+2H^++3I^- = H_3AsO_3+I_3^-+H_2O$	在 5 mol·L^{-1} HCl 中反应
$S_2O_8^{2-}$	$S_2O_8^{2-}+3I^- = 2SO_4^{2-}+I_3^-$	在中性溶液中反应，然后酸化滴定
Cu^{2+}	$2Cu^{2+}+5I^- = 2CuI(s)+I_3^-$	NH_4HF_2 作缓冲溶液
$[Fe(CN)_6]^{3-}$	$2[Fe(CN)_6]^{3-}+3I^- = 2[Fe(CN)_6]^{4-}+I_3^-$	在 1 mol·L^{-1} HCl 中反应
MnO_4^-	$2MnO_4^-+16H^++15I^- = 2Mn^{2+}+5I_3^-+8H_2O$	在 0.1 mol·L^{-1} HCl 中反应
MnO_2	$MnO_2(s)+4H^++3I^- = Mn^{2+}+I_3^-+2H_2O$	在 0.5 mol·L^{-1} H_3PO_4 或 HCl 中反应
$Cr_2O_7^{2-}$	$Cr_2O_7^{2-}+14H^++9I^- = 2Cr^{3+}+3I_3^-+7H_2O$	在 0.4 mol·L^{-1} HCl 中反应 5 min 使其完全氧化(特别容易被空气中的 O_2 氧化)
Ce^{4+}	$2Ce^{4+}+3I^- = 2Ce^{3+}+I_3^-$	在 1 mol·L^{-1} H_2SO_4 中反应

*当 O_3 通入 I^- 时，pH 必须大于 7。酸性溶液中 $1O_3\sim1.25I_3^-$，而不是 $1I_3^-$。

(2) 碘量法分析应用实例

① S^{2-} 或 H_2S 的测定

在酸性溶液中，I_2 能氧化 S^{2-}：

$$H_2S+I_2 = S\downarrow+2I^-+2H^+$$

因此可以淀粉作指示剂，用 I_2 标准溶液滴定 H_2S。滴定不能在碱性溶液中进行，否则部分 S^{2-} 将被氧化为 SO_4^{2-}：

$$S^{2-}+4I_2+8OH^- = SO_4^{2-}+8I^-+4H_2O$$

而且 I_2 也会发生歧化反应。

测定气体中的 H_2S 时，一般用 Cd^{2+} 或 Zn^{2+} 的氨性溶液吸收，然后加入一定量且过量的 I_2 标准溶液，用 HCl 将溶液酸化，最后用 $Na_2S_2O_3$ 标准溶液滴定过量的 I_2。

② 铜合金中铜的测定

试样用 HNO_3 分解，但低价氮的氧化物能氧化 I^- 而干扰测定，故需用 H_2SO_4 蒸发将它们除去。也可用 H_2O_2 和 HCl 分解试样：

$$Cu+2HCl+H_2O_2 = CuCl_2+2H_2O$$

煮沸以除尽过量的 H_2O_2，调节溶液的酸度（通常用 $HAc-NH_4Ac$ 或 NH_4HF_2 等缓冲溶液，控制溶液的酸度为 pH＝3.2～4.0)，加入过量的 KI，使 I_2 析出：

$$2Cu^{2+}+4I^- = 2CuI\downarrow+I_2\downarrow$$

这时，KI 既是还原剂、沉淀剂，又是配体。

生成的 I_2 用 $Na_2S_2O_3$ 标准溶液滴定，以淀粉为指示剂。由于 CuI 沉淀表面吸附 I_2，使分析结果偏低。为了减少 CuI 对 I_2 的吸附，可在大部分 I_2 被 $Na_2S_2O_3$ 溶液滴定后，加入 NH_4SCN，使 CuI 转化为溶解度更小的 CuSCN：

$$CuI+SCN^- = CuSCN\downarrow+I^-$$

CuSCN 沉淀吸附 I_2 的倾向小，可以减小误差。

试样中有铁存在时，Fe^{3+} 亦能氧化 I^- 为 I_2：

$$2Fe^{3+}+2I^- = 2Fe^{2+}+I_2$$

干扰铜的测定。可加入 NH_4HF_2，使 Fe^{3+} 生成稳定的$[FeF_6]^{3-}$，降低 Fe^{3+}/Fe^{2+} 电对的电势，使 Fe^{3+} 难以将 I^- 氧化为 I_2。

用碘量法测定铜时，最好用纯铜标定 $Na_2S_2O_3$ 溶液，以抵消方法的系统误差。

此法也适用于测定铜矿、炉渣、电镀液及胆矾（$CuSO_4\cdot5H_2O$）等试样中的铜。

③ 漂白粉中有效氯的测定

漂白粉的主要成分是 CaCl(ClO)，还可能含有 $CaCl_2$、$Ca(ClO_3)_2$ 和 CaO

等。漂白粉的质量以能释放出来的氯量来衡量，称为有效氯，以含 Cl 的质量分数表示。

测定漂白粉中的有效氯时，使试样溶于稀 H_2SO_4 介质中，加入过量的 KI，反应生成的 I_2，用 $Na_2S_2O_3$ 标准溶液滴定，反应为

$$ClO^- + 2I^- + 2H^+ = I_2 + Cl^- + H_2O$$
$$ClO_2^- + 4I^- + 4H^+ = 2I_2 + Cl^- + 2H_2O$$
$$ClO_3^- + 6I^- + 6H^+ = 3I_2 + Cl^- + 3H_2O$$

④ 某些有机物的测定

碘量法也可用于有机分析中。对于能被碘直接氧化的物质，只要反应速率足够快，就可用直接碘量法进行测定。如巯基乙酸、四乙基铅[$Pb(C_2H_5)_4$]、抗坏血酸(维生素 C)及安乃近药物等。

间接碘量法的应用更为广泛。例如，在葡萄糖、甲醛、丙酮及硫脲等的碱性试液中，加入一定量且过量的 I_2 标准溶液，使有机物被氧化。如葡萄糖分子与 I_2 反应的过程为

$$I_2 + 2OH^- = IO^- + I^- + H_2O$$
$$CH_2OH(CHOH)_4CHO + IO^- + OH^- = CH_2OH(CHOH)_4COO^- + I^- + H_2O$$

碱性溶液中剩余的 IO^- 歧化为 IO_3^- 及 I^-：

$$3IO^- = IO_3^- + 2I^-$$

溶液酸化后又析出 I_2 ：

$$IO_3^- + 5I^- + 6H^+ = 3I_2\downarrow + 3H_2O$$

最后以 $Na_2S_2O_3$ 滴定剩余的 I_2，根据 I_2 与葡萄糖的化学反应计量关系进行计算。

又如，咖啡因($C_8H_{10}N_4O_2$)可与过量的 I_2 在酸性溶液中生成沉淀，剩余的 I_2 用 $Na_2S_2O_3$ 标准溶液滴定。反应式如下

$$C_8H_{10}N_4O_2 + 2I_2 + I^- + H^+ = C_8H_{10}N_4O_2\cdot HI\cdot I_4\downarrow$$

根据生成沉淀用去的 I_2 量，即可计算出咖啡因的含量。

⑤ 卡尔费休法测定微量水分

卡尔费休(Karl Fischer)法诞生于 100 多年前，但仍是测定微量水分的极佳方法。其基本原理是利用 I_2 氧化 SO_2 时，需要定量的 H_2O：

$$I_2 + SO_2 + 2H_2O \rightleftharpoons 2HI + H_2SO_4$$

利用此反应，可以测定很多有机物或无机物中的 H_2O。但上述反应是可逆的，要使反应向右进行，需要加入适当的碱性物质以中和反应后生成的酸，采用吡啶可满足此要求，其反应为

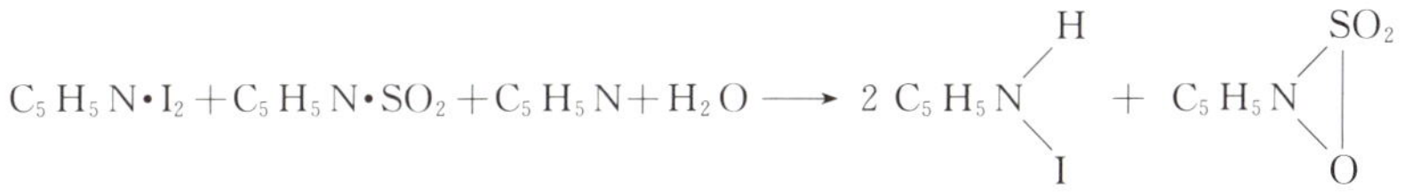

生成的 $C_5H_5NSO_3$ 亦与水发生反应干扰测定，可加入甲醇避免发生副反应：

$$C_5H_5NSO_3 + CH_3OH \longrightarrow C_5H_5NHOSO_3CH_3$$

实际测量时，将试样溶液(或悬浮液)加入甲醇中，采用含有过量二氧化硫和吡啶、碘的甲醇溶液进行滴定。碘的浓度通常表示为与 1 mL 滴定剂反应的水的毫升数(T，单位 $mg \cdot mL^{-1}$)，即滴定度。实验中，T 可通过滴定一个已知水含量的试样测得。例如，可以选水合物或水的甲醇标准溶液(需考虑甲醇本身所含有的一定量的水)。

由上述讨论可知，滴定时的标准溶液是含有 I_2、SO_2、C_5H_5N 及 CH_3OH 的混合溶液，称其为费休试剂。费休试剂具有 I_2 的棕色，与 H_2O 反应时，棕色立即退去。当溶液中出现棕色时，即到达滴定终点。费休法属于非水滴定法，所有容器都需干燥。1 L 费休试剂在配制和保存过程中，若混入 6 g 水，试剂即失效。

7.4.4 其他氧化还原滴定法

1. 硫酸铈法(cerium sulphate method)

$Ce(SO_4)_2$ 是强氧化剂，在酸性溶液中 Ce^{4+} 与还原性物质作用时，Ce^{4+} 被还原为 Ce^{3+}，半反应如下：

$$Ce^{4+} + e^- = Ce^{3+} \qquad \varphi^{\ominus} = 1.61\ V$$

在 $0.5 \sim 4\ mol \cdot L^{-1}\ H_2SO_4$ 溶液中，$\varphi^{\ominus'} = 1.44 \sim 1.42\ V$；在 $1\ mol \cdot L^{-1}\ HCl$ 溶液中，$\varphi^{\ominus'} = 1.28\ V$，此时 Cl^- 可使 Ce^{4+} 缓慢地还原为 Ce^{3+}。用 Ce^{4+} 作滴定剂时，常采用 $Ce(SO_4)_2$ 溶液。能用 MnO_4^- 滴定的物质，一般也能用 $Ce(SO_4)_2$ 滴定。$Ce(SO_4)_2$ 溶液具有下列优点：

a. 稳定，放置较长时间或加热煮沸也不易分解；

b. 可由容易提纯的 $Ce(SO_4)_2 \cdot 2(NH_4)SO_4 \cdot 2H_2O$ 直接配制标准溶液，不必进行标定；

c. 可在 HCl 溶液中直接用 Ce^{4+} 滴定 Fe^{2+}(与 MnO_4^- 不同)：

$$Ce^{4+} + Fe^{2+} = Ce^{3+} + Fe^{3+}$$

d. Ce^{4+}还原为Ce^{3+}时，只有一个电子的转移，不生成中间价态的产物，反应简单，副反应少。有机物（如乙醇、甘油、糖等）存在时，用Ce^{4+}滴定Fe^{2+}仍可得到准确的结果。

用Ce^{4+}滴定时，可采用1,10-邻二氮菲-亚铁作指示剂。Ce^{4+}易水解，生成碱式盐沉淀，所以Ce^{4+}不适用于在碱性或中性溶液中滴定。

2. 溴酸钾法(potassium bromate method)

$KBrO_3$是强氧化剂，酸性溶液中半反应如下：

$$BrO_3^- + 6H^+ + 6e^- = Br^- + 3H_2O \qquad \varphi^\ominus = 1.44\ V$$

$KBrO_3$容易提纯，在180 ℃烘干后，可以直接配制标准溶液。$KBrO_3$溶液的浓度也可以用碘量法进行标定。在酸性溶液中，一定量$KBrO_3$与过量KI作用析出I_2，其反应如下：

$$BrO_3^- + 6I^- + 6H^+ = Br^- + 3H_2O + 3I_2$$

析出的I_2可以用$Na_2S_2O_3$标准溶液滴定。溴酸钾法常与碘量法配合使用。

溴酸钾法主要用于测定苯酚。通常在苯酚的酸性溶液中加入一定量且过量的$KBrO_3$-KBr标准溶液，反应如下：

$$BrO_3^- + 5Br^- + 6H^+ = 3Br_2 + 3H_2O$$

生成的Br_2可取代苯酚中的氢：

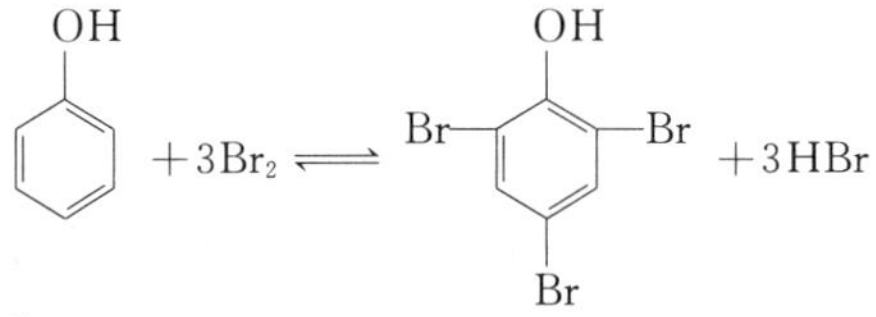

过量的Br_2用KI还原：

$$Br_2 + 2I^- = 2Br^- + I_2$$

析出的I_2用$Na_2S_2O_3$标准溶液滴定。从加入的$KBrO_3$量中减去剩余量，即可计算出试样中苯酚的含量。

同样，溴酸钾法还可用于甲酚、对氨基苯磺酰胺、间苯二酚及苯胺等的测定。8-羟基喹啉能定量沉淀许多金属离子，因而可借溴酸钾法测定沉淀中8-羟基喹啉的含量而间接测得金属离子的含量。

此外，可利用含双键的有机化合物能与溴迅速发生加成反应的特性测定不饱和有机物的含量，如测定醋酸乙烯($CH_3COOCH{=}CH_2$)或丙烯酸酯类等。但需注意，用Br_2处理多种不饱和有机化合物时，常会发生取代、水解等副反应，干扰加成反应。

3. 高碘酸钾法(potassium periodate method)

高碘酸钾法[①]是基于以高碘酸钾为氧化剂测定一些还原性物质的滴定方法。由于高碘酸钾在酸性介质中与某些有机官能团能发生选择性很高的反应，因此该法常用于有机物的测定。

高碘酸 H_5IO_6(periodic acid)，为一中等强度的酸：

$$H_5IO_6 = H^+ + H_4IO_6^- \qquad K_a = 2.3\times10^{-2}$$

第一步电离产物 $H_4IO_6^-$ 能够脱水，形成偏高碘酸离子：

$$H_4IO_6^- = IO_4^- + 2H_2O \qquad K_a = 40$$

故高碘酸盐(periodate)在酸性溶液中的主要形式为 H_5IO_6 和 IO_4^-，溶液的 pH 越低，H_5IO_6 占的分数越大。

在酸性溶液中，高碘酸盐是一种很强的氧化剂，它能得到两个电子被还原成碘酸盐：

$$H_5IO_6 + H^+ + 2e^- = IO_3^- + 3H_2O \qquad \varphi^\ominus = 1.60\ V$$

高碘酸盐除具有一般强氧化剂的性能和应用外，它在测定 α-二醇类及 α-羰基醇类化合物的含量方面具有独特的应用。若是化合物的相邻两个碳原子上都带有羟基，高碘酸盐能使 C—C 键断开，氧化生成两个羰基化合物(醛)：

$$RCHOHCHOHR' \longrightarrow RCHO + R'CHO + 2H^+ + 2e^-$$

若是醇分子中有 1 个 α-羰基，C—C 键同样能断开，并氧化生成 1 个羧酸和 1 个醛：

$$RCOCHOHR' \longrightarrow RCOOH + CHOR'$$

多羟基化合物遇到高碘酸盐则分步氧化，首先生成 α-羰基羟基化合物，继而氧化成羧酸和醛。若化合物中每个碳原子上都有羟基，则最后的氧化产物为甲醛和甲酸：

$$CH_2OH(CHOH)_nCH_2OH + nH_2O \longrightarrow$$
$$2HCHO + nHCOOH + 2(n+1)H^+ + 2(n+1)e^-$$

高碘酸盐还可与带有伯胺的 α-氨基醇作用，氧化产物为醛和铵离子或伯胺：

$$RCHOHCHNH_2R' + H_2O \longrightarrow RCHO + R'CHO + NH_4^+ + H^+ + 2e^-$$

① 张锡瑜.化学分析原理.北京：科学出版社，2000.

$$RCHOHCR'NH_2R''+H_2O \longrightarrow RCHO+R'COR''+NH_4^++H^++2e^-$$

其他如 α-二胺、α-氨基酸及乙酰化 α-氨基醇等，与高碘酸盐反应很慢；羟基酸如乙醇酸及乳酸等，则不被氧化。

由于高碘酸盐与有机物反应速率慢，测定方法通常是在酸性溶液中及室温下，加入过量的高碘酸盐，待反应完全后向溶液中加入过量的碘化钾，最后用硫代硫酸钠标准溶液滴定析出的碘：

$$IO_4^-+7I^-+8H^+ = 4I_2\downarrow+4H_2O$$
$$IO_3^-+5I^-+6H^+ = 3I_2\downarrow+3H_2O$$

也可以先在酸性溶液中进行氧化，然后在弱碱性溶液中将剩余的高碘酸盐用过量的碘化钾还原成碘酸盐及碘：

$$IO_4^-+2I^-+H_2O = IO_3^-+I_2\downarrow+2HO^-$$

再用亚砷酸盐标准溶液滴定生成的碘（在中性及弱碱性溶液中，IO_3^- 不与 I^- 作用）；或者用稍过量的亚砷酸盐标准溶液将高碘酸盐还原成碘酸盐，过量的亚砷酸盐用标准碘溶液回滴。

高碘酸盐标准溶液可选用 H_5IO_6、KIO_4 或 $NaIO_4$ 配制。其中，高碘酸钠溶解度大，易于纯制，最为常用。通常无需对高碘酸盐标准溶液的浓度进行标定。只要在测定试样的同时做一空白溶液滴定，由试样滴定与空白滴定消耗硫代硫酸钠标准溶液的体积差，即可求出试样消耗的高碘酸盐的量，进而计算出测定结果。如需标定时，可准确量出一定体积的高碘酸盐标准溶液，加到含过量碘化钾的酸性溶液中，高碘酸盐按下式被还原生成碘：

$$IO_4^-+7I^-+8H^+ = 4I_2\downarrow+4H_2O$$

析出的 I_2 用已知浓度的硫代硫酸钠标准溶液滴定。如上所述，应用高碘酸盐法可在酸性溶液中测定 α-羟基醇、α-羰基醇、α-氨基醇和多羟基醇，如甘油、甘露醇、二羟丙茶碱等。

4. 亚砷酸钠-亚硝酸钠法（sodium arsenite-sodium nitrate method）

使用 $Na_3AsO_3-NaNO_2$ 混合溶液进行滴定，可用于普通钢和低合金钢中锰的测定。

试样用酸分解，锰转化为 Mn^{2+}，用 $AgNO_3$ 作催化剂，用 $(NH_4)_2S_2O_8$ 将 Mn^{2+} 氧化为 MnO_4^-，然后用 $Na_3AsO_3-NaNO_2$ 混合溶液滴定，反应如下：

$$2MnO_4^-+5AsO_3^{3-}+6H^+ = 2Mn^{2+}+5AsO_4^{3-}+3H_2O$$
$$2MnO_4^-+5NO_2^-+6H^+ = 2Mn^{2+}+5NO_3^-+3H_2O$$

单独用 Na_3AsO_3 溶液滴定 MnO_4^-，在 H_2SO_4 介质中，Mn(Ⅶ)只被还原为

平均氧化数为+3.3的Mn。而单独用 $NaNO_2$ 溶液滴定 MnO_4^-，在酸性溶液中，Mn(Ⅶ)可定量地被还原为Mn(Ⅱ)，但 HNO_2 和 MnO_4^- 作用缓慢，而且 HNO_2 不稳定。为此，采用 $Na_3AsO_3-NaNO_2$ 混合溶液来滴定 MnO_4^-。此时，NO_2^- 能使 MnO_4^- 定量地被还原为 Mn^{2+}，AsO_3^{3-} 能加速反应，测定的结果也较准确，但仍不能按理论值计算，需用已知含锰量的标准试样来确定 $Na_3AsO_3-NaNO_2$ 混合溶液对锰的滴定度，再进行相关试样的分析测量。

7.5 氧化还原滴定结果的计算

氧化还原反应较为复杂，往往同一物质在不同条件下反应，会得到不同的产物。因此，在计算氧化还原滴定结果时，首先应当正确表达有关的氧化还原反应，根据反应式确定化学计量关系。如待测组分X经过一系列反应得到Z后，用滴定剂T来滴定，由各步反应的计量关系可得出

$$a\text{X} \sim b\text{Y} \sim \cdots \sim c\text{Z} \sim d\text{T}$$

故

$$a\text{X} \sim d\text{T}$$

试样中X组分的质量分数可用下式计算：

$$w_{\text{X}} = \frac{\frac{a}{d} c_{\text{T}} V_{\text{T}} M_{\text{X}}}{m_{\text{s}}}$$

式中，c_{T} 和 V_{T} 分别为滴定剂标准溶液的浓度和体积，M_{X} 为X的摩尔质量，m_{s} 为试样的质量。

例12 称取软锰矿0.100 0 g。试样经碱熔后，得到 MnO_4^{2-}，煮沸溶液以除去过氧化物。酸化溶液，此时 MnO_4^{2-} 歧化为 MnO_4^- 和 MnO_2。然后滤去 MnO_2，用0.101 2 mol·L^{-1} Fe^{2+} 标准溶液滴定 MnO_4^-，用去25.80 mL。计算试样中 MnO_2 的质量分数。

解 有关反应式为

$$MnO_2 + Na_2O_2 \longrightarrow Na_2MnO_4$$

$$3MnO_4^{2-} + 4H^+ \longrightarrow 2MnO_4^- + MnO_2 + 2H_2O$$

$$MnO_4^- + 5Fe^{2+} + 8H^+ \longrightarrow Mn^{2+} + 5Fe^{3+} + 4H_2O$$

$$1MnO_2 \sim MnO_4^{2-} \sim \frac{2}{3}MnO_4^- \sim \frac{2}{3} \times 5Fe^{2+}$$

$$1MnO_2 \sim \frac{10}{3}Fe^{2+}$$

故

$$w_{MnO_2} = \frac{\frac{3}{10}(c_{Fe^{2+}} V_{Fe^{2+}}) M_{MnO_2}}{m_s} \times 100\%$$

$$=\frac{\frac{3}{10}\times 0.1012\ \text{mol}\cdot\text{L}^{-1}\times 25.80\ \text{mL}\times 10^{-3}\times 86.94\ \text{g}\cdot\text{mol}^{-1}}{0.1000\ \text{g}}\times 100\%$$

$$=68.10\%$$

例 13 称取 Pb_3O_4 试样 0.1000 g，加入 HCl 溶液后释放出氯气。此氯气与 KI 溶液反应，析出 I_2，用 $Na_2S_2O_3$ 溶液滴定，用去 25.00 mL。已知 1 mL $Na_2S_2O_3$ 溶液相当于 0.3249 mg $KIO_3\cdot HIO_3$（389.9 $g\cdot mol^{-1}$）。求试样中 Pb_3O_4 的质量分数。已知 $M_{Pb_3O_4}=685.6\ g\cdot mol^{-1}$。

解 有关反应式为

$$Pb_3O_4+8HCl = Cl_2\uparrow+3PbCl_2+4H_2O$$

$$Cl_2+2KI = I_2\downarrow+2KCl$$

$$I_2+2S_2O_3^{2-} = 2I^-+S_4O_6^{2-}$$

$$KIO_3\cdot HIO_3+10KI+11HCl = 6I_2\downarrow+11KCl+6H_2O$$

$$1\ Pb_3O_4\sim 1\ Cl_2\sim 1\ I_2 \qquad \text{而} \qquad 1\ KIO_3\cdot HIO_3\sim 6\ I_2$$

故

$$1Pb_3O_4\sim\frac{1}{6}KIO_3\cdot HIO_3$$

$$w_{Pb_3O_4}=\frac{6\times\frac{m_{KIO_3\cdot HIO_3}}{M_{KIO_3\cdot HIO_3}}\times V_{Na_2S_2O_3}\times M_{Pb_3O_4}}{m_s}\times 100\%$$

$$=\frac{6\times\frac{0.3249\ \text{mg}\cdot\text{mL}^{-1}}{389.9\ \text{g}\cdot\text{mol}^{-1}}\times 25.00\ \text{mL}\times 10^{-3}\times 685.6\ \text{g}\cdot\text{mol}^{-1}}{0.1000\ \text{g}}\times 100\%$$

$$=85.70\%$$

例 14 称取苯酚试样 0.5005 g。用 NaOH 溶液溶解后，用水准确稀释至 250.0 mL，移取 25.00 mL 试液于碘量瓶中，加入 $KBrO_3$－KBr 标准溶液 25.00 mL 及 HCl，使苯酚溴化为三溴苯酚。加入 KI 溶液，使未反应的 Br_2 还原并析出定量的 I_2，然后用 0.1008 $mol\cdot L^{-1}$ $Na_2S_2O_3$ 标准溶液滴定，用去 15.05 mL。另取 25.00 mL $KBrO_3$－KBr 标准溶液，加入 HCl 及 KI 溶液，析出的 I_2 用 0.1008 $mol\cdot L^{-1}$ $Na_2S_2O_3$ 标准溶液滴定，用去 40.20 mL。计算试样中苯酚的含量。

解 有关反应式为

$$KBrO_3+5KBr+6HCl = 6KCl+3Br_2+3H_2O$$

$$C_6H_5OH+3Br_2 = C_6H_2Br_3OH+3HBr$$

$$Br_2+2KI = I_2\downarrow+2KBr$$

$$I_2+2Na_2S_2O_3 = 2NaI+Na_2S_4O_6$$

因此

$$1C_6H_5OH\sim 3Br_2\sim 3I_2\sim 6Na_2S_2O_3$$

$$w_{\text{苯酚}}=\frac{\frac{1}{6}\times c_{Na_2S_2O_3}\times[V_1(Na_2S_2O_3)-V_2(Na_2S_2O_3)]M_{C_6H_5OH}}{m_s\times\frac{25.00}{250.00}}\times 100\%$$

$$=\frac{\frac{1}{6}\times 0.1008\ \text{mol}\cdot\text{L}^{-1}\times(40.20\ \text{mL}-15.05\ \text{mL})\times 10^{-3}\times 94.11\ \text{g}\cdot\text{mol}^{-1}}{0.5005\ \text{g}\times\frac{25.00}{250.00}}\times 100\%$$

$$=79.45\%$$

例 15 钇钡铜氧是一种新型节能高温超导体(high temperature superconductor)。对钇钡铜氧材料的分析表明,其组成为$(Y^{3+})(Ba^{2+})_2(Cu^{2+})_2(Cu^{3+})(O^{2-})_7$;三分之二的铜以$Cu^{2+}$形式存在,三分之一则以罕见的$Cu^{3+}$形式存在;将$YBa_2Cu_3O_7$试样溶于稀酸,$Cu^{3+}$将全部被还原为$Cu^{2+}$。

给出用间接碘量法测定Cu^{2+}和Cu^{3+}的简要设计方案,包括主要步骤、标准溶液(滴定剂)、指示剂和质量分数的计算公式[式中的溶液浓度、溶液体积(mL)、物质的摩尔质量、试样质量(g)和质量分数请分别采用通用符号 c、V、M、m_s 和 w 表示]。

解 实验步骤 A:称取试样 m_s,溶于稀酸,将全部Cu^{3+}转化为Cu^{2+},加入过量 KI ($2Cu^{2+}+4I^- \xlongequal{} 2CuI\downarrow+I_2$),再用$Na_2S_2O_3$标准溶液滴定生成的$I_2$(以淀粉为指示剂)。

实验步骤 B:仍称取试样 m_s,溶于含有过量 KI 的适当溶剂中,有关铜与I^-的反应式为

$$2Cu^{2+}+4I^- \xlongequal{} 2CuI\downarrow+I_2$$

$$Cu^{3+}+3I^- \xlongequal{} CuI\downarrow+I_2$$

再以上述$Na_2S_2O_3$标准溶液滴定生成的I_2(以淀粉为指示剂)。

显然,同样质量 m_s 的$YBa_2Cu_3O_7$试样,实验步骤 B 消耗的$Na_2S_2O_3$的量将大于实验步骤 A,实验结果将佐证这一点,表明在钇钡铜氧高温超导体中确实有一部分铜以Cu^{3+}形式存在。此外,不仅由实验步骤 A 可测得试样中铜的总量,而且由两次实验消耗的$Na_2S_2O_3$量之差还可测出Cu^{3+}在试样中的质量分数。

设称取试样 m_1 和 m_2,按两种方法进行滴定,试样中Cu^{3+}和Cu^{2+}的质量分数分别为 w_1 和 w_2,则有

A 先将Cu^{3+}还原成Cu^{2+}后再用碘量法进行测定,消耗$S_2O_3^{2-}$的量为 c_1V_1,有

$$2Cu^{2+}\sim 2S_2O_3^{2-}\sim 2I^-\sim I_2$$

$$\frac{w_1m_1+w_2m_1}{M_{Cu}}=c_1V_1\times 10^{-3} \tag{1}$$

B 直接用碘量法测定(试样量为 m_2),消耗$S_2O_3^{2-}$的量为 c_1V_2,有

$$Cu^{2+}\sim S_2O_3^{2-}$$

$$Cu^{3+}\sim I_2\sim 2S_2O_3^{2-}$$

$$\frac{2w_1m_2}{M_{Cu}}+\frac{w_2m_2}{M_{Cu}}=c_1V_2\times 10^{-3} \tag{2}$$

由(1)式和(2)式解得

$$w_1=\frac{c_1(V_2m_1-V_1m_2)M_{Cu}\times 10^{-3}}{m_1m_2}$$

$$w_2=\frac{c_1(2V_1m_2-V_2m_1)M_{Cu}\times 10^{-3}}{m_1m_2}$$

若 $m_1=m_2=m$，则

$$w_1=\frac{(c_1V_2-c_1V_1)M_{Cu}\times 10^{-3}}{m}$$

$$w_2=\frac{(2c_1V_1-c_1V_2)M_{Cu}\times 10^{-3}}{m}$$

例16 移取20.00 mL乙二醇试液，加入50.00 mL 0.020 00 mol·L^{-1} $KMnO_4$碱性溶液。反应完全后，酸化溶液，加入0.101 0 mol·L^{-1} $Na_2C_2O_4$ 20.00 mL，还原过剩的MnO_4^-及MnO_4^{2-}的歧化产物MnO_2和MnO_4^-；再以0.020 00 mol·L^{-1} $KMnO_4$溶液滴定过量的$Na_2C_2O_4$，消耗15.20 mL。计算乙二醇试液的浓度。

解 本题涉及的反应为

$$HO-CH_2CH_2-OH+10MnO_4^-+14OH^- = 10MnO_4^{2-}+2CO_3^{2-}+10H_2O \quad (1)$$

$$3MnO_4^{2-}+4H^+ = 2MnO_4^-+MnO_2\downarrow+2H_2O \quad (2)$$

$$2MnO_4^-+5C_2O_4^{2-}+16H^+ = 2Mn^{2+}+10CO_2\uparrow+8H_2O \quad (3)$$

$$MnO_2+C_2O_4^{2-}+4H^+ = Mn^{2+}+2CO_2\uparrow+2H_2O \quad (4)$$

本题属于较复杂的返滴定问题，下面介绍两种解法。

解法1：由反应(1)、(2)可知3 mol乙二醇与30 mol $KMnO_4$反应生成6 mol CO_3^{2-}和30 mol MnO_4^{2-}，而30 mol MnO_4^{2-}又歧化为20 mol MnO_4^-和10 mol MnO_2。综合起来相当于3 mol乙二醇与10 mol $KMnO_4$反应生成6 mol CO_3^{2-}与10 mol MnO_2。即

$$3\ \text{mol}\ CH_2OHCH_2OH \sim 10\ \text{mol}\ MnO_4^-$$

而由反应(3)和(4)得到

$$2\ \text{mol}\ MnO_4^- \sim 5\ \text{mol}\ C_2O_4^{2-}$$

$$1\ \text{mol}\ MnO_2 \sim 1\ \text{mol}\ C_2O_4^{2-}$$

现设真正与乙二醇反应的$KMnO_4$的物质的量为x(mmol)。依题意有

$$x=c(V_1+V_2)_{KMnO_4}-\frac{2}{5}[(cV)_{Na_2C_2O_4}-x]$$

$$=0.020\,00\ \text{mol·L}^{-1}\times 65.20\ \text{mL}-\frac{2}{5}(0.101\,0\ \text{mol·L}^{-1}\times 20.00\ \text{mL}-x)$$

解之 $x=0.826\,7$ mmol

20.00 mL乙二醇的浓度为

$$c_{乙二醇}=\frac{\frac{3}{10}\times 0.826\,7\times 10^{-3}\ \text{mol}}{20.00\times 10^{-3}\ \text{L}}=0.012\,40\ \text{mol·L}^{-1}$$

解法2：在测定中，氧化剂为$KMnO_4$，还原剂为$Na_2C_2O_4$和待测组分乙二醇。$KMnO_4$经多步还原，最终还原产物为Mn^{2+}，Mn的氧化数由7降为2，得到5个电子；乙二醇氧化为

CO_3^{2-}，C 的氧化数由 −1 升到 4，乙二醇分子中有 2 个 C 原子，故其失去 10 个电子；同理 1 个 $Na_2C_2O_4$ 分子失去 2 个电子。根据氧化还原反应电子得失数相等的原则，即

$$\text{乙二醇} \sim 2MnO_4^- \sim 5C_2O_4^{2-} \sim 10e^-$$

因此

$$5n_{KMnO_4} = 10n_{\text{乙二醇}} + 2n_{Na_2C_2O_4}$$

$$n_{\text{乙二醇}} = \frac{1}{2}\left(n_{KMnO_4} - \frac{2}{5}n_{Na_2C_2O_4}\right)$$

$$c_{\text{乙二醇}} = \frac{\frac{1}{2}\left[c(V_1+V_2)_{KMnO_4} - \frac{2}{5}(cV)_{Na_2C_2O_4}\right]}{20.00\ \text{mL}}$$

$$= \frac{\frac{1}{2}\left(0.020\,00\ \text{mol·L}^{-1} \times 65.20\ \text{mL} - \frac{2}{5} \times 0.101\,0\ \text{mol·L}^{-1} \times 20.00\ \text{mL}\right)}{20.00\ \text{mL}}$$

$$= 0.012\,40\ \text{mol·L}^{-1}$$

对于本题而言，显然解法 2 要简捷得多。

例 17 采用 $K_2Cr_2O_7$ 法测定工业废水中的 COD。今取水样 100.0 mL，用 H_2SO_4 酸化后，加入 25.00 mL 0.016 67 mol·L^{-1} $K_2Cr_2O_7$ 标准溶液，以 Ag_2SO_4 为催化剂，煮沸一定时间，待水样中还原性物质较完全氧化后，以 1,10−邻二氮菲−亚铁为指示剂，用 0.100 0 mol·L^{-1} Fe^{2+} 标准溶液滴定剩余的 $K_2Cr_2O_7$，用去 15.65 mL。计算该水样的 COD，以 O_2，mg·L^{-1}表示。

解 有关反应式为（式中的 C 代表还原性物质）

$$2Cr_2O_7^{2-} + 3C + 16H^+ \xlongequal{\quad} 4Cr^{3+} + 3CO_2 + 8H_2O$$

$$Cr_2O_7^{2-} + 6Fe^{2+} + 14H^+ \xlongequal{\quad} 2Cr^{3+} + 6Fe^{3+} + 7H_2O$$

由反应可知

$$COD_{O_2} = \frac{\frac{3}{2} \times \left(c_{Cr_2O_7^{2-}}V_{Cr_2O_7^{2-}} - \frac{1}{6}c_{Fe^{2+}}V_{Fe^{2+}}\right) \times M_{O_2} \times 1\,000}{100.0}$$

$$= \frac{\frac{3}{2}(0.016\,67 \times 25.00 - \frac{1}{6} \times 0.100\,0 \times 15.65) \times 32.00 \times 1\,000}{100.0}\ \text{mg·L}^{-1}$$

$$= 74.88\ \text{mg·L}^{-1}$$

思考题

1. 解释下列现象：

a. 将氯水慢慢加入到含有 Br^- 和 I^- 的酸性溶液中，以 CCl_4 萃取，CCl_4 层变为紫色；

b. $\varphi^\ominus_{I_2/I^-}$ (0.534 V) $>$ $\varphi^\ominus_{Cu^{2+}/Cu^+}$ (0.159 V)，但是 Cu^{2+} 却能将 I^- 氧化为 I_2；

c. 间接碘量法测定铜时，Fe^{3+} 和 AsO_4^{3-} 都能氧化 I^- 析出 I_2，因而干扰铜的测定，加入

NH_4HF_2 两者的干扰均可消除；

d. Fe^{2+} 的存在加速 $KMnO_4$ 氧化 Cl^- 的反应；

e. 以 $KMnO_4$ 滴定 $C_2O_4^{2-}$ 时，滴入 $KMnO_4$ 的红色消失速度由慢到快；

f. 于 $K_2Cr_2O_7$ 标准溶液中，加入过量 KI，以淀粉为指示剂，用 $Na_2S_2O_3$ 溶液滴定至终点时，溶液由蓝变为绿；

g. 以纯铜标定 $Na_2S_2O_3$ 溶液时，滴定到达终点后(蓝色消失)溶液又返回到蓝色。

2. 增加溶液的离子强度，Fe^{3+}/Fe^{2+} 电对的条件电势是升高还是降低？加入 PO_4^{3-}、F^- 或 1,10-邻二氮菲后，情况又如何？

3. 已知在 1 mol·L^{-1} H_2SO_4 介质中，$\varphi^{\ominus'}_{Fe^{3+}/Fe^{2+}}=0.68$ V。1,10-邻二氮菲(Phen)与 Fe^{3+}、Fe^{2+} 均能形成配位化合物，加入 1,10-邻二氮菲后，体系的条件电势变为 1.06 V。试问 Fe^{3+} 与 Fe^{2+} 和 1,10-邻二氮菲形成的配位化合物中，哪一种更稳定？

4. 已知在酸性介质中，$\varphi^{\ominus'}_{MnO_4^-/Mn^{2+}}=1.45$ V，MnO_4^- 被还原至一半时，体系的电势(半还原电势)为多少？试推导对称电对的半还原电势与它的条件电势间的关系。

5. 碘量法的主要误差来源有哪些？配制、标定和保存 I_2 及 As_2O_3 标准溶液时，应注意哪些事项？

6. 以 $K_2Cr_2O_7$ 标定 $Na_2S_2O_3$ 溶液浓度时，使用的是间接碘量法，能否采用 $K_2Cr_2O_7$ 溶液直接滴定 $Na_2S_2O_3$ 溶液？为什么？

7. 怎样分别滴定混合溶液中的 Cr^{3+} 及 Fe^{3+}？

8. 用碘量法滴定含 Fe^{3+} 的 H_2O_2 试液，应注意哪些问题？

9. 用 $(NH_4)_2S_2O_8$(以 Ag^+ 催化)或 $KMnO_4$ 等为预氧化剂，Fe^{2+} 或 $NaAsO_2-NaNO_2$ 等为滴定剂，试简述滴定混合溶液中 Mn^{2+}、Cr^{3+}、VO^{2+} 的方法原理。

10. 在 1.0 mol·L^{-1} H_2SO_4 介质中用 Ce^{4+} 滴定 Fe^{2+} 时，使用二苯胺磺酸钠为指示剂，误差超过 0.1%，而加入 0.5 mol·L^{-1} H_3PO_4 后，滴定的终点误差小于 0.1%，试说明原因。

11. 以电位滴定法确定氧化还原滴定终点时，什么情况下与化学计量点吻合较好？什么情况下有较大误差？

12. 已知 Ce^{3+}-EDTA 的 $K_{稳}=10^{15.98}$。试拟出测定混合物中 Ce^{4+} 和 Ce^{3+} 含量的氧化还原滴定方案(假定无其他干扰物)，并以通用的符号写出试样(质量为 m_s)中 Ce^{4+} 和 Ce^{3+} 质量分数的计算式。

习　题

1. 计算在 1,10-邻二氮菲存在下，溶液含 1 mol·L^{-1} H_2SO_4 时 Fe^{3+}/Fe^{2+} 电对的条件电势(忽略离子强度的影响)。已知在 1 mol·L^{-1} H_2SO_4 中，亚铁配位化合物 $[FeR_3]^{2+}$ 与高铁配位化合物 $[FeR_3]^{3+}$ 的稳定常数之比 $K_{Ⅱ}/K_{Ⅲ}=2.8\times10^6$。

(1.15 V)

2. 计算 pH=10.0、缓冲剂总浓度为 0.10 mol·L^{-1} NH_3-NH_4 缓冲溶液中 Ag^+/Ag 电对的条件电势(忽略离子强度的影响)。已知 $Ag-NH_3$ 配位化合物的 $\lg\beta_1\sim\lg\beta_2$ 分别为 3.24、7.05；$\varphi^{\ominus}_{Ag^+/Ag}=0.80$ V。

(0.51 V)

3. 分别计算 0.100 mol·L^{-1} $KMnO_4$ 和 0.100 mol·L^{-1} $K_2Cr_2O_7$ 在 H^+ 浓度为 1.0 mol·L^{-1} 介质中还原一半时的电势。计算结果说明什么？已知 $\varphi^{\ominus'}_{MnO_4^-/Mn^{2+}} = 1.45$ V，$\varphi^{\ominus'}_{Cr_2O_7^{2-}/Cr^{3+}} = 1.00$ V。

(1.45 V，1.01 V)

4. 计算 pH＝3.0，含有未配位 EDTA 浓度为 0.010 mol·L^{-1}时 Fe^{3+}/Fe^{2+} 电对的条件电势。已知 pH＝3.0 时 $\lg\alpha_{Y(H)} = 10.60$，$\varphi^{\ominus}_{Fe^{3+}/Fe^{2+}} = 0.77$ V。

(0.13 V)

5. 将一块纯铜片置于 0.050 mol·L^{-1} $AgNO_3$ 溶液中，计算反应达到平衡后溶液中相关组分的浓度。

($[Cu^{2+}] = 0.025$ mol·L^{-1}，$[Ag^+] = 2.3\times10^{-9}$ mol·L^{-1})

6. 以 $K_2Cr_2O_7$ 标准溶液滴定 Fe^{2+}，计算 25 ℃时反应的平衡常数。若化学计量点时 Fe^{3+} 的浓度为 0.050 00 mol·L^{-1}，要使反应定量进行，所需 H^+ 的最低浓度为多少？

($10^{56.9}$，0.12 mol·L^{-1})

7. 计算在 1 mol·L^{-1} HCl 溶液中，用 Fe^{3+} 滴定 Sn^{2+} 时化学计量点的电势，并计算滴定至 99.9%和 100.1%时的电势。说明为什么化学计量点前后，同样改变 0.1%，电势的变化不相同。若用电位滴定判断终点，与计算所得化学计量点电势一致吗？已知 $\varphi^{\ominus'}_{Fe^{3+}/Fe^{2+}} = 0.68$ V，$\varphi^{\ominus'}_{Sn^{4+}/Sn^{2+}} = 0.14$ V。

(0.32 V，0.23 V，0.50 V)

8. 用间接碘量法测定铜时，Fe^{3+} 和 AsO_4^{3-} 都能氧化 I^- 而干扰铜的测定，加入 0.005 0 mol·L^{-1} NH_4HF_2 即能消除 Fe^{3+} 及 AsO_4^{3-} 的干扰。试以计算说明之。已知 $\varphi^{\ominus}_{As(V)/As(III)} = 0.559$ V，$\varphi^{\ominus}_{Fe^{3+}/Fe^{2+}} = 0.771$ V，$\varphi^{\ominus}_{I_2/I^-} = 0.534$ V；HF 的 $K_a = 6.6\times10^{-4}$；$[FeF_6]^{2-}$ 的 $\lg\beta_1 \sim \lg\beta_3$ 为 5.3、9.3、12.0。(提示：HF－F^- 缓冲体系$[H^+]$的计算不能用最简式)

9. 计算在 1 mol·L^{-1} H_2SO_4 及 1 mol·L^{-1} H_2SO_4＋0.5 mol·L^{-1} H_3PO_4 介质中以 Ce^{4+} 滴定 Fe^{2+}，用二苯胺磺酸钠(NaIn)为指示剂时，终点误差各为多少？已知在 1 mol·L^{-1} H_2SO_4 中：Ce^{4+}/Ce^{3+} 的 $\varphi^{\ominus'} = 1.44$ V，Fe^{3+}/Fe^{2+} 的 $\varphi^{\ominus'} = 0.68$ V，In 的 $\varphi^{\ominus'} = 0.84$ V；$\lg\beta_{[Fe(H_2PO_4)_3]^-} = 3.5$，$\lg\beta_{[Fe(H_2PO_4)_2]^-} = 2.3$。

(－0.19%，－0.03%)

10. 用碘量法测定钢中的硫时，使硫燃烧成 SO_2，SO_2 被含有淀粉的水溶液吸收，再用标准碘溶液滴定。若称取含硫 0.051%的标准钢样和被测钢样各 500 mg，滴定标准钢样中的硫用去碘溶液 11.60 mL，滴定被测钢样中的硫用去碘溶液 7.00 mL。试用滴定度表示碘溶液的浓度，并计算被测钢样中硫的质量分数。

(2.2 mg·mL^{-1}，0.031%)

11. 称取氧化铅试样 1.234 g，用 20.00 mL 0.250 0 mol·L^{-1} $H_2C_2O_4$ 溶液处理。这时 Pb(Ⅳ)被还原为 Pb(Ⅱ)。将溶液中和后，使 Pb^{2+} 定量沉淀为 PbC_2O_4。过滤，滤液酸化后，用0.040 00 mol·L^{-1} $KMnO_4$ 溶液滴定，用去 10.00 mL。沉淀用酸溶解后，用同样的 $KMnO_4$ 溶液滴定，用去 30.00 mL。计算试样中 PbO 及 PbO_2 的质量分数。

(36.18%,19.38%)

12. 今有 25.00 mL KI 溶液,用 10.00 mL 0.050 00 $mol\cdot L^{-1}$ KIO_3 溶液处理后,煮沸溶液以除去 I_2。冷却后,加入过量 KI 溶液使之与剩余的 KIO_3 反应,然后将溶液调至中性。析出的 I_2 用 0.100 8 $mol\cdot L^{-1}$ $Na_2S_2O_3$ 溶液滴定,用去 21.14 mL,计算 KI 溶液的浓度。

(0.028 96 $mol\cdot L^{-1}$)

13. 某一难被酸分解的 $MnO-Cr_2O_3$ 矿石 2.000 g,用 Na_2O_2 熔融后,得到 Na_2MnO_4 和 Na_2CrO_4 溶液,煮沸浸取液以除去过氧化物。酸化溶液,这时 MnO_4^{2-} 歧化为 MnO_4^- 和 MnO_2。滤去 MnO_2,滤液用 0.100 0 $mol\cdot L^{-1}$ $FeSO_4$ 溶液 50.00 mL 处理,过量 $FeSO_4$ 用 0.010 00 $mol\cdot L^{-1}$ $KMnO_4$ 溶液滴定,用去 18.40 mL。MnO_2 沉淀用 0.100 0 $mol\cdot L^{-1}$ $FeSO_4$ 溶液 10.00 mL 处理,过量 $FeSO_4$ 用 0.010 00 $mol\cdot L^{-1}$ $KMnO_4$ 溶液滴定,用去 8.24 mL。求矿样中 MnO 和 Cr_2O_3 的质量分数。

(3.13%,1.44%)

14. 称取某试样 1.000 g,将其中的铵盐在催化剂存在下氧化为 NO,NO 再氧化为 NO_2,NO_2 溶于水后形成 HNO_3。此 HNO_3 用 0.010 00 $mol\cdot L^{-1}$ NaOH 溶液滴定,用去 20.00 mL。求试样中 NH_3 的质量分数。

(提示:NO_2 溶于水时,发生歧化反应 $3NO_2+H_2O = 2HNO_3+NO\uparrow$)

(0.51%)

15. 在碱性条件下,MnO_4^- 可以用作分析 Mn^{2+} 的滴定剂,待测组分和滴定剂的产物均为 MnO_2。在一锰矿分析中,0.516 5 g 试样被溶解,其中的 Mn 转化为 Mn^{2+},碱化该溶液并用 0.033 58 $mol\cdot L^{-1}$ 的 $KMnO_4$ 溶液滴定,达到滴定终点时需用 34.88 mL $KMnO_4$ 溶液。计算矿物中 Mn 的含量。

(18.69%)

16. 矿物中铀的含量可以通过间接的氧化还原滴定来确定。先将矿石溶解在 H_2SO_4 中,再用 Walden 还原剂还原,使 UO_2^{2+} 转化为 U^{4+}。向溶液中加入过量 Fe^{3+},形成 Fe^{2+} 和 U^{6+},然后用 $K_2Cr_2O_7$ 标准溶液滴定 Fe^{2+}。在一次分析中,0.315 g 矿石试样通过上述 Walden 还原和 Fe^{3+} 氧化后,用 0.009 78 $mol\cdot L^{-1}$ 的 $K_2Cr_2O_7$ 溶液滴定 Fe^{2+} 时消耗 10.52 mL。计算试样中铀的含量。

(23.3%)

17. 一自动缓冲装置上的铬板的厚度可以用下述方法测定。把 30 cm^2 的缓冲装置的铬板溶于酸中并用 $S_2O_8^{2-}$ 把 Cr^{3+} 氧化为 $Cr_2O_7^{2-}$,煮沸,除去多余的 $S_2O_8^{2-}$。加入 0.500 g $(NH_4)_2Fe(SO_4)_2\cdot 6H_2O$,把 $Cr_2O_7^{2-}$ 还原为 Cr^{3+},多余的 Fe^{2+} 用 0.003 89 $mol\cdot L^{-1}$ 的 $K_2Cr_2O_7$ 标准溶液返滴定,到达终点时用去 18.29 mL。试确定铬板的平均厚度。已知 Cr 的密度为 7.20 $g\cdot cm^{-3}$。

(6.8×10^{-5} cm)

18. 空气中 CO 的浓度可以通过下述方法测定:让已知体积的空气通过一充有 I_2O_5 的管子,生成 CO_2 和 I_2,把 I_2 用蒸馏的方法从试管中取出并收集到一个含有过量 KI 溶液的锥形瓶中,然后用 $Na_2S_2O_3$ 标准溶液滴定这些 I_2。在一次分析中,4.79 L 的空气试样按上述方法处理,达到滴定终点时用去 7.17 mL 0.00 329 $mol\cdot L^{-1}$ 的 $Na_2S_2O_3$ 溶液。如果空气的密

度是 1.23×10^{-3} g·mL^{-1}，试计算空气中 CO 的含量(用 μg·g^{-1}表示)。

(280 μg·g^{-1})

19. 少量的碘化物可利用“化学放大”反应进行测定，其步骤如下：在中性或弱酸性介质中先用 Br_2 氧化，然后加入过量的 KI，用 CCl_4 萃取生成的 I_2(萃取率 $E=100\%$)。分去水相后，用肼(即联氨)的水溶液将 I_2 反萃至水相：

$$N_2H_4+2I_2 \longrightarrow 4I^-+N_2\uparrow+4H^+$$

再用过量的 Br_2 氧化，除去剩余的 Br_2 后加入过量 KI，酸化，以淀粉作指示剂，用 $Na_2S_2O_3$ 标准溶液滴定，求得 I^- 的含量。

a. 写出上述过程的有关反应方程式；

b. 根据有关的化学反应计量关系，说明经上述步骤后，试样中 1 mol 的 I^- 可消耗几摩尔 $Na_2S_2O_3$？相当于“放大”到多少倍？

c. 若在测定时，准确移取含 KI 的试液 25.00 mL，终点时耗用 0.100 mol·L^{-1} $Na_2S_2O_3$ 溶液 20.06 mL，计算试液中 KI 的浓度(g·L^{-1})。已知 $M_{KI}=166$ g·mol^{-1}。

反应为

$$3Br_2+I^-+6OH^- \longrightarrow IO_3^-+6Br^-+3H_2O$$
$$IO_3^-+5I^-+6H^+ \longrightarrow 3H_2O+3I_2$$
$$N_2H_4+2I_2 \longrightarrow 4I^-+N_2\uparrow+4H^+$$
$$2S_2O_3^{2-}+I_2 \longrightarrow 2I^-+S_4O_6^{2-}$$

(b. $I^-\sim IO_3^-\sim 3I_2\sim 6I^-\sim 6IO_3^-\sim 18I_2\sim 36Na_2S_2O_3$ 放大 36 倍；c. 0.370 g·L^{-1})

20. 移取一定体积的乙二醇试液，用 50.00 mL 高碘酸盐溶液处理。待反应完全后，将混合溶液调节至 pH=8.0，加入过量 KI，释放出的 I_2 以 0.050 00 mol·L^{-1} 亚砷酸盐溶液滴定至终点时，消耗 14.30 mL。而 50.00 mL 该高碘酸盐溶液在 pH=8.0 时，加入过量 KI，释放出的 I_2 需等浓度的亚砷酸盐溶液 40.10 mL 滴定。计算试液中乙二醇的质量(mg)。

反应为

$$CH_2OHCH_2OH+IO_4^- \longrightarrow 2HCHO+IO_3^-+H_2O$$
$$IO_4^-+2I^-+H_2O \longrightarrow IO_3^-+I_2+2OH^-$$
$$I_2+AsO_3^{3-}+H_2O \longrightarrow 2I^-+AsO_4^{3-}+2H^+$$

(80.07 mg)

21. 移取 20.00 mL HCOOH 和 HAc 的混合溶液，以 0.100 0 mol·L^{-1} NaOH 溶液滴定至终点时，消耗 25.00 mL。另取上述溶液 20.00 mL，准确加入 0.025 00 mol·L^{-1} $KMnO_4$ 强碱性溶液 50.00 mL。使其反应完全后，调节至酸性，加入 0.200 0 mol·L^{-1} Fe^{2+} 标准溶液 40.00 mL，将剩余的 MnO_4^- 及 MnO_4^{2-} 歧化生成的 MnO_4^- 和 MnO_2 全部还原至 Mn^{2+}，剩余的 Fe^{2+} 用上述 $KMnO_4$ 标准溶液滴定，至终点时消耗 24.00 mL。计算试液中 HCOOH 和 HAc 的浓度。

碱性溶液中的反应为

$$HCOO^-+2MnO_4^-+3OH^- \longrightarrow CO_3^{2-}+2MnO_4^{2-}+2H_2O$$

酸化后

$$3MnO_4^{2-}+4H^+ \longrightarrow 2MnO_4^- + MnO_2\downarrow + 2H_2O$$

（0.031 25 mol·L^{-1}，0.093 75 mol·L^{-1}）

22. 称取丙酮试样 1.000 g，定容于 250 mL 容量瓶中，移取 25.00 mL 于盛有 NaOH 溶液的碘量瓶中，准确加入 50.00 mL 0.050 00 mol·L^{-1} I_2 标准溶液，放置一定时间后，加 H_2SO_4 调节溶液呈弱酸性，立即用 0.100 0 mol·L^{-1} $Na_2S_2O_3$ 标准溶液滴定过量的 I_2，消耗 10.00 mL。计算试样中丙酮的质量分数。

丙酮与碘的反应为

$$CH_3COCH_3+3I_2+4NaOH \longrightarrow CH_3COONa+3NaI+3H_2O+CHI_3$$

（38.67%）

23. 过氧乙酸是一种广谱消毒剂，可用过氧化氢与乙酸反应制取，调节乙酸和过氧化氢的浓度可得到不同浓度的过氧乙酸，其准确浓度可通过下述方法测定。

准确称取 0.503 0 g 过氧乙酸试样，置于预先盛有 40 mL 水、5 mL 3 mol·L^{-1} H_2SO_4 溶液和 2～3 滴 1 mol·L^{-1} $MnSO_4$ 溶液并已冷却至 5 ℃的碘量瓶中，摇匀，用 0.023 7 mol·L^{-1} $KMnO_4$ 标准溶液滴定至溶液呈浅粉红色（30 s 不退色），消耗 12.50 mL；随即加入 10 mL 20%KI 溶液和 2～3 滴 $(NH_4)_2MoO_4$ 溶液（起催化作用），轻轻摇匀，加塞，在暗处放置 5～10 min，用 0.102 0 mol·L^{-1} $Na_2S_2O_3$ 标准溶液滴定，接近终点时加入 3 mL 0.5%淀粉指示剂，继续滴定至蓝色消失，消耗 $Na_2S_2O_3$ 溶液 23.60 mL。写出与滴定有关的化学反应方程式并计算过氧乙酸的质量分数（M=76.05 g·mol^{-1}）。

反应为

$$2KMnO_4+3H_2SO_4+5H_2O_2 \longrightarrow 2MnSO_4+K_2SO_4+5O_2+8H_2O$$
$$2KI+2H_2SO_4+CH_3COOOH \longrightarrow 2KHSO_4+CH_3COOH+I_2+H_2O$$

（18.20%）

24. 红色粉末状固体 Pb_3O_4 的化学式可写成 $2PbO\cdot PbO_2$，可采用碘量法和配位滴定法连续测定其组成。请依下列实验方法写出对应的 n_{PbO_2} 和 n_{PbO} 的计算式。准确称取 0.040 0 g～0.050 0 g 干燥好的 Pb_3O_4 固体，置于 250 mL 锥形瓶中。加入 HAc－NaAc(1∶1) 溶液 10 mL，再加入 0.2 mol·L^{-1} KI 溶液 1～2 mL，充分溶解，使溶液呈透明橙红色。加 0.5 mL 2%淀粉溶液，用 0.010 00 mol·L^{-1} $Na_2S_2O_3$ 标准溶液滴定至溶液由蓝色刚好退去为止，记下所用去的 $Na_2S_2O_3$ 标准溶液的体积为 $V_{S_2O_3^{2-}}$。再加入二甲酚橙 3～4 滴，用 0.010 00 mol·L^{-1} EDTA标准溶液滴定溶液由紫红色变为亮黄色时，即为终点，记下所消耗的 EDTA 溶液的体积为 V_{EDTA}。

有关实验原理可用下列化学反应方程式表示：

$$Pb_3O_4+4HAc \longrightarrow 2Pb(Ac)_2+PbO_2+H_2O$$
$$PbO_2+3I^-+4H^++2Ac^- \longrightarrow Pb(Ac)_2\downarrow+I_3^-+2H_2O$$
$$I_3^-+2S_2O_3^{2-} \longrightarrow S_4O_6^{2-}+3I^-$$
$$Pb(Ac)_2+Y^{4-} \longrightarrow [PbY]^{2-}+2Ac^-$$

$$\left(n_{PbO_2}=\frac{1}{2}c_{S_2O_3^{2-}}\cdot V_{S_2O_3^{2-}},\ n_{PbO}=c_{EDTA}\cdot V_{EDTA}-n_{PbO_2}\right)$$

25. 称取含抗生素对氨基苯磺酰胺(以 sul 简称)的粉末试样 0.298 1 g,溶于盐酸并稀释至 100.0 mL。分取 20.00 mL 置一锥形瓶中,加入 25.00 mL 0.017 67 mol·L^{-1} $KBrO_3$ 及过量的 KBr。密封,10 min 后确保完成了相应的溴化反应。加入过量 KI,析出的 I_3^- 需 12.92 mL 0.121 5 mol·L^{-1} $Na_2S_2O_3$ 溶液滴定(以淀粉为指示剂)。已知 M_{sul} = 172.21 g·mol^{-1}。

a. 写出 sul 的分子结构式;

b. 写出酸性溶液中 $KBrO_3$ 与 KBr 的离子反应方程式;

c. 写出 sul 与 Br_2 的溴化反应方程式;

d. 计算此粉末试样中的 sul 的质量分数。

(78.05%)

26. 对超导体 $Bi_2Sr_2Ca_{0.8}Y_{0.2}Cu_2O_x$($M$:770.14 g·mol^{-1}+15.999 4 x g·mol^{-1})进行分析以确定 Bi 和 Cu 的平均氧化数及 O 的化学计量数。

在实验 A 中,称取 110.6 mg 上述组成的试样,溶于含 2.000 mmol·L^{-1} CuCl 的50.0 mL 1 mol·L^{-1} HCl 溶液中,反应完全后,以库仑法检测,溶液中尚有 0.052 2 mmol 的 Cu^+ 未反应。

在实验 B 中,143.9 mg 上述超导体被溶于含 1.000 mmol·L^{-1} $FeCl_2\cdot 4H_2O$ 的 50.0 mL 1 mol·L^{-1} HCl 溶液中,反应完全后,以库仑法检测,溶液中尚有 0.021 3 mmol 的 Fe^{2+} 未反应。

(平均氧化数 $Bi^{3.1}$,$Cu^{2.1}$,$x=8.3$)

27. MnO_4^- 与 H_2O_2 在酸性介质中反应生成 O_2 和 Mn^{2+},可能有如下两个反应:

(1) $MnO_4^- \longrightarrow Mn^{2+}$

$H_2O_2 \longrightarrow O_2$

(2) $MnO_4^- \longrightarrow Mn^{2+} + O_2$

$H_2O_2 \longrightarrow H_2O$

a. 通过增加 e^-、H_2O 和 H^+,写出两个反应的半反应方程式和总反应方程式。

b. 四水合硼酸钠溶解于酸中可生成 H_2O_2:$BO_3^- + 2H_2O \longrightarrow H_2O_2 + H_2BO_3^-$。为了确定反应是按(1)还是按(2)进行,某学生称取 1.023 g $NaBO_3\cdot 4H_2O$(M=153.86 g·mol^{-1}),并加入 20 mL 1 mol·L^{-1}硫酸,转移至 100 mL 容量瓶,加水至刻度。取 10.00 mL 溶液,用 0.010 46 mol·L^{-1} $KMnO_4$ 标准溶液滴定至出现紫红色,问(1)(2)反应分别需要耗用多少毫升 $KMnO_4$ 溶液?

(a. $2MnO_4^- + 5H_2O_2 + 6H^+ \longrightarrow 2Mn^{2+} + 8H_2O + 5O_2\uparrow$

$2MnO_4^- + 3H_2O_2 + 6H^+ \longrightarrow 2Mn^{2+} + 4O_2\uparrow + 6H_2O$

b. (1) 25.43 mL,(2) 42.38 mL)

28. $Ca_{10}(PO_4)_6F_2$ 激光晶体用铬处理能提高效率。可以猜想铬有+4 的氧化态。

(1) 为测定铬在材料中的氧化能力,一块晶体溶解在 2.9 mol·L^{-1}的盐酸中(100 ℃下),冷却至 20 ℃,用电位滴定法以 Fe^{2+} 标准溶液滴定至终点。铬的+3 价以上的氧化态可以按下列步骤氧化 Fe^{2+}。1 mol Cr^{4+} 消耗 1 mol Fe^{2+},$Cr_2O_7^{2-}$ 中 1 mol Cr^{6+} 消耗 3 mol Fe^{2+}:

$$Cr^{4+} + Fe^{2+} \longrightarrow Cr^{3+} + Fe^{3+}$$

$$\frac{1}{2}Cr_2O_7^{2-}+3Fe^{2+}\longrightarrow Cr^{3+}+3Fe^{3+}$$

(2) 在第二步中，测定铬的总量：在 2.9 $mol\cdot L^{-1}$ $HClO_4$ 溶液中于 100 ℃下溶解结晶，然后冷却到 20 ℃，加入过量的 $S_2O_8^{2-}$ 和 Ag^+ 以氧化 Cr^{3+} 为 $Cr_2O_7^{2-}$，没有反应的 $S_2O_8^{2-}$ 通过加热使之失效，剩余的溶液用 Fe^{2+} 标准溶液滴定。这一步中，1 mol Cr 消耗 3 mol Fe^{2+}：

$$Cr^{x+}\longrightarrow Cr_2O_7^{2-}$$

$$\frac{1}{2}Cr_2O_7^{2-}+3Fe^{2+}\longrightarrow Cr^{3+}+3Fe^{3+}$$

第一步中，0.437 5 g 激光晶体需要 0.498 mL 2.786 $mmol\cdot L^{-1}$ Fe^{2+} 溶液［$(NH_4)_2Fe(SO_4)_2\cdot 6H_2O$ 在 2 $mol\cdot L^{-1}$ $HClO_4$ 溶液中］。第二步中，0.156 6 g 晶体需要 0.703 mL 相同浓度的 Fe^{2+} 溶液。求铬的平均氧化数和每克晶体中有多少毫克铬。

（3.76，217 $\mu g\cdot g^{-1}$）

29. XeF_2 和 XeF_6 为人工制备的氟化物，用两份相同质量的 XeF_2 和 XeF_6 混合物进行如下实验：

(1) 一份用水处理得到气体 A 和溶液 B，A 的体积为 56.7 mL（标准状况，下同），其中含 O_2 22.7 mL，其余为 Xe。B 中的 XeO_3 能氧化 30.00 mL 浓度为 0.100 $mol\cdot L^{-1}$ 的 $(NH_4)_2Fe(SO_4)_2\cdot 6H_2O$ 溶液。

(2) 另一份用 KI 溶液处理，生成的 I_2 用 0.200 $mol\cdot L^{-1}$ $Na_2S_2O_3$ 溶液滴定，用去 35.0 mL（以淀粉为指示剂）。

求混合物中 XeF_2 和 XeF_6 的物质的量。

（1.28 mmol，0.74 mmol）

第8章 沉淀滴定法和滴定分析小结

8.1 沉淀滴定法

沉淀滴定法是基于滴定剂与被测物定量生成沉淀或微溶盐的反应，并且反应能快速达到平衡和有适合的指示剂指示化学反应计量点，但不要有如共沉淀、吸附和外来离子包藏等干扰情况发生。由于很多沉淀形成速度太慢、反应不够完全，所以可用于沉淀滴定的反应屈指可数。目前应用较多的是以硝酸银为滴定剂，用于测定卤素离子、拟卤素阴离子（如 SCN^-、CN^-、CNO^-）、硫醇、脂肪酸及少数两价和三价的无机阴离子的沉淀滴定法，也叫银量法（argentometric methods）。此外，以下几个反应也可用于沉淀滴定：

$$SO_4^{2-} + Ba^{2+} = BaSO_4 \downarrow$$

$$3Zn^{2+} + 2K^+ + 2[Fe(CN)_6]^{4-} = K_2Zn_3[Fe(CN)_6]_2 \downarrow$$

$$C_2O_4^{2-} + Pb^{2+} = PbC_2O_4 \downarrow$$

$$Pb^{2+} + MoO_4^{2-} = PbMoO_4 \downarrow$$

8.1.1 滴定曲线

以银量法中用 Ag^+（或 $AgNO_3$）滴定 Cl^-（或 NaCl）为例，进行简单讨论和计算绘制滴定曲线，反应为

$$Ag^+ + Cl^- \rightleftharpoons AgCl \downarrow \qquad K_{sp} = 1.8 \times 10^{-10}$$

此反应的平衡常数为

$$K = K_{sp}^{-1} = (1.8 \times 10^{-10})^{-1} = 5.6 \times 10^9$$

其中 K_{sp} 是 AgCl 沉淀的溶度积。

设用 0.100 0 $mol \cdot L^{-1}$ Ag^+ 溶液滴定 50.00 mL 0.050 00 $mol \cdot L^{-1}$ 的 Cl^- 溶液，由于反应平衡常数大，可以认为 Ag^+ 和 Cl^- 反应完全，因此可采用类似酸碱滴定、配位滴定和氧化还原滴定中的计算方法，计算达到化学反应计量点所需的 Ag^+ 溶液体积。根据

$$c_{Ag^+} V_{Ag^+} = c_{Cl^-} V_{Cl^-}$$

$$V_{Ag^+}=\frac{c_{Cl^-}V_{Cl^-}}{c_{Ag^+}}=\frac{0.050\,00\ mol\cdot L^{-1}\times 50.00\ mL}{0.100\,0\ mol\cdot L^{-1}}=25.00\ mL$$

达到化学反应计量点需要 25.00 mL 的 Ag^+ 标准溶液。

在达到化学计量点前，如果加入 10.00 mL Ag^+ 标准溶液，Cl^- 是过量的，未反应的 Cl^- 浓度为

$$[Cl^-]=\frac{c_{Cl^-}V_{Cl^-}-c_{Ag^+}V_{Ag^+}}{V_{Cl^-}+V_{Ag^+}}$$

$$=\frac{0.050\,00\ mol\cdot L^{-1}\times 50.00\ mL-0.100\,0\ mol\cdot L^{-1}\times 10.00\ mL}{50.00\ mL+10.00\ mL}$$

$$=2.500\times 10^{-2}\ mol\cdot L^{-1}$$

将$[Cl^-]$取负对数，用 pCl 表示，则

$$pCl=-\lg[Cl^-]=-\lg(2.500\times 10^{-2})=1.60$$

$[Ag^+]$可以根据氯化银的溶度积计算

$$[Ag^+]=\frac{K_{sp}}{[Cl^-]}=\frac{1.8\times 10^{-10}}{2.500\times 10^{-2}}mol\cdot L^{-1}=7.2\times 10^{-9}\ mol\cdot L^{-1}$$

此时，pAg 等于 8.14。

在化学计量点时，Ag^+ 和 Cl^- 两种离子的浓度是相等的，根据溶度积计算两者的浓度为

$$K_{sp}=[Ag^+][Cl^-]=[Ag^+]^2=1.8\times 10^{-10}$$

$$[Ag^+]=[Cl^-]=1.3\times 10^{-5}\ mol\cdot L^{-1}$$

此时 pAg 和 pCl 都为 4.89。

在化学计量点后，滴定混合物中含有过量 Ag^+，如果加入 35.00 mL 滴定剂，Ag^+ 浓度计算如下：

$$[Ag^+]=\frac{c_{Ag^+}V_{Ag^+}-c_{Cl^-}V_{Cl^-}}{V_{Cl^-}+V_{Ag^+}}$$

$$=\frac{0.100\,0\ mol\cdot L^{-1}\times 35.00\ mL-0.050\,00\ mol\cdot L^{-1}\times 50.00\ mL}{50.00\ mL+35.00\ mL}$$

$$=1.180\times 10^{-2}\ mol\cdot L^{-1}$$

此时，pAg=1.93，Cl^- 浓度为

$$[Cl^-]=\frac{K_{sp}}{[Ag^+]}=\frac{1.8\times 10^{-10}}{1.180\times 10^{-2}}\ mol\cdot L^{-1}=1.5\times 10^{-8}\ mol\cdot L^{-1}$$

pCl 等于 7.82。

计算的 pAg 和 pCl 的其他数据列于表 8-1，根据这些数据绘出沉淀滴定曲线(图 8-1)。

由图 8-1 可看出，化学计量点附近 pCl 发生突跃，如果有一种指示剂在突跃范围内指示终点，则在实际滴定时可得到较准确的结果。

表 8-1 用 0.100 0 $mol \cdot L^{-1}$ $AgNO_3$ 滴定 50.00 mL 0.050 00 $mol \cdot L^{-1}$ NaCl 的数据

V_{AgNO_3} /mL	pCl	pAg
0.00	1.30	
5.00	1.44	8.31
10.00	1.60	8.14
15.00	1.81	7.93
20.00	2.15	7.60
25.00	4.89	4.89
30.00	7.54	2.20
35.00	7.82	1.93
40.00	7.97	1.78
45.00	8.07	1.68
50.00	8.14	1.60

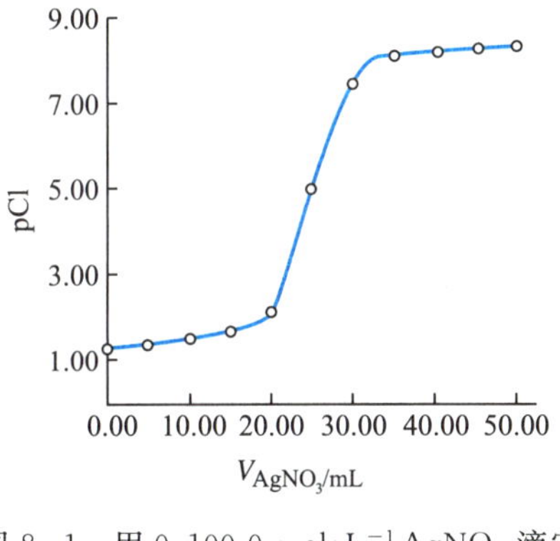

图 8-1 用 0.100 0 $mol \cdot L^{-1}$ $AgNO_3$ 滴定 50.00 mL 0.050 00 $mol \cdot L^{-1}$ NaCl 的滴定曲线

8.1.2 常用的沉淀滴定法

寻找适当的沉淀滴定终点指示剂，可以说是发展沉淀滴定法的关键，成熟的沉淀滴定法(如银量法)的形成在于找到了合适的指示剂。下面分别介绍根据选择合适终点指示剂的人名命名的沉淀滴定分析方法。

1. 莫尔(Mohr)法

莫尔法是以 K_2CrO_4 为指示剂，$AgNO_3$ 标准溶液为滴定剂，于中性或弱碱性溶液中滴定 Cl^- 等的分析方法。该法中指示剂用量和滴定酸度是两个主要的影响因素。

滴定终点时，稍微过量的 Ag^+ 与 CrO_4^{2-} 形成砖红色沉淀 Ag_2CrO_4 起指示作用。滴定反应和指示反应分别为

$$Ag^+ + Cl^- \rightleftharpoons AgCl\downarrow（白色）$$
$$2Ag^+ + CrO_4^{2-} \rightleftharpoons Ag_2CrO_4\downarrow（砖红色）$$

由于 K_2CrO_4 的水溶液呈黄色，使终点颜色变化不敏锐。K_2CrO_4 浓度不宜过高，否则终点过早出现，加之 K_2CrO_4 自身颜色过深，影响终点观察；K_2CrO_4 浓度过小，终点出现过迟，也影响结果的准确性。若在化学计量点时刚好变色，则所需 K_2CrO_4 浓度可以计算如下。

首先根据溶度积计算 Ag^+ 浓度

$$[Ag^+] = \sqrt{K_{sp}} = \sqrt{1.8\times10^{-10}}\ mol\cdot L^{-1} = 1.34\times10^{-5}\ mol\cdot L^{-1}$$

根据 Ag_2CrO_4 的溶度积，计算形成 Ag_2CrO_4 沉淀所需的最低$[CrO_4^{2-}]$：

$$[CrO_4^{2-}] = \frac{K_{sp}}{[Ag^+]^2} = \frac{2.0\times10^{-12}}{(1.34\times10^{-5})^2}\ mol\cdot L^{-1} = 1.1\times10^{-2}\ mol\cdot L^{-1}$$

一般$[CrO_4^{2-}]$应控制在 $5.0\times10^{-3}\ mol\cdot L^{-1}$（不包括生成 Ag_2CrO_4 需消耗的约 $5.0\times10^{-3}\ mol\cdot L^{-1}\ CrO_4^{2-}$），同时以 K_2CrO_4 为指示剂进行空白滴定，从实验消耗的滴定剂中减去空白值，可获得较准确的值。

因为 CrO_4^{2-} 是弱碱，所以莫尔法应在中性或弱碱性介质中进行。若在酸性介质中，CrO_4^{2-} 会以 $HCrO_4^-$ 形式存在或者转化为 $Cr_2O_7^{2-}$（$K=4.3\times10^{14}$），使 CrO_4^{2-} 浓度减小，指示终点的 Ag_2CrO_4 沉淀出现晚或甚至不出现，导致测定误差。若滴定溶液碱性太强，则有氢氧化银甚至氧化银沉淀析出。考虑这两个方面，莫尔法的适宜 pH 范围应该为 6.5～10.0。

莫尔法也可用于滴定 Br^-、I^- 及 SCN^-，但由于 AgI 和 AgSCN 沉淀具有强烈吸附作用，使终点变色不明显，误差较大。若用此法测定试样中的 Ag^+，则应在试样液中加入一定量且过量的 NaCl 标准溶液，再用 $AgNO_3$ 标准溶液返滴过量的 Cl^-。

凡能与 Ag^+ 生成微溶性沉淀或配位离子的离子或分子，如 PO_4^{3-}、AsO_4^{3-}、SO_3^{2-}、S^{2-}、CO_3^{2-}、$C_2O_4^{2-}$ 等均干扰测定。有色离子如 Cu^{2+}、Co^{2+}、Ni^{2+} 等影响终点观察。Ba^{2+} 和 Pb^{2+} 能与 CrO_4^{2-} 生成沉淀而干扰滴定，可加入过量 Na_2SO_4 消除 Ba^{2+} 的干扰。高价金属离子 Al^{3+}、Fe^{3+}、Bi^{3+}、Sn^{4+} 等在中性和碱性介质中

水解，也不应存在。

2. 佛尔哈德(Volhard)法

佛尔哈德法是在 Fe^{3+} 存在下用 SCN^- 滴定 Ag^+ 的方法，以铁铵矾 [$NH_4Fe(SO_4)_2$]作指示剂，SCN^- 标准溶液用 NH_4SCN(或 KSCN、NaSCN)配制。滴定反应和指示反应如下：

$$Ag^+ + SCN^- \rightleftharpoons AgSCN\downarrow \text{(白色)}$$
$$Fe^{3+} + SCN^- \rightleftharpoons [Fe(SCN)]^{2+} \text{(红色)}$$

滴定过程中，溶液中首先析出 AgSCN 沉淀，当 Ag^+ 定量沉淀后，过量 SCN^- 与 Fe^{3+} 形成红色配位化合物。

佛尔哈德法在强酸性溶液中进行，一般酸度控制在 0.1～1 $mol \cdot L^{-1}$ 之间。酸度过低，Fe^{3+} 易水解，影响红色[$Fe(SCN)$]$^{2+}$ 配位化合物的生成。为了在滴定终点能刚好观察到[$Fe(SCN)$]$^{2+}$ 明显的红色，[$Fe(SCN)$]$^{2+}$ 的浓度至少为 6×10^{-6} $mol \cdot L^{-1}$。要维持这个[$Fe(SCN)$]$^{2+}$ 的配位平衡浓度，Fe^{3+} 的浓度要远远大于这一数值，但过多水合铁离子显示的黄色会干扰终点观察。综合考虑，终点时 Fe^{3+} 浓度一般控制在 0.02 $mol \cdot L^{-1}$ 以内。

在滴定过程中不断形成的 AgSCN 沉淀会吸附部分 Ag^+，容易导致滴定终点过早出现，使结果偏低。所以，滴定时必须充分摇动溶液，使被吸附的 Ag^+ 及时释放出来。

佛尔哈德法除了可直接滴定 Ag^+ 外，还可以用返滴定法测定卤素离子。过程如下：在含有卤素离子的硝酸介质中，先加入一定量且过量的 $AgNO_3$ 标准溶液，然后加入铁铵矾指示剂，用 KSCN 标准溶液返滴定过量的 $AgNO_3$。因滴定在硝酸介质中进行，本法选择性较好。

在用佛尔哈德法返滴定卤素离子中，为了减小终点误差，要注意下述现象及采取相应的措施：

a. 由于 AgSCN 的溶解度小于 AgCl 的溶解度，过量的 SCN^- 将会置换 AgCl 沉淀中的 Cl^-，生成溶解度更小的 AgSCN。这样在出现[$Fe(SCN)$]$^{2+}$ 红色后，继续摇动溶液，红色会逐渐消失，产生较大的终点误差。要解决这一问题，有两种办法可采用。一是煮沸溶液，以减少 AgCl 沉淀对 Ag^+ 的吸附，使 AgCl 沉淀凝聚，过滤出沉淀，并用稀 HNO_3 洗涤，洗涤液与滤液合并，然后用 KSCN 标准溶液返滴定过量的 Ag^+。其次是向溶液中加入有机溶剂，如硝基苯或 1,2-二氯乙烷，用力摇动，使 AgCl 沉淀表面附着一层有机溶剂，避免与溶液接触，阻止 SCN^- 置换 AgCl 中 Cl^- 的反应。此法虽然简单，但有机溶剂对人有害，也污染环境。

b. 用返滴定法测定 Br^- 和 I^- 时，由于 AgBr 和 AgI 的溶解度小于 AgSCN

的溶解度，不发生置换反应。但在滴定 I^- 时，指示剂要在加入过量的 $AgNO_3$ 标准溶液后才能加入，否则指示剂中的 Fe^{3+} 会氧化溶液中的 I^-。

c. 根据佛尔哈德法的终点指示原理，$Fe^{3+} + SCN^- \rightleftharpoons [Fe(SCN)]^{2+}$，增加 Fe^{3+} 的浓度可以降低终点时 SCN^- 的浓度，从而减小误差。实验证明，当提高溶液中 Fe^{3+} 的浓度至 $0.02\ mol\cdot L^{-1}$ 时，滴定误差将在 $\pm 0.1\%$ 范围内，尽管此浓度仍低于在化学计量点时变色所需要的浓度。

由于佛尔哈德法在强酸性溶液（通常 $0.3 \sim 1.0\ mol\cdot L^{-1}$）中进行，许多弱酸根，如 AsO_4^{3-}、$C_2O_4^{2-}$、CrO_4^{2-}、CO_3^{2-} 等均不干扰。一些能与 SCN^- 反应的汞盐、铜盐及强氧化剂等干扰测定，需预先除去。

佛尔哈德法还可用于重金属硫化物的测定。滴定时在硫化物沉淀的悬浮液中加入一定量且过量的 $AgNO_3$ 标准溶液，发生沉淀转化反应，如

$$CdS + 2Ag^+ \rightleftharpoons Ag_2S + Cd^{2+}$$

将沉淀 Ag_2S 过滤后，用 SCN^- 标准溶液滴定滤液中过量的 Ag^+。

有机卤化物中的卤素同样可以采用佛尔哈德法返滴定。

3. 法扬司（Fajans）法

用吸附指示剂（adsorption indicator）指示滴定终点的银量法，称为法扬司法。用 $AgNO_3$ 标准溶液滴定 Cl^- 或者用 NaCl 标准溶液滴定 Ag^+，都可以采用吸附指示剂。吸附指示剂因吸附到沉淀上的颜色与其在溶液中的颜色不同而指示滴定终点。例如用 Ag^+ 滴定 Cl^-，以二氯荧光素阴离子染料作指示剂，化学计量点前，由于 AgCl 沉淀吸附过量 Cl^-，表面带负电荷，因而排斥阴离子二氯荧光素指示剂，其仍然保持在溶液中的原有黄绿色。滴定至化学计量点后，AgCl 沉淀吸附过量 Ag^+，表面带正电荷，进而二氯荧光素阴离子染料通过静电引力吸附到沉淀表面呈粉红色，指示滴定终点。如果用 Cl^- 溶液滴定 Ag^+，颜色变化正好相反。

银量法中使用吸附指示剂，应考虑以下几个因素：

a. 因为指示剂颜色变化发生在沉淀表面，所以应尽量使沉淀的比表面积大些，即沉淀颗粒要小一些。那么在滴定过程中，应防止沉淀凝聚。通常加入糊精保护胶体沉淀。

b. 被滴物溶液浓度不能太稀，若浓度太稀，沉淀很少，终点时指示剂变色不易观察。例如以荧光素（荧光黄）作指示剂，用 $AgNO_3$ 滴定 Cl^- 时，Cl^- 的浓度要求在 $0.005\ mol\cdot L^{-1}$ 以上。而滴定 Br^-、I^-、SCN^- 的灵敏度稍高，在浓度低至 $0.001\ mol\cdot L^{-1}$ 时仍可准确滴定。

c. 避免在强光下进行滴定，因为卤化银沉淀对光敏感，会很快变为灰黑色，从而影响终点观察。

各种吸附指示剂的特性差别很大，对滴定条件，特别是对酸度的要求不同，适用范围也不一样。如荧光素、二氯荧光素、四溴荧光素（曙红）的 K_a 分别约为 10^{-7}、10^{-4}、10^{-2}，适用的酸度范围分别为 pH7～10，pH4～10 和pH2～10 甚至小于 2。如果溶液的 pH 小于 7 时使用荧光素作吸附指示剂，则荧光素大部分以中性的酸式存在，不被卤化银沉淀吸附，不能指示终点。

另外，指示剂的吸附能力也要适当，例如曙红适于作滴定 Br^-、I^-、SCN^- 的指示剂，不宜用于滴定 Cl^-，因为 Cl^- 的吸附性能较指示剂差，在化学计量点前，有一部分指示剂阴离子先于 Cl^- 进入吸附层，以致无法正确指示终点。最好根据实验结果选定指示剂。卤化银对卤离子和几种吸附指示剂的吸附能力的大小顺序如下：

$$I^- > SCN^- > Br^- > \text{曙红} > Cl^- > \text{荧光素}$$

表 8-2 列出了一些重要的吸附指示剂的应用示例，其中有的是用于其他沉淀滴定法的。

表 8-2 一些吸附指示剂的应用

指示剂	被测定离子	滴定剂	滴定条件
荧光素	Cl^-	Ag^+	pH7～10（一般为 7～8）
二氯荧光素	Cl^-	Ag^+	pH4～10（一般为 5～8）
曙红	Br^-、I^-、SCN^-	Ag^+	pH2～10（一般为 3～8）
溴甲酚绿	SCN^-	Ag^+	pH4～5
甲基紫	Ag^+	Cl^-	酸性溶液
罗丹明 6G	Ag^+	Br^-	酸性溶液
钍试剂	SO_4^{2-}	Ba^{2+}	pH1.5～3.5
溴酚蓝	Hg_2^{2+}	Cl^-、Br^-	酸性溶液

值得一提的是，作为吸附指示剂的强荧光染料荧光素（其结构如图 8-2，又称荧光黄），其钠盐叫荧光素钠。在弱碱性和碱性介质中它的荧光量子产率接近 1，以其为荧光团的荧光素异硫氰酸酯（图 8-3），广泛用于研究心血管疾病和其他疾病影像，即荧光素血管成像法。荧光素还能与 DNA 和蛋白质等生物大分子结合，作为这些分子的荧光探针。它也可以用作监测地下水井污染的示踪剂和激光染料。

4. 混合离子的沉淀滴定

在沉淀滴定中，两种混合离子能否准确进行分别滴定，决定于两种沉淀的溶度积常数比值的大小。例如，用 $AgNO_3$ 滴定 I^- 和 Cl^- 的混合溶液时，首先达到

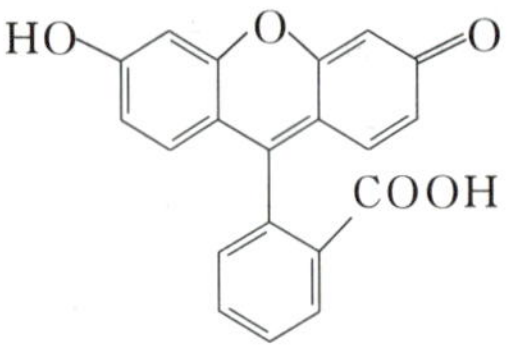

图8-2 荧光素的分子结构

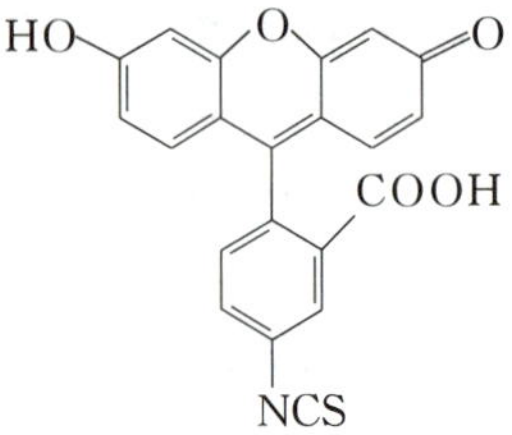

图8-3 荧光素异硫氰酸酯的分子结构

AgI的溶度积而析出沉淀，当I^-定量沉淀以后，随着Ag^+浓度升高而析出AgCl沉淀，在滴定曲线上出现两个明显的突跃。当Cl^-开始沉淀时，I^-和Cl^-浓度的比值为

$$\frac{[I^-]}{[Cl^-]}=\frac{K_{sp}^{AgI}}{K_{sp}^{AgCl}}\approx 5\times 10^{-7}$$

即当I^-浓度降低至Cl^-浓度的千万分之五时，开始析出AgCl沉淀。因此，理论上可以准确地进行分别滴定，但因为I^-被AgI沉淀吸附，在实际工作中产生一定的误差。此外，采用分别滴定，较难找到合适的指示剂。若用$AgNO_3$滴定Br^-和Cl^-的混合溶液：

$$\frac{[Br^-]}{[Cl^-]}=\frac{K_{sp}^{AgBr}}{K_{sp}^{AgCl}}\approx 3\times 10^{-3}$$

即当Br^-浓度降低至Cl^-浓度的千分之三时，同时析出两种沉淀。显然，无法进行分别滴定，而只能滴定它们的合量。

8.2 滴定分析小结

在前面分别讨论了酸碱、配位、氧化还原和沉淀四种化学平衡及相应的滴定分析方法，下面对它们之间的异同进行比较，以便加深理解和掌握这部分知识。

8.2.1 四种滴定分析方法的共同点

设滴定反应分别为

强酸滴定强碱：

$$OH^- + H^+ \xlongequal{\quad} H_2O$$

EDTA滴定Zn^{2+}（略去EDTA电荷）：

$$Y + Zn^{2+} \longrightarrow ZnY$$

Ce^{4+} 滴定 Fe^{2+}：

$$Ce^{4+} + Fe^{2+} \longrightarrow Ce^{3+} + Fe^{3+}$$

Ag^{+} 滴定 Cl^{-}：

$$Ag^{+} + Cl^{-} \longrightarrow AgCl$$

可见，在四种滴定反应式的左边，反应物都可用 M＋L 表达，而且均可视为微观粒子的给予和接受的过程，被传递的粒子分别是 H^{+}、M(L，A)或 e^{-}，构成不同的平衡体系。四种滴定分析方法具有如下共同点：

a. 它们都是以消耗经准确计量的标准物质来测定被测物质的含量。这种定量分析方法适于浓度较高的物质，不但准确度较高，且方法简便。

b. 随着滴定剂的加入，被测定物质的浓度在化学计量点附近产生突跃，利用这一突跃使指示剂变色指示滴定终点。

c. 如果使用滴定常数 K_t 取代配位平衡中使用的稳定常数，酸碱平衡、沉淀平衡中使用的不稳定常数，氧化还原平衡中使用的两个半反应的电极电势来衡量平衡，四种滴定分析方法的数学处理模式会趋于一致，它们的终点误差都可以表示为

$$E_t = \frac{(cV)_T - (cV)_X}{(cV)_X} \times 100\%$$

滴定终点与化学计量点之差越小，$K_t c_X^{ep}$ 越大，终点误差越小。

8.2.2 四种滴定分析方法的不同点

在滴定过程中，四种滴定反应的产物浓度变化有如下不同之处。

a. 强酸滴定强碱的反应产物是 H_2O，从滴定开始到滴定结束，$[H_2O]$为一常量，约为 55.5 $mol \cdot L^{-1}$。

b. 配位滴定产物 ML 的浓度在滴定过程中是一变量，滴定开始，[ML]为 0，随着滴定的进行，[ML]近线性地增加，直到化学计量点。

c. 示例的氧化还原滴定反应 $Ce^{4+} + Fe^{2+} \longrightarrow Ce^{3+} + Fe^{3+}$ 的滴定产物有两种，它们在滴定过程中的浓度变化与配位滴定产物 ML 相似。

d. 沉淀滴定有异相生成，假定 M 滴定 L，从滴定开始至两反应物浓度乘积等于溶度积，即$[M][L] = K_{sp}(ML)$，这一段没有沉淀生成。随着滴定的进行，一旦有沉淀形成，它的活度就为 1，并且不再改变。

根据滴定反应产物浓度的变化，可以把滴定分析方法分为两类：一类是滴定产物的浓度为一常量，像前面示例的强酸强碱滴定和沉淀滴定；另一类是滴定产物为一变量，如配位滴定和氧化还原滴定。

8.2.3　滴定曲线

为了解决氧化还原滴定的数学模型与其他三种不一致的问题，便于用林邦的副反应方法处理，并且寻求滴定曲线和终点误差统一的表达方式，对各种滴定方法可分别做下述处理。

a. 对于酸碱滴定，存在多种滴定类型，有用强碱滴定强酸、一元弱酸、多元弱酸和混合酸等，滴定曲线比配位滴定曲线复杂得多。如用标准 NaOH 溶液滴定 HCl，滴定反应为

$$H^{+}+OH^{-} = H_2O$$

溶液的质子平衡方程为

$$[H^{+}]=c_{HCl}+[OH^{-}]-c_b \qquad (8-1)$$

用滴定常数 $K_t=1/K_w=10^{14.00}$ 表达滴定反应进行的程度，c_{HCl} 为滴定过程中的盐酸浓度，c_b 为标准 NaOH 溶液加入到被滴定溶液后的瞬时浓度，c_{HCl} 和 c_b 随滴定反应进行不断变化，用滴定分数 a 衡量滴定进行程度，$a=c_b/c_{HCl}$，将 a 和$[OH^{-}]=1/(K_t[H^{+}])$代入(8-1)式，得到强碱滴定强酸的滴定曲线方程：

$$K_t[H^{+}]^2+K_t c_{HCl}(a-1)[H^{+}]-1=0 \qquad (8-2)$$

如果用强碱滴定一元弱酸，滴定反应为

$$OH^{-}+HA = H_2O+A^{-}$$

由于产物 A^{-} 是一变量，它的数学模型与强碱滴定强酸不同，讨论它的滴定曲线必须重新推导公式，费时麻烦。如果采用林邦的副反应思路，将反应式改写为

$$\begin{array}{l} OH^{-}+H^{+} = H_2O \\ \qquad\;\; + \\ \qquad\;\; A^{-} \\ \qquad\;\; \| \\ \qquad\;\; HA \end{array} \qquad (8-3)$$

设(8-3)的反应常数为 K_t'，可知

$$K_t'=\frac{K_t}{\alpha_{H(A)}}=\frac{K_t}{1+[A^{-}]/K_a}$$

这里 $K_t=K_w^{-1}$。

以后凡是遇到强碱滴定一元弱酸的理论问题，都用上述 K_t' 代入强碱滴定强酸的相关公式，如滴定曲线方程(8-2)即可，以便于理解问题的本质。

b. 因为沉淀滴定与强酸强碱滴定的数学模型是一致的，那么只要将强酸(强碱)的滴定曲线中的酸、碱换成沉淀滴定反应的两组分，所表达的即是沉淀滴定反应的滴定曲线。如用 Ag^+ 滴定 Cl^-，滴定曲线的表达式为

$$K_t[Cl^-]^2 + K_t c_{Cl^-}(a-1)[Cl^-] - 1 = 0 \tag{8-4}$$

c. 对于氧化还原滴定，设有如下半反应：

$$Ox + e^- = Red$$

则该半反应(同时也是滴定反应)的平衡常数为

$$K_t = \frac{[Red]}{[Ox][e^-]}$$

当[Red]=[Ox]时，其 $$K_t = 10^{\varphi^{\ominus}/0.059\ V} \tag{8-5}$$

与上述的类似，根据物料平衡方程、平衡常数及滴定分数关系式(注意此处的$[e^-]$相当于还原剂浓度)，可以推导出滴定曲线方程：

$$K_t[Ox]^2 + [(a-1)K_t c_{Ox} + 1][Ox] - c_{Ox} = 0 \tag{8-6}$$

这样数学模式上氧化还原半反应的滴定曲线与配位滴定曲线无异，这是假设用电子作为滴定剂的氧化还原半反应的滴定曲线(如库仑滴定)。

d. 为使氧化还原反应与配位反应具有统一表达方式，可采用林邦的副反应思想，把一个半反应看做是另一个半反应的副反应。例如

$$Ce^{4+} + Fe^{2+} = Ce^{3+} + Fe^{3+}$$

先写出如下半反应：

$$\begin{array}{c} Ce^{4+} + e^- = Ce^{3+} \\ + \\ Fe^{3+} \\ \| \\ Fe^{2+} \end{array}$$

则滴定反应(即主反应)的常数为

$$K_t = 10^{\varphi^{\ominus}_{Ce^{4+}/Ce^{3+}}/0.059\ V} \tag{8-7}$$

代入(8-6)式得

$$K_t[Ce^{4+}]^2 + [K_t c_{Ce^{4+}} \cdot (a-1) + 1][Ce^{4+}] - c_{Ce^{4+}} = 0 \tag{8-8}$$

若考虑 Fe^{3+} 的副反应，用 K_t' 代替(8-6)式中的 K_t 即可，这是有关$[Ce^{4+}]$的滴

定曲线。按照同样处理方法，也可得到有关[Fe^{2+}]的滴定曲线，这时主反应是 $Fe^{3+}+e^{-} \rightleftharpoons Fe^{2+}$。

四种滴定以及被滴定物质的浓度不同时的滴定曲线列于图 8-4(令四个 K_t 都为 10^8)。由图可见，在相同条件下，配位滴定和氧化还原滴定曲线的突跃大于酸碱滴定和沉淀滴定曲线的突跃，这就是为什么酸碱滴定、沉淀滴定不适于低浓度测定的主要原因。

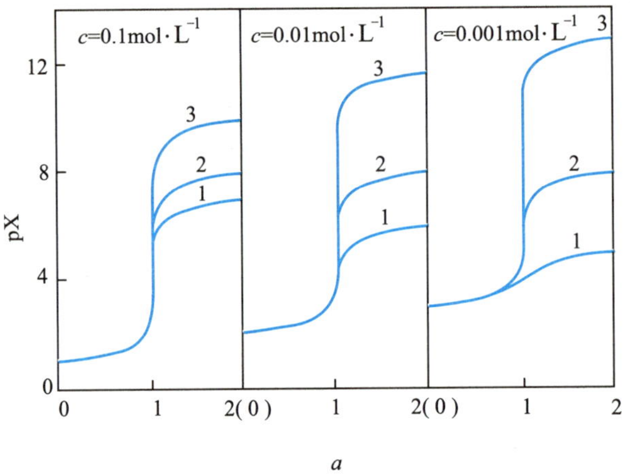

图 8-4 四种滴定在 K_t 及 c 相同时的滴定曲线比较($K_t=10^8$)

1—酸碱滴定和沉淀滴定曲线；2—配位滴定曲线；3—氧化还原滴定曲线

思考题

1. 用银量法测定下列试样中的 Cl^- 时，选用什么指示剂指示滴定终点最合适？

a. $CaCl_2$； b. $BaCl_2$； c. $FeCl_2$； d. $NaCl+Na_3PO_4$；

e. NH_4Cl； f. $NaCl+Na_2SO_4$； g. $Pb(NO_3)_2+NaCl$； h. $CuCl_2$。

2. 为什么在沉淀滴定的化学计量点，沉淀颗粒表面上的电荷会改变符号？

3. 下列情况下，测定结果是准确的，还是偏低或偏高？为什么？

a. pH≈4 时，用莫尔法测定 Cl^-；

b. 试液中含有铵盐，pH≈10 时，用莫尔法测定 Cl^-；

c. 用法扬司法测定 Cl^- 时，用曙红作指示剂；

d. 用佛尔哈德法测定 Cl^- 时，未将沉淀过滤，也未加入 1,2-二氯乙烷；

e. 用佛尔哈德法测定 I^- 时，先加铁铵矾指示剂，再加入过量的 $AgNO_3$ 标准溶液。

4. 为什么用佛尔哈德法测定碘离子比测定碳酸根离子和氰根离子需要步骤更少？

5. 以荧光素为指示剂的法扬司法中，如果滴定介质的 pH<7，结果如何？为什么？

6. 采用佛尔哈德法测定 Cl^-，需要返滴定。加入一定量且过量的 $AgNO_3$，生成 AgCl 沉淀，用 KSCN 返滴定未反应的 Ag^+。试问：

a. 为什么 AgCl 和 AgSCN 的溶解度不同会产生滴定误差？

b. 产生的滴定误差是正误差还是负误差？

c. 怎样减少这种测定误差？

d. 当用佛尔哈德法测定 Br^- 时，测定误差将还是这样吗？

习　题

1. 称取 0.500 0 g 的纯 KIO_x，将它还原为 I^- 后，用 0.100 0 mol·L^{-1} $AgNO_3$ 溶液滴定，用去 23.36 mL，确定该化合物的分子式。

（KIO_3）

2. 将仅含有 $BaCl_2$ 和 NaCl 的试样 0.103 6 g 溶解在 50 mL 蒸馏水中，以法扬司法指示终点，用 0.079 16 mol·L^{-1} $AgNO_3$ 溶液滴定，消耗 19.46 mL。计算试样中 $BaCl_2$ 的质量分数。

（29.93%）

3. 称取含有 NaCl 和 NaBr 的试样 0.628 0 g，溶解后用 $AgNO_3$ 溶液处理，得到干燥的 AgCl 和 AgBr 沉淀 0.506 4 g。另称取相同质量的试样一份，用 0.105 0 mol·L^{-1} $AgNO_3$ 溶液滴定至终点，消耗 28.34 mL。计算试样中 NaCl 和 NaBr 的质量分数。

（10.94%，29.49%）

4. 100.0 mL 碳酸饮料中的一氯乙酸防腐剂被萃取进入乙醚，然后用 1 mol·L^{-1} NaOH 将其以 $ClCH_2COO^-$ 形式反萃至水溶液中，反萃物酸化并用 50.00 mL 的 0.045 21 mol·L^{-1} $AgNO_3$ 溶液处理，反应为

$$ClCH_2COOH + Ag^+ + H_2O = HOCH_2COOH + H^+ + AgCl\downarrow$$

AgCl 沉淀过滤后，用 NH_4SCN 溶液滴定滤液及洗涤液，共用去 10.43 mL，同时进行空白滴定，整个过程用去 22.98 mL NH_4SCN。计算试样中氯乙酸的量(mg)。

（116.7 mg）

5. 用佛尔哈德法测定含有惰性杂质的不纯 Na_2CO_3 试样。称取 0.250 0 g 试样，在加入 50.0 mL 0.069 11 mol·L^{-1} $AgNO_3$ 溶液后，用 0.057 81 mol·L^{-1} KSCN 溶液返滴定，需要 27.36 mL 到反应终点。计算 Na_2CO_3 试样的纯度。

（39.72%）

6. 称取含砷试样 0.500 0 g，溶解在弱碱性介质中，将砷处理成 AsO_4^{3-}，然后沉淀为 Ag_3AsO_4。将沉淀过滤，洗涤，而后将沉淀溶于酸中。以 0.100 0 mol·L^{-1} NH_4SCN 溶液滴定其中的 Ag^+ 至终点，消耗 45.45 mL。计算试样中砷的质量分数。

（22.70%）

7. 测定 1.010 g 某种杀虫剂试样中的砷。用适当方法将试样处理转化为 H_3AsO_4，然后中和酸并准确加入 40.00 mL 0.062 22 mol·L^{-1} 的 $AgNO_3$，以 Ag_3AsO_4 形式定量沉淀砷。过滤沉淀并洗涤，滤液及洗涤液中过量的 Ag^+ 用 10.76 mL 0.010 00 mol·L^{-1} KSCN 溶液滴

定完全。计算试样中 As_2O_3 的质量分数。

(4.61%)

8. 用碳酸盐熔融含有矿物硅铋石($2Bi_2O_3 \cdot 3SiO_2$)的试样，称取试样 0.642 3 g，熔融物溶于稀酸，接着用 27.36 mL 0.033 69 mol·L^{-1} NaH_2PO_4 溶液滴定至终点，反应为

$$Bi^{3+} + H_2PO_4^- \longrightarrow BiPO_4 \downarrow + 2H^+$$

计算试样中硅铋石(M=1 112 g·mol^{-1})的含量。

(39.89%)

9. 20 片可溶性的糖精试样用 20.00 mL 0.081 81 mol·L^{-1} $AgNO_3$ 溶液处理，反应为

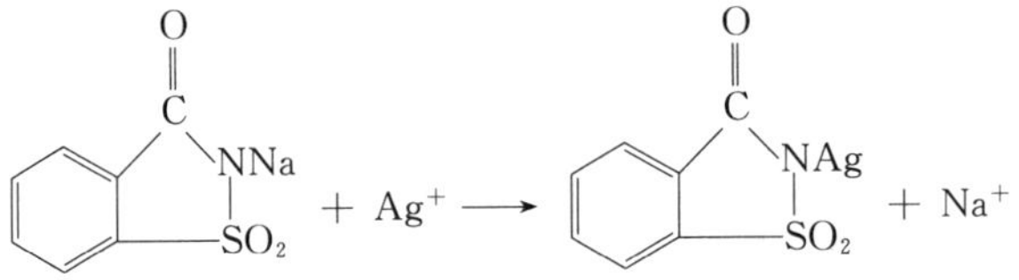

过滤除去固体后，滴定滤液和洗涤液需 2.81 mL 0.041 24 mol·L^{-1} KSCN 溶液。计算每片试样中的平均糖精(M=205.17 g·mol^{-1})含量。

(15.60 mg)

10. 水蒸气蒸馏 5.00 g 种子杀菌剂试样中的甲醛，并收集在 500 mL 容量瓶中，定容后，取 25.0 mL 用 30.0 mL 0.121 mol·L^{-1} KCN 溶液处理将甲醛转化为氰醇钾，反应为

$$K^+ + CH_2O + CN^- \longrightarrow KOCH_2CN$$

过量的 KCN 通过加入 40.0 mL 0.100 mol·L^{-1} $AgNO_3$ 溶液除去：

$$CN^- + Ag^+ \longrightarrow AgCN \downarrow$$

然后用 0.134 mol·L^{-1} NH_4SCN 溶液滴定过量的 Ag^+，用去 16.1 mL。计算试样中甲醛的质量分数。

(21.5%)

第9章 重量分析法

9.1 重量分析法概述

9.1.1 重量分析法的分类和特点

在重量分析中，一般是先用适当的方法将被测组分与试样中的其他组分分离后，转化为一定的称量形式，然后称重，由称得的物质的质量计算该组分的含量。根据被测组分与其他组分分离方法的不同，重量分析法(gravimetry)主要分为下述三种方法。

1. 沉淀法

沉淀法也称沉淀重量法，是重量分析法中的主要方法。这种方法是利用沉淀反应使被测组分以微溶化合物的形式沉淀出来，再将沉淀过滤、洗涤、烘干或灼烧，最后称重并计算其含量。

2. 气化法

利用物质的挥发性质，通过加热或其他方法使试样中待测组分挥发逸出，然后根据试样质量的减少计算该组分的含量。例如，测定试样中含水量或结晶水时，可将试样加热烘干至恒重，试样减轻的质量即是水分的质量。或者当该组分逸出时，选择适当吸收剂将其吸收，然后根据吸收剂质量的增加计算该组分的含量。

3. 电解法

利用电解的方法使待测金属离子在电极上还原析出，然后称量，电极增加的质量即为金属的质量。

重量分析法作为一种经典的化学分析方法，近年来有关的文献报道已大为减少。但是，重量分析法直接通过称量获得分析结果，不需要与标准试样或基准物质进行比较，因此引入误差的机会相对较少，分析结果的准确度较高，相对误差一般为±0.1%～±0.2%。重量分析法的缺点是耗时、周期长。目前，常量的硅、硫、镍等元素的精确测定多采用重量分析法。

9.1.2 沉淀重量法对沉淀形式和称量形式的要求

利用沉淀反应进行重量分析时，通过加入适当的沉淀剂，使被测组分以适当的沉淀形式(precipitation form)析出,然后过滤、洗涤,再将沉淀烘干或灼烧成"称量形式(weighing form)"称量。沉淀形式和称量形式可能相同,也可能不相同。例如,用 $BaSO_4$ 重量法测定 Ba^{2+} 或 SO_4^{2-} 时,沉淀形式和称量形式都是 $BaSO_4$,两者相同;而用草酸钙重量法测定 Ca^{2+} 时,沉淀形式是 $CaC_2O_4 \cdot H_2O$,灼烧后转化为 CaO 形式称重,两者不同。为了保证测定有足够的准确度并便于操作,重量分析法对沉淀形式和称量形式有一定要求。

对沉淀形式的要求:

a. 沉淀的溶解度必须很小,这样才能保证被测组分沉淀完全。

b. 沉淀应易于过滤和洗涤。为此,应尽量获得大颗粒晶形沉淀。如果是无定形沉淀,应注意掌握好沉淀条件,改善沉淀的性质。

c. 沉淀力求纯净,尽量避免其他杂质的沾污。

d. 沉淀应易于转化为称量形式。

对称量形式的要求:

a. 称量形式必须有确定的化学组成,这是计算分析结果的依据。

b. 称量形式必须十分稳定,不受空气中水分、CO_2 和 O_2 等的影响。

c. 称量形式的摩尔质量要大,这样待测组分在称量形式中的含量小,可以减小称量的相对误差,提高测定的准确度。例如,重量法测定 Al^{3+} 时,可以用氨水沉淀为 $Al(OH)_3$ 后灼烧成 Al_2O_3 称量,也可以用8-羟基喹啉沉淀为8-羟基喹啉铝 $(C_9H_6NO)_3Al$ 烘干后称量。按这两种称量形式计算,0.100 0 g Al 可获得 0.188 8 g Al_2O_3 或 1.704 g $(C_9H_6NO)_3Al$。分析天平的称量误差一般为 ±0.2 mg,显然,8-羟基喹啉重量法测定铝的准确度要比氨水法高。

9.1.3 重量分析结果的计算

在重量分析法中,多数情况下获得的称量形式与待测组分的形式不同,这就需要将由分析天平称得的称量形式的质量换算成待测组分的质量。待测组分的摩尔质量与称量形式的摩尔质量之比是常数,通常称为换算因数(stoichiometric factor),又称重量分析因数,以 F 表示。换算因数可根据有关化学式求得,如表 9-1。

表 9-1 根据化学式计算换算因数

待测组分	称量形式	换算因数
Cl^-	AgCl	$M_{Cl^-}/M_{AgCl}=0.247\ 4$
S	$BaSO_4$	$M_S/M_{BaSO_4}=0.137\ 4$
MgO	$Mg_2P_2O_7$	$2M_{MgO}/M_{Mg_2P_2O_7}=0.362\ 2$

由称量形式的质量 m、试样的质量 m_s 及换算因数 F，即可求得被测组分的质量分数：

$$w=\frac{mF}{m_s}\times 100\%$$

化学性质十分相似的元素，要从它们的混合物中分别测出各个元素的含量，往往比较困难。此时可用几种方法配合进行分析。例如，锆、铪混合氧化物中 ZrO_2 和 HfO_2 的测定，可先用杏仁酸重量法测定 ZrO_2 和 HfO_2 的含量，再利用 EDTA 配位滴定法测定它们的总物质的量，然后通过计算，分别求得 ZrO_2 及 HfO_2 的含量。

例 1 称取不纯的锆、铪混合氧化物 0.100 0 g，用杏仁酸重量法测定锆、铪的含量，灼烧后，得 ZrO_2+HfO_2 共 0.099 4 g。将沉淀溶解后，取 1/4 体积的溶液，用 EDTA 滴定，若用去 0.010 00 $mol \cdot L^{-1}$ EDTA 20.10 mL。求试样中 ZrO_2 和 HfO_2 的质量分数。

解 设混合氧化物中 ZrO_2 为 x g，HfO_2 为 y g，依题意得到

$$x+y=0.099\,4 \tag{1}$$

$$\frac{x}{123.2}+\frac{y}{210.5}=4\times 0.010\,00\times 20.10\times 10^{-3} \tag{2}$$

解(1)、(2)式，求得

$$m_{ZrO_2}=0.098\,6\text{ g} \quad w_{ZrO_2}=98.6\%$$
$$m_{HfO_2}=0.000\,8\text{ g} \quad w_{HfO_2}=0.8\%$$

9.2 沉淀的溶解度及其影响因素

利用沉淀反应进行重量分析时，要求沉淀反应进行完全。反应的完全程度一般可根据沉淀溶解度的大小来衡量。通常，在重量分析中要求被测组分在溶液中的残留量在 0.1 mg 以内，即小于分析天平称量时允许的读数误差。但是，很多沉淀不能满足这个条件。例如，在 1000 mL 水中，$BaSO_4$ 的溶解度为 0.002 3 g，故沉淀的溶解损失是重量分析法误差的重要来源之一。因此，在重量分析中，必须了解各种影响沉淀溶解度的因素。

9.2.1 溶解度、溶度积和条件溶度积

当水中存在 1∶1 型微溶化合物 MA 时，MA 溶解并达到饱和状态后，有下列平衡关系：

$$MA_{(固)} \rightleftharpoons MA_{(水)} \rightleftharpoons M^{+}+A^{-}$$

在水溶液中，除了 M^+、A^- 外，还有未解离的分子状态的 MA。例如，AgCl 溶于水中：

$$AgCl_{(固)} \rightleftharpoons AgCl_{(水)} \rightleftharpoons Ag^+ + Cl^-$$

有些物质可能是离子对化合物（M^+A^-），如 $CaSO_4$ 溶于水中：

$$CaSO_{4(固)} \rightleftharpoons Ca^{2+}SO^{2-}_{4(水)} \rightleftharpoons Ca^{2+} + SO_4^{2-}$$

根据 MA(固)和 MA(水)之间的平衡，得到

$$\frac{a_{MA(水)}}{a_{MA(固)}} = s^0（平衡常数）$$

因纯固体物质的活度等于 1，故

$$a_{MA(水)} = s^0$$

可见溶液中分子状态或离子对状态 $MA_{(水)}$ 的浓度为一常数，等于 s^0。s^0 称为该物质的固有溶解度（intrinsic solubility）或分子溶解度。各种微溶化合物的固有溶解度相差颇大，一般在 $10^{-6} \sim 10^{-9}$ mol·L^{-1}之间。但是，也有一些化合物具有相当大的固有溶解度。例如，25 ℃时 $HgCl_2$ 在水中的实际溶解度（总溶解度）为 0.25 mol·L^{-1}，而按照 $HgCl_2$ 的溶度积（2×10^{-14}）计算，其溶解度仅为 1.35×10^{-5} mol·L^{-1}。这说明在 $HgCl_2$ 的饱和溶液中，$HgCl_2$ 绝大部分是以没有解离的中性分子形式存在的。一种微溶化合物的溶解度，应该是所有溶解出来的组分的浓度的总和。例如，$HgCl_2$ 的溶解度应是溶解于溶液中的 Hg^{2+}、$HgCl^+$、$HgCl_2$ 等组分的浓度的总和，即

$$s = [Hg^{2+}] + [HgCl^+] + [HgCl_2] \approx [Hg^{2+}] + s^0$$

因此，若溶液中不存在其他副反应，微溶化合物 MA 的溶解度 s 等于固有溶解度和 M^+（或 A^-）离子浓度之和，即

$$s = s^0 + [M^+] = s^0 + [A^-] \qquad (9-1)$$

当微溶化合物 MA 溶解于水中，如果除简单的水合离子外，其他各种形式的化合物均可忽略，则根据 MA 在水溶液中的沉淀平衡关系，可得

$$a_{M^+} \cdot a_{A^-} = K^0_{sp} \qquad (9-2)$$

K^0_{sp}为该微溶化合物的活度积常数，简称活度积（activity product）。又因

$$a_{M^+} \cdot a_{A^-} = \gamma_{M^+}[M^+] \cdot \gamma_{A^-}[A^-] = \gamma_{M^+} \cdot \gamma_{A^-} \cdot K_{sp} = K^0_{sp}$$

故

$$K_{sp} = [M^+][A^-] = \frac{K^0_{sp}}{\gamma_{M^+} \cdot \gamma_{A^-}} \qquad (9-3)$$

K_{sp}称为微溶化合物的溶度积常数，简称溶度积(solubility product)。

在分析化学中，由于微溶化合物的溶解度一般都很小，溶液中的离子强度不大，故通常不考虑离子强度的影响。附录表 17 中所列微溶化合物的溶度积，均为活度积，应用时一般当做溶度积，不加区别。但当溶液中有强电解质存在，离子强度较大时，则应根据相应的活度系数计算该条件下的 K_{sp}，这时 K_{sp} 和 K_{sp}^0 可能相差较大。

对于形成 MA 沉淀的主反应，还可能存在多种副反应：

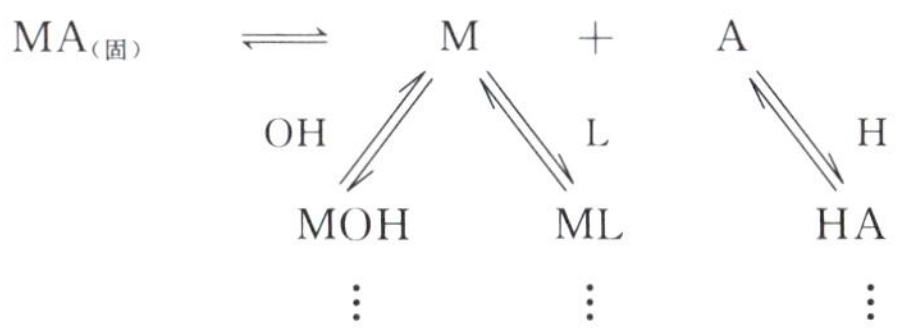

此时，溶液中金属离子总浓度[M′]和沉淀剂总浓度[A′]分别为

$$[M'] = [M] + [ML] + [ML_2] + \cdots + [M(OH)] + [M(OH)_2] + \cdots$$

$$[A'] = [A] + [HA] + [H_2A] + \cdots$$

引入相应的副反应系数 α_M、α_A，则

$$K_{sp} = [M][A] = \frac{[M'][A']}{\alpha_M \alpha_A} = \frac{K'_{sp}}{\alpha_M \alpha_A} \tag{9-4}$$

即

$$K'_{sp} = [M'][A'] = K_{sp}\alpha_M \alpha_A$$

K'_{sp}称为条件溶度积(conditional solubility product)。可以看出，由于副反应的发生，条件溶度积 K'_{sp}大于 K_{sp}。

如果不是 1∶1 类型的微溶化合物，也可根据具体情况，推导出相应的关系式。

9.2.2 影响沉淀溶解度的因素

影响沉淀溶解度的因素很多，如同离子效应、盐效应、酸效应、配位效应等。此外，温度、介质、晶体结构和颗粒大小也对溶解度有影响。现分别加以讨论。

1. 同离子效应

组成沉淀晶体的离子称为构晶离子。当沉淀反应达到平衡后，如果向溶液中加入适当过量的含有某一构晶离子的试剂或溶液，则沉淀的溶解度减小，这就是同离子效应(common ion effect)。

例如，25 ℃时，$BaSO_4$ 在水中的溶解度为

$$s=[Ba^{2+}]=[SO_4^{2-}]=\sqrt{K_{sp}}=\sqrt{1.1\times10^{-10}}\ mol\cdot L^{-1}=1.0\times10^{-5}\ mol\cdot L^{-1}$$

如果使溶液中的 SO_4^{2-} 增至 0.10 mol·L^{-1}，此时 $BaSO_4$ 的溶解度为

$$s=[Ba^{2+}]=\frac{K_{sp}}{[SO_4^{2-}]}=\frac{1.1\times10^{-10}}{0.10}\ mol\cdot L^{-1}=1.1\times10^{-9}\ mol\cdot L^{-1}$$

即 $BaSO_4$ 的溶解度减少至原先的万分之一。

在实际工作中，通常利用同离子效应，即加大沉淀剂的用量，使被测组分沉淀完全。但沉淀剂加得太多，有时可能引起盐效应、酸效应及配位效应等副反应，反而使沉淀的溶解度增大。一般情况下，沉淀剂过量 50%～100%是合适的，如果沉淀剂不是易挥发的，则以过量 20%～30%为宜。

2. 盐效应

实验结果表明，在 KNO_3、$NaNO_3$ 等强电解质存在的情况下，$PbSO_4$、AgCl 的溶解度比在纯水中大。这种加入强电解质使沉淀溶解度增大的现象，称为盐效应(salt effect)。

例 2 计算 $BaSO_4$ 在 0.008 0 mol·L^{-1} $MgCl_2$ 溶液中的溶解度。

解

$$I=\frac{1}{2}\sum c_i z_i^2$$

$$=\frac{1}{2}(c_{Mg^{2+}}\times2^2+c_{Cl^-}\times1^2+c_{Ba^{2+}}\times2^2+c_{SO_4^{2-}}\times2^2)$$

$$\approx\frac{1}{2}(0.008\,0\times2^2+0.016\times1^2)\ mol\cdot L^{-1}=0.024\ mol\cdot L^{-1}$$

由附录查得 Ba^{2+} 的 $\mathring{a}$ 值为 500 pm，SO_4^{2-} 的 $\mathring{a}$ 值为 400 pm，活度系数为

$$\gamma_{Ba^{2+}}\approx0.56,\gamma_{SO_4^{2-}}\approx0.55$$

设 $BaSO_4$ 在 0.008 0 mol·L^{-1} $MgCl_2$ 溶液中的溶解度为 s，则

$$s=[Ba^{2+}]=[SO_4^{2-}]=\sqrt{K_{sp}}=\sqrt{\frac{K_{sp}^0}{\gamma_{Ba^{2+}}\gamma_{SO_4^{2-}}}}$$

$$=\sqrt{\frac{1.1\times10^{-10}}{0.56\times0.55}}\ mol\cdot L^{-1}=1.9\times10^{-5}\ mol\cdot L^{-1}$$

构晶离子的电荷愈高，盐效应影响愈严重。这是因为高价离子的活度系数受离子强度的影响较大的缘故。由表 9-2 可以看出，当溶液中 KNO_3 的浓度由 0 增加至 0.01 mol·L^{-1}时，AgCl 的溶解度只增大 12%，而 $BaSO_4$ 的溶解度却增大 70%。

由于盐效应的存在，在利用同离子效应降低沉淀溶解度时，应考虑盐效应的影响，即沉淀剂不能过量太多，否则会使沉淀的溶解度增大，不能达到预期的效果。表 9-3 是 $PbSO_4$ 在 Na_2SO_4 溶液中溶解度的变化情况。

表 9-2　AgCl 和 $BaSO_4$ 在不同浓度 KNO_3 溶液中的溶解度(25 ℃)

(s_0 为在纯水中的溶解度,s 为在 KNO_3 溶液中的溶解度)

KNO_3 的浓度 $c/(mol\cdot L^{-1})$	AgCl 的溶解度 $s/(10^{-5}\ mol\cdot L^{-1})$	s/s_0	KNO_3 的浓度 $c/(mol\cdot L^{-1})$	$BaSO_4$ 的溶解度 $s/(10^{-5}\ mol\cdot L^{-1})$	s/s_0
0.000	1.278(s_0)	1.00	0.000	0.96(s_0)	1.00
0.001 00	1.325	1.04	0.001 00	1.16	1.21
0.005 00	1.385	1.08	0.005 00	1.42	1.48
0.010 0	1.427	1.12	0.010 0	1.63	1.70
			0.036 0	2.35	2.45

表 9-3　$PbSO_4$ 在不同浓度 Na_2SO_4 溶液中的溶解度

Na_2SO_4 的浓度 $c/(mol\cdot L^{-1})$	0	0.001	0.01	0.02	0.04	0.100	0.200
$PbSO_4$ 的溶解度 $s/(10^{-3}\ mol\cdot L^{-1})$	0.15	0.024	0.016	0.014	0.013	0.016	0.019

3. 酸效应

溶液酸度对沉淀溶解度的影响,称为酸效应(acid effect)。酸度对沉淀溶解度的影响是比较复杂的。

例如,二元酸 H_2A 形成的微溶盐 MA,在溶液中有下列平衡

$$MA_{(固)} \rightleftharpoons M^{2+} + A^{2-}$$

$$A^{2-} \underset{K_{a_2}}{\overset{H^+}{\rightleftharpoons}} HA^-$$

$$HA^- \underset{K_{a_1}}{\overset{H^+}{\rightleftharpoons}} H_2A$$

当溶液中的 H^+ 浓度增大时,平衡向右移动,生成 HA^-;H^+ 浓度更大时,甚至生成 H_2A,破坏了 MA 的沉淀平衡,使 MA 进一步溶解,甚至全部溶解。

设 MA 的溶解度为 $s(mol\cdot L^{-1})$,则

$$[M^{2+}]=s$$

$$[A^{2-}]+[HA^-]+[H_2A]=c_{A^{2-}}=s$$

$$\alpha_{A(H)}=1+\beta_1[H^+]+\beta_2[H^+]^2$$

根据溶度积计算式,得

$$K'_{sp}=K_{sp}\alpha_{A(H)}$$

$$s=[M^{2+}]=c_{A^{2-}}=\sqrt{K'_{sp}}$$

例 3　比较 CaC_2O_4 在 pH 为 4.00 和 2.00 的溶液中的溶解度。

解 设 CaC_2O_4 在 pH=4.00 的溶液中的溶解度为 s，已知 $K_{sp}=2.0\times10^{-9}$，$H_2C_2O_4$ 的 $K_{a_1}=5.9\times10^{-2}$，$K_{a_2}=6.4\times10^{-5}$，此时

$$\alpha_{C_2O_4^{2-}(H)}=1+\beta_1[H^+]+\beta_2[H^+]^2=2.56$$

故

$$s'=\sqrt{2.0\times10^{-9}\times2.56}\ mol\cdot L^{-1}=7.2\times10^{-5}\ mol\cdot L^{-1}$$

同理，设 CaC_2O_4 在 pH=2.00 的溶液中的溶解度为 s'，由计算求得

$$\alpha_{C_2O_4^{2-}(H)}=185$$

故

$$s'=\sqrt{2.0\times10^{-9}\times185}\ mol\cdot L^{-1}=6.1\times10^{-4}\ mol\cdot L^{-1}$$

由上述计算可知 CaC_2O_4 在 pH=2.00 的溶液中的溶解度比在 pH=4.00 的溶液中的溶解度约大 10 倍。

例 4 计算在 pH 为 3.00、$C_2O_4^{2-}$ 总浓度为 0.010 $mol\cdot L^{-1}$的溶液中 CaC_2O_4 的溶解度。

解 在这种情况下，需同时考虑酸效应和同离子效应的影响。设 CaC_2O_4 的溶解度为 s，则

$$[Ca^{2+}]=s$$

$$c_{C_2O_4^{2-}}=0.010+s\approx0.010\ mol\cdot L^{-1}$$

通过计算求得 pH=3.00 时，$\alpha_{C_2O_4^{2-}(H)}=17.2$，故

$$K'_{sp}=K_{sp}\cdot\alpha_{C_2O_4^{2-}(H)}=2.0\times10^{-9}\times17.2=3.4\times10^{-8}$$

$$K'_{sp}=[Ca^{2+}]\cdot c_{C_2O_4^{2-}}=s\times0.010$$

$$s=\frac{K'_{sp}}{0.010}=\frac{3.4\times10^{-8}}{0.010}mol\cdot L^{-1}=3.4\times10^{-6}\ mol\cdot L^{-1}$$

例 5 考虑 S^{2-} 的水解，计算 Ag_2S 在纯水中的溶解度。已知 Ag_2S 的 $K_{sp}=2.0\times10^{-49}$，H_2S 的 $K_{a_1}=1.3\times10^{-7}$，$K_{a_2}=7.1\times10^{-15}$。

解 已知 Ag_2S 在水溶液中按下式解离：

$$Ag_2S \rightleftharpoons 2Ag^+ + S^{2-}$$

Ag_2S 溶解出来的 S^{2-} 在溶液中有下列平衡关系：

$$S^{2-}+H_2O \rightleftharpoons HS^- + OH^-$$

$$HS^-+H_2O \rightleftharpoons H_2S+OH^-$$

由于 Ag_2S 的溶解度很小，所以溶液中 S^{2-} 的浓度也很小，S^{2-} 水解产生的 OH^- 浓度可以忽略不计，溶液的 pH 就是纯水的 pH(=7)。但是，由于 S^{2-} 水解，使 Ag_2S 的溶解度增大，设其溶解度为 s，则

$$[Ag^+]=2s$$

$$c_{S^{2-}}=[S^{2-}]+[HS^-]+[H_2S]=s$$

$$\alpha_{S(H)}=1+\beta_1[H^+]+\beta_2[H^+]^2=2.5\times10^7$$

$$K_{sp}'=K_{sp}\cdot\alpha_{S(H)}=[Ag^+]^2c_{S^{2-}}=(2s)^2\cdot s$$

$$s=\sqrt[3]{\frac{K_{sp}\cdot\alpha_{S(H)}}{4}}=\sqrt[3]{\frac{2.0\times10^{-49}\times2.5\times10^7}{4}}\ \mathrm{mol\cdot L^{-1}}=1.1\times10^{-14}\ \mathrm{mol\cdot L^{-1}}$$

应当指出，当弱酸盐沉淀在水中的溶解度较大，而弱酸根离子的碱性又较强时，它所产生的 OH^- 浓度可视作等于溶解度 s，以便进行近似处理，例如 MnS 在纯水中的溶解度的计算，可做如此处理。

酸效应对不同类型的沉淀的影响情况不一样。通常，对于弱酸盐沉淀，如 CaC_2O_4、$CaCO_3$、CdS、$MgNH_4PO_4$ 等，应在较低的酸度下进行沉淀。如果沉淀本身是弱酸，如硅酸（$SiO_2\cdot nH_2O$）、钨酸（$WO_3\cdot nH_2O$）等，易溶于碱，则应在强酸性介质中进行沉淀。如果沉淀是强酸盐，如 AgCl 等，在酸性溶液中进行沉淀时，溶液的酸度对沉淀的影响不大。对于硫酸盐沉淀，由于 H_2SO_4 的 K_{a_2} 不大，所以溶液的酸度太高时，沉淀的溶解度也随着增大，其中，还伴随有盐效应的影响。例如，用 H_2SO_4 沉淀 Pb^{2+} 时，就出现这种情况，如表 9-4 所示。

表 9-4　$PbSO_4$ 在不同浓度 H_2SO_4 溶液中的溶解度（25 ℃）

H_2SO_4 的浓度 $c/(\mathrm{mol\cdot L^{-1}})$	0	0.001	0.025	0.55	1～4.5	7	18
$PbSO_4$ 的溶解度 $s/(\mathrm{mol\cdot L^{-1}})$	38.2	8.0	2.5	1.6	1.2	11.5	40

由表 9-4 可知，当溶液中 H_2SO_4 浓度大于 4.5 $\mathrm{mol\cdot L^{-1}}$ 时，$PbSO_4$ 的溶解度迅速增大。这主要是酸效应的影响。因为当溶液的酸度增大时，由于形成 HSO_4^- 而使沉淀溶解：

$$PbSO_4+H_2SO_4 \rightleftharpoons Pb^{2+}+2HSO_4^-$$

$BaSO_4$ 的溶解度在酸度较高的溶液中增大，也是由于这个原因。

4. 配位效应

进行沉淀反应时，若溶液中存有能与构晶离子生成可溶性配位化合物的配体，则反应向沉淀溶解的方向进行，影响沉淀的完全程度，甚至不产生沉淀，这种影响称为配位效应（complex effect）。

配位效应对沉淀溶解度的影响，与配体的浓度及配位化合物的稳定性有关。配体的浓度愈大，生成的配位化合物愈稳定，沉淀的溶解度愈大。

进行沉淀反应时，有时沉淀剂本身是配体，那么，反应中既有同离子效应，降低沉淀的溶解度，又有配位效应，增大沉淀的溶解度。如果沉淀剂适当过量，同离子效应起主导作用，沉淀的溶解度降低；如果沉淀剂过量太多，则配位效应起主导作用，沉淀的溶解度反而增大。表9-5列出的为AgCl沉淀在不同浓度NaCl溶液中的溶解度。

表9-5 AgCl在不同浓度NaCl溶液中的溶解度

过量NaCl的浓度 $c/(mol\cdot L^{-1})$	AgCl的溶解度 $s/(mol\cdot L^{-1})$	过量NaCl的浓度 $c/(mol\cdot L^{-1})$	AgCl的溶解度 $s/(mol\cdot L^{-1})$
0	1.3×10^{-5}	8.8×10^{-2}	3.6×10^{-6}
3.9×10^{-3}	7.2×10^{-7}	3.5×10^{-1}	1.7×10^{-5}
9.2×10^{-3}	9.1×10^{-7}	5×10^{-1}	2.8×10^{-5}
3.6×10^{-2}	1.9×10^{-6}		

对于微溶化合物MA的沉淀平衡，如溶液中同时有配体L存在，并能形成逐级配位化合物ML_1、ML_2、…、ML_n，则根据物料平衡方程，得

$$
\begin{aligned}
s &= [M]+[ML]+[ML_2]+\cdots+[ML_n] \\
&= [M]+\beta_1[M][L]+\beta_2[M][L]^2+\cdots+\beta_n[M][L]^n \\
&= \frac{K_{sp}}{s}(1+\beta_1[L]+\beta_2[L]^2+\cdots+\beta_n[L]^n) \qquad (9-5)
\end{aligned}
$$

故

$$
\begin{aligned}
s &= \sqrt{K_{sp}(1+\beta_1[L]+\beta_2[L]^2+\cdots+\beta_n[L]^n)} \\
&= \sqrt{K_{sp}\alpha_{M(L)}} \qquad (9-6)
\end{aligned}
$$

如M与L仅能形成ML型的配位化合物，则

$$s=\sqrt{K_{sp}(1+\beta[L])} \qquad (9-7)$$

当β值较大，且配体的浓度又不是很小时，(9-7)式可简化为

$$s=\sqrt{K_{sp}\beta[L]}$$

当有副反应时，β为条件稳定常数，相应地，[L]为[L′]。

对于氢氧化物沉淀，若有氢氧化物配位化合物形成时，原则上可按(9-6)、(9-7)式计算其溶解度。但对于Fe^{3+}、Al^{3+}、Th^{4+}等容易形成多核氢氧基配位化合物的离子，情况更复杂一些。例如，Fe^{3+}在水溶液中形成$Fe(OH)^{2+}$、$Fe(OH)_2^+$、$Fe(OH)_3$、$Fe_2(OH)_2^{4+}$等配位化合物，其中$Fe(OH)_3$的浓度即固有溶解度。此时得到

$$s=s^0+[Fe^{3+}]+[Fe(OH)^{2+}]+[Fe(OH)_2^+]+2[Fe_2(OH)_2^{4+}]$$

$$s=s^0+[Fe^{3+}]+\beta_1[Fe^{3+}][OH^-]+\beta_2[Fe^{3+}][OH^-]^2+2\beta_{22}[Fe^{3+}]^2[OH^-]^2$$

式中 β_{22} 为 $Fe_2(OH)_2^{4+}$ 的形成常数。

例 6 计算 AgI 在 0.010 mol·L^{-1} NH_3 中的溶解度。

解 已知 AgI 的 $K_{sp}=9.0\times10^{-17}$，$Ag(NH_3)_2^+$ 的 $\lg K_1=3.2$，$\lg K_2=3.8$。由于生成 $Ag(NH_3)^+$ 及 $Ag(NH_3)_2^+$，使 AgI 溶解度增大。设其溶解度为 s，则

$$[I^-]=s$$

$$[Ag^+]+[Ag(NH_3)^+]+[Ag(NH_3)_2^+]=c_{Ag^+}=s$$

根据副反应系数 $\alpha_{Ag(NH_3)}$ 值计算公式，求得

$$\begin{aligned}\alpha_{Ag(NH_3)}&=\frac{c_{Ag^+}}{[Ag^+]}=1+K_1[NH_3]+K_1K_2[NH_3]^2\\&=1+10^{3.2}\times10^{-2.00}+10^{3.2+3.8}\times(10^{-2.00})^2\\&=1.0\times10^3\end{aligned}$$

以上计算过程中，考虑到 AgI 的溶解度很小，而 $Ag(NH_3)_2^+$ 的稳定常数又不是很大，因此在形成配位化合物时消耗 NH_3 的浓度很小，可以忽略不计，根据(9-6)式，得

$$\begin{aligned}s&=\sqrt{K_{sp}\alpha_{Ag(NH_3)}}\\&=\sqrt{9.0\times10^{-17}\times1.0\times10^3}\ \text{mol·L}^{-1}\\&=3.0\times10^{-7}\ \text{mol·L}^{-1}\end{aligned}$$

5. 影响沉淀溶解度的其他因素

(1) 温度的影响

沉淀的溶解反应绝大部分是吸热反应。因此，沉淀的溶解度一般随温度的升高而增大。图 9-1 给出了温度对于 $BaSO_4$、$CaC_2O_4\cdot H_2O$ 和 AgCl 的溶解度的影响。由图可见，沉淀的性质不同，其影响程度也不一样。

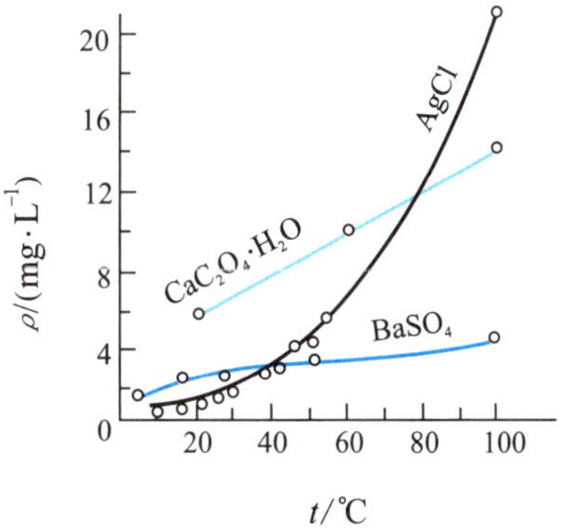

图 9-1 温度对几种沉淀溶解度的影响

(2) 溶剂的影响

无机物沉淀大部分是离子型晶体，它们在水中的溶解度一般比在有机溶剂中大一些①。例如，$PbSO_4$ 沉淀在水中的溶解度为 4.5 mg/100 mL，而在 30%乙醇的水溶液中，溶解度降低为 0.23 mg/100 mL。在分析化学中，经常于水溶液中加入乙醇、丙酮等有机溶剂来降低沉淀的溶解度。

应当指出，当采用有机沉淀剂时，所

① 少数无机化合物在有机溶剂中的溶解度较在水中的溶解度大，如 LiI、$LiClO_4$ 在乙醇中的溶解度较在水中的溶解度大 1.5～2 倍。碱土金属的高氯酸盐也有这种情况。

得沉淀在有机溶剂中的溶解度一般较大。

(3) 沉淀颗粒大小的影响

同一种沉淀，晶体颗粒大，溶解度小；晶体颗粒小，溶解度大。如 $SrSO_4$ 沉淀，晶粒直径为 0.05 μm 时，溶解度为 6.7×10^{-4} mol·L^{-1}；当晶粒直径减小至 0.01 μm 时，溶解度为 9.3×10^{-4} mol·L^{-1}，增大 50%。

(4) 形成胶体溶液的影响

进行沉淀反应特别是产物为无定形沉淀时，如果条件掌握不好，常会形成胶体溶液，已经凝聚的胶体沉淀甚至还会因"胶溶"作用而重新分散在溶液中。胶体微粒很小，极易透过滤纸而引起损失，因此应防止形成胶体溶液。将溶液加热和加入大量电解质，对破坏胶体和促进胶凝作用甚为有效。

(5) 沉淀析出形式的影响

有许多沉淀，初形成时为"亚稳态"，放置后逐渐转化为"稳定态"。亚稳态沉淀的溶解度比稳定态大，所以沉淀能自发地由亚稳态转化为稳定态。例如，初生的 CoS 沉淀为 α 型，K_{sp} 为 4×10^{-20}，放置后，转化为 β 型，K_{sp} 为 7.9×10^{-24}。

9.3 沉淀的类型及形成过程

9.3.1 沉淀的类型

沉淀按其物理性质不同，可粗略地分为两类：晶形沉淀(crystalline precipitate)和无定形沉淀(amorphous precipitate)。无定形沉淀又称非晶形沉淀或胶状沉淀。$BaSO_4$ 是典型的晶形沉淀，$Fe_2O_3\cdot nH_2O$ 是典型的无定形沉淀。AgCl 是一种凝乳状沉淀，按其性质来说，介于两者之间。它们的最大差别是沉淀颗粒的大小不同。颗粒最大是晶形沉淀，其直径约 0.1～1 μm；无定形沉淀的颗粒很小，直径一般小于 0.02 μm；凝乳状沉淀的颗粒大小介于两者之间。

应当指出，从沉淀的颗粒大小来看，晶形沉淀最大，无定形沉淀最小，然而从整个沉淀外形来看，由于晶形沉淀是由较大的颗粒组成，内部排列较规则，结构紧密，所以整个沉淀所占的体积是比较小的，极易沉降于容器的底部。无定形沉淀是由许多疏松聚集在一起的微小沉淀颗粒组成的，沉淀颗粒的排列杂乱无章，其中又包含大量数目不定的水分子，所以是疏松的絮状沉淀，整个沉淀体积庞大，不像晶形沉淀那样能很好地沉淀在容器的底部。

在重量分析中，最好能获得晶形沉淀。晶形沉淀有粗晶形沉淀和细晶形沉淀之分。粗晶形沉淀有 $MgNH_4PO_4$ 等，细晶形沉淀有 $BaSO_4$ 等。如果是无定形沉淀，则应注意掌握好沉淀条件，以改善沉淀的物理性质。

沉淀的颗粒大小与进行沉淀反应时构晶离子的浓度有关。例如，在一般情况下，从稀溶液中沉淀出来的 $BaSO_4$ 是晶形沉淀。但是，如以乙醇和水为混合溶剂，将浓的 $Ba(SCN)_2$ 溶液和 $MnSO_4$ 溶液混合，得到的却是凝乳状的 $BaSO_4$ 沉淀。此外，沉淀颗粒的大小也与沉淀本身的溶解度有关。

槐氏（Von Weimarn）根据有关实验现象，总结了一个经验公式。公式表明，沉淀的分散度（表示沉淀颗粒大小）与溶液的相对过饱和程度有关，即

$$分散度 = K \times \frac{c_Q - s}{s} \tag{9-8}$$

式中，c_Q 为加入沉淀剂瞬间沉淀物的浓度；s 为开始沉淀时沉淀物质的溶解度；$c_Q - s$ 为沉淀开始瞬间的过饱和度，它是引起沉淀作用的动力；$(c_Q - s)/s$ 为沉淀开始瞬间的相对过饱和度；K 为常数，它与沉淀的性质、介质及温度等因素有关。由（9-8）式可知，溶液的相对过饱和度愈大，分散度也愈大，形成的晶核数目就愈多，得到的是小晶形沉淀。反之，溶液的相对过饱和度较小，分散度也较小，即晶核形成速度较慢，形成的晶核数目就较少，得到的是大晶形沉淀。

9.3.2 沉淀的形成过程

前人对沉淀过程从热力学和动力学两方面都做了大量的研究工作，但由于沉淀的形成是一个非常复杂的过程，目前仍没有成熟的理论。上述槐氏公式仅是一个经验公式，它只能定性地解释某些沉淀现象。有关沉淀形成的详细机理的深入了解，有待于进一步研究。

关于晶形沉淀的形成，目前研究得比较多。一般认为在沉淀过程中，首先是构晶离子在过饱和溶液中形成晶核（grain of crystallization），然后进一步成长为按一定晶格排列的晶形沉淀。

晶核的形成有两种情况：均相成核和异相成核。均相成核是指构晶离子在过饱和溶液中，通过离子的缔合作用，自发地形成晶核。异相成核是指溶液中混有固体微粒，在沉淀过程中，这些微粒起着晶种的作用，诱导沉淀的形成。

$BaSO_4$ 的均相成核是在过饱和溶液中，由于静电作用，Ba^{2+} 和 SO_4^{2-} 缔合为离子对（$Ba^{2+}SO_4^{2-}$），离子对进一步结合 Ba^{2+} 或 SO_4^{2-} 形成离子群，当离子群成长到一定大小时，就成为晶核。实验证明，$BaSO_4$ 的晶核由 8 个构晶离子组成。不同的沉淀，组成晶核的离子数目不一样。例如，Ag_2CrO_4 的晶核由 6 个构晶离子组成，CaF_2 的晶核由 9 个构晶离子组成。

但是，在一般情况下，溶液中不可避免地混有不同数量的固体微粒，它们的存在对沉淀的形成起诱导作用，即它们可起晶种作用。例如，沉淀 $BaSO_4$ 时，如果是在用通常方法洗涤过的烧杯中进行，每微升溶液约有 2 000 个沉淀微粒；如果烧杯用蒸气处理，同样的溶液每微升中约有 100 个沉淀微粒。现已证明，烧杯

壁上常有能被蒸气处理而部分除去的针状微粒，它们在沉淀反应进行时起晶种作用。此外，试剂、溶剂、灰尘都会引入杂质，即使是分析纯试剂，也含有约 0.1 $\mu g \cdot mL^{-1}$ 的微溶性杂质。这些微粒的存在，也起着晶种作用。

由此可见，在进行沉淀反应时，异相成核总是存在的。在某些情况下，溶液中可能只有异相成核作用。这时，溶液中的“晶核”数目，取决于溶液中混入固体微粒的数目，而不再形成新的晶核。也就是说，最后得到的晶粒数目，就是原有“晶核”数目。很明显，在这种情况下，由于“晶核”数目基本恒定，所以随着构晶离子浓度的增加，晶体将成长得大一点，而不增加新的晶体。但是，当溶液的相对过饱和度较大时，构晶离子本身也可以形成晶核，这时，既有异相成核作用，又有均相成核作用。如果继续加入沉淀剂，将有更多新的晶核形成，使获得的沉淀晶粒数目多而颗粒小。

不同的沉淀，产生均相成核所需的相对过饱和程度不一样。溶液的相对过饱和度愈大，愈易引起均相成核。图 9-2 是沉淀 $BaSO_4$ 晶核的数目与溶液浓度的关系曲线。从图中可以看到，开始沉淀时，若溶液中 $BaSO_4$ 的瞬时浓度在约 10^{-2} $mol \cdot L^{-1}$ 以下，由于此时溶液中含有大量的不溶微粒，故主要为异相成核，而其晶核的数目基本不变。当 $BaSO_4$ 的瞬时浓度继续增大至 10^{-2} $mol \cdot L^{-1}$ 以上时，晶核数目激增，显然，这是均相成核引起的。曲线上出现的转折点，相当于沉淀反应由异相成核转化为既有异相成核又有均相成核。根据图 9-2，可以求得沉淀 $BaSO_4$ 时转折点处 c_Q 与 s 的比值，即临界 c_Q/s 为

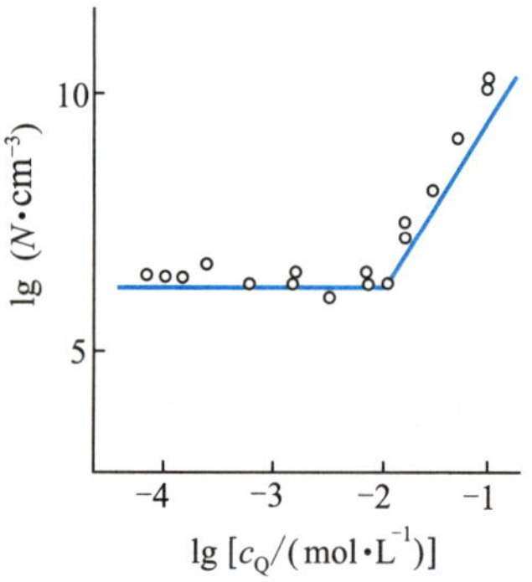

图 9-2　形成沉淀 $BaSO_4$ 时，溶液浓度 c_Q 与晶核数目(N)的关系

$$\frac{c_Q}{s} \approx \frac{10^{-2}}{10^{-5}} = 1\,000$$

一种沉淀的临界 c_Q/s 值越大，表明该沉淀越不易均相成核，即它只有在较大的相对过饱和度的情况下，才出现均相成核作用。不同的沉淀，其临界 c_Q/s 不一样，如表 9-6 所示，这是由沉淀的性质所决定的。根据临界 c_Q/s 的大小，可初步判断沉淀的类型。例如，$BaSO_4$ 和 AgCl 的溶解度很接近，但开始发生均相成核时所需要的临界 c_Q/s 不同，前者为 1 000，后者仅为 5.5。因此，在通常情况下，AgCl 的均相成核作用比较显著，故生成的是晶核数目多而颗粒小的凝乳状沉淀，$BaSO_4$ 则相反，生成的是晶形沉淀。控制相对过饱和度在临界值以

下，沉淀就以异相成核为主，常能得到大颗粒沉淀；超过临界值后，均相成核占优势，导致产生大量的细小微晶。

表 9-6 几种微溶化合物的临界 c_Q/s 和临界晶核半径

微溶化合物	c_Q/s	晶核半径/nm
$BaSO_4$	1 000	0.43
$CaC_2O_4 \cdot H_2O$	31	0.58
AgCl	5.5	0.54
$SrSO_4$	39	0.51
$PbSO_4$	28	0.53
$PbCO_3$	106	0.45
$SrCO_3$	30	0.50
CaF_2	21	0.43

9.3.3 晶形沉淀和无定形沉淀的生成

在沉淀过程中，形成晶核后，溶液中的构晶离子向晶核表面扩散，并沉积在晶核上，使晶核逐渐长大，到一定程度时，成为沉淀微粒。这种沉淀微粒有聚集为更大的聚集体的倾向。同时，构晶离子又具有按一定的晶格排列而形成大晶粒的倾向。前者是聚集过程，后者是定向过程。聚集速度主要与溶液的相对过饱和度有关，相对过饱和度越大，聚集速度也越大。定向速度主要与物质的性质有关，极性较强的盐类，一般具有较大的定向速度，如 $BaSO_4$、$MgNH_4PO_4$ 等。如果聚集速度慢，定向速度快，则得到晶形沉淀；反之，则得到无定形沉淀。下述框图即为沉淀形成的大致过程的示意图(图 9-3)：

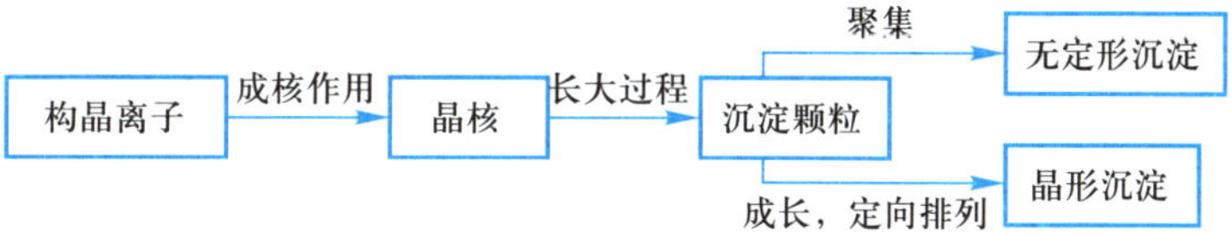

图 9-3 沉淀形成过程的示意图

金属水合氧化物沉淀的定向速度与金属离子的价数有关。两价金属离子的水合氧化物沉淀的定向速度通常大于聚集速度，所以一般得到晶形沉淀。高价金属离子的水合氧化物沉淀，由于溶解度很小，沉淀时溶液的相对过饱和度较大，均相成核作用比较显著，生成的沉淀颗粒很小，聚集速度很快，所以一般得到的是无定形沉淀。

金属硫化物和硅、钨、铌、钽的水合氧化物沉淀，通常也是无定形沉淀。

9.4 影响沉淀纯度的主要因素

在重量分析中，要求获得的沉淀是纯净的。但是，沉淀是从溶液中析出的，总会或多或少地夹杂溶液中的其他组分。因此，必须了解沉淀生成过程中混入杂质的各种原因，找出减少杂质混入的方法，以获得尽可能纯的沉淀。

9.4.1 共沉淀现象

当一种沉淀从溶液中析出时，溶液中在该条件下本来是可溶的某些其他组分，被沉淀带下来而混杂于沉淀之中，这种现象称为共沉淀（coprecipitation）。共沉淀作用使沉淀被沾污，这是沉淀重量分析中误差的主要来源之一。例如，测定 SO_4^{2-} 时，以 $BaCl_2$ 为沉淀剂，如果试液中有 Fe^{3+} 存在，当析出 $BaSO_4$ 沉淀时，本来是可溶的铁盐也被夹在沉淀中。$BaSO_4$ 沉淀应该是白色的，如果有铁盐共沉淀，则灼烧后的 $BaSO_4$ 中混有黄棕色 Fe_2O_3。显然，这会给分析结果带来误差。

共沉淀现象主要有以下三类。

1. 表面吸附引起的共沉淀

在沉淀过程中，构晶离子按一定规律排列，晶体内部处于电荷平衡状态；但在晶体表面，离子的电荷不完全平衡，因而会导致沉淀表面吸附杂质。图9-4是 AgCl 沉淀表面吸附杂质的示意图，即在 AgCl 沉淀表面，Ag^+ 或 Cl^- 至少有一面未被带相反电荷的离子所包围，静电引力不平衡。由于静电引力作用，使它们具有吸引带相反电荷离子的能力。AgCl 在过量 NaCl 溶液中，沉淀表面上 Ag^+ 比较强地吸附溶液中的 Cl^-，组成吸附层。然后 Cl^- 再通过静电引力，进一步吸附溶液中的 Na^+ 或 H^+ 等阳离子（称为抗衡离子），组成扩散层。这些抗衡离子中，通常有小部分被 Cl^- 较强烈吸附，也处在吸附层中。吸附层和扩散层共同组成沉淀表面的双电层，从而使电荷达到平衡。双电层能随沉淀一起沉降，从而沾污沉淀。这种由于沉淀的表面吸附所引起的杂质共沉淀现象称为表面吸附共沉淀（adsorption coprecipitation）。

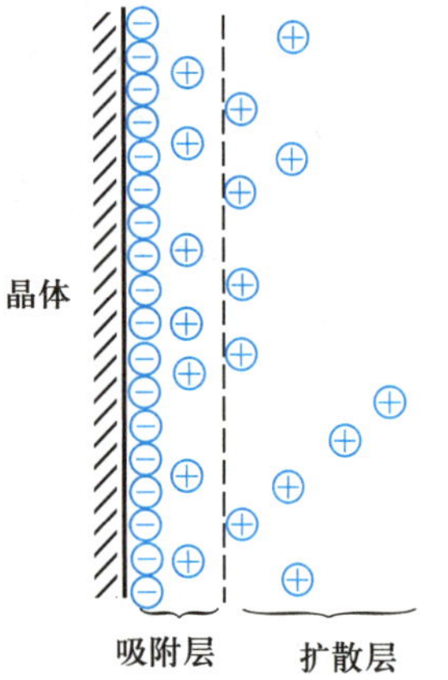

图 9-4 AgCl 沉淀表面吸附作用示意图

吸附在沉淀表面第一层上的离子是有选择性的。通常，因为沉淀剂过量，所以沉淀首先吸附溶液中的构晶离子。

表面吸附一般有下列规律：

a. 凡能与构晶离子生成微溶或解离度很小的化合物的离子，优先被吸附。例如，溶液中 SO_4^{2-} 过量时，$BaSO_4$ 沉淀表面吸附的是 SO_4^{2-}，若溶液中存在 Ca^{2+} 及 Hg^{2+}，则扩散层的抗衡离子将主要是 Ca^{2+}，因为 $CaSO_4$ 的溶解度比 $HgSO_4$ 的小。如果 Ba^{2+} 过量，$BaSO_4$ 沉淀表面吸附的是 Ba^{2+}，若溶液中存在 Cl^- 及 NO_3^-，则扩散层中的抗衡离子将主要是 NO_3^-。

b. 离子的价态愈高，浓度愈大，则愈易被吸附。抗衡离子是不太牢固地被吸附在沉淀的表面上，故常可被溶液中的其他离子所置换，利用这一性质，可采用洗涤的方法，将沉淀表面上的抗衡离子部分除去。

c. 与沉淀的总表面积有关。同量的沉淀，颗粒愈小，比表面愈大，与溶液的接触面也愈大，吸附的杂质也愈多。无定形沉淀的颗粒很小，比表面特别大，所以表面吸附现象特别严重。

d. 与溶液的温度有关。因为吸附作用是一个放热的过程，因此，溶液温度升高时，吸附杂质的量就减少。

2. 生成混晶或固溶体引起的共沉淀

每种晶形沉淀，都有其一定的晶体结构。如果杂质离子的半径与构晶离子的半径相近，所形成的晶体结构相同，则它们极易生成混晶(mixed crystal)。混晶是固溶体的一种。在有些混晶中，杂质离子或原子并不位于正常晶格的离子或原子位置上，而是位于晶格的空隙中，这种混晶称为异型混晶。混晶的生成，使沉淀严重不纯。例如钡或镭的硫酸盐、溴化物和硝酸盐等，都易形成混晶。有时杂质离子与构晶离子的晶体结构不同，但在一定条件下，也能够形成一种异型混晶。例如 $MnSO_4 \cdot 5H_2O$ 和 $FeSO_4 \cdot 7H_2O$ 属于不同的晶系，但可形成异型混晶。

生成混晶的选择性是比较高的，要避免也比较困难。因为不论杂质的浓度多么小，只要构晶离子形成了沉淀，杂质就一定会在沉淀过程中取代某一构晶离子而进入到沉淀中。

混晶共沉淀在分析化学中有不少实例。如 $BaSO_4$ 和 $PbSO_4$、$BaSO_4$ 和 $KMnO_4$、$KClO_4$ 和 KBF_4、$BaCrO_4$ 和 $RaCrO_4$、AgCl 和 AgBr、$MgNH_4PO_4$ 和 $MgNH_4AsO_4$、$K_2NaCo(NO_2)_6$ 和 $Rb_2NaCo(NO_2)_6$ 或 $Cs_2NaCo(NO_2)_6$ 等。

3. 吸留和包夹引起的共沉淀

在沉淀过程中，如果沉淀生成太快，则表面吸附的杂质离子来不及离开沉淀表面就被沉积上来的离子所覆盖，这样杂质就被包藏在沉淀内部，引起共沉淀，这种现象称为吸留(occlusion)。吸留引起共沉淀的程度，也符合吸附规律。有时母液也可能被包夹(inclusion)在沉淀之中，引起共沉淀。不过这种现象一般只在可溶性盐的结晶过程中比较严重，故在分析化学中不甚重要。

9.4.2 后沉淀现象

后沉淀(postprecipitation)又称继沉淀，是指溶液中某些组分析出沉淀之后，另一种本来难以析出沉淀的组分，在该沉淀表面上继续析出沉淀的现象。这种情况大多发生于该组分的过饱和溶液中。例如，在 0.01 $mol\cdot L^{-1}$ Zn^{2+} 的 0.15 $mol\cdot L^{-1}$ HCl 溶液中，通入 H_2S 气体。根据溶度积，此时应有 ZnS 沉淀析出，但由于形成过饱和溶液，所以 ZnS 沉淀的析出速度是非常慢的。当此溶液中有 H_2S 组阳离子并析出硫化物沉淀时，则可加速 ZnS 的析出。例如，于上述溶液中加入 Cu^{2+}，通入 H_2S 后，首先析出 CuS 沉淀。此时沉淀中夹杂的 ZnS 量并不显著。但当沉淀放置一段时间后，便不断有 ZnS 在 CuS 的表面析出。产生后沉淀现象的原因，可能是 CuS 的吸附作用使其表面上的 S^{2-} 或 HS^- 的浓度比溶液中大得多，对 ZnS 来讲，此处的相对过饱和度显著增大，因而导致沉淀析出。也可能是 CuS 沉淀表面选择性地吸附 S^{2-}，溶液中的 H^+ 作为抗衡离子被 S^{2-} 吸附着，此时溶液中的 Zn^{2+} 与这些 H^+ 发生离子交换作用，使$[Zn^{2+}][S^{2-}]\gg K_{sp}$，从而在CuS 表面析出 ZnS 沉淀。

用草酸盐沉淀分离 Ca^{2+} 和 Mg^{2+} 时，也会产生后沉淀现象。CaC_2O_4 沉淀表面有 MgC_2O_4 析出，影响分离效果。特别是经加热、放置后，继沉淀现象更加严重。

后沉淀现象与前述三种共沉淀现象的区别是：

a. 后沉淀引入杂质的量，随沉淀在试液中放置时间的延长而增多，而共沉淀量受放置时间影响较小。所以避免或减少后沉淀的主要方法是缩短沉淀与母液的共置时间。

b. 不论杂质是在沉淀之前就存在，还是沉淀形成后加入的，后沉淀引入的杂质的量基本一致。

c. 温度升高，后沉淀现象有时更为严重。

d. 后沉淀引入杂质的程度，有时比共沉淀严重得多。杂质引入的量可能多到与被测组分的量相当。

在分析化学中，利用共沉淀的原理，可以将溶液中的痕量组分富集于某一沉淀之中，这就是共沉淀分离法(请见本书第 11 章相关内容)。

9.4.3 减少沉淀沾污的方法

由于共沉淀及后沉淀现象，使沉淀被沾污而不纯净。为了提高沉淀的纯度，减少沾污，可采取下列措施：

a. 选择适当的分析步骤。例如，测定试样中某少量组分的含量时，不要首先沉淀主要组分，否则由于大量沉淀的析出，使部分少量组分混入沉淀中，引起测定误差。

b. 选择合适的沉淀剂。例如，选用有机沉淀剂常可减少共沉淀现象。

c. 改变杂质的存在形式。例如，沉淀 $BaSO_4$ 时，将 Fe^{3+} 还原为 Fe^{2+}，或者用 EDTA 将它配位，Fe^{3+} 的共沉淀量就大为减少。

d. 改善沉淀条件。沉淀条件包括溶液浓度、温度、试剂的加入次序和速度、陈化与否等，它们对沉淀纯度的影响情况，列于表 9－7 中。

表 9－7 沉淀条件对沉淀纯度的影响

（＋：提高纯度；－：降低纯度；0：影响不大）

沉淀条件	表面吸附	混晶	吸留或包夹	后沉淀
稀释溶液	＋	0	＋	0
慢沉淀	＋	不定	＋	－
搅拌	＋	0	＋	0
陈化	＋	不定	＋	－
加热	＋	不定	＋	0
洗涤沉淀	＋	0	0	0
再沉淀	＋	＋*	＋	＋

* 有时再沉淀也无效果，则应选用其他沉淀剂。

e. 再沉淀。将已得到的沉淀过滤后溶解，再进行第二次沉淀。第二次沉淀时，溶液中杂质的量大为降低，共沉淀或后沉淀现象自然减少。这种方法对于除去吸留和包夹的杂质效果很好。

有时采用上述措施后，沉淀的纯度提高仍然不大，则可以对沉淀中的杂质进行测定，再对分析结果加以校正。

在重量分析中，共沉淀或后沉淀现象对分析结果的影响程度，随具体情况的不同而不同。例如，用 $BaSO_4$ 重量法测定 Ba^{2+} 时，如果沉淀吸附了 $Fe_2(SO_4)_3$ 等外来杂质，灼烧后不能除去，则引起正误差。如果沉淀中夹有 $BaCl_2$，最后按 $BaSO_4$ 计算，必然引起负误差。如果沉淀吸附的是挥发性的盐类，灼烧后能完全除去，则不引起误差。

9.5 沉淀条件的选择

在重量分析中，为了获得准确的分析结果，要求沉淀完全、纯净、易于过滤和洗涤，并减少沉淀溶解损失。为此，应该根据不同的沉淀类型，选择不同的沉淀条件，以获得符合重量分析要求的沉淀。

9.5.1 晶形沉淀的沉淀条件

a. 沉淀应在适当稀的溶液中进行。这样在沉淀过程中,溶液的相对过饱和度不大,均相成核作用不显著,容易得到大颗粒的晶形沉淀。同时,由于溶液稀,杂质的浓度减小,共沉淀现象也相应减少,有利于得到纯净的沉淀。但是,对于溶解度较大的沉淀,溶液不宜过分稀释。

b. 应在不断搅拌下缓慢地加入沉淀剂。通常,当沉淀剂加入到试液中时,由于来不及扩散,所以在两种溶液混合的地方,沉淀剂的浓度比溶液中其他地方的浓度高。这种现象称为“局部过浓”。局部过浓使部分溶液的相对过饱和度变大,导致均相成核,易获得颗粒较小、纯度差的沉淀。在不断搅拌下缓慢地加入沉淀剂,可以减少局部过浓。

c. 沉淀应当在热溶液中进行。热溶液一方面可增大沉淀的溶解度,降低溶液的相对过饱和度,以便获得大的晶粒;另一方面又能减少杂质的吸附量。此外,升高溶液的温度,可以增加构晶离子的扩散速度,从而加快晶体的成长。但是,对于溶解度较大的沉淀,在热溶液中析出沉淀后,宜冷却至室温再过滤,以减小沉淀溶解的损失。

d. 陈化。沉淀完全后,让初生成的沉淀与母液一起放置一段时间,这个过程称为“陈化(aging)”。因为在同样条件下,小晶粒的溶解度比大晶粒的大。在同一溶液中,对大晶粒为饱和溶液时,对小晶粒则为未饱和,因此,小晶粒就会溶解。这样,溶液中的构晶离子就在大晶粒上沉积,沉积到一定程度后,溶液对大晶粒为饱和溶液时,对小晶粒为未饱和,又要溶解,如此反复进行,小晶粒逐渐消失,大晶粒不断长大。陈化作用过程如图 9-5 表示。

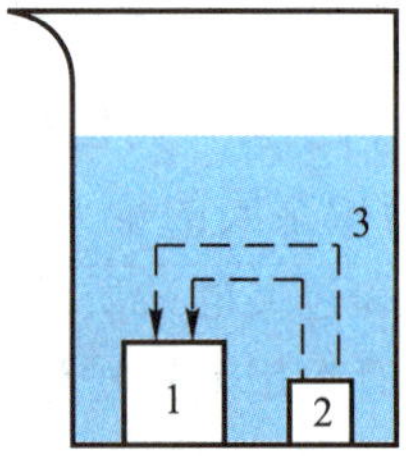

图 9-5 陈化过程

1—大晶粒;2—小晶粒;3—溶液

在陈化过程中,还可以使不完整的小晶粒转化为完整的晶粒,亚稳态的沉淀转化为稳定态的沉淀。根据具体情况,可采取加热和搅拌的方法来缩短陈化时间。图 9-6 所示为 $BaSO_4$ 沉淀未陈化和陈化 4 天后的扫描电镜图。从中可以看出,陈化 4 天后 $BaSO_4$ 沉淀颗粒明显变大。

陈化作用也能使沉淀变得更加纯净。这是因为晶粒变大后,比表面减小,吸附杂质量少;同时,由于小晶粒溶解,原来吸附、吸留或包夹的杂质,亦将重新进入溶液中,因而提高了沉淀的纯度。但是,陈化作用对伴随有混晶共沉淀的沉淀,不一定能提高纯度;对伴随有后沉淀的沉淀,不仅不能提高纯度,有时反而会降低纯度。

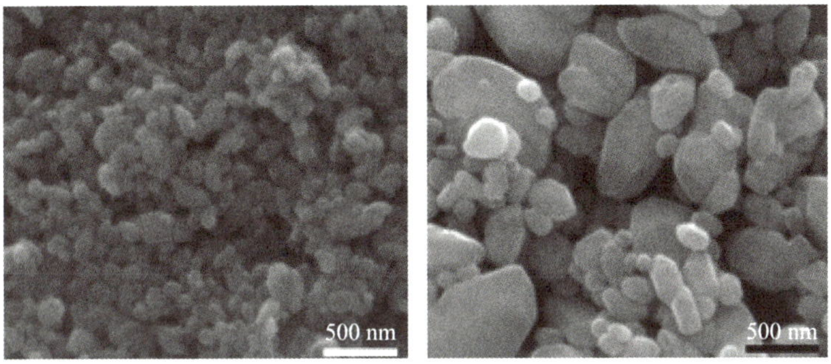

图 9-6 $BaSO_4$ 沉淀的陈化效果

左图—未陈化；右图—室温下陈化 4 天

9.5.2 无定形沉淀的沉淀条件

无定形沉淀如 $Fe_2O_3 \cdot nH_2O$ 及 $Al_2O_3 \cdot nH_2O$ 等，溶解度一般都很小，所以很难通过减小溶液的相对过饱和度来改变沉淀的物理性质。无定形沉淀的结构疏松，比表面大，吸附杂质多，又容易胶溶，而且含水量大，不易过滤和洗涤，所以对于无定形沉淀，主要是设法破坏胶体、防止胶溶、加速沉淀微粒的凝聚，便于过滤和减少杂质吸附。无定形沉淀的沉淀条件是：

a. 沉淀应当在较浓的溶液中进行。浓溶液可减小离子的水化程度，得到的沉淀含水量少、体积较小，结构较紧密。同时，沉淀微粒也容易凝聚。但是在浓溶液中，杂质的浓度也相应提高，增大了杂质被吸附的可能性。因此，在沉淀反应完全后，需要加热水适当稀释，充分搅拌，使大部分吸附在沉淀表面上的杂质离开沉淀表面而转移到溶液中去。

b. 沉淀应当在热溶液中进行。这样可以减少离子的水化程度，有利于得到含水量少、结构紧密的沉淀，还可以促进沉淀微粒的凝聚，防止形成胶体溶液，而且还可以减少沉淀表面对杂质的吸附。

c. 沉淀时加入大量电解质或某些能引起沉淀微粒凝聚的胶体。电解质能中和胶体微粒的电荷，降低其水化程度，有利于胶体微粒的凝聚。为了防止洗涤沉淀时发生胶溶现象，洗涤液中也应加入适量的电解质。通常采用易挥发的铵盐或稀的强酸溶液作洗涤液。

有时在溶液中加入某些胶体，可使被测组分沉淀完全。例如，测定 SiO_2 时，通常是在强酸性介质中析出硅胶沉淀。但由于硅胶能形成带负电荷的胶体，所以沉淀不完全。如果向溶液中加入带正电荷的动物胶，由于凝聚作用，可使硅胶沉淀完全。

d. 不必陈化。沉淀完全后，趁热过滤，不要陈化。因无定形沉淀放置后，将逐渐失去水分而聚集得更为紧密，使已吸附的杂质难以洗去。

此外，沉淀时不断搅拌，对无定形沉淀也是有利的。

9.5.3 均匀沉淀法

在一般的沉淀方法中，沉淀剂是在不断搅拌下缓慢地加入，但沉淀剂的局部过浓现象仍很难避免。为此，可采用均匀沉淀法（homogeneous precipitation）。在这种方法中，加入到溶液中的试剂是通过化学反应过程，逐步地、均匀地在溶液内部产生构晶阳离子或阴离子，使沉淀在整个溶液中缓慢地、均匀地析出，避免出现局部过浓现象。

例如，用均匀沉淀法沉淀 Ca^{2+} 时，在含有 Ca^{2+} 的酸性溶液中加入 $H_2C_2O_4$，由于酸效应的影响，此时不能析出 CaC_2O_4 沉淀。向溶液中加入尿素，加热至90 ℃左右时，尿素发生水解：

$$CO(NH_2)_2 + H_2O = CO_2\uparrow + 2NH_3$$

水解产生的 NH_3 均匀地分布在溶液的各个部分。随着 NH_3 的不断产生，溶液的酸度渐渐降低，$C_2O_4^{2-}$ 的浓度渐渐增大，最后均匀而缓慢地析出 CaC_2O_4 沉淀。在沉淀过程中，溶液的相对过饱和度始终是比较小的，所以得到的是大晶粒的 CaC_2O_4 沉淀。

用均匀沉淀法得到的沉淀颗粒较大，表面吸附杂质少，易于过滤洗涤。用均匀沉淀法，甚至可以得到晶形的 $Fe_2O_3\cdot nH_2O$、$Al_2O_3\cdot nH_2O$ 等水合氧化物沉淀。但应当指出，用均匀沉淀法仍不能避免后沉淀和混晶共沉淀现象。

均匀沉淀法中的沉淀剂，如 $C_2O_4^{2-}$、PO_4^{3-}、S^{2-} 等，可用相应的有机酯类化合物或其他化合物水解而获得（表 9-8）。

表 9-8 某些均匀沉淀法的应用

沉淀剂	加入试剂	反应	被测组分
OH^-	尿素	$CO(NH_2)_2 + H_2O = CO_2\uparrow + 2NH_3$	Al^{3+}、Fe^{3+}、Th(Ⅳ)等
OH^-	六亚甲基四胺	$(CH_2)_6N_4 + 6H_2O = 6HCHO + 4NH_3$	Th(Ⅳ)
PO_4^{3-}	磷酸三甲酯	$(CH_3)_3PO_4 + 3H_2O = 3CH_3OH + H_3PO_4$	Zr(Ⅳ)、Hf(Ⅳ)
PO_4^{3-}	尿素＋磷酸盐		Be^{2+}、Mg^{2+}
$C_2O_4^{2-}$	草酸二甲酯	$(CH_3)_2C_2O_4 + 2H_2O = 2CH_3OH + H_2C_2O_4$	Ca^{2+}、Th(Ⅳ)、稀土
$C_2O_4^{2-}$	尿素＋草酸盐		Ca^{2+}
SO_4^{2-}	硫酸二甲酯	$(CH_3)_2SO_4 + 2H_2O = 2CH_3OH + SO_4^{2-} + 2H^+$	Ba^{2+}、Sr^{2+}、Pb^{2+}
S^{2-}	硫代乙酰胺	$CH_3CSNH_2 + H_2O = CH_3CONH_2 + H_2S$	各种硫化物

也可以利用配位化合物分解反应和氧化还原反应进行均匀沉淀。如利用配位化合物分解的方法沉淀 SO_4^{2-}，可先将 EDTA－Ba^{2+} 配位化合物加入到含 SO_4^{2-} 的试液中，然后加氧化剂破坏 EDTA，使配位化合物逐渐分解，Ba^{2+} 在溶液中均匀地释出，使 $BaSO_4$ 均匀沉淀。

利用氧化还原反应的均匀沉淀法，如：

$$2AsO_3^{3-}+3ZrO^{2+}+2NO_3^- = (ZrO)_3(AsO_4)_2+2NO_2^-$$

此法应用于测定 ZrO^{2+}，于 AsO_3^{3-} 的 H_2SO_4 溶液中，加入 NO_3^-，将 AsO_3^{3-} 氧化为 AsO_4^{3-}，使 $(ZrO)_3(AsO_4)_2$ 均匀沉淀。

沉淀法现在常用于制备纳米材料。所谓纳米材料，是指在三维空间中，至少有一维处于纳米尺度范围（1～100 nm）的材料及以它们为基本单元构成的材料。纳米材料大多数为人工制备，因其具有小尺寸效应、表面效应和宏观量子隧道效应等而展现出许多特性，越来越受到人们的重视。若用沉淀法制备纳米溶胶，须避免晶粒长大和团聚。采用均匀沉淀法制备纳米材料最常用的沉淀剂有尿素和六亚甲基四胺。例如，以尿素为沉淀剂，用均匀沉淀法制备纳米 ZnO 时，随着温度的升高，尿素在水溶液中水解形成的构晶离子 OH^-、CO_3^{2-} 与 $Zn(NO_3)_2$ 反应，生成中间产物碱式碳酸锌水合物，最后碱式碳酸锌水合物经过煅烧便可得到纳米 ZnO。相关的反应如下：

$$CO(NH_2)_2+H_2O = CO_2\uparrow+2NH_3$$

$$4Zn^{2+}+CO_3^{2-}+6OH^-+H_2O = Zn_4CO_3(OH)_6\cdot H_2O\downarrow$$

$$Zn_4CO_3(OH)_6\cdot H_2O \xlongequal{\triangle} 4ZnO+4H_2O+CO_2\uparrow$$

用均匀沉淀法制备纳米材料具有生产成本低、设备简单、操作简便易行、纳米颗粒粒径大小易控制等优点。

9.6 有机沉淀剂

前面讨论的各种沉淀反应及条件中所涉及的均为无机沉淀剂。无机沉淀剂的选择性较差，生成的沉淀溶解度较大，吸附杂质较多。有机沉淀剂则有下述明显的特点：

a. 试剂品种多，性质各异，有些试剂的选择性很高，便于选用。

b. 沉淀的溶解度一般很小，有利于被测物质沉淀完全。

c. 沉淀吸附无机杂质较少，且沉淀易于过滤和洗涤。

d. 沉淀的摩尔质量大，被测组分在称量形式中占的百分比小，有利于提高分析准确度。

e. 有些沉淀组成恒定，经烘干后即可称量，简化了重量分析操作。

但是，有机沉淀剂也存在一些缺点，如试剂本身在水中的溶解度很小，容易被夹杂在沉淀中；有些沉淀剂的组成不恒定，仍需灼烧成一定的称量形式；有些沉淀容易黏附于器壁或漂浮于溶液表面上，带来操作上的麻烦。

9.6.1 有机沉淀剂的分类

有机沉淀剂可分为生成螯合物的沉淀剂和生成离子缔合物的沉淀剂两类。

1. 生成螯合物的沉淀剂

作为沉淀剂的螯合剂至少应含有两个基团。一个是酸性基团，如—OH、—COOH、—SH、$—SO_3H$ 等；另外一个是碱性基团，如$—NH_2$、—NH—、N≡、—CO—、—CS—等。金属离子与有机螯合沉淀剂反应，通过酸性基团和碱性基团的共同作用，生成微溶性的螯合物。例如，Mg^{2+} 和 8-羟基喹啉的反应为

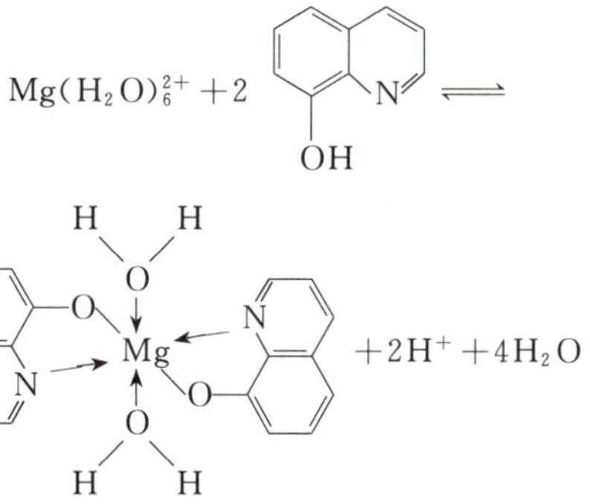

螯合物中虽然还有两个配位水分子，但因为整个螯合物不带电荷，其中又有摩尔质量较大的疏水基团——喹啉，所以生成微溶于水的螯合物沉淀。又由于其常易溶于适当的溶剂中，即能被该有机溶剂萃取，所以有机沉淀剂往往又是萃取剂。

2. 生成离子缔合物的沉淀剂

有些相对分子质量较大的有机试剂，在水溶液中以阳离子或阴离子形式存在，它们与带相反电荷的离子反应后，可生成微溶性的离子缔合物沉淀（或称为正盐沉淀）。

例如，氯化四苯砷$[(C_6H_5)_4As]Cl$ 在水溶液中以$[(C_6H_5)_4As]^+$ 及 Cl^- 形式存在，当溶液中含有某些含氧酸根或金属的配位阴离子时，体积庞大的有机阳离子与体积大的阴离子结合，析出离子缔合物沉淀：

$$[(C_6H_5)_4As]^+ + MnO_4^- \rightleftharpoons [(C_6H_5)_4As]\cdot MnO_4 \downarrow$$

$$2[(C_6H_5)_4As]^+ + [HgCl_4]^{2-} \rightleftharpoons [(C_6H_5)_4As]_2 \cdot [HgCl_4] \downarrow$$

有机沉淀剂与金属离子生成的沉淀的溶解度，与试剂中所含的疏水基团和亲水基团有关。亲水基团多，在水中的溶解度大；疏水基团多，在水中溶解度小。常见的亲水基团有：$-SO_3H$、$-OH$、$-COOH$、$-NH_2$、$-NH-$等；常见的疏水基团有：烷基、苯基、萘基、卤代烃基等。在有机沉淀剂上引入一些疏水基团，可使溶解度减小，测定的灵敏度增高。这种作用称为“加重效应”。例如，杏仁酸是沉淀 Zr(Ⅳ)的良好试剂，在 2 mol·L^{-1} HCl 溶液中进行沉淀，很多金属离子不干扰，但沉淀的溶解度比较大。如果用对－溴杏仁酸或对－氯杏仁酸作为 Zr(Ⅳ)的沉淀剂，则 Zr(Ⅳ)沉淀较完全。

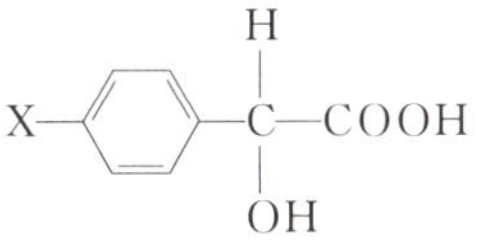

$X = Cl^-, Br^-$

对－氯(溴)杏仁酸

但是，有机试剂中引入疏水基团后，它本身在水中的溶解度也会减小，在应用上有时受到限制。

9.6.2 有机沉淀剂应用示例

1. 丁二酮肟

丁二酮肟是选择性较高的沉淀剂，金属离子中只有 Ni^{2+}、Pd^{2+}、Pt^{2+}、Fe^{2+}能与其生成沉淀，Co^{2+}、Cu^{2+}、Zn^{2+}等与其生成水溶性的配位化合物。

在氨性溶液中，丁二酮肟与 Ni^{2+} 生成鲜红色的螯合物沉淀，沉淀组成恒定，可烘干后直接称重，常用于重量法测定镍。Fe^{3+}、Al^{3+}、Cr^{3+} 等在氨性溶液中能生成水合氧化物沉淀，干扰测定，可加入柠檬酸或酒石酸进行掩蔽。

2. 8－羟基喹啉

在弱酸性或弱碱性溶液中(pH3～9)，8－羟基喹啉与许多金属离子发生沉淀反应。例如，沉淀 Al^{3+} 反应为

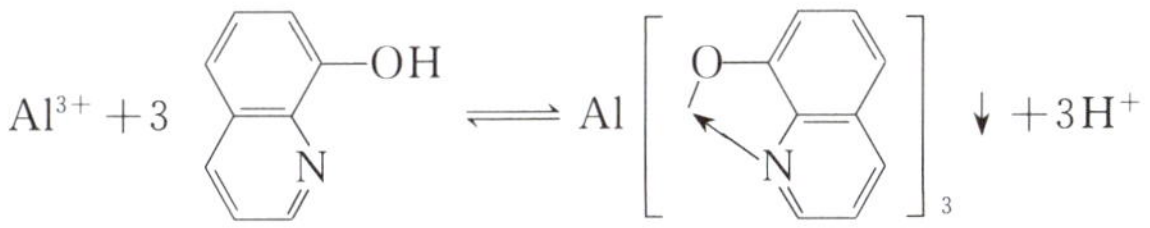

生成的沉淀组成恒定，可烘干后直接称重。采用适当的掩蔽剂，可以提高反应的选择性。例如，用 KCN、EDTA 掩蔽 Cu^{2+}、Fe^{3+} 等离子后，可在氨性溶液中沉淀 Al^{3+}，并用重量法测定。

8－羟基喹啉的最大缺点是选择性较差。现已合成了一些选择性较高的 8－

羟基喹啉衍生物，如 2－甲基－8－羟基喹啉，可在 pH＝5.5 时沉淀 Zn^{2+}，pH＝9.0 时沉淀 Mg^{2+} 而不与 Al^{3+} 发生沉淀反应。

3. 四苯硼酸钠

四苯硼酸钠能与 K^+、NH_4^+、Rb^+、Tl^+、Ag^+ 等生成离子缔合物沉淀：

$$K^+ + B(C_6H_5)_4^- \rightleftharpoons KB(C_6H_5)_4 \downarrow$$

四苯硼酸钠易溶于水，是测定 K^+ 的良好沉淀剂。由于一般试样中 Rb^+、Tl^+、Ag^+ 的含量极微，故该试剂常用于 K^+ 的测定，且沉淀组成恒定，可烘干后直接称重。

思考题

1. 解释下列现象：

a. CaF_2 在 pH＝3.0 的溶液中的溶解度较在 pH＝5.0 的溶液中的溶解度大；

b. Ag_2CrO_4 在 0.001 0 mol·L^{-1} $AgNO_3$ 溶液中的溶解度较在 0.001 0 mol·L^{-1} K_2CrO_4 溶液中的溶解度小；

c. $BaSO_4$ 沉淀要用水洗涤，而 AgCl 沉淀要用稀 HNO_3 溶液洗涤；

d. $BaSO_4$ 沉淀要陈化，而 AgCl 和 $Fe_2O_3 \cdot nH_2O$ 沉淀不要陈化；

e. AgCl 和 $BaSO_4$ 的 K_{sp} 值差不多，但可以控制条件得到 $BaSO_4$ 晶形沉淀，而 AgCl 只能得到无定形沉淀；

f. ZnS 在 HgS 沉淀表面上而不在 $BaSO_4$ 沉淀表面上后沉淀。

2. 某人计算 $M(OH)_3$ 沉淀在水中的溶解度时，不分析情况，即用公式 $K_{sp} = [M^{3+}][OH^-]^3$ 计算，已知 $K_{sp} = 1.0 \times 10^{-32}$，求得溶解度为 4.4×10^{-9} mol·L^{-1}。试问这种计算方法有无错误？为什么？

3. 用过量的 H_2SO_4 沉淀 Ba^{2+} 时，K^+、Na^+ 均能引起共沉淀，何者共沉淀严重？此时沉淀组成可能是什么？已知离子半径：$r_{K^+} = 133$ pm，$r_{Na^+} = 95$ pm，$r_{Ba^{2+}} = 135$ pm。

4. 某溶液中含 SO_4^{2-}、Fe^{3+}、Mg^{2+} 三种离子，今需分别测定其中的 Mg^{2+} 和 SO_4^{2-}，而使 Fe^{3+} 以 $Fe(OH)_3$ 形式沉淀分离除去。测定 Mg^{2+} 和 SO_4^{2-} 时，应分别在什么酸度下进行？

5. 将 0.5 mol·L^{-1} $BaCl_2$ 和 0.1 mol·L^{-1} Na_2SO_4 溶液混合时，因浓度较高，需加入动物胶凝聚，使其沉淀完全。动物胶是含氨基酸的高分子化合物（$pK_{a_1} = 2$，$pK_{a_2} = 9$），其凝聚应在什么酸度条件下进行？

6. Ni^{2+} 与丁二酮肟（DMG）在一定条件下形成丁二酮肟镍［$Ni(DMG)_2$］沉淀，然后可以采用两种方法测定：一是将沉淀洗涤、烘干，以 $Ni(DMG)_2$ 形式称重；二是将沉淀再灼烧成 NiO 的形式称重。采用哪种方法较好？为什么？

7. 在沉淀重量法中何谓恒重？坩埚和沉淀的恒重温度是如何确定的？

8. 何谓均匀沉淀法？其有何优点？试举一均匀沉淀法的实例。

9. $Ca_3(PO_4)_2$ 沉淀在纯水中的溶解度是否受到溶解在纯水中的 CO_2 的影响？为什么？

10. AgCl 在 HCl 溶液中的溶解度，随 HCl 的浓度增大时，先是减小然后又逐渐增大，最后超过其在纯水中的溶解度，这是为什么？

11. 研究 $PbSO_4$ 沉淀时，得到下图所示著名的实验曲线，试从理论上进行解释。（提示：根据均相成核作用和异相成核作用进行解释）

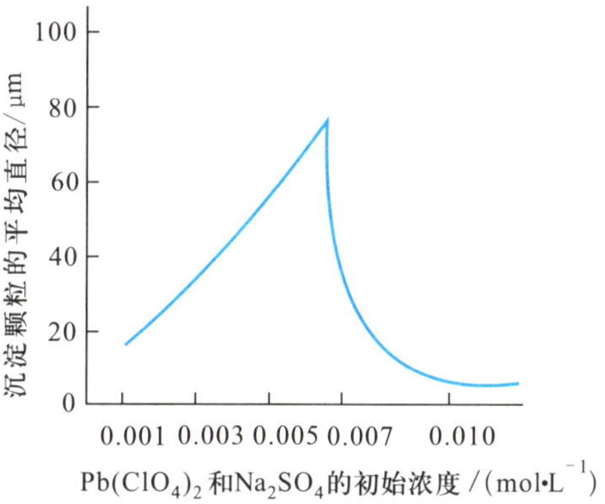

习　题

1. 已知 $K=\dfrac{[CaSO_4]_{水}}{[Ca^{2+}][SO_4^{2-}]}=200$，忽略离子强度的影响，计算 $CaSO_4$ 的固有溶解度，并计算饱和 $CaSO_4$ 溶液中，非解离形式 Ca^{2+} 的百分数。

（1.8×10^{-3} mol·L^{-1}，37%）

2. 已知某金属氢氧化物 $M(OH)_2$ 的 $K_{sp}=4.0\times10^{-15}$，向 0.10 mol·L^{-1} M^{2+} 溶液中加入 NaOH，忽略体积变化和各种氢氧基配位化合物，计算下列不同情况生成沉淀时的 pH：

a. M^{2+} 有 1%沉淀；

b. M^{2+} 有 50%沉淀；

c. M^{2+} 有 99%沉淀。

（a. 7.30；b. 7.45；c. 8.30）

3. 考虑盐效应，计算下列微溶化合物的溶解度：

a. $BaSO_4$ 在 0.10 mol·L^{-1} NaCl 溶液中；

b. $BaSO_4$ 在 0.10 mol·L^{-1} $BaCl_2$ 溶液中。

（a. 2.9×10^{-5} mol·L^{-1}；b. 1.9×10^{-8} mol·L^{-1}）

4. 考虑酸效应，计算下列微溶化合物的溶解度：

a. CaF_2 在 pH=2.0 的溶液中；

b. $BaSO_4$ 在 2.0 mol·L^{-1} HCl 溶液中；

c. $PbSO_4$ 在 0.10 mol·L^{-1} HNO_3 溶液中；

d. CuS 在 pH=0.5 的饱和 H_2S 溶液中（$[H_2S]\approx0.1$ mol·L^{-1}）。

（a. 1.2×10^{-3} mol·L^{-1}；b. 1.5×10^{-4} mol·L^{-1}；c. 4.2×10^{-4} mol·L^{-1}；

d. 6.5×10^{-15} mol·L^{-1})

5. 考虑 S^{2-} 的水解，计算下列硫化物在水中的溶解度：

a. CuS；

b. MnS。

(a. 1.2×10^{-14} mol·L^{-1}；b. 6.6×10^{-4} mol·L^{-1})

6. 将固体 AgBr 和 AgCl 加入到 50.0 mL 纯水中，不断搅拌使其达到平衡。计算溶液中 Ag^{+} 的浓度。

(1.3×10^{-5} mol·L^{-1})

7. 计算 CaC_2O_4 在下列溶液中的溶解度：

a. 在 pH=4.0 的 HCl 溶液中；

b. 在 pH=3.0 含草酸总浓度为 0.010 mol·L^{-1}的溶液中。

(a. 7.2×10^{-5} mol·L^{-1}；b. 3.4×10^{-6} mol·L^{-1})

8. 计算 $CaCO_3$ 在纯水中的溶解度和平衡时溶液的 pH。

(8.0×10^{-5} mol·L^{-1}，9.9)

9. 为防止 AgCl 从含有 0.010 mol·L^{-1} $AgNO_3$ 和 0.010 mol·L^{-1} NaCl 的溶液中析出，应加入氨的总浓度为多少(忽略溶液体积变化)？

(0.24 mol·L^{-1})

10. 计算 AgI 在含有 0.010 mol·L^{-1} $Na_2S_2O_3$ 和 0.010 mol·L^{-1} KI 溶液中的溶解度。

(2.8×10^{-5} mol·L^{-1})

11. 今有 pH=3.0 含有 0.010 mol·L^{-1} EDTA、0.010 mol·L^{-1} HF 及 0.010 mol·L^{-1} $CaCl_2$ 的溶液。问：

a. EDTA 对沉淀的配位效应是否可以忽略？

b. 能否生成 CaF_2 沉淀？

(a. 可以忽略；b. 能)

12. 考虑配位效应，计算下列微溶物的溶解度：

a. AgBr 在 2.0 mol·L^{-1} NH_3 溶液中；

b. $BaSO_4$ 在 pH=8.0 的 0.010 mol·L^{-1} EDTA 溶液中。

(a. 4.7×10^{-3} mol·L^{-1}；b. 6.5×10^{-4} mol·L^{-1})

13. 某溶液含有 Ba^{2+}、EDTA 和 SO_4^{2-}。已知它们的分析浓度分别为 $c_{Ba^{2+}}=0.10$ mol·L^{-1}，$c_Y=0.11$ mol·L^{-1}，$c_{SO_4^{2-}}=1.0\times10^{-4}$ mol·L^{-1}。欲利用 EDTA 的配位效应阻止沉淀生成，则溶液的 pH 应大于多少？已知 $BaSO_4$ 的 $K_{sp}=1.0\times10^{-10}$，$K_{BaY}=10^{7.8}$，pH 与 $\lg\alpha_{Y(H)}$ 的有关数据如下：

pH	8.9	9.7	9.3	9.5	9.7	10.0
$\lg\alpha_{Y(H)}$	1.38	1.2	1.0	0.80	0.70	0.45

(pH>9.5)

14. 下列情况下有无沉淀生成？

a. 0.001 mol·L^{-1} $Ca(NO_3)_2$ 溶液与 0.010 mol·L^{-1} NH_4HF_2 溶液等体积混合；

b. 含 0.10 mol·L^{-1}[$Ag(NH_3)_2$]$^+$的 1.0 mol·L^{-1} NH_3 溶液与 1.0 mol·L^{-1} KCl 溶液等体积混合；

c. 0.010 mol·L^{-1} $MgCl_2$ 溶液与 0.1 mol·L^{-1} NH_3−1 mol·L^{-1} NH_4Cl 溶液等体积混合。

(a. 有；b. 有；c. 无)

15. 计算 CdS 在 pH=9.0、$NH_3-NH_4^+$ 总浓度为 0.3 mol·L^{-1}的缓冲溶液中的溶解度(忽略离子强度和 Cd^{2+} 的氢氧基配位化合物的影响)。

(2.3×10^{-9} mol·L^{-1})

16. 考虑生成氢氧基配位化合物的影响，计算 $Zn(OH)_2$ 在 pH=10.0 的溶液中的溶解度。此时溶液中 Zn^{2+} 的主要存在形式是什么？

(3.5×10^{-7} mol·L^{-1}，[$Zn(OH)_3$]$^-$、$Zn(OH)_2$)

17. Ag^+ 和 Cl^- 生成 AgCl 沉淀和 $AgCl_水$、[$AgCl_2$]$^-$配位化合物。

a. 计算[Cl^-]=0.1 mol·L^{-1}时 AgCl 沉淀的溶解度；

b. [Cl^-]多大时，AgCl 沉淀的溶解度最小？

(a. 2.2×10^{-6} mol·L^{-1}；b. 3.0×10^{-3} mol·L^{-1})

18. 计算下列称量形式的换算因数：

a. 根据 $PbCrO_4$ 测定 Cr_2O_3；

b. 根据 $Mg_2P_2O_7$ 测定 $MgSO_4\cdot7H_2O$；

c. 根据$(NH_4)_3PO_4\cdot12MoO_3$ 测定 $Ca_3(PO_4)_2$ 和 P_2O_5；

d. 根据$(C_9H_6NO)_3Al$ 测定 Al_2O_3。

(a. 0.235 1；b. 2.214；c. 0.082 65，0.037 82；d. 0.111)

19. 推导一元弱酸盐的微溶化合物 MA_2 在下列溶液中溶解度的计算公式：

a. 在强酸溶液中；

b. 在酸性溶液中和过量沉淀剂 A^- 存在下；

c. 在过量 M^{2+} 存在下的酸性溶液中；

d. 在过量配体 L 存在下(只形成 ML 配位化合物)的酸性溶液中。

20. 称取 $CaCO_3$ 试样 0.350 g 溶解后，使其中的 Ca^{2+} 形成 $CaC_2O_4\cdot H_2O$ 沉淀，需量取质量体积分数为 3% g·mL^{-1}的$(NH_4)_2C_2O_4$ 溶液多少毫升？为使 Ca^{2+} 在 300 mL 溶液中的损失量不超过 0.10 mg，沉淀剂应加入多少毫升？已知 $CaCO_3$ 的 M=100.1 g·mol^{-1}，$(NH_4)_2C_2O_4$ 的 M=124.1 g·mol^{-1}，Ca 的 M=40.08 g·mol^{-1}，$CaC_2O_4\cdot H_2O$ 的 $K_{sp}=2.5\times10^{-9}$。

(14.5 mL，14.9 mL)

21. 称取纯 NaCl 0.580 5 g，溶于水后用 $AgNO_3$ 溶液处理，定量转化后得到 AgCl 沉淀 1.423 6 g。计算 Na 的相对原子质量。已知 Cl 和 Ag 的相对原子质量分别为 35.453 和 107.868。

(22.989)

22. 称取含硫的纯有机化合物 1.000 0 g，首先用 Na_2O_2 熔融，使其中的硫定量转化为 Na_2SO_4，然后溶解于水，用 $BaCl_2$ 溶液处理，定量转化为 $BaSO_4$ 1.089 0 g。计算：

a. 有机化合物中硫的质量分数；

b. 若有机化合物的摩尔质量为 214.33 g·mol^{-1}，求该有机化合物化学式中硫原子的个数。

(a. 14.96%;b. 1)

23. 将50 mg AgCl溶解在10 mL 3 $mol\cdot L^{-1}$的$NH_3\cdot H_2O$中,再加入10 mL 0.050 $mol\cdot L^{-1}$的KI溶液,有无AgI沉淀产生?已知AgI的$K_{sp}=8.3\times10^{-17}$,$[Ag(NH_3)_2]^+$的$\lg K_{稳}=7.40$,AgCl的$M=143.3\ g\cdot mol^{-1}$。

(有)

24. 50 mL $1.0\times10^{-4}\ mol\cdot L^{-1}$的$Zn^{2+}$溶液,加入10 mL 0.025% 8-羟基喹啉(HOx)溶液,在pH=6.0时,Zn^{2+}未沉淀的百分数为多少?若此时有$1.0\times10^{-4}\ mol\cdot L^{-1}$柠檬酸($H_3L$)与$Zn^{2+}$共存,可否阻止$Zn^{2+}$的沉淀?已知$Zn(Ox)_2$的$K_{sp}=5\times10^{-25}$;$H_2Ox^+$的$pK_{a_1}=4.91$,$pK_{a_2}=9.81$;$H_3L$的$pK_{a_1}=3.13$,$pK_{a_2}=4.76$,$pK_{a_3}=6.40$;HOx的$M=145.17\ g\cdot mol^{-1}$;ZnL的$\lg K_{稳}=11.40$。

(2.0×10^{-3}%,可阻止Zn^{2+}的沉淀)

第10章 吸光光度法

吸光光度法(absorptiometry)又称分光光度法(spectrophotometry),是建立在物质对光的选择性吸收的基础上的分析方法。

利用有色溶液对可见光的吸收进行定量测定,已有悠久的历史,称为比色法。随着分光光度计发展为灵敏、准确、多功能的仪器,光吸收的测量从混合光的吸收进展为单波长光的吸收及其集合,并从可见光区扩展到紫外和红外光区域,比色法发展成为吸光光度法。本章重点讨论可见光区的吸光光度法。

10.1 物质对光的选择性吸收和光吸收的基本定律

10.1.1 物质对光的选择性吸收

光是一种电磁波,它具有波粒二象性。可见光的波长范围为 400～750 nm(相当于光子具有 3.1～1.7 eV 能量)。

理论上将具有同一波长的光称为单色光(monochromatic light),包含不同波长的光称为复合光(compound light)。人眼所能感觉的红、橙、黄、绿、青、蓝、紫等各种颜色的光为可见光,它们的波长范围不同,并不是单色光。通常所说的白光,如日光,也不是单色光,而是由不同波长的光按一定比例混合而成的。进一步的研究表明,只需把两种特定颜色的光按一定比例混合就可以得到白光,这两种特定颜色的光称为互补光。物质的颜色是因其对不同波长的光的选择性吸收作用而产生的。当一束白光照射到某一物质上时,如果物质选择性地吸收了某一颜色的光,物质透射的光就是互补光,呈现的也是这种互补光的颜色。表10-1 列出了物质的颜色和吸收光之间的关系。

表 10-1 物质颜色和吸收光之间的关系

吸 收 光	吸收光波长范围 λ/nm	物质颜色(透射光)
紫	400～450	黄绿
蓝	450～480	黄
绿蓝	480～490	橙
蓝绿	490～500	红
绿	500～560	紫红
黄绿	560～580	紫

续表

吸　收　光	吸收光波长范围 λ/nm	物质颜色(透射光)
黄	580～600	蓝
橙	600～650	绿蓝
红	650～750	蓝绿

光的吸收是物质与光相互作用的一种形式，吸光物质对可见光的吸收必须符合普朗克条件，只有当入射光能量与物质分子能级间的能量差 ΔE 相等时，才会被吸收，即

$$\Delta E = E_2 - E_1 = h\nu = \frac{hc}{\lambda}$$

式中，ΔE 为吸光分子两个能级间的能量差；ν 或 λ，称为吸收光的频率或波长；h 为普朗克常数。

分子对光的吸收比较复杂，这是由分子结构的复杂性引起的。图 10-1 是双原子分子的能级示意图。从图中可看出，在分子同一电子能级中有若干振动能级(能量差约 0.05～1 eV)，而在同一振动能级中又有若干转动能级(能量差小于0.05 eV)。电子能级间的能量差一般为1～20 eV。因此，由电子能级跃迁而对光产生的吸收，位于紫外及可见光部分。在电子能级变化时，不可避免地也伴随着分子振动能级和转动能级的变化。

物质对光的选择性吸收，是由于单一物质的分子只有有限数量的量子化能级的缘故。由于各种物质的分子能级千差万别，它们内部各能级间的能级差也不相同，因而选择性吸收的性质反映了分子内部结构的差异。

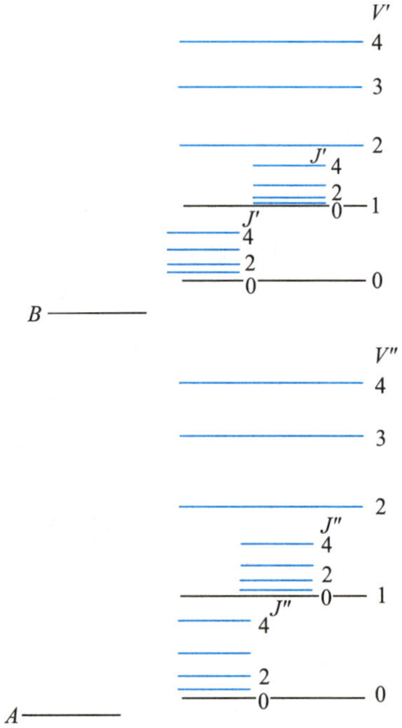

图 10-1　双原子分子的能级示意图
A 和 B 为电子能级；V′和 V″为振动能级；J′和 J″为转动能级

10.1.2　光吸收的基本定律——朗伯-比尔定律

朗伯(Lambert J H)和比尔(Beer A)分别于 1760 和 1852 年研究了光的吸

收与溶液层的厚度及溶液浓度的定量关系，二者结合称为朗伯-比尔定律，这是光吸收的基本定律。朗伯-比尔定律适用于任何均匀、非散射的固体、液体或气体介质，下面以溶液为例进行讨论。

当一束平行单色光通过溶液时，一部分被吸收，一部分透过溶液。设入射光强度为 I_0，吸收光强度为 I_a，透射光强度为 I_t，则

$$I_0 = I_a + I_t$$

透射光强度 I_t 与入射光强度 I_0 之比称为透射比(transmittance)或透光度，用 T 表示：

$$T = \frac{I_t}{I_0} \tag{10-1}$$

溶液的透射比愈大，表示它对光的吸收愈小；相反，透射比愈小，表示它对光的吸收愈大。

溶液对光的吸收程度，与溶液浓度、液层厚度及入射光波长等因素有关。如果保持入射光波长不变，则溶液对光的吸收程度只与溶液浓度和液层厚度有关。

当一束强度为 I_0 的平行单色光垂直照射到液层厚度为 b、浓度为 c 的溶液时，由于溶液中分子对光的吸收，通过溶液后光的强度减弱为 I_t，则

$$A = \lg \frac{I_0}{I_t} = Kbc \tag{10-2}$$

式中，A 为吸光度(absorbance)，K 为比例常数。吸光度 A 为溶液吸光程度的度量，其有意义的取值范围为 $0 \sim \infty$。A 越大，表明溶液对光的吸收越强。

(10-2)式是朗伯-比尔定律的数学表达式。它表明：当一束单色光通过含有吸光物质的溶液后，溶液的吸光度与吸光物质的浓度及吸收层厚度成正比，这是吸光光度法进行定量分析的理论基础。式中比例常数 K 与吸光物质的性质、入射光波长及温度等有关。

吸光度 A 与溶液的透射比的关系为

$$A = \lg \frac{I_0}{I_t} = \lg \frac{1}{T} \tag{10-3}$$

在含有多种吸光物质的溶液中，由于各吸光物质对某一波长的单色光均有吸收作用，如果各吸光物质之间相互不发生化学反应，当某一波长的单色光通过这样一种含有多种吸光物质的溶液时，溶液的总吸光度应等于各吸光物质的吸光度之和。这一规律称为吸光度的加和性。根据这一规律，可以进行多组分的测定及某些化学反应平衡常数的测定。

(10-2)式中的 K 值随 c、b 所取单位不同而异。当浓度 c 以 $mol \cdot L^{-1}$、液层

厚度 b 以 cm 为单位表示时，则 K 用另一符号 κ 来表示。κ 称为摩尔吸收系数(molar absorption coefficient)，其单位为 $L \cdot mol^{-1} \cdot cm^{-1}$。它表示浓度为 1 $mol \cdot L^{-1}$、液层厚度为 1 cm 时溶液的吸光度。这时，(10-2)式变为

$$A = \kappa bc \tag{10-4}$$

朗伯-比尔定律一般适用于浓度较低的溶液，所以在分析实践中，不能直接取浓度为 1 $mol \cdot L^{-1}$ 的有色溶液来测定 κ 值，而是在适当的低浓度时测定该有色溶液的吸光度，然后通过计算求得 κ 值。摩尔吸收系数 κ 反映吸光物质对光的吸收能力，也反映用吸光光度法测定该吸光物质的灵敏度。在一定条件下它是常数。

溶液中吸光物质的浓度常因解离等化学反应而改变，若不考虑这种情况，以被测物质的总浓度代替平衡浓度计算，所得的为条件摩尔吸收系数，以 κ' 表示。

吸光光度分析的灵敏度还常用桑德尔(Sandell)灵敏度(灵敏度指数)S 来表示。S 是指当 $A=0.001$ 时，单位截面积光程内所能检测出来的吸光物质的最低含量，其单位为 $\mu g \cdot cm^{-2}$。S 与摩尔吸收系数 κ 及吸光物质摩尔质量 M 的关系为

$$S = \frac{M}{\kappa} \tag{10-5}$$

10.2 分光光度计及吸收光谱

10.2.1 分光光度计

分光光度计(spectrophotometer)构造框图如图 10-2 所示。各种光度计尽管构造各不相同，但其基本构造都是一样的。其中光源(light source)用来提供可覆盖广泛波长的复合光，复合光经过单色器(monochromator)转变为单色光。待测的吸光物质溶液放在吸收池中，当强度为 I_0 的单色光通过时，一部分光被吸收，强度为 I_t 的透射光照射到检测器上(检测器实际上就是光电转换器)，检测器把接收到的光信号转换成电流信号，而由电流检测计检测，或经 A/D 转换由计算机直接采集数字信号进行处理。下面对分光光度计的主要部件进行简单介绍。

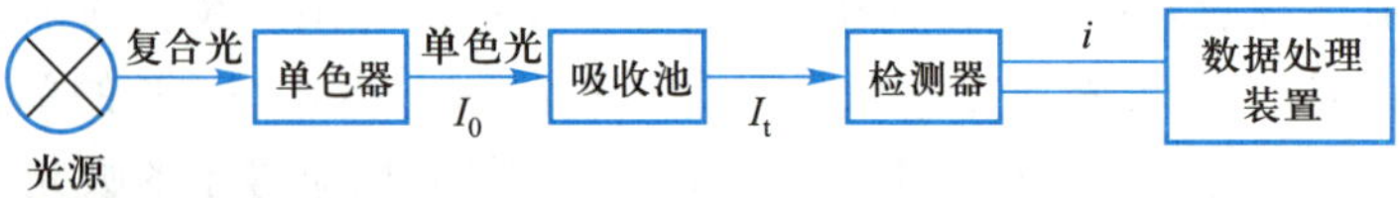

图 10-2 分光光度计构造框图

1. 光源

通常用 6～12 V 钨丝灯作可见光区的光源，发出的连续光谱在 360～800 nm范围内。光源应该稳定，即要求电源电压保持稳定。为此，通常在仪器内同时配备电源稳压器。

2. 单色器

单色器的作用是将光源发出的复合光分解为单色光的装置，常用棱镜或光栅(grating)。

棱镜是根据光的折射原理将复合光色散为不同波长的单色光，它由玻璃或石英制成。玻璃棱镜用于可见光范围，石英棱镜则在紫外光和可见光范围均可使用。经棱镜色散得到的所需波长的光通过一个很窄的狭缝照射到吸收池上。

光栅是根据光的衍射和干涉原理将复合光色散为不同波长的单色光，然后再让所需波长的光通过狭缝照射到吸收池上。同棱镜相比，光栅作为色散元件更为优越，它具有如下优点：适用波长范围广；色散几乎不随波长改变；同样大小的色散元件，光栅具有更好的色散和分辨能力。

3. 吸收池

吸收池也称比色皿，是用于盛放试液的容器，由无色透明、耐腐蚀、化学性质相同、厚度相等的玻璃或石英制成，按其厚度分为 0.5 cm、1 cm、2 cm、3 cm和5 cm等规格。在可见光区使用玻璃吸收池(absorption cell)，紫外光区则使用石英吸收池。使用时应注意保持吸收池清洁、透明，避免磨损吸收池透光面。

为消除吸收池体、溶液中其他组分和溶剂对光反射和吸收所带来的误差，光度测量中要使用参比溶液。参比溶液与待测溶液应置于尽量一致的吸收池中。单光束分光光度计应先将装参比溶液的吸收池(参比池)放进光路，调节仪器零点。

为自动消除因光源强度的波动而引起的误差，分光光度计常设计为双光束光路。单色器后某一波长的光束经反射镜分解为强度相等的两束光，一束通过参比池，一束通过试样池，光度计将自动比较两束透射光的强度，其比值以 T 或转换为 A 表示。

4. 检测器及数据处理装置

检测器(detector)的作用是将所接收到的光经光电效应转换成电流信号进行测量，故又称光电转换器，分为光电管和光电倍增管两种类型。

光电管(phototube)是一个真空或充有少量惰性气体的二极管。阴极是金属做成的半圆筒，内侧涂有光敏物质，阳极为金属丝。光电管依其对光敏感的波长范围不同可分为红敏光电管和紫敏光电管。红敏光电管是在阴极表面涂银和氧化铯，适用波长范围为 625～1 000 nm；紫敏光电管是在阴极表面涂锑和铯，适用波长范围为 200～625 nm。

光电倍增管(photomultiplier)是由光电管改进而成的，管中有若干个称为倍增极的附加电极。因此，可使微弱的光电流得以放大，一个光子约产生 10^6～10^7 个电子。光电倍增管的灵敏度比光电管高 200 多倍，适用波长范围为 160～700 nm。光电倍增管在现代的分光光度计中被广泛采用。

简易的分光光度计常用检流计、微安表、数字显示记录仪，把放大的信号以吸光度 A 或透射比 T 的方式显示或记录下来。现代分光光度计的检测装置，一般是将光电倍增管输出的电流信号经 A/D 转换，由计算机直接采集数字信号进行处理，从而得到吸光度 A 或透射比 T。近年来发展起来的二极管阵列检测器，配有计算机将瞬间获得的光谱图储存，可作实时测量，提供时间-波长-吸光度的三维谱图。

10.2.2 吸收光谱

如果测量某种物质对不同波长单色光的吸收，并加以集合，以波长为横坐标，吸光度为纵坐标作图，可得到物质的吸收光谱(absorption spectrum)，又称吸收曲线，它能清楚地描述物质对一定波长范围光的吸收情况。图 10-3 是 $KMnO_4$ 溶液的吸收光谱，由图可见，在可见光范围内，$KMnO_4$ 溶液对波长 525 nm 附近绿色光的吸收最强，而对紫色光和红色光的吸收很弱，所以 $KMnO_4$ 溶液呈紫红色。吸光度 A 最大处的波长称为最大吸收波长，用 λ_{max} 表示。$KMnO_4$ 溶液的 $\lambda_{max}=525$ nm，在 λ_{max} 处测得的摩尔吸光系数为 κ_{max}，κ_{max} 可以更直观地反映用吸光光度法测定该吸光物质的灵敏度。

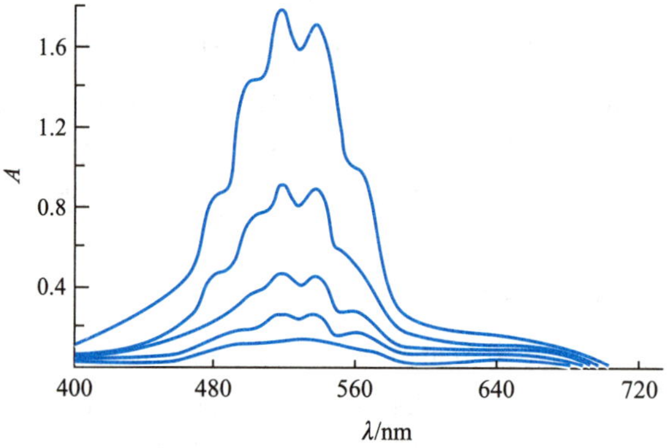

图 10-3 $KMnO_4$ 溶液的吸收光谱图

$KMnO_4$ 质量浓度由下至上依次为：1.25、2.50、5.00、10.00、20.00 $\mu g \cdot mL^{-1}$

从图中可以看出，对同一物质，浓度不同时，同一波长下的吸光度 A 不同，但其最大吸收波长的位置和吸收光谱的形状不变。对于不同物质，由于它们对不同波长光的吸收具有选择性,因此,它们的 λ_{max} 的位置和吸收光谱的形状互不相同,可以据此对物质进行定性分析。

从图中还可以看出,对于同一物质,在一定的波长下,随着浓度的增加,吸光度 A 也相应增大;而且由于在 λ_{max} 处吸光度 A 最大,在此波长下 A 随浓度的增大最为明显,可以据此对物质进行定量分析。

分子电子能级之间的跃迁,引起可见光的吸收。电子跃迁时,不可避免地要同时发生振动能级和转动能级的跃迁,这种吸收产生的是电子-振动-转动光谱,具有一定的频率范围,所以形成吸收带。

10.3 显色反应及其影响因素

10.3.1 显色反应和显色剂

测定某种物质时,如果待测物质本身有较深的颜色,那么就可以进行直接测定。当待测物质无色或只有很浅颜色时,则需要选用适当的试剂与被测物质反应生成有色化合物再进行测定,这是吸光光度法测定无机离子的最常用方法。将无色或浅色的无机离子转变为有色离子或配位化合物的反应称为显色反应(chromogenic reaction),所用的试剂称为显色剂(color reagent)。

1. 对显色反应的要求

按显色反应的类型可将其分为氧化还原反应和配位反应两大类,而配位反应是最主要的。显色反应一般应满足下列要求。

a. 灵敏度足够高,有色物质的摩尔吸收系数应大于 10^4;选择性好,干扰少,或干扰容易消除。

b. 有色化合物的组成恒定,符合一定的化学式。对于形成不同配比的配位反应,必须注意控制实验条件,使生成组成一定的配位化合物,以免引起误差。

c. 有色化合物的化学性质应足够稳定,至少应保证在测量过程中溶液的吸光度基本恒定。这就要求有色化合物不容易受外界环境条件的影响,如日光照射、空气中的氧和二氧化碳的作用等,此外,也不应受溶液中其他化学因素的影响。

d. 有色化合物与显色剂之间的颜色差别要大,即显色剂对光的吸收与有色化合物的吸收有明显区别,一般要求二者的吸收峰波长之差 $\Delta\lambda > 60$ nm。

2. 显色剂

无机显色剂在光度分析中应用不多,如用硫氰酸盐作显色剂测铁、钼、钨和铌;用钼酸铵作显色剂测硅、磷和钒;用过氧化氢作显色剂测钛等。但这些生成的有色化合物不够稳定,灵敏度和选择性也不高。

在吸光光度分析中应用较多的是有机显色剂，有机显色剂及其产物的颜色与它们的分子结构有密切关系。有机显色剂分子中一般都含有生色团和助色团。生色团(chromophoric group)是某些含不饱和化学键的基团，如偶氮基、对醌基和羰基等。这些基团中的电子被激发时所需能量较小，波长 200 nm 以上的光就可以做到，故往往可以吸收可见光而呈现出颜色。助色团(auxochrome group)是某些含孤对电子的基团，如氨基、羟基和卤代基等。这些基团与生色团上的不饱和键相互作用，可以影响生色团对光的吸收，使颜色加深。有机显色剂种类繁多，现简单介绍几种。

(1) 磺基水杨酸

属于 OO 型螯合显色剂，可与很多高价金属离子生成稳定的螯合物，主要用于测定 Fe^{3+}。磺基水杨酸(Ssal)与 Fe^{3+} 在 pH＝1.8～2.5 时生成紫红色的 $[Fe(Ssal)]^{+}$；在 pH＝4～8 时生成褐色的 $[Fe(Ssal)_2]^{-}$；pH＝8～11.5 时生成黄色的 $[Fe(Ssal)_3]^{3-}$；pH＞12 时有色配位化合物被破坏而生成 $Fe(OH)_3$ 沉淀。

$[FeSsal]^{+}$　　$\lambda_{max}=520$ nm，$\kappa_{max}=1.6\times10^{3}$ $L\cdot mol^{-1}\cdot cm^{-1}$

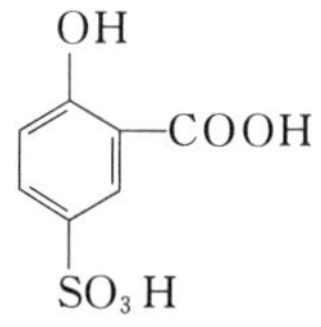

磺基水杨酸

(2) 丁二酮肟

属于 NN 型螯合显色剂，用于测定 Ni^{2+}。在 NaOH 碱性溶液中有氧化剂(如过硫酸铵)存在时，试剂与 Ni^{2+} 生成可溶性红色配位化合物：

$\lambda_{max}=470$ nm，$\kappa_{max}=1.3\times10^{4}$ $L\cdot mol^{-1}\cdot cm^{-1}$

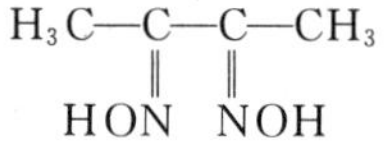

丁二酮肟

(3) 1,10-邻二氮菲

属于 NN 型螯合显色剂，是目前测定微量 Fe^{2+} 的较好试剂。用还原剂(如盐酸羟胺)先将 Fe^{3+} 还原为 Fe^{2+}，然后在 pH＝3～9(一般控制 pH＝5～6)的条件下，Fe^{2+} 与试剂作用生成稳定的橘红色配位化合物：

$\lambda_{max}=508$ nm，$\kappa_{max}=1.1\times10^{4}$ $L\cdot mol^{-1}\cdot cm^{-1}$

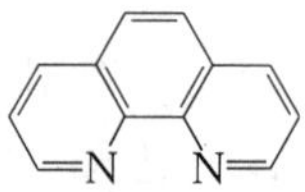

1,10-邻二氮菲

(4) 二苯硫腙

属于含 S 显色剂，是目前萃取光度法测定 Cu^{2+}、Pb^{2+}、Zn^{2+}、Cd^{2+}、Hg^{2+} 等许多重金属离子的重要试剂。采用控制酸度及加入掩蔽剂的方法，可以消除重金属离子之间的干扰，提高反应的选择性。如 Pb^{2+} 的二苯硫腙配位化合物：

$\lambda_{max}=520\ nm, \kappa_{max}=6.6\times10^4\ L\cdot mol^{-1}\cdot cm^{-1}$

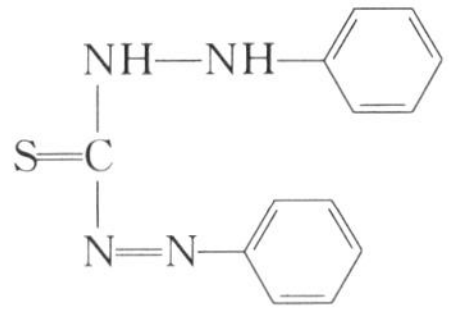

二苯硫腙

(5) 偶氮胂Ⅲ(铀试剂Ⅲ)

属于偶氮类螯合显色剂，可在强酸性溶液中与Th(Ⅳ)、Zr(Ⅳ)、U(Ⅳ)等生成稳定的有色配位化合物，也可以在弱酸性溶液中与稀土金属离子生成稳定的有色配位化合物，是测定这些金属离子的良好显色剂。如偶氮胂Ⅲ与 U(Ⅳ)生成的有色配位化合物：

$\lambda_{max}=670\ nm, \kappa_{max}=1.2\times10^5\ L\cdot mol^{-1}\cdot cm^{-1}$

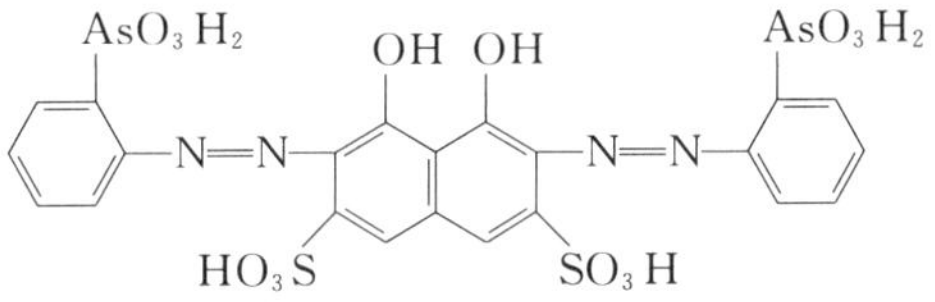

偶氮胂Ⅲ

(6) 铬天青 S

属于三苯甲烷类螯合显色剂，是测定 Al^{3+} 的重要试剂，在pH=5～5.8 的条件下与 Al^{3+} 显色：

$\lambda_{max}=530\ nm, \kappa_{max}=5.9\times10^4\ L\cdot mol^{-1}\cdot cm^{-1}$

铬天青S

(7) 结晶紫

属于三苯甲烷类碱性染料，常用于测定 Tl^{3+}。在 HBr 介质中，试剂与 $[TlBr_4]^-$ 生成有色的离子缔合物，可被醋酸异戊酯萃取。

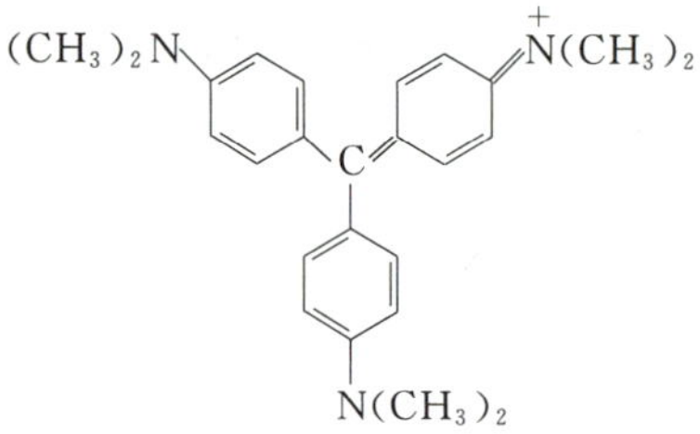

结晶紫

3. 多元配位化合物

多元配位化合物是由三种或三种以上的组分所形成的配位化合物。目前应用较多的是由一种金属离子与两种配体所组成的三元配位化合物。多元配位化合物在吸光光度分析中应用较普遍。以下介绍几种重要的三元配位化合物类型。

(1) 混配化合物

由一种金属离子与两种不同配体通过共价键结合成的三元配位化合物，例如，V(Ⅴ)、H_2O_2 和吡啶偶氮间苯二酚(PAR)形成 1∶1∶1 的有色配位化合物，可用于钒的测定，其灵敏度高，选择性好。

(2) 离子缔合物

金属离子首先与配体生成配阴离子或配阳离子，然后再与带相反电荷的离子生成离子缔合物。这类化合物主要用于萃取光度法测定。例如，Ag^+ 与 1,10-邻二氮菲形成配阳离子，再与溴邻苯三酚红的阴离子形成深蓝色的离子缔合物。用 F^-、H_2O_2、EDTA 作掩蔽剂，可测定微量 Ag^+。

(3) 金属离子-配体-表面活性剂体系

许多金属离子与显色剂反应时，加入某些表面活性剂，可以形成胶束化合物，显著提高测定的灵敏度。这种情况下，金属配位化合物的吸收峰向长波方向移动，这种现象在吸光光度法中称为红移。目前，常用于这类反应的表面活性剂有溴化十六烷基吡啶、氯化十四烷基二甲基苄胺、氯化十六烷基三甲基铵、溴化十六烷基三甲基铵、溴化羟基十二烷基三甲基铵、OP 乳化剂等。例如，在 pH=8～9时，稀土元素、二甲酚橙及溴化十六烷基吡啶反应生成蓝紫色的三元配位化合物，可用于痕量稀土元素总量的测定。

10.3.2 影响显色反应的因素

显色反应能否完全满足分析的要求，除了主要与显色剂本身的性质有关外，控制好显色反应的条件也十分重要。如果显色反应条件不合适，将会影响分析结果的准确度。影响显色反应的因素主要有溶液酸度、显色剂用量、显色反应时间、显色反应温度、溶剂、溶液中的干扰物质等，必须加以控制和选择。

1. 溶液酸度

酸度对显色反应的影响很大，主要表现在以下几个方面。

(1) 影响显色剂的平衡浓度和颜色

显色反应所用的显色剂不少是有机弱酸，显然，溶液酸度的变化，将影响显色剂的平衡浓度，并影响显色反应的完全程度。例如，金属离子 M^+ 与显色剂 HR 作用，生成有色配位化合物 MR：

$$M^+ + HR \rightleftharpoons MR + H^+$$

可见，增大溶液的酸度，将对显色反应不利。

另外，有一些显色剂具有酸碱指示剂的性质，即在不同的酸度下有不同的颜色。如 1-(2-吡啶偶氮)间苯二酚(PAR)，当溶液 pH<6 时，它主要以 H_2R 形式(黄色)存在；在 pH=7～12 时，主要以 HR^- 形式(橙色)存在；pH>13 时，主要以 R^{2-} 形式(红色)存在。大多数金属离子和 PAR 生成红色或红紫色配位化合物，因而 PAR 只适宜在酸性或弱碱性中进行测定。在强碱性溶液中，显色剂本身的红色影响分析。

(2) 影响被测金属离子的存在状态

大多数金属离子容易水解，当溶液的酸度降低时，可能形成一系列氢氧基或多核氢氧基配离子。酸度更低时，可能进一步水解生成碱式盐或氢氧化物沉淀，影响显色反应。

(3) 影响配位化合物的组成

对于某些生成逐级配位化合物的显色反应，酸度不同，配位化合物的配比往往不同，其颜色也不同。如磺基水杨酸与 Fe^{3+} 的显色反应，当溶液 pH 为 1.8～2.5、4～8、8～11.5 时，将分别生成配比为 1∶1(紫红色)、1∶2(棕褐色)和 1∶3(黄色)三种颜色的配位化合物，故测定时应严格控制溶液的酸度。

显色反应的适宜酸度是通过实验来确定的，方法是通过实验作出吸光度-pH 关系曲线，从图上确定适宜的 pH 范围。

2. 显色剂用量

显色反应在一定程度上是可逆的。为了提高被测物的反应程度，一般需加入过量显色剂。但显色剂不是越多越好。对于有些显色反应，显色剂加入太多，反而会引起副反应，对测定不利。在实际工作中，显色剂的适宜用量是通过实验来求得的。实验方法为固定被测组分的浓度和其他条件，只改变显色剂的加入量，测量吸光度，作出吸光度-显色剂用量的关系曲线，当显色剂用量达到某一数值，而吸光度无明显增大时，表明显色剂用量已足够。

3. 显色反应时间

有些显色反应瞬间完成，溶液颜色很快达到稳定状态，并在较长时间内保持不变；有些显色反应虽能迅速完成，但有色化合物很快开始退色；有些显色反应进行缓慢，溶液颜色需经一段时间后才稳定。因此，必须经实验来确定最适合测定的时间区间。实验方法为配制一份显色溶液，从加入显色剂起计算时间，每隔几分钟测量一次吸光度，制作吸光度-时间曲线，根据曲线来确定适宜时间。一般来说，对那些反应速率很快，有色化合物又很稳定的体系，测定时间的选择余地很大。

4. 显色反应温度

通常，显色反应在室温下进行。但是，有些显色反应必须加热至一定温度才能较快进行。例如，用硅钼酸法测定硅的反应，在室温下需 10 min 以上才能完成，而在沸水浴中，只需 30 s 便能完成。但有些显色剂或有色化合物在温度较高时容易分解，需要注意。

5. 溶剂

有机溶剂常降低有色化合物的解离度，从而提高显色反应的灵敏度。如在 $Fe(SCN)_3$ 溶液中加入与水混溶的有机溶剂（如丙酮），由于降低了 $Fe(SCN)_3$ 的解离度而使颜色加深，从而提高了测定的灵敏度。此外，有机溶剂还可能提高显色反应的速率，影响有色配位化合物的溶解度和组成等。如用偶氮氯膦（Ⅲ）法测定 Ca^{2+}，加入乙醇后，吸光度显著增大。又如，用氯代磺酚 S 法测定铌（Ⅴ）时，在水溶液中显色需几小时，加入丙酮后，则只需 30 min。

6. 干扰物质

试样中存在的干扰物质会影响显色反应，造成光度分析误差，这方面内容将在下节深入讨论。

10.4 吸光光度分析及误差控制

10.4.1 测定波长、参比溶液选择及标准曲线的制作

1. 测定波长的选择

为了使测定结果有较高的灵敏度，应选择被测物质的最大吸收波长的光作为入射光，这称为"最大吸收原则"。选用这种波长的光进行分析，不仅灵敏度高，而且能够减少或消除由非单色光引起的对朗伯-比尔定律的偏离。

但是，如果在最大吸收波长处有其他吸光物质干扰测定，则应根据"吸收最大、干扰最小"的原则来选择入射光波长。例如，用丁二酮肟光度法测定钢中的

镍,配位化合物丁二酮肟镍的最大吸收波长为 470 nm(图 10-4),但试样中的铁用酒石酸钠掩蔽后,在 470 nm 处也有一定吸收,干扰对镍的测定。为避免铁的干扰,可以选择波长 520 nm 进行测定。虽然在 520 nm 测镍的灵敏度有所降低,但酒石酸铁的吸光度很小,可以忽略,因此不干扰镍的测定。

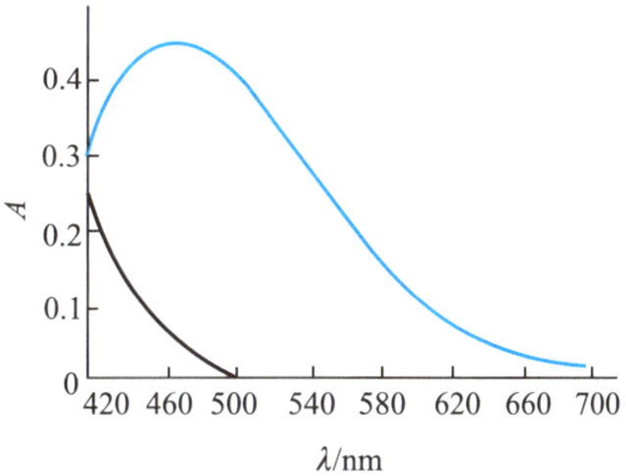

图 10-4 丁二酮肟镍(蓝线)与酒石酸铁(黑线)的吸收光谱

2. 参比溶液的选择

为准确测定吸收光谱,选择恰当的参比溶液(reference solution)十分必要。参比溶液用来调节仪器的零点,消除由于吸收池壁及溶剂对入射光的反射和吸收带来的误差,并扣除干扰的影响。参比溶液可根据下列情况选择:

a. 当试液及显色剂均无色时,可用蒸馏水作参比溶液。

b. 显色剂无色,而被测试液中存在其他有色离子,可用不加显色剂的被测试液作参比溶液。

c. 显色剂有颜色,可选择不加试样溶液的试剂空白作参比溶液。

d. 显色剂和试液均有颜色,可将一份试液加入适当掩蔽剂,将被测组分掩蔽起来,使之不再与显色剂作用,而显色剂及其他试剂均按试液测定方法加入,以此作为参比溶液,这样就可以消除显色剂和一些共存组分的干扰。

e. 改变加入试剂的顺序,使被测组分不发生显色反应,可以此溶液作为参比溶液消除干扰。

3. 标准曲线的制作

由朗伯-比尔定律可知,吸光度与吸光物质的含量成正比,这是吸光光度法进行定量分析的基础,标准曲线(calibration curve)就是根据这一原理制作的。

标准曲线制作的具体方法为:在确定的测量波长和选择的实验条件下分别测量一系列不同含量的标准溶液的吸光度,以标准溶液中待测组分的含量为横坐标,吸光度为纵坐标作图,得到一条通过原点的直线,称为标准曲线(或工作曲线,如图 10-5)。此时测量待测溶液的吸光度,在标准曲线上就可以查到与之相对应的被测物质的含量。

在实际工作中,有时标准曲线不通过原点。造成这种情况的原因比较复杂,可能是由于参比溶液选择不当、吸收池厚度不等、吸收池位置不妥、吸收池透光面不清洁等原因所引起的。若有色配位化合物的解离度较大,特别是当溶液中还有其他配体时,常使被测物质在低浓度时显色不完全。应针对具体情况进行分析,找出原因,加以避免。

10.4.2 对朗伯-比尔定律的偏离

在吸光光度分析中，经常出现标准曲线不成直线的情况，特别是当吸光物质浓度较高时，明显地看到通过原点向浓度轴弯曲的现象（个别情况向吸光度轴弯曲）。这种情况称为偏离朗伯-比尔定律（如图10-5）。若在曲线弯曲部分进行定量，将会引起较大的误差。在一般情况下，如果偏离朗伯-比尔定律的程度不严重，即标准曲线弯曲程度不严重，该曲线仍可用于定量分析。

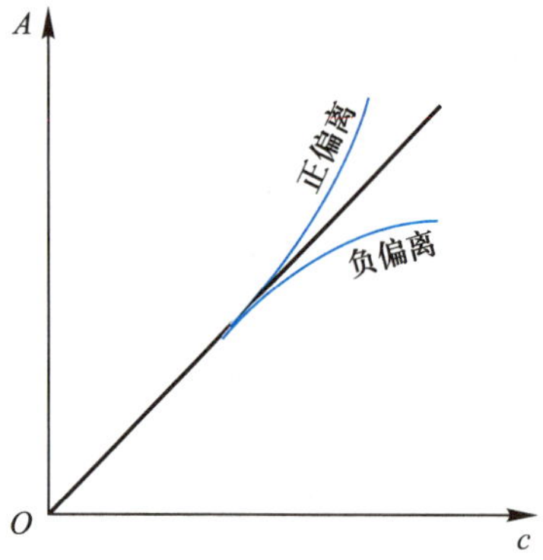

图10-5 标准曲线及对朗伯-比尔定律的偏离

偏离朗伯-比尔定律的原因主要是仪器或溶液的实际条件与朗伯-比尔定律所要求的理想条件不一致。一般可分为以下几类情况。

1. 非单色光引起的偏离

严格说，朗伯-比尔定律只适用于单色光，但由于单色器色散能力的限制和出口狭缝需要保持一定的宽度，所以目前各种分光光度计得到的入射光实际上都是包含某一波段的复合光。由于物质对不同波长光的吸收程度不同，因而导致对朗伯-比尔定律偏离。由非单色光引起的偏离一般为负偏离，但也可能是正偏离，这主要与测定波长的选择有关。

为克服非单色光引起的偏离，应尽量使用比较好的单色器，从而获得纯度较高的“单色光”，使标准曲线有较宽的线性范围。此外，应将入射光波长选择在被测物质的最大吸收处，这不仅保证了测定有较高的灵敏度，而且由于此处的吸收曲线较为平坦，在此最大吸收波长附近各波长的光的 κ 值大体相等，因此非单色光引起的偏离相对较小。另外，测定时应选择适当的浓度范围，使吸光度读数在标准曲线的线性范围内。

2. 介质不均匀引起的偏离

朗伯-比尔定律要求吸光物质的溶液是均匀的。如果被测溶液不均匀，是胶体溶液、乳浊液或悬浮液时，入射光通过溶液后，除一部分被试液吸收外，还有一部分因散射现象而损失，使透射比减少，因而实测吸光度增加，使标准曲线偏离直线向吸光度轴弯曲。故在光度法中应避免溶液产生胶体或混浊。

3. 由于溶液本身的化学反应引起的偏离

溶液对光的吸收程度取决于吸光物质的性质和浓度，溶液中的吸光物质常因解离、缔合、形成新化合物或互变异构等化学变化而改变其浓度，因而导致偏离朗伯-比尔定律。

（1）解离

大部分有机酸碱的酸式、碱式对光有不同的吸收性质，溶液的酸度不同，酸（碱）解离程度不同，导致酸式与碱式的比例改变，使溶液的吸光度发生改变。

（2）配位反应

如果显色剂与金属离子生成的是多级配位化合物，且各级配位化合物对光的吸收性质不同，如用 SCN^- 测定 Fe^{3+}，随着 SCN^- 浓度的增大，生成颜色越来越深的高配比配位化合物 $[Fe(SCN)_4]^-$ 和 $[Fe(SCN)_5]^{2-}$，溶液颜色由橙黄变至血红色。对于这种情况，只有严格地控制显色剂的用量，才能得到准确的结果。

（3）其他反应

例如，在酸性条件下，CrO_4^{2-} 会结合生成 $Cr_2O_7^{2-}$，而它们对光的吸收有很大的不同。

在分析测定中，要控制溶液的条件，使被测组分以一种形式存在，就可以克服化学因素所引起的对朗伯－比尔定律的偏离。

4. 显色反应的干扰及其消除方法

试样中存在干扰物质会影响被测组分的测定，使得标准曲线严重偏离朗伯－比尔定律，这是造成光度分析误差的重要原因。例如，干扰物质本身有颜色或与显色剂反应，在测量条件下也有吸收，会造成正干扰。干扰物质与被测组分反应或与显色剂反应，使显色反应不完全，也会造成干扰。干扰物质在测量条件下从溶液中析出，使溶液变混浊，导致无法准确测定溶液的吸光度。

为消除以上原因引起的干扰，可采取以下几种方法。

（1）控制溶液酸度

例如，用二苯硫腙法测定 Hg^{2+} 时，多种干扰离子均可能发生反应，但如果在稀酸（如 0.5 $mol\cdot L^{-1}$ H_2SO_4）介质中进行萃取，则许多离子将不再与二苯硫腙作用，从而消除其干扰。

（2）加入掩蔽剂

掩蔽剂选取的条件是掩蔽剂（masking reagent）不与待测离子作用，掩蔽剂以及它与干扰物质形成的配位化合物的颜色应不干扰待测离子的测定。如用二苯硫腙法测 Hg^{2+} 时，即使在 0.5 $mol\cdot L^{-1}$ H_2SO_4 介质中进行萃取，尚不能消除 Ag^+ 和大量 Bi^{3+} 的干扰。这时，加 KSCN 掩蔽 Ag^+、EDTA 掩蔽 Bi^{3+} 可消除其干扰。

（3）改变干扰离子的价态

如用铬天青 S 测定 Al^{3+} 时，Fe^{3+} 有干扰，加入抗坏血酸将 Fe^{3+} 还原为 Fe^{2+} 后，干扰即消除。

（4）选择合适的参比溶液

利用参比溶液(reference solution)可消除显色剂和某些共存有色离子的干扰,例如,用铬天青S比色法测定钢中的铝,Ni^{2+}、Co^{2+}等干扰测定。为此可取一定量试液,加入少量NH_4F,使Al^{3+}形成$[AlF_6]^{3-}$配离子而不再显色,然后加入显色剂及其他试剂,以此作参比溶液,以消除Ni^{2+}、Co^{2+}对测定的干扰。

(5) 增加显色剂用量

当溶液中存在有消耗显色剂的干扰离子时,可以通过增加显色剂的用量来消除干扰。

(6) 分离

当上述方法均不能奏效时,则只能采用适当的预先分离的方法(见第11章相关内容)。

10.4.3 吸光度测量的误差

在吸光光度分析中,除了各种化学因素引起的误差外,仪器测量不准确也是误差的主要来源。任何光度计都有一定的测量误差。这些误差可能来源于光源不稳定、实验条件的偶然变动等。在吸光光度分析中,一定要考虑到这些偶然误差对测定的影响。

那么,吸光度(或透射比)在什么范围内具有较小的浓度测量误差呢?首先考虑吸光度A的测量误差与浓度c的测量误差之间的关系。若在测量吸光度A时产生了一个微小的绝对误差$\mathrm{d}A$,则测量A的相对误差(E_r)为

$$E_r = \frac{\mathrm{d}A}{A}$$

根据朗伯-比尔定律$A=\kappa bc$,当b为定值时,两边微分得

$$\mathrm{d}A = \kappa b\,\mathrm{d}c$$

$\mathrm{d}c$就是测量浓度c的微小的绝对误差。二式相除得

$$\frac{\mathrm{d}A}{A} = \frac{\mathrm{d}c}{c}$$

可见,c与A测量的相对误差完全相等。

A与T的测量误差之间的关系如下:

$$A = -\lg T = -0.434\ln T$$

微分

$$\mathrm{d}A = -0.434\frac{\mathrm{d}T}{T}$$

$$\frac{\mathrm{d}A}{A} = \frac{\mathrm{d}T}{T\ln T}$$

可见,由于A与T不是正比关系而是负对数关系,因此它们的测量相对误差并

不相等。

于是，由噪声引起的浓度 c 的测量相对误差为

$$E_r=\frac{dc}{c}\times100\%=\frac{dA}{A}\times100\%=\frac{dT}{T\ln T}\times100\%$$

如果 T 的测量绝对误差 $dT=\Delta T=\pm0.01$，则

$$E_r=\frac{\Delta T}{T\ln T}\times100\%=\pm\frac{1}{T\ln T}\% \quad (10-6)$$

浓度 c 的测量相对误差的大小与透射比 T 本身的大小有着复杂的关系，由(10-6)式可计算不同 T 时的相对误差绝对值$|E_r|$，根据计算结果作$|E_r|-T$ 曲线图，如图 10-6 所示。从图中可见，透射比很小或很大时，浓度测量误差都较大，因此光度测量最好选透射比(或吸光度)在适当的范围。

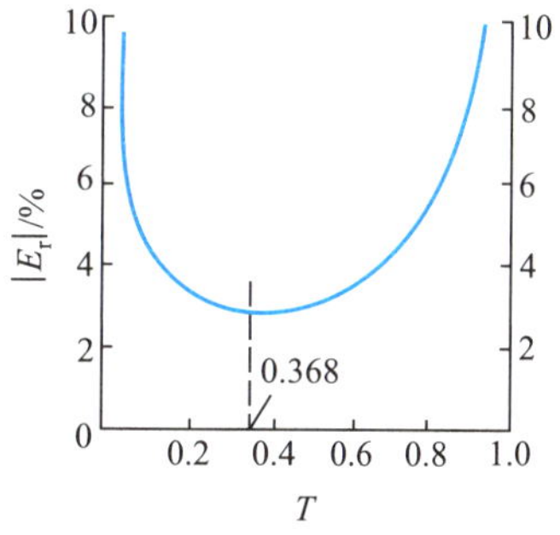

图 10-6 $|E_r|-T$ 关系曲线

在实际测定时，只有使待测溶液的透射比 T 在 15%～65%之间，或使吸光度 A 在 0.2～0.8 之间，才能保证测量的相对误差较小。当吸光度 $A=0.434$(透射比 $T=0.368$)时，测量的相对误差最小。测量时可通过控制溶液的浓度或选择不同厚度的吸收池来达到目的。

10.5 其他吸光光度法

10.5.1 目视比色法

用眼睛观察、比较溶液颜色深度以确定物质含量的方法称为目视比色法(optical colorimetry)。这种方法的优点是仪器简单、操作简便，适宜于大批试样的分析。另外，某些显色反应不符合朗伯-比尔定律时，仍可用该法进行测定。其主要缺点是准确度不高。

10.5.2 示差吸光光度法

1. 示差吸光光度法的原理

普通吸光光度法一般仅适用于微量组分的测定。当待测组分浓度过高或过低，亦即吸光度超出了准确测量的读数范围，这时即使不偏离朗伯-比尔定律，也会引起很大的测量误差，导致准确度大为降低。采用示差吸光光度法(differential spectrophotometry)可以克服这一缺点。目前,主要有高浓度示差吸光光度法、低浓度示差吸光光度法和使用两个参比溶液的精密示差吸光光度法。它们的基本原理相同,且以高浓度示差吸光光度法应用最多,这里着重讨论高浓度示差吸光光度法。

示差吸光光度法与普通吸光光度法的主要区别在于它所采用的参比溶液不同。前者不是以空白溶液(不含待测组分的溶液)作为参比溶液,而是采用比待测溶液浓度稍低的标准溶液作为参比溶液,测量待测试液的吸光度,从测得的吸光度求出它的浓度。这样便可大大提高测量结果的准确度。

设用作参比的标准溶液浓度为 c_0,待测试液浓度为 c_x,且 c_x 大于 c_0。根据朗伯-比尔定律可得

$$A_x = \kappa c_x b$$

$$A_0 = \kappa c_0 b$$

两式相减,得到相对吸光度:

$$A_{相对} = \Delta A = A_x - A_0 = \kappa b(c_x - c_0) = \kappa b \Delta c = \kappa b c_{相对}$$

由上式可知,所测吸光度差与这两种溶液的浓度差成正比。这样用 ΔA 对 Δc 作图绘制标准曲线,根据测得的 ΔA 求出相应的 Δc,从 $c_x = c_0 + \Delta c$ 可求出待测试液的浓度,这就是示差吸光光度法的基本原理。

2. 示差吸光光度法的误差

用示差吸光光度法测定浓度过高或者过低的试液,其准确度比一般吸光光度法高,这可以从图 10-7 中得到一些理解。假设按一般吸光光度法用试剂空白作参比溶液,测得试液的透射比 $T_x = 7\%$,显然这时的测量读数误差是很大的。采用示差吸光光度法时,如果用按一般吸光光度法测得的 $T_1 = 10\%$的标准溶液作参比溶液,即使其透射比从标尺上的 $T_1 = 10\%$处调至 $T_2 = 100\%$处,相当于把检流计上的标尺扩展到原来的十倍。这样待测试液透射比原先为 7%,读数落在光度计标尺刻度很密、测量误差很大的区域,而改用示差法测定后,透射比变为 70%,读数落在测量误差较小的区域,从而提高了测定的准确度。

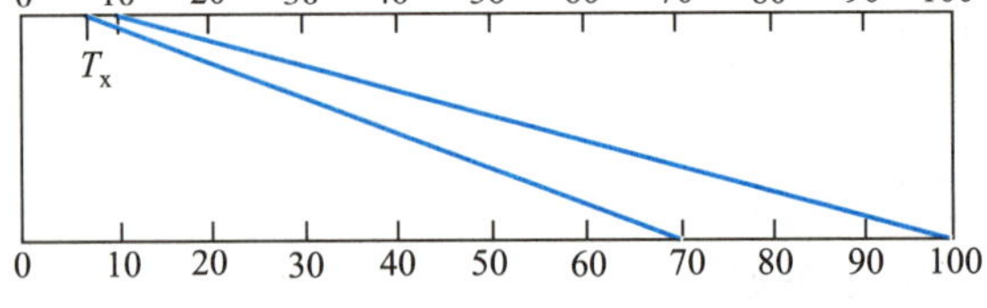

图 10-7 示差吸光光度法标尺扩展原理

在示差吸光光度法中测量的是两个溶液的浓度差 Δc(即 $c_x - c_0$),如测量误

差为$\pm x\%$，所得结果为$c_x \pm (c_x - c_0) \times x\%$，而普通吸光光度法的结果为$c_x \pm c_x \times x\%$。因$c_x$只是稍大于$c_0$，故$c_x$总是远大于$\Delta c$，这就使得示差吸光光度法的准确度大大提高。只要选择合适的参比溶液，参比溶液的浓度越接近待测试液的浓度，测量结果的误差就越小，最小误差可达0.3%。

10.5.3 双波长吸光光度法

在单波长吸光光度分析中，常遇到一些困难。首先是共存的其他成分与被测成分吸收谱带重叠，干扰测定。其次是在测定的波长范围内，入射光受溶剂、胶体、悬浮体等的散射或吸收，产生背景干扰。双波长吸光光度法就是用于解决这些问题的手段之一。

1. 双波长吸光光度法的原理

在经典的单波长吸光光度法中，通常是采用单光束或双光束光路，用溶剂或空白溶液作参比调零位。在测定中，参比和试样的液池位置、液池常数、溶液浊度及溶液组成等任何差异都会直接导致误差。双波长吸光光度法只用一个试样池，其原理如图10-8所示。从光源发射出来的光线分成两束，分别经过两个单色器，得到两束波长不同的单色光。借助切光器，使这两束光以一定的频率交替地通过试样池，最后由检测器显示出试液对波长为λ_1和λ_2的光的吸光度差值ΔA。

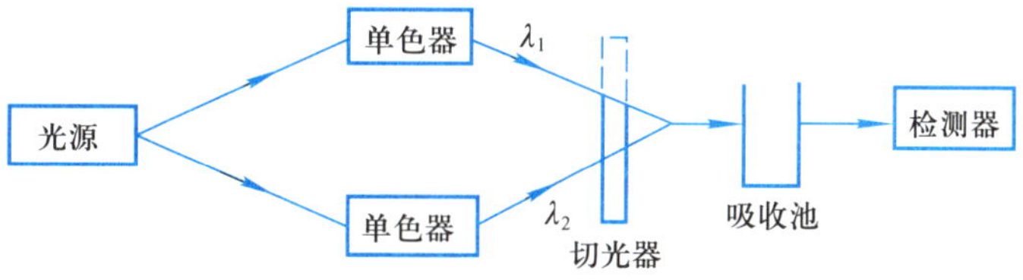

图10-8 双波长吸光光度法原理示意图

设波长为λ_1和λ_2的两束单色光的强度相等，则有

$$A_{\lambda_1} = \kappa_{\lambda_1} bc + A_{b1}$$
$$A_{\lambda_2} = \kappa_{\lambda_2} bc + A_{b2}$$

式中，A_{b1}和A_{b2}分别为背景对λ_1和λ_2光的散射或吸收。如果波长λ_1和λ_2相距较近，则可认为$A_{b1} \approx A_{b2}$。于是，通过吸收池的两道光束光强度的信号差为

$$\Delta A = A_{\lambda_1} - A_{\lambda_2} = (\kappa_{\lambda_1} - \kappa_{\lambda_2}) bc$$

可见ΔA与吸光物质浓度成正比，且基本上消除了试样背景的影响。这是用双波长吸光光度法进行定量分析的理论依据。对于谱带有交叠的干扰成分，若能在被测成分测试波长λ_1和λ_2处选择到等吸收值，双波长法也能消除其干扰。

2. 双波长吸光光度法的应用

(1) 单组分的测定

用双波长吸光光度法进行定量分析，是以试液本身对某一波长的光的吸光度作为参比，这不仅避免了因试液与参比溶液或两吸收池之间的差异所引起的误差，而且还可以提高测定的灵敏度和选择性。在进行单组分的测定时，以配位化合物吸收峰作测量波长，参比波长可按下述方法选择：以等吸收点(isoabsorptive point)对应的波长作为参比波长；以有色配位化合物吸收曲线下端的某一波长作为参比波长；以显色剂的吸收峰作为参比波长。

(2) 两组分共存时的分别测定

当两种组分(或它们与试剂生成的有色物质)的吸收光谱有重叠时，要测定其中一个组分就必须设法消除另一组分的光吸收。这时选择参比波长和测定波长的条件是：待测组分在两波长处的吸光度之差 ΔA 要足够大，干扰组分在两波长处的吸光度应相等。这样用双波长法测得的吸光度差只与待测组分的浓度呈线性关系，而与干扰组分无关，从而消除了干扰。例如，测定苯酚与 2,4,6−三氯苯酚混合物中的苯酚时就可用这种方法。由图 10−9 可见，当选择苯酚(图中黑线)的最大吸收波长 λ_2 为测量波长，三氯苯酚(图中蓝线)在此波长处也有较大吸收，产生干扰。为此，在波长 λ_2 处作垂线，它与三氯苯酚的吸收曲线相交于一点，再过此交点作一与横轴平行的直线，它与三氯苯酚的吸收曲线相交于 λ_1 和 λ'_1 两点，这几个交点处的吸光度相等。如果选择波长 λ_1 或 λ'_1 作为参比波长，则可以消除 2,4,6−三氯苯酚对苯酚测定的干扰。

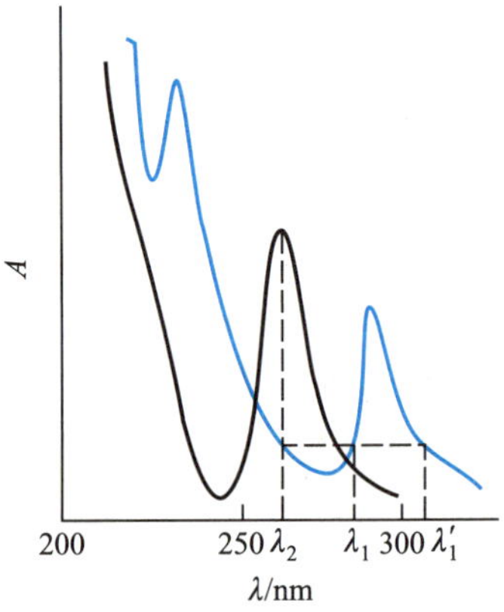

图 10−9 2,4,6−三氯苯酚存在下苯酚的测定

除了双波长吸光光度法外，人们还发展了通过有针对性地选择测量波长点来应对背景干扰、共存物质谱带交叠等问题，如三波长吸光光度法和多波长多组分同时测定技术等。前者采取了与双波长法相似的方法通过选择三个特殊的波长点进行测定以达到去除干扰、提高测量准确度的目的。后者则直接对谱带严重重叠的多组分体系在多个波长点下测定吸光度值，利用化学计量学的方法，如最小二乘法和人工神经网络等，对得到的数据进行处理，建立数学模型。在所建立的模型基础上直接根据吸光度数据来预测各组分的浓度。这两种方法都有一定的应用，特别是后者近年来在多种金属离子共存体系和药物的吸收光谱测定中取得了很好的效果。

10.5.4 导数光度分析法

在双波长分光光度计上，如果使用的两个波长 λ_1 和 λ_2 很接近，进行同时扫描，并保持两波长差 $\Delta\lambda$（或 $d\lambda$）不变，便可获得一阶导数光谱。导数光谱（derivative spectrum）即吸光度随波长变化率对波长的曲线。对 n 阶导数而言，导数光谱即 $\frac{d^nA}{d\lambda^n}-\lambda$ 曲线（图 10-10）。导数光谱较原吸收光谱谱带变窄，减少了与干扰谱带交叠的可能性，提高了吸收光谱法抗干扰的能力。此外，由于吸收光谱的背景消光都是斜线，斜线的一阶导数为常数，二阶导数为零，故导数光谱法又有去除背景干扰的本能。

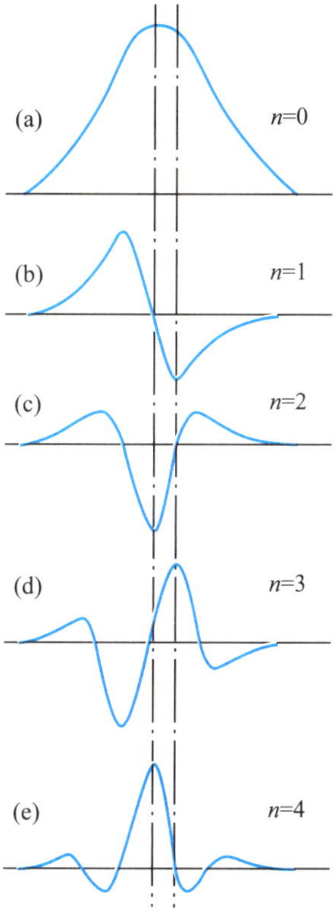

图 10-10 吸收光谱曲线(a)及其 1 至 4 阶导数曲线(b—e)

导数光谱最大的优点是分辨率得到了很大的提高。这是因为吸收光谱曲线经过求导之后，其中各种微小的变化能更好地显示出来。下面进一步加以说明。

(1) 能够分辨两个或两个以上严重重叠的吸收峰

当两个峰的峰高与半宽度的比值不同时，可以认为它们的尖锐程度不同，在导数光谱曲线的正负方向上，各出现两个导数光谱峰，从而很容易辨认出来。当两个完全相同的吸收峰以极小的波长差重叠时，将它们进行二次求导后，由于各峰的半宽度为原峰半宽度的一半，因此也有可能将这两个峰分开。

(2) 能够分辨吸光度随波长急剧上升处所掩盖的弱吸收峰

通常当一个弱峰处于强峰的吸光度急剧上升处时检出困难，而导数光谱能够提高分辨能力。一般经过数次求导后能够分辨出叠加在强峰肩部的弱峰。

(3) 能够确认宽阔吸收带的最大吸收波长

在图 10-10 中，曲线(a)是零阶导数光谱，即普通吸收光谱曲线；曲线(b)、(c)、(d)、(e)分别是一至四阶导数光谱。由图可见，随着导数阶数的增加，吸收峰的尖锐程度增大，带宽减小，因此能较准确地确定宽阔吸收带的最大吸收波长。一般说来，导数光谱的分辨率随着导数阶数的增加而增加，信噪比随着导数阶数的增加而减小。因此，在实际应用中常用二阶导数光谱。

如果将 $A_\lambda = \kappa_\lambda bc$ 式对波长 λ 进行 n 次求导，由于在上式中仅有 A_λ 和 κ_λ 是波长 λ 的函数，于是可得

$$\frac{\mathrm{d}^n A_\lambda}{\mathrm{d}\lambda^n} = \frac{\mathrm{d}^n \kappa_\lambda}{\mathrm{d}\lambda^n} bc$$

该式经 n 次求导以后，吸光度的导数值仍与吸收物的浓度成正比，这正是导数光谱用于定量分析的理论基础。

测量导数光谱峰值的方法，随具体情况不同而异。下面用图 10-11 加以说明。

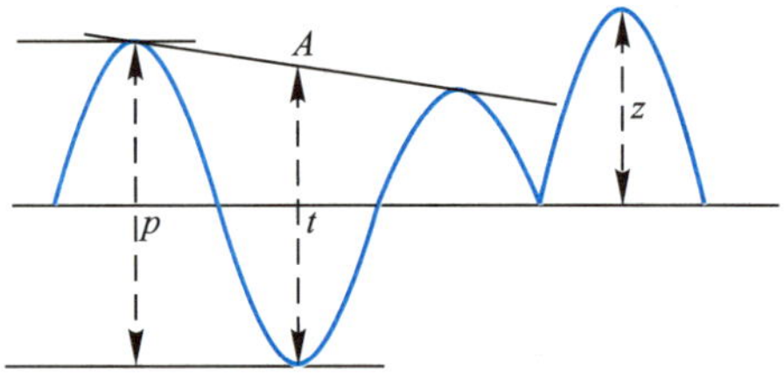

图 10-11 导数光谱的图解测定法

(1) 峰-谷法

如果基线平坦，可通过测量两个极值之间的距离 p 来进行定量分析。这是较常用的方法。如果峰、谷之间的波长差较小，即使基线稍有倾斜，仍可采用此法。

(2) 基线法

首先作相邻两峰的公切线，然后从两峰之间的峰谷画一条平行于纵坐标的直线，交公切线于 A 点，然后测量 t 的大小。当用此法测量时，无论基线是否倾斜，只要它是直线，总能测得较准确的数值。

(3) 峰-零法

此法是测量峰与基线间的距离。但它只适用于导数光谱是对称时的情况，故一般仅在特殊情况下使用。

虽然导数光谱具有分辨相互重叠的吸收峰的能力，但有时不一定能完全消除干扰物的影响。因此在进行定量分析时，必须注意将测量波长选择在干扰成分影响最小的波长处。

10.6 吸光光度法的应用

吸光光度法具有灵敏度高、重现性好和操作简便等优点，因此被广泛用于地矿、环境、材料、药物、临床和食品分析等。它的定量下限一般为 $10^{-5} \sim 10^{-6}$ mol·L^{-1}

(通过溶剂萃取富集),精密度为千分之几。下面举例说明。

10.6.1 痕量金属分析

对痕量金属元素的定量分析是吸光光度法的一个重要应用领域。几乎所有的金属离子都能与特定的化学试剂作用形成有色化合物,因此根据待测定的金属离子,选择适当的显色剂,控制显色条件,确定测定波长和恰当的测定条件,利用标准曲线,即可对金属元素进行定量测定。

10.6.2 临床分析

传统的比色反应技术,如血清中的尿素或葡萄糖、酶或胆甾醇的比色反应等,正在临床分析中得到越来越广泛的应用。图 10-12 所示为 Kodak Ektachem 脲载片,一滴试样(如血清)被涂在多层载片的顶层。在这个载片的不同层上装有脲的酶催化分析所需的全部试剂。在分析过程中如果出现特征颜色则表明待测物质的存在。

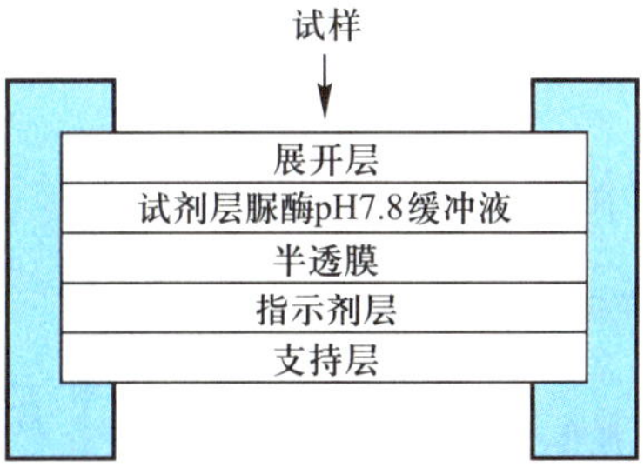

图 10-12 Kodak Ektachem 脲载片

$$H_2NCONH_2 + H_2O \xrightarrow{\text{脲酶}} 2NH_3 + CO_2$$

$$NH_3 + \text{氮指示剂} \longrightarrow \text{染料}$$

其他物质也可用不同的酶以类似的方法加以测定。如葡萄糖氧化酶用于葡萄糖的分析就可以通过下面的方式间接实现:

$$\beta\text{-D-葡萄糖} + O_2 \xrightarrow{\text{葡萄糖氧化酶}} \text{葡萄糖酸} + H_2O_2$$

$$H_2O_2 + \text{酒石黄} \xrightarrow{\text{过氧化物酶}} \text{邻-甲苯胺} + H_2O$$

如果试样中含有葡萄糖,就会在较低层出现绿色,并可用光度法自动测量和定量。类似的实验也可以用于筛选尿和血清的试纸条上,试纸上最终的颜色变化可以用色阶进行比较鉴别。虽然实验结果是半定量的,但在数秒内就可以测定很多试样。

10.6.3 食品分析

吸光光度法在食品分析中的应用相当广泛,是一种简单、可靠的分析方法。特别是近年来与生物免疫技术相结合,使吸光光度法得到了更大的发展。以酶联免疫法测定食品中的氯霉素含量为例来说明这种方法的应用。

氯霉素是一种广谱抗菌药,由于它具有极好的抗菌作用和药物代谢动力学特性而被广泛用于动物生产。由于它具有引起人类血液中毒的副作用,特别是氯霉素作为治疗药物可导致再生障碍性贫血时的有效剂量关系还没有建立,这就导致了食用动物饲养过程禁止使用氯霉素。因此,需要高灵敏度的方法对动物源性食品中的氯霉素进行检测。酶联免疫法测定食品中氯霉素含量的原理如图 10-13 所示。酶联免疫法是利用免疫学抗原抗体特异性结合酶的高效催化作用,通过化学方法将植物辣根过氧化物酶(HRP)与氯霉素结合,形成酶偶联氯霉素。将固相载体上已包被的抗体(羊抗兔 IgG 抗体)与特异性的兔抗氯霉素抗体结合,然后加入待测氯霉素和酶偶联氯霉素,它们竞争性地与兔抗氯霉素抗体结合,没有结合的酶偶联氯霉素被洗去,再向相应孔中加入过氧化氢和邻苯二胺,作用一定时间后,结合后的酶偶联氯霉素将无色的邻苯二胺转化为蓝色的产物,加入终止液后颜色由蓝变黄,用分光光度计在波长 450 nm 处进行检测,吸光度值与试样中氯霉素的含量成反比。

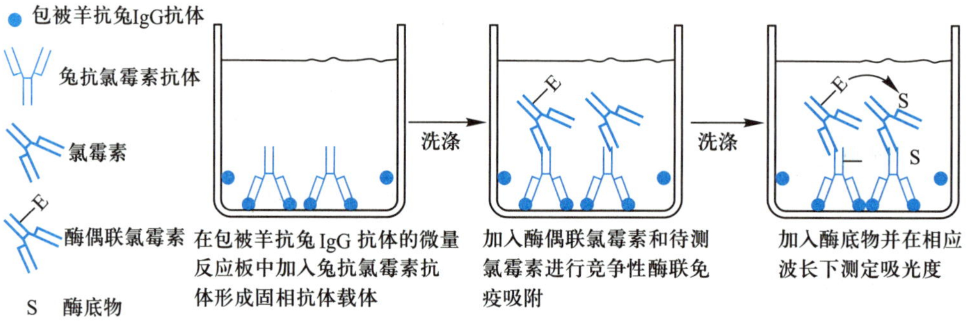
包被羊抗兔IgG抗体
兔抗氯霉素抗体
氯霉素
酶偶联氯霉素
S 酶底物
洗涤
洗涤
E
S
在包被羊抗兔 IgG 抗体的微量反应板中加入兔抗氯霉素抗体形成固相抗体载体
加入酶偶联氯霉素和待测氯霉素进行竞争性酶联免疫吸附
加入酶底物并在相应波长下测定吸光度

图 10-13 酶联免疫法测定氯霉素含量示意图

利用酶联免疫法测定农产品和水产品等动物源性食品中氯霉素的含量已经成为得到认可的行业标准,在这些领域的产品分析和质量监测中发挥着巨大的作用。

10.6.4 其他应用

吸光光度法还可以用于测定某些物理和化学数据,比如物质的相对分子质量、配位化合物的配比及稳定常数、弱酸和弱碱的解离常数、化合物中氢键的强度等。在很多教材和参考书中都有所介绍,感兴趣者可阅读有关书籍。下面仅简述吸光光度法在弱酸和弱碱的解离常数以及配位化合物的配比测定中的应用。

1. 弱酸和弱碱解离常数的测定

分析化学中所使用的指示剂或显色剂大多是有机弱酸或有机弱碱。在研究某些新试剂时，均需先测定其解离常数，测定方法主要有电位法和吸光光度法。由于吸光光度法的灵敏度高，故特别适于测定那些溶解度较小的有色弱酸或弱碱的解离常数。下面以一元弱酸解离常数的测定为例介绍该方法的应用。

设有一元弱酸 HB，其分析浓度为 c_{HB}，在溶液中有下列解离平衡：

$$HB \rightleftharpoons H^+ + B^-$$

$$K_a = \frac{[H^+][B^-]}{[HB]}$$

$$pK_a = pH + \lg\frac{[HB]}{[B^-]}$$

$$c_{HB} = [HB] + [B^-]$$

设在某波长下，酸 HB 和碱 B^- 均有吸收，液层厚度 $b=1$ cm，根据吸光度的加和性：

$$A = \kappa_{HB}[HB] + \kappa_{B^-}[B^-] = \kappa_{HB}\frac{c_{HB}[H^+]}{K_a+[H^+]} + \kappa_{B^-}\frac{c_{HB}K_a}{K_a+[H^+]}$$

令 A_{HB} 和 A_{B^-} 分别为弱酸 HB 在高酸度和强碱性时的吸光度，此时溶液中该弱酸几乎全部以 HB 或 B^- 形式存在，则可以得到下式：

$$pK_a = -\lg\frac{(A_{HB}-A)}{(A-A_{B^-})} + pH$$

由此式可知，只要测出 A_{HB}、A_{B^-} 和 pH 就可以计算出 K_a。这是用吸光光度法测定一元弱酸解离常数的基本公式。解离常数也可通过 $\lg\frac{(A_{HB}-A)}{(A-A_{B^-})}$ 对 pH 作图由图解法求出。

例 1 甲基橙的浓度为 2.00×10^{-4} mol·L^{-1} 时，在不同的 pH 缓冲溶液中，以 1.0 cm 吸收池于 520 nm 波长处测定吸光度，数据如下：

pH	0.88	1.17	2.99	3.41	3.95	4.89	5.50
A	0.890	0.890	0.692	0.552	0.385	0.260	0.260

计算甲基橙的 pK_a 值。

解 甲基橙的解离平衡为

$$HIn \rightleftharpoons H^+ + In^-$$

$$K_a = \frac{[H^+][In^-]}{[HIn]}$$

故有
$$pK_a = pH + \lg \frac{A - A_{In^-}}{A_{HIn} - A}$$

由题中数据知，A_{HIn} 为 pH<1.17 时的 A 值，A_{In^-} 为 pH>4.89 时的 A 值，而 A 为任一其他 pH 时的吸光度。

当 pH 取 3.41 时，$pK_a = 3.41 + \lg \frac{0.552 - 0.260}{0.890 - 0.552} = 3.35$

2. 配位化合物组成的测定

吸光光度法中许多方法是基于形成有色配位化合物，因此测定有色配位化合物的组成，对研究显色反应的机理、推断配位化合物的结构是十分重要的。用吸光光度法测定有色配位化合物组成的方法有：饱和法、等摩尔连续变化法、斜率比法、平衡移动法等。这里仅介绍前两种方法。

(1) 饱和法

饱和法又称摩尔比法(mole ratio method)，此法是固定一种组分(通常是金属离子 M)的浓度，改变配体剂 R 的浓度，得到一系列[R]/[M]比值不同的溶液，并配制相应的试剂空白作参比液，分别测定其吸光度。以吸光度 A 为纵坐标，[R]/[M]为横坐标作图。

当配体量较小时，金属离子没有完全被配位。随着配体试剂量逐渐增加，生成的配位化合物便不断增多。当配体增加到一定浓度时，吸光度不再增大，如图 10-14 所示。图中曲线转折点不敏锐，是由于配位化合物解离造成的。运用外推法得一交点，从交点向横坐标作垂线，对应的[R]/[M]比值就是配位化合物的配位比。这种方法简便、快速，对于解离度小的配位化合物，可以得到满意的结果。

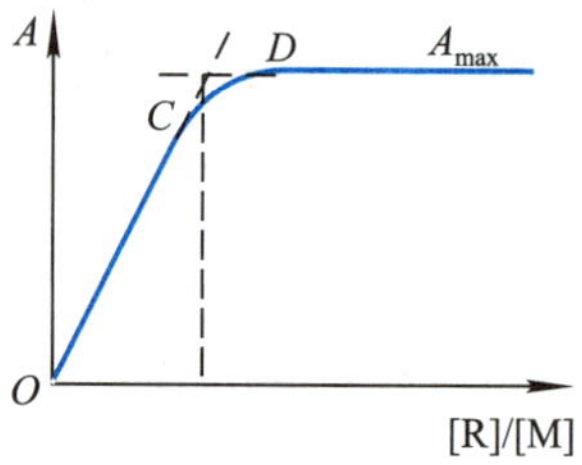

图 10-14 饱和法测定配位化合物组成

例 2 Fe^{2+} 与某显色剂 R 形成有色配位化合物，λ_{max} = 515 nm。设两种溶液的浓度均为 1.00×10^{-3} mol·L^{-1}。在一系列 50.0 mL 容量瓶中加入 2.00mL 的 Fe^{2+} 及不同量的 R，定容，在 515 nm 波长处用 1.0 cm 比色皿测定吸光度，数据如下：

V_R/mL	2.00	3.00	4.00	5.00	6.00	8.00	10.00	12.00
A	0.240	0.360	0.480	0.593	0.700	0.720	0.720	0.720

求配位化合物的组成、解离度及稳定常数。

解 用 A 对 V_R 作图如下，将所得的曲线的直线部分外推，相交于 A_1，从 A_1 点向横坐标作垂线，可知配体体积为 6.00 mL。

$$\frac{[R]}{[M]} = \frac{c_R}{c_{Fe^{2+}}} = \frac{1.00 \times 10^{-3}\ \text{mol·L}^{-1} \times 6.00}{1.00 \times 10^{-3}\ \text{mol·L}^{-1} \times 2.00} = \frac{3}{1}$$

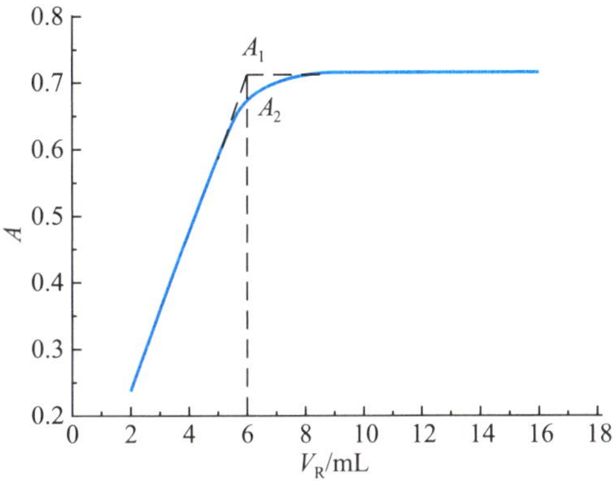

配位化合物的组成为 FeR_3^{2+}。

从 A_1 点所作垂线与曲线相交于 A_2 点，A_2 点所对应的吸光度值小于 A_1 点的吸光度值，这是由于配位化合物的解离所致，以此可求得解离度为

$$\alpha=\frac{A_1-A_2}{A_1}=\frac{0.720-0.700}{0.720}=0.027\,8$$

Fe^{2+} 的初始浓度为

$$c=\frac{2.00\ \text{mL}}{50.0\ \text{mL}}\times 1.00\times 10^{-3}\ \text{mol}\cdot\text{L}^{-1}=4.00\times 10^{-5}\ \text{mol}\cdot\text{L}^{-1}$$

平衡时

$$\begin{array}{ccc} Fe^{2+} & +3R \rightleftharpoons & FeR_3^{2+} \\ c\alpha & 3c\alpha & c(1-\alpha) \end{array}$$

$$K_{稳}=\frac{[FeR_3^{2+}]}{[Fe^{2+}][R]^3}=\frac{c(1-\alpha)}{c\alpha(3c\alpha)^3}=9.42\times 10^{17}$$

(2) 等摩尔连续变化法

设 M 为金属离子，R 为显色剂，c_M 和 c_R 分别为溶液中 M 和 R 的浓度，在保持溶液中 $c_M+c_R=c$（定值）的前提下，改变 c_M 和 c_R 的相对量，配制一系列溶液，在有色配位化合物的最大吸收波长处测量这一系列溶液的吸光度。当溶液中配位化合物 MR_n 浓度最大时，c_R/c_M 的比值为 n。若以吸光度 A 为纵坐标，c_M/c 比值为横坐标作图，即绘出连续变化法曲线（图 10-15）。由两曲线外推的交点所对应的 c_M/c 值即为配位化合物中 M 与 R 之比 n。当 c_M/c 为 0.5 时，配位比为1∶1；当 c_M/c 为 0.33，配位比为 1∶2；当 $c_M/c=0.25$ 时，配位比为 1∶3。根

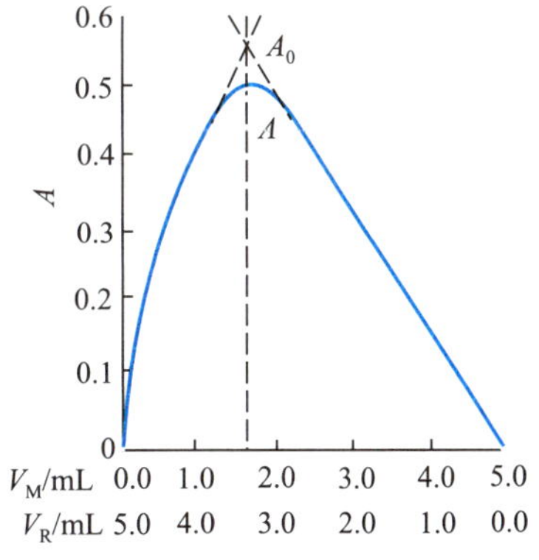

图 10-15 等摩尔连续变化法测定配位化合物组成

据图中 A_0 与 A 的差值，还可求得配位化合物的解离度和稳定常数。连续变化法测定配位比适用于只形成一种组成且解离度较小的稳定配位化合物。若用于研究配位比高且解离度较大的配位化合物就得不到准确的结果。

例 3 等摩尔连续变化法测定 Fe^{3+} 与 SCN^- 形成的配位化合物的组成。用 Fe^{3+} 与 SCN^- 浓度均为 2.00×10^{-3} mol·L^{-1}的标准溶液，按下列方法配制一系列总体积为 10.00 mL 的溶液，在 480 nm 波长处用 1 cm 吸收池测定吸光度，数据如下：

$V_{Fe^{3+}}$/mL	0.00	1.00	2.00	3.00	4.00	5.00	6.00	7.00	8.00	9.00	10.00
V_{SCN^-}/mL	10.00	9.00	8.00	7.00	6.00	5.00	4.00	3.00	2.00	1.00	0.00
A	0.000	0.178	0.358	0.463	0.527	0.552	0.519	0.458	0.354	0.178	0.002

用作图法求配位化合物的组成及其稳定常数。

解 （1）因为 Fe^{3+} 与 SCN^- 两者标准溶液浓度相同，在配制的一系列溶液中，$c=c_{Fe^{3+}}+c_{SCN^-}$。

$$c_{Fe^{3+}}/c=\frac{c_{Fe^{3+}}}{c_{Fe^{3+}}+c_{SCN^-}}=\frac{V_{Fe^{3+}}}{V_{Fe^{3+}}+V_{SCN^-}}$$

计算 $c_{Fe^{3+}}/c$ 值列于下表中：

A	0.000	0.178	0.358	0.463	0.527	0.552	0.519	0.458	0.354	0.178	0.002
$c_{Fe^{3+}}/c$	0.00	0.100	0.200	0.300	0.400	0.500	0.600	0.700	0.800	0.900	1.000

以 A 为纵坐标，以 $c_{Fe^{3+}}/c$ 为横坐标作图得到如下所示的曲线。将曲线两边延长，相交于 B 点，B 点对应的横坐标 $c_{Fe^{3+}}/c=0.50$，即 Fe^{3+} 与 SCN^- 1∶1 配位。

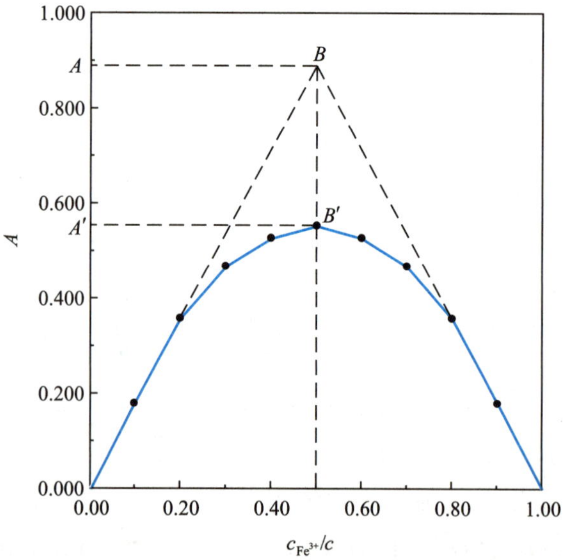

(2) 曲线中吸光度最大处为 B' 点，B' 点的吸光度 $A'=0.552$，低于 B 点处的吸光度 $A=0.886$，这是由于配位化合物的解离所致，以此可求得解离度为

$$\alpha=\frac{A-A'}{A}=\frac{0.886-0.552}{0.886}=0.377$$

吸光度 $A=0.552$ 时，Fe^{3+} 的总浓度为

$$c=\frac{2.00\times10^{-3}\ \mathrm{mol\cdot L^{-1}}\times5.00\ \mathrm{mL}}{10.00\ \mathrm{mL}}=1.00\times10^{-3}\ \mathrm{mol\cdot L^{-1}}$$

平衡时

$$\begin{array}{ccc} Fe^{3+} + & SCN^- \rightleftharpoons & Fe(SCN)^{2+} \\ c\alpha & c\alpha & c(1-\alpha) \end{array}$$

$$K_{稳}=\frac{[Fe(SCN)^{2+}]}{[Fe^{3+}][SCN^-]}=\frac{1-\alpha}{c\alpha^2}=4.38\times10^3$$

思考题

1. 解释下列名词：

a. 吸收光谱及标准曲线；　b. 互补光及单色光；　c. 吸光度及透射比。

2. 符合朗伯-比尔定律的某一吸光物质溶液，其最大吸收波长和吸光度随吸光物质浓度增加如何变化？

3. 吸光物质的摩尔吸收系数与下列哪些因素有关？

a. 入射光波长；　b. 被测物质浓度；　c. 吸收池厚度。

4. 说明吸光光度法中标准曲线不通过原点的原因。

5. 在吸光光度法中，影响显色反应的因素有哪些？

6. 酸度对显色反应的影响主要表现在哪些方面？

7. 在吸光光度法中，选择入射光波长的原则是什么？

8. 分光光度计由哪些部件组成？各部件的作用如何？

9. 测量吸光度时，应如何选择参比溶液？

10. 吸光光度法测量误差的主要来源有哪些？如何减免这些误差？试根据误差分类分别加以讨论。

11. 示差吸光光度法的原理是什么？为什么它能够提高测定的准确度？

12. 示差法、双波长法、导数光谱法分别是解决普通分光光度法存在的什么问题？

13. 如何建立利用有机显色剂测定金属离子的分析方法？

14. 比色"干化学"测定血清试样中的葡萄糖和脲的化学原理是什么？

15. 利用酶联免疫法测定食品中氯霉素的原理是什么？

习　题

1. 根据 $A=-\lg T=K'c$，设 $K'=2.5\times10^4$，今有五个标准溶液，浓度 c 分别为 $4.0\times$

10^{-6} mol·L^{-1}、8.0×10^{-6} mol·L^{-1}、1.2×10^{-5} mol·L^{-1}、1.6×10^{-5} mol·L^{-1}、2.0×10^{-5} mol·L^{-1}，绘制以 c 为横坐标、T 为纵坐标的 $c-T$ 关系曲线图。为什么这样的曲线图不能用作定量分析标准曲线？请绘制出可作定量分析的标准曲线。

2. 某试液用 2 cm 吸收池测量时，$T=60\%$，若改用 1 cm 或 3 cm 吸收池，T 及 A 等于多少？

(78%，0.11；47%，0.33)

3. 某钢样含镍约 0.12%，用丁二酮肟光度法（$\kappa=1.3\times10^4$ L·mol^{-1}·cm^{-1}）进行测定。试详溶解后，转入 100 mL 容量瓶中，显色，并加水稀释至刻度。取部分试液于波长 470 nm 处用 1 cm 吸收池进行测量。若要求此时的测量误差最小，则应称取试样多少克？

(0.16 g)

4. 浓度为 25.5 μg/50 mL 的 Cu^{2+} 溶液，用双环己酮草酰二腙光度法进行测定，于波长 600 nm 处用 2 cm 吸收池进行测量，测得 $T=50.5\%$，求摩尔吸收系数 κ 和桑德尔灵敏度 S。

(1.9×10^4 L·mol^{-1}·cm^{-1}，3.3×10^{-3} μg·cm^{-2})

5. 吸光光度法定量测定浓度为 c 的溶液，如吸光度为 0.434，假定透射比的测定误差为 0.05%，由仪器测定产生的相对误差为多少？

(0.14%)

6. 配制一系列溶液，其中 Fe^{2+} 含量相同（各加入 7.12×10^{-4} mol·L^{-1} Fe^{2+} 溶液 2.00 mL），分别加入不同体积的 7.12×10^{-4} mol·L^{-1} 的邻二氮菲(Phen)溶液，稀释至25 mL后用 1 cm 比色皿在 510 nm 处测得吸光度如下：

Phen 溶液体积/mL	2.00	3.00	4.00	5.00	6.00	8.00	10.00	12.00
A	0.240	0.360	0.480	0.593	0.700	0.720	0.720	0.720

求配位化合物的组成。

($Fe(Phen)_3$)

7. 1.0×10^{-3} mol·L^{-1}的 $K_2Cr_2O_7$ 溶液在波长 450 nm 和 530 nm 处的吸光度 A 分别为 0.200 和 0.050。1.0×10^{-4} mol·L^{-1}的 $KMnO_4$ 溶液在 450 nm 处无吸收，在 530 nm 处吸光度为 0.420。今测得某 $K_2Cr_2O_7$ 和 $KMnO_4$ 的混合溶液在 450 nm 和 530 nm 处的吸光度分别为 0.380 和 0.710。试计算该混合溶液中 $K_2Cr_2O_7$ 和 $KMnO_4$ 的浓度。设吸收池厚度为 1 cm。

($K_2Cr_2O_7$：1.9×10^{-3} mol·L^{-1}，$KMnO_4$：1.5×10^{-4} mol·L^{-1})

8. 用普通吸光光度法测量 0.001 0 mol·L^{-1}锌标准溶液和含锌的试液，测得吸光度分别为 0.700 和 1.000，两种溶液的透射比相差多少？如用 0.001 0 mol·L^{-1}锌标准溶液作参比溶液，试液的吸光度是多少？与普通吸光光度法相比，读数标尺放大了多少倍？

(10.0%，0.300，5 倍)

9. 以示差吸光光度法测定高锰酸钾溶液的浓度，以含锰 10.0 mg·mL^{-1}的标准溶液作参比溶液，其透射比为 $T=20.0\%$，并以此调节透射比为 100%，此时测得未知浓度高锰酸钾溶液的透射比为 $T_x=40.0\%$，计算高锰酸钾的质量浓度。

(15.7 mg·mL^{-1})

10. Ti 和 V 与 H_2O_2 作用生成有色配位化合物，今以 50 mL 1.06×10^{-3} mol·L^{-1} 的钛溶液显色后定容为 100 mL；25 mL 6.28×10^{-3} mol·L^{-1} 的钒溶液显色后定容为 100 mL。另取 20.0 mL 含 Ti 和 V 的未知混合溶液经以上相同方法显色。这三份溶液各用厚度为 1 cm 的吸收池在 415 nm 和 455 nm 处测得吸光度如下：

溶　　液	A(415 nm)	A(455 nm)
Ti	0.435	0.246
V	0.251	0.377
Ti-V	0.645	0.555

求未知溶液中 Ti 和 V 的浓度。

(2.68×10^{-3} mol·L^{-1}，6.40×10^{-3} mol·L^{-1})

11. NO_2^- 在波长 355 nm 处 $\kappa_{355}=23.3$ L·mol^{-1}·cm^{-1}，$\kappa_{355}/\kappa_{302}=2.50$；$NO_3^-$ 在355 nm 处的吸收可忽略，在波长 302 nm 处 $\kappa_{302}=7.24$ L·mol^{-1}·cm^{-1}。今有一含 NO_2^- 和 NO_3^- 的试液，用 1 cm 吸收池测得 $A_{302\ nm}=1.010$，$A_{355\ nm}=0.730$。计算试液中 NO_2^- 和 NO_3^- 的浓度。

(0.031 3 mol·L^{-1}，0.099 2 mol·L^{-1})

12. 某有色配位化合物的 0.001 0%（质量百分浓度）水溶液在 510 nm 处，用 2 cm 比色皿以水作参比测得透射比为 42.0%。已知 $\kappa=2.50\times10^3$ L·mol^{-1}·cm^{-1}。求此配位化合物的摩尔质量。

(133 g·mol^{-1})

13. 采用双硫腙吸光光度法测定含铅试液的铅浓度，于 520 nm 处用 1 cm 比色皿以水作参比测得透射比为 8.0%。已知 $\kappa=1.0\times10^4$ L·mol^{-1}·cm^{-1}，若改用示差法测定上述试液，需要多大浓度的铅标准溶液作为参比溶液，才能使浓度测量的相对标准偏差最小？

(6.7×10^{-5} mol·L^{-1})

14. 已知 ZrO^{2+} 的总浓度为 1.48×10^{-5} mol·L^{-1}，某显色剂的总浓度为 2.96×10^{-5} mol·L^{-1}，用等摩尔连续变化法测得最大吸光度 $A=0.320$，外推法得到 $A_{max}=0.390$，配位比为1∶2，其 $\lg K_{稳}$ 值为多少？

(11.2)

15. 图示为 X（图中黑线）和 Y（图中蓝线）两种吸光物质的吸收曲线，今采用双波长吸光光度法对它们进行分别测定。试用作图法选择参比波长及测量波长，并说明理由。

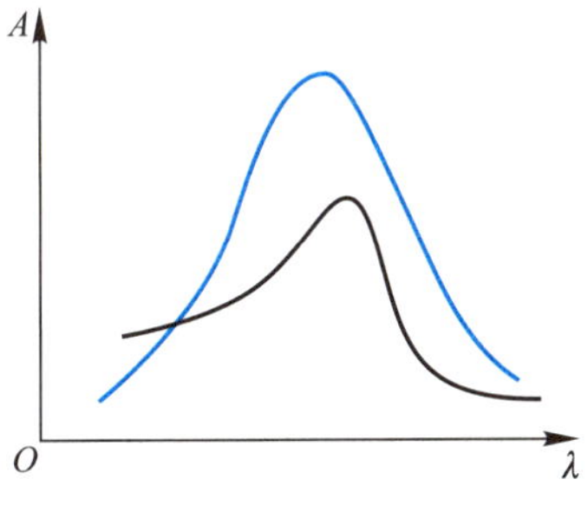

第11章 分析化学中常用的分离和富集方法

11.1 概述

在检测较复杂试样中的某一组分时，共存的组分有时会产生干扰，这时就需要选择适当的方法来消除这些干扰。当在一般情况下采用掩蔽法和控制测定条件达不到目的时，就需要采取办法将被测定组分与干扰组分分离。

有些试样中待测定组分含量极微，而现有分析方法的灵敏度不够，需要对痕量物质预先进行富集分离，再进行测定。富集分离是把微量、痕量以至于更低含量的被测组分用某一方法集中起来予以分离，同时消除共存物质的影响。

在分离过程中，最重要的是要知道待测组分是否有损失，常用待测组分回收率(recovery)来衡量分离富集的效果，待测组分回收率定义为

$$回收率=\frac{分离后所得的待测组分质量}{试样原来所含待测组分质量}\times 100\%$$

待测组分含量不同，对回收率的要求也不同，当然回收率越高越好。一般情况下，对质量分数大于1%的组分，回收率应大于99.9%；质量分数为0.01%～1%的组分，回收率应大于99%；质量分数低于0.01%的组分，回收率可以是90%～95%，有时甚至更低一些也是允许的。但试样中待测组分的真实含量是不知道的，在实际工作中，一般采用标准物质加入法测定回收率。

本章将阐述分析化学中常用的一些化学分离富集方法，包括挥发、蒸馏、沉淀、萃取、经典色谱、离子交换、浮选、电泳、膜分离等。现代分离方法如固相微萃取、超临界萃取及微滴萃取将在各自所属的分离方法内予以介绍。

11.2 气态分离法

液体或固体试样中被分离的组分以气体形式分离出去，有挥发、升华、蒸馏等方法。

11.2.1 挥发

挥发是固体或液体全部或部分转化为气体的过程。具有气态新化合物的生

成及挥发，称为化学挥发法。该法可以通过测定放出的气体或剩余残渣的量进行组分的测定，也可以消除基体干扰。挥发不包括蒸发和升华，蒸发和升华是液体和固体直接变成气体，无化学反应和新物质形成。

有几种办法可产生气体。

(1) 直接加热

如 NH_4NO_2 分解为 N_2 和 H_2O。

(2) 强酸置换弱酸或强碱置换弱碱

如 HCl 与 $CaCO_3$ 反应放出 CO_2；$(NH_4)_2SO_4$ 与 NaOH 反应放出 NH_3。

(3) 氧化

如在空气中灼烧硫化物放出 SO_2。

(4) 还原

如元素 Ge、Sn、P、As、Sb、Bi、S、Se、Te 等用还原剂还原，可以成为氢化物挥发。在 4 $mol \cdot L^{-1}$ 盐酸或 6 $mol \cdot L^{-1}$ 硫酸溶液中，加入 KI、$SnCl_2$ 和 Zn 粒，产生的 H_2 还原砷酸盐转化为 AsH_3，可以挥发或为某些溶液吸收。若被二乙基二硫代氨基甲酸银溶液吸收，产生黑色 Ag 溶胶，可以灵敏地测定痕量砷。这一还原体系也适合于 Se 和 Sb 的氢化物挥发。用一些还原性的酸如盐酸和氢溴酸溶解钢和某些合金试样，试样中硫、磷和硅成为氢化物挥发，可消除其干扰。还可以在酸性溶液中用硼氢化钠或硼氢化钾还原 Sn、As、Sb 为氢化物。

(5) 卤化

有几种元素的卤化物易挥发，如 Ge(Ⅳ)、Sn(Ⅳ)、Cr(Ⅵ)、As(Ⅲ)、Sb(Ⅲ)的氯化物的沸点分别为 86 ℃、114 ℃、117 ℃、130 ℃、220 ℃。在合金钢溶样时，有“飞铬”(CrO_2Cl_2 挥发)之说，还有飞硅(SiF_4)，借卤化物挥发排除干扰。介质性质对卤化物分离的选择性影响较大，从高纯硅中可使 Be、Ga、In、Mn、Ti、Al、Co、Ni 等的氯化物挥发分离。从氢溴酸介质中可以蒸发出 As、Ge、Hg、Os、Re、Ru、Sb、Sn、Se 等的溴化物。表 11-1 列出了溶液中挥发分离的部分痕量元素。

表 11-1 溶液中挥发分离的部分痕量元素

试样	痕量组分	试样处理液	挥发组分	测定方法
岩矿	As、Sb、Sn	酸性溶液 + KBH_4	氢化物	AAS
沉积物	As	酸性溶液 + KBH_4	氢化物	AAS
海底沉积物	Se	次磷酸 + NH_4Br	$SeBr_4$	光度
食品	As、Sn	酸性溶液 + KBH_4	氢化物	GC
粮食	Hg	$SnCl_2$ + KBH_4	Hg	AAS
生物材料	甲基汞	碘乙酸	MeHgI	ICP-AES

续表

试　样	痕量组分	试样处理液	挥发组分	测定方法
水溶液	As、Sb、Bi、Se、P	酸性溶液＋KBH_4	氢化物	光度
镍合金	Sb	酸性溶液＋KBH_4	氢化物	AAS
镓	S	HCl＋HI＋磷酸	H_2S	极谱
砷化镓	Si	HF	SiF_4	光度

AAS：原子吸收光谱；GC：气相色谱；ICP－AES：等离子体原子发射光谱。

11.2.2 升华

固体物质不经过液态就变成气态的过程称为升华。在物质的熔点以下，其蒸气压达到大气压，该物质将升华，如碘、干冰、樟脑、砷、硫黄等。

11.2.3 蒸馏

在分析化学中，有时利用蒸馏分离出被测定组分，排除共存物质的干扰。蒸馏的原理基于气－液平衡，在一定温度下，使较易挥发的组分从固体或液体中变为气体被分离富集。蒸气相的富集程度随不同组分的相对蒸气压的大小而定。分馏装置和技术的应用可以分离出较纯净组分。蒸馏技术分为常压蒸馏、水蒸气蒸馏、减压和真空蒸馏、共沸蒸馏、萃取蒸馏等。

(1) 常压蒸馏

许多酸或酯的沸点较低，可以使某些元素转化成这类物质蒸馏分离。蒸馏法分离硼和一般化学分析中消除硼的干扰，是基于硼酸酯的形成。化学光谱法测定硼中痕量杂质是用硝酸分解试样，在甲醇（或乙醇）中，HCl 催化下（75～80 ℃）形成硼酸三甲酯，硼被蒸馏出去。测定钢铁中的硼是使硼转化为酯蒸馏出去，而后用姜黄素比色测定。

(2) 水蒸气蒸馏

如果一溶液的组分在它的沸点会发生分解，则必须用减压蒸馏或水蒸气蒸馏。一些不太易挥发的物质也可采用水蒸气蒸馏。水蒸气蒸馏的那些化合物可不与水混溶，以便分离提纯。水蒸气蒸馏法分离硅酸是将其转化成 H_2SiF_6，在 135 ℃进行水蒸气蒸馏，可与 P、As 分离。

测定某些金属中氮化物的氮，要用水蒸气蒸馏法分离。金属溶于盐酸或其他酸时，氮化物与氢作用生成氨，与酸反应形成铵盐，继而在专门装置中与碱共热蒸馏，放出游离氨，为酸吸收，再用酸碱滴定法测定氮。有机化合物中氮含量的经典测定方法——凯氏定氮法也是采用蒸馏分离方法。

(3) 减压和真空蒸馏

在低于大气压以下进行的蒸馏称为减压和真空蒸馏，减压和真空蒸馏用于分离易分解的化合物，也可以用于分离 Cd 和 Hg 等金属。在 380 ℃、3 Pa 气压的条件下，减压蒸馏可使 Cd 与 Al、Ag、Au、Bi、Ca、Co、Cu、Fe、Ga、In、Mn、Mo、Ni、Pb、Sb、Sn、Tl、V、Zn 等金属分离。在 80 ℃，5 Pa 气压下，减压蒸馏出 Hg，与 Al、Ag、As、Au、Ba、Bi、Ca、Cd、Co、Cr、Cu、Fe、Ga、In、K、Mg、Mn、Mo、Na、Ni、Pb、Pt、Sb、Sn、Tl、Zn 等金属分离。

(4) 共沸蒸馏

例如，无水乙醇的制备，水和乙醇形成共沸物(95%乙醇)，沸点 78.15 ℃。加入苯形成另一共沸物(苯 74%，乙醇 18.5%，水 7.5%)，沸点 65 ℃。在 65 ℃蒸馏，除去水。在 68 ℃，苯和乙醇形成一共沸物(苯 67.6%，乙醇 32.4%)，在 68 ℃蒸馏直到温度升高，在 78.5 ℃能获得纯乙醇。

(5) 萃取蒸馏

例如，由氢气氢化苯(沸点 80.1 ℃)生成环已烷(沸点 80.8 ℃)时，一般的蒸馏不能分离，加入苯胺(沸点 184 ℃)与苯形成配位化合物，这种配位化合物在比苯高很多的温度沸腾，借此能蒸馏分离环已烷。

11.3 沉淀分离法

沉淀分离法是在试液中加入适宜的沉淀剂，使被测组分沉淀，或将共存组分沉淀，过滤，从而达到分离的目的。该方法包括试样基体沉淀分离和痕量组分及杂质共沉淀分离两类。

被沉淀物质一般可分为常量组分和微量组分。常量组分采用基体沉淀分离。对于无机阳离子，可使其形成氢氧化物、硫化物、卤化物、硫酸盐、磷酸盐、碳酸盐等无机物沉淀或一些有机试剂的沉淀物。对于微量甚至痕量组分的沉淀可采用共沉淀法，下面分别讨论。

11.3.1 常量组分的沉淀分离

1. 控制酸度进行无机物沉淀

(1) 氢氧化物沉淀法

氢氧化物沉淀与溶度积(K_{sp})及 pH 有关。如$[Fe^{3+}]=0.010\ mol\cdot L^{-1}$，由于 $Fe(OH)_3$ 的 $K_{sp}=4\times10^{-38}$，要析出氢氧化铁沉淀，则要求$[OH^-]>1.6\times10^{-12}\ mol\cdot L^{-1}$，即 pH>2.2。要沉淀得更完全一些，pH 还要更高一些。同一浓度的不同金属离子氢氧化物沉淀开始和沉淀再溶解的 pH 不同(表 11-2)，可以通过控制溶液的 pH 和使用不同沉淀剂进行沉淀分离。

表 11-2 一些金属离子氢氧化物沉淀开始和沉淀再溶解的 pH

氢氧化物	pH			
	开始沉淀的原始浓度		沉淀完全	沉淀开始溶解
	1 mol·L^{-1}	0.01 mol·L^{-1}		
$Sn(OH)_4$	0	0.5	1.0	13
$TiO(OH)_2$	0	0.5	2.0	
$Tl(OH)_3$		0.6	1.6	
$Ce(OH)_4$		0.8	1.2	
$Sn(OH)_2$	0.9	2.1	4.7	10
$ZrO(OH)_2$	1.3	2.3	3.8	
$Fe(OH)_3$	1.5	2.3	4.1	
HgO	1.3	2.4	5.0	
$Mg(OH)_2$	9.4	10.4	12.4	
$In(OH)_3$		3.4		14
$Ga(OH)_3$		3.5		9.7
$Al(OH)_3$	3.3	4.0	5.2	7.8
$Th(OH)_4$		4.5		
$Cr(OH)_3$	4.0	4.9	6.8	12
$Be(OH)_2$	5.2	6.2	8.8	
$Zn(OH)_2$	5.4	6.4	8.0	10.5
$Co(OH)_3$	6.6	7.6	9.7	14
$Ni(OH)_2$	6.7	7.7	9.2	
$Cd(OH)_2$	7.2	8.2	9.5	

a. NaOH 法：可使两性氢氧化物[如 Al^{3+}、Ga^{3+}、Zn^{2+}、Be^{2+}、CrO_2^-、Mo(Ⅴ)、W(Ⅵ)、GeO_3^{2-}、Sn^{4+}、Pb^{2+}、V(Ⅴ)、Nb(Ⅴ)、Ta(Ⅴ)等的氢氧化物]溶解而与其他氢氧化物[如 Cu^{2+}、Hg^{2+}、Fe^{3+}、Co^{3+}、Ni^{2+}、Ti(Ⅳ)、Zr(Ⅳ)、Hf(Ⅳ)、Th(Ⅳ)、RE(Ⅲ)等的氢氧化物]沉淀分离。

b. 氨水－铵盐缓冲法：使用氨水－铵盐缓冲溶液控制 pH＝8～10，Ag^+、Cu^{2+}、Cd^{2+}、Co^{3+}、Ni^{2+}、Zn^{2+} 等金属离子形成氨配离子而不沉淀。从表 11-2 可以看出，在此 pH 条件下许多高价离子(如 Al^{3+}、Sn^{4+} 等)沉淀，从而与一价、二价金属离子(碱土金属，第Ⅰ、第Ⅱ副族)分离。由于缓冲溶液的 pH 不太高，从而防止 $Mg(OH)_2$ 沉淀的析出和减少两性氢氧化物 $Al(OH)_3$ 的溶解。溶液中存在的大量 NH_4^+ 作为抗衡离子，可减少氢氧化物沉淀对其他金属阳离子的吸附，铵盐是电解质，可促进胶状沉淀的凝聚，所以生成的金属氢氧化物易于沉淀、过滤、洗涤。灼烧氢氧化物时，铵盐在低温下可挥发出去，从而消除其干扰。

c. ZnO 悬浊液法：在酸性溶液中加入 ZnO 中和酸，达到平衡后，若[Zn^{2+}]＝

0.1 mol·L^{-1}，那么由于 $Zn(OH)_2$ 的 $K_{sp}=1.2\times10^{-17}$，就可控制溶液的 pH=6，以定量沉淀 pH6 以下能沉淀完全的金属离子。

d. 有机碱法：六亚甲基四胺、吡啶、苯胺等有机碱与其共轭酸组成缓冲溶液，以控制溶液的 pH。如六亚甲基四胺与其铵盐组成的溶液可控制 pH=5～6，用于 Co^{3+}、Ni^{2+}、Cu^{2+}、Zn^{2+}、Cd^{2+} 等与 Fe^{3+}、Al^{3+}、Ti(Ⅳ)、Th(Ⅳ)等的分离。

(2) 硫酸盐沉淀法

硫酸盐沉淀法是消除大量 Ba^{2+}、Pb^{2+}、Sr^{2+} 和硫酸根干扰的主要方法，Ag^{+}、Hg^{2+}、Sr^{2+}、Pb^{2+}、Ba^{2+}、Ra^{2+} 的硫酸盐在酸性溶液中析出。硫酸作沉淀剂时浓度不能太高，以避免形成 $MHSO_4$ 盐，增大其溶解度。另外，加入乙醇可降低某些硫酸盐沉淀的溶解度。

(3) 卤化物沉淀法

Ba^{2+}、Pb^{2+}、Mg^{2+}、Sr^{2+}、Ca^{2+} 的氟化物，Tl^{+}、Cu^{2+}、Ag^{+}、Hg^{2+}、Pb^{2+} 的氯化物及溴化物和碘化物沉淀，在消除干扰元素方面都有应用。用得最多的是氟化稀土和各种卤化银沉淀，它们多能在较强的酸性介质中析出，与共存的其他元素分离。Ag^{+}、Ba^{2+}、Cd^{2+}、Ce^{3+}、Cu^{2+}、Hg^{2+}、In^{3+}、La^{3+}、Pb^{2+}、Sr^{2+}、Ta(Ⅴ)、Th(Ⅳ)等的碘酸盐在高浓度的硝酸中也不溶解，对消除干扰非常有利。

(4) 硫化物沉淀法

硫化物沉淀法是一类重要的分离方法。在$[H^{+}]$约为 0.3 mol·L^{-1} 时，Ag^{+}、As(Ⅲ)、As(Ⅴ)、Au^{3+}、Bi^{3+}、Cd^{2+}、Cu^{2+}、Ge(Ⅳ)、Hg^{2+}、Ir^{3+}、Mo(Ⅴ)、Pb^{2+}、Pd^{2+}、Pt^{2+}、Sn(Ⅳ)、Ru^{3+}、Rh^{3+}、Sb^{3+}、Sb(Ⅴ)、Se^{4+}、Te^{4+}、V(Ⅴ)、W(Ⅵ)等能生成硫化物沉淀。pH≈2 时，除上述元素外，Ga^{3+}、In^{3+}、Tl^{+}、Zn^{2+} 也能形成硫化物沉淀。控制溶液的酸度，可使溶液中的$[S^{2-}]$不同，依据硫化物沉淀溶度积的大小，在不同的酸度析出不同的硫化物沉淀：As_2S_3，12 mol·L^{-1} HCl；HgS，7.5 mol·L^{-1} HCl；CuS，7.0 mol·L^{-1} HCl；CdS，0.7 mol·L^{-1} HCl；PbS，0.35 mol·L^{-1} HCl；ZnS，0.02 mol·L^{-1} HCl；FeS，0.000 1 mol·L^{-1} HCl；MnS，0.000 08 mol·L^{-1} HCl。

(5) 磷酸盐沉淀法

这类沉淀比较重要，Ag^{+}、Ba^{2+}、Bi^{3+}、Ca^{2+}、Ce^{4+}、Co^{3+}、Hg^{2+}、Li^{+}、Mg^{2+}、Mn^{2+}、Mo(Ⅴ)、Ni^{2+}、Pb^{2+}、Sr^{2+}、W(Ⅵ)、Zn^{2+}、Zr(Ⅳ)等的磷酸盐溶解度小，在弱碱性溶液中析出；稀酸中 Zr(Ⅳ)、Hf(Ⅳ)、Th(Ⅳ)、Bi^{3+} 的磷酸盐不溶；弱酸中 Fe^{3+}、Al^{3+}、U(Ⅳ)、Cr^{3+} 等的磷酸盐不溶。

2. 有机试剂-金属离子配位沉淀

用有机沉淀剂进行沉淀分离，具有选择性高和生成的沉淀吸附无机杂质少的优点。但有机沉淀剂水溶性差，给分离带来困难。有机沉淀剂分为有机配位化合物沉淀剂与离子缔合物沉淀剂。有机配位化合物沉淀剂按软硬酸碱原则与金属离子反应，主要有草酸、8－羟基喹啉、铜铁试剂、铜试剂、钽试剂、草酸、丁二酮肟、苦杏仁酸、α－安息香肟等。

a. 草酸：沉淀 Ba^{2+}、Ca^{2+}、Sr^{2+}、稀土(Ⅲ)、Th(Ⅳ)等，使其和可与草酸形成可溶性配位化合物的 Al^{3+}、Fe^{3+}、Nb(Ⅴ)、Ta(Ⅴ)、Zr(Ⅳ)等分离。

b. 铜铁试剂(N－亚硝基苯基羟铵)：易溶于水，强酸中沉淀 Ce^{4+}、Cu^{2+}、Fe^{3+}、Nb(Ⅴ)、TiO^{2+}、Th(Ⅳ)、VO_3^-、Ta(Ⅴ)、U(Ⅳ)、Zr(Ⅳ)等，使其与 Al^{3+}、Cr^{3+}、Co^{3+}、Mn^{2+}、Mg^{2+}、Ni^{2+}、UO_2^{2+}、Zn^{2+} 等分离；弱酸中沉淀 Al^{3+}、Be^{2+}、Co^{3+}、Mn^{2+}、Ga^{3+}、In^{3+}、Th(Ⅳ)、Tl^{3+}、Zn^{2+} 等。

c. 铜试剂(二乙基二硫代氨基甲酸钠，DDTC)：沉淀 Cu^{2+}、Cd^{2+}、Ag^+、Co^{3+}、Ni^{2+}、Hg^{2+}、Pb^{2+}、Bi^{3+}、Zn^{2+} 等重金属离子，与稀土、碱土金属离子及铝等分开。在 pH＝0～4 时，二苄基二硫代氨基甲酸盐和 Mo 形成稳定的配位化合物沉淀，用于分离富集海水中的钼，高浓度的盐不影响测定。

d. 丁二肟(丁二酮肟)：在氨性或弱酸性(pH＞5)溶液中，与 Ni^{2+} 形成红色的配位化合物沉淀，与它的 Co^{3+}、Cu^{2+}、Fe^{2+}、Zn^{2+} 水溶性配位化合物分离。

e. 苦杏仁酸：在 pH＝2.5～3.0 和 pH＝1.5～4.5 的盐酸介质中分别沉淀 Zr(Ⅳ)和 Sc^{3+}，与大多数常见元素分离，但稀土元素有干扰。对溴苦杏仁酸－Th 配位化合物在 pH＝3.1 时开始定量沉淀，Zr 离子相应在 1.8 $mol\cdot L^{-1}$ HCl 中沉淀从而使 Zr(Ⅳ)与 Th(Ⅳ)分离。

f. 四苯硼酸钠：与 K^+ 反应生成难溶的缔合物沉淀，可依此用重量法来测定钾。

3. 电解沉淀分离

该类分离法不用化学试剂作为沉淀剂，而是通过电极反应使金属离子在阴极还原为纯金属，或在阳极氧化成一定的氧化物，与被测物或共存物分离后测定分析物。电解沉淀分离法有两种，即恒电流电解分离和控制电位电解分离(见本教材下册电解分析法一章相关内容)。前者选择性差，只能分离电位表上 H^+ 以下的金属和 H^+ 以上的金属；后一方法选择性好，由于电极电位受到严格控制，金属的析出程度受到控制，可以达到完全分离的目的。汞阴极被广泛用于金属残留溶液分析中许多金属离子的去除，一般来说，比 Zn^{2+} 较易还原的金属积淀在汞上，留下 Al^{3+}、Be^{2+}、碱土金属和碱金属离子在溶液中。控制电位电解分离法可用于 Ag^+ 与 Cu^{2+} 的分离，Cu^{2+} 与 Bi^{3+}、Pb^{2+}、Sn^{2+}、Ni^{2+} 等的分离，Bi^{3+} 与 Pb^{2+}、Sn^{2+} 等分离，Cd^{2+} 与 Zn^{2+} 的分离等。

11.3.2 痕量无机组分的富集和共沉淀分离

共沉淀分离法又称载体沉淀法和共沉淀捕集法，是分离富集微量元素的有效方法。普通沉淀分离在常量分离分析中应尽量避免共沉淀，以免母液中待测组分损失。而共沉淀捕集法是于试液中加入适当沉淀剂，生成一种适当沉淀（载体沉淀），使待测组分与之一起共同沉淀而被富集分离。如 CuS 沉淀时，Hg^{2+} 也一起沉淀出来，CuS 为共沉淀剂。可作为载体沉淀的有卤化物、硫化物、氢氧化物、磷酸盐、单质、有机化合物等。共沉淀分离法要求痕量组分回收率高，共沉淀剂不干扰被富集痕量组分的测定。

1. 无机共沉淀剂

(1) 难溶的氢氧化物

$Fe(OH)_3$ 和 $Al(OH)_3$ 等是最常见的载体沉淀。$Fe(OH)_3$沉淀颗粒细小，表面积大，吸附力强（可能是由于其表面存在 OH^- 带负电而能吸附许多阳离子），在中性或微碱性介质中，是 Bi^{3+}、Cr^{3+}、Ga^{3+}、Ge(Ⅳ)、In^{3+}、Pb^{2+}、Sn(Ⅳ)、V(Ⅴ)、Ti(Ⅳ)等离子的良好捕集剂。$Al(OH)_3$ 作载体共沉淀微量 Fe^{3+}、Ti(Ⅳ)、Ga^{3+}、Ge(Ⅳ)、In^{3+} 等，效果良好；$Bi(OH)_3$、$La(OH)_3$、$In(OH)_3$、$Ga(OH)_3$等也可作为一些元素的捕集剂。

(2) 硫化物

难溶性的硫化物，利用表面吸附进行痕量组分的共沉淀富集，选择性不高。PbS、CdS 沉淀可富集微量 Cu^{2+}，HgS 沉淀可富集 Pb^{2+}。利用 CuS 共沉淀富集，可将 0.02 $\mu g \cdot L^{-1}$ 的 Hg^{2+} 满意回收。

(3) 硫酸盐和磷酸盐

硫酸钡和硫酸锶沉淀常用于分离富集 Pb^{2+}、Ra^{2+}、Th(Ⅳ)。磷酸盐沉淀可以捕集 As^{3+}、Be^{2+}、Ca^{2+}、Mg^{2+}、F^-、U(Ⅳ)，Th(Ⅳ)及锕系元素，如磷酸铝在 pH＝4.7共沉淀水中的微量氟，磷酸铋共沉淀锕系元素 Np(Ⅳ)、Pa(Ⅳ)、Am(Ⅳ)和 Cm(Ⅳ)。

(4) 单质

用亚磷酸钠还原生成的砷能定量共沉淀 Se(Ⅵ)、Te(Ⅳ)。用 $SnCl_2$ 还原生成的单质 Hg 和 Te，可以共沉淀贵金属 Au^{3+}、Ag^+、Pt^{2+}、Pd^{2+} 等。

(5) 利用混晶进行共沉淀

选择性较好，如硫酸铅－硫酸钡，磷酸铵镁－砷酸铵镁混晶等。

2. 有机共沉淀剂

有机共沉淀的选择性较高，其沉淀机理分为形成离子缔合物、金属配位化合物及胶体凝聚三种。沉淀中的有机组分可灼烧除去，使待测微量组分与载体分离。动物胶、辛可宁、丹宁本身易带正电荷，可以吸附酸性溶液中 W(Ⅵ)、Mo(Ⅵ)、Nb(Ⅴ)、Ta(Ⅴ)、Si(Ⅳ)等带负电荷的含氧酸胶体微粒，利用胶体的凝聚作用进行共沉淀。甲基紫、罗丹明 B、次甲基蓝和孔雀绿等阳离子染料，可与 Au^{3+}、Bi^{3+}、Cd^{2+}、Hg^{2+}、In^{3+} 等金属的卤或硫氰酸配阴离子形成微溶性的离子缔合物共沉淀，如甲基紫与$[InI_4]^-$缔合共沉淀。再一类是利用“固体萃取剂”进行共沉淀，如 U(Ⅵ)能与 1-亚硝基-2-萘酚形成微溶性的螯合物，量很少，不沉淀，向溶液中加入 1-萘酚的乙醇溶液，1-萘酚析出沉淀，并将 U(Ⅵ)与 1-亚硝基-2-萘酚的螯合物共沉淀下来。

11.3.3 蛋白质的沉淀分离

蛋白质从溶液中以固体状态析出的现象称为蛋白质的沉淀，其沉淀机理主要是破坏了水化膜或中和了蛋白质所带的电荷。沉淀出来的蛋白质根据实验条件可以是变性和不变性的。沉淀方法主要有以下几种。

1. 盐诱导沉淀蛋白质

分离蛋白质的通用方法是向蛋白质溶液中加入高浓度的盐，这一过程即所谓的盐析(salting out)蛋白质。蛋白质的溶解度依赖 pH、温度、蛋白质性质和所用盐的浓度。在低的盐浓度下，蛋白质溶解度通常随盐浓度的增加而增加，可用德拜-休克尔理论解释这一盐效应(salting effect)，盐的反离子围绕着蛋白质起屏蔽作用，导致蛋白质分子相互间静电引力减小，随着离子强度的增加致使蛋白质溶解度增加。在高的盐浓度下，盐溶液破坏了蛋白质颗粒的水化层，蛋白质所带的电荷也被相反电荷离子所中和，失去了蛋白质胶体溶液的稳定性，降低了溶解度，蛋白质从水溶液中沉淀析出。

蛋白质一般在它的等电点溶解度最小。在等电点时，蛋白质的溶解度、黏度、渗透压、膨胀性及导电能力均最小，胶体溶液呈最不稳定状态。因此，采用高盐浓度和结合控制适宜 pH，可以获得盐析蛋白质。通过调节盐的浓度，逐渐增加离子强度能使蛋白质分段析出以分离蛋白质混合物，该法称分段盐析法。对有些蛋白质盐析要小心，因为硫酸铵能使蛋白质变性。

2. 重金属盐沉淀蛋白质

当溶液的 pH 稍大于蛋白质的等电点时，蛋白质带有较多负电荷，该蛋白质能与重金属离子(如铜、铅、汞、锌等离子)结合生成不溶性盐而沉淀，即金属硫蛋白。临床上常用蛋清或牛乳来解救误服重金属盐的病人，目的是使重金属离子与蛋白质结合而沉淀，阻碍重金属离子的扩散和吸收。

3. 酸沉淀蛋白质

三氯乙酸、磺基水杨酸、苦味酸、鞣酸和钨酸等可沉淀蛋白质。反应条件是溶液的 pH 应小于该蛋白质的等电点，使蛋白质带正电荷，与带负电荷的酸根结合成不溶性的盐而沉淀。

4. 有机溶剂沉淀蛋白质

乙醇、甲醇和丙酮等有机溶剂能使蛋白质沉淀，因它们使溶液介电常数减小而导致蛋白质-溶剂相互作用降低，破坏了蛋白质水化层，继而减小蛋白质溶解度而使之沉淀。当把溶液的 pH 调节到该蛋白质的等电点时，沉淀更完全。室温下有机溶剂沉淀所获取的蛋白质往往会变性。在低温条件下,蛋白质沉淀变性缓慢,故可用有机溶剂在低温条件下分离和制备各种血浆蛋白。此法优于盐析,不需透析去盐,且有机溶剂可低温蒸发除去。

11.4 萃取分离法

11.4.1 液-液萃取分离法

1. 萃取分离原理

液-液萃取是将与水不相混溶的有机溶剂与含有被分离组分的试液一起振荡,被分离组分进入有机相而与其他组分分离,又叫溶剂萃取。液-液萃取常常是有机溶剂从水溶液中萃取被分离组分,或者是反萃取,即用水溶液从有机相中萃取被分离组分。

根据相似相溶原理,一般情况下,带电荷的物质亲水,如各种无机离子,不易被有机溶剂萃取;呈电中性的物质具有疏水性,易为有机溶剂萃取,如丁二酮肟-镍(Ⅱ)配位化合物被 $CHCl_3$ 萃取,丁二酮肟是萃取剂,$CHCl_3$ 是萃取溶剂。其原理为:Ni^{2+} 在水中以水合离子 $[Ni(H_2O)_6]^{2+}$ 形式存在,是亲水的,要使其变为疏水性并溶于有机溶剂,就要中和它的电荷,并用疏水基团取代水分子。为此,在 pH=8～9 的氨性溶液中,加入丁二酮肟,取代水分子配位并中和 Ni^{2+} 的电荷,形成电中性的疏水性配位化合物,可溶于 $CHCl_3$ 被萃取。

2. 分配定律、分配系数、分配比和萃取率

(1) 分配定律和分配系数

有机溶剂从水相中萃取溶质 A,若 A 在两相中的存在形式相同,平衡时,在有机相的浓度为 $[A]_o$,水相的浓度为 $[A]_w$,两者之比为分配系数(distribution coefficient),用 K_D 表示,在给定的温度下,它是常数:

$$K_D=\frac{[A]_o}{[A]_w} \tag{11-1}$$

此式称为分配定律(distribution law)。它仅适于溶质浓度较低的溶液,浓度较高时,须用活度代替浓度。另外,溶质在两相中存在形式相同,不发生解离、缔合反应,即分配定律一般适用于用 CCl_4 萃取像 I_2 这类物质的萃取体系,因 I_2 在两相中存在形式相同。

(2) 分配比

在实际工作中,常遇到溶质(A)在两相中存在多种形式,此时分配定律不适用,但知道溶质 A 在两相中的分配是重要的。溶质 A 在有机相中各种存在形式

的总浓度 $c_{(A)_o}$ 与溶质 A 在水相中各种存在形式的总浓度 $c_{(A)_w}$ 之比，称为分配比(distribution ratio)，用 D 表示：

$$D=\frac{c_{(A)_o}}{c_{(A)_w}}=\frac{[A_1]_o+[A_2]_o+\cdots+[A_n]_o}{[A_1]_w+[A_2]_w+\cdots+[A_n]_w} \tag{11-2}$$

当两相的体积相等时，若 D 大于 1，说明溶质进入有机相中的量比留在水相中的多。例如，碘在四氯化碳和水两相间的分配，当溶质在两相中均以单一的相同形式存在，且溶液较稀时 $K_D=D$。在复杂体系中，K_D 和 D 不相等。如

$$D_{I_2}=\frac{c_{(I_2)_o}}{c_{(I_2)_w}}=\frac{[I_2]_o}{[I_2]_w+[I_3^-]_w}$$

一般要求分配比 D 大于 10。分配比除与一些常数有关外，还与酸度和溶质浓度等有关。

(3) 萃取率

萃取率(extraction rate)用于表明物质被萃取到有机相中的完全程度，常用 E 表示，即

$$E=\frac{\text{被萃取物质在有机相中的总量}}{\text{被萃取物质的总量}}\times 100\%$$

$$E=\frac{c_oV_o}{c_oV_o+c_wV_w}\times 100\% \tag{11-3}$$

(11-3)式中分子和分母同除以 c_wV_o，得

$$E=\frac{c_o/c_w}{(c_o/c_w)+(V_w/V_o)}\times 100\% \qquad E=\frac{D}{D+(V_w/V_o)}\times 100\% \tag{11-4}$$

式中，c_o 和 c_w 分别为有机相和水相中溶质的浓度，V_o 和 V_w 分别为有机相和水相的体积，V_w/V_o 称相比。当 $V_w/V_o=1$ 时

$$E=\frac{D}{D+1}\times 100\% \tag{11-5}$$

从(11-5)式可以看出，$D=1$，则一次萃取率为 50%；$D>9$，则一次萃取率 $E>90\%$；$D>100$，则一次萃取率 $E>99\%$。这说明在有机相和水相的体积相等时，萃取率取决于分配比 D，当分配比不高时，一次萃取不能达到分离测定要求，需要采用多次或连续萃取的方法提高萃取率。

除了增大分配比提高萃取率外，通过增加有机相的体积也能提高萃取率，若 $V_o=10V_w$，即使 $D=1$，根据(11-5)式，E 也可达 99%，但不经济。

如果用 V_o(mL)溶剂萃取含有 m_0(g)溶质 A 的 V_w(mL)试液，一次萃取后，

水相中剩余 m_1(g)的溶质 A，进入有机相的溶质 A 为(m_0-m_1)(g)，此时分配比为

$$D=\frac{c_{(A)_o}}{c_{(A)_w}}=\frac{(m_0-m_1)/V_o}{m_1/V_w}$$

$$m_1=m_0\frac{V_w}{DV_o+V_w}$$

萃取两次后，水相中剩余物质 A 为 m_2(g)：

$$m_2=m_0\left(\frac{V_w}{DV_o+V_w}\right)^2$$

萃取 n 次后，水相中剩余物质 A 为 m_n(g)：

$$m_n=m_0\left(\frac{V_w}{DV_o+V_w}\right)^n \tag{11-6}$$

例 1 用乙醚萃取一肉试样除脂，脂的 $D=2$。现有乙醚 90 mL，有人介绍分三次每次 30 mL对分散在 30 mL 水中含有 0.1 g脂的 1.0 g 肉制品进行萃取，那么一次 90 mL 和三次 30 mL 分别萃取，哪一个好？

解 设萃取后剩余在水中的脂的质量为 x(g)，则一次 90 mL：

$$x=0.1\ \text{g}\times\frac{30\ \text{mL}}{2\times 90\ \text{mL}+30\ \text{mL}}=0.014\ \text{g}$$

分三次每次 30 mL：

$$x=0.1\ \text{g}\times\left(\frac{30\ \text{mL}}{2\times 30\ \text{mL}+30\ \text{mL}}\right)^3=0.003\ 7\ \text{g}$$

从计算结果看，第二种方法好。

从上例可以看出，同量的萃取剂，分几次萃取的效率比一次萃取的效率高。但增加萃取次数，会加大工作量和工作时间。

3. 萃取平衡和重要的萃取体系

萃取剂多为有机弱酸(或弱碱)，中性形式的萃取剂难溶于水而溶于有机溶剂。若萃取剂为一元弱酸(HL)，其在两相中存在萃取平衡：

$$HL_{(o)} \rightleftharpoons HL_{(w)}$$

$$D=\frac{[HL]_o}{[HL]_w+[L]_w}=\frac{[HL]_o}{[HL]_w(1+K_a/[H^+])}$$

$$=\frac{K_D}{1+K_a/[H^+]}=K_D\delta_{HL} \tag{11-7}$$

从(11-7)式可以看出，$pH=pK_a$ 时，$D=1/2\cdot K_D$；$pH\leqslant pK_a-1$ 时，水相中萃取剂几乎全部以 HL 形式存在，$D\approx K_D$；在 $pH>pK_a$ 时，D 变得很小。

对于某一金属离子的萃取，按照萃取剂及萃取反应的类型，可分为螯合物萃取体系、离子缔合物萃取体系、溶剂化合物萃取体系和简单分子萃取体系几类。

(1) 螯合物萃取体系

螯合物萃取是金属离子萃取的主要方式，萃取剂是螯合剂，金属离子 M^{n+} 与螯合剂 HL 生成中性螯合物 ML_n，溶于有机溶剂被萃取。如 Ni^{2+} 与丁二酮肟、Hg^{2+} 与二苯硫腙及 Cu^{2+} 与铜试剂等属螯合物萃取体系。螯合物萃取平衡方程式为

$$M^{n+}_{(w)}+n\,HL_{(o)}\rightleftharpoons ML_{n(o)}+n\,H^{+}_{(w)}$$

此反应的平衡常数称为萃取平衡常数 K_{ex}：

$$K_{ex}=\frac{[ML_n]_o[H^+]_w^n}{[M^{n+}]_w[HL]_o^n}=\frac{K_D^{ML_n}\beta_n(K_a^{HL})^n}{(K_D^{HL})^n} \tag{11-8}$$

K_{ex}取决于螯合物的分配系数 $K_D^{ML_n}$ 和累积稳定常数 β_n 以及螯合剂的分配系数 K_D^{HL} 和它的解离常数(K_a)。如果水溶液中仅是游离的金属离子，有机相中仅是一种螯合物形式 ML_n，则(11-1)式改写为

$$D=\frac{[ML_n]_o}{[M^{n+}]_w}=K_{ex}\frac{[HL]_o^n}{[H^+]_w^n} \tag{11-9}$$

萃取时有机相中萃取剂的量远远大于水溶液中金属离子的量，进入水相和生成配位化合物消耗的萃取剂可以忽略不计，即$[HL]_o\approx c_{(HL)_o}$，(11-9)式变为

$$D=K_{ex}\frac{c^n_{(HL)_o}}{[H^+]_w^n} \tag{11-10}$$

(11-10)式两边取对数，即

$$\lg D=\lg K_{ex}+n\lg[c_{(HL)_o}]+n\,pH_w \tag{11-11}$$

萃取过程实际涉及螯合剂在两相中的分配、解离和质子化、金属离子的水解及与其他配体的副反应等。所以条件萃取常数为

$$K'_{ex}=\frac{K_{ex}}{\alpha_M\alpha^n_{HL}}=\frac{[ML_n]_o[H^+]_w^n}{[M']_w[c_{(HL)_o}]_n}$$

$$D=\frac{[ML_n]_o}{[M']_w}=\frac{K_{ex}[c_{(HL)_o}]^n}{\alpha_M\alpha^n_{HL}[H^+]_w^n}$$

将上式写成对数形式：

$$\lg D=\lg K_{ex}-\lg\alpha_M-n\lg\alpha_{HL}+n\lg c_{(HL)_o}+n\mathrm{pH}_w \quad (11-12)$$

(11－12)式说明金属离子的水溶液的 pH 是影响螯合物萃取的一个很重要的因素。金属离子的分配比取决于萃取平衡常数、萃取剂浓度和水溶液的酸度。

(2) 离子缔合物萃取体系

阳离子和阴离子通过静电引力相结合而形成电中性的化合物称为离子缔合物。许多金属大配阳离子和金属配阴离子以及某些酸根离子能与阴离子或阳离子染料形成疏水性的离子缔合物,它能被有机溶剂萃取。如 Cu^+ 与 2,9－二甲基－1,10－二氮杂菲的配阳离子和 Cl^- 形成的离子缔合物及 $[AuCl_4]^-$ 配阴离子与罗丹明 B 阳离子染料形成的离子缔合物,可被有机溶剂氯仿、甲苯或苯等萃取。季铵盐与阴离子或金属配阴离子也可形成缔合物。

另外,溶剂的𬭩盐正离子与被萃取金属的配阴离子也可形成离子缔合物而被萃取。如在 HCl 溶液中乙醚萃取 $[FeCl_4]^-$,乙醚先与 H^+ 形成𬭩离子 $[(CH_3CH_2)_2OH]^+$,再与 $[FeCl_4]^-$ 形成缔合物 $[(CH_3CH_2)_2OH]^+\cdot[FeCl_4]^-$ 溶于乙醚,在这里乙醚既是萃取剂又是萃取溶剂。具有这种性质的还有甲基异丁基酮、乙酸乙酯等,这些含氧有机溶剂化合物形成𬭩盐的能力大小为

$$R_2O>ROH>RCOOH>RCOOR'>RCOR'>RCHO$$

这类离子缔合物萃取类型萃取容量大、选择性差,多用于分离除去大量基体元素。除在盐酸中进行外,还可在 HBr、HI 等介质中进行。

(3) 溶剂化合物萃取体系

某些中性有机溶剂分子通过其配位原子与金属离子键合,形成的溶剂化合物可溶于该有机溶剂中,以这种形式进行萃取的体系称为溶剂化合物萃取体系。上述离子缔合物体系中的𬭩盐体系也属于溶剂化合物萃取体系。

中性磷类萃取剂如磷酸三丁酯(TPB)、三正辛基膦氧(TOPO)等,通过氧原子上的孤对电子与金属离子形成配位键成为溶剂化合物而被萃取。例如,在盐酸介质中磷酸三丁酯萃取 Fe^{3+},是以 $FeCl_3\cdot 3TBP$ 形式萃取。杂多酸的萃取体系一般也属于溶剂化合物萃取体系。

(4) 共价化合物萃取体系

共价化合物萃取体系也叫简单分子萃取体系,如 I_2、Cl_2、Br_2、$GeCl_4$、AsI_3、SnI_4、OsO_4 等稳定的共价化合物,不带电荷,在水溶液中以分子形式存在,可被 CCl_4、$CHCl_3$ 和苯等惰性有机溶剂萃取。

4. 萃取条件的选择

从(11－12)式可见,金属离子的分配比取决于 K_{ex}、萃取剂浓度和水溶液的酸度。在实际工作中,选择萃取条件时,主要应考虑以下几点。

(1) 萃取剂的选择

螯合剂与金属离子生成的螯合物越稳定，萃取率就越高；螯合剂含疏水基团越多、亲水基团越少，萃取率就越高。为了提高萃取效率，有时可采用协同萃取剂。

(2) 水溶液的酸度

根据前面的讨论，酸度影响萃取剂的解离，影响配位化合物的稳定性，影响金属离子的水解，所以萃取酸度的选择很重要。水溶液的酸度越低，则 D 值越大，越有利于萃取。但是，水溶液的酸度太低时，金属离子可能发生水解，或引起其他干扰反应，对萃取反而不利，因此必须正确控制萃取时的酸度。往往要做不同金属离子的萃取酸度曲线，图 11-1 是用二苯硫腙萃取几种金属离子的萃取酸度曲线。可以看出，用二苯硫腙-CCl_4 萃取这些金属离子时，在一定的 pH 条件下，才能萃取完全。如萃取 Zn^{2+} 时，适宜的 pH 为 6.5～10.0，溶液的 pH 太低，难以生成螯合物；pH 太高，则形成 ZnO_2^{2-}，都会降低萃取率。

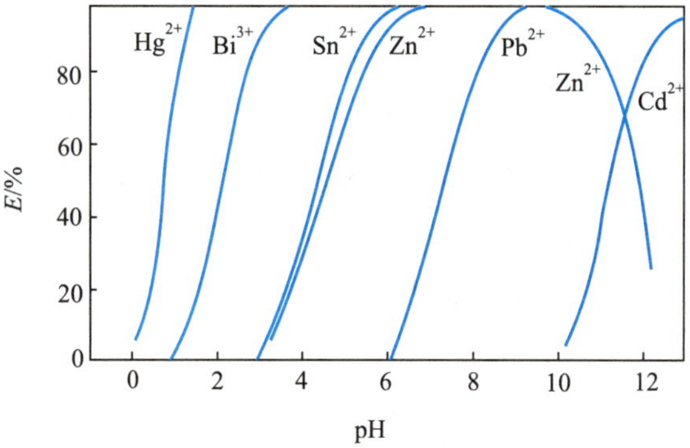

图 11-1 二苯硫腙-CCl_4 萃取几种金属离子的萃取酸度曲线

(3) 萃取溶剂的选择

金属配位化合物在溶剂中应有较大的溶解度，通常根据配位化合物结构，尽量选择与配位化合物结构相似的溶剂。含有烷基的配位化合物，一般使用卤代烷烃(如 CCl_4、$CHCl_3$ 等)做萃取溶剂，如二乙基二硫代氨基甲酸钠(DDC)-Cu^{2+} 配位化合物用氯仿萃取。含芳香基团的配位化合物可用芳香烃溶剂萃取，如罗丹明 B 与$[AuCl_4]^-$ 的缔合物用甲苯萃取。螯合物萃取体系一般采用惰性溶剂。

萃取溶剂的密度与水溶液的密度差别要大，且黏度要小，易分层。要求溶剂不易挥发、毒性小，最好无毒。

(4) 干扰离子的消除

一是控制适当酸度，选择性地萃取一种离子，或连续萃取几种离子，使其与干扰离子分离。例如，在含有 Hg^{2+}、Bi^{3+}、Pb^{2+}、Cd^{2+} 的溶液中，用二苯硫腙-CCl_4 萃取 Hg^{2+}，控制 pH＝1，Bi^{3+}、Pb^{2+}、Cd^{2+} 不被萃取。二是可使用掩蔽剂消除干扰，如用二苯硫腙-CCl_4 萃取 Ag^+ 时，控制 pH=2，加入 EDTA 可以掩蔽许多金属离子，除 Hg^{2+}、Au^{3+} 外，许多金属离子都不被萃取。

温度、离子强度、振荡时间等因素也影响萃取效率，有时也要作为萃取条件考虑。

5. 萃取分离技术及其在分析化学中的应用

(1) 萃取方法

在实验室进行萃取分离主要有以下三种方式。

a. 单级萃取：又称间歇萃取。通常用 60～125 mL 的梨形漏斗进行萃取，一般在几分钟内可达到萃取平衡。萃取过程有：振荡、分层、洗涤。有时采用反萃取进行分离富集。分析化学中多采用这种萃取方式。

b. 连续萃取：使溶剂得到循环使用，用于待分离组分的分配比不高的情况。这种萃取方式常用于植物中有效成分的提取及中药成分的提取分离研究。一般在索氏萃取器(Soxhlet extractor)中进行。

c. 多级萃取：又称错流萃取。将水相固定，多次用新鲜的有机相进行萃取，能提高分离效果。

(2) 应用

液-液溶剂萃取在分析化学中有重要的用途，可以将待测组分分离、富集，消除干扰，提高分析方法的灵敏度。把萃取技术与仪器分析方法(如吸光光度法、原子吸收光谱法和原子发射光谱法等)结合起来，可以促进微量和痕量分析方法的发展。概括起来，溶剂萃取在分析化学中的应用为萃取分离、萃取富集和萃取比色或萃取光度分析。

例如，用 1-苯基-3-甲基-4-苯甲酰基吡唑酮(PMBP)萃取分离矿石中的稀土元素。试样在适当条件下熔融并冷却后，用三乙醇胺-水溶液浸取，过滤、洗涤沉淀，用盐酸(1∶1)溶解沉淀，定容。分取一定量试液，调节 pH 为 5.5，用适量的 PMBP-苯萃取分离稀土元素，再反萃取，用偶氮胂Ⅲ显色，吸光光度法测定。

二苯硫腙法测定工业废水中的有害元素 Hg 时，控制萃取时的硫酸浓度为 0.5 $mol \cdot L^{-1}$，再用含有 EDTA 的碱性溶液洗涤萃取液，1 mg 的 Cu、0.02 mg 的 Ag、0.01 mg 的 Au 和 0.005 mg 的 Pt 对测定不干扰。

11.4.2 固相萃取和固相微萃取分离法

1. 固相萃取

固相萃取(solid-phase extraction)始于 1978 年(Waters Co)，是非溶剂型萃取分离技术，它实际是一个待分离物质的吸附-洗脱过程。固相萃取柱(图 11-2)一般为开口，直径 1 cm，柱长约 7.5 cm，内装分离载体，多为硅氧基烷，例如

C18，颗粒直径 40～80 μm，载体高度根据待分离富集组分的量选定，常为 1～2 cm。分离富集程序为：选择适宜固相萃取柱，用水或适当的缓冲溶液润湿载体，加入试样溶液到载体，选用适宜溶剂洗涤除去干扰物，然后洗脱待分离物质。

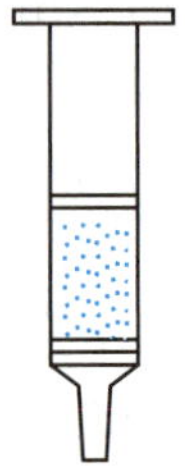

图 11-2　固相萃取柱

现以固相萃取-HPLC（高效液相色谱）分离测定神经肮孵化物中九种苄基腺嘌呤同系物及其代谢产物（氮氧化物）为例说明固相萃取技术的应用。固相萃取柱用 500 mg C18 为载体，预先用 2 mL 甲醇润湿并让磷酸缓冲溶液（4 mL，0.1 mol·L^{-1}，pH=7.4）流过，进试样溶液（流速 1～2 mL·min^{-1}）。接着用含 15%甲醇的磷酸缓冲溶液（4 mL，0.1 mol·L^{-1}，pH=7.4）洗涤除去干扰物质，用 2 mL 水洗去盐，有时用空气吹固相萃取柱以除去水分。最后用 3 mL 甲醇洗脱待测物，收集，减压蒸发掉溶剂，残渣用 300 μL 甲醇溶解，进样，HPLC 分离检测。

固相萃取一般靠重力使溶液流过固相萃取柱，若有阻力，把注射器和微收集器连接在固相萃取柱上，抽气，使试样溶液缓慢流过柱。

一般固相萃取柱可以重复用 30 次，有时用一定次数后，需要清洗除去有关杂质。先用甲醇（5 mL），再用甲醇-二氯甲烷（体积比 1∶1，10 mL）洗涤，进行柱的再生。

对于痕量组分的分离，固相萃取与液-液萃取相比具有快速、所需溶剂少的优点，对于含有微量组分的大体积（几升）试液也能灌入并通过柱富集。

2. 固相微萃取

固相微萃取（solid-phase microextraction）技术始于 1992 年，由加拿大的 Janusz Pawliszyn 发明，为非溶剂型萃取法。固相微萃取分离装置见图 11-3。它集试样预处理和进样于一体，将待测组分富集并与干扰组分分离后，与多种分析方法相结合进行测定，特别适用于有机物的分析测定。其中直接固相微萃取分离法是将涂有高分子固相液膜的石英纤维直接插入试样溶液（或气样）中，对待分离物质进行萃取，经过一定时间在固相涂层和水溶液两相中达到分配平衡，即可取出进行色

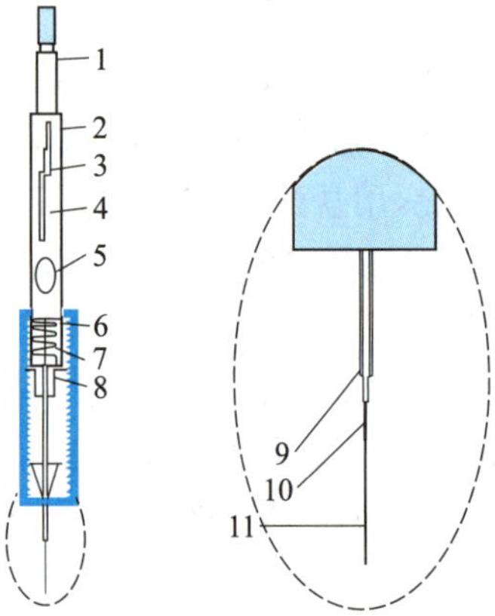

图 11-3　固相微萃取分离装置

1—压杆；2—筒体；3—压杆卡特螺钉；4—Z 形槽；5—筒体视窗；6—调节针头长度的定位器；7—拉伸弹簧；8—密封隔膜；9—注射针管；10—纤维连接管；11—熔融石英纤维

谱分析。顶空固相微萃取分离法是将涂有高分子固相液膜的石英纤维置于靠近试样溶液液面上空，进行顶空萃取，常要达到固相、气相和液相的三相分配平衡。由于萃取层不接触试液，避免了基体干扰。该法多用于气相色谱分析。

影响固相微萃取分离法的因素有涂层物质种类及其厚度、搅拌、温度、溶液酸度和盐作用等。

(1) 涂层物质种类及其厚度

石英纤维表面的固相涂层种类和性质对富集效果和分析灵敏度影响很大，根据相似相溶原理，非极性固相涂层（如二甲基硅氧烷）有利于对非极性或极性小的有机物的富集分离；极性固相涂层（如聚丙烯酸酯）对极性有机物的富集分离效果较好。石英纤维表面固相涂层厚度对富集物的吸附量和平衡时间都有影响。涂层厚，吸附量大，有利于提高方法灵敏度；但待分离物进入涂层扩散达到分配平衡所需时间较长，所以需要适宜的涂层厚度。

(2) 搅拌

搅拌对固相微萃取效率影响较大，因为被富集物的分配平衡时间主要由在固相涂层中的扩散速率决定。不搅拌或搅拌不足，被富集物在液相中扩散速率慢，特别是固相涂层表面附有的一层静止水膜难以破坏，被分离物通过该水膜进入固相的速率很慢，使萃取时间延长。

(3) 温度

温度升高，被富集物扩散系数增大，扩散速率加快。升温也同时加大溶液的对流过程，有利于缩短分配平衡时间，加快分析速度。对于固体试样和半干态试样，升温有助于被分析物脱离基体进入气相。但是，提高温度会减小被分离富集物质的分配系数，使其在固相的吸附量减少，所以要寻找最佳的固相微萃取温度。

(4) 盐的作用和溶液酸度

因被分离富集物质在固相和液相之间的分配系数受基体性质影响，基体发生变化，分配系数也会改变。在水溶液相中加入 NaCl、Na_2SO_4 等无机盐，可增大离子强度，减小某些被分离富集物的溶解度，使分配系数增大，提高分析灵敏度。控制溶液的最佳酸度可以改变被分析物在水溶液中的溶解度，达到最大萃取率。

固相微萃取分离可用于环境污染物、农药、食品和饮料添加剂及某些生物物质的分离富集和分析，如环境有机污染物苯及其同系物、多环芳烃、硝基苯、氯代烷烃、多氯联苯、有机磷和有机氯农药的富集分离，饮用水中的挥发性有机物和食品中的香料分离。生物体内的有机汞、空气中昆虫信息激素、植物体内的单萜化合物等的分离富集也采用固相微萃取方法。

11.4.3 超临界流体萃取

1. 超临界流体萃取原理

超临界流体萃取是用超临界流体作为萃取溶剂进行萃取分离的方法，萃取溶剂是超临界条件下的气体，可认为是气－固萃取。超临界流体常温常压下为气体，在超临界条件下为液体。超临界流体密度较大，与溶质分子作用力类似液体。另外超临界流体黏度低，类似气体，表面张力接近零，比许多一般液体更容易渗透固体颗粒，传质速率高，使萃取过程快速、高效。萃取完全后，简单地降低压力就可以使超临界流体萃取溶剂成为气体而从萃取物中除去。

超临界流体萃取中萃取溶剂的选择随萃取对象不同而改变，表 11－3 列举了一些可作为超临界流体萃取溶剂的气体及其临界温度和压力。通常用 CO_2 作为超临界流体萃取溶剂分离低极性和非极性的化合物；用 NH_3 或 N_2O 超临界流体萃取分离极性较大的化合物。

表 11－3 一些气体的临界温度(t_c)和压力(p_c)

气体种类	t_c/℃	p_c/MPa	气体种类	t_c/℃	p_c/MPa
CO_2	31.7	7.39	H_2O	374.1	22.12
SO_2	157.8	7.87	CH_4	−82.1	4.64
$CClF_3$	28.8	3.87	CHF_3	25.7	4.75

2. 超临界流体萃取分离设备组成及流程

如图 11－4 所示，由钢瓶、高压泵及其他附属装置组成超临界流体发生源，其功能是将常温常压下的气体转化为超临界流体。由试样管及附属装置构成超临界流体萃取部分，处于超临界流体的萃取溶剂在此将被萃取的物质从试样基体中溶解出来，随着流体的流动使含被萃取物的流体与试样基体分开。含有被萃取物的流体通过由喷口及吸收管组成的溶质减压吸附分离装置减压降温转化为常温常压态，超临界流体的萃取溶剂挥发逸出，而溶质吸附在吸收管内的多孔填料表面，再用适宜溶剂淋洗吸收管并把溶质收集用于分析。

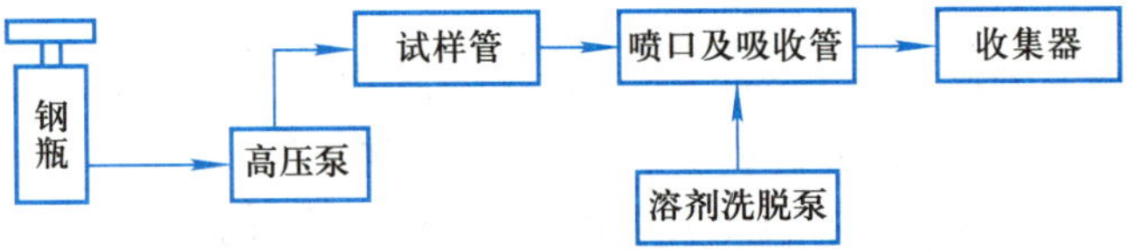

图 11－4 超临界流体萃取分离设备组成及流程图

3. 超临界流体萃取的影响因素

压力、温度、萃取时间及其他加入溶剂种类对超临界萃取分离均有影响。压力的改变对超临界流体的溶解能力发生较大影响，在低压下，溶解度大的物质先被萃取，随着压力增加，难溶物质也逐渐被溶解与基体分离。这样只需改变压力，就可以把试样中的不同组分按在超临界流体中溶解度的大小顺序先后被萃取分离出来。

温度的变化也会改变超临界流体的萃取能力，主要表现在影响超临界流体的密度和溶质的蒸气压。在低温区(临界温度以上)时，温度升高超临界流体密度减小，而溶质蒸气压增加不多，因此超临界流体的萃取能力降低，升温可使溶质从超临界流体萃取溶剂中析出；进一步升高温度到高温区时，超临界流体密度进一步降低，此时溶质的蒸气压迅速增加并表现出主导作用，溶质挥发性增强，萃取率反而增大。吸收管和收集器的温度也会影响萃取率，萃取出的溶质溶解和吸附在吸收管内，会放出吸附或溶解热，降低温度有利于提高收率。为此，有时在吸收管后附加一个冷阱。

萃取时间的影响取决于被萃取物质在超临界流体中的溶解度和被萃取物质在基体中的传质速率两个因素。在流体中溶解度越大，萃取率越高，速度快，时间短；在基体中的传质速率越大，萃取越完全，效率越高。

在超临界流体中加入少量其他溶剂可以改变它对溶质的溶解能力。通常加入量不超过 10%，以加入极性溶剂如甲醇、异丙醇等居多。这样可使超临界流体萃取技术的应用范围扩大到极性较大的化合物。

11.4.4 微滴萃取

常见的液-液萃取消耗大量有机溶剂，不但成本高，而且污染环境，危害人体健康。不使用有机溶剂的固相微萃取，纤维固相涂层寿命短，时间长易分解，影响被分离组分的测定，有时被分析物质较难解吸附。针对存在的这些问题，人们提出使用尽可能小的水相和有机相体积的萃取方法，即单滴微萃取(single drop microextraction)。该法具有简单、经济、高效、极少污染、快速等特点。Liu 和 Dasgupta 最早提出滴-滴萃取技术(图 11-5)，采用与水不混溶的有机溶剂微滴(~1.3 μL)，悬浮在一较大试样水溶液液滴中，外滴是含有被分析物与十二烷基硫酸钠(SDS)离子对的水相，在被分析物萃取转移到有机液滴后，用一定装置将有机液滴外的水相取代为纯水，用光二极管光吸收检测器监测有机液滴的光吸收信号。完成检测后，用泵将有机相移去，再进行下一分析检测循环。

根据同样道理，产生了不同的液相微滴萃取装置和技术。图 11-6 是另外一种微滴萃取技术，它将微量注射器的针尖置于试样水溶液中，将有机萃取剂液滴悬挂在针尖上，搅拌试样水溶液，使尽快达到萃取平衡，然后将有机液滴吸回注射器中，注射进样到气相色谱或高效液相色谱系统进行分析。

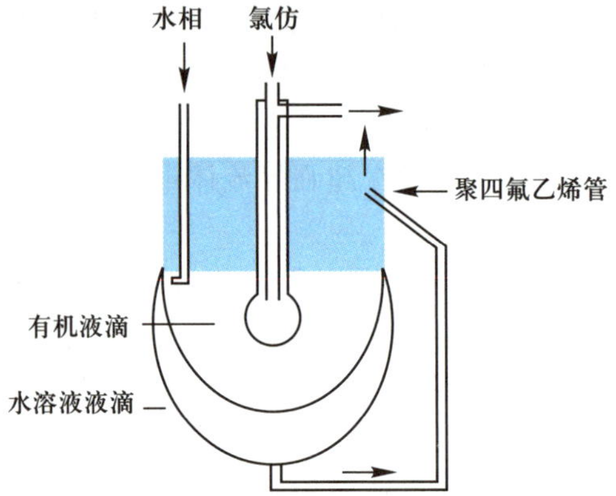

图 11-5 微滴萃取体系示意图

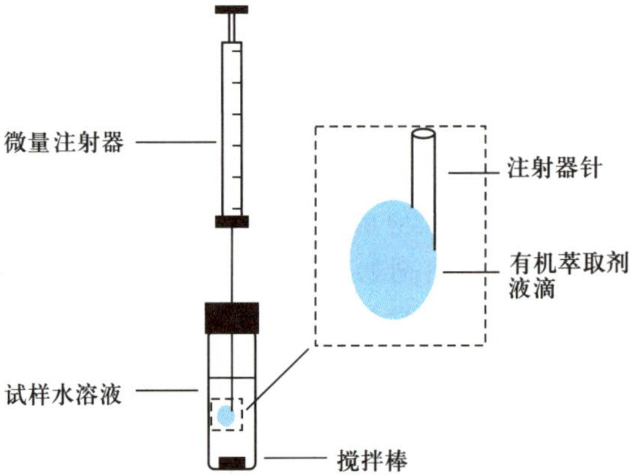

图 11-6 微滴萃取体系示意图

平衡时，微滴萃取分析物浓度用下式计算：

$$c_o=\frac{K_A c_w V_w}{V_w+K_A V_o} \tag{11-13}$$

式中，K_A 为分配系数或分配比（以 D 代替 K_A），c_w 为试样水溶液中分析物的原始浓度，V_w 为试样水溶液体积，V_o 为有机萃取剂液滴体积。

微滴萃取的影响因素有盐的加入、试样水溶液的搅拌、萃取溶剂、萃取时间、有机萃取剂液滴体积等。对于一般液－液萃取，盐的加入增加离子强度和具有盐析效应，有利于萃取。对于单滴微萃取，盐的存在会限制某些有机溶剂的萃取效果，如硝基苯。除盐析效应外，盐的存在还会影响和改变萃取膜的物理性质，降低分析物扩散进入有机液滴的速度。改变试样水溶液的酸度可影响萃取效果，调节酸度使被分析物为中性形式，有利于它进入有机液滴。

搅拌试样溶液有利于液滴萃取，但搅拌速度要适当控制，若太激烈，有机液滴会分散或者脱落。若搅拌过于缓慢，萃取效果差。一般采用小的搅拌棒，恒定搅拌速度，才有好的重现性。

一般根据相似相溶原则选择合适的萃取溶剂，同时考虑选择性、萃取效率、形成有机液滴的大小和溶解分散状态等因素。萃取时间的控制关键在于使单滴微萃取有好的重现性，时间过长，有机液滴可能分散溶解。萃取时间一般与色谱速度匹配，尽可能获得被分析物高萃取率。

采用大的有机萃取溶剂液滴，有益于增强分析信号。但是大液滴不易控制，容易掉落。另外，对于毛细管分离，易引起色谱峰变宽。液滴体积一般为 1 μL 左右比较适宜。

11.4.5 微波萃取分离法

微波萃取分离法是利用微波能强化溶剂萃取，使固体或半固体试样中的某些有机组分与基体有效分离，并能保持分析对象的原本化合物状态。微波萃取分离法包括试样粉碎、与溶剂混合、微波辐射、萃取液的分离等步骤。萃取过程一般在特定的密闭容器中进行。由于微波能的作用，体系的温度和压力升高。因微波能是内部均匀加热，热效率高，故萃取速度快。对温度、压力、时间等实行自动控制，使萃取分离过程中的有机物不分解，有利于萃取不稳定的物质。微波萃取分离法除具有快速、节能、节省溶剂、污染小、设备简单廉价等优点外，特别适合于大量试样的快速萃取分离和同时处理多份试样，适应面宽，较少受被萃取物极性的限制。

萃取溶剂、试样的种类与含量、基体的水含量、微波能的强弱、微波辐射时间等因素影响萃取效率。溶剂直接影响萃取效率，一般极性试样采用极性溶剂，非极性试样采用非极性溶剂，有时混合溶剂比单一溶剂效果好。常用的溶剂有甲醇、乙醇、异丙醇、丙酮、二氯甲烷、正己烷、异辛烷、苯和甲苯等。

微波辐射时间延长，开始对提高萃取率有利，但经过一段时间后萃取率便不再增加；辐射时间过长，会导致溶剂沸腾损失试样，所以每次辐射时间不宜过长。可增加辐射次数以提高萃取率，一般为 5～7 次。

目前，微波萃取分离法的应用日益增多。例如，用于提取土壤和沉积物中的多环芳烃、除草剂、杀虫剂、多酚类化合物和其他中性、碱性有机污染物；提取食品、植物种子等中的某些有机成分、生物活性物质和药物残留。从薄荷、海鸥芹、雪松叶和大蒜等中提取天然产物也用到微波萃取分离法。

11.5 离子交换分离法

离子交换分离法是利用离子交换剂与溶液中的离子发生交换反应进行分离的方法。这种方法分离效果好，不仅可以分离带相反电荷的离子，而且可以分离带有相同电荷的离子，广泛应用于微量组分的富集和高纯物质的制备等。其缺点是操作麻烦、周期长，所以分析化学中只用它解决某些比较困难的分离问题。

11.5.1 离子交换剂的种类和性质

1. 离子交换剂的种类

离子交换剂的种类很多，主要分为无机离子交换剂和有机离子交换剂两大类。目前在分析化学中用得最多的是有机离子交换剂，又称离子交换树脂。它是一种高分子聚合物，具有网状结构，在水、酸、碱中难溶，对有机溶剂、氧化剂、还原剂和其他化学试剂具有一定的稳定性，对热也较稳定。在离子交换树脂网状结构的骨架上连接有许多可以与溶液中的离子起交换作用的活性基团，如$—SO_3H$、$—COOH$、$N(CH_3)_3Cl$等。

根据树脂中可交换离子基团或活性基团的不同，离子交换树脂可分为多种，常见的有强酸性、弱酸性、强碱性和弱碱性四类，其他的可称为特种树脂。

(1) 离子交换树脂

a. 阳离子交换树脂：这类树脂的离子交换基团呈酸性，它的阳离子可被溶液中的阳离子所交换。根据交换基团酸性的强弱分为强酸型和弱酸型两类。含有磺酸基团($—SO_3H$)的为强酸型阳离子交换树脂。这类树脂应用较广，在酸性、中性、碱性溶液中均能使用。

弱酸型阳离子交换树脂含有羧基(—COOH)或酚羟基(—OH)。弱酸型交换树脂对H^+的亲和力大，在酸性溶液中不宜使用。对于R—COOH和R—OH树脂，要求溶液的pH不能小于4和9.5。这类树脂容易用酸洗脱，选择性高，常用于分离不同强度的有机碱。

b. 阴离子交换树脂：这类树脂的离子交换基团呈碱性，它的阴离子可被溶液中的阴离子所交换。根据交换基团碱性的强弱分为强碱型和弱碱型两类。强碱型阴离子交换树脂含有活性基团季氨基$R_4N^+Cl^-$(R=甲基，乙基)。这类树脂应用较广，在酸性、中性、碱性溶液中均能使用。

弱碱型阴离子交换树脂含有伯胺($—NH_2$)、仲胺(—NHR)和叔胺($—NR_2$)基团。这类树脂对OH^-的亲和力大，在碱性溶液中不宜使用。

(2) 特种树脂

上述离子交换树脂对一般离子分离有一定效果，但选择性较差。为了提高分离的选择性和加快分离速度及节约试剂，一些特种树脂应运而生，有螯合树脂、萃淋树脂、大孔树脂、负载树脂等。

a. 螯合树脂：这类树脂骨架上可结合不同的螯合基团，如—$N(CH_2COOH)_2$、—SH、—AsO_3H_2 等，它们选择性地配位某些金属离子，再在一定条件下洗脱，高选择性地富集分离这些离子。含—SH 的螯合树脂有效地富集分离 Au(Ⅱ)、Pt(Ⅳ)、Pd^{2+} 等贵金属离子。利用这种方法还可以制备含有某一金属离子的树脂，用于分离某些含官能团的有机化合物。例如，含汞的树脂可分离含有巯基的化合物，如半胱氨酸和谷胱甘肽等。

b. 大孔树脂：通过一定的化学反应合成，它比一般的树脂具有更多更大的孔，表面积大，离子容易穿行扩散，富集分离快速，耐氧化、耐冷热变化、耐磨，具有较高稳定性。

合成的大孔树脂在不需溶胀的情况下进行功能基反应而成为阳、阴离子交换树脂，如国产 D202 钠型大孔阳离子交换树脂和 D301 氯型大孔阴离子交换树脂。不经功能基反应合成的大孔树脂，不带离子交换基团，为大孔吸附树脂。按其极性可分为非极性、中性和极性三种。它对许多有机物有吸附作用，因而常用于有机化合物的分离。

c. 萃淋树脂：一种含有液态萃取剂的树脂，也称萃取树脂，是苯乙烯－二乙烯苯为骨架的大孔结构和有机萃取剂的共聚物，兼有离子交换和萃取两种功能。如含有 2－乙基己基膦酸单－2－乙基己基酯萃取剂的萃淋树脂，用于分离稀土元素。

d. 纤维素交换剂：对天然纤维素上的—OH 进行酯化、羧基化及磷酸化化学改性或修饰，获得阳离子交换剂；进行胺化获得阴离子交换剂。纤维素交换剂是开链化合物，表面积大、孔隙宽松、交换速度快、容易洗脱、分离能力强，主要用于提纯分离蛋白质、酶、肽、氨基酸和激素等；也用于无机离子的分离富集，如膦酸纤维素色谱分离汞、镉、锌和铅。

e. 负载螯合剂树脂：又称负载树脂或改性树脂，具有类似螯合剂的选择性特征，制备简单。负载树脂按其负载基体分为强碱性阴离子交换树脂和非极性吸附树脂。负载在这两类树脂上的螯合剂分别为水溶性螯合剂和疏水性螯合剂。负载螯合剂树脂的稳定性与螯合剂分子结构有密切关系。强碱性阴离子交换树脂作为载体的负载树脂，其稳定性优于弱碱性阴离子交换树脂。三氯偶氮胂和三溴偶氮胂的负载树脂稳定性较好，已用于分离稀土元素。

2. 离子交换树脂的结构与性质

离子交换树脂是高聚物，由碳链和苯环构成骨架并连接成网状结构，这个结构具有可伸缩性，起离子交换作用的活性基团如—SO_3H 处于网孔中。—SO_3H 中的 H^+ 与溶液中的阳离子进行交换。

(1) 交联度

离子交换树脂合成中，以二乙烯苯为交联剂，树脂中含有二乙烯苯的百分率就是该树脂的交联度(extent of crosslinking)。它直接影响树脂和溶液之间可能发生等物质的量的离子交换。交联度小，溶胀性能好，交换速度快，选择性差，机械强度也差；交联度大的树脂优缺点正好相反。交联度一般以 4%～14%为宜。

(2) 交换容量

交换容量(exchange capacity)指每克干树脂所能交换的物质的量(mmol)，决定于树脂网状结构内所含活性基团的数目。用实验方法可测定树脂的交换容量，离子交换树脂的交换容量一般为 3～6 $mmol \cdot g^{-1}$。

11.5.2 离子交换树脂的亲和力

离子交换树脂的活性基团进行离子交换过程如下：

$$R{-}SO_3H + Na^+ \rightleftharpoons R{-}SO_3Na + H^+$$

$$R{-}N(CH_3)_3Cl + OH^- \rightleftharpoons R{-}N(CH_3)_3OH + Cl^-$$

这一过程的快慢和难易程度反映了离子交换树脂对离子的亲和力(affinity)，即离子在离子交换树脂上的交换能力。这种亲和力与被交换离子的水合离子半径、电荷及离子的极化程度有关。水合离子半径越小，电荷越高，离子极化程度越大，其亲和力也越大。例如，Li^+、Na^+、K^+ 水合离子的电荷数相同，半径依次减小，所以树脂对它们的亲和力依次增强。实验表明，在常温下，较稀溶液中，几种离子交换树脂对某些离子的亲和力有如下规律。

1. 阳离子交换树脂

对于强酸性阳离子交换树脂，不同价态的离子，电荷越高，亲和力越大，如

$$Na^+ < Ca^{2+} < Al^{3+} < Th^{4+}$$

当离子价态相同时，亲和力随水合离子半径的减小而增大，如

$$Li^+ < H^+ < Na^+ < NH_4^+ < K^+ < Rb^+ < Cs^+ < Ag^+ < Tl^+$$

$$UO_2^{2+} < Mg^{2+} < Zn^{2+} < Co^{2+} < Cu^{2+} < Cd^{2+} < Ni^{2+} < Ca^{2+} < Sr^{2+} < Pb^{2+} < Ba^{2+}$$

稀土元素的亲和力随原子序数增大而减小，这是由于“镧系收缩”所致。稀土金属离子的离子半径随其原子序数的增大而减小，但水合离子的半径却增大，故有

$$La^{3+} > Ce^{3+} > Pr^{3+} > Nd^{3+} > Sm^{3+} > Eu^{3+} > Gd^{3+} > Tb^{3+} > Dy^{3+} >$$
$$Y^{3+} > Ho^{3+} > Er^{3+} > Tm^{3+} > Yb^{3+} > Lu^{3+} > Sc^{3+}$$

对于弱酸性阳离子交换树脂，H^+ 的亲和力大于其他阳离子，而其他阳离子

的亲和力顺序与强酸性阳离子交换树脂相似。

2. 阴离子交换树脂

对于强碱型阴离子交换树脂，常见阴离子的亲和力大小顺序为

$$F^- < OH^- < CH_3COO^- < HCOO^- < Cl^- < NO_2^- < CN^- < Br^- <$$
$$C_2O_4^{2-} < NO_3^- < HSO_4^- < I^- < CrO_4^{2-} < SO_4^{2-} < \text{柠檬酸根}$$

对于弱碱型阴离子交换树脂，常见阴离子的亲和力大小顺序为

$$F^- < Cl^- < Br^- < I^- < CH_3COO^- < MoO_4^{2-} < PO_4^{3-} < AsO_4^{3-} <$$
$$NO_3^- < \text{酒石酸根} < CrO_4^{2-} < SO_4^{2-} < OH^-$$

以上所述只是一般情况。在温度较高、离子浓度较大及有配体存在下，在水溶液或非水介质中，离子的亲和力顺序会发生改变。另外，不同型号的树脂，对同一组离子的亲和力顺序有时也略有不同。

11.5.3 离子交换分离操作

1. 装柱

离子交换树脂装柱前，要用 HCl 溶液浸泡，除去杂质，然后用水洗至中性。此时若是阳离子交换树脂，则已成为 H^+ 型；若是阴离子交换树脂，则已成为 Cl^- 型。还可以用类似的方法处理成所需的形式，如 Na^+ 型或 OH^- 型。取一支类似滴定管大小粗细的交换柱，一般用浸湿的玻璃棉塞住交换柱下端，防止树脂流出。先在管内加入一定高度的水，然后将处理好的树脂加入到交换柱中，保持树脂处在液面下，最好在树脂上层放一层玻璃棉，以防止加入试样溶液扰动树脂。装好的树脂柱中不能夹有气泡。

2. 交换过程

将欲分离的试液缓慢注入交换柱内，并以一定的流速流经柱子进行交换，此时，上层树脂被交换，下层树脂未被交换。中层树脂则部分被交换，称为“交界层”。试液流经柱子时，交换了的树脂层越来越厚，而交界层逐渐下移，直到交界层达到柱底部为止（图 11-7）。如将试液继续加入交换柱中，则流出液中开始出现未被交换的离子，此时交换过程达到了“始漏点”，被交换到柱上的离子的量(mmol)称为该交换柱在此条件下的“始漏量”。超过始漏量，该种离子将从交换柱中流出。交换柱上树脂的克数乘以树脂的交换容量，为此交换柱的总交换容

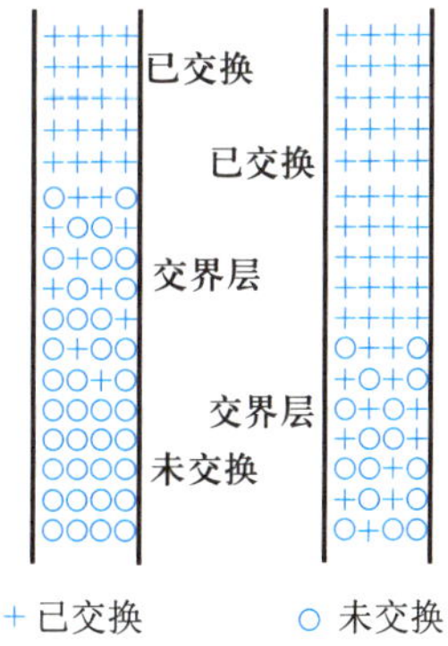

图 11-7 交换过程

量。由于达到始漏点时，交换柱上还有交界层，即柱上还有未交换的树脂，因此总交换容量总大于始漏量。

选择工作条件时，总是希望树脂的利用率高，即希望树脂的始漏量大。一般地说，树脂的颗粒小，溶液流经交换柱的速度慢、温度高，则始漏量大。同量的树脂，装在细长的交换柱比装在粗短的交换柱的始漏量大。但是，如果树脂的粒度太细，则流速太慢，影响分析速度。若试液中有几种离子同时存在，则亲和力大的离子先被交换到柱上，亲和力小的离子后被交换，因此混合离子通过交换柱后，每种离子依据亲和力大小的顺序分别集中在柱的某一区域内。

交换过程完成后，用洗涤液（一般为水）将树脂上层的残留的试液以及交换出来的离子洗去。

3. 洗脱过程

洗脱（淋洗）就是将交换到树脂上的离子，用洗脱剂（或淋洗剂）置换下来的过程，是交换过程的逆过程[图 11-8(a)]。例如，某种阳离子被交换到柱子上后，可用盐酸淋洗，由于溶液中 H^+ 浓度大，最上层的该阳离子被 H^+ 置换下来，流向柱子下层又与未交换的树脂进行交换，如此反复，使交换层向下推移。在洗脱过程中，开始的流出液中没有被交换上去的阳离子，随着盐酸的不断加入，流出液中该种离子的浓度逐渐增大。当大部分阳离子流出后，其浓度将逐渐减少至检查不到该离子。以流出液中该离子浓度为纵坐标，洗脱液体积为横坐标作图，可得到如图 11-8(b)所示的洗脱曲线（淋洗曲线）。根据洗脱曲线，截取 $V_1 \sim V_2$ 这一段的流出液，从中测定该种离子的含量。如果有几种离子同时交换在柱上，洗脱过程也就是分离过程。亲和力大的离子向下移动的速度慢，亲和力小的离子向下移动的速度快。因此可以将它们逐个洗脱下来。亲和力最小的离子最先被洗脱下来，亲和力最大的离子最后被洗脱下来。

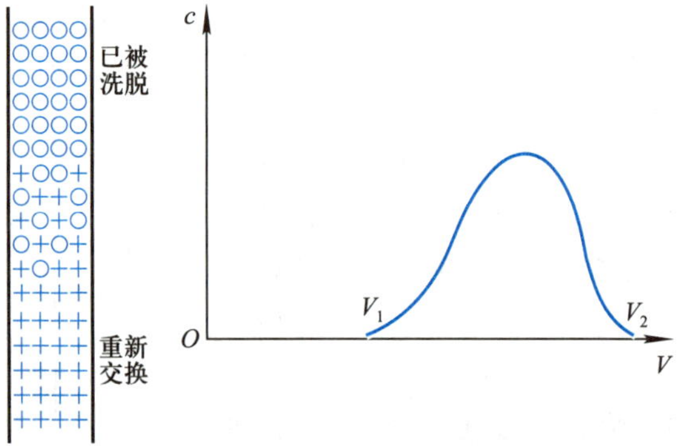

(a) 洗脱过程　　(b) 洗脱曲线

图 11-8　洗脱过程和洗脱曲线

4. 树脂再生

将树脂恢复到交换前的形式，这个过程称为树脂再生。有时洗脱过程就是再生过程。一般阳离子交换树脂可用 3 $mol·L^{-1}$ 盐酸处理，将其转化为 H^+ 型；阴离子交换树脂可用 1 $mol·L^{-1}$ 氢氧化钠溶液处理，将其转化成 OH^- 型备用。

11.5.4 离子交换分离法的应用

1. 水的净化

将强酸型阳离子交换树脂处理成 H^+ 型，强碱型阴离子交换树脂处理成 OH^- 型，将待净化的水依次通过两柱，即可得到所谓"去离子水"，这是将阳、阴离子交换树脂柱串联起来使用，称为复柱法。若要求水的纯度更高，可再串联一个混合柱(阳、阴离子交换树脂按交换容量 1∶1 混合装柱)，它相当于将阳、阴离子交换树脂柱多级串联起来使用，称为混合柱法。复柱法的缺点是柱上交换产物会发生逆反应，得到的水的纯度不高；混合柱法消除了逆反应，但树脂再生复杂。如以 $CaCl_2$ 代表水中的杂质，则水的净化过程可简单地用下式表示：

$$R(—SO_3H)_2+CaCl_2 \longequal R(—SO_3)_2Ca+2HCl$$

$$R_4NOH+HCl \longequal R_4NCl+H_2O$$

2. 微量组分的富集

离子交换树脂是富集微量组分的有效方法。例如，矿石中痕量铂、钯的测定，可将矿石溶解后加入较浓的 HCl，使 Pt(Ⅳ)、Pd(Ⅱ)转化为$[PtCl_6]^{2-}$或$[PdCl_4]^{2-}$配阴离子，再将试液通过装有 Cl^- 强碱性阴离子交换树脂的微型交换柱，使$[PtCl_6]^{2-}$或$[PdCl_4]^{2-}$吸着于交换树脂上。取出树脂，高温灰化。再用王水浸取残渣，定容，用吸光光度法测定 Pt(Ⅳ)、Pd(Ⅱ)。

3. 阴、阳离子的分离

用离子交换法分离阴、阳离子相当简单。这种方法常用于分离某些干扰元素。例如，用重量法测定硫酸根，当有大量 Fe^{3+} 存在时，由于产生严重的共沉淀现象而影响测定。如将试液的稀酸溶液通过阳离子交换树脂，则 Fe^{3+} 被树脂吸附，HSO_4^- 进入流出液，从而消除 Fe^{3+} 的干扰。在钢铁分析中，多采用活性氧化铝从酸性溶液中选择性地交换吸附 HSO_4^-，使其与大量合金元素分离，然后用重量法测定。

4. 性质相似元素的分离

如果有几种性质相近且带有相同电荷的离子同时被交换在树脂上，可选择合适的洗脱剂将它们逐一洗脱并分离，这种方法称为离子交换色谱分离法。用这种方法可以分离性质相似的元素。例如，Li^+、Na^+、K^+ 的分离，将含有 Li^+、Na^+、K^+ 的混合溶液通过强酸型阳离子交换树脂柱，三种离子都被树脂吸附。

然后用0.1 $mol \cdot L^{-1}$的HCl淋洗，三种离子都被洗脱。根据树脂对这三种离子亲和力的不同，Li^+先被洗脱，然后是Na^+，最后是K^+，洗脱曲线见图11-9。将洗脱下来的Li^+、Na^+、K^+分别用容器收集后进行测定。

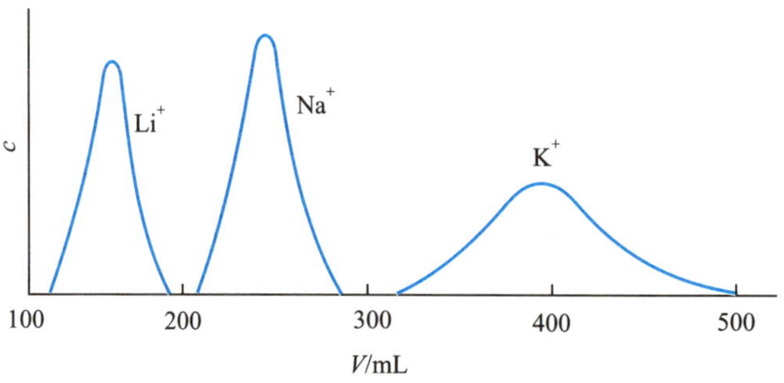

图11-9 Li^+、Na^+、K^+的洗脱曲线

11.6 色谱分离法

色谱分离法简称色谱法(chromatography)，也称层析法和色层法。色谱法基于被分离物质分子在两相(一为固定相，一为流动相)中分配系数的微小差别进行分离，是一种多级分离技术。当两相作相对移动时，被测物质在两相之间进行反复多次分配，使原来微小的分配差异进一步扩大，使各组分分离。这一分离方法分离效率高，能将各种性质极相似的物质彼此分离。色谱分离法可分为多种类型，本节仅介绍现今常用的主要基于化学原理的萃取色谱(反相分配色谱)、薄层色谱和纸色谱，其他色谱分离方法将在本教材下册(仪器分析)中详细介绍。

11.6.1 萃取色谱分离法

1. 方法原理

萃取色谱(extraction chromatography)是将溶剂萃取与色谱分离技术相结合的液相分配色谱，一般在柱上进行，为柱色谱。以涂渍或吸留于多孔、疏水的惰性载体的有机萃取剂为固定相，以含有合适的无机化合物的水溶液为流动相。这相当于用水溶液反萃取有机相中的分析物，故又称反相分配色谱。把含有待分离组分的试液置于色谱柱上层，加入流动相，被分离组分从柱顶随流动相逐渐向下移动的同时，它们不断地在两相之间进行萃取和反萃取多次分配。最终根据各分离组分的洗脱曲线判定分离优劣。

2. 影响分离的主要因素

影响分离的主要因素有固定相、载体和流动相。固定相为有机萃取剂，还有有机分子以化学键与硅胶表面的硅羟基反应获得的化学键合固定相。有机萃取剂种类很多，根据分离对象不同可选择适当的萃取剂。作为固定相的萃取剂能被载体牢固吸附，在流动相中不溶解。

要求固定相载体惰性、多孔、孔径分布均匀、比表面大，有良好的物理和化学稳定性；在流动相中不溶胀、不吸附水溶液中的离子，耐热，不为酸碱浸蚀。载体材料有：硅藻土、硅胶、聚四氟乙烯及聚乙烯-乙酸乙烯酯共聚物、泡沫塑料、活性碳纤维等。将载体置于含有萃取剂的有机溶剂溶液中浸泡，然后晾置，有机溶剂挥发后装柱。

萃取色谱多以无机酸溶液为流动相，所用无机酸的种类及浓度对分离因数影响较大，有时加入无机盐类以改变分离效果。常用的有硝酸、盐酸、硫酸及这些酸与无机盐的混合溶液。由于流动相为水溶液，可以通过改变流动相的酸度和加入配体提高分离效果。特别是含有某些配体的流动相，会使一些组分容易被反萃取而实现分离。萃取色谱法多用于无机分析。

3. 操作方法

操作方法如下：

a. 用浸渍法制备固定相并平衡。将有机萃取剂溶于挥发性溶剂中，配成适当浓度的溶液，将适当粒度的载体加入并搅拌或振荡一定时间，让溶剂挥发，制得固定相。装柱要求装填均匀、致密、无气泡。然后用 5～10 倍于载体体积的流动相流过色谱柱进行平衡。

b. 进样。将试样溶液调至萃取所需要的最佳条件，上柱，并控制一定流速流经色谱柱。

c. 洗涤。用同样的流速和与试样溶液相似的水溶液洗涤柱床，以洗去柱内未被萃取的其他成分。

d. 洗脱分离。控制一定温度和合适的流速，用流动相洗脱被分离组分。根据分离组分的性质选择最佳的流动相组成，使各组分完全分离，多采用分步洗脱办法。如 P507-碳纤维为固定相分离稀土元素，用不同浓度盐酸淋洗，15 种稀土元素基本分离。用正辛胺-纤维素柱，分别用 10 $mol \cdot L^{-1}$ HCl、6 $mol \cdot L^{-1}$ HCl 和 0.05 $mol \cdot L^{-1}$ HNO_3 洗脱，可将 Th(Ⅳ)，Zr(Ⅳ)、UO_2^{2+} 完全分离(图 11-10)。

e. 色谱柱的再生。有两种处理方法，一是将附有固定相的载体取出，用有机溶剂洗去萃取剂，加热干燥除去残留有机溶剂，重新用固定相浸渍载体。其次是在柱顶部加入萃取剂的有机溶剂溶液，缓慢流过色谱柱，柱上浸渍补充载体附着的固定相，再用水洗去柱内过量的有机相。

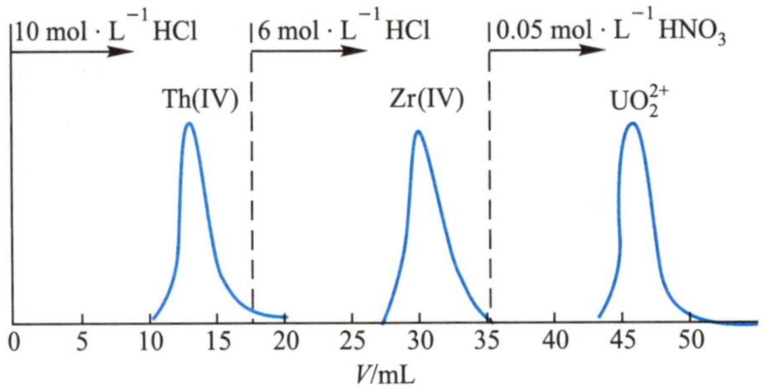

图 11-10 Th(Ⅳ)、Zr(Ⅳ)、UO_2^{2+} 混合物的萃取色谱分离

11.6.2 薄层色谱和纸色谱

薄层色谱和纸色谱都属于平面色谱，因为固定相的形状为平面。薄层色谱是以铺在平面支撑物体(如玻璃片)上的吸附剂薄层为固定相的一种液相色谱法；纸色谱的载体多为滤纸，固定相是滤纸上吸着的水分。两者均为液相色谱法。纸色谱应用日趋少见，这里主要介绍薄层色谱。

1. 方法原理

薄层色谱固定相为吸附剂(例如硅胶、活性氧化铝、纤维素等)，一般将其均匀地涂在玻璃板上制成薄层板。然后把试液点在薄层的一端离边缘一定距离处，晾干，再把点有试液的薄层板浸入到作为展开剂的流动相中(不要把试样点浸入)，流动相装在加盖的层析缸中，并具有一定饱和的流动相蒸气压。由于固定相吸附剂的毛细管作用，流动相沿着固定相薄层上升，遇到试样点，试样溶于流动相并在流动相和固定相之间进行吸附－解吸－再吸附－再解吸的多次分配过程。易被吸附的物质移动慢些，较难吸附的物质移动快些，由于试样中各组分对吸附剂的亲和力强弱不同而得以分离(图 11-11)。

2. 比移值

在平面色谱中，通常用比移值(R_f)来衡量各组分的分离情况。根据图 11-12有

$$R_f=\frac{a}{b}$$

a 为斑点中心到原点的距离(cm)，b 为溶剂前沿到原点的距离(cm)。R_f 值最大等于 1，表明该组分随溶剂前沿一起移动，即分配比 D 非常大。R_f 值最小等于 0，表明该组分留在原点不动，即分配比 D 很小。两组分的 R_f 值差别越大，分离效果越好。

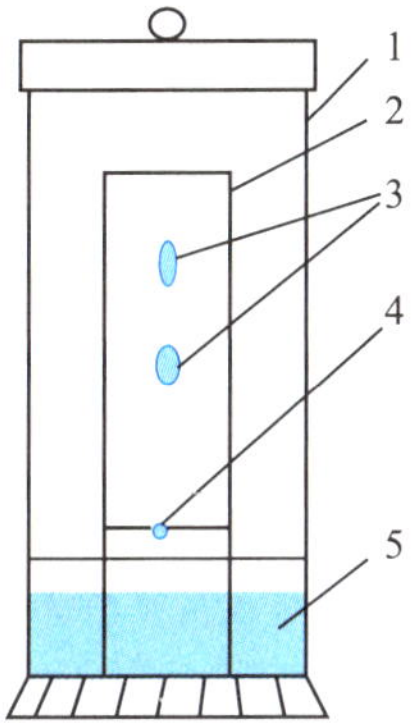

图 11-11 薄层色谱分离

1—层析缸；2—薄层板；3—斑点；

4—原点；5—展开剂（流动相）

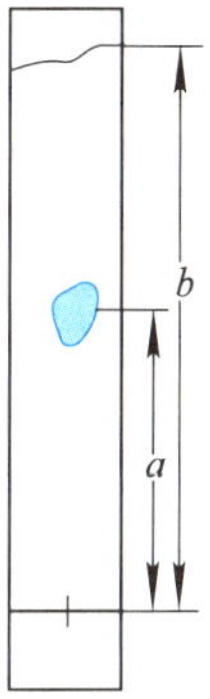

图 11-12 迁移距离的测量

3．固定相

薄层色谱的固定相除铺在玻璃板上的吸附剂硅胶、活性氧化铝、纤维素及聚酰胺外，还有在惰性薄层上涂的固定液，进行吸附分配分离。要求固定相有一定的比表面积、机械强度和稳定性，在流动相中不溶解，具有可逆吸附能力。最常用的吸附固定相是硅胶和活性氧化铝。氧化铝分为碱性、中性和酸性三种，相应用于分离碱性、中性和酸性物质。氧化铝含水量大，表明活性低。薄层色谱用氧化铝粒度一般为 200 目左右。硅胶分硅胶 G 和硅胶 H，前者含有黏合剂石膏，含黏合剂的硅胶薄层活化程度与它们的吸附能力成正比。一些化合物的吸附能力大小顺序为

饱和烃＜不饱和烃＜醚＜酯＜醛＜酮＜胺＜羟基化合物＜酸和碱

4．流动相

正相薄层色谱中，流动相多为含有少许酸或碱的有机溶剂；反相色谱则多采用无机酸水溶液。薄层色谱的展开剂种类很多，主要根据试样的性质及分离机制选择。对于吸附性薄层色谱，主要考虑流动相极性，极性大小与洗脱能力成正比，一些主要纯溶剂的极性大小顺序为

石油醚＜环己烷＜四氯化碳＜苯＜甲苯＜二氯甲烷＜氯仿＜乙醚＜
乙酸乙酯＜丙酮＜正丙醇＜乙醇＜甲醇＜吡啶＜酸

流动相可用单一溶剂，也可用混合溶剂，以调整流动相的极性。一般来讲，对于极性物质，选择吸附活性小的吸附剂和极性大的流动相；对非极性物质，选择吸附活性大的吸附剂和极性小或非极性的流动相。

5．定量测定方法和应用

按前面介绍的方法选择固定相和流动相，点样，展开，分离，然后取出薄层板，用铅笔标出溶剂前沿，若被分离组分无色，则进行显色，并划出分离组分的有色斑点，一般通过测定斑点面积大小和比较颜色强弱，并与标准物质比较进行半定量分析。另外，将有色斑点刮下，用适当溶剂将其溶解，过滤，定容，再用适当分析方法测定其含量。还可用薄层扫描光度计或荧光光度计直接测定斑点的吸光度和荧光强度，来确定待测物质含量。

薄层色谱分离应用广泛，操作简便，特别适于有机物组分的分析和检测。如分离检测植物中的维生素 B_1、B_2、B_6，固定相用硅胶 G+0.5%CMC(羧甲基纤维素)-水溶液(1 g∶3 mL)，流动相(展开剂)用氯仿-乙醇-丙酮-氨水(体积比 20∶20∶20∶10)，提取液用水饱和的正丁醇-6%TritonX-100 乙醇溶液(体积比 23∶2)，用薄层双波长扫描仪测定。

11.7 电泳分离法

电分离是在电场作用下，基于物质在溶液中的电化学性质的差异而进行分离的一种重要的分离方法，包括电解分离法、电泳分离法、电渗析分离法等。本节简要介绍电泳分离法。

1. 电泳分离原理

在电场作用下，电解质中带电粒子以不同的速率向正极或负极方向迁移的现象称为电泳(electrophoresis)。利用这一现象对化学或生物物质进行分离分析的技术称为电泳技术。电泳分离法的依据是带电粒子在迁移率(单位电场强度下离子的运动速度)上的差别。

在电场强度为 E 的电场作用下，带电荷量 q 的粒子的迁移率 μ 为

$$\mu=\frac{v}{E}=\frac{q}{6\pi\eta r} \tag{11-14}$$

式中，v 是带电粒子的运动速度，η 是介质的黏度，r 是带电粒子的半径。在一定实验条件下，不同带电粒子的迁移率是定值。根据离子迁移率的定义有

$$\mu=\frac{v}{E}=\frac{S/t}{U/L}=\frac{SL}{Ut} \tag{11-15}$$

式中，U 是外加电压，L 是两电极间距离，t 是电泳时间，S 是带电质点在时间 t 内迁移的距离。假设现有两个不同带电质点，在电场作用下，在 t 时间迁移的距离按照(11-15)式分别为

$$S_1=\mu_1 t\,\frac{U}{L} \qquad S_2=\mu_2 t\,\frac{U}{L}$$

则

$$\begin{aligned}\Delta S &= S_2 - S_1 \\ &= (\mu_2 - \mu_1)t\frac{U}{L} \\ &= \Delta\mu t\frac{U}{L}\end{aligned} \tag{11-16}$$

(11−16)式是电泳分离的表达式。带电粒子的迁移率、电解质组成及其 pH、外加电压大小和电泳时间影响电泳分离。$\mu_2-\mu_1$、t、U/L 三者的值越大，ΔS 越大，两个带电粒子分离越完全。

带电粒子的迁移率正比于其电荷，与其质量成反比。电荷越大，质量越小，迁移率越大，正、负离子的迁移方向相反最易分离。由于电泳是在一定电解质溶液中进行，电解质的组成、溶液的黏度也会影响迁移率。往往加入配体使电解质组成变化，让带电粒子形成配位化合物或不带电荷，便于分离。例如，电泳分离性质十分相似的稀土元素，在电解质中加入 α−羟基异丁酸，可使它们得以有效分离。

2. 电泳分离法分类

电泳分离法中用的最多的是区带型电泳，它是在一个支撑体上进行电泳分离。另外。还可在无支撑体的溶液中自由进行电泳。按支撑体不同，区带电泳分为纸电泳、薄层电泳、聚丙烯酰胺电泳、琼脂电泳等。按支撑体形状不同分为柱状电泳、U 形电泳、毛细管电泳等。此外还有等电聚焦电泳和等速电泳。图 11−13 是水平纸电泳装置示意图。用中华一号滤纸(25.5 cm×1.5 cm)作支撑体，0.005 mol·L^{-1} 硼酸−NaOH 缓冲溶液作背景电解质，外加电压 1 000 V，电泳 150 min，可使肌苷、鸟苷、黄苷分离。

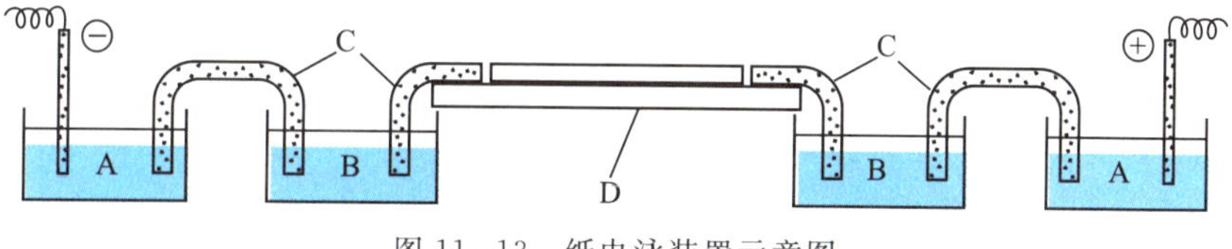

图 11−13 纸电泳装置示意图

A、B—电解质溶液；C—电桥；D—纸条和试样放置点

11.8 气浮分离法

气浮分离首先用于选矿，1959 年开始用于分析化学中各种离子的分离、富集。在 20 世纪 80 年代，我国大量研究了它在微量元素的富集分离中的应用。

11.8.1 气浮分离法原理

按分离对象和分离手段来划分，气浮分离法可分为离子气浮分离法、沉淀气浮分离法和溶剂气浮分离法三大类，都采用气泡富集分离原理，即在一定条件下，溶液中被分离的离子形成配离子或生成沉淀后，加入适宜的表面活性剂和通入适量气体，形成电中性物质的待分离组分吸附或黏附在生成的大量微小气泡表面浮升到液面，进而聚集成泡沫与母液分离或溶于有机溶剂被分离富集。由装置示意图(图 11-14)可以更好地了解气浮分离法。

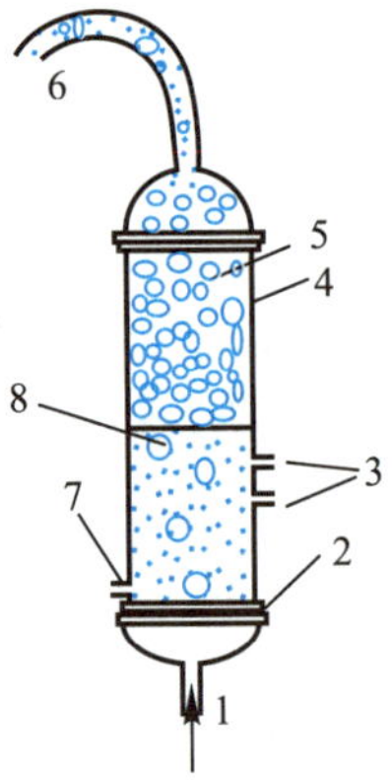

图 11-14 气浮分离装置示意图

1—通气口；2—过滤器；3—试样和试剂导入口；4—气浮池；5—泡沫；6—泡沫导出口；7—排放口；8—气泡

气浮分离法的机理比较复杂。向含有待分离的离子或分子的水溶液中加入表面活性剂，通气鼓泡，一般认为气泡的气-液界面上存在定向排列的表面活性剂。表面活性剂非极性的一端向着气相，极性的一端向着水相。极性端通过物理(如静电引力)或化学作用(如配位反应)与溶液中被分离的离子所形成的配离子或沉淀结合，然后被气泡带到液面，形成泡沫层，进而分离。

11.8.2 气浮分离法类型

1. 离子气浮分离法

在含有待分离离子(包括配离子)的试样溶液中，在适宜条件(酸度、离子强度、配体等)下，加入适量带有相反电荷的某种表面活性剂，使之形成电中性的离子缔合物。通入适量气流形成气泡，它们即被吸附在气泡表面继而上浮至液面形成泡沫而被分离。如在 1.0 mol·L^{-1} HCl 和 0.01 mol·L^{-1} 的 Cl^- 中，$[AuCl_4]^-$ 与加入的阳离子表面活性剂氯化十六烷基三甲基铵形成离子缔合物被气泡浮选，与试样中的 Hg^{2+}、Cd^{2+}、Zn^{2+} 分离。

2. 沉淀气浮分离法

在含有待分离离子的试样溶液中，加入适宜沉淀剂使之生成沉淀或被共沉淀。在一定条件下再加入适宜的表面活性剂，通入适量气流形成气泡，沉淀黏附在气泡表面浮升到液面集成泡沫被分离。例如，在 pH=6～8 时，铜试剂与重金属离子 Cd^{2+}、Co^{3+}、Cr^{3+}、Ni^{2+}、Pb^{2+}、Sn^{2+}、Ti(Ⅳ)等形成的沉淀表面呈正电性，能被阴离子表面活性剂十二烷基苯磺酸钠很好气浮，从微克级富集到毫克级，富集倍数达 50 倍。再如，在 pH=3.5～5.0 时，$Al(OH)_3$ 作为共沉淀剂沉淀重金属离子，加入阴离子表面活性剂油酸钠气浮，可以富集分离环境水样中的每毫升纳克级的重金属离子。

3. 溶剂气浮分离法

在含有待分离离子的试样溶液的表面放置适量的有机溶剂，采用某种方式使水中产生大量微小气泡后，已呈表面活性的待分离组分就会被吸附或黏附在这些上升的气泡表面，或溶于有机溶剂相，或在有机溶剂与试样溶液液面间形成第三相。然后分离出含有待测离子的有机相或者第三相。此法也称萃取浮选法。

11.8.3 影响气浮分离效率的主要因素

不同类型的气浮分离法，其主要影响因素不一样，共同的有溶液酸度、表面活性剂浓度、离子强度、气泡大小等，此外，对于上述三种气浮分离法还分别有配位化合物类型、沉淀性质和有机溶剂种类的影响。

1. 溶液酸度

以 $Fe(OH)_3$ 的沉淀气浮法为例，$Fe(OH)_3$ 胶体沉淀在不同 pH 下带不同电荷。$pH<9.5$ 时带正电，$pH>9.5$ 时带负电。因此，在 $pH<9.5$ 时进行气浮分离应该采用阴离子表面活性剂，如油酸钠；$pH>9.5$ 时则采用阳离子表面活性剂，如长碳链的季铵盐等。

2. 表面活性剂浓度

表面活性剂浓度对气浮分离的影响有时很大。对于离子气浮分离法和沉淀气浮分离法，表面活性剂浓度不宜超过临界胶束浓度，否则会形成胶束而使沉淀溶解。

3. 离子强度

溶液的离子强度对气浮分离影响也较大，离子强度大，对分离不利。

4. 形成配位化合物和沉淀的性质

离子气浮和溶剂气浮的对象是离子（包括配离子）与表面活性剂形成的离子缔合物。沉淀气浮的对象是离子与沉淀剂形成的沉淀（有机沉淀剂则形成螯合物）。因此这些不同类型化合物的稳定性或溶解度对分离效率都有直接影响。

5. 气泡大小

气泡过大不易形成稳定的泡沫层，要控制气体流速，一般 $1\sim2\ mL\cdot cm^{-2}\cdot min^{-1}$。另外要防止细小气泡的重新聚集，通常加入少量有机溶剂如甲醇、乙醇等。

6. 其他因素

气浮分离所用的气体、温度、搅拌情况等均影响气浮分离的效率。

11.8.4 气浮分离法应用

气浮分离法富集速度快(比沉淀或共沉淀分离快得多)、富集倍数大、操作简便,已广泛用于环境治理和痕量组分的富集分离等。离子气浮分离法和溶剂气浮分离法在分析化学方面应用较多,主要是用于环境监测中富集痕量组分和贵金属的分离富集。沉淀气浮分离法已成功用于给水净化和工业废水处理。表11-4所示为一些气浮分离法应用示例。

表11-4 气浮分离法应用示例

分离的离子	方法类型	条件	应用
Au^{3+}、Ag^{+}、Cu^{2+}	离子气浮	含Cl^-及CN^-、草酸盐和硫代硫酸盐介质+氯化苄基三烷基铵,pH=3～13	矿石中的贵金属分离富集
Ag^{+}	沉淀气浮	银试剂+十二烷基硫酸钠(SDS),0.1～1 $mol\cdot L^{-1}$ HNO_3	高纯铜中分离富集银
Cr(Ⅵ)	离子气浮	二苯卡巴肼+十二烷基硫酸钠(SDS)	水中铬的测定
Co^{3+}	沉淀气浮	$Fe(OH)_3$,pH=9～11,阳离子表面活性剂	水中钴的富集
Fe^{2+}	溶剂气浮	3-(2-吡啶-5,6-二苯基)-1,2,4-三吖嗪,SDS,异戊醇,pH=3～3.2	水中铁的富集
Si(Ⅳ)	溶剂气浮	加钼酸铵形成硅钼杂多酸+结晶紫,乙酸丙酯,2 $mol\cdot L^{-1}$ HNO_3	硅的富集与光度测定
Pd^{2+}、Pt(Ⅳ)、Rh^{3+}、Ir(Ⅳ)	离子气浮	NaSCN+溴化十六烷基三甲基铵,HCl介质	贵金属的分离富集

11.9 膜分离法

膜分离技术是一种高效、经济、简便的分离技术。用天然或人工合成的薄层凝聚物——薄膜,以外界能量或化学位差(浓度差、温度差、压力差和电位差)为驱动力,对两组分以上的溶质和溶剂进行分离富集、提纯。膜可以是全透性或半透性的,也可以是固态、液态或气态的,在同一种流体或不同种流体之间必须存在。膜本身为一相,有两个界面,与所隔开的物质接触,但不互溶。膜分离法通常按方法的驱动力进行分类:根据浓度差有渗透法、液膜法、渗透蒸发法等;根据压力差有反渗透法、超过滤法、微滤法等;根据电位差有电渗析法。下面主要介绍分析化学中常用的液膜萃取分离法。

1. 液膜的构成与性能

液膜是一层很薄的膜，与被隔开的液体不互溶，按液膜组成分为油包水型（W/O，油型）和水包油型（O/W，水型）两种。与固体膜分离相比，液膜具有传质快、选择性好、分离效率高、操作简便等优点。液膜还分为无载体液膜和有载体液膜，有载体液膜是靠加入流动载体如三辛胺、β-二酮类、脂肪酸等进行分离的，分离过程主要取决于载体的性质。无载体液膜依靠选择性渗透、化学反应、萃取和吸附进行分离。

液膜由膜溶剂、表面活性剂、流动载体和膜增强剂组成。表面活性剂是液膜的主要成分之一，用于控制液膜的稳定性。在一带有恒温控制和转速调节的搅拌槽中加入按一定比例配制的膜溶剂、表面活性剂、流动载体和膜增强剂，在合适条件下，制得乳化液膜。根据油型和水型要求选择表面活性剂，油型选单油酸山梨糖醇（Span80）、聚胺，水型选皂角苷（Sponin）。膜溶剂对保持膜稳定性非常重要，是构筑膜的基体，要求溶剂有一定黏度。水型以水为膜溶剂，可加入甘油为膜增强剂，油型采用煤油、中性油及柴油为膜溶剂。在有载体的液膜分离中，流动载体对实现分离传质至关重要，主要有离子型和非离子型两类。离子型载体又分为正电性和负电性，一般认为非离子型载体比离子型载体好。根据分离对象不同，选择不同的载体，一般适于作萃取剂的可作流动载体，如羧酸、三辛胺、肟类化合物和大环多醚等。添加剂是为了液膜稳定。

制备支撑液膜的重要环节是把含有载体的液膜溶液浸透到制成物的孔中，支撑物多为惰性聚合物膜如聚砜、聚四氟乙烯、聚丙烯膜等。

2. 分离原理与过程

液膜萃取分离涉及三个液相：试样溶液、萃取液和处于这两者之间的薄膜。分离原理类似液-液萃取和反萃取。被分离组分从试样溶液进入液膜相当于萃取，再从液膜进入接受液相当于反萃取，可以说液膜萃取分离法吸取了液-液萃取的特点，又结合了透析过程中可以有效除去基本干扰的长处，具有高效、快速、简便、易于自动化等优点。液膜萃取分离法的基本原理是由浸透了与水互不相溶的有机溶剂的多孔薄膜把水溶液分隔成两相——萃取相和被萃取相；其中与流动的试样水溶液相连的相为被萃取相，静止不动的相为萃取相。试样水溶液的离子流入被萃取相与其中加入的某些试剂形成中性分子（处于活化态）。这种中性分子通过扩散溶入并吸附在液膜中，再进一步扩散进入萃取相，一旦进入萃取相，中性分子受萃取相中化学条件的影响又分解为离子（处于非活化态）而无法再返回液膜中去。其结果使被萃取相中的物质——离子通过液膜进入萃取相中。图 11-15 表示水溶液中的酸根、氨基、金属离子在萃取过程中是如何从被萃取相中通过液膜进入萃取相的。当这些离子流入被萃取相与其加入的对应试剂，即相应的 H^+、OH^- 及配体作用，分别形成相应的中性分子或配位化合物进入液膜层，再进一步扩散进入萃取相。当它们进入萃取相时，受萃取相中化学条件的变化，即加入的酸、碱、配位化合物分解剂的作用，解离为原有的酸根离子、氨基离子、金属离子等，从而使它们不可逆地留在萃取相中。

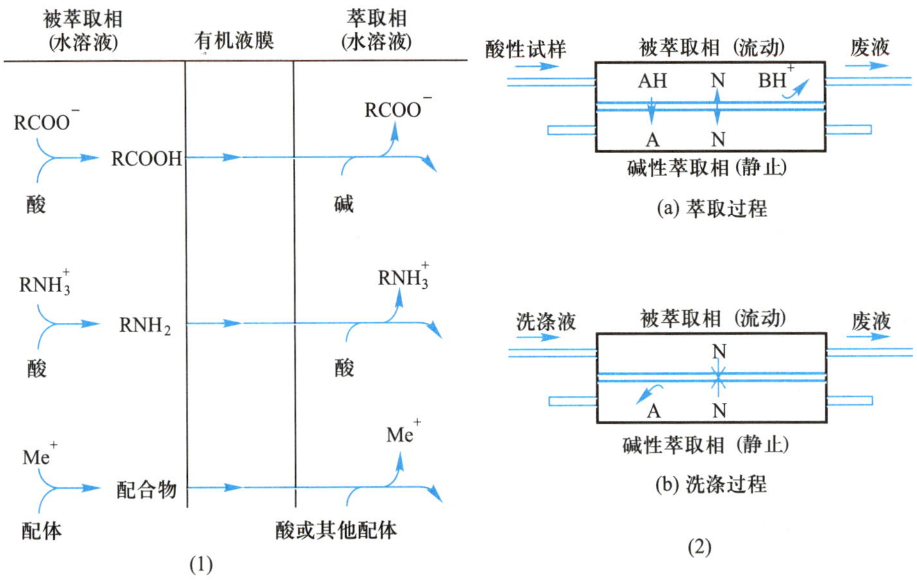

图 11-15 液膜萃取离子示意图

(1) 液膜萃取酸根、胺及金属离子；(2) 阴离子(A)、阳离子(BH^+)与中性离子(N)在液膜中的分离

3. 影响液膜萃取的因素

在液膜萃取分离中，被分离物质在流动相的水溶液中只有转化为活化态(即中性分子)才能进入液膜，因此提高液膜萃取分离技术的选择性主要取决于如何提高被分离物由非活化态转化为活化态的能力，而不使干扰物质或其他不需要的物质变为活化态，因而其影响因素有以下几个。

(1) 酸度与介质

调节溶液的 pH 就可以把各种 pK_a 不同的物质有选择地萃取出来。以萃取阴离子为例，只要把水溶液的 pH 调至酸性即可进行萃取。此时阴离子和氢离子结合成相应酸分子，它和溶液中原有的中性分子一起透过液膜进入萃取相，而阳离子则随水溶液流出。进入萃取相的酸分子若遇到碱性环境，则与周围的 OH^- 作用又释放出阴离子。而中性分子因为自由来往于液膜两侧，随着洗涤过程进入洗涤液。结果是水溶液中的阴离子从被萃取相中有选择地进入了萃取相。对阳离子而言，情形完全相同，只是条件相反。需要强调的是，调节 pH 的目的对于被萃取相和萃取相是不同的，前者是为了使被萃取物质由非活化态变为活化态;而后者则相反,由活化态变为非活化态。

(2) 液膜中有机液体的极性

改变液膜中有机液体极性的大小,以提高对极性不同物质的萃取效率。由于液膜极性的大小直接与被萃取物质在其中的分配系数有关,极性越接近,分配系数越大,因此处于活化态的被萃取物质也越容易扩散进入液膜,否则即使被萃取物质在水相中形成中性分子而处于活化态,由于极性差别很大,仍无法有效地进入有机液膜层,影响萃取效率。

4. 应用

用 P507、单丁二酰亚胺为表面活性剂,加入液体石蜡和煤油可以制成液膜,用于富集 10^{-9} g 的铈组稀土。聚砜-P204 制成液膜用于分离 Eu^{3+}。液膜萃取分离法现在广泛用于环境试样的分离与富集,如大气中微量有机胺的分离、水中铜离子和钴离子的分离、水体中酸性农药的分离测定等。

用于分析化学的分离方法,除以上所述外,还有离心、密度梯度、透析、电渗析等分离方法。

思考题

1. 在分析化学中,为什么要进行分离富集?分离时对常量和微量组分的回收率要求如何?

2. 常用哪些方法进行氢氧化物沉淀分离?举例说明。

3. 某矿样溶液含有 Fe^{3+}、Al^{3+}、Ca^{2+}、Mg^{2+}、Mn^{2+}、Cr^{3+}、Cu^{2+} 和 Zn^{2+} 等离子,加入 NH_4Cl 和氨水后,哪些离子以什么形式存在于沉淀中?哪些离子以什么形式存在于溶液中?分离是否完全?

4. 如将上述矿样用 Na_2O_2 熔融,以水浸取,其分离情况又如何?

5. 某试样含 Fe、Al、Ca、Mg、Ti 元素,经碱熔融后,用水浸取,盐酸酸化,加氨水中和至出现红棕色沉淀(pH≈3),再加入六亚甲基四胺,加热过滤,获得沉淀和滤液。问

a. 为什么溶液中刚出现红棕色沉淀时 pH≈3?

b. 过滤后得到的沉淀是什么?滤液又是什么?

c. 试样中若含 Zn^{2+} 和 Mn^{2+},最后它们是在沉淀中还是在滤液中?

6. 采用无机沉淀剂,怎样从铜合金的试液中分离出微量 Fe^{3+}?

7. 采用氢氧化物沉淀分离,常有共沉淀现象,怎样减少沉淀对其他组分的吸附?

8. 共沉淀富集痕量组分时,对共沉淀剂有什么要求?有机共沉淀剂较无机共沉淀剂有何优点?

9. 何谓分配系数、分配比?萃取率与哪些因素有关?采用什么措施可提高萃取率?

10. 为什么在进行螯合萃取时,溶液酸度的控制显得很重要?

11. 用硫酸钡重量法测定硫酸根时,大量 Fe^{3+} 会产生共沉淀。试问当分析硫铁矿(FeS)中的硫时,如果用硫酸钡重量法进行测定,用什么方法可以消除 Fe^{3+} 的干扰?

12. 离子交换树脂分几类,各有什么特点?什么是离子交换树脂的交联度、交换容量?

13. 含有 Na^+、NO_3^-、Ba^{2+}、$[FeCl_4]^-$、Ag^+、Co^{3+} 和 NH_4^+ 等离子的溶液加入到阳离子交换柱的顶部，它们的洗脱顺序是怎样的？

14. 几种色谱分离方法（纸色谱、薄层色谱及萃取色谱）的固定相和分离机理有何不同？

15. 如何进行薄层色谱和纸色谱的定量测定？

16. 用气浮分离法富集痕量金属离子有什么优点？为什么要加入表面活性剂？

17. 若用气浮分离法富集水中的痕量 CrO_4^{2-}，可采用哪些途径？

18. 固相微萃取分离法、超临界萃取分离法、液膜分离法及微波萃取分离法的分离机理有何不同？

19. 试述电泳分离法的分离原理。

习　题

1. 向 0.020 $mol\cdot L^{-1}$ Fe^{3+} 溶液中加入 NaOH，要使沉淀达到 99.99%以上，溶液 pH 至少是多少？已知 $Fe(OH)_3$ 的 $K_{sp}=4\times10^{-38}$。

(3.4)

2. 用下述办法从 50.0 mL 水中去除 99%的溶质，该物质的分配比至少是多大？

a. 用两份 25.0 mL 萃取剂萃取；

b. 用五份 10.0 mL 萃取剂萃取。

(a. 18；b. 7.6)

3. 某溶液含 Fe^{3+} 10 mg，用有机溶剂萃取它时，分配比为 99。问用等体积溶剂萃取一次和两次后，剩余 Fe^{3+} 量各是多少？若在萃取两次后，分出有机相，用等体积水洗一次，会损失多少 Fe^{3+}？

(0.1 mg，0.001 mg；0.1 mg)

4. 某矿样含有金，取 5.000 0 g 试样，溶样，定容为 100 mL，取试液 10.00 mL 于 50 mL 容量瓶中，用罗丹明 B 与 $[AuCl_4]^-$ 配阴离子缔合及甲苯萃取光度法测定。等体积有机溶剂萃取一次，在波长 564 nm，用 2 cm 比色皿，测得吸光度为 0.32，求矿样中金的质量分数。已知分配比为 19，金萃取物的摩尔吸收系数为 8×10^4 $L\cdot cm^{-1}\cdot mol^{-1}$，$M_{Au}=196.97$ $g\cdot mol^{-1}$。

(8.4×10^{-4} %)

5. 250 mL 含 103.5 μg 铅的试液，分取 10 mL，用 10 mL 氯仿-双硫腙溶液萃取，萃取率为 95%，用 1 cm 比色皿，490 nm 波长测定，测得吸光度为 0.198，求分配比及吸光物质的摩尔吸收系数。已知 $M_{Pb}=207.2$ $g\cdot mol^{-1}$。

(19，1.0×10^5 $L\cdot cm^{-1}\cdot mol^{-1}$)

6. 用氯仿萃取 100 mL 水溶液中的 OsO_4，分配比为 10，欲使萃取率达到 99.5%。每次用 10 mL 氯仿萃取，需萃取几次？

(8)

7. 用己烷萃取稻草试样中的残留农药，并浓缩到 5.0 mL。加入 5 mL 的 90%的二甲基亚砜，发现 83%的农药残留量在己烷相，它在两相中的分配比是多少？

(4.9)

8. 用乙酸乙酯萃取鸡蛋面条中的胆固醇，已知试样质量为 10 g，面条中胆固醇含量为 2.0%。如果分配比为 3，水相 20 mL，用 50 mL 乙酸乙酯萃取，需要分几次萃取才可以除去鸡蛋面条中 95%的胆固醇？

(2)

9. 螯合物萃取体系的萃取常数与螯合物的分配系数 $K_D^{ML_n}$、螯合剂的分配系数 K_D^{HL}、螯合剂的解离常数 K_a^{HL} 和螯合物稳定常数 β 有密切关系。试根据下列反应，推导出萃取常数与这几个常数的关系式。

$$M^{n+}_{(w)} + n\,HL_{(o)} \rightleftharpoons ML_{n\,(o)} + n\,H^+_{(w)}$$

$$K_a^{HL} = \frac{[H^+][L^-]}{[HL]} \qquad \beta = \frac{[ML_n]}{[M^{n+}][L]^n}$$

$$K_D^{ML_n} = \frac{[ML_n]_o}{[ML_n]_w} \qquad K_D^{HL} = \frac{[HL]_o}{[HL]_w}$$

10. 现有 0.100 0 mol·L^{-1}某有机一元弱酸(HA)100 mL，用 25.00 mL 苯萃取后，取水相 25.00 mL，用 0.020 00 mol·L^{-1} NaOH 溶液滴定至终点，消耗 20.00 mL，计算一元弱酸在两相中的分配比。

(21.00)

11. 有一有机酸 HA 的 0.150 mol·L^{-1}水溶液，分取 25.0 mL 于三个 50.0 mL 容量瓶中。其一用 1.0 mol·L^{-1} $HClO_4$ 溶液稀释定容，其二用 1.0 mol·L^{-1} NaOH 溶液稀释定容，其三用水稀释定容。各取 25.0 mL 用 25.0 mL 正己烷萃取。溶液二的萃取物没有检测到含有任何 A 形态，表明 A 没有溶解在有机溶剂中；溶液一萃取物不含有 ClO_4^- 或 $HClO_4$，但是发现有 0.045 4 mol·L^{-1} 的 HA(用 NaOH 标准溶液萃取，用 HCl 标准溶液返滴)；溶液三的萃取物发现是 0.022 5 mol·L^{-1} HA。假设 HA 在有机溶剂中不缔合和解离，计算：

a. HA 在两溶剂中的分配比；

b. 萃取后溶液三中 HA 和 A^- 型体的浓度；

c. HA 在水中的解离常数。

(a. 1.53；b. 0.014 7 mol·L^{-1}，0.037 8 mol·L^{-1}；c. 9.72×10^{-2})

12. 用纯的某二元有机酸 H_2A 制备成纯钡盐，称取 0.346 0 g 盐样，溶于 100.0 mL 水中，将溶液通过强酸性阳离子交换树脂，并水洗，流出液用 0.099 60 mol·L^{-1} NaOH 溶液 20.20 mL 滴定至终点，求有机酸的摩尔质量。

(208.6 g·mol^{-1})

13. 天然水中的总阳离子含量常由强酸型阳离子交换树脂交换阳离子来测定。25.0 mL 天然水样用蒸馏水稀释到 100 mL，加入 2.0 g 阳离子交换树脂，搅拌后，将混合液过滤，固体留在滤纸上，用三份 15.0 mL 水洗涤固体。中和滤液和洗涤液需要 0.020 2 mol·L^{-1} NaOH 溶液 15.3 mL(溴甲酚绿指示终点)。

a. 计算 1.00 L 天然水样中存在的阳离子物质的量(mmol)。

b. 报告每升天然水中按 $CaCO_3$ 计算的阳离子含量结果(mg)。

(a. 12.4 mmol；b. 619 mg)

14. 将 100.0 mL 水样通过强酸性阳离子交换树脂，流出液用 0.104 2 mol·L^{-1} NaOH 溶液滴定，用去 41.25 mL，若水样中总金属离子含量以钙离子含量表示，求水样中钙的质量浓度(mg·L^{-1})。

(861.3 mg·L^{-1})

15. 设一含有 A、B 两组分的混合溶液，已知 A 组分的 $R_f=0.40$，B 组分的 $R_f=0.60$，如果色谱用的滤纸条长度为 20 cm，则 A、B 两组分色谱分离后的斑点中心距离最大为多少？

(4.0 cm)

16. 称取 1.5 g H^+ 型阳离子交换树脂做成交换柱，净化后，用 NaCl 溶液冲洗至甲基橙呈橙色为止。收集流出液，以甲基橙为指示剂，用 0.100 0 mol·L^{-1} NaOH 标准溶液滴定，用去 24.51 mL，计算该树脂的交换容量(mmol·g^{-1})。

(1.6 mmol·g^{-1})

17. 含有纯 NaCl 和 KBr 的混合物 0.256 7 g，溶解后使之通过 H^+ 型阳离子交换树脂，需要用 0.102 3 mol·L^{-1} NaOH 溶液 34.56 mL 滴定流出液至终点，问混合物中各种盐的质量分数是多少？

(NaCl 61.67%，KBr 38.33%)

附　录

表 1　常用基准物质的干燥条件和应用

基准物质		干燥后的组成	干燥条件和温度	标定对象
名称	分子式			
碳酸氢钠	$NaHCO_3$	Na_2CO_3	270～300 ℃	酸
十水合碳酸钠	$Na_2CO_3 \cdot 10H_2O$	Na_2CO_3	270～300 ℃	酸
硼砂	$Na_2B_4O_7 \cdot 10H_2O$	$Na_2B_4O_7 \cdot 10H_2O$	放在装有 NaCl 和蔗糖饱和溶液的密闭器皿中	酸
碳酸氢钾	$KHCO_3$	K_2CO_3	270～300 ℃	酸
二水合草酸	$H_2C_2O_4 \cdot 2H_2O$	$H_2C_2O_4 \cdot 2H_2O$	室温空气干燥	碱或 $KMnO_4$
邻苯二甲酸氢钾	$KHC_8H_4O_4$	$KHC_8H_4O_4$	110～120 ℃	碱
重铬酸钾	$K_2Cr_2O_7$	$K_2Cr_2O_7$	140～150 ℃	还原剂
溴酸钾	$KBrO_3$	$KBrO_3$	130 ℃	还原剂
碘酸钾	KIO_3	KIO_3	130 ℃	还原剂
铜	Cu	Cu	室温干燥器中保存	还原剂
三氧化二砷	As_2O_3	As_2O_3	室温干燥器中保存	氧化剂
草酸钠	$Na_2C_2O_4$	$Na_2C_2O_4$	130 ℃	氧化剂
碳酸钙	$CaCO_3$	$CaCO_3$	110 ℃	EDTA
锌	Zn	Zn	室温干燥器中保存	EDTA
氧化锌	ZnO	ZnO	900～1 000 ℃	EDTA
氯化钠	NaCl	NaCl	500～600 ℃	$AgNO_3$
氯化钾	KCl	KCl	500～600 ℃	$AgNO_3$
硝酸银	$AgNO_3$	$AgNO_3$	220～250 ℃	氯化物

表 2 弱酸及其共轭碱在水中的解离常数(25 ℃,$I=0$)

弱 酸	分子式	K_a	pK_a	共轭碱	
				pK_b	K_b
砷酸	H_3AsO_4	$6.3\times10^{-3}(K_{a_1})$	2.20	11.80	$1.6\times10^{-12}(K_{b_3})$
		$1.0\times10^{-7}(K_{a_2})$	7.00	7.00	$1\times10^{-7}(K_{b_2})$
		$3.2\times10^{-12}(K_{a_3})$	11.50	2.50	$3.1\times10^{-3}(K_{b_1})$
亚砷酸	H_3AsO_3	6.0×10^{-10}	9.22	4.78	1.7×10^{-5}
硼酸	H_3BO_3	5.8×10^{-10}	9.24	4.76	1.7×10^{-5}
焦硼酸	$H_2B_4O_7$	$1\times10^{-4}(K_{a_1})$	4	10	$1\times10^{-10}(K_{b_2})$
		$1\times10^{-9}(K_{a_2})$	9	5	$1\times10^{-5}(K_{b_1})$
碳酸	H_2CO_3	$4.2\times10^{-7}(K_{a_1})$	6.38	7.62	$2.4\times10^{-8}(K_{b_2})$
	$(CO_2+H_2O)^*$	$5.6\times10^{-11}(K_{a_2})$	10.25	3.75	$1.8\times10^{-4}(K_{b_1})$
氢氰酸	HCN	6.2×10^{-10}	9.21	4.79	1.6×10^{-5}
铬酸	H_2CrO_4	$1.8\times10^{-1}(K_{a_1})$	0.74	13.26	$5.6\times10^{-14}(K_{b_2})$
		$3.2\times10^{-7}(K_{a_2})$	6.50	7.50	$3.1\times10^{-8}(K_{b_1})$
氢氟酸	HF	6.6×10^{-4}	3.18	10.82	1.5×10^{-11}
亚硝酸	HNO_2	5.1×10^{-4}	3.29	10.71	1.2×10^{-11}
过氧化氢	H_2O_2	1.8×10^{-12}	11.75	2.25	5.6×10^{-3}
磷酸	H_3PO_4	$7.6\times10^{-3}(K_{a_1})$	2.12	11.88	$1.3\times10^{-12}(K_{b_3})$
		$6.3\times10^{-8}(K_{a_2})$	7.20	6.80	$1.6\times10^{-7}(K_{b_2})$
		$4.4\times10^{-13}(K_{a_3})$	12.36	1.64	$2.3\times10^{-2}(K_{b_1})$
焦磷酸	$H_4P_2O_7$	$3.0\times10^{-2}(K_{a_1})$	1.52	12.48	$3.3\times10^{-13}(K_{b_4})$
		$4.4\times10^{-3}(K_{a_2})$	2.36	11.64	$2.3\times10^{-12}(K_{b_3})$
		$2.5\times10^{-7}(K_{a_3})$	6.60	7.40	$4.0\times10^{-8}(K_{b_2})$
		$5.6\times10^{-10}(K_{a_4})$	9.25	4.75	$1.8\times10^{-5}(K_{b_1})$
亚磷酸	H_3PO_3	$5.0\times10^{-2}(K_{a_1})$	1.30	12.70	$2.0\times10^{-13}(K_{b_2})$
		$2.5\times10^{-7}(K_{a_2})$	6.60	7.40	$4.0\times10^{-8}(K_{b_1})$
氢硫酸	H_2S	$1.3\times10^{-7}(K_{a_1})$	6.88	7.12	$7.7\times10^{-8}(K_{b_2})$
硫酸	HSO_4^-	$1.0\times10^{-2}(K_{a_2})$	1.99	12.01	$1.0\times10^{-12}(K_{b_1})$
亚硫酸	H_2SO_3	$1.3\times10^{-2}(K_{a_1})$	1.90	12.10	$7.7\times10^{-13}(K_{b_2})$
	(SO_2+H_2O)	$6.3\times10^{-8}(K_{a_2})$	7.20	6.80	$1.6\times10^{-7}(K_{b_1})$
偏硅酸	H_2SiO_3	$1.7\times10^{-10}(K_{a_1})$	9.77	4.23	$5.9\times10^{-5}(K_{b_2})$
		$1.6\times10^{-12}(K_{a_2})$	11.8	2.20	$6.2\times10^{-3}(K_{b_1})$
甲酸	$HCOOH$	1.8×10^{-4}	3.74	10.26	5.5×10^{-11}
乙酸	CH_3COOH	1.8×10^{-5}	4.74	9.26	5.5×10^{-10}
一氯乙酸	$CH_2ClCOOH$	1.4×10^{-3}	2.86	11.14	6.9×10^{-12}
二氯乙酸	$CHCl_2COOH$	5.0×10^{-2}	1.30	12.70	2.0×10^{-13}
三氯乙酸	CCl_3COOH	0.23	0.64	13.36	4.3×10^{-14}
氨基乙酸盐	$^+NH_3CH_2COOH$	$4.5\times10^{-3}(K_{a_1})$	2.35	11.65	$2.2\times10^{-12}(K_{b_2})$

续表

弱　　酸	分　子　式	K_a	pK_a	共　轭　碱	
				pK_b	K_b
	$^+NH_3CH_2COO^-$	$2.5\times10^{-10}(K_{a_2})$	9.60	4.40	$4.0\times10^{-5}(K_{b_1})$
乳酸	$CH_3CHOHCOOH$	1.4×10^{-4}	3.86	10.14	7.2×10^{-11}
苯甲酸	C_6H_5COOH	6.2×10^{-5}	4.21	9.79	1.6×10^{-10}
草酸	$H_2C_2O_4$	$5.9\times10^{-2}(K_{a_1})$	1.22	12.78	$1.7\times10^{-13}(K_{b_2})$
		$6.4\times10^{-5}(K_{a_2})$	4.19	9.81	$1.6\times10^{-10}(K_{b_1})$
d-酒石酸	CH(OH)COOH | CH(OH)COOH	$9.1\times10^{-4}(K_{a_1})$	3.04	10.96	$1.1\times10^{-11}(K_{b_2})$
		$4.3\times10^{-5}(K_{a_2})$	4.37	9.63	$2.3\times10^{-10}(K_{b_1})$
邻苯二甲酸	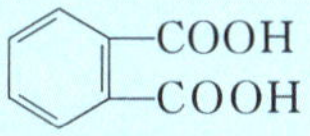	$1.1\times10^{-3}(K_{a_1})$	2.95	11.05	$9.1\times10^{-12}(K_{b_2})$
		$3.9\times10^{-6}(K_{a_2})$	5.41	8.59	$2.6\times10^{-9}(K_{b_1})$
柠檬酸	CH_2COOH | C(OH)COOH | CH_2COOH	$7.4\times10^{-4}(K_{a_1})$	3.13	10.87	$1.4\times10^{-11}(K_{b_3})$
		$1.7\times10^{-5}(K_{a_2})$	4.76	9.26	$5.9\times10^{-10}(K_{b_2})$
		$4.0\times10^{-7}(K_{a_3})$	6.40	7.60	$2.5\times10^{-8}(K_{b_1})$
苯酚	C_6H_5OH	1.1×10^{-10}	9.95	4.05	9.1×10^{-5}
乙二胺四乙酸	H_6-EDTA^{2+}	$0.13(K_{a_1})$	0.9	13.1	$7.7\times10^{-14}(K_{b_6})$
	H_5-EDTA^+	$3\times10^{-2}(K_{a_2})$	1.6	12.4	$3.3\times10^{-13}(K_{b_5})$
	H_4-EDTA	$1\times10^{-2}(K_{a_3})$	2.0	12.0	$1\times10^{-12}(K_{b_4})$
	H_3-EDTA^-	$2.1\times10^{-3}(K_{a_4})$	2.67	11.33	$4.8\times10^{-12}(K_{b_3})$
	H_2-EDTA^{2-}	$6.9\times10^{-7}(K_{a_5})$	6.16	7.84	$1.4\times10^{-8}(K_{b_2})$
	$H-EDTA^{3-}$	$5.5\times10^{-11}(K_{a_6})$	10.26	3.74	$1.8\times10^{-4}(K_{b_1})$
氨离子	NH_4^+	5.6×10^{-10}	9.26	4.74	1.8×10^{-5}
联氨离子	$^+H_3NNH_3^+$	3.3×10^{-9}	8.48	5.52	3.0×10^{-6}
羟氨离子	NH_3^+OH	1.1×10^{-6}	5.96	8.04	9.1×10^{-9}
甲胺离子	$CH_3NH_3^+$	2.4×10^{-11}	10.62	3.38	4.2×10^{-4}
乙胺离子	$C_2H_5NH_3^+$	1.8×10^{-11}	10.75	3.25	5.6×10^{-4}
二甲胺离子	$(CH_3)_2NH_2^+$	8.5×10^{-11}	10.07	3.93	1.2×10^{-4}
二乙胺离子	$(C_2H_5)_2NH_2^+$	7.8×10^{-12}	11.11	2.89	1.3×10^{-3}
乙醇胺离子	$HOCH_2CH_2NH_3^+$	3.2×10^{-10}	9.50	4.50	3.2×10^{-5}
三乙醇胺离子	$(HOCH_2CH_2)_3NH^+$	1.7×10^{-8}	7.76	6.24	5.8×10^{-7}
六亚甲基四胺离子	$(CH_2)_6N_4H^+$	7.1×10^{-6}	5.15	8.85	1.4×10^{-9}
乙二胺离子	$^+H_3NCH_2CH_2NH_3^+$	1.4×10^{-7}	6.85	7.15	$7.1\times10^{-8}(K_{b_2})$
	$H_2NCH_2CH_2NH_3^+$	1.2×10^{-10}	9.93	4.07	$8.5\times10^{-5}(K_{b_1})$
吡啶离子	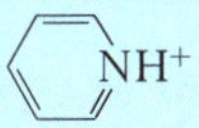	5.9×10^{-6}	5.23	8.77	1.7×10^{-9}

* 如果不计水合 CO_2，H_2CO_3 的 $pK_{a_1}=3.76$

表 3 离子的 $\mathring{a}$ 值

$\mathring{a}$/pm	一价离子
900	H^+
600	Li^+
500	$CHCl_2COO^-$，CCl_3COO^-
400	Na^+，ClO_2^-，IO_3^-，HCO_3^-，$H_2PO_4^-$，HSO_3^-，$H_2AsO_4^-$，CH_3COO^-，CH_2ClCOO^-
300	OH^-，F^-，SCN^-，HS^-，ClO_3^-，ClO_4^-，BrO_3^-，IO_4^-，MnO_4^-，K^+，Cl^-，Br^-，I^-，CN^-，NO_2^-，NO_3^-，Rb^+，Cs^+，NH_4^+，Tl^+，Ag^+，$HCOO^-$，H_2Cit^-
$\mathring{a}$/pm	二价离子
800	Mg^{2+}，Be^{2+}
600	Ca^{2+}，Cu^{2+}，Zn^{2+}，Sn^{2+}，Mn^{2+}，Fe^{2+}，Ni^{2+}，Co^{2+}
500	Sr^{2+}，Ba^{2+}，Cd^{2+}，Hg^{2+}，S^{2-}，$S_2O_4^{2-}$，WO_4^{2-}，Pb^{2+}，CO_3^{2-}，SO_3^{2-}，MoO_4^{2-}，$(COO)_2^{2-}$，$HCit^{2-}$
400	Hg_2^{2+}，SO_4^{2-}，$S_2O_3^{2-}$，SeO_4^{2-}，CrO_4^{2-}，HPO_4^{2-}
$\mathring{a}$/pm	三价离子
900	Al^{3+}，Fe^{3+}，Cr^{3+}，Sc^{3+}，Y^{3+}，La^{3+}，In^{3+}，Ce^{3+}，Pr^{3+}，Nd^{3+}，Sm^{3+}
500	Cit^{3-}
400	PO_4^{3-}，$[Fe(CN)_6]^{3-}$
$\mathring{a}$/pm	四价离子
1 100	Th^{4+}，Zr^{4+}，Ce^{4+}，Sn^{4+}
500	$[Fe(CN)_6]^{4-}$

表 4 离子的活度系数

$\mathring{a}$/pm	离子强度 $I/(mol \cdot L^{-1})$						
	0.001	0.002 5	0.005	0.01	0.025	0.05	0.1
	一价离子						
900	0.967	0.950	0.933	0.914	0.88	0.86	0.83
800	0.966	0.949	0.931	0.912	0.88	0.85	0.82
700	0.965	0.948	0.930	0.909	0.875	0.845	0.81
500	0.965	0.948	0.929	0.907	0.87	0.835	0.80
500	0.964	0.947	0.928	0.904	0.865	0.83	0.79
400	0.964	0.947	0.927	0.901	0.855	0.815	0.77
300	0.964	0.945	0.925	0.899	0.85	0.805	0.755
	二价离子						
800	0.872	0.813	0.755	0.69	0.595	0.52	0.45
700	0.872	0.812	0.753	0.685	0.58	0.50	0.425
600	0.870	0.809	0.749	0.675	0.57	0.485	0.405

续表

$\mathring{a}$/pm	离子强度 $I/(mol \cdot L^{-1})$						
	0.001	0.002 5	0.005	0.01	0.025	0.05	0.1
二价离子							
500	0.868	0.805	0.744	0.67	0.555	0.465	0.38
400	0.867	0.803	0.740	0.660	0.545	0.445	0.355
三价离子							
900	0.738	0.632	0.54	0.445	0.325	0.245	0.18
600	0.731	0.620	0.52	0.415	0.28	0.195	0.13
500	0.728	0.616	0.51	0.405	0.27	0.18	0.115
400	0.725	0.612	0.505	0.395	0.25	0.16	0.095
四价离子							
1 100	0.588	0.455	0.35	0.255	0.155	0.10	0.065
600	0.575	0.43	0.315	0.21	0.105	0.055	0.027
500	0.57	0.425	0.31	0.20	0.10	0.048	0.021

表 5　常用缓冲溶液

缓冲溶液	酸	共轭碱	pK_a
氨基乙酸 - HCl	$^+NH_3CH_2COOH$	$^+NH_3CH_2COO^-$	2.35(pK_{a_1})
一氯乙酸 - NaOH	$CH_2ClCOOH$	CH_2ClCOO^-	2.86
邻苯二甲酸氢钾 - HCl	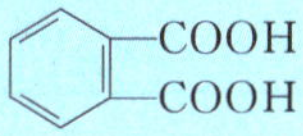	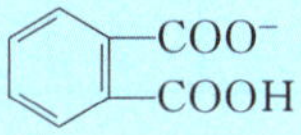	2.95(pK_{a_1})
甲酸 - NaOH	HCOOH	$HCOO^-$	3.74
HAc - NaAc	HAc	Ac^-	4.74
六亚甲基四胺 - HCl	$(CH_2)_6N_4H^+$	$(CH_2)_6N_4$	5.15
NaH_2PO_4 - Na_2HPO_4	$H_2PO_4^-$	HPO_4^{2-}	7.20(pK_{a_2})
三乙醇胺 - HCl	$^+HN(CH_2CH_2OH)_3$	$N(CH_2CH_2OH)_3$	7.76
Tris* - HCl	$^+NH_3C(CH_2OH)_3$	$NH_2C(CH_2OH)_3$	8.21
$Na_2B_4O_7$ - HCl	H_3BO_3	$H_2BO_3^-$	9.24(pK_{a_1})
$Na_2B_4O_7$ - NaOH	H_3BO_3	$H_2BO_3^-$	9.24(pK_{a_1})
NH_3 - NH_4Cl	NH_4^+	NH_3	9.26
乙醇胺 - HCl	$^+NH_3CH_2CH_2OH$	$NH_2CH_2CH_2OH$	9.50
氨基乙酸 - NaOH	$^+NH_3CH_2COO^-$	$NH_2CH_2COO^-$	9.60(pK_{a_2})
$NaHCO_3$ - Na_2CO_3	HCO_3^-	CO_3^{2-}	10.25(pK_{a_2})

* 三(羟甲基)氨基甲烷

表 6 酸碱指示剂

指示剂	变色范围 pH	颜色		pK_{HIn}	浓度
		酸色	碱色		
百里酚蓝（第一次变色）	1.2～2.8	红	黄	1.6	0.1%（20%乙醇溶液）
甲基黄	2.9～4.0	红	黄	3.3	0.1%（90%乙醇溶液）
甲基橙	3.1～4.4	红	黄	3.4	0.05%水溶液
溴酚蓝	3.1～4.6	黄	紫	4.1	0.1%（20%乙醇溶液），或指示剂钠盐的水溶液
溴甲酚绿	3.8～5.4	黄	蓝	4.9	0.1%水溶液，每 100 mg 指示剂加 0.05 $mol\cdot L^{-1}$ NaOH 2.9 mL
甲基红	4.4～6.2	红	黄	5.2	0.1%（60%乙醇溶液），或指示剂钠盐的水溶液
溴百里酚蓝	6.0～7.6	黄	蓝	7.3	0.1%（20%乙醇溶液），或指示剂钠盐的水溶液
中性红	6.8～8.0	红	黄橙	7.4	0.1%（60%乙醇溶液）
酚红	6.7～8.4	黄	红	8.0	0.1%（60%乙醇溶液），或指示剂钠盐的水溶液
酚酞	8.0～9.6	无	红	9.1	0.1%（90%乙醇溶液）
百里酚蓝（第二次变色）	8.0～9.6	黄	蓝	8.9	0.1%（20%乙醇溶液）
百里酚酞	9.4～10.6	无	蓝	10.0	0.1%（90%乙醇溶液）

表 7 混合酸碱指示剂

指示剂溶液的组成	变色点 pH	颜色		备注
		酸色	碱色	
一份 0.1%甲基黄乙醇溶液 一份 0.1%亚甲基蓝乙醇溶液	3.25	蓝紫	绿	pH3.4 绿色 pH3.2 蓝紫色
一份 0.1%甲基橙水溶液 一份 0.25%靛蓝二磺酸钠水溶液	4.1	紫	黄绿	
三份 0.1%溴甲酚绿乙醇溶液 一份 0.2%甲基红乙醇溶液	5.1	酒红	绿	
一份 0.1%溴甲酚绿钠盐水溶液 一份 0.1%氯酚红钠盐水溶液	6.1	黄绿	蓝紫	pH5.4 蓝紫色，pH5.8 蓝色，pH6.0 蓝带紫，pH6.2 蓝紫
一份 0.1%中性红乙醇溶液 一份 0.1%亚甲基蓝乙醇溶液	7.0	蓝紫	绿	pH7.0 紫蓝

续表

指示剂溶液的组成	变色点 pH	颜色		备注
		酸色	碱色	
一份 0.1%甲酚红钠盐水溶液 三份 0.1%百里酚蓝钠盐水溶液	8.3	黄	紫	pH8.2 玫瑰色 pH8.4 清晰的紫色
一份 0.1%百里酚蓝 50%乙醇溶液 三份 0.1%酚酞 50%乙醇溶液	9.0	黄	紫	从黄到绿再到紫
二份 0.1%百里酚酞乙醇溶液 一份 0.1%茜素黄乙醇溶液	10.2	黄	紫	

表 8　配位化合物的稳定常数(18～25 ℃)

金属离子	$I/(mol·L^{-1})$	n	$\lg\beta_n$
氨配位化合物			
Ag^+	0.5	1,2	3.24,7.05
Cd^{2+}	2	1,…,6	2.65,4.75,6.19,7.12,6.80,5.14
Co^{2+}	2	1,…,6	2.11,3.74,4.79,5.55,5.73,5.11
Co^{3+}	2	1,…,6	6.7,14.0,20.1;25.7,30.8,35.2
Cu^+	2	1,2	5.93,10.86
Cu^{2+}	2	1,…,5	4.31,7.98,11.02,13.32,12.86
Ni^{2+}	2	1,…,6	2.80,5.04,6.77,7.96,8.71,8.74
Zn^{2+}	2	1,…,4	2.37,4.81,7.31,9.46
溴配位化合物			
Ag^+	0	1,…,4	4.38,7.33,8.00,8.73
Bi^{3+}	2.3	1,…,6	4.30,5.55,5.89,7.82,—,9.70
Cd^{2+}	3	1,…,4	1.75,2.34,3.32,3.70
Cu^+	0	2	5.89
Hg^{2+}	0.5	1,…,4	9.05,17.32,19.74,21.00
氯配位化合物			
Ag^+	0	1,…,4	3.04,5.04,5.04;5.30
Hg^{2+}	0.5	1,…,4	6.74,13.22,14.07,15.07
Sn^{2+}	0	1,…,4	1.51,2.24,2.03,1.48
Sb^{3+}	4	1,…,6	2.26,3.49,4.18,4.72,4.72,4.11
氰配位化合物			
Ag^+	0	1,…,4	—,21.1,21.7,20.6
Cd^{2+}	3	1,…,4	5.48,10.60,15.23,18.78
Co^{2+}		6	19.09
Cu^+	0	1,…,4	—,24.0,28.59,30.3

续表

金属离子	$I/(\mathrm{mol\cdot L^{-1}})$	n	$\lg\beta_n$
Fe^{2+}	0	6	35
Fe^{3+}	0	6	42
Hg^{2+}	0	4	41.4
Ni^{2+}	0.1	4	31.3
Zn^{2+}	0.1	4	16.7
氟配位化合物			
Al^{3+}	0.5	1,…,6	6.15,11.15,15.00,17.75,19.36,19.84
Fe^{3+}	0.5	1,…,6	5.28,9.30,12.06,—,15.77,—
Th^{4+}	0.5	1,…,3	7.65,13.46,17.97
TiO_2^{2+}	3	1,…,4	5.4,9.8,13.7,18.0
ZrO_2^{2+}	2	1,…,3	8.80,16.12,21.94
碘配位化合物			
Ag^{+}	0	1,…,3	6.58.11.74,13.68
Bi^{3+}	2	1,…,6	3.63,—,—,14.95,16.80,18.80
Cd^{2+}	0	1,…,4	2.10,3.43,4.49,5.41
Pb^{2+}	0	1,…,4	2.00,3.15,3.92,4.47
Hg^{2+}	0.5	1,…,4	12.87,23.82,27.60,29.83
磷酸配位化合物			
Ca^{2+}	0.2	CaHL	1.7
Mg^{2+}	0.2	MgHL	1.9
Mn^{2+}	0.2	MnHL	2.6
Fe^{3+}	0.66	FeL	9.35
硫氰酸配位化合物			
Ag^{+}	2.2	1,…,4	—,7.57,9.08,10.08
Au^{+}	0	1,…,4	—,23,—,42
Co^{2+}	1	1	1.0
Cu^{+}	5	1,…,4	—,11.00,10.90,10.48
Fe^{3+}	0.5	1.2	2.95,3.36
Hg^{2+}	1	1,…,4	—,17.47,—,21.23
硫代硫酸配位化合物			
Ag^{+}	0	1,…,3	8.82,13.46,14.15
Cu^{+}	0.8	1,2,3	10.35,12.27,13.71
Hg^{2+}	0	1,…,4	—,29.86,32.26,33.61
Pb^{2+}	0	1.3	5.1,6.4
乙酰丙酮配位化合物			
Al^{3+}	0	1,2,3	8.60,15.5,21.30

续表

金属离子	$I/(mol \cdot L^{-1})$	n	$\lg\beta_n$
Cu^{2+}	0	1,2	8.27,16.34
Fe^{2+}	0	1,2	5.07,8.67
Fe^{3+}	0	1,2,3	11.4,22.1,26.7
Ni^{2+}	0	1,2,3	6.06,10.77,13.09
Zn^{2+}	0	1,2	4.98,8.81
柠檬酸配位化合物			
Ag^{+}	0	Ag_2HL	7.1
Al^{3+}	0.5	AlHL	7.0
		AlL	20.0
		AlOHL	30.6
Ca^{2+}	0.5	CaH_3L	10.9
		CaH_2L	8.4
		CaHL	3.5
Cd^{2+}	0.5	CdH_2L	7.9
Cd^{2+}	0.5	CdHL	4.0
		CdL	11.3
Co^{2+}	0.5	CoH_2L	8.9
		CoHL	4.4
		CoL	12.5
Cu^{2+}	0.5	CuH_3L	12.0
	0	CuHL	6.1
	0.5	CuL	18.0
Fe^{2+}	0.5	FeH_3L	7.3
		FeHL	3.1
		FeL	15.5
Fe^{3+}	0.5	FeH_2L	12.2
		FeHL	10.9
		FeL	25.0
Ni^{2+}	0.5	NiH_2L	9.0
		NiHL	4.8
		NiL	14.3
Pb^{2+}	0.5	PbH_2L	11.2
		PbHL	5.2
		PbL	12.3
Zn^{2+}	0.5	ZnH_2L	8.7
		ZnHL	4.5
		ZnL	11.4

续表

金属离子	$I/(mol\cdot L^{-1})$	n	$\lg\beta_n$
草酸配位化合物			
Al^{3+}	0	1,2,3	7.26,13.0,16.3
Cd^{2+}	0.5	1,2	2.9,4.7
Co^{2+}	0.5	CoHL	5.5
		CoH_2L	10.6
		1,2,3	4.79,6.7,9.7
Co^{3+}	0	3	～20
Cu^{2+}	0.5	CuHL	6.25
		1,2	4.5,8.9
Fe^{2+}	0.5～1	1,2,3	2.9,4.52,5.22
Fe^{3+}	0	1,2,3	9.4,16.2,20.2
Mg^{2+}	0.1	1,2	2.76,4.38
Mn(Ⅲ)	2	1,2,3	9.98,16.57,19.42
Ni^{2+}	0.1	1,2,3	5.3,7.64,8.5
Th(Ⅳ)	0.1	4	24.5
TiO^{2+}	2	1,2	6.6,9.9
Zn^{2+}	0.5	ZnH_2L	5.6
		1,2,3	4.89,7.60,8.15
磺基水杨酸配位化合物			
Al^{3+}	0.1	1,2,3	13.20,22.83,28.89
Cd^{2+}	0.25	1,2	16.68,29.08
Co^{2+}	0.1	1,2	6.13,9.82
Cr^{3+}	0.1	1	9.56
Cu^{2+}	0.1	1,2	9.52,16.45
Fe^{2+}	0.1～0.5	1,2	5.90,9.90
Fe^{3+}	0.25	1,2,3	14.64,25.18,32.12
Mn^{2+}	0.1	1,2	5.24,8.24
Ni^{2+}	0.1	1,2	6.42,10.24
Zn^{2+}	0.1	1,2	6.05,10.65
酒石酸配位化合物			
Bi^{3+}	0	3	8.30
Ca^{2+}	0.5	CaHL	4.85
	0	1,2	2.98,9.01
Cd^{2+}	0.5	1	2.8
Cu^{2+}	1	1,…,4	3.2,5.11,4.78,6.51
Fe^{3+}	0	3	7.49
Mg^{2+}	0.5	MgHL	4.65
		1	1.2
Pb^{2+}	0	1,2,3	3.78,—,4.7

续表

金属离子	$I/(mol \cdot L^{-1})$	n	$\lg\beta_n$
Zn^{2+}	0.5	ZnHL	4.5
		1,2	2.4,8.32
乙二胺配位化合物			
Ag^{+}	0.1	1,2	4.70,7.70
Cd^{2+}	0.5	1,2,3	5.47,10.09,12.09
Co^{2+}	1	1,2,3	5.91,10.64,13.94
Co^{3+}	1	1,2,3	18.70,34.90,48.69
Cu^{+}		2	10.8
Cu^{2+}	1	1,2,3	10.67,20.00,21.0
Fe^{2+}	1.4	1,2,3	4.34,7.65,9.70
Hg^{2+}	0.1	1,2	14.30,23.3
Mn^{2+}	1	1,2,3	2.73,4.79,5.67
Ni^{2+}	1	1,2,3	7.52,13.80,18.06
Zn^{2+}	1	1,2,3	5.77,10.83,14.11
硫脲配位化合物			
Ag^{+}	0.03	1,2	7.4,13.1
Bi^{3+}		6	11.9
Cu^{+}	0.1	3,4	13,15.4
Hg^{2+}		2,3,4	22.1,24.7,26.8
氢氧基配位化合物			
Al^{3+}	2	4	33.3
		$[Al_6(OH)_{15}]^{3+}$	163
Bi^{3+}	3	1	12.4
		$[Bi_6(OH)_{12}]^{6+}$	168.3
Cd^{2+}	3	1,…,4	4.3,7.7,10.3,12.0
Co^{2+}	0.1	1,3	5.1,—,10.2
Cr^{3+}	0.1	1,2	10.2,18.3
Fe^{2+}	1	1	4.5
Fe^{3+}	3	1,2	11.0,21.7
		$[Fe_2(OH)_2]^{4+}$	25.1
Hg^{2+}	0.5	2	21.7
Mg^{2+}	0	1	2.6
Mn^{2+}	0.1	1	3.4
Ni^{2+}	0.1	1	4.6
Pb^{2+}	0.3	1,2,3	6.2,10.3,13.3
		$[Pb_2(OH)]^{3+}$	7.6
Sn^{2+}	3	1	10.1
Th^{4+}	1	1	9.7

续表

金属离子	$I/(mol·L^{-1})$	n	$\lg\beta_n$
Ti^{3+}	0.5	1	11.8
TiO^{2+}	1	1	13.7
VO^{2+}	3	1	8.0
Zn^{2+}	0	1,…,4	4.4,10.1,14.2,15.5

说明：

(1) β_n 为配位化合物的累积稳定常数，即

$$\beta_n = K_1 \times K_2 \times K_3 \times \cdots \times K_n$$

$$\lg\beta_n = \lg K_1 + \lg K_2 + \lg K_3 + \cdots + \lg K_n$$

例如，Ag^+ 与 NH_3 的配位化合物：

$\lg\beta_1 = 3.24$　即 $\lg K_1 = 3.24$

$\lg\beta_2 = 7.05$　即 $\lg K_1 = 3.24$　$\lg K_2 = 3.81$

(2) 酸式、碱式配位化合物及多核氢氧基配位化合物的化学式标明于 n 栏中。

表 9　氨羧配体类配位化合物的稳定常数(18～25 ℃，I=0.1 mol·L⁻¹)

金属离子	$\lg K_{稳}$						
	EDTA	DCTA	DTPA	EGTA	HEDTA	NTA	
						$\lg\beta_1$	$\lg\beta_2$
Ag^+	7.32			6.88	6.71	5.16	
Al^{3+}	16.3	19.5	18.6	13.9	14.3	11.4	
Ba^{2+}	7.86	8.69	8.87	8.41	6.3	4.82	
Be^{2+}	9.2	11.51				7.11	
Bi^{3+}	27.94	32.3	35.6		22.3	17.5	
Ca^{2+}	10.69	13.20	10.83	10.97	8.3	6.41	
Cd^{2+}	16.46	19.93	19.2	16.7	13.3	9.83	14.61
Co^{2+}	16.31	19.62	19.27	12.39	14.6	10.38	14.39
Co^{3+}	36				37.4	6.84	
Cr^{3+}	23.4					6.23	
Cu^{2+}	18.80	22.00	21.55	17.71	17.6	12.96	
Fe^{2+}	14.32	19.0	16.5	11.87	12.3	8.33	
Fe^{3+}	25.1	30.1	28.0	20.5	19.8	15.9	
Ga^{3+}	20.3	23.2	25.54		16.9	13.6	
Hg^{2+}	21.7	25.00	26.70	23.2	20.30	14.6	
In^{3+}	25.0	28.8	29.0		20.2	16.9	
Li^+	2.79					2.51	
Mg^{2+}	8.7	11.02	9.30	5.21	7.0	5.41	
Mn^{2+}	13.87	17.48	15.60	12.28	10.9	7.44	

续表

金属离子	lg$K_{稳}$						
	EDTA	DCTA	DTPA	EGTA	HEDTA	NTA	
						lgβ_1	lgβ_2
Mo(Ⅴ)	～28						
Na^+	1.66						1.22
Ni^{2+}	18.62	20.3	20.32	13.55	17.3	11.53	16.42
Pb^{2+}	18.04	20.38	18.80	14.71	15.7	11.39	
Pd^{2+}	18.5						
Sc^{3+}	23.1	26.1	24.5	18.2			24.1
Sn^{2+}	22.11						
Sr^{2+}	8.73	10.59	9.77	8.50	6.9	4.98	
Th^{4+}	23.2	25.6	28.78				
TiO^{2+}	17.3						
Tl^{3+}	37.8	38.3				20.9	32.5
U^{4+}	25.8	27.6	7.69				
VO^{2+}	18.8	20.1					
Y^{3+}	18.09	19.85	22.13	17.16	14.78	11.41	20.43
Zn^{2+}	16.50	19.37	18.40	12.7	14.7	10.67	14.29
Zr^{4+}	29.5		35.8			20.8	
稀土元素	16～20	17～22	19		13～16	10～12	

EDTA:乙二胺四乙酸

DCTA(或 DCyTA,CyDTA):1,2-二氨基环己烷四乙酸

DTPA:二乙基三胺五乙酸

EGTA:乙二醇二乙醚二胺四乙酸

HEDTA:N-β-羟基乙基乙二胺三乙酸

NTA:氨三乙酸

表 10　EDTA 的 lg$\alpha_{Y(H)}$

pH	lg$\alpha_{Y(H)}$	pH	lg$\alpha_{Y(H)}$	pH	lg$\alpha_{Y(H)}$	pH	lg$\alpha_{Y(H)}$	pH	lg$\alpha_{Y(H)}$
0.0	23.64	0.8	19.08	1.6	15.11	2.4	12.19	3.2	10.14
0.1	23.06	0.9	18.54	1.7	14.68	2.5	11.90	3.3	9.92
0.2	22.47	1.0	18.01	1.8	14.27	2.6	11.62	3.4	9.70
0.3	21.89	1.1	17.49	1.9	13.88	2.7	11.35	3.5	9.48
0.4	21.32	1.2	16.98	2.0	13.51	2.8	11.09	3.6	9.27
0.5	20.75	1.3	16.49	2.1	13.16	2.9	10.84	3.7	9.06
0.6	20.18	1.4	16.02	2.2	12.82	3.0	10.60	3.8	8.85
0.7	19.62	1.5	15.55	2.3	12.50	3.1	10.37	3.9	8.65

续表

pH	$\lg\alpha_{Y(H)}$	pH	$\lg\alpha_{Y(H)}$	pH	$\lg\alpha_{Y(H)}$	pH	$\lg\alpha_{Y(H)}$	pH	$\lg\alpha_{Y(H)}$
4.0	8.44	5.7	5.15	7.4	2.88	9.1	1.19	10.8	0.11
4.1	8.24	5.8	4.98	7.5	2.78	9.2	1.10	10.9	0.09
4.2	8.04	5.9	4.81	7.6	2.68	9.3	1.01	11.0	0.07
4.3	7.84	6.0	4.65	7.7	2.57	9.4	0.92	11.1	0.06
4.4	7.64	6.1	4.49	7.8	2.47	9.5	0.83	11.2	0.05
4.5	7.44	6.2	4.34	7.9	2.37	9.6	0.75	11.3	0.04
4.6	7.24	6.3	4.20	8.0	2.27	9.7	0.67	11.4	0.03
4.7	7.04	6.4	4.06	8.1	2.17	9.8	0.59	11.5	0.02
4.8	6.84	6.5	3.92	8.2	2.07	9.9	0.52	11.6	0.02
4.9	6.65	6.6	3.79	8.3	1.97	10.0	0.45	11.7	0.02
5.0	6.45	6.7	3.67	8.4	1.87	10.1	0.39	11.8	0.01
5.1	6.26	6.8	3.55	8.5	1.77	10.2	0.33	11.9	0.01
5.2	6.07	6.9	3.43	8.6	1.67	10.3	0.28	12.0	0.01
5.3	5.88	7.0	3.32	8.7	1.57	10.4	0.24	12.1	0.01
5.4	5.69	7.1	3.21	8.8	1.48	10.5	0.20	12.2	0.005
5.5	5.51	7.2	3.10	8.9	1.38	10.6	0.16	13.0	0.000 8
5.6	5.33	7.3	2.99	9.0	1.28	10.7	0.13	13.9	0.000 1

表 11 一些配体的 $\lg\alpha_{L(H)}$

配体 \ pH	0	1	2	3	4	5	6	7	8	9	10	11	12
DCTA	23.77	19.79	15.91	12.54	9.95	7.87	6.07	4.75	3.71	2.70	1.71	0.78	0.18
DTPA	28.06	23.09	18.45	14.61	11.58	9.17	7.10	5.10	3.19	1.64	0.62	0.12	0.01
EGTA	22.96	19.00	15.31	12.48	10.33	8.31	6.31	4.32	2. 37	0.78	0.12	0.01	0.00
NTA	16.80	13.80	10.84	8.24	6.75	5.70	4.70	3.70	2.70	1.71	0.78	0.18	0.02
乙酰丙酮	9.0	8.0	7.0	6.0	5.0	4.0	3.0	2.0	1.04	0.30	0.04	0.00	
草酸盐	5.45	3.62	2.26	1.23	0.41	0.06	0.00						
氰化物	9.21	8.21	7.21	6.21	5.21	4.21	3.21	2.21	1.23	0.42	0.06	0.01	0.00
氟化物	3.18	2.18	1.21	0.40	0.06	0.01	0.00						

表 12　一些金属离子的 $\lg\alpha_{M(OH)}$

金属离子	$\frac{I}{mol \cdot L^{-1}}$	pH													
		1	2	3	4	5	6	7	8	9	10	11	12	13	14
Ag(Ⅰ)	0.1											0.1	0.5	2.3	5.1
Al(Ⅲ)	2					0.4	1.3	5.3	9.3	13.3	17.3	21.3	25.3	29.3	33.3
Ba(Ⅱ)	0.1													0.1	0.5
Bi(Ⅲ)	3	0.1	0.5	1.4	2.4	3.4	4.4	5.4							
Ca(Ⅱ)	0.1													0.3	1.0
Cd(Ⅱ)	3									0.1	0.5	2.0	4.5	8.1	12.0
Ce(Ⅳ)	1～2	1.2	3.1	5.1	7.1	9.1	11.1	13.1							
Cu(Ⅱ)	0.1								0.2	0.8	1.7	2.7	3.7	4.7	5.7
Fe(Ⅱ)	1									0.1	0.6	1.5	2.5	3.5	4.5
Fe(Ⅲ)	3			0.4	1.8	3.7	5.7	7.7	9.7	11.7	13.7	15.7	17.7	19.7	21.7
Hg(Ⅱ)	0.1			0.5	1.9	3.9	5.9	7.9	9.9	11.9	13.9	15.9	17.9	19.9	21.9
La(Ⅲ)	3										0.3	1.0	1.9	2.9	3.9
Mg(Ⅱ)	0.1											0.1	0.5	1.3	2.3
Ni(Ⅱ)	0.1									0.1	0.7	1.6			
Pb(Ⅱ)	0.1							0.1	0.5	1.4	2.7	4.7	7.4	10.4	13.4
Th(Ⅳ)	1				0.2	0.8	1.7	2.7	3.7	4.7	5.7	6.7	7.7	8.7	9.7
Zn(Ⅱ)	0.1									0.2	2.4	5.4	8.5	11.8	15.5

表 13　校正酸效应、水解效应及生成酸式或碱式配位化合物效应后 EDTA 配位化合物的条件稳定常数

pH / 离子	0	1	2	3	4	5	6	7	8	9	10	11	12	13	14
Ag^{+}					0.7	1.7	2.8	3.9	5.0	5.9	6.8	7.1	6.8	5.0	2.2
Al^{3+}			3.0	5.4	7.5	9.6	10.4	8.5	6.6	4.5	2.4				
Ba^{2+}						1.3	3.0	4.4	5.5	6.4	7.3	7.7	7.8	7.7	7.3
Bi^{3+}	1.4	5.3	8.6	10.6	11.8	12.8	13.6	14.0	14.1	14.0	13.9	13.3	12.4	11.4	10.4
Ca^{2+}					2.2	4.1	5.9	7.3	8.4	9.3	10.2	10.6	10.7	10.4	9.7
Cd^{2+}		1.0	3.8	6.0	7.9	9.9	11.7	13.1	14.2	15.0	15.5	14.4	12.0	8.4	4.5
Co^{2+}		1.0	3.7	5.9	7.8	9.7	11.5	12.9	13.9	14.5	14.7	14.1	12.1		
Cu^{2+}		3.4	6.1	8.3	10.2	12.2	14.0	15.4	16.3	16.6	16.6	16.1	15.7	15.6	15.6
Fe^{2+}			1.5	3.7	5.7	7.7	9.5	10.9	12.0	12.8	13.2	12.7	11.8	10.8	9.8
Fe^{3+}	5.1	8.2	11.5	13.9	14.7	14.8	14.6	14.1	13.7	13.6	14.0	14.3	14.4	14.4	14.4
Hg^{2+}	3.5	6.5	9.2	11.1	11.3	11.3	11.1	10.5	9.6	8.8	8.4	7.7	6.8	5.8	4.8
La^{3+}			1.7	4.6	6.8	8.8	10.6	12.0	13.1	14.0	14.6	14.3	13.5	12.5	11.5

续表

pH 离子	0	1	2	3	4	5	6	7	8	9	10	11	12	13	14
Mg^{2+}						2.1	3.9	5.3	6.4	7.3	8.2	8.5	8.2	7.4	
Mn^{2+}			1.4	3.6	5.5	7.4	9.2	10.6	11.7	12.6	13.4	13.4	12.6	11.6	10.6
Ni^{2+}		3.4	6.1	8.2	10.1	12.0	13.8	15.2	16.3	17.1	17.4	16.9			
Pb^{2+}		2.4	5.2	7.4	9.4	11.4	13.2	14.5	15.2	15.2	14.8	13.9	10.6	7.6	4.6
Sr^{2+}						2.0	3.8	5.2	6.3	7.2	8.1	8.5	8.6	8.5	8.0
Th^{4+}	1.8	5.8	9.5	12.4	14.5	15.8	16.7	17.4	18.2	19.1	20.0	20.4	20.5	20.5	20.5
Zn^{2+}		1.1	3.8	6.0	7.9	9.9	11.7	13.1	14.2	14.9	13.6	11.0	8.0	4.7	1.0

表 14 铬黑 T 和二甲酚橙的 $\lg\alpha_{In(H)}$ 及有关常数

铬 黑 T

pH	红	$pK_{a_2}=6.3$		蓝	$pK_{a_3}=11.6$		橙
		6.0	7.0	8.0	9.0	10.0	11.0
$\lg\alpha_{In(H)}$		6.0	4.6	3.6	2.6	1.6	0.7
pCa_{ep}(至红)				1.8	2.8	3.8	4.7
pMg_{ep}(至红)		1.0	2.4	3.4	4.4	5.4	6.3
pMn_{ep}(至红)		3.6	5.0	6.2	7.8	9.7	11.5
pZn_{ep}(至红)		6.9	8.3	9.3	10.5	12.2	13.9

对数常数：$\lg K_{CaIn}=5.4$，$\lg K_{MgIn}=7.0$，$\lg K_{MnIn}=9.6$，$\lg K_{ZnIn}=12.9$

$c_{In}=10^{-5}\ mol\cdot L^{-1}$

二 甲 酚 橙

pH	黄			$pK_{a_4}=6.3$			红		
	0	1.0	2.0	3.0	4.0	4.5	5.0	5.5	6.0
$\lg\alpha_{In(H)}$	35.0	30.0	25.1	20.7	17.3	15.7	14.2	12.8	11.3
pBi_{ep}(至红)		4.0	5.4	6.8					
pCd_{ep}(至红)						4.0	4.5	5.0	5.5
pHg_{ep}(至红)							7.4	8.2	9.0
pLa_{ep}(至红)						4.0	4.5	5.0	5.6
pPb_{ep}(至红)				4.2	4.8	6.2	7.0	7.6	8.2
pTh_{ep}(至红)		3.6	4.9	6.3					
pZn_{ep}(至红)						4.1	4.8	5.7	6.5
pZr_{ep}(至红)	7.5								

表 15　标准电极电势(18～25 ℃)

半　反　应	$\varphi^{\ominus}/V$
F_2(气)$+2H^+ +2e^- = 2HF$	3.06
$O_3+2H^+ +2e^- = O_2+H_2O$	2.07
$S_2O_8^{2-} +2e^- = 2SO_4^{2-}$	2.01
$H_2O_2+2H^+ +2e^- = 2H_2O$	1.77
$MnO_4^- +4H^+ +3e^- = MnO_2$(固)$+2H_2O$	1.695
PbO_2(固)$+SO_4^{2-} +4H^+ +2e^- = PbSO_4$(固)$+2H_2O$	1.685
$HClO_2+2H^+ +2e^- = HClO+H_2O$	1.64
$HClO+H^+ +e^- = \frac{1}{2}Cl_2+H_2O$	1.63
$Ce^{4+} +e^- = Ce^{3+}$	1.61
$H_5IO_6+H^+ +2e^- = IO_3^- +3H_2O$	1.60
$HBrO+H^+ +e^- = \frac{1}{2}Br_2+H_2O$	1.59
$BrO_3^- +6H^+ +5e^- = \frac{1}{2}Br_2+3H_2O$	1.52
$MnO_4^- +8H^+ +5e^- = Mn^{2+} +4H_2O$	1.51
Au(Ⅲ)$+3e^- = Au$	1.50
$HClO+H^+ +2e^- = Cl^- +H_2O$	1.49
$ClO_3^- +6H^+ +5e^- = \frac{1}{2}Cl_2+3H_2O$	1.47
PbO_2(固)$+4H^+ +2e^- = Pb^{2+} +2H_2O$	1.455
$HIO+H^+ +e^- = \frac{1}{2}I_2+H_2O$	1.45
$ClO_3^- +6H^+ +6e^- = Cl^- +3H_2O$	1.45
$BrO_3^- +6H^+ +6e^- = Br^- +3H_2O$	1.44
Au(Ⅲ)$+2e^- =$ Au(Ⅰ)	1.41
Cl_2(气)$+2e^- = 2Cl^-$	1.359 5
$ClO_4^- +8H^+ +7e^- = \frac{1}{2}Cl_2+4H_2O$	1.34
$Cr_2O_7^{2-} +14H^+ +6e^- = 2Cr^{3+} +7H_2O$	1.33
MnO_2(固)$+4H^+ +2e^- = Mn^{2+} +2H_2O$	1.23
O_2(气)$+4H^+ +4e^- = 2H_2O$	1.229
$IO_3^- +6H^+ +5e^- = \frac{1}{2}I_2+3H_2O$	1.20
$ClO_4^- +2H^+ +2e^- = ClO_3^- +H_2O$	1.19
Br_2(水)$+2e^- = 2Br^-$	1.087
$NO_2+H^+ +e^- = HNO_2$	1.07
$Br_3^- +2e^- = 3Br^-$	1.05
$HNO_2+H^+ +e^- = NO$(气)$+H_2O$	1.00
$VO_2^+ +2H^+ +e^- = VO^{2+} +H_2O$	1.00

续表

半反应	$\varphi^{\ominus}$/V
$HIO+H^{+}+2e^{-} \rightleftharpoons I^{-}+H_2O$	0.99
$NO_3^{-}+3H^{+}+2e^{-} \rightleftharpoons HNO_2+H_2O$	0.94
$ClO^{-}+H_2O+2e^{-} \rightleftharpoons Cl^{-}+2OH^{-}$	0.89
$H_2O_2+2e^{-} \rightleftharpoons 2OH^{-}$	0.88
$Cu^{2+}+I^{-}+e^{-} \rightleftharpoons CuI$(固)	0.86
$Hg^{2+}+2e^{-} \rightleftharpoons Hg$	0.845
$NO_3^{-}+2H^{+}+e^{-} \rightleftharpoons NO_2+H_2O$	0.80
$Ag^{+}+e^{-} \rightleftharpoons Ag$	0.799 5
$Hg_2^{2+}+2e^{-} \rightleftharpoons 2Hg$	0.793
$Fe^{3+}+e^{-} \rightleftharpoons Fe^{2+}$	0.771
$BrO^{-}+H_2O+2e^{-} \rightleftharpoons Br^{-}+2OH^{-}$	0.76
O_2(气)$+2H^{+}+2e^{-} \rightleftharpoons H_2O_2$	0.682
$AsO_2^{-}+2H_2O+3e^{-} \rightleftharpoons As+4OH^{-}$	0.68
$2HgCl_2+2e^{-} \rightleftharpoons Hg_2Cl_2$(固)$+2Cl^{-}$	0.63
Hg_2SO_4(固)$+2e^{-} \rightleftharpoons 2Hg+SO_4^{2-}$	0.615 1
$MnO_4^{-}+2H_2O+3e^{-} \rightleftharpoons MnO_2$(固)$+4OH^{-}$	0.588
$MnO_4^{-}+e^{-} \rightleftharpoons MnO_4^{2-}$	0.564
$H_3AsO_4+2H^{+}+2e^{-} \rightleftharpoons HAsO_2+2H_2O$	0.559
$I_3^{-}+2e^{-} \rightleftharpoons 3I^{-}$	0.545
I_2(固)$+2e^{-} \rightleftharpoons 2I^{-}$	0.534 5
Mo(Ⅵ)$+e^{-} \rightleftharpoons$ Mo(Ⅴ)	0.53
$Cu^{+}+e^{-} \rightleftharpoons Cu$	0.52
$4SO_2$(水)$+4H^{+}+6e^{-} \rightleftharpoons S_4O_6^{2-}+2H_2O$	0.51
$[HgCl_4]^{2-}+2e^{-} \rightleftharpoons Hg+4Cl^{-}$	0.48
$2SO_2$(水)$+2H^{+}+4e^{-} \rightleftharpoons S_2O_3^{2-}+H_2O$	0.40
$[Fe(CN)_6]^{3-}+e^{-} \rightleftharpoons [Fe(CN)_6]^{4-}$	0.36
$Cu^{2+}+2e^{-} \rightleftharpoons Cu$	0.337
$VO^{2+}+2H^{+}+e^{-} \rightleftharpoons V^{3+}+H_2O$	0.337
$BiO^{+}+2H^{+}+3e^{-} \rightleftharpoons Bi+H_2O$	0.32
Hg_2Cl_2(固)$+2e^{-} \rightleftharpoons 2Hg+2Cl^{-}$	0.267 6
$HAsO_2+3H^{+}+3e^{-} \rightleftharpoons As+2H_2O$	0.248
$AgCl$(固)$+e^{-} \rightleftharpoons Ag+Cl^{-}$	0.222 3
$SbO^{+}+2H^{+}+3e^{-} \rightleftharpoons Sb+H_2O$	0.212
$SO_4^{2-}+4H^{+}+2e^{-} \rightleftharpoons SO_2$(水)$+H_2O$	0.17
$Cu^{2+}+e^{-} \rightleftharpoons Cu^{+}$	0.159
$Sn^{4+}+2e^{-} \rightleftharpoons Sn^{2+}$	0.154
$S+2H^{+}+2e^{-} \rightleftharpoons H_2S$(气)	0.141
$Hg_2Br_2+2e^{-} \rightleftharpoons 2Hg+2Br^{-}$	0.139 5

续表

半　反　应	$\varphi^{\ominus}$/V
$TiO^{2+}+2H^{+}+e^{-} \longrightarrow Ti^{3+}+H_2O$	0.1
$S_4O_6^{2-}+2e^{-} \longrightarrow 2S_2O_3^{2-}$	0.08
$AgBr$(固)$+e^{-} \longrightarrow Ag+Br^{-}$	0.071
$2H^{+}+2e^{-} \longrightarrow H_2$	0.000
$O_2+H_2O+2e^{-} \longrightarrow HO_2^{-}+OH^{-}$	−0.067
$TiOCl^{+}+2H^{+}+3Cl^{-}+e^{-} \longrightarrow [TiCl_4]^{-}+H_2O$	−0.09
$Pb^{2+}+2e^{-} \longrightarrow Pb$	−0.126
$Sn^{2+}+2e^{-} \longrightarrow Sn$	−0.136
AgI(固)$+e^{-} \longrightarrow Ag+I^{-}$	−0.152
$Ni^{2+}+2e^{-} \longrightarrow Ni$	−0.246
$H_3PO_4+2H^{+}+2e^{-} \longrightarrow H_3PO_3+H_2O$	−0.276
$Co^{2+}+2e^{-} \longrightarrow Co$	−0.277
$Tl^{+}+e^{-} \longrightarrow Tl$	−0.336 0
$In^{3+}+3e^{-} \longrightarrow In$	−0.345
$PbSO_4$(固)$+2e^{-} \longrightarrow Pb+SO_4^{2-}$	−0.355 3
$SeO_3^{2-}+3H_2O+4e^{-} \longrightarrow Se+6OH^{-}$	−0.366
$As+3H^{+}+3e^{-} \longrightarrow AsH_3$	−0.38
$Se+2H^{+}+2e^{-} \longrightarrow H_2Se$	−0.40
$Cd^{2+}+2e^{-} \longrightarrow Cd$	−0.403
$Cr^{3+}+e^{-} \longrightarrow Cr^{2+}$	−0.41
$Fe^{2+}+2e^{-} \longrightarrow Fe$	−0.440
$S+2e^{-} \longrightarrow S^{2-}$	−0.48
$2CO_2+2H^{+}+2e^{-} \longrightarrow H_2C_2O_4$	−0.49
$H_3PO_3+2H^{+}+2e^{-} \longrightarrow H_3PO_2+H_2O$	−0.50
$Sb+3H^{+}+3e^{-} \longrightarrow SbH_3$	−0.51
$HPbO_2^{-}+H_2O+2e^{-} \longrightarrow Pb+3OH^{-}$	−0.54
$Ga^{3+}+3e^{-} \longrightarrow Ga$	−0.56
$TeO_3^{2-}+3H_2O+4e^{-} \longrightarrow Te+6OH^{-}$	−0.57
$2SO_3^{2-}+3H_2O+4e^{-} \longrightarrow S_2O_3^{2-}+6OH^{-}$	−0.58
$SO_3^{2-}+3H_2O+4e^{-} \longrightarrow S+6OH^{-}$	−0.66
$AsO_4^{3-}+2H_2O+2e^{-} \longrightarrow AsO_2^{-}+4OH^{-}$	−0.67
Ag_2S(固)$+2e^{-} \longrightarrow 2Ag+S^{2-}$	−0.69
$Zn^{2+}+2e^{-} \longrightarrow Zn$	−0.763
$2H_2O+2e^{-} \longrightarrow H_2+2OH^{-}$	−0.828
$Cr^{2+}+2e^{-} \longrightarrow Cr$	−0.91
$HSnO_2^{-}+H_2O+2e^{-} \longrightarrow Sn+3OH^{-}$	−0.91
$Se+2e^{-} \longrightarrow Se^{2-}$	−0.92
$Sn(OH)_6^{2-}+2e^{-} \longrightarrow HSnO_2^{-}+H_2O+3OH^{-}$	−0.93

续表

半反应	$\varphi^{\ominus}$/V
$CNO^- + H_2O + 2e^- \longrightarrow CN^- + 2OH^-$	−0.97
$Mn^{2+} + 2e^- \longrightarrow Mn$	−1.182
$ZnO_2^{2-} + 2H_2O + 2e^- \longrightarrow Zn + 4OH^-$	−1.216
$Al^{3+} + 3e^- \longrightarrow Al$	−1.66
$H_2AlO_3^- + H_2O + 3e^- \longrightarrow Al + 4OH^-$	−2.35
$Mg^{2+} + 2e^- \longrightarrow Mg$	−2.37
$Na^+ + e^- \longrightarrow Na$	−2.714
$Ca^{2+} + 2e^- \longrightarrow Ca$	−2.87
$Sr^{2+} + 2e^- \longrightarrow Sr$	−2.89
$Ba^{2+} + 2e^- \longrightarrow Ba$	−2.90
$K^+ + e^- \longrightarrow K$	−2.925
$Li^+ + e^- \longrightarrow Li$	−3.042

表 16　一些氧化还原电对的条件电势

半反应	$\varphi^{\ominus'}$/V	介质
$Ag(II) + e^- \longrightarrow Ag^+$	1.927	4 $mol \cdot L^{-1}$ HNO_3
$Ce(IV) + e^- \longrightarrow Ce(III)$	1.74	1 $mol \cdot L^{-1}$ $HClO_4$
	1.44	0.5 $mol \cdot L^{-1}$ H_2SO_4
	1.28	1 $mol \cdot L^{-1}$ HCl
$Co^{3+} + e^- \longrightarrow Co^{2+}$	1.84	3 $mol \cdot L^{-1}$ HNO_3
$[Co(乙二胺)_3]^{3+} + e^- \longrightarrow [Co(乙二胺)_3]^{2+}$	−0.2	0.1 $mol \cdot L^{-1}$ KNO_3 + 0.1 $mol \cdot L^{-1}$ 乙二胺
$Cr(III) + e^- \longrightarrow Cr(II)$	−0.40	5 $mol \cdot L^{-1}$ HCl
$Cr_2O_7^{2-} + 14H^+ + 6e^- \longrightarrow 2Cr^{3+} + 7H_2O$	1.08	3 $mol \cdot L^{-1}$ HCl
	1.15	4 $mol \cdot L^{-1}$ H_2SO_4
	1.025	1 $mol \cdot L^{-1}$ $HClO_4$
$CrO_4^{2-} + 2H_2O + 3e^- \longrightarrow CrO_2^- + 4OH^-$	−0.12	1 $mol \cdot L^{-1}$ NaOH
$Fe(III) + e^- \longrightarrow Fe^{2+}$	0.767	1 $mol \cdot L^{-1}$ $HClO_4$
	0.71	0.5 $mol \cdot L^{-1}$ HCl
	0.68	1 $mol \cdot L^{-1}$ H_2SO_4
	0.68	1 $mol \cdot L^{-1}$ HCl
	0.46	2 $mol \cdot L^{-1}$ H_3PO_4
	0.51	1 $mol \cdot L^{-1}$ HCl− 0.25 $mol \cdot L^{-1}$ H_3PO_4
$[Fe(EDTA)]^- + e^- \longrightarrow [Fe(EDTA)]^{2-}$	0.12	0.1 $mol \cdot L^{-1}$ EDTA pH=4～6
$[Fe(CN)_6]^{3-} + e^- \longrightarrow [Fe(CN)_6]^{4-}$	0.56	0.1 $mol \cdot L^{-1}$ HCl
$FeO_4^{2-} + 2H_2O + 3e^- \longrightarrow FeO_2^- + 4OH^-$	0.55	10 $mol \cdot L^{-1}$ NaOH

续表

半　反　应	$\varphi^{\ominus'}/V$	介　　质
$I_3^- + 2e^- \rightleftharpoons 3I^-$	0.544 6	0.5 mol·L^{-1} H_2SO_4
I_2(水)$+2e^- \rightleftharpoons 2I^-$	0.627 6	0.5 mol·L^{-1} H_2SO_4
$MnO_4^- + 8H^+ + 5e^- \rightleftharpoons Mn^{2+} + 4H_2O$	1.45	1 mol·L^{-1} $HClO_4$
$[SnCl_6]^{2-} + 2e^- \rightleftharpoons [SnCl_4]^{2-} + 2Cl^-$	0.14	1 mol·L^{-1} HCl
Sb(Ⅴ)$+2e^- \rightleftharpoons$ Sb(Ⅲ)	0.75	3.5 mol·L^{-1} HCl
$[Sb(OH)_6]^- + 2e^- \rightleftharpoons SbO_2^- + 2OH^- + 2H_2O$	−0.428	3 mol·L^{-1} NaOH
$SbO_2^- + 2H_2O + 3e^- \rightleftharpoons Sb + 4OH^-$	−0.675	10 mol·L^{-1} KOH
Ti(Ⅳ)$+e^- \rightleftharpoons$ Ti(Ⅲ)	−0.01	0.2 mol·L^{-1} H_2SO_4
	0.12	2 mol·L^{-1} H_2SO_4
	−0.04	1 mol·L^{-1} HCl
	−0.05	1 mol·L^{-1} H_3PO_4
Pb(Ⅱ)$+2e^- \rightleftharpoons$ Pb	−0.32	1 mol·L^{-1} NaAc

表 17　微溶化合物的溶度积(18～25 ℃,I=0)

微溶化合物	K_{sp}	pK_{sp}	微溶化合物	K_{sp}	pK_{sp}
AgAc	2×10^{-3}	2.7	$BaSO_4$	1.1×10^{-10}	9.96
Ag_3AsO_4	1×10^{-22}	22.0	$Bi(OH)_3$	4×10^{-31}	30.4
AgBr	5.0×10^{-13}	12.30	BiOOH**	4×10^{-10}	9.4
Ag_2CO_3	8.1×10^{-12}	11.09	BiI_3	8.1×10^{-19}	18.09
AgCl	1.8×10^{-10}	9.75	BiOCl	1.8×10^{-31}	30.75
Ag_2CrO_4	2.0×10^{-12}	11.71	$BiPO_4$	1.3×10^{-23}	22.89
AgCN	1.2×10^{-16}	15.92	Bi_2S_3	1×10^{-97}	97.0
AgOH	2.0×10^{-8}	7.71	$CaCO_3$	2.9×10^{-9}	8.54
AgI	9.3×10^{-17}	16.03	CaF_2	2.7×10^{-11}	10.57
$Ag_2C_2O_4$	3.5×10^{-11}	10.46	$CaC_2O_4 \cdot H_2O$	2.0×10^{-9}	8.70
Ag_3PO_4	1.4×10^{-16}	15.84	$Ca_3(PO_4)_2$	2.0×10^{-29}	28.70
Ag_2SO_4	1.4×10^{-5}	4.84	$CaSO_4$	9.1×10^{-6}	5.04
Ag_2S	2×10^{-49}	48.7	$CaWO_4$	8.7×10^{-9}	8.06
AgSCN	1.0×10^{-12}	12.00	$CdCO_3$	5.2×10^{-12}	11.28
$Al(OH)_3$(无定形)	1.3×10^{-33}	32.9	$Cd_2[Fe(CN)_6]$	3.2×10^{-17}	16.49
As_2S_3*	2.1×10^{-22}	21.68	$Cd(OH)_2$(新析出)	2.5×10^{-14}	13.60
$BaCO_3$	5.1×10^{-9}	8.29	$CdC_2O_4 \cdot 3H_2O$	9.1×10^{-8}	7.04
$BaCrO_4$	1.2×10^{-10}	9.93	CdS	8×10^{-27}	26.1
BaF_2	1×10^{-5}	6.0	$CoCO_3$	1.4×10^{-13}	12.84
$BaC_2O_4 \cdot H_2O$	2.3×10^{-8}	7.64	$Co_2[Fe(CN)_6]$	1.8×10^{-15}	14.74

续表

微溶化合物	K_{sp}	pK_{sp}	微溶化合物	K_{sp}	pK_{sp}
$Co(OH)_2$(新析出)	2×10^{-15}	14.7	$Mg(OH)_2$	1.8×10^{-11}	10.74
$Co(OH)_3$	2×10^{-44}	43.7	$MnCO_3$	1.8×10^{-11}	10.74
$Co[Hg(SCN)_4]$	1.5×10^{-8}	5.82	$Mn(OH)_2$	1.9×10^{-13}	12.72
α-CoS	4×10^{-21}	20.4	MnS(无定形)	2×10^{-10}	9.7
β-CoS	2×10^{-25}	24.7	MnS(晶形)	2×10^{-13}	12.7
$Co_3(PO_4)_2$	2×10^{-35}	34.7	$NiCO_3$	6.6×10^{-9}	8.18
$Cr(OH)_3$	6×10^{-31}	30.2	$Ni(OH)_2$(新析出)	2×10^{-15}	14.7
CuBr	5.2×10^{-9}	8.28	$Ni_3(PO_4)_2$	5×10^{-31}	30.3
CuCl	1.2×10^{-3}	5.92	α-NiS	3×10^{-19}	18.5
CuCN	3.2×10^{-20}	19.49	β-NiS	1×10^{-24}	24.0
CuI	1.1×10^{-12}	11.96	γ-NiS	2×10^{-26}	25.7
CuOH	1×10^{-14}	14.0	$PbCO_3$	7.4×10^{-14}	13.13
Cu_2S	2×10^{-48}	47.7	$PbCl_2$	1.6×10^{-5}	4.79
CuSCN	4.8×10^{-15}	14.32	PbClF	2.4×10^{-9}	8.62
$CuCO_3$	1.4×10^{-10}	9.86	$PbCrO_4$	2.8×10^{-13}	12.55
$Cu(OH)_2$	2.2×10^{-20}	19.66	PbF_2	2.7×10^{-8}	7.57
CuS	6×10^{-36}	35.2	$Pb(OH)_2$	1.2×10^{-15}	14.93
$FeCO_3$	3.2×10^{-11}	10.50	PbI_2	7.1×10^{-9}	8.15
$Fe(OH)_2$	8×10^{-16}	15.1	$PbMoO_4$	1×10^{-13}	13.0
FeS	6×10^{-18}	17.2	$Pb_3(PO_4)_2$	8.0×10^{-43}	42.10
$Fe(OH)_3$	4×10^{-38}	37.4	$PbSO_4$	1.6×10^{-8}	7.79
$FePO_4$	1.3×10^{-22}	21.89	PbS	8×10^{-28}	27.9
Hg_2Br_2***	5.8×10^{-23}	22.24	$Pb(OH)_4$	3×10^{-66}	65.5
Hg_2CO_3	8.9×10^{-17}	16.05	$Sb(OH)_3$	4×10^{-42}	41.4
Hg_2Cl_2	1.3×10^{-18}	17.88	Sb_2S_3	2×10^{-93}	92.8
$Hg_2(OH)_2$	2×10^{-24}	23.7	$Sn(OH)_2$	1.4×10^{-23}	27.85
Hg_2I_2	4.5×10^{-29}	28.35	SnS	1×10^{-25}	25.0
Hg_2SO_4	7.4×10^{-7}	6.13	$Sn(OH)_4$	1×10^{-56}	56.0
Hg_2S	1×10^{-47}	47.0	SnS_2	2×10^{-27}	26.7
$Hg(OH)_2$	3.0×10^{-25}	25.52	$SrCO_3$	1.1×10^{-10}	9.96
HgS(红色)	4×10^{-53}	52.4	$SrCrO_4$	2.2×10^{-5}	4.65
HgS(黑色)	2×10^{-52}	51.7	SrF_2	2.4×10^{-9}	8.61
$MgNH_4PO_4$	2×10^{-13}	12.7	$SrC_2O_4\cdot H_2O$	1.6×10^{-7}	6.80
$MgCO_3$	3.5×10^{-3}	7.46	$Sr_3(PO_4)_2$	4.1×10^{-28}	27.39
MgF_2	6.4×10^{-9}	8.19	$SrSO_4$	3.2×10^{-7}	6.49

续表

微溶化合物	K_{sp}	pK_{sp}	微溶化合物	K_{sp}	pK_{sp}
$Ti(OH)_3$	1×10^{-40}	40.0	$Zn(OH)_2$	1.2×10^{-17}	16.92
$TiO(OH)_2$****	1×10^{-29}	29.0	$Zn_3(PO_4)_2$	9.1×10^{-33}	32.04
$ZnCO_3$	1.4×10^{-11}	10.84	ZnS	2×10^{-22}	21.7
$Zn_2[Fe(CN)_6]$	4.1×10^{-16}	15.39			

*为下列平衡的平衡常数 $As_2S_3+4H_2O \rightleftharpoons 2HAsO_2+3H_2S$

**BiOOH：$K_{sp}=[BiO^+][OH^-]$

***$(Hg_2)_mX_n$：$K_{sp}=[Hg_2^{2+}]^m[X^{-2m/n}]^n$

****$TiO(OH)_2$：$K_{sp}=[TiO^{2+}][OH^-]^2$

表 18　元素的相对原子质量(2009 年)

元素	符号	相对原子质量	元素	符号	相对原子质量	元素	符号	相对原子质量
银	Ag	107.868	铪	Hf	178.49	铷	Rb	85.468
铝	Al	26.982	汞	Hg	200.59	铼	Re	186.207
氩	Ar	39.948	钬	Ho	164.930	铑	Rh	102.906
砷	As	74.922	碘	I	126.904	钌	Ru	101.07
金	Au	196.967	铟	In	114.818	硫	S	32.059
硼	B	10.806	铱	Ir	192.217	锑	Sb	121.76
钡	Ba	137.327	钾	K	39.098	钪	Sc	44.956
铍	Be	9.012	氪	Kr	83.798	硒	Se	78.96
铋	Bi	208.980	镧	La	138.905	硅	Si	28.084
溴	Br	79.904	锂	Li	6.938	钐	Sm	150.36
碳	C	12.010	镥	Lu	174.967	锡	Sn	118.71
钙	Ca	40.078	镁	Mg	24.305	锶	Sr	87.62
镉	Cd	112.411	锰	Mn	54.938	钽	Ta	180.948
铈	Ce	140.116	钼	Mo	95.96	铽	Tb	158.925
氯	Cl	35.446	氮	N	14.006	碲	Te	127.60
钴	Co	58.933	钠	Na	22.989 8	钍	Th	232.038
铬	Cr	51.996	铌	Nb	92.906	钛	Tl	47.867
铯	Cs	132.905	钕	Nd	144.242	铊	Ti	204.382
铜	Cu	63.546	氖	Ne	20.179 7	铥	Tm	168.934
镝	Dy	162.500	镍	Ni	58.693	铀	U	238.029
铒	Er	167.259	镎	Np	237.048	钒	V	50.942
铕	Eu	151.964	氧	O	15.999	钨	W	183.84
氟	F	18.998	锇	Os	190.23	氙	Xe	131.293
铁	Fe	55.845	磷	P	30.974	钇	Y	88.906
镓	Ga	69.723	铅	Pb	207.2	镱	Yb	173.054
钆	Gd	157.25	钯	Pd	106.42	锌	Zn	65.38
锗	Ge	72.63	镨	Pr	140.908	锆	Zr	91.224
氢	H	1.007 8	铂	Pt	195.084			
氦	He	4.002 6	镭	Ra	226.025			

表 19 常见化合物的相对分子质量

化合物	M_r	化合物	M_r	化合物	M_r
Ag_3AsO_4	462.52	$Ca(NO_3)_2\cdot 4H_2O$	236.15	$FeCl_3\cdot 6H_2O$	270.30
$AgBr$	187.77	$Ca(OH)_2$	74.09	$FeNH_4(SO_4)_2\cdot 12H_2O$	482.18
$AgCl$	143.32	$Ca_3(PO_4)_2$	310.18		
$AgCN$	133.89	$CaSO_4$	136.14	$Fe(NO_3)_3$	241.86
$AgSCN$	165.95	$CdCO_3$	172.42	$Fe(NO_3)_3\cdot 9H_2O$	404.00
Ag_2CrO_4	331.73	$CdCl_2$	183.32	FeO	71.846
AgI	234.77	CdS	144.47	Fe_2O_3	159.69
$AgNO_3$	169.87	$Ce(SO_4)_2$	332.24	Fe_3O_4	231.54
$AlCl_3$	133.34	$Ce(SO_4)_2\cdot 4H_2O$	404.30	$Fe(OH)_3$	106.87
$AlCl_3\cdot 6H_2O$	241.43	$CoCl_2$	129.84	FeS	87.91
$Al(NO_3)_3$	213.00	$CoCl_2\cdot 6H_2O$	237.93	Fe_2S_3	207.87
$Al(NO_3)_3\cdot 9H_2O$	375.13	$Co(NO_3)_2$	132.94	$FeSO_4$	151.90
Al_2O_3	101.96	$Co(NO_3)_2\cdot 6H_2O$	291.03	$FeSO_4\cdot 7H_2O$	278.01
$Al(OH)_3$	78.00	CoS	90.99	$FeSO_4\cdot(NH_4)_2SO_4\cdot 6H_2O$	392.13
$Al_2(SO_4)_3$	342.14	$CoSO_4$	154.99		
$Al_2(SO_4)_3\cdot 18H_2O$	666.41	$CoSO_4\cdot 7H_2O$	281.10		
As_2O_3	197.84	$Co(NH_2)_2$	60.06	H_3AsO_3	125.94
As_2O_5	229.84	$CrCl_3$	158.35	H_3AsO_4	141.94
As_2S_3	246.02	$CrCl_3\cdot 6H_2O$	266.45	H_3BO_3	61.83
		$Cr(NO_3)_3$	238.01	HBr	80.912
$BaCO_3$	197.34	Cr_2O_3	151.99	HCN	27.026
BaC_2O_4	225.35	$CuCl$	98.999	$HCOOH$	46.026
$BaCl_2$	208.24	$CuCl_2$	134.45	CH_3COOH	60.052
$BaCl_2\cdot 2H_2O$	244.27	$CuCl_2\cdot 2H_2O$	170.48	H_2CO_3	62.025
$BaCrO_4$	253.32	$CuSCN$	121.62	$H_2C_2O_4$	90.035
BaO	153.33	CuI	190.45	$H_2C_2O_4\cdot 2H_2O$	126.07
$Ba(OH)_2$	171.34	$Cu(NO_3)_2$	187.56	HCl	36.461
$BaSO_4$	233.39	$Cu(NO_3)_2\cdot 3H_2O$	241.60	HF	20.006
$BiCl_3$	315.34	CuO	79.545	HI	127.91
$BiOCl$	260.43	Cu_2O	143.09	HIO_3	175.91
		CuS	95.61	HNO_3	63.013
CO_2	44.01	$CuSO_4$	159.60	HNO_2	47.013
CaO	56.08	$CuSO_4\cdot 5H_2O$	249.68	H_2O	18.015
$CaCO_3$	100.09			H_2O_2	34.015
CaC_2O_4	128.10	$FeCl_2$	126.75	H_3PO_4	97.995
$CaCl_2$	110.99	$FeCl_2\cdot 4H_2O$	198.81	H_2S	34.08
$CaCl_2\cdot 6H_2O$	219.08	$FeCl_3$	162.21	H_2SO_3	82.07

续表

化 合 物	M_r	化 合 物	M_r	化 合 物	M_r
H_2SO_4	98.07	KNO_2	85.104	$(NH_4)_2S$	68.14
$Hg(CN)_2$	252.63	K_2O	94.196	$(NH_4)_2SO_4$	132.13
$HgCl_2$	271.50	KOH	56.106	NH_4VO_3	116.98
Hg_2Cl_2	472.09	K_2SO_4	174.25	Na_3AsO_3	191.89
HgI_2	454.40			$Na_2B_4O_7$	201.22
$Hg_2(NO_3)_2$	525.19	$MgCO_3$	84.314	$Na_2B_4O_7\cdot 10H_2O$	381.37
$Hg_2(NO_3)_2\cdot 2H_2O$	561.22	$MgCl_2$	95.211	$NaBiO_3$	279.97
$Hg(NO_3)_2$	324.60	$MgCl_2\cdot 6H_2O$	203.30	$NaCN$	49.007
HgO	216.59	MgC_2O_4	112.33	$NaSCN$	81.07
HgS	232.65	$Mg(NO_3)_2\cdot 6H_2O$	256.41	Na_2CO_3	105.99
$HgSO_4$	296.65	$MgNH_4PO_4$	137.32	$Na_2CO_3\cdot 10H_2O$	286.14
Hg_2SO_4	497.24	MgO	40.304	$Na_2C_2O_4$	134.00
		$Mg(OH)_2$	58.32	CH_3COONa	82.034
$KAl(SO_4)_2\cdot 12H_2O$	474.38	$Mg_2P_2O_7$	222.55	$CH_3COONa\cdot 3H_2O$	136.08
KBr	119.00	$MgSO_4\cdot 7H_2O$	246.47		
$KBrO_3$	167.00	$MnCO_3$	114.95	$NaCl$	58.443
KCl	74.551	$MnCl_2\cdot 4H_2O$	197.91	$NaClO$	74.442
$KClO_3$	122.55	$Mn(NO_3)_2\cdot 6H_2O$	287.04	$NaHCO_3$	84.007
$KClO_4$	138.55	MnO	70.937	$Na_2HPO_4\cdot 12H_2O$	358.14
KCN	65.116	MnO_2	86.937	$Na_2H_2Y\cdot 2H_2O$	372.24
$KSCN$	97.18	MnS	87.00	$NaNO_2$	68.995
K_2CO_3	138.21	$MnSO_4$	151.00	$NaNO_3$	84.995
K_2CrO_4	194.19	$MnSO_4\cdot 4H_2O$	223.06	Na_2O	61.979
$K_2Cr_2O_7$	294.18			Na_2O_2	77.978
$K_3[Fe(CN)_6]$	329.25	NO	30.006	$NaOH$	39.997
$K_4[Fe(CN)_6]$	368.35	NO_2	46.006	Na_3PO_4	163.94
$KFe(SO_4)_2\cdot 12H_2O$	503.24	NH_3	17.03	Na_2S	78.04
$KIIC_2O_4\cdot H_2O$	146.14	CH_3COONH_4	77.083	$Na_2S\cdot 9H_2O$	240.18
$KHC_2O_4\cdot H_2C_2O_4\cdot 2H_2O$	254.19	NH_4Cl	53.491	Na_2SO_3	126.04
		$(NH_4)_2CO_3$	96.086	Na_2SO_4	142.04
$KHC_4H_4O_6$	188.18	$(NH_4)_2C_2O_4$	124.10	$Na_2S_2O_3$	158.10
$KHSO_4$	136.16	$(NH_4)_2C_2OC_4\cdot H_2O$	142.11	$Na_2S_2O_3\cdot 5H_2O$	248.17
KI	166.00			$NiCl_2\cdot 6H_2O$	237.69
KIO_3	214.00	NH_4SCN	76.12	NiO	74.69
$KIO_3\cdot HIO_3$	389.91	NH_4HCO_3	79.055	$Ni(NO_3)_2\cdot 6H_2O$	290.79
$KMnO_4$	158.03	$(NH_4)_2MoO_4$	196.01	NiS	90.75
$KNaC_4H_4O_6\cdot 4H_2O$	282.22	NH_4NO_3	80.043	$NiSO_4\cdot 7H_2O$	280.85
KNO_3	101.10	$(NH_4)_2HPO_4$	132.06		

续表

化　合　物	M_r	化　合　物	M_r	化　合　物	M_r
P_2O_5	141.94	$SbCl_3$	228.11		
$PbCO_3$	267.20	$SbCl_5$	299.02	$UO_2(CH_3COO)_2\cdot 2H_2O$	424.15
PbC_2O_4	295.22	Sb_2O_3	291.50		
$PbCl_2$	278.10	Sb_2S_3	339.68		
$PbCrO_4$	323.20	SiF_4	104.08	$ZnCO_3$	125.39
$Pb(CH_3COO)_2$	325.30	SiO_2	60.084	ZnC_2O_4	153.40
$Pb(CH_3COO)_2\cdot 3H_2O$	379.30	$SnCl_2$	189.62	$ZnCl_2$	136.29
		$SnCl_2\cdot 2H_2O$	225.65	$Zn(CH_3COO)_2$	183.47
PbI_2	461.00	$SnCl_4$	260.52	$Zn(CH_3COO)_2\cdot 2H_2O$	219.50
$Pb(NO_3)_2$	331.20	$SnCl_4\cdot 5H_2O$	350.596		
PbO	223.20	SnO_2	150.71	$Zn(NO_3)_2$	189.39
PbO_2	239.20	SnS	150.776	$Zn(NO_3)_2\cdot 6H_2O$	297.48
$Pb_3(PO_4)_2$	811.54	$SrCO_3$	147.63	ZnO	81.38
PbS	239.30	SrC_2O_4	175.64	ZnS	97.44
$PbSO_4$	303.30	$SrCrO_4$	203.61	$ZnSO_4$	161.44
		$Sr(NO_3)_2$	211.63	$ZnSO_4\cdot 7H_2O$	287.54
SO_3	80.06	$Sr(NO_3)_2\cdot 4H_2O$	283.69		
SO_2	64.06	$SrSO_4$	183.68		

主要参考文献

[1] Nalimov V V. The Application of Mathematical Statistics to Chemical Analysis. Oxford: Pergamon,1963.

[2] Meties L. Handbook of Analytical Chemistry. Boston: McGraw-Hill,1963.

[3] Sillen L G,Martell A E. Stability Constants of Metal Ion Complexes. London: Chemical Society, 1964(supplement 1971).

[4] 冯师颜.误差理论及实验数据处理.北京:科学出版社,1964.

[5] Laitinen H A,Harris W E. Chemical Analysis. 2nd ed. Boston:McGraw-Hill,1975.

[6] 何国伟.误差分析法.北京:国防工业出版社,1978.

[7] 休哈 L,柯特尔里 S.分析化学中的溶液平衡.周锡顺,戴明,李俊义,译.北京:人民教育出版社,1979.

[8] 陈家鼎.概率论讲义.北京:人民教育出版社,1980.

[9] 常文保,李克安.简明分析化学手册.北京:北京大学出版社,1981.

[10] 彭崇慧,张锡瑜.络合滴定原理.北京:北京大学出版社,1981.

[11] 中南矿冶学院分析化学教研室.分析化学手册.北京:科学出版社,1982.

[12] Day A R,Jr Underwood A L. Quantitative Analysis. Englewood Cliffs: Prentice-Hall,1986.

[13] 林邦 A.分析化学中的络合作用.戴明,译.北京:高等教育出版社,1987.

[14] 科尔索夫 I M.定量化学分析.南京化工学院分析化学教研室,译.北京:高等教育出版社,1987.

[15] Butler J N.离子平衡及其数学处理.陆淑引,译.天津:南开大学出版社,1989.

[16] 林树昌.溶液平衡.北京:北京师范大学出版社,1993.

[17] 高华寿.化学平衡与滴定分析.北京:高等教育出版社,1996.

[18] 张锡瑜.化学分析原理.北京:科学出版社,1996.

[19] Skoog D A, West D W, Holler F J. Fundamentals of Analytical Chemistry. 7th ed. Fort Worth: Saunders College Pub,1996.

[20] 彭崇慧,冯建章,张锡瑜,等.分析化学:定量化学分析简明教程.3版.北京:北京大学出版社,2009.

[21] 容庆新,陈淑群.分析化学.广州:中山大学出版社,1997.

[22] 杭州大学化学系分析化学教研室.分析化学手册.2版.北京:化学工业出版社,1997.
[23] 孟凡昌,蒋勉.分析化学中的离子平衡.北京:科学出版社,1997.
[24] 蒋子刚.分析检验的质量保证和计量认证.上海:华东理工大学出版社,1998.
[25] 唐晓燕.分析方法标准化.北京:中国建材工业出版社,1998.
[26] Meloan C E. Chemical Separations: Principles, Techniques and Experiments. New York: Wiley and Sons,1999.
[27] Harvey D. Modern Analytical Chemistry. Boston: McGraw-Hill,2000.
[28] 中国实验室国家认可委员会.实验室认可准则(CNACL 201—2001).北京:中国标准出版社,2001.
[29] 夏铮铮.计量认证/审查认可(验收)评审准则宣贯指南.北京:中国计量出版社,2001.
[30] 中国实验室国家认可委员会.化学分析中不确定度的评估指南.北京:中国计量出版社,2002.
[31] 国家环境保护总局.水和废水监测分析方法.4版.北京:中国环境科学出版社,2002.
[32] 李龙泉,林长山,朱玉瑞.定量化学分析.合肥:中国科学技术大学出版社,2002.
[33] Harris D C. Quantitative Chemical Analysis. 8th ed. New York: Freeman,2010.
[34] 中国实验室国家认可委员会.实验室认可与管理基础知识.北京:中国计量出版社,2003.
[35] 李青山,李怡庭.水环境监测实用手册.北京:中国水利水电出版社,2003.
[36] 化学工业出版社辞书编辑部.化学化工大辞典.北京:化学工业出版社.2003.
[37] 炅向君.实验室认可准备与审核工作指南.北京:中国标准出版社,2004.
[38] 王叔淳.食品分析质量保证与实验室认可.北京:化学工业出版社,2004.
[39] Christian G D. Analytical Chemistry. 6th ed. New York: Wiley and Sons,2004.
[40] 武汉大学.分析化学.5版.北京:高等教育出版社,2006.
[41] 邹明珠,许宏鼎,苏星光,等.化学分析教程.北京:高等教育出版社,2008.
[42] 陈兴国,何疆,陈宏丽,等.分析化学.北京:高等教育出版社,2012.

索　　引

J

K

L

M

N

P